CW01670396

Wiskunde in Werking, deel 2
analyse toegepast

Epsilon Uitgaven beoogt het tot stand brengen en verspreiden van wetenschappelijke studieboeken in de Nederlandse taal.

Druk: Labor, Utrecht.
Omslag: Kok Vormgeving, Utrecht.
Omslagfiguur: beurskoers na een winstwaarschuwing.

M. de Gee

Wiskunde in Werking

deel 2

analyse toegepast

Epsilon Uitgaven
Utrecht
2003

NUR 919
ISBN 90-5041-076-6
CIP-gegevens Koninklijke Bibliotheek, Den Haag.

VOORWOORD

De wiskunde vindt van oudsher zijn belangrijkste toepassingsgebied in de natuurkunde. Van veel recentere tijd is het gebruik van wiskundige modellen en technieken in andere wetenschappen, zoals biologie, chemie, economie, farmacie, milieuwetenschappen, planologie en sociologie. Kennis van de wiskunde is dus ook voor studenten en onderzoekers in deze disciplines van groot belang. Het spreekt vanzelf dat de praktische bruikbaarheid van de wiskunde binnen het eigen vakgebied voor hen voorrang heeft boven theoretische diepgang.
Dit boek behandelt de basis van de analyse (in het engels: calculus). De stof wordt zo aangeboden dat de praktische bruikbaarheid zo groot mogelijk is. Er wordt veel aandacht en tijd besteed aan het bestuderen van concrete voorbeelden en het maken van oefeningen. Daarnaast wordt de stof zoveel mogelijk geïllustreerd aan de hand van toepassingen; daarbij is de verbinding tussen de wiskunde en de toepassing zeker zo belangrijk als de wiskunde zelf.

De inhoud van dit boek komt (in gewijzigde vorm) overeen met de analyse hoofdstukken uit het boek *Wiskunde in Werking*, dat eerder bij dezelfde uitgever verschenen is.
De hoofdstukken zijn volgens een vast patroon opgebouwd. Elk hoofdstuk begint met een inleiding; hierin wordt uitgelegd wat de aard van dat hoofdstuk is, en waarvoor de stof nodig is. Vervolgens komt er een aantal drieluiken, bestaande uit wiskundig gereedschap, toepassingen en opgaven. Het hoofdstuk wordt afgesloten met een reflectie, waarin de behandelde stof in een breder perspectief wordt geplaatst.

Aan deze tekst is bijgedragen door Jo Gielen, Johan Grasman, Lia Hemerik en Joost van Opheusden; daarnaast hebben veel collega's meegewerkt aan de totstandkoming van dit boek. Mijn dank gaat uit naar alle collega's en studenten die suggesties voor verbetering hebben aangedragen.

Alle kritiek, zowel van studenten als collega's, is steeds van harte welkom.

Maarten de Gee
Wageningen, juni 2002

BIJ DE TWEEDE DRUK

Deze tweede druk verschilt erg weinig van de eerste. Een aantal fouten is gecorrigeerd. Dank aan allen die ze aangedragen hebben.

Maarten de Gee
Wageningen, juni 2003

INHOUD

LOGO'S

Naast de gewone figuren kent dit boek logo's en tekstsymbolen. Dit zijn kleine figuurtjes in de kantlijn. De logo's staan bij de toepassingen; zij geven het (primaire) toepassingsgebied aan. De tekstsymbolen komen alleen in de wiskundig gereedschap-paragrafen voor; zij geven studieaanwijzingen.

TEKSTSYMBOLEN

D definitie	gevaar	slipgevaar
E eigenschap	B B-weg	F facultatief
grafische rekenmachine		

LOGO'S

bedrijfskunde	landmeetkunde en teledetectie	scheikunde
biologie	levensmiddelen-technologie	sociologie
bodemkunde	logistiek	toxicologie
bosbouw	marktkunde	tuinbouw
economie	meteorologie	veeteelt en veehouderij
farmacie	microbiologie	visserij en visteelt
geneeskunde	milieukunde	waterzuivering
genetica	natuurkunde	werktuigbouw
humane voeding	planologie	wiskunde
hydrologie	proceskunde	zuivel technologie
landbouw-plantenteelt		

LIJST VAN NOTATIES

VERZAMELINGEN

$V = \{ a, b, c \}$	de verzameling bestaande uit a, b en c
$a \in V$	a is een element van V
$a \notin V$	a is geen element van V
$\mathbf{R}$	de verzameling van de reële getallen
$\mathbf{R}^2$	de verzameling van vectoren met twee coördinaten
$\mathbf{R}^3$	de verzameling van vectoren met drie coördinaten
$\mathbf{R}^n$	de verzameling van vectoren met n coördinaten
$\mathbf{C}$	de verzameling van de complexe getallen

FUNCTIES

$f(x)$	functie(waarde)
$f'(x)$	(eerste) afgeleide
$f''(x)$	tweede afgeleide
$\frac{\mathrm{d}}{\mathrm{d}x}$	differentiatie naar x
$\frac{\partial}{\partial x}$	partiële differentiatie naar x
$f_x(x, y)$	partiële afgeleide naar x
$f_{xx}(x, y)$	tweede orde partiële afgeleide naar x
$f_{xy}(x, y)$	tweede orde partiële afgeleide naar x en y
Δ	differentie
$\int$	integraalteken
$\int f(x)\mathrm{d}x$	primitieve (onbepaalde integraal)
$\int_a^b f(x)\,\mathrm{d}x$	(bepaalde) integraal

VECTOREN EN MATRICES

$V^\perp$	het orthogonaal complement van V
(a, b)	het inwendig product tussen de vectoren a en b
$\lvert a \rvert$	de lengte van de vector a
I	de eenheidsmatrix
A^{-1}	de inverse van de matrix A
$\det(A)$	de determinant van de matrix A

OVERIGE NOTATIES

$n!$	n faculteit
$\binom{n}{k}$	Binomiaalcoëfficiënt n over k
$\sum_{k=1}^{n} a_k$	$a_1 + a_2 + \ldots. + a_{n-1} + a_n$
$\sum_{k=1}^{\infty} a_k$	$a_1 + a_2 + a_3 + a_4 + \ldots.$
lim	limiet

1 RIJEN, REEKSEN EN ITERATIEVE PROCESSEN

VOORKENNIS

- Kennis van de elementaire algebraïsche rekenregels.
- Kennis van enkele eenvoudige standaardlimieten.
- Kennis van het begrip afgeleide van een functie.
- Vaardigheid in het bepalen van de afgeleide van een functie.

OVERZICHT VAN DIT HOOFDSTUK

1.1 INLEIDING

Waarnemingen van fysische, biologische en economische processen worden vaak uitgedrukt in een rij getallen. We illustreren dit met de volgende voorbeelden.

Voorbeeld (economie): rente op rente. Een spaarder heeft op 1 januari € 1 000,– op een spaarrekening gezet tegen een vaste rente van 5% per jaar. Op 31 december van elk jaar wordt de rente bijgeschreven; die rente begint dan ook weer rente op te leveren. Dat geeft de saldo's

$$s_1 = € \, 1\,000,–\,,$$
$$s_2 = € \, 1\,050,–\,,$$
$$s_3 = € \, 1\,102{,}50\,,$$
$$s_4 = € \, 1\,157{,}63\,.$$

Men noemt dit ***rente-op-rente***, of ***samengestelde interest***. De vraag is, hoeveel deze spaarder na 15 jaar op zijn rekening heeft staan. #

In het bovenstaande voorbeeld is er een nauwkeurig model te formuleren voor het probleem. Bij problemen uit de biologie is dat vaak veel minder het geval.

Voorbeeld (biologie; ecologie; economie). Een populatie walvissen is door de jacht kleiner geworden. Het aantal dieren in de populatie in het jaar n is $P(n)$. Als er niet gejaagd wordt kan de populatie groeien, want er is geen gebrek aan voedsel.

Een springende bultrugwalvis.

We formuleren een eenvoudig model voor zo'n populatie. We nemen aan dat de groei van de populatie van jaar n naar jaar $n+1$ evenredig is met de omvang van de populatie in jaar n, met evenredigheidsconstante c. De constante c is een maat voor het reproducerend vermogen (vruchtbaarheid – natuurlijke sterfte) van de diersoort. De toename van de omvang is $P(n+1) - P(n)$, dus geldt

$$P(n+1) - P(n) \;=\; c\,P(n)\,,$$

zodat

$$P(n+1) \;=\; (1+c)\,P(n)\,.$$

De ontwikkeling van de populatieomvang laat zich beschrijven als een ***iteratief proces***

$$P(n+1) \;=\; r\,P(n)$$

waarin $r = 1 + c > 1$ de ***groeifactor*** is.
Er geldt dus dat de omvang van de populatie na één jaar met een factor r is toegenomen. "Iteratief" betekent: herhaald toegepast. Kennen we P in het jaar n, dan geeft de formule P voor het jaar $n+1$. Uit die waarde volgt met dezelfde formule de waarde van P voor het jaar $n+2$, enzovoort. Dus als $P(1990) = 100$ en $r = 1.1$, dan

$$
\begin{aligned}
&P(1990) = 100,\\
&P(1991) = 1.1\,P(1990) = 110,\\
&P(1992) = 1.1\,P(1991) = 121,\\
&P(1993) = 1.1\,P(1992) = 133.1,\\
&P(1994) = 1.1\,P(1993) = 146.41,
\end{aligned}
$$

enzovoort. Merk op dat in dit model de populatieomvang na enige tijd geen geheel getal is. Dat is geen groot bezwaar: een model is slechts een benadering van de werkelijkheid.

Als er elk jaar b exemplaren worden gevangen, dan is het iteratieve proces van de vorm

$$P(n+1) = r\,P(n) - b.$$

Bij een constante jacht van $b = 15$ dieren per jaar en met $r = 1.1$ vinden we met startwaarde $P(1990) = 100$:

$$
\begin{aligned}
&P(1990) = 100,\\
&P(1991) = 1.1\,P(1990) - 15 = 95,\\
&P(1992) = 1.1\,P(1991) - 15 = 89.5,\\
&P(1993) = 1.1\,P(1992) - 15 = 83.45,
\end{aligned}
$$

enzovoort. De populatie sterft dan uit.
Het model heeft een beperkte geldigheid. Bij een kleine populatie (als $r\,P(n) < b$) is het niet meer mogelijk om b dieren te vangen. Het model geeft dan negatieve uitkomsten, en het heeft dus geen verband meer met de werkelijkheid.

We kijken nu naar hetzelfde iteratieve proces (met $r = 1.1$ en $b = 15$), maar nu beginnen we niet met $P(1990) = 100$ maar met $P(1990) = 200$. We vinden dan

$$
\begin{aligned}
&P(1990) = 200,\\
&P(1991) = 205,\\
&P(1992) = 210.5,\\
&P(1993) = 216.55,
\end{aligned}
$$

enzovoort. De populatie neemt in omvang toe. Het ligt nu voor de hand dat er een waarde voor $P(1990)$ bestaat waarvoor de omvang van de populatie constant blijft; de groei van de populatie is dan in evenwicht met de jachtdruk. In het bovenstaande model ligt dat keerpunt bij $P = 150$. Als $P(1990) = 150$, dan is

$$P(1990) = P(1991) = P(1992) = \ldots = 150$$

(ga na!). Ga na dat bij een grotere beginomvang $P(1990)$ er meer gevangen kan worden. (Deze constatering heeft geleid tot een moratorium op de walvisvangst. Om soortgelijke redenen heeft men de haringpopulatie in de Noordzee enige jaren met rust gelaten.)

In het bovenstaande model, $P(n+1) = r\,P(n) - b$, namen we aan dat de groeifactor r constant is, en dat $P(n+1) - P(n)$ evenredig is met $P(n)$. In een echte toepassing moeten deze aannamen aan waarnemingen worden getoetst. #

Waarnemingen in de vorm van een rij getallen kunnen we alleen zinvol interpreteren als we een regelmaat in die getallen vinden. Met zo'n regelmaat kunnen we voorspellingen doen. Dit is een rol die de wetenschappen al vele jaren vervullen. De Franse filosoof Auguste Comte (1798-1857) omschreef dit als "voir, savoir et prévoir"; vrij vertaald: waarnemen, modelleren en voorspellen.

1.2 WISKUNDIG GEREEDSCHAP: RIJEN EN REEKSEN

RIJEN

In veel vakgebieden werkt men met ***rijen*** getallen. Vaak hebben die getallen een regelmaat, die in een formule kan worden uitgedrukt. Een rij bestaat uit een eindig aantal of uit oneindig veel getallen. In deze paragraaf bekijken we rijen die bestaan uit oneindig veel getallen.

De getallen uit de rij heten ***termen***; de eerste term duiden we aan met t_1, de tweede met t_2, de n^{de} met t_n. Een (oneindige) rij bestaat dus uit de termen

$$t_1,\ t_2,\ t_3,\ \dots,\ t_n,\ \dots .$$

De stippeltjes ... achteraan duiden aan dat deze rij oneindig lang is.

Voorbeeld. De rij getallen 1, 4, 9, 16, 25, ... , heeft als eerste term $t_1 = 1$, als tweede term $t_2 = 4$, en als n^{de} term $t_n = n^2$. #

Opgave 1.1. Bepaal de vierde, vijfde en n^{de} term van de volgende twee rijen:

a. $\frac{1}{10}, \frac{1}{100}, \frac{1}{1000}, \dots$

b. $1, \frac{1}{10}, \frac{1}{100}, \dots$. #

Voorbeeld (biologie). Stel dat een paar konijnen één maand na hun geboorte twee nakomelingen krijgt, en een maand later nog eens; daarna reproduceren ze niet meer. De beide paren jongen reproduceren elk ook weer na een en na twee maanden, enzovoort. Als we met één paar konijnen beginnen, hoeveel paren worden er dan in een willekeurige maand geboren?
De aantallen zijn termen uit de ***rij van Fibonacci***. Voor de termen van deze rij geldt

$$t_3 = t_2 + t_1,\quad t_4 = t_3 + t_2,\quad t_5 = t_4 + t_3, \dots .$$

Elke nieuwe term in de rij is dus de som van zijn twee voorgangers. Als t_1 en t_2 bekend zijn kunnen t_3, t_4, t_5, ... worden uitgerekend. Voor $t_1 = t_2 = 1$ wordt de rij

1, 1, 2, 3, 5, 8, 13, 21, ...

(ga na). #

Konijn met jong.

Een veel voorkomend type rij is de ***meetkundige rij***. Deze rij heeft de vorm

$$t_1 = a,\ t_2 = ar,\ t_3 = ar^2,\ t_4 = ar^3, \dots .$$

De n^{de} term voldoet dus aan $t_n = a\,r^{n-1}$. Elke nieuwe term van een meetkundige rij ontstaat door zijn voorganger met de (constante) factor r te vermenigvuldigen:

$$t_n = r\,t_{n-1} .$$

Deze factor r heet de ***reden*** van de meetkundige rij.

Voorbeeld (economie): samengestelde interest. Een inleg t_1 van € 1000 per 1 januari op een spaarrekening met een vaste rente van 5% per jaar brengt na een jaar € 50 aan rente op. Dan staat er dus een bedrag t_2 van € 1050 op de rekening. Er geldt dus

$$t_2 = t_1 + 0.05t_1 = (1+0.05)t_1 = 1.05t_1$$

In de factor (1 + 0.05) vinden we de inleg (factor 1) en de rentevoet (factor 0.05) terug. In de volgende jaren gebeurt er steeds hetzelfde. We vinden

$$\begin{aligned} t_3 &= 1.05t_2 = 1.05^2\,t_1\,, \\ t_4 &= 1.05t_3 = 1.05^3\,t_1\,, \\ t_5 &= 1.05t_4 = 1.05^4\,t_1\,, \end{aligned}$$

enzovoort. De rij t_n is dus een meetkundige rij met reden $r = 1.05$. #

Als we van een gegeven rij moeten verifiëren of het een meetkundige rij is, dan gebruiken we de eerste twee termen om a en r te berekenen:

$$a = t_1 \quad \text{en} \quad r = t_2 / t_1 \,.$$

De quotiënten van twee opeenvolgende termen van een meetkundige rij zijn constant:

$$t_{i+1} / t_i = r, \qquad \text{voor } i = 2,\ 3,\ 4,\ 5, \quad .$$

Voorbeeld. De rij $1, \frac{1}{2}, \frac{1}{4}, \frac{1}{8}, \frac{1}{16}, \ldots$ is een meetkundige rij met $a = 1$ en $r = \frac{1}{2}$. Voor de n^{de} term geldt $t_n = \left(\frac{1}{2}\right)^{n-1}$. #

Een belangrijke reden om naar oneindige rijen te kijken is het gedrag van de rij "in oneindig". Een rij kan een ***limiet*** hebben, de rij heet dan ***convergent***.

Definitie. Als van de rij t_1, t_2, t_3, ... de limiet van t_n voor $n \to \infty$ bestaat dan is de rij ***convergent***. Als de limiet niet bestaat dan heet de rij ***divergent***. #

Voorbeelden.
De rij $\frac{1}{2}, \frac{2}{3}, \frac{3}{4}, \frac{4}{5}, \ldots$ is convergent met limiet 1.
De rij 1, 2, 3, 4, ..., n, ... is divergent.
De rij 1, –1, 1, –1, 1, –1, ... is ook divergent. #

Voorbeeld. Voor de meetkundige rij met $t_n = a\,r^{n-1}$ geldt

$$\lim_{n \to \infty} t_n = \begin{cases} 0 & \text{voor} \quad -1 < r < 1, \\ a & \text{voor} \quad r = 1, \\ \text{bestaat niet} & \text{voor} \quad r \leq -1 \quad \text{en} \quad r > 1. \end{cases}$$

De meetkundige rij is dus convergent voor $-1 < r \leq 1$ en divergent voor alle andere r. Voor bijvoorbeeld $a = 1$ en $r = \frac{1}{2}$ krijgen we een convergente rij:

$$t_1 = 1,\ t_2 = \tfrac{1}{2},\ t_3 = \tfrac{1}{4},\ t_4 = \tfrac{1}{8},\ t_5 = \tfrac{1}{16},\ \ldots$$

met limiet 0. Voor $a = 1$ en $r = -2$ krijgen we een divergente rij:

$$t_1 = 1,\ t_2 = -2,\ t_3 = 4,\ t_4 = -8,\ t_5 = 16, \quad .$$ #

Opgave 1.2. Hoe ziet de meetkundige rij eruit voor $r = -1$? Is hij convergent? #

Reeksen

De meest voorkomende bewerking op een aantal getallen is de optelling; denk bijvoorbeeld aan het optellen van maandinkomens tot een jaarinkomen, of aan banksaldo en rente tot een nieuw banksaldo.
Een klein aantal getallen kunnen we gemakkelijk bij elkaar optellen met het +-teken. Als we veel getallen willen optellen gebruiken we vaak het symbool Σ (spreek uit: *sigma*).
Het Σ-teken staat voor de optelling (sommatie) van een aantal termen van een rij. Hierbij worden die termen bij elkaar opgeteld waarvan de index loopt vanaf het getal gegeven onder het Σ-teken tot en met het getal boven het Σ-teken. Bijvoorbeeld,

$$\sum_{k=m}^{n} t_k = t_m + t_{m+1} + t_{m+2} + \quad + t_n .$$

Meestal beginnen we de sommatie bij de eerste term t_1:

$$\sum_{k=1}^{n} t_k = t_1 + t_2 + t_3 + \quad + t_n .$$

Door alle termen van een oneindige rij op te tellen krijgen we een ***reeks***:

$$\sum_{k=1}^{\infty} t_k = t_1 + t_2 + t_3 + \quad + t_n + \quad .$$

Als we een eindig aantal termen van de rij sommeren krijgen we een ***partiële som***:

$$S_1 = t_1, \quad S_2 = t_1 + t_2, \quad S_3 = t_1 + t_2 + t_3 \quad \text{en} \quad S_n = t_1 + t_2 + t_3 + \quad + t_n = \sum_{k=1}^{n} t_k$$

dus S_n is de som van de eerste n termen van de rij.
De partiële sommen vormen op hun beurt ook weer een rij: S_1, S_2, S_3, S_4, … .

D ***Definitie.*** Als de partiële sommen S_n van een reeks een limiet S hebben, dan heet S de ***som van de reeks***. De reeks is dan ***convergent***. Als de limiet niet bestaat, dan is de reeks ***divergent***. #

Voorbeeld. De reeks 1 + 4 + 9 + 16 + … heeft als partiële sommen

$$S_1 = 1, \quad S_2 = 1+4 = 5, \quad S_3 = 1+4+9 = 14, \quad S_4 = 1+4+9+16 = 30, \ \ldots$$

Omdat voor deze reeks $S_n \to \infty$ voor $n \to \infty$ bestaat de som niet; de reeks is divergent. #

Door een meetkundige rij te sommeren krijgen we een ***meetkundige reeks***.

Voorbeelden. De meetkundige reeks 1 + 2 + 4 + 8 + 16 + … heeft als partiële sommen

$$S_1 = 1, \quad S_2 = 1+2 = 3, \quad S_3 = 1+2+4 = 7, \quad S_4 = 1+2+4+8 = 15, \ \ldots .$$

Voor deze reeks geldt $S_n \to \infty$ voor $n \to \infty$; de reeks is dus divergent.
De meetkundige reeks $1 + \frac{1}{2} + \frac{1}{4} + \frac{1}{8} + \frac{1}{16} + \ldots$ heeft als partiële sommen

$$S_1 = 1, \quad S_2 = 1+\tfrac{1}{2} = \tfrac{3}{2}, \quad S_3 = 1+\tfrac{1}{2}+\tfrac{1}{4} = \tfrac{7}{4}, \quad S_4 = 1+\tfrac{1}{2}+\tfrac{1}{4}+\tfrac{1}{8} = \tfrac{15}{8}, \ \ldots$$

enzovoort. Het lijkt erop dat $S_n \to 2$ voor $n \to \infty$, dus dat deze reeks som $S = 2$ heeft. #

We gaan nu onderzoeken wanneer de som van een meetkundige reeks bestaat.

E

Eigenschap. Voor de partiële som S_n van de eerste n termen van een meetkundige reeks geldt

$$S_n = a + a\,r + a\,r^2 + \ldots + a\,r^{n-1} = a\,\frac{1-r^n}{1-r} \qquad \text{mits } r \neq 1. \qquad \#$$

Toelichting. Om dit in te zien vermenigvuldigen we S_n met $1 - r$. Uitwerken geeft dan

$$S_n(1-r) = (a + a\,r + a\,r^2 + \ldots + a\,r^{n-1})(1-r) = a(1 + r + r^2 + \ldots + r^{n-1})(1-r) =$$
$$= a(1 + r + r^2 + \ldots + r^{n-1} - r - r^2 - r^3 - \ldots - r^{n-1} - r^n) = a(1-r^n).$$

Nu delen we de factor $(1 - r)$ weer uit (dat mag als $r \neq 1$):

$$S_n = a\frac{1-r^n}{1-r}. \qquad \#$$

Uit de formule voor de partiële som S_n van een meetkundige reeks volgt ook de formule voor de som S. Voor $-1 < r < 1$ geldt namelijk dat $r^n \to 0$ voor $n \to \infty$. De rij S_n heeft dan een limiet, en de meetkundige reeks is dus convergent.

E

Eigenschap. Een meetkundige reeks met reden r is convergent als $-1 < r < 1$. Voor de som S van de reeks geldt dan

$$S = \lim_{n\to\infty} S_n = \lim_{n\to\infty} a\frac{1-r^n}{1-r} = \frac{a}{1-r}.$$

Voor alle andere waarden van r is de meetkundige reeks divergent. #

Voorbeelden. Voor de hierboven gegeven meetkundige reeksen vinden we zo:

$1 + 2 + 4 + 8 + 16 + \ldots$ is divergent, want $r = 2$, en

$1 + \frac{1}{2} + \frac{1}{4} + \frac{1}{8} + \frac{1}{16} + \ldots$ is convergent, want $r = \frac{1}{2}$. Zijn som is $\dfrac{1}{1-\frac{1}{2}} = 2.$ #

Voorbeeld. Van de meetkundige reeks $3 + 1 + \frac{1}{3} + \frac{1}{9} + \frac{1}{27} + \ldots$ bepalen we eerst a en r: $a = t_1 = 3$ en $r = t_2 / t_1 = \frac{1}{3}$. Hiermee vinden we

$$t_n = a\,r^{n-1} = 3\left(\tfrac{1}{3}\right)^{n-1}.$$

Voor de partiële sommen vinden we bijvoorbeeld

$$S_3 = 3\frac{1-\left(\frac{1}{3}\right)^3}{1-\frac{1}{3}} = 3\frac{\frac{26}{27}}{\frac{2}{3}} = \frac{13}{3} = 4.333333 \quad \text{en} \quad S_{12} = 3\frac{1-\left(\frac{1}{3}\right)^{12}}{1-\frac{1}{3}} = 4.499992.$$

Van deze meetkundige reeks bestaat de som S omdat $-1 < r < 1$:

$$S = \frac{3}{1-\frac{1}{3}} = \frac{9}{2} = 4.500000. \qquad \#$$

Opgave 1.3. Bepaal van de meetkundige reeks $2 - 1 + \frac{1}{2} - \frac{1}{4} + \frac{1}{8} - \frac{1}{16} + \ldots$ de partiële som S_{10} op 4 decimalen nauwkeurig en de som S, indien deze bestaat. #

HET BINOMIUM VAN NEWTON

Soms moeten we de uitdrukking $(a + b)^n$ uitschrijven als de som van $n+1$ termen. Voor $n = 2$ gaat dat met de bekende formule $(a + b)^2 = a^2 + 2ab + b^2$. Voor grotere waarden van n gebruiken we de ***driehoek van Pascal***. Daarin is elk getal de som van zijn linker- en rechter bovenbuur:

$$\begin{array}{ccccccccccc} & & & & 1 & & 1 & & & & \\ & & & 1 & & 2 & & 1 & & & \\ & & 1 & & 3 & & 3 & & 1 & & \\ & 1 & & 4 & & 6 & & 4 & & 1 & \\ 1 & & 5 & & 10 & & 10 & & 5 & & 1 \\ . & . & . & . & . & . & . & . & . & . & . \end{array}$$

Op de rijen van de driehoek staan de coëfficiënten van $(a + b)^n$, bijvoorbeeld:

$$(a+b)^4 = a^4 + 4a^3b + 6a^2b^2 + 4ab^3 + b^4.$$

In een product van de vorm $(a + b)^n$ is n meestal een vast getal. Zeker als n groot is, is het dan niet leuk om de hele driehoek van Pascal (tot en met de n^{de} rij) op te bouwen. We geven daarom een methode om de k^{de} coëfficiënt van de n^{de} rij meteen op te schrijven. Eerst voeren we de volgende notaties in:

Definitie. De ***faculteit*** $n!$ (spreek uit "n faculteit") van een positief geheel getal n is het getal

$$n! = 1 \cdot 2 \cdot 3 \cdot \ldots \cdot n \quad \text{voor } n \neq 0, \qquad \text{en } 0! = 1.$$

De ***binomiaalcoëfficiënt*** van twee getallen n en k is

$$\binom{n}{k} = \frac{n}{1}\frac{n-1}{2}\frac{n-2}{3}\cdots\frac{n-k+1}{k} = \frac{n!}{k!(n-k)!}$$

(spreek uit: "n over k"). #

Let op! In de meeste toepassingen zijn n en k positieve gehele getallen, met $k \leq n$. De binomiaalcoëfficiënt n over k is dan ook een geheel getal. De binomiaalcoëfficiënt bestaat ook als alleen k een geheel getal is; dan geldt alleen de eerste uitdrukking in de definitie, en de binomiaalcoëfficiënt is geen geheel getal meer. #

Voorbeelden.

$$3! = 1 \cdot 2 \cdot 3 = 6, \quad 6! = 1 \cdot 2 \cdot 3 \cdot 4 \cdot 5 \cdot 6 = 720,$$

$$\binom{5}{2} = \frac{5}{1}\frac{4}{2} = 10, \quad \binom{7}{4} = \frac{7}{1}\frac{6}{2}\frac{5}{3}\frac{4}{4} = 35, \quad \binom{6}{0} = \frac{6!}{0!(6-0)!} = \frac{6!}{1 \times 6!} = 1,$$

$$\binom{\frac{1}{2}}{3} = \frac{\frac{1}{2}}{1}\frac{-\frac{1}{2}}{2}\frac{-\frac{3}{2}}{3} = \frac{1}{16}.$$ #

Opgave 1.4. Bepaal $\binom{6}{4}$ en $\binom{8}{8}$. #

Met behulp van de binomiaalcoëfficiënten kunnen we $(a+b)^n$ uitschrijven als som van machten:

E **_Eigenschap (het binomium van Newton)._**

$$(a+b)^n = \binom{n}{0}a^n + \binom{n}{1}a^{n-1}b + \binom{n}{2}a^{n-2}b^2 + \ldots + \binom{n}{n}b^n = \sum_{k=0}^{n}\binom{n}{k}a^{n-k}b^k \ .\#$$

De binomiaalcoëfficiënten n over k komen overeen met de getallen in de driehoek van Pascal. Dat blijkt onder andere uit de volgende eigenschappen:

E **_Eigenschap._** Voor positieve gehele getallen n en k geldt

1. $\binom{n}{0} = \binom{n}{n} = 1$
2. $\binom{n}{n-k} = \binom{n}{k}$
3. $\binom{n}{k} + \binom{n}{k-1} = \binom{n+1}{k}$. #

In termen van de driehoek van Pascal kunnen we deze eigenschappen interpreteren als:
1. Elke rij begint en eindigt met een 1.
2. In elke rij staat van links naar rechts hetzelfde als van rechts naar links.
3. Elk getal is de som van zijn linker- en rechter bovenbuur.

Toelichting. De derde eigenschap volgt uit

$$\begin{aligned}\binom{n}{k} + \binom{n}{k-1} &= \frac{n!}{k!(n-k)!} + \frac{n!}{(k-1)!\,(n-k+1)!}\\ &= \frac{n!\,(n-k+1)}{k!(n-k)!(n-k+1)} + \frac{n!k}{(k-1)!(n-k+1)!k} = \frac{n!(n-k+1)+n!k}{k!\,(n-k+1)!}\\ &= \frac{n!(n-k+1+k)}{k!\,(n-k+1)!} = \frac{n!(n+1)}{k!(n-k+1)!} = \frac{(n+1)!}{k!(n+1-k)!} = \binom{n+1}{k}. \quad \#\end{aligned}$$

Opgave 1.5. Toon zelf aan dat $\binom{n}{0} = \binom{n}{n} = 1$ voor alle positieve gehele n. #

Opgave 1.6. Toon zelf aan dat $\binom{n}{n-k} = \binom{n}{k}$ voor alle positieve gehele n en k. #

Voorbeeld. We berekenen $(a+b)^4$ met het binomium van Newton. Er geldt

$$(a+b)^4 = \binom{4}{0}a^4 + \binom{4}{1}a^3b + \binom{4}{2}a^2b^2 + \binom{4}{3}ab^3 + \binom{4}{4}b^4 \quad \text{en}$$

$$\binom{4}{0} = 1,\quad \binom{4}{1} = \frac{4}{1} = 4,\quad \binom{4}{2} = \frac{4\ 3}{1\ 2} = 6,\quad \binom{4}{3} = \frac{4\ 3\ 2}{1\ 2\ 3} = 4,\quad \binom{4}{4} = 1.$$

Er volgt dat

$$(a+b)^4 = a^4 + 4a^3b + 6a^2b^2 + 4ab^3 + b^4. \quad \#$$

Opgave 1.7. Schrijf met het binomium $(x+y)^5$ uit als som van zes termen. Vergelijk de coëfficiënten met die uit de driehoek van Pascal. #

SAMENVATTING

- Een rij $t_1, t_2, t_3, \ldots$ is convergent als de limiet voor $n \to \infty$ van t_n bestaat.

- De meetkundige rij $a, a\,r, a\,r^2, \ldots$ heeft als n^{de} term $t_n = a\,r^{n-1}$.

- Een reeks $t_1 + t_2 + t_3 + \ldots$ heeft als partiële som

  $$S_n = \sum_{k=1}^{n} t_k \,.$$

  De reeks is convergent als $S = \lim_{n\to\infty} S_n$ bestaat. S heet dan de som van de reeks.

- De som van de eerste n termen (de partiële som) van de meetkundige reeks $a + a\,r + a\,r^2 + \ldots$ is

  $$S_n = a\frac{1-r^n}{1-r} \qquad \text{mits } r \neq 1.$$

- De meetkundige reeks $a + a\,r + a\,r^2 + \ldots$ heeft als som

  $$S = \lim_{n\to\infty} S_n = \frac{a}{1-r} \quad \text{mits } -1 < r < 1$$

- De binomiaalcoëfficiënten zijn

  $$\binom{n}{k} = \frac{n}{1}\,\frac{n-1}{2}\,\frac{n-2}{3}\cdots\frac{n-k+1}{k}\,.$$

- Het binomium van Newton is

  $$(a+b)^n = \binom{n}{0}a^n + \binom{n}{1}a^{n-1}b + \ldots + \binom{n}{n-1}a\,b^{n-1} + \binom{n}{n}b^n\,.$$

1.3 TOEPASSINGEN

Toepassing 1 (economie). Ik heb op 1 januari 2002 € 100,– op de bank gezet tegen een vaste rente van 6% per jaar. Op 31 december van elk jaar wordt de rente bijgeschreven. Hoeveel heb ik 1 januari 2003 op de bank staan? En op 1 januari 2008? Na hoeveel jaren is mijn saldo verdubbeld?

Analyse. Op 1 januari 2002 heb ik € 100,– op de bank. Noem dit bedrag K (= Kapitaal). Na één jaar krijg ik $0.06K$ aan rente. Het totale bedrag dat op 1 januari 2003 op de bank staat is dan $K + 0.06K = 1.06K$ (= € 106,–). Mijn saldo neemt dus in een jaar toe met een factor 1.06. Dus op 1 januari 2004 is het saldo $(1.06)^2K$ en op 1 januari 2008 $(1.06)^6K$ $= (1.06)^6 \times$ € 100,– = € 141,85.
Algemeen geldt dat na n jaar het bedrag van K is aangegroeid tot $(1.06)^nK$. Mijn saldo is verdubbeld als $(1.06)^nK \geq 2K$.

Berekening. We lossen eerst op $(1.06)^nK = 2K$:

$$\begin{aligned} (1.06)^n K &= 2K & \Leftrightarrow \quad (1.06)^n &= 2 & \Leftrightarrow \\ \log((1.06)^n) &= \log(2) & \Leftrightarrow \quad n\log(1.06) &= \log(2) \end{aligned}$$

Voor n geeft dit

$$n = \frac{\log(2)}{\log(1.06)} = \frac{0.301030}{0.025306} = 11.89566\,.$$

Bij 6% rente verdubbelt de inleg dus na 12 jaar (onafhankelijk van het ingelegde bedrag). Mijn inleg is dus op 1 januari 2014 (meer dan) verdubbeld.

Opgave 1.8.

a. In hoeveel jaar is mijn saldo met 50% gegroeid bij 6% rente per jaar?

b. Wanneer heb ik een bedrag van € 300,– of meer?

c. Hoeveel jaar is er nodig om de inleg te verdubbelen bij een rente van 3% per jaar? Hoeveel bij een rente van 10% per jaar?

d. Bij welk beginkapitaal heb ik bij een rente van 6% na 10 jaar € 1000,– op de bank?

Toepassing 2 (economie). Stel dat u een hypotheek van € 100 000,– in 30 jaar wilt aflossen. U wilt jaarlijks een vast bedrag aan de bank betalen. Dit bedrag heet de ***annuïteit***. Het bestaat voor een deel uit rente, en voor de rest uit aflossing op de lening. Hoe groot is de annuïteit als de bank 9% rente per jaar rekent?

Analyse. Noem dat jaarlijks te betalen bedrag A. Ieder jaar neemt de schuld toe met de rente over dat jaar, en hij neemt af met A. We noemen de uitstaande schuld na n jaren D_n. Dan geldt $D_0 =$ € 100 000,– en

$$\begin{aligned} D_1 &= D_0 + 0.09D_0 - A = 1.09D_0 - A \\ D_2 &= D_1 + 0.09D_1 - A = 1.09D_1 - A = (1.09)^2 D_0 - 1.09A - A \\ D_3 &= D_2 + 0.09D_2 - A = 1.09D_2 - A = (1.09)^3 D_0 - (1.09)^2 A - 1.09A - A \\ &\;\vdots \\ D_{30} &= (1.09)^{30} D_0 - (1.09)^{29} A - (1.09)^{28} A - \ldots - 1.09A - A. \end{aligned}$$

Voor de laatste schuld geldt $D_{30} = 0$, omdat na 30 jaar de schuld precies afgelost is; dus

$$A + 1.09A + (1.09)^2 A + \ldots + (1.09)^{29} A = (1.09)^{30} D_0 .$$

Links staat de partiële som van een meetkundige reeks met termen $t_n = a\,r^{n-1}$, waarbij $a = A$ en $r = 1.09$. Er worden 30 termen opgeteld (ga na!), zodat

$$A \, \frac{1-(1.09)^{30}}{1-1.09} = (1.09)^{30} D_0 .$$

Berekening.

$$A = \frac{(1.09)^{30}(1-1.09)}{1-(1.09)^{30}} D_0 = \frac{13.26768 \times -0.09}{-12.26768} D_0 = 0.0973364\, D_0$$

Voor $D_0 = € 100\,000,–$ geeft dit $A = € 9733,64$.

Analyse. Het totaal te betalen bedrag is vast, maar de samenstelling is variabel: de rente daalt, en de aflossing stijgt. Door de uitstaande schuld D_n te berekenen kunnen we voor elk jaar de rente en de aflossing bepalen. Het resultaat staat in figuur 1.1.
De rente is aftrekbaar voor de belasting, de aflossing niet. Daardoor is het netto te betalen bedrag toch niet constant. Figuur 1.2 laat zien welk bedrag moet worden betaald na aftrek van een belastingvoordeel van 50%.

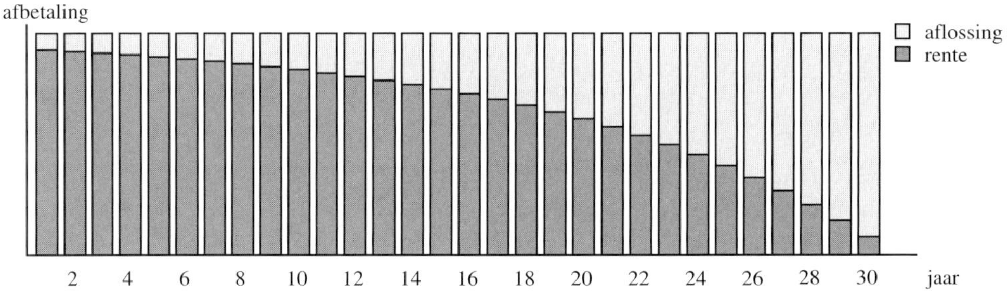

figuur 1.1. Rente en aflossing voor belastingaftrek.

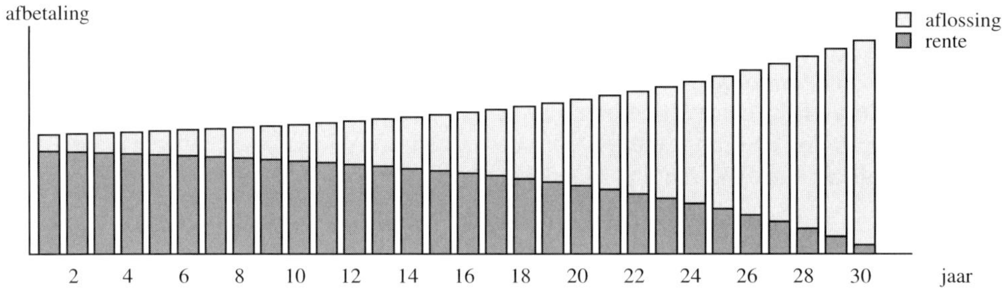

figuur 1.2. Rente en aflossing na belastingaftrek.

Opgave 1.9.

a. Maak een tabel met de annuïteit voor een lening van € 100 000,– af te lossen in 20 jaar, bij een rentevoet van 6, 7, 8, 9 en 10% .

b. U lost een hypotheek van € 100 000,– in 30 jaar af. De bank rekent 9% rente per jaar. U wilt per jaar een vast bedrag betalen, na aftrek van het belastingvoordeel van 50%. Bereken de hoogte van dat bedrag.

Toepassing 3 (teeltkunde). Met foto-elektrische cellen meten we de lichtintensiteit op verschillende bladhoogten op een proefveldje met maïs. Het blijkt dat de lichtintensiteit sterk afneemt met de hoogte.

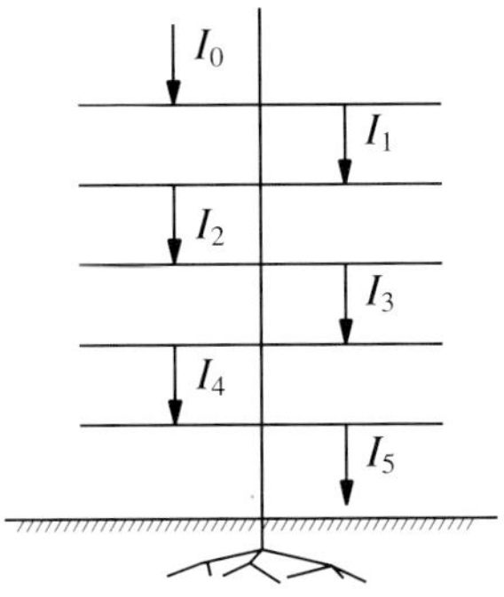

Figuur 1.3. Schematische bladlagen.

Een maïsveld.

Model. We maken een model voor de lichtintensiteit. Daarbij veronderstellen we dat de bladeren lagen vormen, die elk een vast percentage van het licht doorlaten dat op die bladlaag valt. We tellen in het maïsveld vijf bladlagen, waarbij elke laag 40% van het licht doorlaat en 60% opneemt. Welk percentage van het licht neemt de plant dan op?

Analyse. De intensiteit van het opvallend licht noemen we I_0 en de hoeveelheid overgebleven licht na de n^{de} laag I_n. De hoeveelheid licht die wordt opgenomen door de n^{de} laag duiden we aan met B_n. Er geldt dan:

doorgelaten licht	opgenomen licht
$I_1 = 0.4\, I_0$	$B_1 = 0.6\, I_0$
$I_2 = 0.4\, I_1 = (0.4)^2\, I_0$	$B_2 = 0.6\, I_1 = 0.6\,(0.4)\, I_0$
$I_3 = 0.4\, I_2 = (0.4)^3\, I_0$	$B_3 = 0.6\, I_2 = 0.6\,(0.4)^2\, I_0$
$I_4 = 0.4\, I_3 = (0.4)^4\, I_0$	$B_4 = 0.6\, I_3 = 0.6\,(0.4)^3\, I_0$
$I_5 = 0.4\, I_4 = (0.4)^5\, I_0$	$B_5 = 0.6\, I_4 = 0.6\,(0.4)^4\, I_0$

De totale hoeveelheid door de plant opgenomen licht is

$$B_1 + B_2 + B_3 + B_4 + B_5 = 0.6 I_0 + 0.6(0.4) I_0 + 0.6(0.4)^2 I_0 + 0.6(0.4)^3 I_0 + 0.6(0.4)^4 I_0 .$$

Dit is de partiële som van 5 termen van een meetkundige reeks met $t_n = a\, r^{n-1}$ met $a = 0.6\, I_0$ en $r = 0.4$, zodat

$$\sum_{n=1}^{5} B_n = 0.6\, I_0 \frac{1-(0.4)^5}{1-0.4} = 0.990\, I_0 ,$$

dat is 99.0% van het opvallende licht.
We kunnen het probleem ook anders aanpakken. We berekenden dat $I_5 = (0.4)^5 I_0$ de hoeveelheid licht is die de grond bereikt, dus de plant neemt $I_0 - (0.4)^5\, I_0$ op. Het percentage licht dat de plant opneemt is dus

$$\left(1-(0.4)^5\right) \times 100\% = 99.0\% .$$

Opgave 1.10. Welk percentage van het opvallende licht bereikt de onderste bladlaag?

1.4 Opgaven

Opgave 1.11. Bepaal van de rij $\frac{1}{3}, \frac{2}{4}, \frac{3}{5}, \frac{4}{6}, \ldots$ de term t_n. Heeft deze rij een limiet voor $n \to \infty$? Zo ja, wat is die limiet?

Opgave 1.12. Bepaal van de volgende meetkundige rijen a, r, t_5 en t_n:

a. $2, -1, \frac{1}{2}, -\frac{1}{4}, \ldots$

b. $2, 4, 8, 16, \ldots$

c. $12, -4, \frac{4}{3}, \ldots$.

Opgave 1.13. Hieronder staan de beginstukken van meetkundige reeksen. Bepaal de partiële som S_n en (als hij bestaat) ook de som S.

a. $2 - 1 + \frac{1}{2} - \frac{1}{4} + \ldots$

b. $100 + 80 + 64 + \ldots$

c. $2 - 4 + 8 - 16 + \ldots$.

Opgave 1.14. Bereken

a. $2 + 2 \cdot 3 + 2 \cdot 3^2 + 2 \cdot 3^3 + \cdots + 2 \cdot 3^{10}$

b. $3 + 3^2 + 3^3 + \cdots + 3^{10}$.

Opgave 1.15.

a. Bereken $\binom{8}{k}$ voor $k = 0, 1, 2, 3, \ldots, 8$.

b. Schrijf $(1 - 0.01)^8$ uit met behulp van binomiaalcoëfficiënten. Bereken de termen met een zakrekenmachine en tel ze op. Welke termen zijn zo klein dat we ze niet meer mee hoeven te nemen?

Opgave 1.16. Bereken $\binom{\frac{1}{2}}{5}$ en $\binom{-\frac{1}{2}}{5}$.

Opgave 1.17 (multiple choice).
De eerste drie termen van een rij zijn: $t_1 = 2$, $t_2 = 4$ en $t_3 = 8$. Wat is t_4?

(a) Dat weet ik niet, er zijn onvoldoende gegevens.

(b) Dit is een meetkundige rij, dus $t_4 = 16$.

(c) Voor deze rij geldt $t_n = n^2 - n + 2$, dus $t_4 = 14$.

(d) Voor deze rij geldt $t_{n+1} = t_n\, t_{n-1}$, dus $t_4 = 32$.

Opgave 1.18 (bosbouw; biologie). Het volume van een bepaald soort boom neemt met 4.8% per jaar toe. Met hoeveel procent neemt het volume toe in 8 jaar? In hoeveel jaar verdrievoudigt het volume?

Opgave 1.19 (economie). U kunt kiezen uit een spaarrekening die jaarlijks 8% rente opbrengt of een die 2% rente per kwartaal geeft. Hoe groot is het saldo na 10 jaar als u in beide gevallen met € 1000,– begint? Welke rekening kiest u?

Opgave 1.20 (economie). U zet elk jaar € 1000,– op een spaarrekening die 6% rente per jaar opbrengt. Wat is uw saldo direct na de vijftiende storting?

Opgave 1.21 (economie). Een hypothecaire lening van € 200 000,– heeft een looptijd van 25 jaar. De lening draagt een rente van 8% per jaar, en hij wordt afgelost met annuïteiten. Hoe groot is de annuïteit?

Opgave 1.22 (economie). Om een nieuwe auto te kopen heb je € 20 000,– geleend. Je moet per jaar 10% rente betalen. Als je aflost met een vaste annuïteit van € 3000,–, na hoeveel jaar heb je de schuld dan afgelost?

Opgave 1.23 (microbiologie). Een bacterie heeft een delingstijd van 1.5 uur. In een kweekschaaltje zitten aanvankelijk 1000 bacteriën.

a. Hoeveel bacteriën zijn er 24 uur later in het schaaltje?
b. Hoeveel delingen vinden plaats tussen 4.5 uur en 6 uur na het begin? En hoeveel tussen 16.5 uur en 18 uur?
c. Tel het totale aantal delingen dat in 24 uur optreedt.
d. Verifieer het resultaat van c. aan de hand van het resultaat van a.

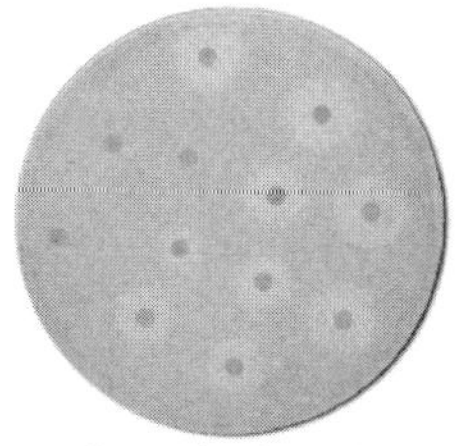

Bacteriënkweek.

Opgave 1.24 (biologie; bouwkunde, tuinarchitectuur).
Uitgaande van de rij van Fibonacci met $t_1 = 1$ en $t_2 = 1$ definiëren we de rij $t_2 / t_1, t_3 / t_2, \ldots$. Dit is dus een nieuwe rij met als n^{de} term $q_n = t_{n+1} / t_n$. Het blijkt dat deze rij een limiet heeft voor $n \to \infty$; de waarde daarvan is $(1 + \sqrt{5}) / 2$. In dit stadium kunnen we dit niet bewijzen. We kunnen wel enkele termen berekenen en nagaan of de rij deze limiet nadert. Bereken q_4, q_8 en q_{12} en vergelijk dit met de gegeven limiet.
(De verhouding $1 : (1 + \sqrt{5})/2$ *heet de gulden snede. De zijden van een rechthoek hebben deze verhouding als de kleinste staat tot de grootste als de grootste staat tot de som van beiden. Zo'n rechthoek oogt harmonisch. In allerlei meetkundige figuren, zowel natuurlijke als door de mens gemaakte, neemt de gulden snede een belangrijke plaats in. Ook de Fibonacci getallen komen in de natuur voor, bijvoorbeeld in vorm van een slakkenhuis, de bloemopbouw van samengestelde bloemen (composieten, zoals de zonnebloem) en de opbouw van planten.)*

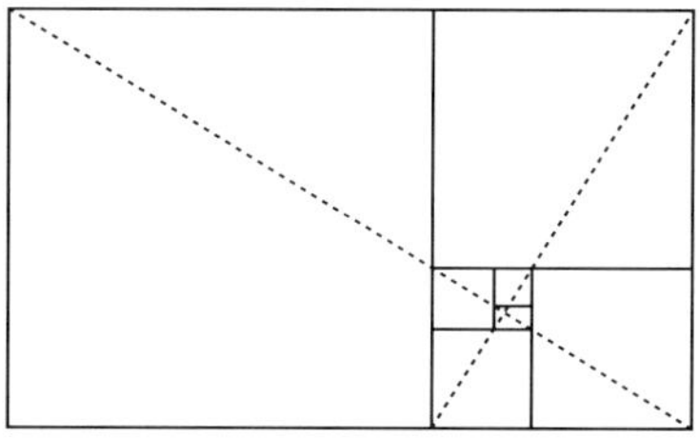

Rechthoeken waarvan de zijden zich volgens de gulden snede verhouden.

Zonnebloem

Opgave 1.25. Bereken met behulp van het binomium van Newton de som

$$\sum_{k=0}^{100} \binom{100}{k}$$

door voor a en b geschikte getallen te kiezen.

1.5 WISKUNDIG GEREEDSCHAP: ITERATIEVE PROCESSEN

In de inleiding zagen we al dat een rij getallen soms ontstaat door ***iteratie*** (= herhaling): de term t_{n+1} volgt uit zijn voorganger t_n. Zo voldoen de termen $t_n = ar^{n-1}$ van een meetkundige rij aan

$$t_{n+1} = r\,t_n \,.$$

Dit is een ***lineaire iteratieproces***.
Bij iteratie noemen we de eerste term t_0; we nemen aan dat deze bekend is. Dan volgt t_1 uit t_0, t_2 uit t_1, enzovoort. Voor de iteratie $t_{n+1} = rt_n$ geeft dit

$$t_0\,,\quad t_1 = rt_0\,,\quad t_2 = rt_1 = r^2 t_0\,,\ \ldots,\ t_n = r^n t_0\,.$$

Een vergelijking voor de opeenvolgende termen t_n, t_{n+1}, t_{n+2}, …, t_{n+m} is een ***differentievergelijking van de orde m***. Dus de iteratie $t_{n+1} = rt_n$ voldoet aan een eerste orde differentievergelijking. Het ***logistische iteratieproces***

$$t_{n+1} = k(1-t_n)t_n$$

dat in deze paragraaf uitgebreid wordt behandeld, is ook een eerste orde differentievergelijking. De rij van Fibonacci voldoet aan

$$t_{n+2} = t_n + t_{n+1}$$

en dat is een tweede orde differentievergelijking. In deze paragraaf zullen we ons verder alleen met eerste orde differentievergelijkingen bezighouden.

HET LINEAIRE ITERATIEPROCES

Voorbeeld 1 (biologie). Met het iteratieve proces $t_{n+1} = rt_n$ kunnen we dichtheid van een populatie (aantal dieren per oppervlakte eenheid) modelleren. Als geboorte en sterfte (uitgedrukt in dieren per oppervlakte eenheid per jaar) evenredig zijn met de dichtheid t_n, dan geldt

$$t_{n+1} = t_n + g\,t_n - s\,t_n$$

met g en s de evenredigheidsconstanten voor geboorte en sterfte. Er geldt dus

$$t_{n+1} = rt_n \quad \text{met} \quad r = 1 + g - s\,.$$

Voor $r > 1$ neemt de populatiedichtheid toe en voor $r < 1$ neemt de dichtheid af.
Een rij die aan dit iteratieve proces voldoet heeft de vorm $t_n = r^n t_0$, dat is een meetkundige rij. Merk op, dat n in deze uitdrukking in de exponent voorkomt. We zeggen daarom, dat het iteratieve proces $t_{n+1} = rt_n$ ***exponentiële groei*** of afname van een populatie weergeeft.#

Voorbeeld 2 (economie). Een vergelijkbare situatie doet zich voor bij de groei van een kapitaal dat een vast percentage rente opbrengt. Als t_n het kapitaal na n jaren is, dan geldt bij een rente van 6% :

$$t_{n+1} = t_n + 0.06t_n = 1.06t_n \quad \text{zodat} \quad t_n = (1.06)^n t_0\,. \qquad \#$$

De figuren 1.4 en 1.5 geven een grafische weergave van het iteratieve proces $t_{n+1} = rt_n$. We tekenen eerst de modellijn $y = rx$ en de hulplijn $y = x$. Het startpunt t_0 zetten we uit op de x-as. Vanuit dit punt trekken we een verticale lijn, en die snijden we met de modellijn $y = rx$. Vanuit dit snijpunt trekken we een horizontale lijn; waar deze de y-as snijdt zetten we de waarde t_1. Vervolgens brengen we de waarde van t_1 van de y-as over op de x-as: we trekken een horizontale lijn naar de hulplijn $y = x$, en vanuit het snijpunt een verticale lijn naar de x-as. Het snijpunt met de x-as heeft nu ook de waarde t_1.
Net zo construeren we t_2 uit t_1, t_3 uit t_2, enzovoort. We zien dan dat de rij $t_1, t_2, t_3, \ldots$ naar oneindig gaat als $r > 1$, zie figuur 1.4. Voor $0 < r < 1$ gaat de rij naar 0, zie figuur 1.5.

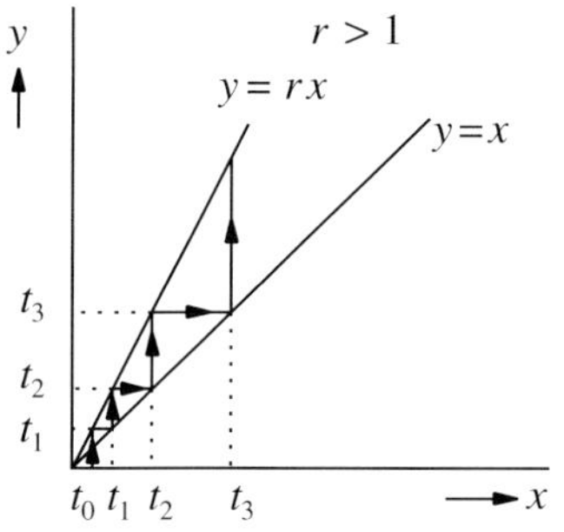

figuur 1.4. Grafische weergave van het lineaire iteratieproces.

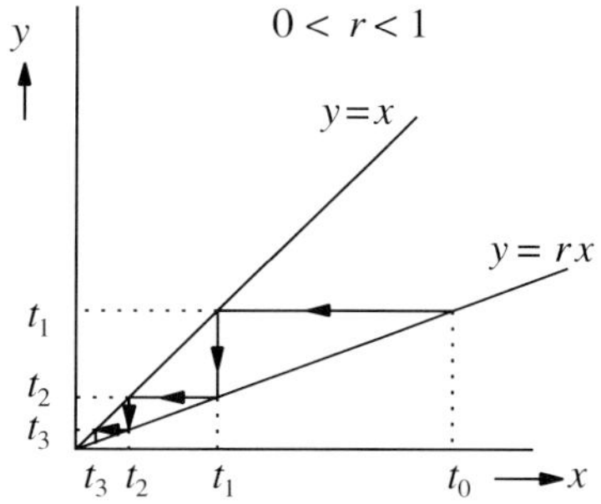

figuur 1.5. Grafische weergave van het lineaire iteratieproces.

Opgave 1.26. Schets het iteratieve proces $t_{n+1} = rt_n$ in het (x, y)-vlak voor $r = 2$ en voor $r = \frac{1}{2}$, met de startwaarde $t_0 = 1$. #

Opgave 1.27. (biologie; ecologie). Onderzoek grafisch het iteratieve proces

$$P(n+1) = rP(n) - b$$

uit de inleiding met $r = 1.5$ en $b = 1$ voor $P(0) = 1.5$. Ga ook na hoe $P(n)$ zich ontwikkelt voor toenemende n als $P(0) = 2.5$. #

HET LOGISTISCHE ITERATIEPROCES

Populaties kunnen in de beginfase de eerder beschreven exponentiële groei vertonen. Als dit zo doorgaat groeit de populatie onbegrensd. In werkelijkheid neemt de groei meestal snel af, bijvoorbeeld doordat er beperkt voedsel beschikbaar is. Dat effect modelleren we met het zogeheten ***logistische iteratieproces***

D

$$t_{n+1} = k(a - t_n)\, t_n$$

met positieve parameters k en a. De (constante) factor r van het lineaire iteratieproces is vervangen door de factor $k(a - t_n)$, die van t_n afhangt. Voor $t_n \approx 0$ geldt $k(a - t_n) \approx ka$, en het logistische iteratieproces lijkt dan veel op een lineair iteratieproces. Als t_n toeneemt wordt de factor $k(a - t_n)$ kleiner, en voor $t_n > a$ is hij zelfs negatief.
We onderzoeken het logistische iteratieproces nader voor het geval $a = 1$:

$$t_{n+1} = k(1 - t_n)\, t_n\ .$$

Er is geen eenvoudige formule om t_n direct in t_0 en k uit te drukken. We gebruiken dus de grafische methode. Dat doen we net zo als bij het lineaire iteratieve proces. We tekenen eerst de modelkromme $y = k(1 - x)x$, dat is een parabool met nulpunten $x = 0$ en $x = 1$ en top in $x = \frac{1}{2}$, $y = \frac{1}{4}k$. De waarden van t_n vinden we door verticale lijnen te snijden met de modelkromme, en horizontale lijnen met de hulplijn $y = x$.
Voor $0 < k \leq 4$ geldt dat als $0 \leq t_n \leq 1$, dan ook $0 \leq t_{n+1} \leq 1$ (zie figuur 1.6 en figuur 1.7). Als dus $0 \leq t_0 \leq 1$, dan ook $0 \leq t_n \leq 1$ voor alle n: het logistische iteratieproces levert in dit geval een begrensde, positieve rij t_n op.
Anders is het als $k > 4$ (zie figuur 1.8). Voor sommige waarden van t_n met $0 \leq t_n \leq 1$ geldt nu $t_{n+1} > 1$ en daarmee $t_{n+2} < 0$. Hiermee is geen enkele populatie realistisch te beschrijven. Het model kan dus alleen betekenis hebben voor $0 < k \leq 4$.

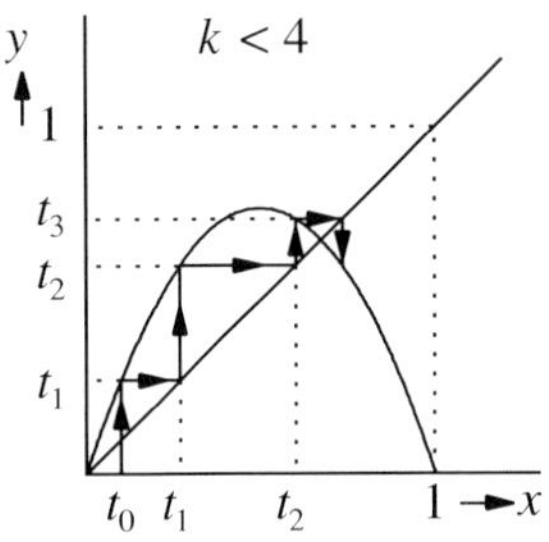

figuur 1.6.

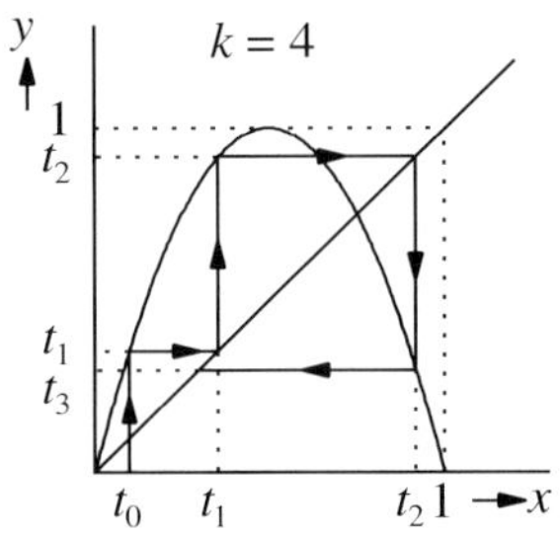

figuur 1.7.

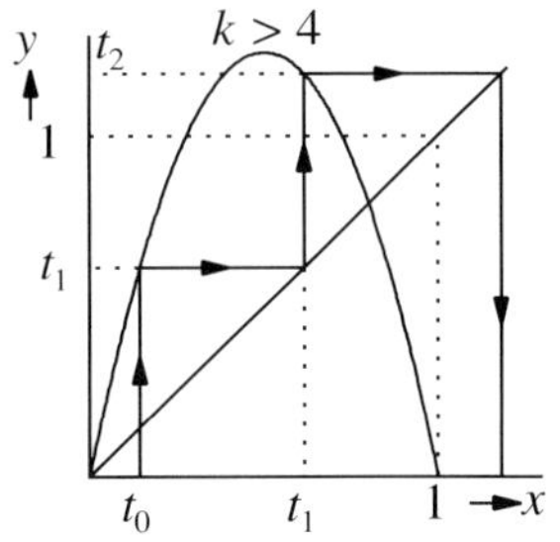

figuur 1.8.

We beperken ons daarom tot $0 < k \leq 4$ en $0 \leq t_n \leq 1$. We tekenen voor verschillende waarden van k een aantal iteraties in één grafiek. Dat levert figuur 1.9 en figuur 1.10.

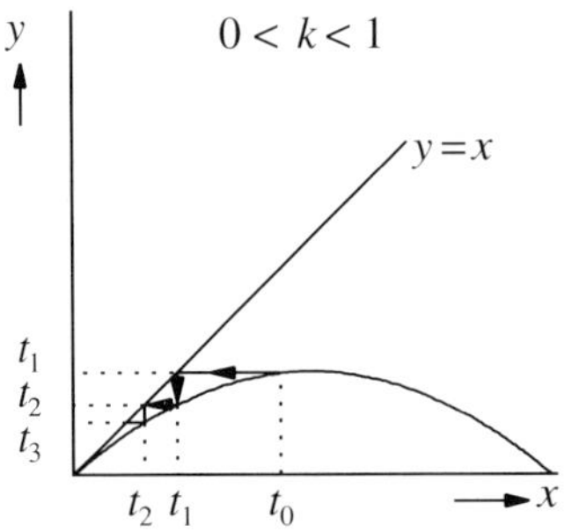

figuur 1.9.

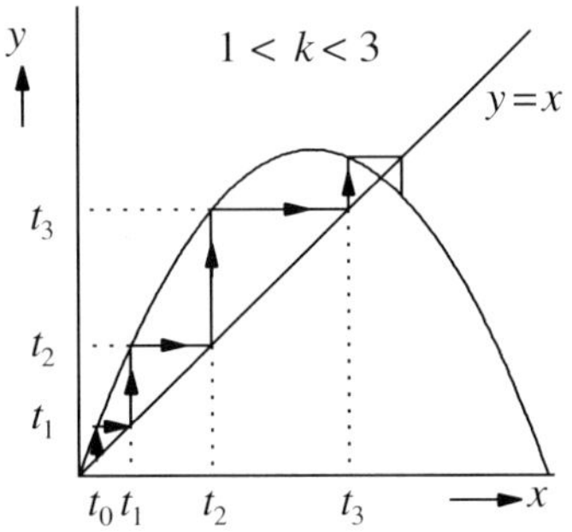

figuur 1.10.

Zowel in figuur 1.9 als in figuur 1.10 zien we dat de rij t_n naar een limiet convergeert. Zo'n limiet is een bijzonder punt voor een iteratief proces: het is een ***evenwicht***, ook wel een ***stationair punt*** genoemd.

D ***Definitie.*** Het punt $\underline{t}$ is een ***evenwicht*** van een iteratief proces als uit $t_0 = \underline{t}$ volgt dat $t_1 = t_2 = \ldots = \underline{t}$. #

Voor een evenwicht van een iteratief proces geldt dat $t_n = \underline{t}$ voor elke n. Dus ook $t_n = t_{n+1} = \underline{t}$. Voor de evenwichten $\underline{t}$ van het logistische iteratieproces volgt daarmee

$$\left.\begin{aligned} t_{n+1} &= k(1-t_n)t_n \\ t_{n+1} &= t_n = \underline{t} \end{aligned}\right\} \quad \Rightarrow \quad \underline{t} = k(1-\underline{t})\underline{t} \quad \text{ofwel} \quad \underline{t}(1-k+k\underline{t}) = 0.$$

Deze vergelijking heeft twee oplossingen:

$$\underline{t} = 0 \quad \text{en} \quad \underline{t} = 1 - \tfrac{1}{k}.$$

In de grafieken vinden we de evenwichten als de snijpunten van de modelkromme $y = k(1-x)x$ met de hulplijn $y = x$. Het blijkt dat voor $0 < t_0 < 1$

$$\lim_{n\to\infty} t_n = \begin{cases} 0 & \text{voor} \quad 0 < k < 1, \\ 1-\frac{1}{k} & \text{voor} \quad 1 < k < 3. \end{cases}$$

Het gedrag van het logistische iteratieproces hangt dus sterk af van k. We zagen al eerder dat alleen voor $0 < k \le 4$ de rij t_n begrensd is. De aard van die rij kan, afhankelijk van k, nog sterk variëren. Voor $0 < k < 1$ nadert elke rij met startwaarde $0 < t_0 < 1$ het evenwicht $\underline{t} = 0$. Voor $1 < k < 3$ gaat elke rij naar het evenwicht $\underline{t} = 1 - \frac{1}{k}$.

ALGEMENE ITERATIEVE PROCESSEN: EVENWICHTEN EN STABILITEIT

Een algemeen ***iteratief proces*** heeft de vorm

$$t_{n+1} = f(t_n).$$

Hiervan hebben we twee speciale gevallen bekeken: $f(t) = rt + b$ (het *lineaire iteratieproces*) en $f(t) = k(a-t)\,t$ (het *logistische iteratieproces*). We kunnen ook een willekeurige andere functie $f(t)$ kiezen.
De ***evenwichten*** van een iteratief proces zijn de oplossingen van de vergelijking

$$\underline{t} = f(\underline{t}).$$

In de grafiek vinden we de evenwichten als de snijpunten van de modelkromme $y = f(x)$ met de hulplijn $y = x$. Of een rij wegloopt van een evenwicht of er naar toe convergeert hangt af van de afgeleide van $f(x)$ in dat evenwicht:

E ***Eigenschap.*** Voor een evenwicht $\underline{t}$ van het iteratieve proces $t_{n+1} = f(t_n)$ geldt:

- ❐ als $|f'(\underline{t})| < 1$ dan naderen rijen $\underline{t}$ (het evenwicht is dan "stabiel" of "aantrekkend"),
- ❐ als $|f'(\underline{t})| > 1$ dan lopen rijen weg van $\underline{t}$ (het evenwicht is "instabiel" of "afstotend").#

Figuur 1.11 geeft een iteratief proces $t_{n+1} = f(t_n)$ weer, met stabiel evenwicht $\underline{t}^{(s)}$ en instabiel evenwicht $\underline{t}^{(i)}$. Merk op dat $|f'(\underline{t}^{(s)})| < 1$ en $|f'(\underline{t}^{(i)})| > 1$.

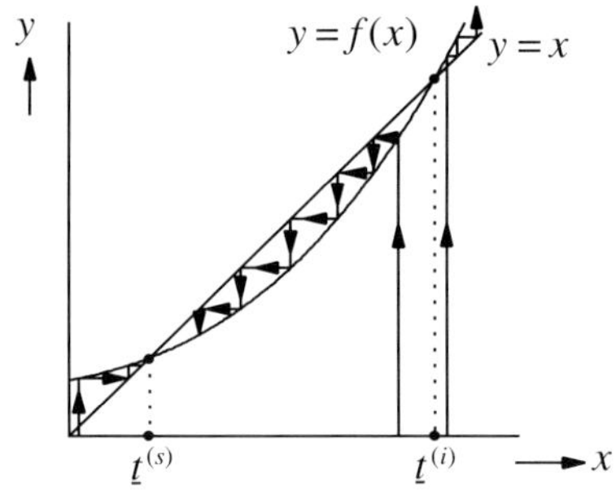

figuur 1.11. Een stabiel evenwicht (links) en een instabiel evenwicht (rechts).

Opgave 1.28. Bepaal de stabiliteit van de evenwichten van het logistische iteratieproces met $f(t) = k(1-t)t$ voor $0 < k < 4$. #

Naast evenwichten kunnen iteratieve processen ook andere rijen hebben met een eenvoudig gedrag: ***periodieke rijen***.

D ***Definitie.*** Een rij $t_1, t_2, t_3, \ldots$ is periodiek met periode k als

$$t_{n+k} = t_n \quad \text{voor } n = 1, 2, 3, 4, \ldots ,$$

waarbij k de kleinste positieve waarde is waarvoor dit geldt. #

Een rij is dus periodiek met periode 2 als geldt

$$t_{n+1} = f(t_n), \quad t_{n+2} = f(t_{n+1}) = t_n, \text{ en } t_{n+1} \neq t_n .$$

Voorbeeld. Voor het iteratieve proces met $f(t) = 1 - t$ geldt

$$t_{n+1} = 1 - t_n, \quad t_{n+2} = 1 - t_{n+1} = 1 - (1 - t_n) = t_n .$$

Voor elke t_0 ($\neq 0.5$) levert het iteratieproces $t_{n+1} = 1 - t_n$ dus een rij met periode 2 op. #

Opgave 1.29. Onderzoek het iteratieproces $t_{n+1} = 1 - t_n$ grafisch. Voor welke $\underline{t}$ is het proces in een evenwicht? #

HET LOGISTISCHE ITERATIEPROCES: PERIODIEKE RIJEN EN CHAOS

We zagen al eerder dat het gedrag van het logistische iteratieproces

$$t_{n+1} = k(1-t_n)t_n$$

afhangt van de waarde van k. Alleen voor $0 < k \leq 4$ is de rij t_n begrensd. Voor $0 < k < 1$ nadert elke rij met startwaarde $0 < t_0 < 1$ het evenwicht $\underline{t} = 0$. Voor $1 < k < 3$ loopt elke rij weg van dit evenwicht en nadert het evenwicht $\underline{t} = 1 - {}^1/_k$.
Voor $3 < k \leq 4$ heeft de rij $t_0, t_1, t_2, \ldots$ geen limiet: de beide evenwichten zijn immers instabiel (zie opgave 1.27). Nu wordt de rij op den duur periodiek, of zelfs onregelmatig.

Voorbeeld. Het iteratieproces $t_{n+1} = 3.5(1 - t_n)t_n$ met $t_0 = 0.8310$ levert de rij
0.8310 0.4915 0.8747 0.3835 0.8275 0.4997 0.8750 0.3828 0.8269 0.5009 0.8750 ...
op. Deze rij nadert op den duur tot een periodieke rij met periode 4. #

In figuur 1.12 is voor $k = 3.2$ de periodieke rij met periode 2 geschetst, in figuur 1.13 is de periodieke rij met periode 4 gegeven voor $k = 3.5$.

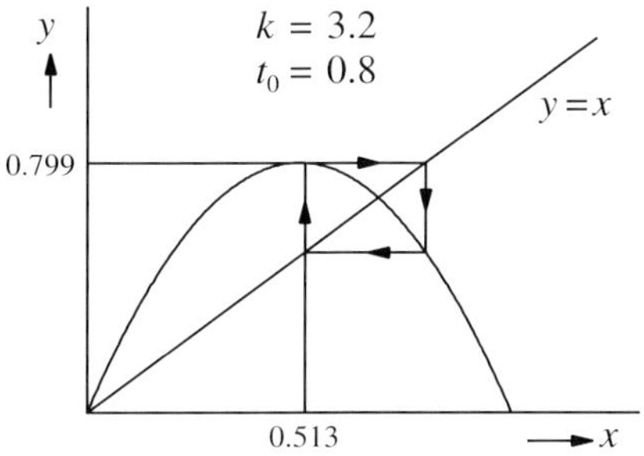

figuur 1.12. Een rij met periode 2.

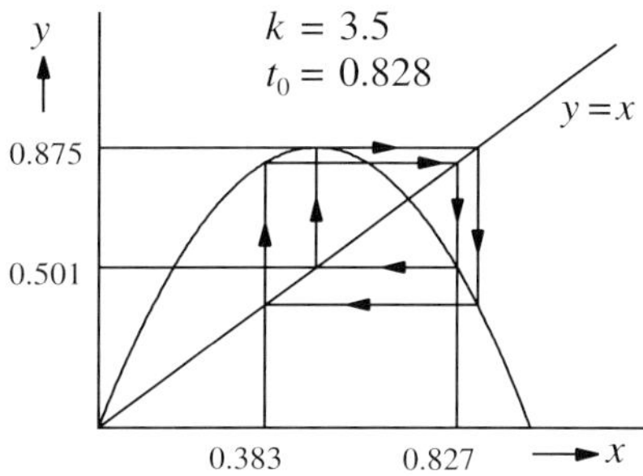

figuur 1.13. Een rij met periode 4.

Voor $3 < k < 4$ komen er periodieke rijen voor met perioden als in de bijgaande tabel. De periode verdubbelt herhaald voor toenemende k. Voor $k > 3.5699\ldots$ is de periode ∞. De rijen vertonen dan geen regelmaat meer. Zulk onregelmatig gedrag heet ***chaotisch***.
Bij chaotisch gedrag groeien gemaakte fouten (bijvoorbeeld afrondfouten) sterk aan, zodat na enkele iteraties het antwoord helemaal fout is. (Dit afronden gebeurt altijd in een rekenmachine).

k in interval:	periode
(3, 3.4495)	2
(3.4495, 3.5441)	4
(3.5441, 3.5644)	8
⋮	⋮
(3.5699, 4)	∞

Voor k in (3.5699, 4) zijn de rijen die voldoen aan $t_{n+1} = k(1 - t_n)t_n$ meestal chaotisch. Er zijn echter waarden van k waarvoor de rijen voor $n \to \infty$ periodiek gedrag vertonen. Voor bijvoorbeeld $k = 3.83$ nadert elke rij met $0 < t_0 < 1$ naar een rij met periode 3.

Opgave 1.30. Bereken t_1 tot en met t_6 voor het iteratieve proces $t_{n+1} = k(1 - t_n)t_n$ met $k = 3.2$ en $t_0 = 0.77$. Laat (door invullen) zien dat $t_n = 0.79946$ en $t_{n+1} = 0.51304$ een periodieke rij met periode 2 vormen. #

Opgave 1.31. Bereken t_5 voor het iteratieve proces $t_{n+1} = 4(1 - t_n)t_n$ met $t_0 = 0.9100$. Doe dit ook voor $t_0 = 0.9000$ en vergelijk de twee antwoorden. #

SAMENVATTING

- Iteratief proces: $t_{n+1} = f(t_n)$ (differentievergelijking van de eerste orde).
- Voor het lineaire iteratieproces geldt $f(t) = rt + b$.
- Voor het logistische iteratieproces geldt $f(t) = k(a-t)t$.
- Een evenwicht $\underline{t}$ van het iteratieve proces $t_{n+1} = f(t_n)$ voldoet aan $\underline{t} = f(\underline{t})$.
- Een evenwicht $\underline{t}$ is stabiel (aantrekkend) als $|f'(\underline{t})| < 1$,
  een evenwicht $\underline{t}$ is instabiel (afstotend) als $|f'(\underline{t})| > 1$.

1.6 TOEPASSINGEN

Toepassing 1 (biologie; vergelijk inleiding §1.1). Van een populatie waarop wordt gejaagd is de omvang in drie opeenvolgende jaren 895, 720 en 495. Als model nemen we het iteratief proces

$$P(n+1) = r\,P(n) - b.$$

Opgave 1.32.

a. Welke waarden hebben r en b? Hoe groot is de populatie in het jaar dat direct volgt op de genoemde drie jaren? (Bepaal P op één decimaal nauwkeurig.)

b. Hoe groot is de populatie (uitgedrukt in r en b) als de jachtdruk de populatiegroei precies compenseert?

Toepassing 2 (biologie, natuurbeheer). Muskusratten bedreigen onze dijken door de gaten die zij daarin graven. Ze worden daarom bestreden, hoofdzakelijk door vangen. Het aantal muskusratten, dat van 1976 tot 1984 in de provincie Utrecht werd gevangen is

jaar	1976	1977	1978	1979	1980	1981	1982	1983	1984
aantal	50	125	236	389	571	1340	2195	5515	10598

Model. Deze getallen vormen bij benadering een meetkundige rij met $a = 50$ en $r = 2$: $t_n = a r^{n-1}$ waarin $n =$ jaartal – 1975. Het model zegt weinig over de omvang van de populatie; er kwamen in de telperiode rattenvangers bij, waardoor er ook meer ratten gevangen werden.

Muskusrat.

Opgave 1.33. Ga na dat op basis van het model men in 2000 ongeveer 1 miljard muskusratten moest vangen. Bedenk een meer realistisch model voor de lange termijn.

Toepassing 3 (economie). Een multinationaal bedrijf in de voedingssector heeft op 2 april zijn kwartaalcijfers bekend gemaakt. Deze zijn beter dan werd verwacht. De aandelenkoers van het bedrijf reageert heftig op dit bericht. De koers springt omhoog; vervolgens denkt men dat dit overtrokken is: de koers daalt weer. Dit gaat zo verder.
Een beleggingsinstelling wil een schatting hebben van de koers als de schommelingen zijn uitgedempt. De expert van de instelling gaat er van uit dat het onderliggende proces een lineair iteratieproces is. De cijfers zijn als volgt:

datum	1 april	2 april	3 april
koers	€ 22,80	€ 26,30	€ 24,20

Toepassing van $t_{n+1} = rt_n + b$ op de twee iteraties geeft twee lineaire vergelijkingen voor de parameters r en b:

$$22.8r + b = 26.3\,,$$
$$26.3r + b = 24.2\,.$$

Oplossen geeft $r = -0.6$, $b = 39.98$. Nu kunnen we het verdere koersverloop voorspellen:

datum	4 april	5 april	6 april
koers	€ 25,46	€ 24,70	€ 25,16

Als de koersschommelingen uitgedempt zijn, dan is het proces in het evenwicht $\underline{t} = b/(1-r) =$ € 24,99 aangeland. Ga na dat dit evenwicht stabiel is. De expert gaat ervan uit dat $r = -0.6$ typerend is voor de respons van de beurs op een plotselinge verandering. Met deze hypothese kan hij na de eerste reactie van de beurs het verdere koersverloop voorspellen.

Opgave 1.34. Op 10 april komt een andere multinational met tegenvallende kwartaalcijfers. De beurskoers op 9 april was € 125,30 en op 10 april (na publicatie van de kwartaalcijfers) € 84,25. Voorspel het koersverloop van dit aandeel voor de eerste vier dagen na het bekend worden van de kwartaalcijfers.

Toepassing 4 (biologie, tuinbouw). Het vingerhoedskruid (*Digitalis purpurea*) is een tweejarige plantensoort. In zijn eerste jaar bloeit een plant niet. In het tweede jaar bloeit de plant, er wordt zaad geproduceerd en de plant sterft af. Het zaad van één plant levert gemiddeld 2 plantjes in het nieuwe jaar. Een plant heeft een kans van 60% om de winter te overleven. Wat is op den duur de verhouding tussen het aantal bloeiende en niet-bloeiende planten?

Vingerhoedskruid.

Model. We geven het aantal eerstejaars planten in jaar n aan met p_n en de tweedejaars met q_n. Er geldt dan

$$p_{n+1} = 2q_n \quad \text{en} \quad q_{n+1} = 0.6p_n\,.$$

Voor de verhouding $t_n = q_n / p_n$ vinden we

$$t_{n+1} = \frac{q_{n+1}}{p_{n+1}} = \frac{0.6p_n}{2q_n} = \frac{0.3}{t_n}.$$

Dit is een iteratief proces van het type $t_{n+1} = f(t_n)$, met $f(t) = 0.3/t$.

Opgave 1.35.

a. Ga na dat het iteratieve proces $t_{n+1} = f(t_n)$ precies één evenwicht $\underline{t}$ heeft, en bereken dit evenwicht.

b. Bereken $f'(\underline{t})$. Wat volgt hieruit voor de stabiliteit van het gevonden evenwicht?

c. Onderzoek het iteratieproces grafisch. Is het proces lineair of niet-lineair?

d. Toon aan dat voor elke t_0 de rij $t_0, t_1, t_2, t_3, \ldots$ periodiek is met periode 2.

e. Geef een biologische verklaring voor dit verschijnsel.

f. Wat is er in het model mis?

Toepassing 5 (marktkunde, economie). We bekijken een eenvoudig marktmodel van vraag en aanbod. Op de markt wordt de prijs y van een product periodiek (bijvoorbeeld eens per dag, of eens per week) vastgesteld: $y = y_k$. De vraag B stijgt als de prijs daalt:

$$B_k = b_0 - b_1\, y_k \qquad \text{met } b_0, b_1 > 0\,.$$

Het aanbod A stijgt als de prijs stijgt. Omdat de leverancier tijd nodig heeft voor productie en transport reageert het aanbod op de marktprijs van een periode eerder:

$$A_k = a_0 + a_1\, y_{k-1} \qquad \text{met } a_0, a_1 > 0\,.$$

De prijs zelf wordt nu bepaald door evenwicht tussen vraag en aanbod: $B_k = A_k$. Dat leidt tot de vergelijking

$$b_0 - b_1\, y_k = a_0 + a_1\, y_{k-1}\,,$$

zodat

$$y_k = \frac{b_0 - a_0 - a_1\, y_{k-1}}{b_1}\,.$$

De prijsvorming wordt dus beschreven door een iteratief proces $y_k = f(y_{k-1})$, met

$$f(y) = \frac{b_0 - a_0 - a_1\, y}{b_1}\,.$$

Er treedt een evenwicht op als $y_k = \underline{y}$, waarin $\underline{y}$ voldoet aan $f(\underline{y}) = \underline{y}$:

$$\underline{y} = \frac{b_0 - a_0}{b_1 + a_1}\,.$$

Voor de afwijking van de prijs ten opzichte van het evenwicht, $z_k = y_k - \underline{y}$, geldt (ga na!)

$$b_1\, z_k = -a_1\, z_{k-1}\,,$$

zodat $z_k = z_0(-a_1/b_1)^k$ (ga na!). Met $y_k = \underline{y} + z_k$ volgt nu dat

$$y_k = \frac{b_0 - a_0}{b_1 + a_1} + \left(y_0 - \frac{b_0 - a_0}{b_1 + a_1} \right) \left(-\frac{a_1}{b_1} \right)^k.$$

Opgave 1.36.

a. Schets de oplossing y_k. Onderscheid daarbij vier verschillende gevallen: $a_0 < b_0$ of $a_0 > b_0$, gecombineerd met $a_1 < b_1$ of $a_1 > b_1$.

b. Laat zien dat het model alleen realistische uitkomsten kan geven als $a_0 \le b_0$.

c. Laat zien dat het evenwicht stabiel is als het aanbod minder heftig reageert op veranderingen in de prijs dan de vraag.

We bekijken een marktmodel als boven beschreven, met $a_0 = 2$, $a_1 = 1$, $b_0 = 4$, $b_1 = 2$. Verder veronderstellen we een "startprijs" $y_0 = 2$.

d. Bepaal de prijs y_k.

e. Voor welke k heeft de prijs y_k de evenwichtsprijs tot op minder dan 5% benaderd?

1.7 OPGAVEN

Opgave 1.37 (biologie). We bekijken het iteratieve proces

$$t_{n+1} = r\,t_n + b$$

als model voor de groei van een populatie.

a. We nemen eerst $b = 0$, dus $t_{n+1} = r\,t_n$. Wat is de biologische interpretatie van r? Beredeneer dat in een natuurlijk milieu altijd geldt dat $r > 1$.

b. Een constante jachtdruk in een natuurlijk milieu kunnen we modelleren met $r > 1$ en $b < 0$. Laat zien dat het iteratief proces dan een evenwicht heeft. Bereken dit evenwicht en laat zien dat het instabiel is.

c. In een niet-natuurlijk milieu zijn de omstandigheden soms niet goed genoeg om de populatie op peil te houden: er geldt dan $0 < r < 1$. Zo'n milieu heerst bijvoorbeeld vaak in aquaria. Formuleer een iteratief proces voor een aquariumpopulatie waarbij jaarlijks de helft van de vissen sterft, en waarin jaarlijks 20 nieuwe vissen worden toegevoegd. Bereken het evenwicht van dit proces.

d. Laat zien dat het proces $t_{n+1} = r\,t_n + b$ met $0 < r < 1$ en $b > 0$ altijd precies één evenwicht heeft. Laat ook zien dat dit evenwicht stabiel is.

e. Hoe gedraagt zich het iteratieve proces $t_{n+1} = r\,t_n + b$ als $r = 1$?

Opgave 1.38 (macro-economie). In het jaar n bedragen het nationaal inkomen $Y(n)$, de consumptie $C(n)$ en de investeringen $I(n)$ (in miljarden euros):

$$Y(n) = C(n) + I(n).$$

We bekijken een model waarin de consumptie voor een deel wordt gebaseerd op het inkomen over het voorafgaande jaar:

$$C(n+1) = \tfrac{1}{2}Y(n) + 1,$$

en waarin ieder jaar voor een vast bedrag wordt geïnvesteerd:

$$I(n) = 1 \quad \text{voor } n = 1, 2, 3, \ldots.$$

a. Druk $Y(n+1)$ uit in $Y(n)$ en geef het verband grafisch weer.

b. Schets het iteratieproces voor $Y(0) = 1$ en voor $Y(0) = 6$.

c. Bepaal het evenwicht $\underline{Y}$ van het iteratieproces. Is dit evenwicht stabiel?

d. Bepaal de limiet van $Y(n)$ als $n \to \infty$ voor willekeurige $Y(0) > 0$.

e. Ga na dat $Y(n)$ voldoet aan $Y(n) - \underline{Y} = a\left(\tfrac{1}{2}\right)^n$. Bepaal a als $Y(0) = 2$.

Opgave 1.39 (biologie) (multiple choice).
Ik wil elk voorjaar 200 bloeiende bolplanten in mijn tuin hebben. Ik begin in het eerste jaar met 100 bollen, en daarna poot ik er ieder najaar een vast aantal bij. De nieuw geplante bollen overleven de winter allemaal, maar van de oude bollen overleeft slechts 40%. De kans dat (oude en nieuwe) bollen bloeien is 0.8. Hoeveel moet ik er jaarlijks bijpoten om op den duur het evenwichtsaantal van 200 te bereiken?

(a) 120
(b) 150
(c) 96
(d) Dat kan niet, want het evenwicht is niet stabiel.

Opgave 1.40 (biologie). Een bioloog heeft een populatie slechtvalken over een aantal jaren geteld. Af en toe is de populatieomvang erg klein. Is dat een natuurlijk proces, of komt dat door externe factoren, zoals schadelijke stoffen in het milieu?
De waargenomen aantallen slechtvalken zijn

jaar	1980	1981	1982	1983	1984	1985	1986	1987	1988	1989	1990
aantal	330	231	390	38	138	362	139	362	136	359	146

Ga na of voor deze getallen een logistisch proces

$$t_{n+1} = k(a-t_n)t_n$$

geldt. Vul daartoe twee opeenvolgende waarden van t in. Dit geeft een vergelijking voor k en a. Doe dit nog eens voor twee andere opeenvolgende termen en los de twee vergelijkingen op naar k en a. Test vervolgens voor een nog niet gebruikte term of het mogelijk is om met behulp van het logistisch iteratieproces met daarin de berekende waarden van k en a de daarop volgende term goed te voorspellen. Kies in geval van twijfel nog een andere term. Welke conclusie kan worden getrokken?

Slechtvalk.

Opgave 1.41. Het logistisch iteratieve proces heeft de vorm

$$t_{n+1} = k(a-t_n)t_n \,.$$

Met $y_n = t_n / a$ krijgt het proces de vorm

$$y_{n+1} = K(1-y_n)\,y_n \,.$$

a. Wat is het verband tussen K en k?
b. Wat is de interpretatie van t_n, a en y_n?

Opgave 1.42 (visteelt, biologie). De visserijbioloog W.E. Ricker introduceerde het iteratieve proces

$$t_{n+1} = t_n \, \mathrm{e}^{k(a-t_n)} .$$

Hierin is t_n de omvang van een populatie, en a is het draagvermogen van de biotoop. Voor de geschaalde variabele $y_n = t_n / a$ geldt het proces

$$y_{n+1} = y_n \, \mathrm{e}^{K(1-y_n)} .$$

a. Wat is de relatie tussen k en K?
b. Bepaal de evenwichten van het iteratieproces voor y_n.
c. We kiezen als beginwaarde $y_0 = 0.5$. De verdere termen van de rij hangen af van de keuze van K. Kies $K = -1$ en ga na of de rij naar een evenwicht gaat. Doe dit ook voor $K = 1$, $K = 2.25$ en $K = 3$. Als de rij niet naar een evenwicht gaat, hoe gedraagt hij zich dan wel? Baseer je conclusies op de eerste vijf termen van de rij.
d. Onderzoek de stabiliteit van de evenwichten met behulp van de afgeleide van $f(y) = y\,\mathrm{e}^{K(1-y)}$. Komt het resultaat overeen met de resultaten van c.?

1.8 REFLECTIE

In dit hoofdstuk hebben we kennis gemaakt met basisbegrippen als rijen en reeksen, in het bijzonder de meetkundige rij en reeks. Dit wiskundig gereedschap kunnen we in vele problemen gebruiken. De meetkundige reeks komt bijvoorbeeld voor bij de berekening van de accumulatie van rentedragend kapitaal. Voor de meetkundige reeks bestaat er een expliciete formule voor de som. Voor andere reeksen is die er vaak niet; soms is het al moeilijk genoeg om na te gaan of de reeks al dan niet convergent is.
Bij een herhaald experiment met twee mogelijke uitkomsten (bijvoorbeeld het opgooien van een munt), wordt in de statistische analyse gebruik gemaakt van binomiaalcoëfficiënten.
Met iteratieve processen introduceren we eenvoudige ***dynamische systemen***. Een systeem beschrijven we met een toestandsvariabele, bijvoorbeeld de omvang van een populatie. We spreken van een dynamisch systeem als de toestand op een tijdstip alleen afhangt van de toestand op het voorafgaande tijdstip. Als we de begintoestand kennen, dan kunnen we de toestand voor alle volgende tijdstippen berekenen met het iteratieve proces.
Van bijzonder belang is het gedrag van het systeem als we het iteratieve proces tot in het oneindige zouden volhouden. Het systeem kan naar een limiet gaan als er een stabiel evenwicht is. Als dat er niet is, dan kan er periodiek of onregelmatig gedrag optreden. Chaotisch gedrag is onregelmatig gedrag waarbij fouten in de berekeningen aangroeien; er kunnen dan geen betrouwbare voorspellingen voor de lange termijn worden gedaan.

HISTORISCHE NOTITIES

Pascal

Vanuit historisch oogpunt biedt dit hoofdstuk twee extremen. Aan de ene kant is er de theorie (en vooral ook de praktische toepassing) van rijen en reeksen. De meetkundige reeks (met zijn financiële toepassingen) is (in het westerse cultuurgebied) al meer dan 20 eeuwen oud.
De driehoek van Pascal is genoemd naar Blaise Pascal (Frankrijk, 1623-1662), de constructeur van de eerste rekenautomaat. De driehoek is echter veel ouder: de eerste 17 rijen staan al uitgeschreven in een boek uit 1544.
De binomiaalcoëfficiënten zijn afkomstig van Isaac Newton (Engeland, 1642-1727). Newton wordt vaak beschouwd als de grootste wetenschapper uit de geschiedenis. Niet alleen vond hij het differentiëren en integreren uit, maar ook ontdekte hij de hoofdwetten van de mechanica, gravitatietheorie, warmteleer en optica.
Aan de andere kant is er de theorie van de dynamische systemen, die betrekkelijk nieuw is. Pas in 1976 werd algemeen bekend dat het eenvoudige iteratieproces $t_{n+1} = k(1 - t_n)\,t_n$ rijen getallen zonder regelmaat oplevert. Tien jaar eerder was al ontdekt, dat wiskundige modellen die het weer beschrijven zich op vergelijkbare wijze onregelmatig gedragen.

Newton

2 FUNCTIES

VOORKENNIS

- Kennis van machten en faculteiten; kennis van de exponentiële functie, de logaritme en de goniometrische functies. Vaardigheid in het rekenen hiermee.
- Kennis van de rekenregels voor het differentiëren. Vaardigheid in het gebruik van die regels.
- Vaardigheid in functieonderzoek en in het schetsen van een grafiek.
- Vaardigheid in het bepalen van de beste rechte lijn bij meetpunten met behulp van lineaire regressie.

OVERZICHT VAN DIT HOOFDSTUK

2.1 INLEIDING

De processen in hoofdstuk 1 beschrijven een grootheid die steeds met gelijke tussenpozen wordt bepaald. Er was bijvoorbeeld sprake van de groei van kapitaal op een spaarrekening. Omdat de rente op de eerste dag van de maand wordt bijgeschreven, is dit een typisch voorbeeld van een ***discreet groeiproces***. Met een model voor dat proces kunnen we het saldo aan het begin van iedere maand berekenen.
De groei van planten of dieren verloopt niet sprongsgewijs maar geleidelijk. Deze groei kunnen we beschrijven met continue functies van een continue variabele. Bij de groei van een populatie hebben we niet echt te maken met een continu proces; een populatie bestaat altijd uit een geheel aantal individuen. We krijgen een ***continu model*** als we voor de populatieomvang ook niet-gehele waarden toelaten. Zowel de tijd t als de populatieomvang $n(t)$ zijn dan continu; we spreken van een ***continu groeiproces***.

Voorbeeld (economie). De productiekosten van een product hangen vaak af van de geproduceerde hoeveelheid. Ook de opbrengst per productie-eenheid hangt af van de productieomvang. Om de optimale productieomvang te kunnen bepalen moeten we de opbrengst afwegen tegen de kosten. Daarvoor moeten we de marginale kosten en de marginale opbrengst kennen.

Voorbeeld (biologie). Een vijver met stilstaand water kan snel dichtgroeien met eendekroos (*Lemna minor*), een klein drijvend plantje met een enkele wortel. In de lente zien we eerst een paar van deze kleine plantjes, en dan is er nog veel vrij wateroppervlak. De plantjes vermeerderen zich dan met een snelheid die evenredig is met hun aantal: er treedt exponentiële groei op.

Eendekroos.

Die exponentiële groei is natuurlijk niet vol te houden: de vijver groeit snel dicht, en er is dan geen ruimte meer voor nieuwe plantjes. Dit is een algemeen verschijnsel: dicht bij elkaar groeiende planten concurreren om dezelfde natuurlijke hulpbronnen als licht, water en voedingsstoffen. We beschrijven een model voor het aantal plantjes eendekroos in een vijver.

Voorbeeld (paleontologie, geologie, natuurkunde). De ouderdom van fossielen kunnen we schatten aan de hand van de hoeveelheid C^{14} in het fossiele materiaal. Hoe oud zou een fossiel zijn dat 1% van het C^{14}-gehalte van een levend organisme bevat?

Vissterfte door vervuiling.

Voorbeeld (toxicologie, milieukunde). Rivieren vervoeren behalve smeltwater en regenwater ook afvalstoffen van huishoudens, landbouw en industrie. Sommige van die afvalstoffen zijn schadelijk voor fauna en flora. Een beruchte groep gifstoffen wordt gevormd door de PCB's (polychloor-bifenylen). Vissen gaan dood als de concentratie van PCB's in hun lichaam te hoog wordt.
We bekijken hoe snel vissen PCB's opnemen, en wanneer er massale vissterfte optreedt door vervuiling met PCB's.

2.2 WISKUNDIG GEREEDSCHAP: DE AFGELEIDE

DIFFERENTIËREN

Op de grafiek van $f(x)$ liggen de punten $A = (a, f(a))$ en $B = (a + \Delta x, f(a + \Delta x))$. De toename van x tussen A en B is Δx, de toename van y is $\Delta f = f(a + \Delta x) - f(a)$. De richtingscoëfficiënt (of helling) van de lijn door A en B is

$$\tan(\alpha) = \frac{\Delta f}{\Delta x} = \frac{f(a+\Delta x) - f(a)}{\Delta x}.$$

D De uitdrukking $\Delta f / \Delta x$ heet een ***differentiequotiënt***.

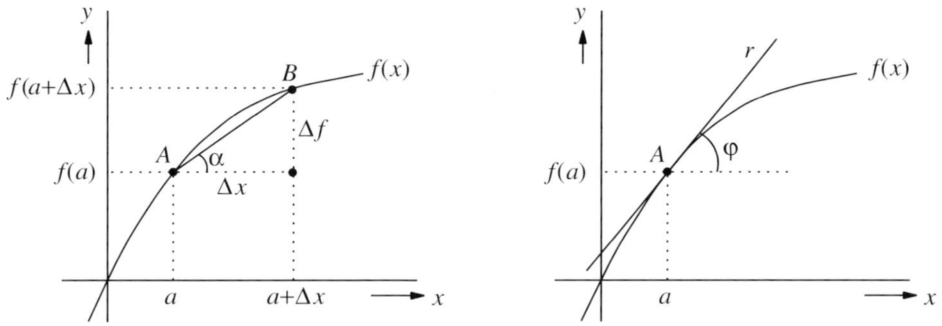

figuur 2.1. Koorde (links) en raaklijn (rechts).

Als we A vasthouden en B langs de grafiek naar A laten gaan, dan gaat de rechte lijn door A en B over in de raaklijn r door A aan de grafiek van $f(x)$. De hoek α gaat daarbij over in de hellingshoek φ van de raaklijn. Het differentiequotiënt gaat dan naar een limiet, het ***differentiaalquotiënt*** of de ***afgeleide*** van $f(x)$ in $x = a$:

D
$$f'(a) = \frac{\mathrm{d}f}{\mathrm{d}x}(a) = \lim_{\Delta x \to 0} \frac{\Delta f}{\Delta x} = \lim_{\Delta x \to 0} \frac{f(a+\Delta x) - f(a)}{\Delta x}.$$

De afgeleide $f'(a)$ is dus richtingscoëfficiënt van de raaklijn r van $f(x)$ in $x = a$, dat is de tangens van de hoek φ die de raaklijn r maakt met de positieve x-as.

Hieronder geven we een lijstje van afgeleiden van een aantal standaardfuncties.

Functie	***Afgeleide***
$f(x) = a$	$f'(x) = 0$
$f(x) = x^a$	$f'(x) = a\,x^{a-1}$
$f(x) = \ln(x) \quad (x > 0)$	$f'(x) = \frac{1}{x}$
$f(x) = \mathrm{e}^{ax} = \exp(ax)$	$f'(x) = a\,\mathrm{e}^{ax} = a\exp(ax)$
$f(x) = a^x \quad (a > 0)$	$f'(x) = a^x \ln(a)$
$f(x) = \sin(x)$	$f'(x) = \cos(x)$
$f(x) = \cos(x)$	$f'(x) = -\sin(x)$
$f(x) = \tan(x)$	$f'(x) = \dfrac{1}{\cos^2(x)}$

Soms kunnen we een functie schrijven als een som, een verschil, een product of een quotiënt van twee of meer functies. Dan gelden de volgende regels:

Eigenschap (rekenregels voor het differentiëren).

$$[c\,f(x)]' = c\,f'(x)$$

$$[f(x)+g(x)]' = f'(x)+g'(x) \qquad \text{(somregel)}$$

$$[f(x)\,g(x)]' = f'(x)\,g(x) + f(x)\,g'(x) \qquad \text{(productregel)}$$

$$\left[\frac{f(x)}{g(x)}\right]' = \frac{f'(x)g(x) - f(x)g'(x)}{g(x)^2} \qquad \text{(quotiëntregel).} \qquad \#$$

Voorbeeld. We bepalen de afgeleide van

$$h(x) = 5x^3 + 5^x$$

met de somregel. We schrijven eerst $h(x) = f(x) + g(x)$ met $f(x) = 5x^3$ en $g(x) = 5^x$. De afgeleiden van $f(x)$ en $g(x)$ zijn $f'(x) = 15x^2$ en $g'(x) = 5^x \ln(5)$ (ga na!). Hiermee volgt voor de afgeleide $h'(x)$ van $h(x)$: $h(x) = f'(x) + g'(x) = 15x^2 + 5^x \ln(5)$. #

Voorbeeld. We bepalen de afgeleide van

$$h(x) = \frac{x}{x^2+1}$$

met de quotiëntregel. We schrijven $h(x) = f(x)/g(x)$ met $f(x) = x$ en $g(x) = x^2 + 1$. Er geldt dat $f'(x) = 1$ en $g'(x) = 2x$, en daaruit volgt

$$h'(x) = \left(\frac{f(x)}{g(x)}\right)' = \frac{f'(x)\,g(x) - f(x)\,g'(x)}{(g(x))^2} = \frac{x^2+1 - 2x^2}{(x^2+1)^2} = \frac{1 - x^2}{(x^2+1)^2}. \qquad \#$$

Een functie kan ook samengesteld zijn uit andere functies: $h(x) = f(g(x))$. Dan vinden we $h(x)$ door eerst op x de functie $g(x)$ toe te passen, en op de gevonden waarde $y = g(x)$ de functie $f(y)$. De afgeleide van $h(x)$ bepalen we met de ***kettingregel***.

Eigenschap (kettingregel). Als $h(x) = f(g(x))$, dan

$$h'(x) = f'(g(x)) \cdot g'(x) . \qquad \#$$

Voorbeeld. De afgeleide van de functie

$$h(x) = (3x+2)^3$$

vinden we met de kettingregel. Met $g(x) = 3x + 2$ en $f(y) = y^3$ geldt $h(x) = f(g(x))$. Voor het bepalen van $h'(x)$ hebben we $f'(y) = 3y^2$ en $g'(x) = 3$ nodig. Het resultaat is

$$h'(x) = 3\,g(x)^2\,g'(x) = 9(3x+2)^2 .$$

Dit resultaat kunnen we controleren, omdat $(3x+2)^3 = 27x^3 + 54x^2 + 36x + 8$. #

Opgave 2.1. Ga na dat de afgeleide van $27x^3 + 54x^2 + 36x + 8$ gelijk is aan $9\,(3x+2)^2$. #

Voorbeeld. We bepalen de afgeleide van

$$h(x) = \sin(3x+2).$$

Deze functie is samengesteld uit $f(y) = \sin(y)$ en $g(x) = 3x+2$. De afgeleiden van de afzonderlijke functies zijn (ga dit na!) $f'(y) = \cos(y)$ en $g'(x) = 3$. Er volgt

$$h'(x) = \cos(g(x))\, g'(x) = 3\cos(3x+2).$$ #

Opgave 2.2. Bepaal de afgeleide van $u(x) = e^{2x+3}$ en van $f(x) = e^{\sin(2x+3)}$. #

RAAKLIJNEN

Een rechte lijn in het (x, y)-vlak is vastgelegd door een punt op de lijn en de hellingshoek. De raaklijn r aan de grafiek van $f(x)$ in $x = a$ heeft een hellingshoek φ waarvoor geldt

$$f'(a) = \tan(\varphi) = \frac{y - f(a)}{x-a}.$$

Herschikken geeft de vergelijking voor de lijn r:

$$y = f(a) + f'(a)(x-a).$$

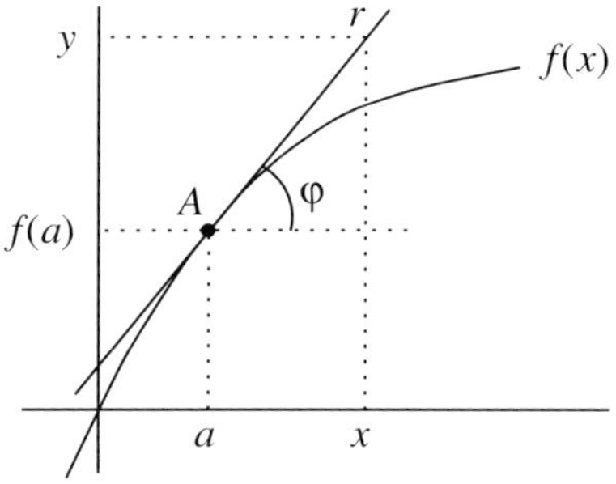

figuur 2.2. De raaklijn.

Voorbeeld. We bepalen de raaklijn aan de grafiek van

$$f(x) = x^2 - 3x+2$$

in $x = 3$. De functiewaarde daar is $f(3) = 2$. De afgeleide is $f'(x) = 2x - 3$, dus $f'(3) = 3$. De vergelijking van de raaklijn aan de grafiek van $f(x)$ door $(3, 2)$ is

$$y = f(3) + f'(3)(x-3) \Rightarrow y = 2+3(x-3) = 3x-7.$$ #

⚠ ***Let op.*** Als een functie in een punt geen afgeleide heeft, dan is hij daar niet differentieerbaar. We kunnen in dat punt geen raaklijn aan zijn grafiek trekken. #

Voorbeeld. De functies $f(x)$ en $g(x)$ uit figuur 2.3 zijn niet differentieerbaar in $x = a$. De functie $f(x)$ is wel continu: zijn grafiek heeft geen sprongen. De grafiek heeft wel een knik. De helling van $f(x)$ is –1 links van a, en +1 rechts van a; $f'(a)$ bestaat niet.
De functie $g(x)$ is niet continu: zijn grafiek heeft een sprong bij $x = a$. Aan beide kanten van de sprong heeft de grafiek dezelfde helling, namelijk 0; $g'(a)$ bestaat echter niet. #

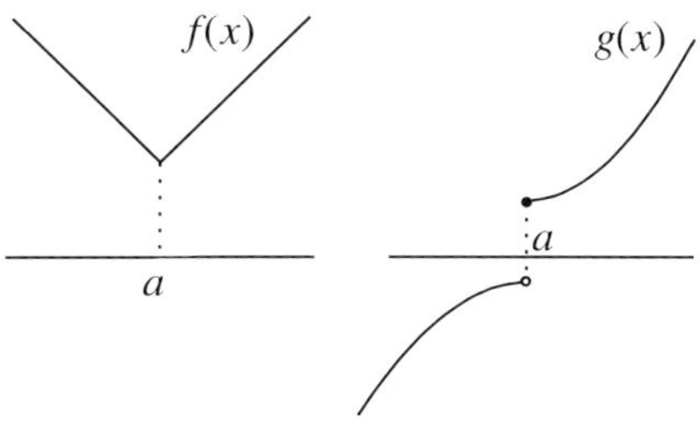

figuur 2.3. Niet-differentieerbare functies.

TAYLORREEKSEN

Voorbeeld. We willen een functie $g(x)$ maken die in de buurt van $x = 0$ lijkt op een gegeven functie $f(x)$. Als voorbeeld nemen we $f(x) = e^{2x}$. Een eerste benadering is de functie $g_1(x)$ die de raaklijn van $f(x)$ in $x = 0$ beschrijft:

$$g_1(x) = 1 + 2x.$$

Deze eerstegraads functie heeft in $x = 0$ dezelfde waarde als $f(x)$: $g_1(0) = f(0) = 1$. Bovendien zijn in $x = 0$ de afgeleiden gelijk: $g_1'(0) = f'(0) = 2$.

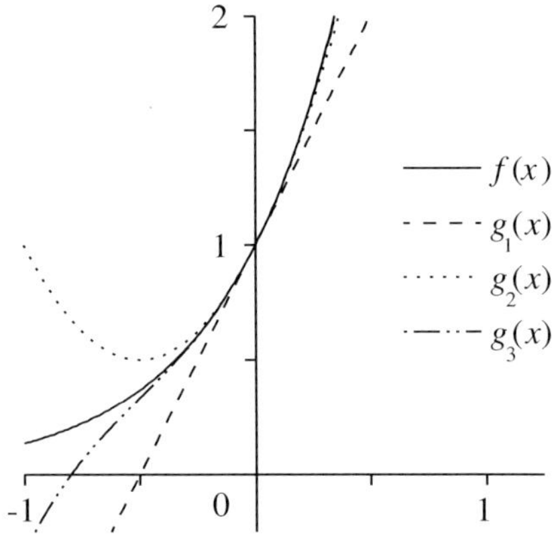

figuur 2.4. Taylorbenaderingen van e^{2x}.

In figuur 2.4 zien we dat de grafiek van $g_1(x)$ alleen dicht bij $x = 0$ lijkt op de grafiek van $f(x)$. Daarom maken we een functie $g_2(x)$ die meer op $f(x)$ lijkt dan $g_1(x)$ door te zorgen dat ook de tweede afgeleide van $g_2(x)$ in $x = 0$ gelijk is aan die van $f(x)$. De tweede afgeleide van $f(x)$ is $f''(x) = 2{\cdot}2\,e^{2x} = 4e^{2x}$, dus $f''(0) = 4$. We nemen daarom een tweedegraads functie $g_2(x)$ waarvoor niet alleen $g_2(0) = f(0) = 1$ en $g_2'(0) = f'(0) = 2$, maar ook nog $g_2''(x) = f''(0) = 4$. Dit levert

$$g_2(x) = 1 + 2x + 2x^2.$$

In figuur 2.4 zien we dat $g_2(x)$ inderdaad meer lijkt op $f(x)$ dan $g_1(x)$. Merk op dat $g_2(x)$ uit $g_1(x)$ te maken is door de term $2x^2$ toe te voegen. Dit is precies de term die er voor zorgt dat $g_2''(0) = f''(0)$.

De volgende stap om de benadering te verbeteren is een functie $g_3(x)$ waarvoor naast $g_3(0) = f(0)$, $g_3'(0) = f'(0)$ en $g_3''(0) = f''(0)$ ook geldt $g_3'''(0) = f'''(0)$. We eisen dus dat de functiewaarden in $x = 0$ gelijk zijn, en ook de eerste, tweede en derde afgeleide in $x = 0$. De derde afgeleide van $f(x)$ is $f'''(x) = 2^3 e^{2x}$, zodat $f'''(0) = 8$. Voor de benadering $g_3(x)$ moet dus gelden dat $g_3'''(0) = 8$. Daarmee vinden we

$$g_3(x) = 1 + 2x + 2x^2 + \tfrac{4}{3}x^3.$$

Uit figuur 2.4 blijkt dat het toevoegen van de term $\frac{4}{3}x^3$ echt een betere benadering geeft.

We kunnen zo termen blijven toevoegen. Dat geeft een rij functies $g_n(x)$ die rond $x = 0$ steeds beter op $f(x)$ gaan lijken: de rij convergeert naar $f(x)$. Er geldt dus

$$f(x) = \alpha_0 + \alpha_1 x + \alpha_2 x^2 + \alpha_3 x^3 + \ldots = \sum_{k=0}^{\infty} \alpha_k x^k.$$

We zeggen dat we de functie $f(x)$ in een ***reeks*** hebben ***ontwikkeld***.
Voor de functie $f(x) = e^{2x}$ geldt $f^{(k)}(0) = 2^k$, en de k^{de} afgeleide van de reeks heeft voor $x = 0$ de waarde $\alpha_k\, k!$. Daaruit volgt $\alpha_k = 2^k/(k!)$, en de reeks is dus in dit geval

$$f(x) = e^{2x} = 1 + 2x + \frac{2^2}{2!}x^2 + \frac{2^3}{3!}x^3 + \frac{2^4}{4!}x^4 + \ldots = \sum_{k=0}^{\infty} \frac{2^k}{k!}x^k. \qquad \#$$

We construeren nu een reeks voor een willekeurige functie $f(x)$. Stel dat $f(x)$ in een reeks kan worden ontwikkeld:

$$f(x) = \alpha_0 + \alpha_1 x + \alpha_2 x^2 + \alpha_3 x^3 + \ldots = \sum_{k=0}^{\infty} \alpha_k x^k .$$

Er geldt dan

$$\begin{aligned}
f(x) &= \alpha_0 + \alpha_1 x + \alpha_2 x^2 + \alpha_3 x^3 + \alpha_4 x^4 + \alpha_5 x^5 + \ldots = \sum_{k=0}^{\infty} \alpha_k x^k \\
f'(x) &= \alpha_1 + 2\alpha_2 x + 3\alpha_3 x^2 + 4\alpha_4 x^3 + 5\alpha_5 x^4 + \ldots = \sum_{k=1}^{\infty} k\alpha_k x^{k-1} \\
f''(x) &= 2\alpha_2 + 2\cdot 3\alpha_3 x + 3\cdot 4\alpha_3 x^2 + 4\cdot 5\alpha_5 x^3 + \ldots = \sum_{k=2}^{\infty} (k-1)k\alpha_k x^{k-2} \\
f'''(x) &= 2\cdot 3\alpha_3 + 2\cdot 3\cdot 4\alpha_4 x + 3\cdot 4\cdot 5\alpha_5 x^2 + \ldots = \sum_{k=3}^{\infty} (k-2)(k-1)k\alpha_k x^{k-3} \\
&\vdots \\
f^{(n)}(x) &= n!\alpha_n + (n+1)!\alpha_{n+1} x + \frac{(n+2)!}{2!}\alpha_{n+2} x^2 + \ldots = \sum_{k=n}^{\infty} \frac{k!}{(k-n)!}\alpha_k x^{k-n} .
\end{aligned}$$

De coëfficiënten α_k vinden we door $x = 0$ in te vullen:

$$\begin{aligned}
f(0) &= \alpha_0 = 0!\alpha_0 \Rightarrow \alpha_0 = \tfrac{1}{0!} f(0) \\
f'(0) &= \alpha_1 = 1!\alpha_1 \Rightarrow \alpha_1 = \tfrac{1}{1!} f'(0) \\
f''(0) &= 2\alpha_2 = 2!\alpha_2 \Rightarrow \alpha_2 = \tfrac{1}{2!} f''(0) \\
f'''(0) &= 2\cdot 3\alpha_3 = 3!\alpha_3 \Rightarrow \alpha_3 = \tfrac{1}{3!} f'''(0) \\
&\vdots \\
f^{(n)}(0) &= 1\cdot 2\cdot (n-1)\cdot n\,\alpha_n = n!\alpha_n \Rightarrow \alpha_n = \tfrac{1}{n!} f^{(n)}(0) .
\end{aligned}$$

Hieruit volgt de volgende eigenschap:

Eigenschap. Als alle afgeleiden van $f(x)$ in $x = 0$ bestaan, dan kan $f(x)$ rond $x = 0$ worden ontwikkeld in de reeks

$$f(x) = f(0) + f'(0)\,x + \frac{f''(0)}{2!}x^2 + \frac{f'''(0)}{3!}x^3 + \ldots = \sum_{k=0}^{\infty} \frac{f^{(k)}(0)}{k!}x^k .$$

Deze reeks heet de ***Taylorreeks*** van de functie $f(x)$ rond $x = 0$. #

Opgave 2.3.

a. Bepaal de Taylorreeks rond $x = 0$ van $f(x) = e^x$.

b. Bepaal de Taylorreeks rond $t = 0$ van $h(t) = e^{2t}$ door $x = 2t$ in te vullen in de reeks uit a.

c. Vergelijk de reeks uit b. met de reeks die in de tekst is gevonden voor e^{2x}. #

Voorbeeld. We bekijken weer de functie $f(x) = e^{2x}$. Zijn Taylorreeks is

$$f(x) = 1 + 2x + \frac{2^2}{2!}x^2 + \frac{2^3}{3!}x^3 + \ldots = \sum_{k=0}^{\infty} \frac{2^k}{k!}x^k .$$

We kunnen de reeks gebruiken om $f(x)$ te benaderen. Voor bijvoorbeeld $x = 0.01$ is

$$f(0.01) = 1 + 0.02 + 0.0002 + 0.00000133 + \ldots .$$

De termen van deze reeks worden zo snel klein dat we maar enkele termen nodig hebben voor een nauwkeurig antwoord. Nemen we daarentegen $x = 1$, dan is

$$f(1) = 1 + 2 + 2 + 1.3333 + \ldots .$$

De termen dalen nu veel langzamer, en voor een nauwkeurig antwoord zijn er veel meer termen nodig. Toch convergeert de Taylorreeks van $f(x) = e^{2x}$ voor elke x. Hoe groter x, des te meer termen zijn er nodig voor een zelfde nauwkeurigheid. #

Let op. Met het verbeteren van een benadering kunnen we zo lang doorgaan als er afgeleiden van de functie bestaan. Daarom kunnen alleen oneindig vaak differentieerbare functies in een Taylorreeks worden ontwikkeld. #

Opmerking. Sommige Taylorreeksen gelden alleen in een beperkt gebied rond $x = 0$. Hierop gaan we verder niet in. #

In de Taylorreeks van $f(x) = e^{2x}$ komen alle machten van x voor. Dit is niet voor alle functies het geval.

Voorbeeld. Voor $f(x) = \sin(x)$ geldt

$$\begin{aligned} f(x) &= \sin(x) &\Rightarrow&& f(0) &= 0 \\ f'(x) &= \cos(x) &\Rightarrow&& f'(0) &= 1 \\ f''(x) &= -\sin(x) &\Rightarrow&& f''(0) &= 0 \\ f'''(x) &= -\cos(x) &\Rightarrow&& f'''(0) &= -1 \\ f^{(4)}(x) &= \sin(x) &\Rightarrow&& f^{(4)}(x) &= 0 \end{aligned}$$

enzovoort. Daaruit volgt voor de Taylorreeks rond $x = 0$ van $f(x) = \sin(x)$:

$$\sin(x) = x - \frac{x^3}{3!} + \frac{x^5}{5!} - \frac{x^7}{7!} + \ldots = \sum_{k=0}^{\infty} \frac{(-1)^k}{(2k+1)!}x^{2k+1} .$$

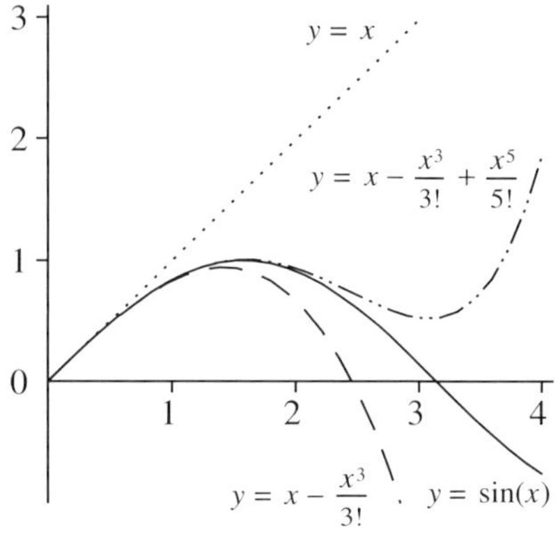

figuur 2.5. Taylorbenaderingen van sin(x).

In de Taylorreeks rond $x = 0$ van $\sin(x)$ komen dus geen even machten van x voor. In figuur 2.5 blijkt dat $\sin(x)$ beter wordt benaderd naarmate we meer (oneven) machten van x meenemen. #

Opgave 2.4. Bereken de Taylorreeks rond $x = 0$ van $f(x) = \cos(x)$ op twee manieren:

a. door het berekenen van de afgeleiden van $f(x) = \cos(x)$ in $x = 0$,

b. door differentiatie van de Taylorreeks van $\sin(x)$ rond $x = 0$. #

Voorbeeld. We ontwikkelen $f(x) = (1+x)^a$ in een Taylorreeks rond $x = 0$. Er geldt

$$\begin{aligned}
f(x) &= (1+x)^a &&\Rightarrow & f(0) &= 1 \\
f'(x) &= a(1+x)^{a-1} &&\Rightarrow & f'(0) &= a \\
f''(x) &= a(a-1)(1+x)^{a-2} &&\Rightarrow & f''(0) &= a(a-1) \\
f'''(x) &= a(a-1)(a-2)(1+x)^{a-3} &&\Rightarrow & f'''(0) &= a(a-1)(a-2) \quad \text{enzovoort.}
\end{aligned}$$

De regelmaat in de afgeleiden zet zich door, dus

$$f^{(k)}(0) = a(a-1)(a-2)\ldots(a-(k-1)).$$

Daarmee vinden we de Taylorreeks van $f(x) = (1+x)^a$:

$$\begin{aligned}
(1+x)^a &= 1 + ax + \frac{a(a-1)}{2!}x^2 + \frac{a(a-1)(a-2)}{3!}x^3 + \ldots \\
&= 1 + \sum_{k=1}^{\infty} \frac{a(a-1)\ \ldots\ (a-(k-1))}{k!}x^k = \sum_{k=0}^{\infty} \binom{a}{k} x^k .
\end{aligned}$$

Deze reeks heet de ***binomiaalreeks*** wegens de binomiaalcoëfficiënt a over k. Voor positieve gehele a is de reeks een eindige som; deze is al in hoofdstuk 1 aan de orde gekomen bij het binomium van Newton. #

Opgave 2.5. Geef de eerste drie termen van de Taylorreeks van $f(x) = \dfrac{1}{1+x}$ rond $x = 0$. #

Tot nu toe hebben we alleen Taylorreeksen rond $x = 0$ gemaakt. We kunnen ook een Taylorreeks maken rond een ander punt, zeg $x = a$.

Om de Taylorreeks van $f(x)$ rond $x = a$ te vinden schrijven we eerst $x = a + h$, en $v(h) = f(a+h)$. Er geldt dan

$$\begin{aligned}
v(h) &= f(a+h) &&\Rightarrow & v(0) &= f(a) \\
v'(h) &= f'(a+h) &&\Rightarrow & v'(0) &= f'(a) \\
v''(h) &= f''(a+h) &&\Rightarrow & v''(0) &= f''(a) \quad \text{enzovoort.}
\end{aligned}$$

We kunnen $f(a+h)$ nu schrijven als Taylorreeks van $v(h)$ rond $h = 0$:

$$f(a+h) = v(h) = v(0) + \frac{v'(0)}{1!}h + \frac{v''(0)}{2!}h^2 + \ldots$$

ofwel

$$f(a+h) = f(a) + \frac{f'(a)}{1!}h + \frac{f''(a)}{2!}h^2 + \ldots .$$

Met $h = x - a$ volgt de Taylorreeks rond $x = a$:

E

Eigenschap. De Taylorreeks van $f(x)$ rond $x = a$ is

$$f(x) = f(a) + f'(a)(x-a) + \frac{f''(a)}{2!}(x-a)^2 + \ldots = \sum_{k=0}^{\infty} \frac{f^{(k)}(a)}{k!}(x-a)^k .$$

Opgave 2.6. Bepaal de Taylorreeks van $f(x) = \ln(1+x)$ rond $x = 0$ en rond $x = 1$. #

Als we een Taylorreeks van een functie afbreken na de term met x^n dan krijgen we een veelterm $g_n(x)$ van graad n terug. Deze veelterm $g_n(x)$ heet een ***n*^de^ orde benadering** van de functie $f(x)$. Het deel dat niet in de benadering is opgenomen heet de ***restterm*** $R_{n+1}(x)$:

$$f(x) = \underbrace{f(0) + f'(0)x + \frac{f''(0)}{2!}x^2 + \ldots + \frac{f^{(n)}(0)}{n!}x^n}_{} + \sum_{k=n+1}^{\infty} \frac{f^{(k)}(0)}{k!}x^k$$

$$= \qquad g_n(x) \qquad + \qquad R_{n+1}(x).$$

In de praktijk werken we vaak slechts met de eerste of tweede orde benadering. De ***eerste orde benadering*** (***lineaire benadering***) van een functie $f(x)$ rond $x = a$ is

$$g_1(x) \cong f(a) + f'(a)(x-a),$$

en de grafiek van $g_1(x)$ is de raaklijn aan de grafiek van $f(x)$ in $x = a$. De ***tweede orde benadering*** (kwadratische benadering) van $f(x)$ rond $x = a$ is

$$g_2(x) \cong f(a) + f'(a)(x-a) + \tfrac{1}{2}f''(a)(x-a)^2.$$

Opgave 2.7. Bepaal een tweede orde benadering van de functie $f(x) = \sqrt{1+x}$ rond $x = 0$.#

Voorbeeld. Het getal e kunnen we schrijven als e^1. Met de Taylorreeks voor e^x volgt dan

$$e = 1 + \frac{1}{1!} + \frac{1}{2!} + \frac{1}{3!} + \frac{1}{4!} + \ldots = \sum_{k=0}^{\infty} \frac{1}{k!}.$$

Dit levert een rij benaderingen van het getal e:

$$1^{\text{ste}} \text{ orde:} \quad e \approx 1 + \tfrac{1}{1!} = 2$$
$$2^{\text{de}} \text{ orde:} \quad e \approx 1 + \tfrac{1}{1!} + \tfrac{1}{2!} = 2.5$$
$$8^{\text{ste}} \text{ orde:} \quad e \approx 1 + \tfrac{1}{1!} + \tfrac{1}{2!} + \tfrac{1}{3!} + \tfrac{1}{4!} + \tfrac{1}{5!} + \tfrac{1}{6!} + \tfrac{1}{7!} + \tfrac{1}{8!} = 2.71828.$$

#

Voorbeeld. We gebruiken de Taylorreeksen van de functies $\ln(1+x)$ en $\cos(x)$ rond $x = 0$ om een limiet uit te rekenen:

$$\lim_{x \to 0} \frac{x\ln(1+x)}{1-\cos(x)} = \lim_{x \to 0} \frac{x\,(x - \frac{1}{2}x^2 + \frac{1}{3}x^3 + \ldots)}{1 - (1 - \frac{1}{2}x^2 + \frac{1}{24}x^4 + \ldots)} = \lim_{x \to 0} \frac{x^2 - \frac{1}{2}x^3 + \frac{1}{3}x^4 + \ldots}{\frac{1}{2}x^2 - \frac{1}{24}x^4 + \ldots}$$

$$= \lim_{x \to 0} \frac{1 - \frac{1}{2}x + \frac{1}{3}x^2 + \ldots}{\frac{1}{2} - \frac{1}{24}x^2 + \ldots} = \frac{1}{\frac{1}{2}} = 2.$$

#

TOEPASSINGEN VAN DE TAYLORREEKS

- De Taylorreeks geeft een eerste, tweede of derde orde benadering.
- Met een Taylorreeks kunnen we sommige limieten eenvoudig berekenen.
- De Taylorreeks is een belangrijk analytisch hulpmiddel.

De methode van Newton

Het oplossen van een vergelijking komt vaak neer op het zoeken naar een x waarvoor $f(x) = 0$. We moeten dan de nulpunten van de functie $f(x)$ zoeken. Dat is niet altijd eenvoudig; bijvoorbeeld, het nulpunt van $f(x) = x\,e^x - 1$ is niet analytisch te bepalen. In dat geval gebruiken we een ***numerieke methode*** om het nulpunt te ***benaderen***. De ***methode van Newton*** is zo'n methode.

We starten met een punt x_0 in de buurt van het gezochte nulpunt, en we trekken de raaklijn l_0 aan de grafiek van $f(x)$ in $x = x_0$. Deze raaklijn snijden we met de x-as. Het snijpunt x_1 is de volgende benadering van het nulpunt (zie figuur 2.6a). Meestal is x_1 een betere benadering dan x_0. Door dit proces te herhalen krijgen we een rij x-waarden die steeds dichter bij het nulpunt van $f(x)$ liggen (zie figuur 2.6b).

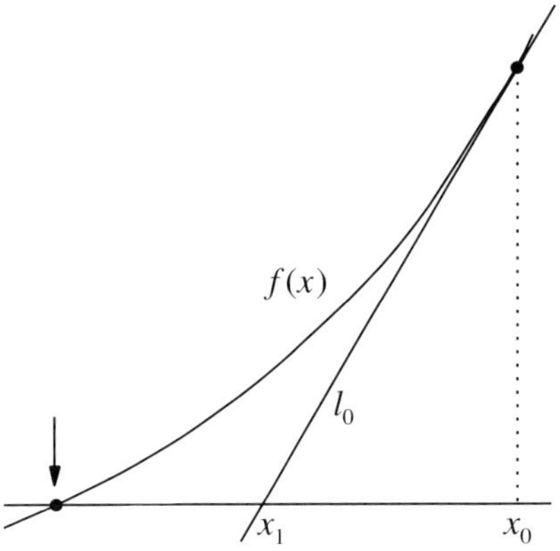

figuur 2.6a. Het nulpunt van de raaklijn.

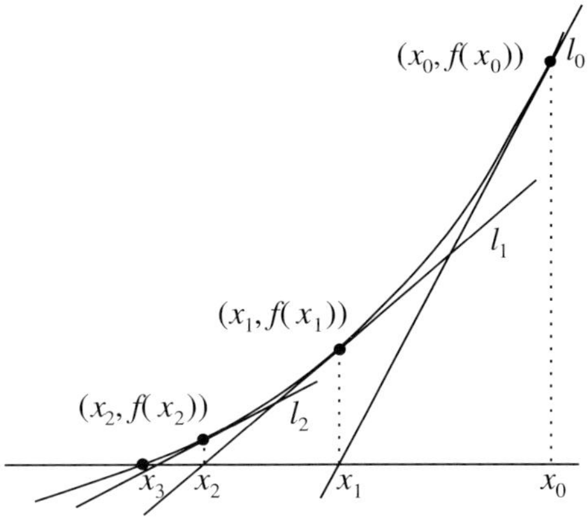

figuur 2.6b. Drie opeenvolgende Newton stappen.

We berekenen de benaderingen voor het nulpunt als volgt.

Voor elk punt (x, y) op de raaklijn l_0 geldt $y = f(x_0) + f'(x_0)\,(x - x_0)$. Voor het nulpunt x_1 van de raaklijn geldt dus $f(x_0) + f'(x_0)\,(x_1 - x_0) = 0$. Er volgt dat

$$x_1 = x_0 - \frac{f(x_0)}{f'(x_0)}.$$

Vervolgens trekken we de raaklijn l_1 van $f(x)$ in $x = x_1$. Deze lijn heeft als vergelijking $y = f(x_1) + f'(x_1)\,(x - x_1)$. Voor het nulpunt x_2 van l_1 geldt dus $f(x_1) + f'(x_1)\,(x_2 - x_1) = 0$, zodat

$$x_2 = x_1 - \frac{f(x_1)}{f'(x_1)}.$$

In het algemeen geldt voor de i^{de} benadering van het nulpunt

$$x_i = x_{i-1} - \frac{f(x_{i-1})}{f'(x_{i-1})}.$$

Omdat we iedere volgende benadering uit de vorige berekenen is dit een ***iteratief proces.*** Zulke processen zijn we ook in hoofdstuk 1 al tegengekomen.

Voorbeeld. We benaderen de nulpunten van de functie

$$f(x) = x^3 - 5x^2 - 100$$

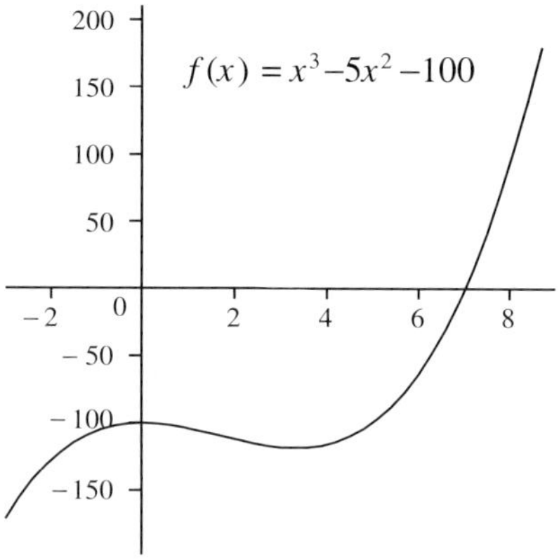

figuur 2.7. De grafiek van $f(x)$.

Eerst doen we een functieonderzoek van $f(x)$. De afgeleide is

$$f'(x) = 3x^2 - 10x = x(3x - 10).$$

Voor $x < 0$ geldt $f'(x) > 0$, dus daar is de functie $f(x)$ stijgend. Voor $0 < x < 10/3$ geldt $f'(x) < 0$, dus daar is $f(x)$ dalend. Voor $x > 10/3$ geldt $f'(x) > 0$, dus daar stijgt $f(x)$. De grafiek is te zien in figuur 2.7.

Voor $x \leq 0$ is $f(x) < 0$ en voor $0 < x < 10/3$ daalt $f(x)$ (ga na!). Er kan dus alleen een nulpunt optreden voor $x > 10/3$. Omdat $f(x)$ stijgt voor $x > 10/3$ kan daar hoogstens één nulpunt liggen. Om een indruk te krijgen van de ligging van dat mogelijke nulpunt berekenen we enige functiewaarden:

x	3	4	5	6	7	8
$f(x)$	−118	−116	−100	−64	−2	92

Uit de tabel blijkt dat $f(x)$ tussen $x = 7$ en $x = 8$ van teken wisselt. Kennelijk ligt er in het interval $[7, 8]$ precies één nulpunt.

Voor de benadering van het nulpunt kunnen we verschillende startwaarden kiezen. We geven twee voorbeelden.[1]

1. Met $x_0 = 7$ is de rij benaderingen

$$x_1 = x_0 - \frac{f(x_0)}{f'(x_0)} = 7 - \frac{-2}{77} = 7.025974,$$

$$x_2 = x_1 - \frac{f(x_1)}{f'(x_1)} = 7.025974 - \frac{0.010812}{77.83312} = 7.025835,$$

$$x_3 = x_2 - \frac{f(x_2)}{f'(x_2)} = 7.025835 - \frac{0.0000003}{77.82872} = 7.025835,$$

2. Met $x_0 = 8$ is de rij benaderingen

$$x_1 = x_0 - \frac{f(x_0)}{f'(x_0)} = 8 - \frac{92}{112} = 7.178571,$$

$$x_2 = x_1 - \frac{f(x_1)}{f'(x_1)} = 7.178571 - \frac{12.26589}{82.80995} = 7.030450,$$

$$x_3 = x_2 - \frac{f(x_2)}{f'(x_2)} = 7.030450 - \frac{0.359541}{77.97719} = 7.025840,$$

$$x_4 = x_3 - \frac{f(x_3)}{f'(x_3)} = 7.025840 - \frac{0.000342}{77.82886} = 7.025835.$$

[1] Deze getallen ontstaan door zonder afronding te rekenen; de resultaten worden in zes decimalen weergegeven. Bij verder rekenen met afgeronde getallen kunnen er kleine verschillen ontstaan.

We zien dat de term $f(x_i)/f'(x_i)$ steeds kleiner wordt. Daardoor wordt het verschil tussen x_{i+1} en x_i ook steeds kleiner. Als dat zo blijft als we verder itereren, dan blijven na een aantal iteraties de eerste cijfers achter de komma constant. Het aantal cijfers achter de komma dat niet meer verandert wordt steeds groter. Zodra er voldoende cijfers bekend zijn kunnen we met het iteratieve proces stoppen. In bovenstaand voorbeeld is het nulpunt benaderd in 6 decimalen nauwkeurig. #

Opgave 2.8. Laat zien dat de functie $g(x) = \mathrm{e}^x + x$ precies één nulpunt heeft, en dat dit nulpunt ligt in het interval $[-1, 0]$. Bereken het nulpunt met de methode van Newton. #

⚠ ***Let op.*** Er zijn voorbeelden waarbij de methode van Newton niet werkt. In plaats van naar het gezochte nulpunt te gaan, gaat de benadering naar een ander nulpunt of naar oneindig

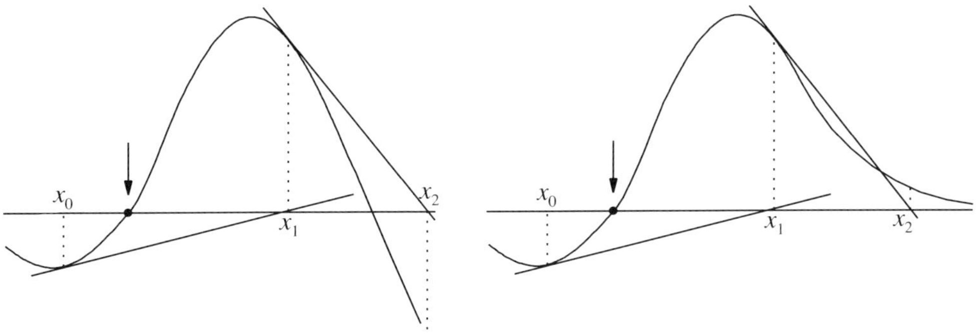

figuur 2.8. Newton convergeert niet naar het gezochte nulpunt.

(zie figuur 2.8). Dit kunnen we voorkomen door na iedere iteratiestap te controleren of de benadering nog ligt in het interval waarin we het nulpunt verwachten. Als dat niet zo is kunnen we een ander startpunt nemen om het opnieuw te proberen. #

⚠ ***Let op.*** Een functieonderzoek zoals in het bovenstaande voorbeeld is in de praktijk vaak lastig. De methode van Newton gebruiken we dan met "zomaar" een startwaarde. Als het resultaat na een aantal iteraties niet bevalt kunnen we het met een andere startwaarde opnieuw proberen. #

LIMIETEN

Bij een functieonderzoek moeten we vaak limieten berekenen om het gedrag van de functie voor $x \to \infty$, $x \to -\infty$ of rond een bijzonder punt $x = a$ te bepalen. Een handig middel om limieten te berekenen is de ***regel van l'Hôpital.*** Deze luidt

E

Eigenschap. De functies $f(x)$ en $g(x)$ zijn in een omgeving van $x = a$ differentieerbaar. Als $f(a) = g(a) = 0$, of als $f(a) = \pm\infty$ en $g(a) = \pm\infty$, dan geldt

$$\lim_{x \to a} \frac{f(x)}{g(x)} = \lim_{x \to a} \frac{f'(x)}{g'(x)} .$$ #

Ter illustratie van het gebruik van de regel van l'Hôpital volgen enige standaardlimieten.

Voorbeeld. $\lim\limits_{x \to 0} \dfrac{\sin(x)}{x} = 1$.

Als we $f(x) = \sin(x)$ en $g(x) = x$ kiezen, geldt dat $f(0) = g(0) = 0$. We mogen dus de regel van l'Hôpital toepassen. Met $f'(x) = \cos(x)$ en $g'(x) = 1$ volgt

$$\lim_{x \to 0} \frac{\sin(x)}{x} = \lim_{x \to 0} \frac{\cos(x)}{1} = \cos(0) = 1 .$$ #

Opgave 2.9. Bereken $\lim\limits_{x \to 0} \dfrac{\sin(2x)}{x}$. #

Voorbeeld. $\lim\limits_{x \to 0} \dfrac{e^x - 1}{x} = 1$.

We kiezen $f(x) = e^x - 1$ en $g(x) = x$. Er geldt dat $f(0) = g(0) = 0$, zodat we de regel van l'Hôpital kunnen gebruiken. Daar $f'(x) = e^x$ en $g'(x) = 1$ volgt voor de limiet

$$\lim_{x \to 0} \frac{e^x - 1}{x} = \lim_{x \to 0} \frac{e^x}{1} = e^0 = 1 .$$ #

Voorbeeld. $\lim\limits_{x \to 0} \dfrac{\ln(1+x)}{x} = 1$.

In dit geval kiezen we $f(x) = \ln(1+x)$ en $g(x) = x$. Beide functies hebben de waarde 0 in $x = 0$. We gebruiken dus de regel van l'Hôpital. Met $f'(x) = 1/(1+x)$ en $g'(x) = 1$ volgt

$$\lim_{x \to 0} \frac{\ln(1+x)}{x} = \lim_{x \to 0} \frac{\frac{1}{1+x}}{1} = \lim_{x \to 0} \frac{1}{1+x} = 1 .$$ #

Voorbeeld. $\lim\limits_{x \to 0} (1+x)^{\frac{1}{x}} = e$.

Deze limiet volgt uit de voorgaande limiet:

$$\lim_{x \to 0} (1+x)^{\frac{1}{x}} = \lim_{x \to 0} \left(e^{\ln(1+x)}\right)^{\frac{1}{x}} = \lim_{x \to 0} e^{\frac{\ln(1+x)}{x}} = e^{\lim\limits_{x \to 0} \frac{\ln(1+x)}{x}} = e^1 = e .$$ #

Voorbeeld. $\lim\limits_{n \to \infty} (1+\frac{1}{n})^n = \mathrm{e}$.

Met $x = \frac{1}{n}$ geldt voor $n \to \infty$ dat $x \downarrow 0$, dus

$$\lim_{n \to \infty} (1+\tfrac{1}{n})^n = \lim_{x \downarrow 0} (1+x)^{\frac{1}{x}} = \mathrm{e}. \qquad \#$$

Opgave 2.10. Bereken $\lim\limits_{n \to -\infty} (1-\frac{1}{n})^n$. #

Voorbeeld. $\lim\limits_{x \to \infty} \dfrac{x^k}{\mathrm{e}^x} = 0$ voor alle k.

Als k een positief geheel getal is, dan geldt voor $f(x) = x^k$ en $g(x) = \mathrm{e}^x$ dat $f'(x) = kx^{k-1}$ en $g'(x) = \mathrm{e}^x$. We passen nu de regel van l'Hôpital k maal achter elkaar toe:

$$\lim_{x \to \infty} \frac{x^k}{\mathrm{e}^x} = \lim_{x \to \infty} \frac{k\,x^{k-1}}{\mathrm{e}^x} = \ldots = \lim_{x \to \infty} \frac{k(k-1)\cdots 2 \cdot 1}{\mathrm{e}^x} = \lim_{x \to \infty} \frac{k!}{\mathrm{e}^x} = 0. \qquad \#$$

Voorbeeld. $\lim\limits_{x \to \infty} \dfrac{\ln(x)}{x} = 0$. (*)

Schrijf $x = \mathrm{e}^y$. Dan $y \to \infty$ als $x \to \infty$. Er volgt

$$\lim_{x \to \infty} \frac{\ln(x)}{x} = \lim_{y \to \infty} \frac{y}{\mathrm{e}^y} = 0$$

op grond van het voorgaande voorbeeld. #

Voorbeeld. $\lim\limits_{x \downarrow 0} x\ln(x) = 0$.

Voor $y = \frac{1}{x}$ geldt $y \to \infty$. Uit het voorgaande voorbeeld volgt daarmee

$$\lim_{x \downarrow 0} x\ln(x) = \lim_{y \to \infty} \frac{1}{y}\ln\left(\frac{1}{y}\right) = -\lim_{y \to \infty} \frac{\ln(y)}{y} = 0. \qquad \#$$

Voorbeeld. $\lim\limits_{x \to \infty} \dfrac{\ln(x)}{x^k} = 0$ en $\lim\limits_{x \downarrow 0} x^k \ln(x) = 0$ voor $k > 0$.

Als $x \to \infty$ en $k > 0$ dan geldt ook dat $y = x^k \to \infty$. Met behulp van de bovenstaande limiet (*) volgt dus

$$0 = \lim_{y \to \infty} \frac{\ln(y)}{y} = \lim_{x \to \infty} \frac{\ln(x^k)}{x^k} = k \lim_{x \to \infty} \frac{\ln(x)}{x^k}, \quad \text{zodat} \quad \lim_{x \to \infty} \frac{\ln(x)}{x^k} = 0.$$

Evenzo geldt voor $x \downarrow 0$ en $k > 0$ dat $y = x^k \downarrow 0$. Uit het vorige voorbeeld volgt dus

$$0 = \lim_{y \downarrow 0} y\ln(y) = \lim_{x \downarrow 0} x^k \ln(x^k) = k \lim_{x \downarrow 0} x^k \ln(x), \quad \text{zodat} \quad \lim_{x \downarrow 0} x^k \ln(x) = 0. \#$$

Let op! Twee veel gemaakte fouten bij het gebruik van de regel van l'Hôpital zijn

- in plaats van het quotiënt van de afgeleiden wordt de afgeleide van het quotiënt genomen (met de quotiëntregel);
- de regel wordt gebruikt zonder na te gaan of de limiet van het type $0/0$ of ∞/∞ is.

Pas hiervoor op! #

SAMENVATTING

- De vergelijking van de raaklijn aan de grafiek van $f(x)$ in $x = a$ is
$$y = f(a) + f'(a)(x-a).$$

- De Taylorreeks van de functie $f(x)$ rond $x = 0$ is
$$f(x) = f(0) + f'(0)x + \frac{f''(0)}{2!}x^2 + \frac{f'''(0)}{3!}x^3 + \ldots = \\ = \sum_{k=0}^{\infty} \frac{f^{(k)}(0)}{k!}x^k.$$

- De Taylorreeks van de functie $f(x)$ rond $x = a$ is
$$f(x) = f(a) + f'(a)(x-a) + \frac{f''(a)}{2!}(x-a)^2 + \frac{f'''(a)}{3!}(x-a)^3 + \ldots \\ = \sum_{k=0}^{\infty} \frac{f^{(k)}(a)}{k!}(x-a)^k.$$

- De eerste orde benadering van een functie $f(x)$ rond $x = a$ is
$$g_1(x) \cong f(a) + f'(a)(x-a).$$

- De tweede orde benadering van een functie $f(x)$ rond $x = a$ is
$$g_2(x) \cong f(a) + f'(a)(x-a) + \tfrac{1}{2}f''(a)(x-a)^2.$$

- De methode van Newton is een iteratieve methode om de vergelijking $f(x) = 0$ op te lossen. Voor een geschikt gekozen startpunt x_0 convergeert de rij x_i met
$$x_i = x_{i-1} - \frac{f(x_{i-1})}{f'(x_{i-1})}$$
naar een oplossing van $f(x) = 0$.

- Regel van l'Hôpital: Voor differentieerbare functies $f(x)$ en $g(x)$ met $f(a) = g(a) = 0$, of $f(a) = \pm\infty$ en $g(a) = \pm\infty$, geldt
$$\lim_{x \to a} \frac{f(x)}{g(x)} = \lim_{x \to a} \frac{f'(x)}{g'(x)}.$$

2.3 TOEPASSINGEN

Toepassing 1 (economie, bedrijfskunde). Productiekosten en opbrengst bepalen de productieomvang die maximale winst oplevert. De ***totale kosten*** TK van de productie bestaan uit ***vaste (of constante) kosten*** CK (bijvoorbeeld de basisinvesteringen in een fabriek) en ***variabele kosten***; de variabele kosten hangen af van de productieomvang q. De variabele kosten omvatten (onder andere) de grondstoffenkosten $GK(q)$ en de bewerkingskosten $BK(q)$.
De productiekosten zijn (in duizenden euro's, q in tonnen):

$$\begin{aligned} CK &= 600, \\ GK(q) &= 9q, \\ BK(q) &= 3q + \frac{50q}{q+100}. \end{aligned}$$

De totale kosten $TK(q)$ bij een productieomvang q worden verkregen door de vaste kosten, de grondstoffenkosten en de bewerkingskosten op te tellen:

$$TK(q) = CK + GK(q) + BK(q) = 600 + 12q + \frac{50q}{q+100} \quad \text{(in duizenden euro's).}$$

De opbrengst $O(q)$ is

$$O(q) = 450\sqrt{q+100} - 4500 \quad \text{(in duizenden euro's).}$$

Onder de ***marginale kosten*** $TK_{\text{marg}}(q)$ verstaan we de extra kosten per productie-eenheid die het opvoeren van de productie met zich meebrengt:

$$TK_{\text{marg}}(q) = \lim_{\Delta q \to 0} \frac{\Delta TK}{\Delta q} = \lim_{\Delta q \to 0} \frac{TK(q+\Delta q) - TK(q)}{\Delta q}.$$

Dus $TK_{\text{marg}}(q)$ is de afgeleide van de totale kosten: $TK_{\text{marg}}(q) = TK'(q)$. Net zo is de ***marginale opbrengst*** de afgeleide van de opbrengstfunctie: $O_{\text{marg}}(q) = O'(q)$.
De winst $W(q)$ van de onderneming is het verschil tussen opbrengst en kosten:

$$W(q) = O(q) - TK(q) = 450\sqrt{q+100} - 5100 - 12q - \frac{50q}{q+100}.$$

Bij een productieniveau van 1 ton is er een verlies van € 590 051. Bij een productie van 90 ton is het verlies gedaald tot € 862. De productie (en verkoop!) van 100 ton levert € 38961 winst op (ga na!).
De winst $W(q)$ is maximaal als $W'(q) = 0$. Omdat $W(q) = O(q) - TK(q)$ treedt $W'(q) = 0$ alleen op als $O'(q) = TK'(q)$:

Een maximum van de winst kan alleen optreden als de marginale opbrengst gelijk is aan de marginale kosten.

Maximale winst kan dus optreden bij de nulpunten van de functie

$$W'(q) = \frac{225}{\sqrt{q+100}} - 12 - \frac{5000}{(q+100)^2}.$$

Opgave 2.11.

a. Schets de grafiek van $BK(q)$. Laat zien dat deze voor grote waarden van q nadert tot de lijn $y(q) = 3q + 50$.

b. De productieomvang waarbij de onderneming winst gaat maken heet het ***break even point***. Bereken het break even point in 2 decimalen nauwkeurig.

c. Bereken $W'(240)$ en $W'(260)$.

d. Bepaal de productieomvang waarbij de winst maximaal is.

e. Hoe groot is de maximale winst?

2.4 OPGAVEN

Opgave 2.12. Bepaal de afgeleiden van de volgende functies

a. $f(x) = \ln(\frac{1}{2}x)$

b. $f(x) = 2^x$

c. $f(x) = \sin(2x+1)$

d. $f(x) = \cos(x^2)$

e. $f(x) = \cos(x)^2$

f. $f(x) = x e^x$

g. $f(x) = e^{1-2x}$

h. $f(x) = (x+1)/(2x-3)$

i. $f(x) = x^3 \sin(2x)$

j. $f(x) = \log(x)$

k. $f(x) = x/\sqrt{2x-5}$

l. $f(x) = 5\sin(5x)^2$

m. $f(x) = e^{-x^2}$

n. $f(x) = x^3 - x\sqrt{x} + 2/\sqrt{x}$.

Opgave 2.13. Bepaal de raaklijn in $x = 2$ aan de grafieken van

a. $f(x) = x^2 - 1$

b. $f(x) = x^3 - 3x^2 + 2$

c. $f(x) = 2(1 - e^{x\ln(2)/2})$

d. $f(x) = \dfrac{x}{2+x}$.

Opgave 2.14. Benader de volgende functiewaarden met de eerste drie termen (ongelijk nul) van de Taylorreeks rond $x = 0$. Vergelijk de benadering met het exacte antwoord.

a. $\cos(\frac{1}{6}\pi)$

b. $\sin(\frac{1}{6}\pi)$

c. $\sin(\frac{1}{4}\pi)$

d. $\sin(\frac{1}{2}\pi)$.

Opgave 2.15. Bepaal de eerste vier termen van de Taylorreeks rond $x = 0$ van

a. $f(x) = \sin(2x)$

b. $f(x) = x\sin(2x)$

c. $f(x) = \sin(x^2)$

d. $f(x) = \sin(x^2)/x$

e. $f(x) = e^{-x}$

f. $f(x) = e^{-x^2}$

g. $f(x) = \dfrac{1}{1+2x}$

h. $f(x) = \sqrt{2+x}$.

Opgave 2.16. Bepaal een tweede orde benadering rond $x = 0$ van de functies

a. $f(x) = e^{-2x}$

b. $f(x) = \sin(x^2)$

c. $f(x) = \dfrac{1}{\sqrt{1-x}}$

d. $f(x) = \dfrac{1}{1+x^2}$.

Opgave 2.17. Vergelijk de Taylorreeks van $\ln(1+x)$ rond $x = 0$ met de Taylorreeks van $\ln(y)$ rond $y = 1$. Wat valt er op?

Opgave 2.18. Bepaal een derde orde benadering rond $x = 1$ van

a. $f(x) = \frac{1}{2x}$

b. $f(x) = \sin(\frac{1}{2}x)$

c. $f(x) = e^{5x}$

d. $f(x) = \sqrt{x}$.

Opgave 2.19.

a. Benader $e^{-0.5}$ met vier termen van de Taylorreeks van e^{-x} rond $x = 0$. Bepaal de absolute waarde van de fout in het resultaat.

b. Benader $e^{-5.5}$ met vier termen van de Taylorreeks van e^{-x} rond $x = 5$. Bepaal de absolute waarde van de fout in het resultaat.

c. Vergelijk de uitkomsten van a. en b. met elkaar. Wat valt er op?

Opgave 2.20. Bereken de volgende limieten met behulp van Taylorreeksen

a. $\lim\limits_{x \to 0} \dfrac{\sin(2x)}{5x}$ b. $\lim\limits_{x \to 0} \dfrac{1 - \sin(x)^2}{2x^2}$

c. $\lim\limits_{x \to 0} \dfrac{\cos(3x) - 1}{3x^2}$ d. $\lim\limits_{x \to 0} \dfrac{e^x - 1 - x}{x^2}$

e. $\lim\limits_{x \to 0} \dfrac{\sqrt{1 + x^2} - 1}{2x^2}$ f. $\lim\limits_{x \to 0} \dfrac{\sin(x) - x}{7x^3}$

g. $\lim\limits_{x \to 1} \dfrac{\ln(x)}{x^2 - 1}$ h. $\lim\limits_{x \to 0} \dfrac{e^x - 1 - x}{\sqrt{1 + x^2} - 1}$

i. $\lim\limits_{x \to 0} \dfrac{\sin(2x) - x}{1 - \sqrt{1 + x}}$ j. $\lim\limits_{x \to 0} \dfrac{\sqrt{1 + x} - 1 - \frac{1}{2}x}{4x^2}$

k. $\lim\limits_{x \to 0} \dfrac{\cos(3x) - 1}{x\sin(x)}$ l. $\lim\limits_{x \to 1} \dfrac{\sin(x)}{\ln(x)}$.

Opgave 2.21. Bereken het positieve nulpunt van $g(x) = xe^x - 1$ in vier decimalen nauwkeurig.

Opgave 2.22. De grafieken van de functies $f(x) = \sin(x)$ en $g(x) = x^2$ snijden elkaar in twee punten. Bepaal de coördinaten van de snijpunten.

Opgave 2.23. Onderzoek de functie $f(x) = x^{-3}e^x$ en teken zijn grafiek.

Opgave 2.24 (marktkunde, economie; vergelijk § 1.6, toepassing 5). Op de markt wordt een product verhandeld met prijs y. Deze prijs wordt periodiek vastgesteld: in periode k geldt $y = y_k$. De vraag B stijgt als de prijs daalt:

$$B_k = b_0 - b_1 \ln(y_k)$$

waarin b_0 en b_1 (positieve) constanten zijn.
Het aanbod A stijgt als de prijs stijgt. Omdat de leverancier tijd nodig heeft voor productie en transport reageert het aanbod op de marktprijs van de voorafgaande periode:

$$A_k = a_0 + a_1 y_{k-1}$$

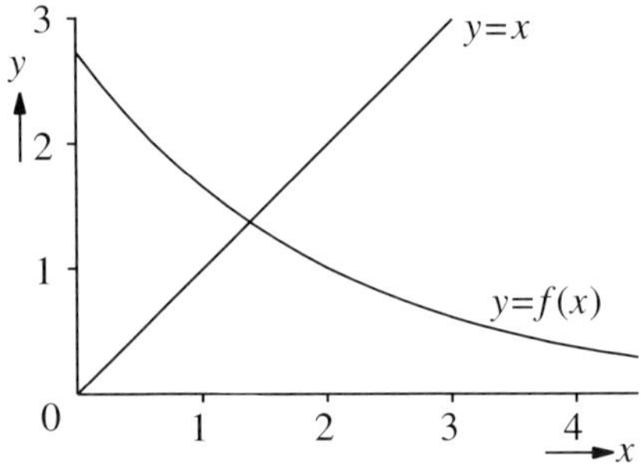

figuur 2.9. Prijsvorming.

met a_0, $a_1 > 0$. De prijs wordt bepaald door het evenwicht tussen vraag en aanbod: $B_k = A_k$. Dat leidt ertoe dat

$$b_0 - b_1 \ln(y_k) = a_0 + a_1 y_{k-1}.$$

De prijsvorming wordt dus beschreven door een iteratief proces $y_k = f(y_{k-1})$, met

$$f(y) = e^{(b_0 - a_0 - a_1 y)/b_1} .$$

Er treedt een evenwicht op als $y_k = \underline{y}$, met $f(\underline{y}) = \underline{y}$ (zie figuur 2.9). Evenwichtswaarden voor de prijs zijn dus nulpunten van de functie $g(y) = f(y) - y$.
We bekijken dit marktmodel nader voor $a_0 = 2,\ a_1 = 1,\ b_0 = 4,\ b_1 = 2$.

a. Toon aan dat in dit geval $g(y)$ gegeven wordt door $g(y) = e^{(1-y/2)} - y$.
b. Laat zien dat $g(y)$ één nulpunt heeft, en dat dit nulpunt tussen $y = 1$ en $y = 2$ ligt.
c. Benader het nulpunt van $g(y)$ dat tussen $y = 1$ en $y = 2$ ligt met de methode van Newton. Ga door tot de eerste drie cijfers niet meer veranderen.
d. Neem $y_0 = 0.95$. Bereken y_1, y_2, y_3 en y_4.
e. Bepaal $f'(y)$. Is het evenwicht tussen $y = 1$ en $y = 2$ stabiel?

Opgave 2.25 (visteelt, biologie; vergelijk § 1.7, opgave 1.42). Het aantal vissen t_n in een kweekvijver modelleren we met het (ongeschaalde) iteratieve proces van Ricker:

$$t_{n+1} = t_n \, e^{0.02(100 - t_n)} .$$

Als er genoeg vissen in de vijver zijn begint het oogsten: elke periode worden er 50 vissen gevangen. Het iteratieve proces dat de aantallen beschrijft is dan

$$t_{n+1} = t_n \, e^{0.02(100 - t_n)} - 50 .$$

a. Bereken het biologisch relevante evenwicht van de populatie vissen in de vijver als er geen vissen worden gevangen.
b. De evenwichten van het iteratieve proces waarbij vissen worden gevangen zijn niet analytisch te bepalen. Benader deze evenwichten met Newtons methode. Gebruik de evenwichten van het proces zonder oogst als startwaarden.
c. Onderzoek de stabiliteit van de in b. genoemde evenwichten.
d. Gebruik het iteratieproces zelf om de evenwichten te benaderen. Wat valt er op?

Opgave 2.26. Bereken de volgende limieten:

a. $\displaystyle\lim_{x \to \infty} \frac{3x^2 + 1}{x^2 - 4x + 3}$ b. $\displaystyle\lim_{x \to \infty} \frac{3x^2 + x + 11}{x^3 + x^2 + 6x + 1}$

c. $\displaystyle\lim_{x \to \infty} \frac{x^3 + 1}{5x^2 + 3}$ d. $\displaystyle\lim_{x \to -\infty} \frac{3x^2 - 2x + 7}{6x^2 + 5x - 11}$.

Opgave 2.27. Bereken de volgende limieten:

a. $\displaystyle\lim_{x \to 0} \frac{\sin(2x)}{\sin(x)}$ b. $\displaystyle\lim_{x \to 0} \frac{1 - \cos(x)^2}{x}$

c. $\displaystyle\lim_{x \to 0} \frac{e^{2x} - 1}{\ln(1 + x)}$ d. $\displaystyle\lim_{x \uparrow 1} (1 - x)\ln(1 - x)$

e. $\displaystyle\lim_{x \to 0} (1 + 2x)^{\frac{1}{x}}$ f. $\displaystyle\lim_{x \to 0} \frac{1 - \cos(2x)}{x^2}$

g. $\displaystyle\lim_{x \to 0} \frac{\ln(1 + 2x)}{\sin(x)}$ h. $\displaystyle\lim_{x \to \infty} \frac{\ln(x^2)}{x}$.

2.5 WISKUNDIG GEREEDSCHAP: LOGARITMISCHE SCHALEN

De grafiek van de functie

$$y(x) = a + bx$$

is een rechte lijn (met asafsnede a en helling b). We spreken daarom van een ***lineair verband*** tussen x en y (linea = lijn).

Centraal in deze paragraaf staat het lineaire verband. Dat hoeft niet rechtstreeks tussen x en y te zijn: we kunnen ook andere grootheden tegen elkaar uitzetten. In figuur 2.10 staat de grootheid ▲ langs de horizontale as en de grootheid ● langs de verticale as; ▲ en ● kunnen functies zijn van x en y. In de figuur is de grafiek getekend van ● = a + b▲. Het verband tussen ▲ en ● is lineair, de grafiek is een rechte lijn. Als ▲ = x en ● = y is er sprake van lineaire schalen; dan geldt ook $y = a + bx$. Soms moeten we andere schalen nemen om een lineair verband te krijgen. In deze paragraaf bekijken we de ***logaritmische schaal***.

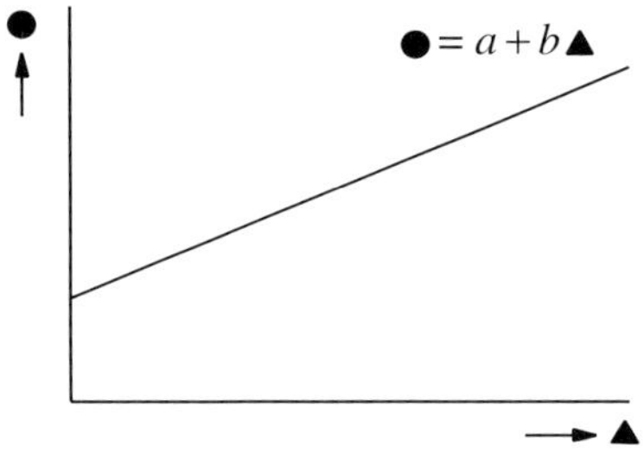

figuur 2.10. Het lineaire verband.

DE LINEAIRE SCHAAL

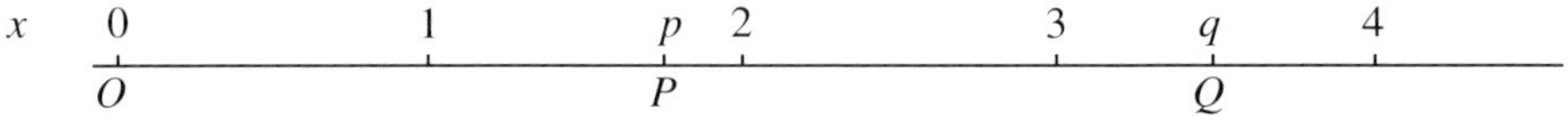

figuur 2.11. Een lineaire schaal.

Tot nu toe hebben we grafieken steeds getekend op "gewone" schalen. Deze schalen heten lineaire schalen. In figuur 2.11 is x uitgezet op een lineaire schaal. Bij een punt P op de schaal staat de waarde p; de afstand OP van P tot de oorsprong is p schaaleenheden. Bij het punt Q dat tweemaal zover van de oorsprong O ligt staat de waarde $q = 2p$.

Definitie. Een schaalverdeling is ***lineair*** als de afstand van een punt tot de oorsprong evenredig is met de waarde op de schaal van dat punt. #

De afstand QP tussen P en Q op de lineaire schaal in figuur 2.11 is $OQ - OP$, zodat

$$QP = OQ - OP = q - p.$$

Dus de afstand op de lineaire schaal tussen A en B is gelijk aan de afstand tussen C en D als $b - a = d - c$. *Gelijke afstanden van punten op de lineaire schaal betekent gelijke verschillen van de waarden op de schaal.* Alleen een lineaire schaal heeft deze eigenschap; hieraan kunnen we een lineaire schaal gemakkelijk herkennen.

Voorbeeld. De afstand op de lineaire schaal in figuur 2.11 tussen de punten met waarden $x_1 = 0$ en $x_2 = 2$ is gelijk aan de afstand op de schaal tussen de punten met waarden $x_3 = 1$ en $x_4 = 3$. Deze afstanden zijn evenredig met de verschillen tussen de bijbehorende waarden: $x_2 - x_1 = 2$ en $x_4 - x_3 = 2$. #

DE LOGARITMISCHE SCHAAL

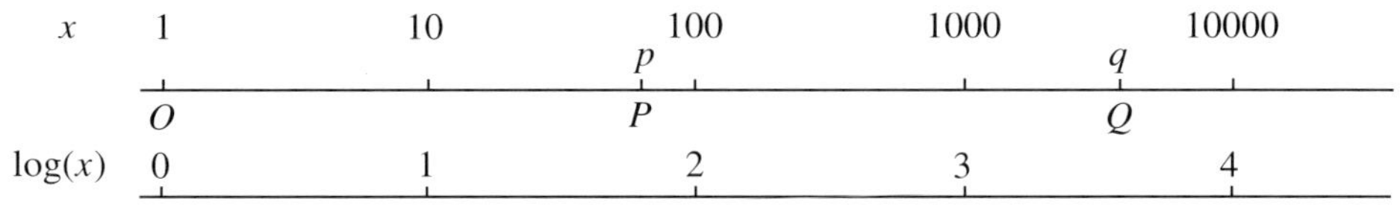

figuur 2.12. Een logaritmische schaal.

In figuur 2.12 staat x op een ***logaritmische schaal***. Bij een punt P staat de waarde p met $OP = \log(p)$. Voor het punt Q dat tweemaal zover van de oorsprong O af ligt als P geldt $OQ = 2\,OP$, dus $\log(q) = 2\log(p)$ en $q = p^2$.

Definitie. Een schaalverdeling is ***logaritmisch*** als de afstand van een punt tot de oorsprong evenredig is met de logaritme van de waarde op de schaal van dat punt. #

Let op. Het punt met waarde 1 is de oorsprong op een logaritmische schaal: $\log(1) = 0$. #

Let op. Op een logaritmische schaal staan alleen punten met positieve waarden, omdat $\log(x)$ alleen is gedefinieerd voor positieve waarden van x. #

Let op. Een punt Q met een waarde q kleiner dan 1, bijvoorbeeld $q = 0.01$, ligt links van de oorsprong (met waarde 1). Immers, $\log(q)$ is negatief voor $0 < q < 1$. De afstand van Q tot de oorsprong O is dan $-\log(q)$. #

De logaritmische schaal heeft andere eigenschappen dan de lineaire schaal. De afstand QP tussen de punten P en Q in figuur 2.12 is het verschil $OQ - OP$ en dus geldt

$$QP = OQ - OP = \log(q) - \log(p) = \log(\tfrac{q}{p}).$$

Dus de afstand op de logaritmische schaal tussen A en B is gelijk aan de afstand tussen C en D als $b/a = d/c$. *Gelijke afstanden van punten op de logaritmische schaal betekent gelijke quotiënten van de waarden op de schaal.* Merk op dat punten met gelijke afstanden op de logaritmische schaal dus niet gelijke verschillen in waarden hebben!

Voorbeeld. De afstand op een logaritmische schaal tussen de punten $x_1 = 1$ en $x_2 = 10$ is gelijk aan de afstand tussen de punten $x_3 = 1000$ en $x_4 = 10000$: $\log(10) - \log(1) = 1$ en $\log(10000) - \log(1000) = 1$. De verschillen tussen de bijbehorende waarden zijn echter niet gelijk: $x_2 - x_1 = 9$ en $x_4 - x_3 = 9000$. #

Opgave 2.28.

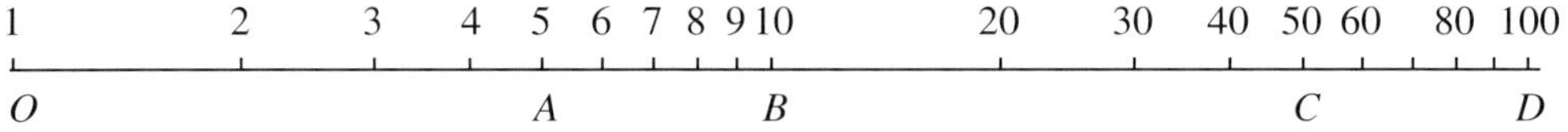

figuur 2.13. Een logaritmische schaal.

In figuur 2.13 horen bij de punten O, A, B, C en D de waarden 1, 5, 10, 50 en 100.

a. Hoe groot zijn de afstanden van deze punten tot de oorsprong?

b. Leg uit waarom de afstanden OB, AC en BD gelijk zijn.

c. Geef een paar waarden die op een logaritmische schaal dezelfde onderlinge afstand hebben als de getallen 3 en 6.

d. Geef op de schaal in figuur 2.13 aan waar het getal 15 ligt. #

Veel computerprogramma's kunnen grafieken maken met een logaritmische schaal op een of beide assen. Ook bestaat er grafiekpapier met logaritmische schaalverdelingen. Een grafiek met op één as een logaritmische schaal en op de andere as een lineaire noemen we ***enkel-logaritmisch***; een grafiek met op beide assen een logaritmische schaal noemen we ***dubbel-logaritmisch***.

OP BEIDE ASSEN EEN LOGARITMISCHE SCHAAL

Als de grootheden ● = log(y) en ▲ = log(x) op lineaire schalen een lineair verband laten zien, dan geldt ● = a + b▲. Er geldt dan ook $\log(y) = a + b\log(x)$. De functie $y(x)$ geeft dus een rechte lijn in een dubbel-logaritmische grafiek.
Uit de vergelijking

$$\log(y) = a + b\log(x)$$

vinden we het verband tussen x en y door machten van 10 te nemen:

$$y = y(x) = 10^{a+b\log(x)} = 10^a \cdot (10^{\log(x)})^b = 10^a \cdot x^b = c\,x^b$$

met $c = 10^a$. In het vervolg schrijven we X voor ▲ en Y voor ●. Voor een lineair verband tussen X en Y geldt $Y = a + bX$.

Voorbeeld.

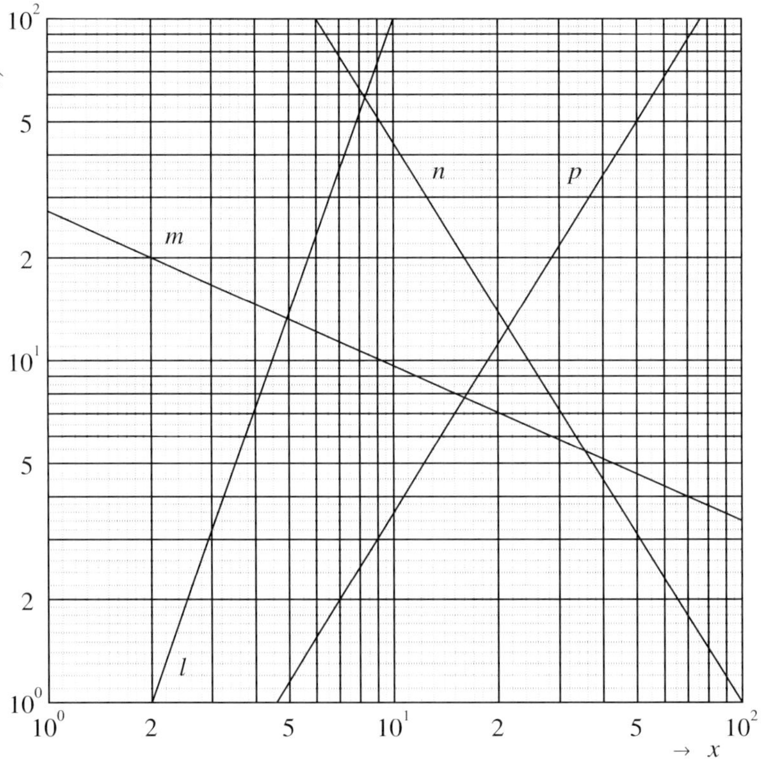

figuur 2.14. Lijnen in een dubbel-logaritmische grafiek.

In figuur 2.14 staan 4 lijnen in een grafiek met twee logaritmische schalen. We bepalen de vergelijking van de lijn m en daarmee het verband tussen x en y. We kiezen twee ver uit elkaar liggende punten op lijn m, bijvoorbeeld $(x_1, y_1) = (2, 20)$ en $(x_2, y_2) = (70, 4)$. Dan geldt $(X_1, Y_1) = (\log(x_1), \log(y_1)) = (\log(2), \log(20))$ en $(X_2, Y_2) = (\log(x_2), \log(y_2)) = (\log(70), \log(4))$. De punten (X_1, Y_1) en (X_2, Y_2) liggen op de lijn m, zodat $Y_1 = a + bX_1$ en $Y_2 = a + bX_2$:

$$\begin{cases} a + b\log(2) = \log(20), \\ a + b\log(70) = \log(4). \end{cases}$$

Dit is een stelsel van twee vergelijkingen met twee onbekenden, a en b. We lossen het op met eliminatie en substitutie[1]:

$$\begin{cases} a + b\log(2) = \log(20) \\ a + b\log(70) = \log(4) \end{cases} \Rightarrow$$

$$\Rightarrow \begin{cases} ①: & a + b\log(2) = \log(20) \\ ② - ①: & b[\log(70) - \log(2)] = \log(4) - \log(20) \end{cases}$$

zodat $b = [\log(4) - \log(20)] / [\log(70) - \log(2)] = -0.453$ en $a = 1.437$. De vergelijking van de lijn is dus $Y = 1.437 - 0.453\,X$, zodat

$$\log(y) = 1.437 - 0.453\log(x).$$

Hieruit volgt

$$y = y(x) = 10^{1.437 - 0.453\log(x)} = 10^{1.437} \cdot (10^{\log(x)})^{-0.453} = 27.4x^{-0.453}.$$

Deze uitkomst kunnen we controleren met de coördinaten van een derde punt op de lijn. Voor $x = 10$ vinden we $y = 9.57$, en dat klopt goed met de grafiek. #

ALGORITME

- Voor een rechte lijn $Y = a + bX$ in een grafiek met twee logaritmische schalen geldt $\log(y) = a + b\log(x)$.
- Als $(X_1, Y_1) = (\log(x_1), \log(y_1))$ en $(X_2, Y_2) = (\log(x_2), \log(y_2))$ op die lijn liggen, dan geldt $Y_1 = a + bX_1$ en $Y_2 = a + bX_2$, dat is,

$$\begin{cases} a + b\log(x_1) = \log(y_1), \\ a + b\log(x_2) = \log(y_2). \end{cases}$$

- Dit stelsel van twee vergelijkingen met twee onbekenden wordt opgelost met eliminatie en substitutie.
- Voor x en y geldt dan het verband

$$y(x) = 10^a\, x^b = c\,x^b.$$

Opgave 2.29. Bepaal het verband tussen y en x voor de lijnen l, n en p in figuur 2.14. #

---

[1] De symbolen ① en ② verwijzen naar de eerste respectievelijk tweede rij van het voorafgaande stelsel.

OP ÉÉN VAN BEIDE ASSEN EEN LOGARITMISCHE SCHAAL

Er zijn twee mogelijkheden om op één van beide assen een logaritmische schaal te gebruiken. In het ene geval zetten we $Y = \log(y)$ op de verticale as uit tegen $X = x$ op de horizontale as. In het andere geval zetten we $Y = y$ op de verticale as uit tegen $X = \log(x)$ op de horizontale as. In figuur 2.15 is $Y = \log(y)$ uitgezet tegen $X = x$. De vergelijking van een rechte lijn in deze figuur is $Y = a + bX$, ofwel $\log(y) = a + bx$. Door in deze laatste vergelijking machten van 10 te nemen vinden we het verband tussen x en y:

$$y = y(x) = 10^{\log(y)} = 10^{a+bx} = 10^a \cdot 10^{bx} = 10^a \cdot (10^b)^x = c\,d^x,$$

met $c = 10^a$ en $d = 10^b$.

Voorbeeld. In figuur 2.15 staat op de verticale as een logaritmische schaal. In de figuur zijn vier lijnen getekend. We bepalen de vergelijking van de lijn n en het verband tussen x en y dat daarbij hoort. Daartoe nemen we twee punten op n die ver uit elkaar liggen, bijvoorbeeld $(x_1, y_1) = (2, 90)$ en $(x_2, y_2) = (13, 7)$.

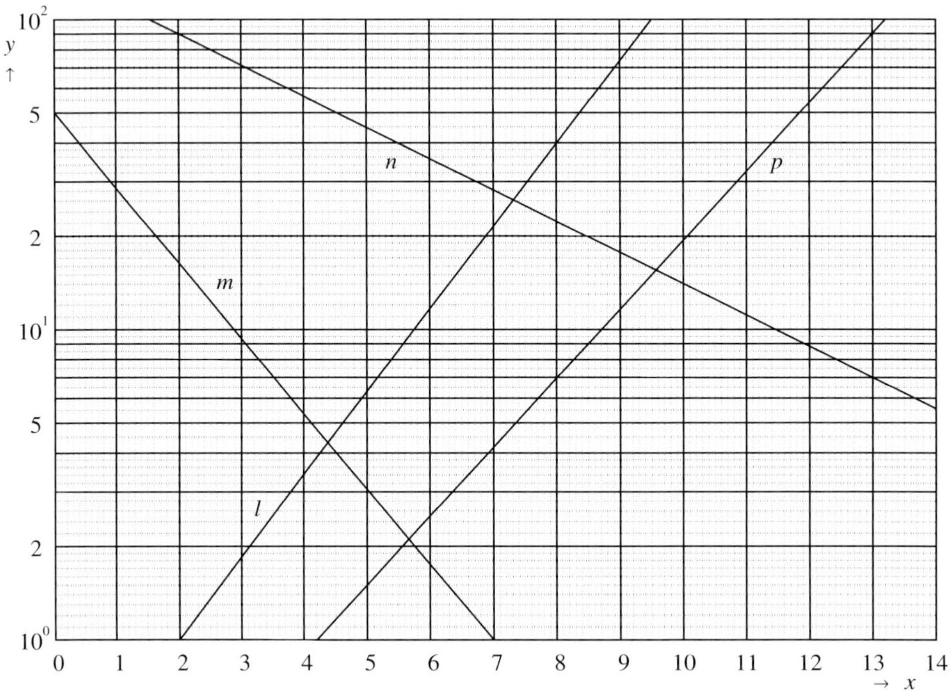

figuur 2.15. Lijnen in een enkel-logaritmische grafiek.

Dan geldt $(X_1, Y_1) = (x_1, \log(y_1)) = (2, \log(90))$ en $(X_2, Y_2) = (x_2, \log(y_2)) = (13, \log(7))$. Voor de vergelijking van de lijn moeten we a en b bepalen. Er geldt $Y_1 = a + bX_1$ en $Y_2 = a + bX_2$, ofwel

$$\begin{cases} a + 2b = \log(90), \\ a + 13b = \log(7). \end{cases}$$

Dit is een stelsel van twee vergelijkingen met twee onbekenden, a en b. We lossen het op met eliminatie en substitutie:

$$\begin{cases} a + 2b = \log(90) \\ a + 13b = \log(7) \end{cases} \Rightarrow \begin{cases} ①: & a + 2b = \log(90) \\ ② - ①: & 11b = \log(7) - \log(90) \end{cases}$$

zodat $b = [\log(7) - \log(90)] / 11 = -0.101$ en $a = \log(90) - 2b = 2.16$. De vergelijking van de lijn n is dus $Y = 2.16 - 0.101\,X$ ofwel

$$\log(y) = 2.16 - 0.101\,x.$$

Hieruit volgt

$$y = y(x) = 10^{2.16 - 0.101x} = 10^{2.16} \cdot 10^{-0.101x} = 143 \cdot (10^{-0.101})^x = 143 \cdot (0.793)^x.$$

Deze uitkomst kunnen we controleren met de coördinaten van een derde punt op de lijn. Voor $x = 8$ vinden we $y = 22.4$, en dat klopt goed met de grafiek. #

ALGORITME

- Voor een rechte lijn $Y = a + bX$ in een grafiek met een logaritmische schaal $Y = \log(y)$ en een lineaire schaal $X = x$ geldt $\log(y) = a + bx$.
- Als de punten $(X_1, Y_1) = (x_1, \log(y_1))$ en $(X_2, Y_2) = (x_2, \log(y_2))$ op de lijn liggen, dan geldt $Y_1 = a + bX_1$ en $Y_2 = a + bX_2$, dus

$$\begin{cases} a + bx_1 = \log(y_1), \\ a + bx_2 = \log(y_2). \end{cases}$$

- Dit stelsel van twee vergelijkingen met twee onbekenden wordt opgelost met eliminatie en substitutie.
- Voor x en y geldt dan het verband

$$y(x) = 10^a\,(10^b)^x.$$

Opgave 2.30. Bepaal het verband tussen y en x voor de lijnen l, m en p in figuur 2.15. #

We kunnen natuurlijk ook op de horizontale as een logaritmische schaal nemen en op de verticale as een lineaire schaal. Dan wordt $Y = y$ tegen $X = \log(x)$ uitgezet, zoals in figuur 2.16. De vergelijking van een rechte lijn is nu $y = a + b\log(x)$.

Opgave 2.31. Bepaal het verband tussen y en x voor de lijn in figuur 2.16. #

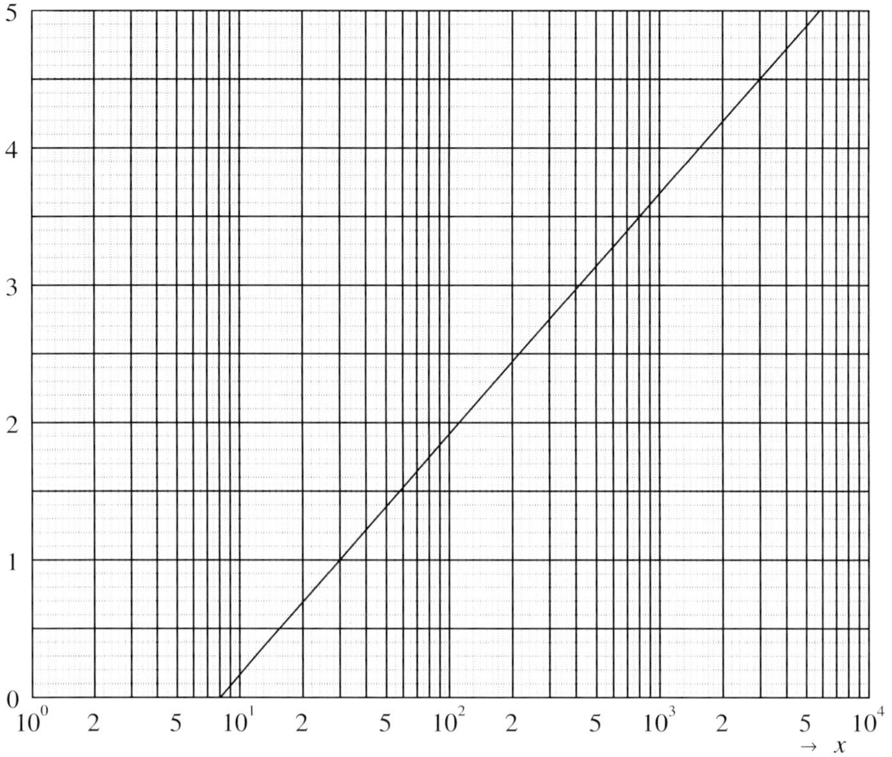

figuur 2.16. Een lijn in een enkel-logaritmische grafiek.

HET VINDEN VAN DE JUISTE LIJN

In de praktijk hebben we niet altijd een model voor het verband tussen de variabelen x en y die in een experiment gemeten zijn. We zoeken dan empirisch een functie die de meetpunten redelijk beschrijft. Vaak beginnen we met het uitzetten van een aantal meetpunten (x, y) in een grafiek met lineaire schalen. Het is gemakkelijk te zien of de punten ongeveer op een rechte lijn liggen; de vergelijking van die rechte lijn kunnen we dan uitrekenen met lineaire regressie[1].
Als de meetpunten op een kromme liggen is het moeilijk om op het oog vast te stellen welke vergelijking bij die kromme zou kunnen horen. De meetpunten kunnen dan worden uitgezet in enkel-logaritmische en dubbel-logaritmische grafieken. Vaak is een vluchtige blik voldoende om te zien of er dan een lineair verband tussen de grootheden in de grafiek bestaat. Om dat verband uit te rekenen gebruiken we ook in dat geval lineaire regressie.

[1] Zie bijvoorbeeld *Wiskunde in Werking deel 1: vectoren en matrices toegepast*, § 25.

Voorbeeld. We hebben 5 metingen van x en y, maar het verband tussen x en y is onbekend. De waarden van x en y staan in de vectoren

$$x = \begin{pmatrix} 2 \\ 8 \\ 20 \\ 80 \\ 160 \end{pmatrix}, \quad y = \begin{pmatrix} 1.40 \\ 4.04 \\ 7.81 \\ 20.21 \\ 33.96 \end{pmatrix}.$$

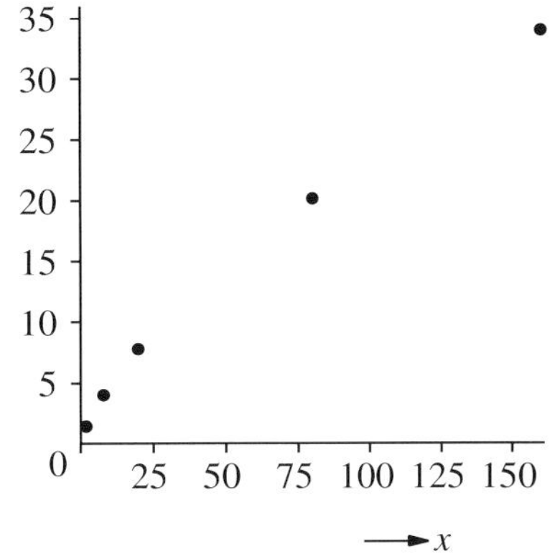

figuur 2.17. Beide assen lineair.

Eerst zetten we de punten (x_i, y_i) uit in een grafiek met twee lineaire schalen, zie figuur 2.17. We zien dat ze niet op een rechte lijn liggen.

Vervolgens zetten we de punten (x_i, y_i) uit in een enkel-logaritmische grafiek. Dat kan of met x_i lineair en y_i logaritmisch (figuur 2.18), of met x_i logaritmisch en y_i lineair (figuur 2.19).

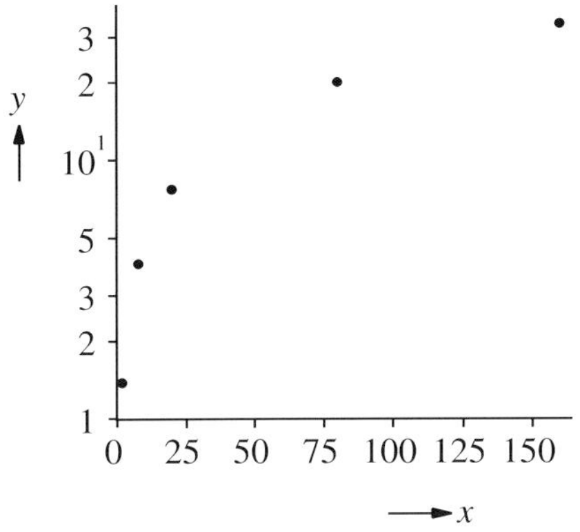

figuur 2.18. Lineair en logaritmisch.

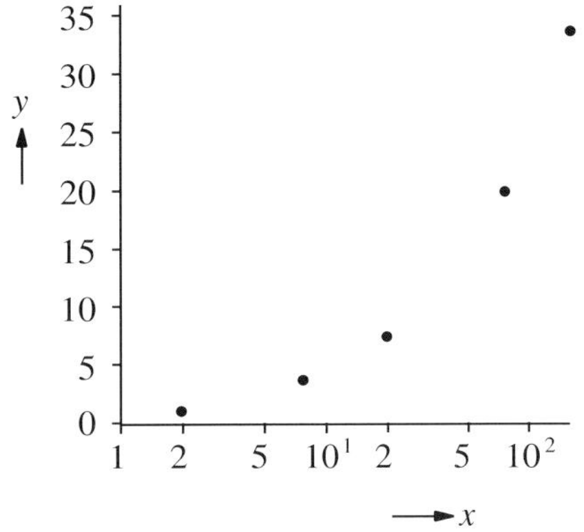

figuur 2.19. Logaritmisch en lineair.

Ten slotte zetten we y_i uit tegen x_i in een dubbel-logaritmische grafiek (figuur 2.20).

Uit de figuren blijkt dat de punten het best op een lijn liggen in een dubbel-logaritmische grafiek. We zoeken dus de lijn $Y = a + bX$ met $Y = \log(y)$ en $X = \log(x)$. We zetten daartoe $\log(x_i)$ in de vector u en $\log(y_i)$ in de vector v; s is de vector met enen:

$$v = \begin{pmatrix} 0.1461 \\ 0.6064 \\ 0.8927 \\ 1.3056 \\ 1.5310 \end{pmatrix}, \quad s = \begin{pmatrix} 1 \\ 1 \\ 1 \\ 1 \\ 1 \end{pmatrix}, \quad u = \begin{pmatrix} 0.3010 \\ 0.9031 \\ 1.3010 \\ 1.9031 \\ 2.2041 \end{pmatrix}.$$

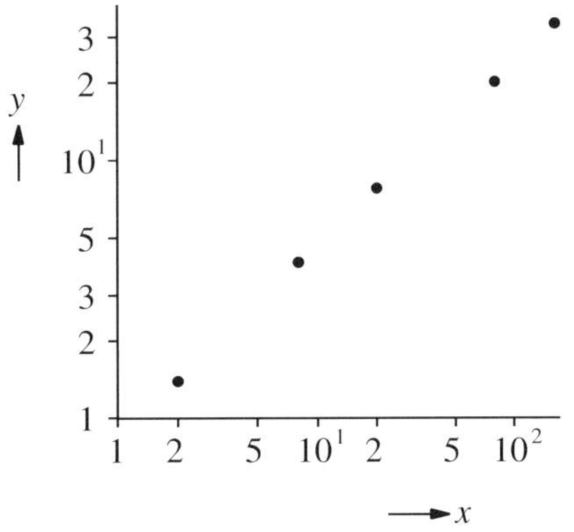

figuur 2.20. Dubbel logaritmisch.

Vervolgens projecteren we de vector v op $<s, u>$; dat leidt tot het stelsel normaalvergelijkingen

$$\begin{cases} a(s,s) + b(u,s) = (v,s), \\ a(s,u) + b(u,u) = (v,u). \end{cases}$$

De inwendige producten zijn $(s,s) = 5$, $(s,u) = (u,s) = 6.6123$, $(u,u) = 11.0786$, $(v,s) = 4.4818$ en $(v,u) = 7.6122$. Eliminatie geeft

$$\begin{cases} 5\quad a + 6.6123b = 4.4818 \\ 6.6123a + 11.0786b = 7.6122 \end{cases} \Rightarrow$$

$$\Rightarrow \begin{cases} ①: & 5a + 6.6123b = 4.4818 \\ 5② - 6.6123①: & 11.6705b = 8.4260 \end{cases}$$

(ga na!), en met substitutie vinden we $b = 0.722$ en $a = -0.0585$. De vergelijking van de lijn (in een dubbel-logaritmische grafiek) is $Y = -0.0585 + 0.722X$, en het verband tussen x en y is

$$y = y(x) = 10^{a+b\log(x)} = 10^{-0.0585}\, 10^{0.722\log(x)} = 0.8740\,x^{0.722}. \qquad \#$$

Opmerking. De bovenstaande procedure lijkt erg moeizaam, maar met de juiste software valt het mee. Bijvoorbeeld Microsoft Excel™ genereert met de gegevens figuur 2.21.
Hierin zijn beide schalen logaritmisch weergegeven. De waarden van a en b kunnen we nu krijgen door in Excel de functies INTERCEPT en SLOPE te gebruiken op de logaritmen van de data. #

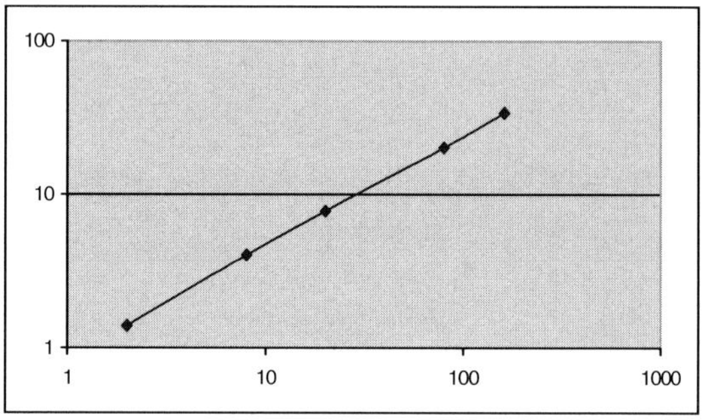

figuur 2.21. De Excel variant van figuur 2.20.

SAMENVATTING

- Een schaalverdeling is lineair als de afstand van een punt tot de oorsprong evenredig is met de waarde op de schaal van dat punt.
  Een schaalverdeling is logaritmisch als de afstand van een punt tot de oorsprong evenredig is met de logaritme van de waarde op de schaal van dat punt.

- Op een schaal liggen de punten O (de oorsprong), P en Q met bijbehorende waarden o, p en q; er geldt dat de afstand van Q tot O twee maal zo groot is als de afstand van P tot O.
  - Als de schaal lineair is dan geldt $o = 0$ en $q = 2p$.
  - Als de schaal logaritmisch is dan geldt $o = 1$ en $q = p^2$.

- Als een grafiek een rechte lijn is dan is er een lineair verband tussen de grootheid X op de horizontale as en de grootheid Y op de verticale as: $Y = a + bX$. Als X en Y functies zijn van x en y, dan kan uit $Y = a + bX$ een verband worden bepaald tussen x en y.
  - In een dubbel-logaritmische grafiek geldt $X = \log(x)$ en $Y = \log(y)$. Bij een lineair verband $Y = a + bX$ geldt
    $$y(x) = 10^a x^b .$$
  - In een enkel-logaritmische grafiek geldt $X = x$ en $Y = \log(y)$ of $X = \log(x)$ en $Y = y$. Als $X = x$ en $Y = \log(y)$, dan geldt bij een lineair verband $Y = a + bX$:
    $$y(x) = 10^a (10^b)^x .$$

2.6 TOEPASSINGEN

Toepassing 1 (tuinbouw, landbouwplantenteelt, biologie). Planten die dicht opeen staan concurreren met elkaar om dezelfde natuurlijke hulpbronnen: licht, water, voedingsstoffen, levensruimte. Ze groeien daardoor minder uit dan planten die veel ruimte hebben. Voor een bepaalde plantensoort is bij verschillende plantdichtheid het gemiddeld drooggewicht gemeten (zie onderstaande tabel). In figuur 2.22 zijn de waarden uitgezet in een dubbel-logaritmische grafiek. Op het oog is er een lijn door de punten getrokken.

Dichtheid x aantal / m^2	Drooggewicht y in g	$\log(x)$	$\log(y)$
5100	0.03	3.71	−1.52
4900	0.07	3.69	−1.15
1500	0.37	3.18	−0.43
940	0.41	2.97	−0.39
890	0.75	2.95	−0.12
800	0.90	2.90	−0.046
540	1.05	2.73	0.021
500	1.01	2.70	0.0043
180	5.10	2.26	0.71
150	5.00	2.18	0.70

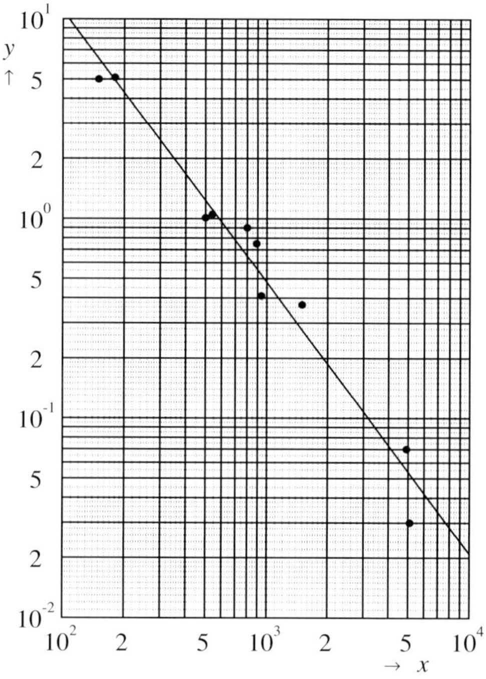

figuur 2.22. Drooggewicht en plantdichtheid.

Opgave 2.32.

a. Welk drooggewicht kunnen we verwachten bij een dichtheid van 300 planten per m^2?

b. Bepaal uit figuur 2.22 het verband tussen het drooggewicht y en de plantdichtheid x.

c. Met de meetpunten uit de tabel bepalen we een regressielijn van de vorm

$$\log(y) = \alpha + \beta \log(x).$$

De coëfficiënten α en β volgen uit de normaalvergelijkingen van Gauss. De waarden $\log(x_i)$ zetten we in een vector u in $\mathbf{R}^{10}$. De waarden $\log(y_i)$ zetten we in de vector v, en de vector s bestaat uit enen. De coëfficiënten van de normaalvergelijkingen zijn dan de inwendige producten $(s\,,s) = 10$, $(u\,,s) = 29.27$, $(v\,,s) = -2.22$, $(u\,,u) = 88.03$ en $(u\,,v) = -9.70$ (ga na!). We krijgen dus het stelsel lineaire vergelijkingen

$$\begin{cases} 10\alpha + 29.27\beta = -2.22\,, \\ 29.27\alpha + 88.03\beta = -9.70\,. \end{cases}$$

Toon aan dat $\alpha = 3.76$ en $\beta = -1.36$. Wat is het verband tussen het drooggewicht en de plantdichtheid?

d. Verklaar het verschil tussen de antwoorden van de onderdelen b en c.

Toepassing 2 (natuurkunde, milieukunde). Geluid bestaat uit trillingen van de lucht. De geluidssterkte S wordt uitgedrukt in decibel (dB). S hangt af van de energiedichtheid E van de trillingen:

$$S = 10 \log\left(\frac{E}{E_0}\right)$$

waarin E_0 de energiedichtheid is die hoort bij de gehoorgrens, dat is het geluidsniveau dat de gemiddelde mens nog net kan horen[1,2]. Hieronder staat voor enkele geluidsbronnen de geluidssterkte S:

gesprek op fluistertoon	30 dB
gewoon gesprek	50 dB
motorfiets	85 dB
popgroep	110 dB

Opgave 2.33.

a. Bepaal E als functie van S.

b. Wat is de energiedichtheid van het geluid van een motorfiets?

c. Een eenvoudige redenering stelt dat de geluidssterkte van 5 motoren 5 maal die van 1 motor is. Dat is echter niet waar. Wat is de geluidssterkte van 5 motoren?

d. Wat is de gezamenlijke geluidssterkte van een gefluisterd en een gewoon gesprek?

Toepassing 3 (scheikunde, biologie). De zuurtegraad van een oplossing wordt aangeduid met de waterstofexponent pH:

$$\text{pH} = -\log([\text{H}^+])$$

waarin $[\text{H}^+]$ de concentratie van vrije H^+ ionen in de oplossing is. Maagzuur heeft een pH van 2.5. Bloed is licht alkalisch, met een pH 7.5.

Opgave 2.34.

a. Bepaal $[\text{H}^+]$ van maagzuur en van bloed.

b. Met welke factor verandert $[\text{H}^+]$ als de pH met 1 stijgt?

---

[1] Preciezer: $E_0 = 10^{-12}\ \text{W}/\text{m}^2$.

[2] De decibel is genoemd naar Alexander Bell, de uitvinder van de telefoon. Waar komt het voorvoegsel "deci" vandaan?

2.7 OPGAVEN

Opgave 2.35. Ga na welke uitspraken juist zijn en geef zonodig een verbeterde versie:

a.	$\log(\frac{1}{2}) = -\log(2)$	b.	$\log(32) - \log(8) = 2\log(2)$
c.	$\log(5^2) = 2\log(5)$	d.	$[\log(5)]^2 = 2\log(5)$
e.	$e^{-\ln(3)} = -3$	f.	$10^{2\log(5)} = 25$
g.	$(a^2)^3 = a^5$	h.	$a^2 a^3 = a^5$
i.	$\ln(10e) = 1 + \ln(10)$	j.	$\log(10e) = 1 + \frac{1}{\ln(10)}$.

Opgave 2.36. Splits de volgende uitdrukkingen in eenvoudige termen en factoren.

a.	$\log(ab^x)$	b.	$\log(ax^b)$
c.	$\ln(ae^{-bt})$	d.	$\log(ae^{-bt})$

Opgave 2.37. In een experiment zijn de volgende waarnemingen gedaan.

a. Zet deze waarnemingen uit in een grafiek met op de x-as een lineaire en op de y-as een logaritmische schaal.

b. De punten uitgezet als in a. liggen ongeveer op een rechte lijn. Bepaal de vergelijking van die lijn uit de grafiek.

c. Bepaal de vergelijking van de rechte lijn met regressie. Wat is daarbij het stelsel vergelijkingen? Wat is de oplossing van dat stelsel?

d. Geef het verband tussen y en x.

x	y
0.5	4.65
1.0	5.40
2.0	7.29
3.0	9.84

Opgave 2.38. De bijgaande tabel bevat een aantal meetpunten (x_i, y_i).

a. Zet de meetpunten uit in een dubbel-logaritmische grafiek.

b. De punten liggen ongeveer op een rechte lijn. Schets die lijn en bepaal met behulp van de grafiek de vergelijking van de lijn. Bepaal hiermee het verband tussen y en x.

c. Bepaal de vergelijking van de lijn met lineaire regressie. Welk verband tussen y en x geeft dit?

d. Welke y-waarde hoort bij $x = 8$?

x	y
2	3.74
5	8.52
10	15.88
20	29.64

Opgave 2.39 (bedrijfskunde, economie).
De dagomzet V (in euro's) van een bedrijf in de periode 1990-2000 is in een enkel-logaritmische grafiek uitgezet tegen de tijd t (in jaren). Het tijdstip $t = 0$ hoort bij 1 januari 1990, $t = 1$ bij 1 januari 1991 enzovoort.

a. Met hoeveel veranderde de dagomzet tussen 1 januari 1996 en 1 januari 1997?

b. In welke maand van welk jaar was de dagomzet € 24000?

c. Bepaal V als functie van t.

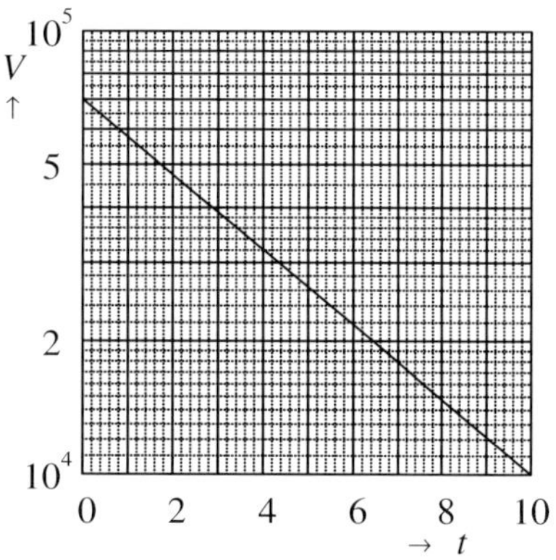

figuur 2.23. De dagomzet V.

Opgave 2.40 (geologie). De kracht van een aardbeving kan op verschillende manieren worden aangegeven. De schaal van Mercalli (uit 1912) is gebaseerd op de gevolgen van de beving. Deze schaal is bijna helemaal verdrongen door de schaal van Richter (uit 1935), die berust op metingen. De magnitude M op de schaal van Richter hangt af van de versnelling a (in $\mathrm{m/s^2}$) van de bodem in de zwaarst getroffen plek, het epicentrum:

$$M = 1.8\log(a) + 5.8.$$

De energie E van de aardbeving wordt gemodelleerd als

$$\log(E) = 1.5\,M + 4.4.$$

In onderstaande tabel vergelijken we de schalen van Mercalli (met de bijbehorende verschijnselen) en Richter.

Mercalli	Naam	Verschijnselen	Richter
I		alleen te meten met instrumenten	2
II	Zeer licht	wordt zelden gevoeld	2.5
III	Licht	trilling als van verkeer	3
IV	Matig	deuren en ramen rammelen	3.7
V	Vrij sterk	schilderijen slingeren, klokken blijven stilstaan	4.3
VI	Sterk	voorwerpen vallen om, bomen bewegen	5
VII	Zeer sterk	schade aan veel gebouwen, schoorstenen breken	5.5
VIII	Vernielend	paniek, algemene schade aan gebouwen	6
IX	Verwoestend	gebouwen zwaar beschadigd, riolen breken	6.7
X	Vernietigend	veel gebouwen verwoest, scheuren in de aarde, schade aan dijken	7.3
XI	Catastrofaal	algemene verwoesting van gebouwen, rails buigen, kabels breken	8
XII	Zeer catastrofaal	alles verwoest, rotsen scheuren, het landschap verandert	8.5

a. Leid het verband af tussen de energie E van een aardbeving en de versnelling a in het epicentrum.

b. Hoeveel malen meer energie heeft een verwoestende aardbeving dan een sterke beving?

c. Op 20 november 1932 vond bij Uden een aardbeving plaats met een kracht van 5 op de schaal van Richter. In april 1992 was er een aardbeving bij Roermond met een kracht van 5.7 op de schaal van Richter. Deze twee bevingen zijn de zwaarste in Nederland in de twintigste eeuw. Met welke factor overtrof de versnelling van de beving van april 1992 die van november 1932?

d. Een aardbeving in Japan in januari 1993 had een kracht van 7.5 op de schaal van Richter. Hoeveel malen meer energie had deze beving dan de zwaarste Nederlandse beving in de twintigste eeuw?

Opgave 2.41. Bepaal het verband tussen y en x voor de onderstaande waarnemingen:

x	0.5	1	2	3	10	20
y	0.688	0.592	0.440	0.326	0.038	0.0018

Zet de punten uit in drie afzonderlijke grafieken:

- met op beide assen een logaritmische schaal,
- met op de horizontale as een lineaire en op de verticale as een logaritmische schaal,
- met op de horizontale as een logaritmische en op de verticale as een lineaire schaal.

In welke van de grafieken liggen de punten ongeveer op een rechte lijn? Bepaal de vergelijking van die lijn met lineaire regressie. Geef het bijbehorende verband tussen y en x.

Opgave 2.42. Bepaal het verband tussen y en x voor de onderstaande waarnemingen:

x	1.00	0.20	0.10	0.067	0.050	0.040
y	0.30	0.18	0.13	0.090	0.080	0.060

Zet de punten op verschillende manieren tegen elkaar uit. Bepaal in welke van de grafieken de punten ongeveer op een rechte liggen. Bepaal de vergelijking van die rechte lijn met behulp van lineaire regressie. Geef het bijbehorende verband tussen y en x.

Opgave 2.43 (milieukunde; zintuigfysiologie). Een geurproef dient om de geursterkte van een oplossing te bepalen. Een proefpersoon ruikt aan een standaardoplossing en moet aan de intensiteit van de geur de waarde 10 geven. Daarna geeft hij een waarde R (respons) aan de geurintensiteit van oplossingen met een andere concentratie S (stimulus) van dezelfde stof: half zo sterk krijgt 5, driemaal zo sterk 30, enzovoort.

12 proefpersonen hebben 7 monsters met amylacetaat tweemaal beoordeeld. Per monster is de gemiddelde respons berekend. In een dubbel-logaritmische grafiek liggen de punten bijna op een rechte lijn. In figuur 2.24 is de regressielijn door de punten getekend.

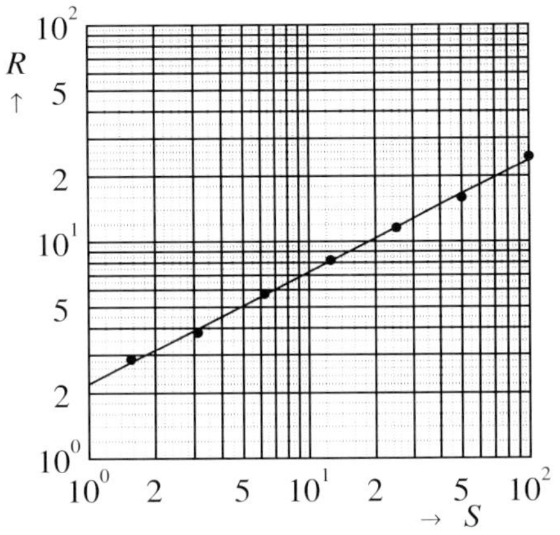

figuur 2.24. Stimulus S en respons R.

a. Bepaal R als functie van S.

b. Neem aan dat dit verband ook geldt voor andere stoffen. Met hoeveel procent moet dan de uitstoot van een fabriek verminderen opdat de overlast halveert?

Opgave 2.44 (scheikunde). Het enzym catalase wordt afgebroken onder invloed van zonlicht in aanwezigheid van zuurstof. Voor de concentratie $y(t)$ van een catalase oplossing zijn de volgende waarden gemeten:

t (in min)	10	30	50	60	70	80
$y(t)$ (in mg / l)	90	30	10	5.8	3.7	2.0

Bepaal het verband tussen y en t.

Opgave 2.45 (landbouwtechniek; bedrijfskunde). Auto's en tractoren worden in series geproduceerd. Het aantal arbeidsuren A per tractor hangt af van de serie n waarin hij zit. Als we A tegen n uitzetten in een dubbel-logaritmische grafiek ontstaat er een rechte lijn.

a. Welke vorm heeft het verband tussen A en n?

b. Bepaal een uitdrukking voor $A(2n)/A(n)$.

c. Voor een bepaald type tractor zijn in de eerste serie 1000 werkuren per stuk nodig, en in de vijfde serie 783 werkuren. Bepaal het verband tussen A en n. Hoeveel uren zijn er in de tiende serie nodig om een tractor te vervaardigen?

d. Bij welke serie is het aantal arbeidsuren per tractor gedaald tot minder dan de helft van dat van de eerste serie?

2.8 WISKUNDIG GEREEDSCHAP: MODELLEN VOOR CONTINUE GROEI

In deze paragraaf bekijken we een aantal modellen voor continue groei: ***exponentiële groei***, ***begrensde exponentiële groei*** en ***logistische groei***. Hiermee kunnen we de groei van een populatie modelleren, maar ook het gewicht of de lengte van een individu. In tegenstelling tot de modellen in hoofdstuk 1 is hier de onafhankelijke variabele (dat is meestal de tijd t) continu.

GROEISNELHEID EN RELATIEVE GROEISNELHEID

D ***Definitie.*** Een grootheid N wordt als functie van de tijd beschreven door de functie $N(t)$. De ***groeisnelheid*** van N is $N'(t)$. De ***relatieve groeisnelheid*** van N is de groeisnelheid gedeeld door N, in formulevorm: $N'(t)\,/\,N(t)$. #

Voorbeeld (visteelt, biologie). We bekijken groei en relatieve groei van twee vissen. Aanvankelijk weegt de kleinste vis 1 g en de grootste vis 5 g. Een week later wegen ze 1.5 g respectievelijk 5.5 g. Beide vissen zijn in die week 0.5 g in gewicht toegenomen. De kleinste vis is 0.5/1 = 50% zwaarder geworden, de grootste vis is 0.5/5 = 10% gegroeid: de relatieve groei bedraagt respectievelijk 0.5 en 0.1.
Vergelijking van de relatieve groei(snelheid) geeft een heel ander beeld dan vergelijking van de (absolute) groei(snelheid). De groei van 0.5 g is voor het kleinste visje een enorme vooruitgang, omdat het in één week anderhalf maal zo zwaar wordt. Dezelfde absolute groei van 0.5 g levert de grotere vis een kleinere relatieve gewichtstoename (10%) op. #

Opgave 2.46. Bepaal de groeisnelheid en de relatieve groeisnelheid van $N(t) = c\,\mathrm{e}^{kt}$. #

EXPONENTIËLE GROEI EN AFNAME

D De eenvoudigste groeifunctie is de ***exponentiële functie***:

$$N(t) = c\mathrm{e}^{kt} = c\exp(kt).$$

De groei wordt ***exponentieel*** genoemd omdat de tijd in de exponent voorkomt. In de meeste toepassingen is $c > 0$. Als er sprake is van echte exponentiële ***groei*** dan geldt $k > 0$, en dan is $N(t)$ stijgend voor alle t, zie figuur 2.25.
Als er sprake is van exponentiële ***afname*** geldt $k < 0$, zie figuur 2.26.

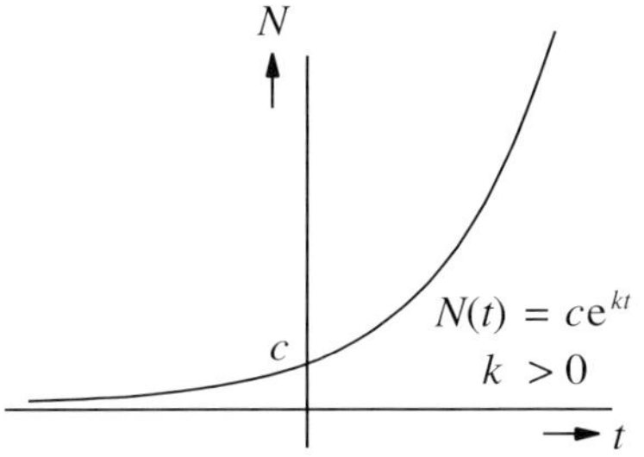

figuur 2.25. Exponentiële groei.

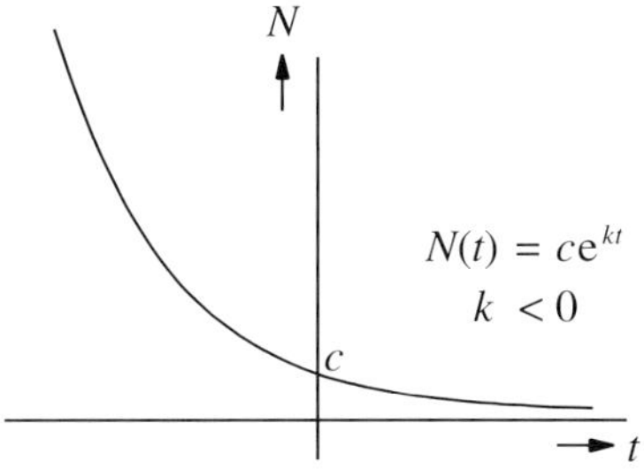

figuur 2.26. Exponentiële afname.

De grafiek van $N(t)$ op een logaritmische schaal tegen t op een lineaire schaal is een rechte lijn.

Opgave 2.47. Waaraan moet de constante b voldoen opdat de functie $y(x) = ab^x$ (met $a > 0$) exponentiële groei of exponentiële afname beschrijft? #

Voorbeeld (economie). Het nationaal inkomen $Y(t)$ modelleren we met $Y(t) = c\,e^{kt}$. De groeisnelheid is dan $Y'(t) = c\,k\,e^{kt} = k\,Y(t)$. De relatieve groeisnelheid is dus constant: $Y'(t)\,/\,Y(t) = k$. #

Opgave 2.48. Het nationaal inkomen modelleren we met $Y(t) = c\,e^{kt}$. Bepaal k als de economische groei 4% per jaar bedraagt. #

Voor de exponentiële functie $N(t) = c\,e^{kt}$ geldt $N'(t) = c\,k\,e^{kt}$, dus

$$N'(t) = k\,N(t).$$

Met de exponentiële functie kunnen we dus een grootheid N beschrijven waarvan de groeisnelheid $N'(t)$ evenredig is met $N(t)$ zelf; de relatieve groeisnelheid is constant.

Voorbeeld (biologie). We modelleren de omvang $N(t)$ van een populatie sprinkhanen met $N(t) = 2000\,e^{0.13t}$, waarin t de tijd is in dagen. Op $t = 0$ is de omvang van de populatie $N(0) = 2000$. De populatieomvang is verdubbeld op tijdstip t_D : $N(t_D) = 4000$. Er geldt dan $4000 = 2000\,e^{0.13t_D}$, zodat $2 = e^{0.13t_D}$. Door aan beide zijden de natuurlijke logaritme te nemen volgt $\ln(2) = 0.13t_D$, dus $t_D = \ln(2)\,/\,0.13 = 5.33$ dagen. Deze periode heet de verdubbelingstijd. #

De ***verdubbelingstijd*** van een exponentiële functie $N(t) = c\,e^{kt}$ is het getal t_D waarvoor $N(t + t_D) = 2\,N(t)$. #

Als de grootheid $N(t) = c\,e^{kt}$ na een tijd t_D is verdubbeld, dan geldt

$$N(t+t_D) = N(t) \;\Rightarrow\; ce^{k(t+t_D)} = 2ce^{kt} \;\Rightarrow\; ce^{kt}\,e^{kt_D} = 2ce^{kt}$$

$$\Rightarrow\; e^{kt_D} = 2 \;\Rightarrow\; k\,t_D = \ln(2).$$

De verdubbelingstijd voor exponentiële groei is dus $t_D = \ln(2)\,/\,k$. Merk op dat voor exponentiële groei t_D niet van t afhangt; voor elk tijdstip t is de verdubbelingstijd even lang.

Voor een proces met exponentiële afname is het natuurlijker om over ***halfwaardetijd*** dan over verdubbelingstijd te spreken; de halfwaardetijd t_H is de tijdsduur waarin de hoeveelheid tot de helft afneemt: $N(t + t_H) = \tfrac{1}{2}\,N(t)$.

Voorbeeld (natuurkunde). Radioactief verval is een spontane verandering van instabiele atoomkernen, waarbij energie in de vorm van straling vrijkomt. Het aantal atoomkernen dat per tijdseenheid vervalt is evenredig met het aantal kernen dat nog niet vervallen is; er geldt dus $N'(t) = k\,N(t)$, en omdat het aantal niet-vervallen kernen afneemt geldt $k < 0$. De functie $N(t) = c\,e^{kt}$ beschrijft dus het aantal niet-vervallen atoomkernen.
De halfwaardetijd is de tijdsduur waarin het aantal kernen tot de helft van het oorspronkelijke aantal afneemt. Omdat de stralingsintensiteit (de "radioactiviteit") evenredig is met $N'(t)$, en dus ook met $N(t)$, is de halfwaardetijd ook de tijd waarin de hoeveelheid straling tot de helft van de oorspronkelijke waarde afneemt.

Opgave 2.49. Het radioactieve verval van het kobaltisotoop Co^{60} wordt beschreven door $N(t) = N(0)\,e^{-0.130\,t}$, t in jaren. Wat is de halfwaardetijd t_H van dit isotoop? #

Uit de relatie $N'(t) = k\,N(t)$ voor een functie met exponentiële groei of afname blijkt dat de parameters c en k twee verschillende rollen vervullen. De parameter k legt het verband tussen $N'(t)$ en $N(t)$, en is daarmee kenmerkend voor het fysische, biologische of economische proces. De verdubbelingstijd respectievelijk halfwaardetijd is alleen afhankelijk van dat proces, dus van k, en niet van c. De parameter c beschrijft de beginsituatie.
In de figuren 2.27 en 2.28 zijn bundels grafieken van $N(t) = c\,e^{kt}$ geschetst voor een vaste waarde van k ($k > 0$ in figuur 2.27, $k < 0$ in figuur 2.28), en verschillende (positieve) waarden van c. In beide gevallen lopen de grafieken parallel aan elkaar: ze kunnen uit elkaar worden verkregen door verschuiving langs de horizontale as.

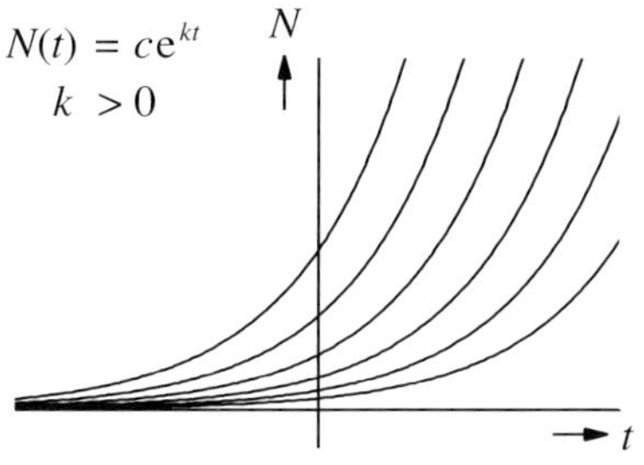

figuur 2.27. Exponentiële groei, c varieert.

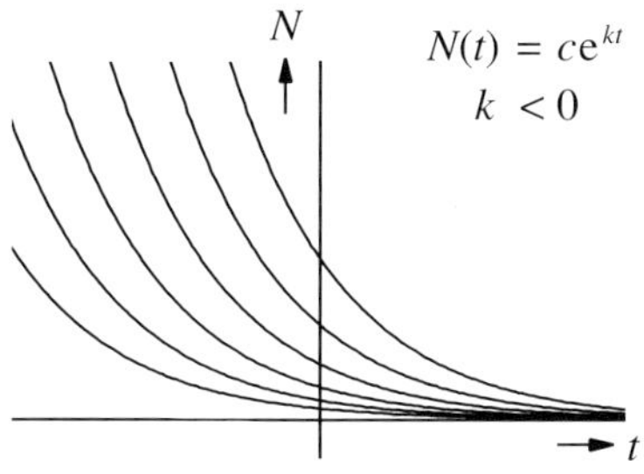

figuur 2.28. Exponentiële afname, c varieert.

Opgave 2.50 (natuurkunde). Een onderzoeker meet de radioactiviteit van een aluminium plaatje dat enige tijd aan neutronenstraling is blootgesteld. Hij vindt $N(t) = 2700\,e^{-0.3\,t}$ becquerel, met t in minuten, waarbij $t = 0$ het tijdstip is waarop hij de metingen begon. Welke functie zou hij hebben gevonden als hij een minuut later met meten zou zijn begonnen? #

BEGRENSDE EXPONENTIËLE GROEI

Populaties van dieren of planten groeien meestal niet onbegrensd door. Ook de lengte en het gewicht van een individu zijn begrensd. Het exponentiële groeimodel voldoet dan niet. De relatieve groeisnelheid is niet constant, maar neemt af.
De grafiek van een functie die begrensde groei beschrijft valt in twee delen uiteen. Eerst is de groei ongeveer lineair; daarna neemt de groei af, en op den duur verdwijnt de groei geheel.

D De functie die ***begrensde exponentiële groei*** beschrijft is

$$N(t) = a(1 - c\,e^{-kt}) \qquad (a > 0,\ k > 0).$$

Deze functie vertoont het beschreven gedrag, zie figuur 2.29. Er geldt

$$N(0) = a(1-c) \quad \text{en} \quad \lim_{t\to\infty} N(t) = a.$$

De afgeleide van $N(t)$ is

$$N'(t) = ack\,e^{-kt},$$

en omdat $ac\,e^{-kt} = a - N(t)$ (ga na!) geldt ook

E
$$N'(t) = k(a - N(t)).$$

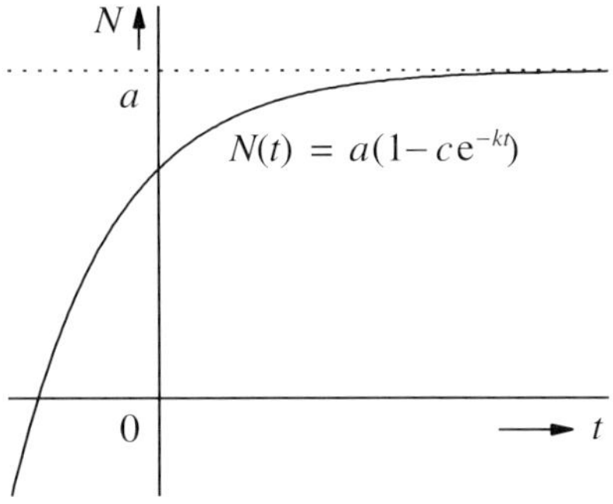

figuur 2.29. Begrensde exponentiële groei.

Hieronder geven twee grafieken het verband tussen $N'(t)$ en $N(t)$ bij respectievelijk exponentiële groei en begrensde exponentiële groei.

- Voor de functie van exponentiële groei, $N(t) = c\,e^{kt}$, geldt $N'(t) = k\,N(t)$, dus de groei $N'(t)$ is evenredig met $N(t)$. De grafiek van $N'(t)$ tegen $N(t)$ is een rechte lijn door de oorsprong met richtingscoëfficiënt k, zie figuur 2.30. Bij groei is k positief, bij afname is k negatief.
- Voor de functie voor begrensde exponentiële groei, $N(t) = a(1 - c\,e^{-kt})$, geldt de relatie $N'(t) = k(a - N(t)) = ka - k\,N(t)$. De grafiek van $N'(t)$ tegen $N(t)$ is dus een rechte lijn met asafsnede ka en richtingscoëfficiënt $-k$, zie figuur 2.31.

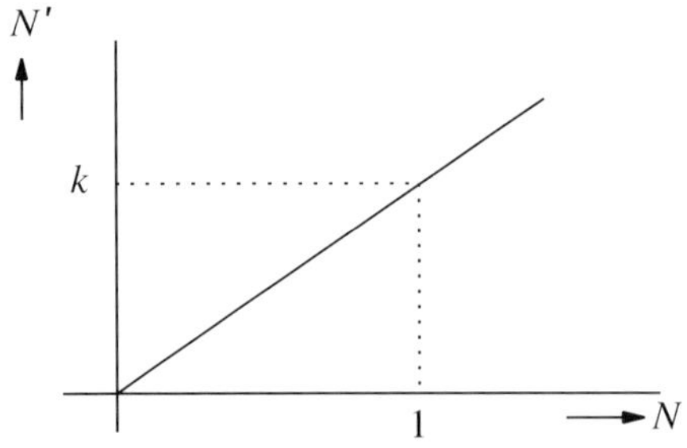

figuur 2.30. Exponentiële groei.

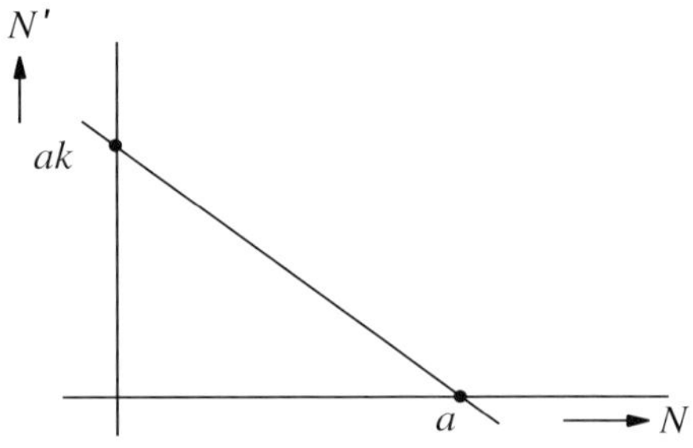

figuur 2.31. Begrensde exponentiële groei.

Opgave 2.51. Schets de grafiek van de functie $y(x) = 3(1 - \tfrac{1}{2}e^{-0.25x})$ als functie van x. Bepaal de groeisnelheid en de relatieve groeisnelheid van $y(x)$. #

Opgave 2.52. Toon aan dat $y(x) = 3(1 - \tfrac{1}{2}e^{-0.25x})$ voldoet aan $y'(x) = 0.25(3 - y(x))$. Schets de grafiek van $y'(x)$ als functie van $y(x)$. #

Uit de relatie $N'(t) = k(a - N(t))$ voor een functie met begrensde exponentiële groei blijkt dat de parameters a en k het verband vastleggen tussen $N'(t)$ en $N(t)$; zij zijn daarmee kenmerkend voor het proces dat gemodelleerd wordt. Dit proces hangt dus niet af van c. De parameter c beschrijft de beginsituatie.
In figuur 2.32 is voor vaste waarden van a en k een bundel grafieken van $N(t) = a(1 - c\,e^{-kt})$ geschetst voor verschillende waarden van c (met $c > 0$). De grafieken zijn weer evenwijdig: ze worden uit elkaar verkregen door verschuiving langs de horizontale as.

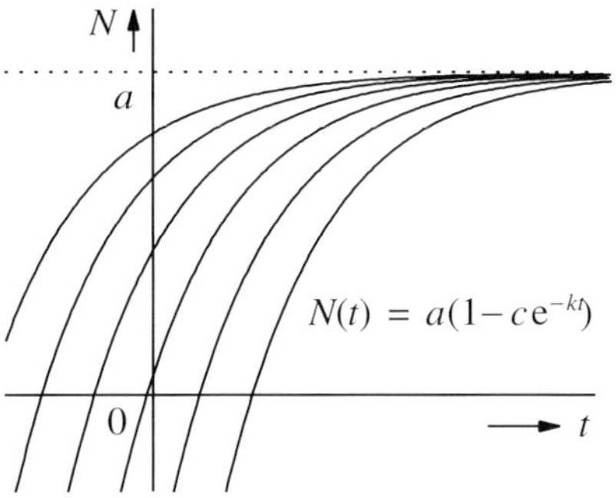

figuur 2.32. Begrensde exponentiële groei, c varieert.

Opgave 2.53. Maak een schets van een bundel grafieken van $N(t) = a(1 - c\,e^{-kt})$ voor vaste waarden van a en k, en verschillende waarden van c met $c < 0$. #

Voorbeeld (biologie, fysiologie). In ons lichaam wordt energie geleverd door aërobe en anaërobe chemische processen (dat zijn processen met respectievelijk zonder zuurstofverbruik). Bij een plotselinge inspanning leveren anaërobe processen in de witte spiervezels de eerste energie; deze zijn snel uitgeput, en dan nemen de aërobe processen in de rode spiervezels het over. Als ook de aërobe processen uitgeput raken treedt er verzuring op. Figuur 2.33 toont welke fractie van de energie deze processen leveren als functie van de tijd dat een atleet ingespannen bezig is. Getekend zijn de grafieken van $y_1(t) = 1 - e^{-0.35t}$ en $y_2(t) = e^{-0.35t}$.

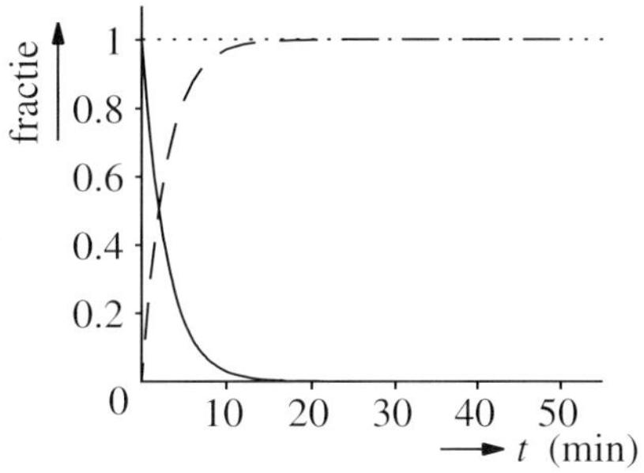

figuur 2.33. Aërobe en anaërobe verbranding (fracties).

Opgave 2.54.

a. Laat zien dat de beide processen samen alle benodigde energie leveren.

b. Welke van deze functies beschrijft het aërobe proces, welke het anaërobe proces?

c. Bepaal van $y_1(t)$ en $y_2(t)$ de afgeleiden; druk $y_1'(t)$ uit in $y_1(t)$ en $y_2'(t)$ in $y_2(t)$.

d. Als beide processen ongeveer evenveel energie leveren voelt de atleet enige vermoeidheid. Na hoeveel minuten treedt dit op voor deze atleet? #

Opmerking. De parameters c en k van een lineaire functie $N(t) = c + kt$ en van een exponentiële functie $N(t) = c\,e^{kt}$ kunnen we eenvoudig met lineaire regressie uit een set meetwaarden bepalen. De parameters a, c en k van de functie $N(t) = a(1 - c\,e^{-kt})$ zijn niet eenvoudig uit een set meetwaarden te bepalen, tenzij de waarde van a of van k uit het model kan worden afgeleid. #

LOGISTISCHE GROEI: DE SIGMOÏDE

De omvang van een populatie als functie van de tijd heeft vaak een grafiek in de vorm van een uitgerekte letter S. Eerst verloopt de groei exponentieel, dan neemt hij af, en uiteindelijk gaat de groei naar nul. Dat gedrag is niet te beschrijven met één van de hiervoor behandelde functies. De grafiek van de volgende functie beschrijft zo'n S-vormige curve:

$$N(t) = \frac{a}{1 + c\,e^{-akt}} \quad (a > 0, \quad c > 0).$$

D $N(t)$ wordt een ***logistische functie*** genoemd, en zijn grafiek heet een ***sigmoïde***. Er geldt

$$N(0) = \frac{a}{1+c}, \quad \text{en} \quad \begin{cases} \lim\limits_{t \to -\infty} N(t) = \dfrac{a}{1+\infty} = 0, & \lim\limits_{t \to \infty} N(t) = \dfrac{a}{1+0} = a \quad \text{als } k > 0, \\ \lim\limits_{t \to -\infty} N(t) = \dfrac{a}{1+0} = a, & \lim\limits_{t \to \infty} N(t) = \dfrac{a}{1+\infty} = 0 \quad \text{als } k < 0. \end{cases}$$

Omdat a en c positief zijn geldt $0 < N(t) < a$ voor alle t.

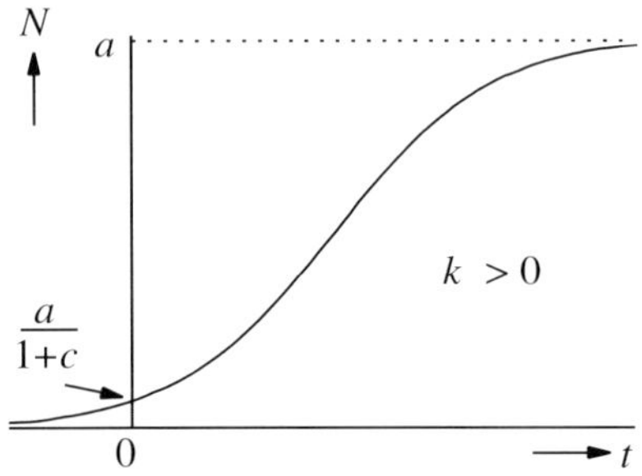

figuur 2.34. Een stijgende sigmoïde.

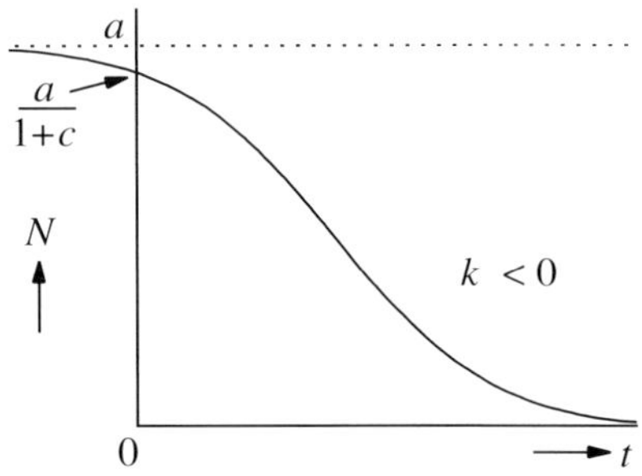

figuur 2.35. Een dalende sigmoïde.

Opgave 2.55. Bepaal a, c en k voor

$$N(t) = \frac{200}{1 + 2e^{-0.2t}}.$$

Voor welke t geldt $N(t) = 150$? Bepaal de groeisnelheid van $N(t)$. #

We bepalen de groei van de logistische functie $N(t)$. Bij het differentiëren gebruiken we de kettingregel:

$$N(t) = \frac{a}{1 + c\,e^{-akt}} \quad \Rightarrow \quad N'(t) = \frac{-a}{(1 + c\,e^{-akt})^2} \cdot -akc\,e^{-akt}.$$

Uit de functie $N(t)$ kunnen we door herrangschikking zien dat

$$a - N(t) = a - \frac{a}{1 + c\,e^{-akt}} = \frac{ac\,e^{-akt}}{1 + c\,e^{-akt}}.$$

Invullen in de uitdrukking voor de groeisnelheid levert

$$N'(t) = \frac{-a}{(1 + c\,e^{-akt})^2} \cdot -akc\,e^{-akt} = k\frac{a}{1 + c\,e^{-akt}} \cdot \frac{ac\,e^{-akt}}{1 + c\,e^{-akt}} = k\,N(t)(a - N(t)).$$

◇E *Eigenschap.* De groeisnelheid van de logistische functie voldoet aan de relatie

$$N'(t) = k\,N(t)(a - N(t)). \qquad \#$$

De grafiek van $N'(t)$ als functie van $N(t)$ heeft bij de stijgende logistische functie (dat is voor $k > 0$) de vorm van een bergparabool (zie figuur 2.36). De groeisnelheid $N'(t)$ is nul als $N(t) = 0$ of $N(t) = a$. De maximale groeisnelheid vinden we op de top van de parabool, en die ligt bij $N(t) = ½a$ (dat is midden tussen de nulpunten). De maximale groeisnelheid is dus $¼\,ka^2$.

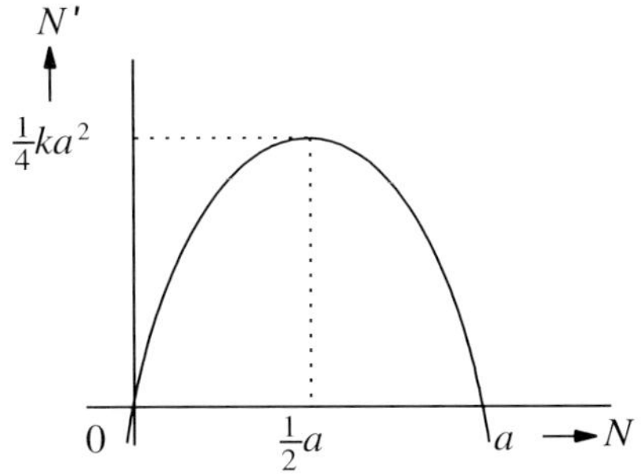

figuur 2.36. Stijgende sigmoïde.

Opgave 2.56. Zet in een grafiek voor de dalende logistische functie $N'(t)$ uit tegen $N(t)$. Bereken de maximale "groei"snelheid. #

In de groeisnelheid $N'(t) = k\,N(t)\,(a - N(t))$ van de stijgende logistische functie onderscheiden we drie fasen, zie figuur 2.37.

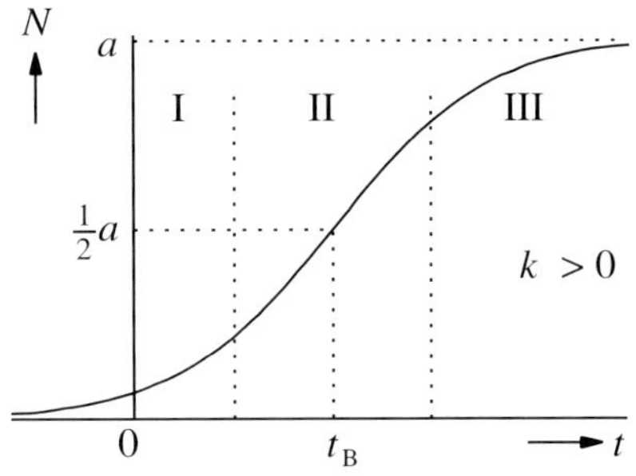

figuur 2.37. De drie fasen in een sigmoïde.

- In de eerste fase is $N(t)$ klein. Als bijvoorbeeld $N(t) = 0.01a$, dan is de factor $a - N(t)$ bijna a. De groeisnelheid is dan ongeveer $a\,k\,N(t)$; de logistische groei lijkt dan dus sterk op exponentiële groei.
- In de tweede fase bereikt de groeisnelheid zijn maximum; de groei is rond dat maximum ongeveer lineair. De groeisnelheid is maximaal als $N(t) = ½a$, en de grafiek van $N(t)$ heeft dan een buigpunt. Het tijdstip t_B van het buigpunt volgt uit de vergelijking

  $$N(t_B) = \frac{a}{1 + ce^{-akt_B}} = \frac{a}{2}.$$

  We vinden

  $$1 + c\mathrm{e}^{-akt_B} = 2 \;\Rightarrow\; c\mathrm{e}^{-akt_B} = 1 \;\Rightarrow\; \ln(c\mathrm{e}^{-akt_B}) = 0 \;\Rightarrow\; \ln(c) - akt_B = 0$$

  dus het buigpunt treedt op voor $t_B = \ln(c)/ak$.
- In de derde fase nadert $N(t)$ tot a. Als $N(t)$ dicht bij a is, bijvoorbeeld $N(t) = 0.99a$, dan geldt $N'(t) \cong ka\,(a - N(t))$. Dit betekent dat de logistische functie zich in deze fase gedraagt als een functie voor begrensde exponentiële groei.

De relatieve groeisnelheid van de logistische functie is $N'(t)/N(t) = k\,(a - N(t))$. De relatieve groeisnelheid is dus een lineaire functie van $N(t)$.

Opgave 2.57. Laat zien dat de parameters a en k van een logistische functie kenmerkend zijn voor het proces dat we modelleren, en dat de parameter c de beginsituatie beschrijft. Maak een schets van een bundel grafieken van $N(t) = a\,/\,(1 + c\,\mathrm{e}^{-akt})$ voor vaste waarden van a en k en verschillende waarden van c (met a, k en $c > 0$). #

Net als bij begrensde exponentiële groei is het bij logistische groei niet eenvoudig om de parameters a, k en c uit meetwaarden te schatten. Een uitzonderingssituatie treedt op als de waarde van a of van k uit het model kan worden afgeleid.

Voorbeeld (biologie; vergelijk §2.1).
Eendekroos (*Lemna minor*) kan een vijver volledig dichtgroeien. In een bijna lege vijver verloopt de groei van het aantal plantjes exponentieel; als echter de vijver voor een flink deel is dichtgegroeid wordt de groei geremd door gebrek aan ruimte. Voor het begroeide deel $N(t)$ van het vijveroppervlak geldt

$$N'(t) = kN(t)(1-N(t)).$$

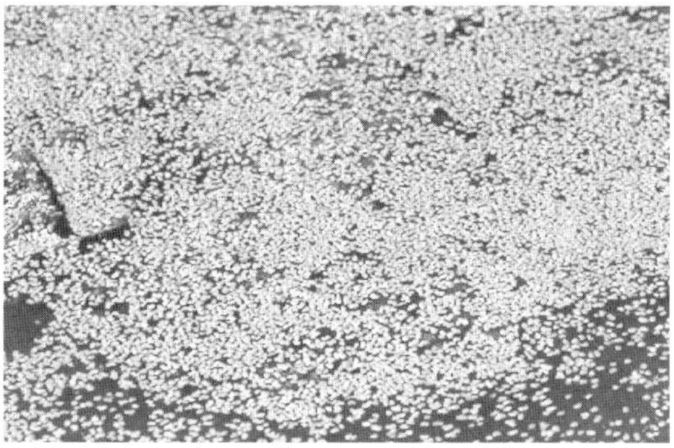
Na 16 dagen is de vijver voor 75% dichtgegroeid.

Dit is een logistisch groeimodel met $a = 1$; de oplossing daarvan is

$$N(t) = \frac{1}{1+c\,e^{-kt}}.$$

In een periode van 3 weken met gelijkmatig weer is een vijver 6 maal gefotografeerd, en met beeldverwerkingtechnieken is de begroeide fractie $N(t)$ bepaald, zie bijgaande tabel.

tijd (in dagen)	$N(t)$ gemeten	$\frac{1-N(t)}{N(t)}$
1	0.03	32.3
4	0.09	10.1
8	0.19	4.26
12	0.42	1.38
16	0.75	0.333
19	0.84	0.190

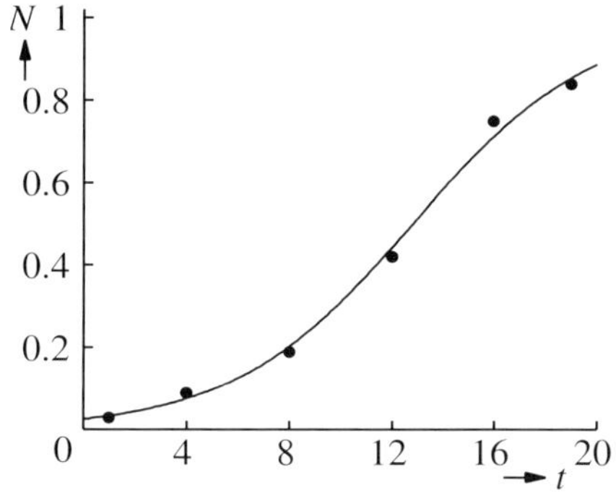

figuur 2.38. Het begroeide deel van de vijver.

Een grafiek van de waargenomen waarden van $N(t)$ lijkt inderdaad op een sigmoïde (zie figuur 2.38). We moeten nu de constanten c en k zo bepalen dat de grafiek van $N(t) = 1/(1+c\,e^{kt})$ de gemeten waarden goed benadert. Daartoe schrijven we

$$N(t) = \frac{1}{1+c\,e^{-kt}} \Rightarrow N(t)(1+c\,e^{-kt}) = 1 \Rightarrow N(t)\,c\,e^{-kt} = 1-N(t) \Rightarrow$$

$$\Rightarrow c\,e^{-kt} = \frac{1-N(t)}{N(t)} = y(t).$$

De "gemeten" waarden voor $y(t)$ staan in de derde kolom van de tabel. Er geldt

$$y(t) = c\,e^{-kt} \Rightarrow \log(y(t)) = \log(c\,e^{-kt}) = \log(c) - kt\log(e).$$

Als we $y(t)$ op een logaritmische schaal uitzetten tegen t op een lineaire schaal, dan vinden we dus een rechte lijn met als asafsnede $\alpha = \log(c)$ en als richtingscoëfficiënt $\beta = -k\log(\mathrm{e})$. Die lijn is zo goed mogelijk door de uitgezette punten getrokken, zie figuur 2.39.
We kiezen twee ver uiteen liggende punten op de lijn, bijvoorbeeld (0, 35) en (20, 0.13). Dat levert het stelsel vergelijkingen

$$\begin{cases} \alpha + 0\beta = \log(35) \\ \alpha + 20\beta = \log(0.13) \end{cases}$$

met als oplossing $\alpha = \log(35) = 1.54$ en $\beta = [\log(0.13) - \log(35)]/20 = -0.122$.
Nu moeten we nog c en k bepalen. Er geldt $\alpha = \log(c)$ zodat $c = 10^{\alpha} = 35$, en $\beta = -k\log(\mathrm{e})$ dus $k = -\beta/\log(\mathrm{e}) = 0.280$.
De begroeide fractie van de vijver modelleren we dus met

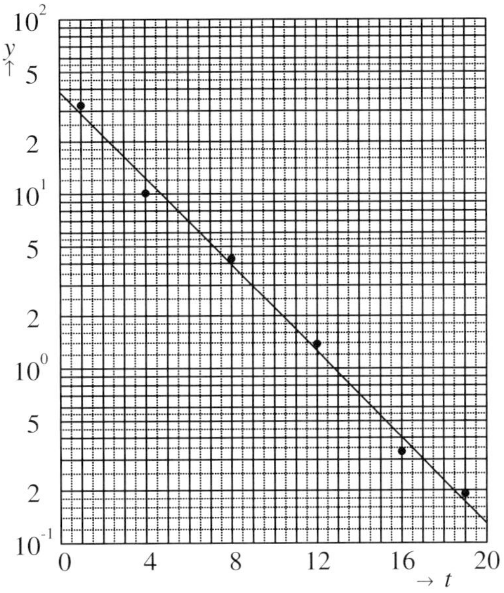

figuur 2.39. Getransformeerde data.

$$N(t) = \frac{1}{1 + 35\,\mathrm{e}^{-0.280\,t}}.$$

In figuur 2.38 is ook de grafiek van deze logistische functie getekend. De functie blijkt een redelijke beschrijving van de waarnemingen te geven. #

Opgave 2.58.

a. We kunnen in plaats van de begroeide fractie $N(t)$ van de vijver ook de onbegroeide fractie $M(t)$ modeleren. Ga na aan welke vergelijking $M'(t)$ voldoet, en bepaal $M(t)$ op de bovenvermelde manier.

b. Verklaar waarom het gebruikte model van een logistische functie niet realistisch is. #

SAMENVATTING

- De grootheid N wordt als functie van de tijd beschreven door de functie $N(t)$. De groeisnelheid van $N(t)$ is $N'(t)$. De relatieve groeisnelheid van $N(t)$ is de groeisnelheid gedeeld door $N(t)$: $N'(t)/N(t)$.

- De functie $N(t) = c\,e^{kt}$ $(c > 0)$ beschrijft exponentiële groei als $k > 0$ en exponentiële afname als $k < 0$.
  - De groeisnelheid voldoet aan de relatie $N'(t) = kN(t)$.
  - De grafiek van N'(t) tegen $N(t)$ is een rechte lijn door de oorsprong met richtingscoëfficiënt k.
  - De relatieve groeisnelheid is constant: $N'(t)/N(t) = k$.

- De functie $N(t) = a(1 - c\,e^{-kt})$ met parameters $c > 0$, $a > 0$, $k > 0$ beschrijft begrensde exponentiële groei.
  - De groeisnelheid voldoet aan $N'(t) = k(a - N(t))$.
  - De grafiek van $N'(t)$ tegen $N(t)$ is een rechte lijn (niet door de oorsprong) met richtingscoëfficiënt $-k$.
  - De relatieve groeisnelheid is $N'(t)/N(t) = k(a - N(t))/N(t)$.

- De functie $N(t) = a/(1 + c\,e^{-akt})$ met parameters $c > 0$, $a > 0$ beschrijft logistische groei als $k > 0$, en logistische afname als $k < 0$.
  - De groeisnelheid voldoet aan de relatie $N'(t) = kN(t)(a - N(t))$.
  - De grafiek van $N'(t)$ tegen $N(t)$ is een parabool die de N-as snijdt in (0,0) en $(a,0)$.
  - De relatieve groeisnelheid is $N'(t)/N(t) = k(a - N(t))$.

- Als $N(t)$ een logistische functie is dan bestaat er een lineair verband tussen $\log(y)$ en t, met $y = (a - N(t))/N(t)$. Als de grenswaarde a bekend is, dan kan y worden uitgezet tegen t in een enkel-logaritmische grafiek; het resultaat is een rechte lijn. Uit de vergelijking voor die lijn kunnen de parameters k en c worden bepaald.

2.9 TOEPASSINGEN

Toepassing 1 (geologie, paleontologie, natuurkunde). De belangrijkste natuurlijke koolstofisotopen zijn het niet-radioactieve C^{12} en C^{13} en het radioactieve C^{14}. Een levend organisme neemt deze isotopen op in de verhouding waarin ze in de atmosfeer aanwezig zijn; na de dood van het organisme stopt de opname van koolstof. De fractie C^{14} van de totale hoeveelheid koolstof in een fossiel geven we aan met $C(t)$, waarin t de tijd vanaf de dood van het organisme is. Omdat C^{14} vervalt tot N^{14} geldt

$$C(t) = C_0 \, \mathrm{e}^{-kt},$$

waarin C_0 de fractie C^{14} in het organisme op het tijdstip van zijn dood is. Doordat de fractie C^{14} van de koolstof in de atmosfeer eeuwenlang constant is gebleven[1], is C_0 vrij goed bekend. Zo kunnen we de ouderdom van een fossiel bepalen uit meting van de fractie C^{14}.

Opgave 2.59.

a. De halfwaardetijd van C^{14} is 5730 jaar. Wat is de waarde van k?

b. De fractie C^{14} van een fossiel bedraagt 1% van de C^{14} fractie van een levend organisme. Wat is de ouderdom van dit fossiel?

c. Hoe zou u de fractie C^{14} van de totale hoeveelheid C in het fossiel kunnen meten?

Toepassing 2 (toxicologie, biologie, milieukunde). Vissen hebben veel te lijden van gifstoffen (waaronder bestrijdingsmiddelen) in het water. Als het gif langzaam wordt uitgescheiden of afgebroken, dan hoopt het zich in het lichaam op (***bioconcentratie***); dit is bijvoorbeeld het geval bij fenthion.
Het gif kan op twee manieren door de vis worden opgenomen: via de maag of via de kieuwen. Bij onderzoek naar de opname van gif via de kieuwen krijgen de vissen gifvrij voedsel. Voor de concentratie gif in het lichaam geldt dan

$$C_{\mathrm{v}}(t) = C_{\mathrm{w}} \, K(1 - \mathrm{e}^{-kt}),$$

waarin

t de duur van de blootstelling is (in dagen)
C_{w} de concentratie van het gif in het water is,
k een maat is voor de opnamesnelheid van het gif,
K de bioconcentratiefactor is.

Uit metingen bij $C_{\mathrm{w}} = 2.91\ \mu\mathrm{g}/\mathrm{g}$ volgt dat voor fenthion $K = 17000$ en $k = 0.006$ per dag. Vissen sterven als de concentratie $C_{\mathrm{v}}(t)$ boven 4.1 mg/g vis komt.

Opgave 2.60.

a. Na hoeveel tijd is de concentratie gif in de vis even hoog als die in het water?

b. Na hoeveel dagen treedt er bij deze gifconcentratie vissterfte op?

c. Als de vissen na 5 dagen blootstelling aan een onbekende concentratie fenthion sterven, hoe hoog is dan die concentratie?

---

[1] De fractie C^{14} in de atmosfeer is ongeveer constant tot 1700, het begin van de industriële revolutie. Vanaf dat moment is er sprake van een langzame teruggang door het verstoken van fossiele brandstoffen ("oude" koolstof). Na 1945 (het begin van de atmosferische kernproeven) treedt er een meetbare stijging op.

Toepassing 3 (sociologie). In de tabel hiernaast staan resultaten van een onderzoek naar de leeftijd waarop jongeren het ouderlijk huis verlaten. In figuur 2.40 zien we voor zowel vrouwen ($f(t)$) als mannen ($m(t)$) een sigmoïdaal verband tussen leeftijd t en percentage uitwonenden.
In figuur 2.41 is $(1-f)/f$ op een logaritmische schaal uitgezet tegen t op een lineaire schaal. Daarna is met lineaire regressie $f(t)$ bepaald:

$$f(t) = \frac{1}{1+16223\mathrm{e}^{-0.464t}}.$$

Leeftijd t in jaren	fractie uitwonende vrouwen f	fractie uitwonende mannen m
16	0.06	0.05
18	0.23	0.18
20	0.48	0.32
22	0.68	0.51
24	0.82	0.70
26	0.92	0.81
28	0.95	0.89

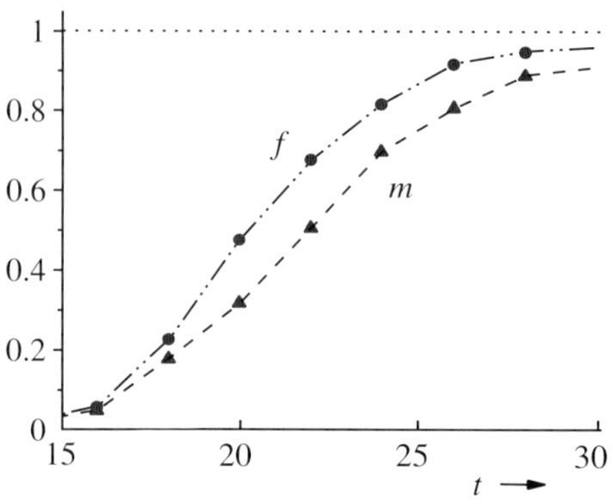

figuur 2.40. Oorspronkelijke gegevens.

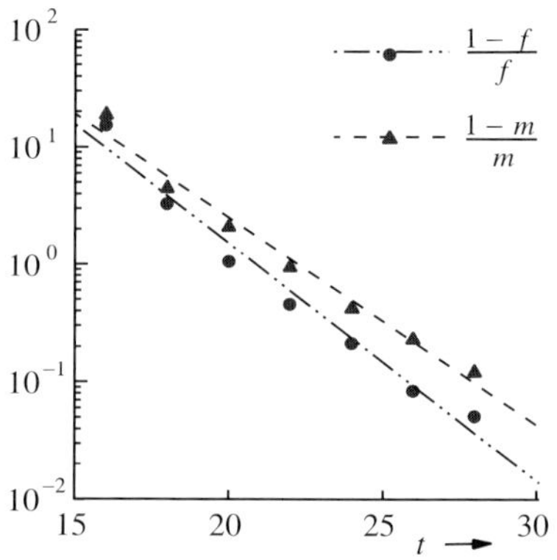

figuur 2.41. Getransformeerde gegevens.

Op eenzelfde manier is de grootheid $(1-m)/m$ uitgezet tegen de leeftijd, zie figuur 2.41. We zetten de waarden van $\log((1-m)/m)$ in de vector x en de leeftijden t in de vector u:

$$x = \begin{pmatrix} 1.279 \\ 0.659 \\ 0.327 \\ -0.017 \\ -0.368 \\ -0.630 \\ -0.908 \end{pmatrix}, \quad u = \begin{pmatrix} 16 \\ 18 \\ 20 \\ 22 \\ 24 \\ 26 \\ 28 \end{pmatrix}, \quad \text{en} \quad s = \begin{pmatrix} 1 \\ 1 \\ 1 \\ 1 \\ 1 \\ 1 \\ 1 \end{pmatrix}.$$

Het stelsel normaalvergelijkingen dat hoort bij de lineaire regressie van x op $<s, u>$ is

$$\begin{cases} 7\alpha + (u,s)\beta = (x,s) \\ (s,u)\alpha + 3500\beta = -12.144 \end{cases}$$

Opgave 2.61.

a. Op welke leeftijd heeft 80% van de vrouwen het ouderlijk huis verlaten?
b. Bereken (x, s) en (s, u).
c. Bepaal door eliminatie en substitutie de asafsnede α en de richtingscoëfficiënt β.
d. Wat is de functie $m(t)$?
e. Op welke leeftijd heeft 80% van de mannen het ouderlijk huis verlaten?
f. De logistische functies voor $f(t)$ en $m(t)$ worden niet met een model gemotiveerd. Hoe is uit de data te zien dat deze functies $f(t)$ en $m(t)$ niet goed beschrijven?

Toepassing 4 (milieukunde). We onderzoeken de invloed van nikkel op de bodemfauna. Daartoe hebben we $NiCl_2$ toegevoegd aan een bodemmonster van zandig leem. Vervolgens hebben we de bodemademhaling gemeten.
In figuur 2.42 staat langs de verticale as de bodemademhaling y als fractie van de bodemademhaling in schone grond. Horizontaal staat de natuurlijke logaritme van de nikkelconcentratie, dus

$$x = \ln([\text{Ni}]).$$

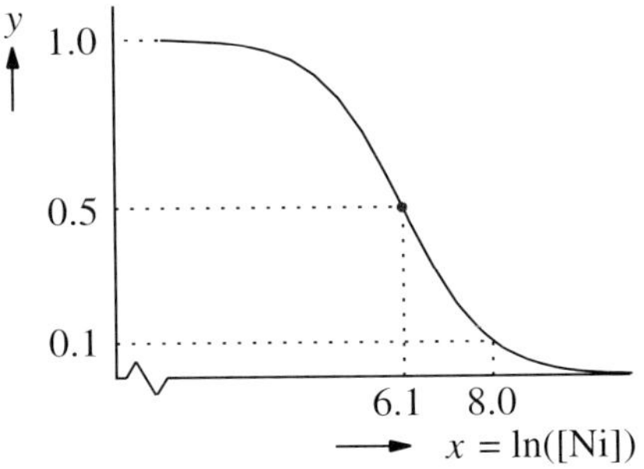

figuur 2.42. Bodemademhaling en nikkelconcentratie.

De nikkelconcentratie is gemeten in milligrammen per kilogram grond.

Opgave 2.62.

a. Verklaar waarom de sigmoïde in figuur 2.42 een horizontale asymptoot heeft bij $a = 1$.
b. Het punt (6.1, 0.5) ligt op de sigmoïde. Welke vergelijking in c en k volgt daaruit?
c. Bepaal met het punt (8.0, 0.1) analoog aan b. een tweede vergelijking in c en k.
d. Bepaal c en k door het stelsel vergelijkingen dat het resultaat is van de onderdelen b. en c. op te lossen.
e. Geef de vergelijking voor de sigmoïdale vervalkromme.
f. Geef ook het verband tussen y en [Ni].
g. Met hoeveel procent is de bodemademhaling verminderd in grond met [Ni] = 100?

2.10 Opgaven

Opgave 2.63 (microbiologie; vergelijk ook opgave 1.23). Een kolonie bacteriën groeit doordat de bacteriën zich iedere 20 minuten delen. Op $t = 0$ zijn er 1000 bacteriën.

a. Als alle bacteriën zich precies tegelijk delen, hoe verloopt dan de groei van de kolonie?

b. Als alle bacteriën zich binnen 20 minuten precies 1 keer delen, maar op willekeurige tijdstippen, hoe verloopt dan de groei?

c. Welk van deze modellen is het meest realistisch?

Opgave 2.64 (bedrijfskunde, economie; vergelijk opgave 2.39). De dagomzet $V(t)$ van een bedrijf (in euro's) is

$$V(t) = 70000 \cdot (0.823)^t ,$$

met t in jaren. Bepaal de groeisnelheid en de relatieve groeisnelheid van $V(t)$.

Opgave 2.65 (natuurkunde). Het aantal S van niet-vervallen atoomkernen van een radioactieve isotoop wordt gegeven door

$$S(t) = S_0 \mathrm{e}^{-kt} \quad (S_0 > 0, k > 0).$$

a. Wat is de betekenis van S_0?

b. De halfwaardetijd van H^3 is 12.3 jaar. Bepaal k.

c. De halfwaardetijd van Na^{24} is 15 uur. Bepaal k.

Opgave 2.66 (tuinbouw). De lijn in figuur 2.43 geeft het gemiddelde drooggewicht van jonge komkommerplantjes. Het drooggewicht D (in gram per plant) staat op een logaritmische schaal, en de tijd t in dagen op een lineaire schaal.

a. Bepaal het verband tussen D en t.

b. Bepaal de relatieve groeisnelheid van de komkommerplantjes.

c. Hoe groot is de groeisnelheid op $t = 5$? En op $t = 25$?

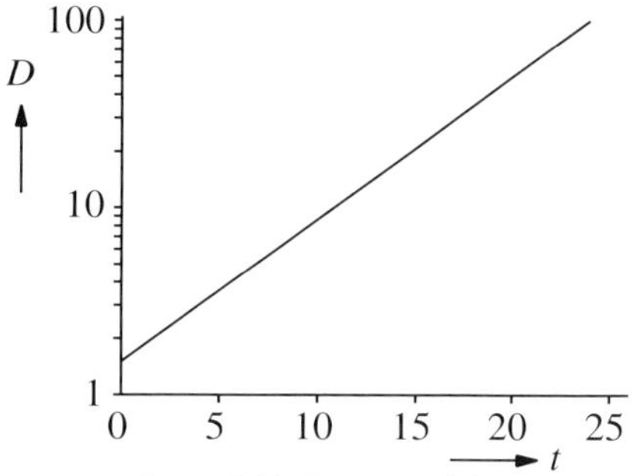

figuur 2.43. Drooggewicht.

Opgave 2.67. De rechte lijn in figuur 2.44 geeft het verband weer tussen een grootheid y en de tijd t.

a. Welke schaalverdelingen zijn in figuur 2.44 toegepast?

b. Bepaal y als functie van t.

c. Bepaal de groeisnelheid van y als functie van t.

d. Bepaal de groeisnelheid van y als functie van y.

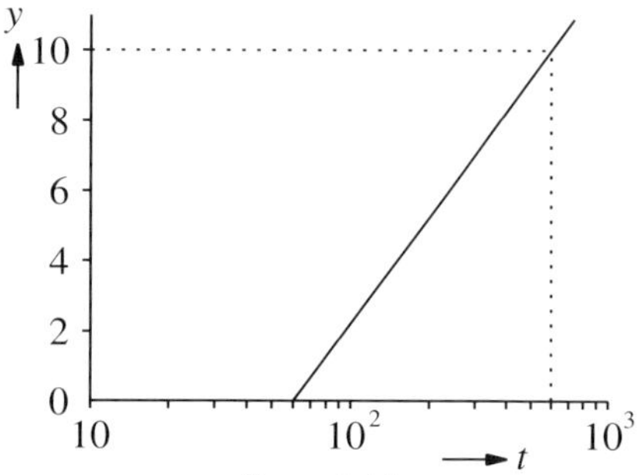

figuur 2.44.

Opgave 2.68. Van het verloop van de variabele $y(t)$ is het volgende bekend:

$$y'(t) = \tfrac{1}{4}(4 - y(t))^2 \qquad \text{en} \qquad y(0) = 0 .$$

a. Groeit de variabele $y(t)$ in de loop van de tijd of neemt hij af? Waarom?
b. Bereken de groeisnelheid voor $y = 0, 1, 2, 3$ en 4.
c. Bereken de relatieve groeisnelheid voor $y = 2$.
d. Toon aan dat de functie $y(t) = 4t \,/\, (t + 1)$ aan de voorwaarden voldoet.

Opgave 2.69 (bedrijfskunde). Een laboratoriummedewerker heeft op zijn eerste werkdag veel tijd nodig voor het uitvoeren van een kwaliteitscontrole. De tijd $v_1(t)$ die nodig is voor een controle als de medewerker t minuten ervaring heeft kunnen we modelleren als

$$v_1(t) = 30 + 18t^{-0.04} \quad \text{(in minuten).}$$

a. Bepaal de groeisnelheid van $v_1(t)$.
b. Voor een andere medewerker geldt $v_2(t) = 25 + 27\,t^{-0.03}$. Hoeveel tijd hebben deze medewerkers nodig voor één controle aan het eind van hun eerste werkdag?
c. Welk van beide medewerkers zal op den duur het snelste werken?

Opgave 2.70 (microbiologie) (multiple choice). De groei van bacteriën in een levensmiddelenproduct wordt gemodelleerd met een exponentieel groeiproces:

$$N(t) = N_0\,\mathrm{e}^{kt} .$$

Met laboratoriumexperimenten zijn de modelparameters geschat, en daarmee is een houdbaarheidstermijn bepaald. In de praktijk bevat het product vaak al eerder te veel bacteriën. Wat is een mogelijke verklaring?

(a) N_0 is in werkelijkheid lager dan in het model.
(b) k is in werkelijkheid lager dan in het model.
(c) t is in werkelijkheid lager dan in het model.
(d) k is in werkelijkheid hoger dan in het model.

Opgave 2.71 (microbiologie) (multiple choice). De groei van bacteriën in een testschaaltje modelleren we met een logistisch groeiproces:

$$N(t) = \frac{a}{1 + c\,\mathrm{e}^{-kt}} .$$

Uit metingen blijkt dat de eindconcentratie sneller wordt bereikt dan in het model. Welke modelparameter moet worden aangepast en hoe?

(a) a is in werkelijkheid hoger dan in het model.
(b) k is in werkelijkheid hoger dan in het model.
(c) c is in werkelijkheid hoger dan in het model.
(d) k is in werkelijkheid lager dan in het model.

Opgave 2.72 (biologie). De bonte vliegenvanger (*Ficedula hypoleuca*) is een klein insectenetend vogeltje. Omdat het eigenlijk een holenbroeder is, heeft het in Nederland een nestkast nodig om te broeden. In de jaren 1960-1975 heeft deze soort de zuidelijke Veluwerand gekoloniseerd. Dat blijkt uit tellingen van de broedparen bij Ede. Het telgebied bevatte 85 geschikte nestkasten.

Bonte vliegenvanger ♂.

Het aantal paren $N(t)$ is uitgezet in figuur 2.45 (t in jaren, $t = 0$ ligt bij 1959). De waarnemingen lijken op een sigmoïde te liggen, met een asymptoot bij $N = 85$.

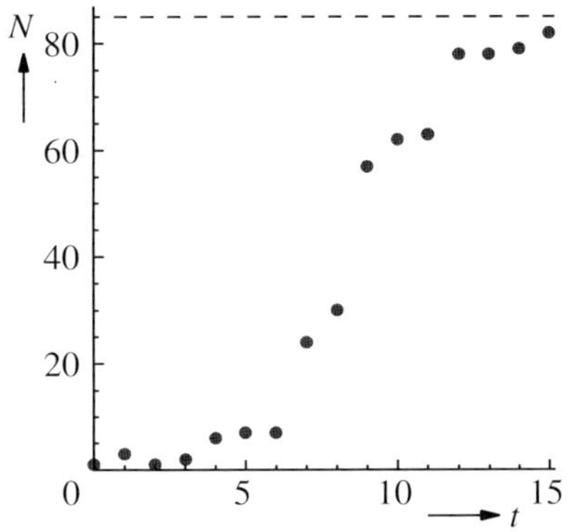

figuur 2.45. Telgegevens van de bonte vliegenvanger bij Ede.

Als we $(85-N)/N$ op een logaritmische schaal uitzetten tegen t op een lineaire schaal liggen de punten ongeveer op een rechte lijn (figuur 2.46). De vergelijking van deze lijn berekenen we met regressie op de getransformeerde meetpunten. We zetten de waarden van $\log((85-N)/N)$ in de vector v en de tijdstippen t in de vector u:

$$v = \begin{pmatrix} 1.924 \\ 1.437 \\ 1.924 \\ 1.618 \\ 1.119 \\ 1.047 \\ 1.047 \\ 0.405 \\ 0.263 \\ -0.309 \\ -0.431 \\ -0.457 \\ -1.047 \\ -1.047 \\ -1.120 \\ -1.437 \end{pmatrix}, \quad u = \begin{pmatrix} 0 \\ 1 \\ 2 \\ 3 \\ 4 \\ 5 \\ 6 \\ 7 \\ 8 \\ 9 \\ 10 \\ 11 \\ 12 \\ 13 \\ 14 \\ 15 \end{pmatrix}, \quad \text{en } s = \begin{pmatrix} 1 \\ 1 \\ 1 \\ 1 \\ 1 \\ 1 \\ 1 \\ 1 \\ 1 \\ 1 \\ 1 \\ 1 \\ 1 \\ 1 \\ 1 \\ 1 \end{pmatrix}.$$

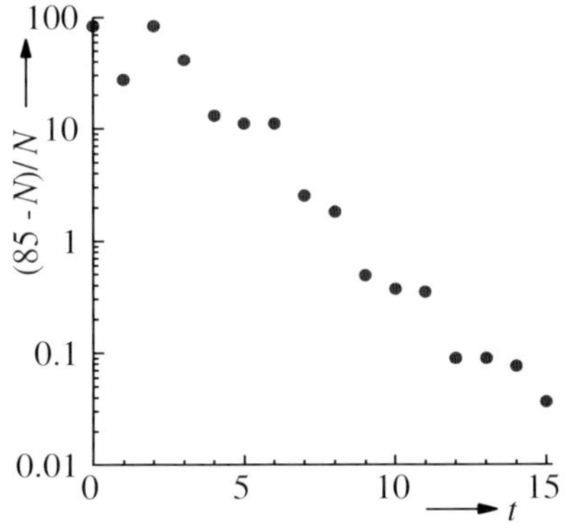

figuur 2.46. Getransformeerde gegevens.

Het stelsel normaalvergelijkingen van het bijbehorende lineaire regressieprobleem is

$$\begin{cases} 16\alpha + (u,s)\beta = (v,s) \\ (s,u)\alpha + 1240\beta = -44.457 \end{cases}$$

a. Bereken $(v\,,s)$ en $(s\,,u)$.

b. Bepaal door eliminatie en substitutie de richtingscoëfficiënt β en de asafsnede α.

c. Bepaal N als functie van t.

d. Hoeveel broedparen van de bonte vliegenvanger waren er volgens de onder c. bepaalde functie in het jaar 1969? Hoeveel waren er in werkelijkheid?

e. Het model van de logistische functie is eigenlijk niet erg plausibel, omdat de beperking voor de groei pas vlak voor of op $N = 85$ merkbaar wordt. Blijkt dit ook uit de data?

Opgave 2.73.(landbouwplantenteelt). De opbrengst O (in euro's per hectare) van tarwe neemt aanvankelijk snel toe met de zaaidichtheid z (in kg / ha). Bij grotere zaaidichtheid neemt de opbrengst minder snel toe, en uiteindelijk stabiliseert de opbrengst op € 2800 per hectare. Dit leidt tot het model

$$O(z) = 2800(1-1.02^{-z}).$$

Het zaaigoed kost € 1,00 per kg. De kosten K (in euro's per hectare) hangen dus af van de zaaidichtheid z als $K(z) = z$. Bepaal de zaaidichtheid waarbij de winst maximaal is.

Opgave 2.74 (epidemiologie). In het plaatsje W is een universiteit met een campus. De universiteit heeft 10 000 studenten. Op een gegeven moment ($t = 0$) komt er één student terug van stage met een besmettelijke infectieziekte onder de leden. De ziekte verspreidt zich vervolgens onder de studentenpopulatie. Van de studenten is 10% immuun voor deze ziekte; op den duur raakt 90% van de populatie besmet. Het aantal $y(t)$ studenten die ziek zijn of de ziekte hebben gehad wordt gemodelleerd met een logistische functie:

$$y(t) = \frac{9000}{1+8999e^{-1.6t}}.$$

De ziekte duurt gemiddeld 7 dagen. Het aantal zieke studenten $z(t)$ is, zolang er nog geen studenten hersteld zijn, gelijk aan $y(t)$. Na 7 dagen is de student die met de ziekte van stage terugkeerde weer beter: $z(7) = y(7) - y(0)$. Nog een dag later zijn ook de studenten hersteld die na één dag ziek werden: $z(8) = y(8) - y(1)$. Het aantal zieke studenten is dus

$$\begin{aligned} z(t) &= y(t) && \text{voor } t < 7, \\ z(t) &= y(t) - y(t-7) && \text{voor } t \geq 7. \end{aligned}$$

a. Teken in één figuur de grafieken van $y(t)$, $y(t-7)$ en $z(t)$.
b. Hoeveel studenten zijn er na 10 dagen hersteld? Hoeveel zijn er dan ziek?
c. Als de helft of meer van de studenten ziek is wordt er geen college meer gegeven. Hoelang na het begin van de epidemie breekt de collegevrije periode aan?
d. Hoeveel dagen duurt de collegevrije periode?

Opgave 2.75 (landbouwplantenteelt, fytopathologie). In figuur 2.47 staat de oogstschade door bladvlekkenziekte van aardnoten op een aantal percelen in het seizoen 1977. Horizontaal staat de fractie Z van het bladoppervlak dat door bladvlekkenziekte is aangetast. Verticaal staat het opbrengstverlies als fractie van de verwachte opbrengst als er geen ziekte is.
Het verband tussen V en Z modelleren we met

$$V(Z) = 0.71(1-e^{-8.78Z}).$$

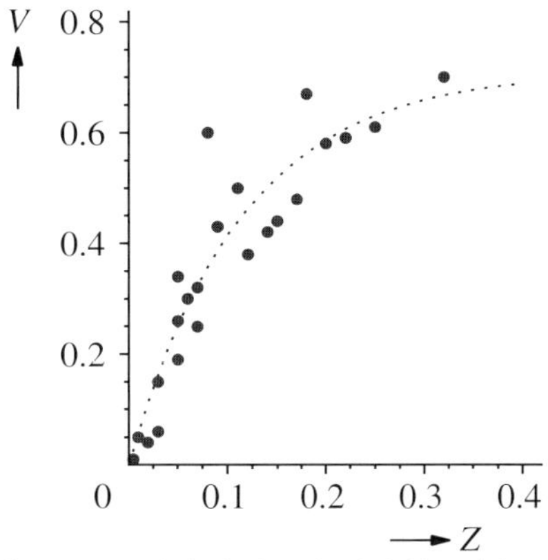

figuur 2.47. Schade door bladvlekkenziekte.

a. Welk opbrengstverlies kan volgens dit model ten hoogste ontstaan?
b. Hoeveel procent van de planten is ziek als het verlies is opgelopen tot 30% van de verwachte opbrengst?
c. Een opbrengstverlies van 55% is economisch nog acceptabel. Welk percentage aangetast bladoppervlak is dus volgens het model acceptabel?

Opgave 2.76 (landbouwplantenteelt, plantenfysiologie). Meeldauw op bladeren van tarweplanten verlagen het assimilatievermogen. Het assimilatievermogen a modelleren we als functie van het percentage door meeldauw aangetast blad m volgens

$$a(m) = 14 + 25.25\,\mathrm{e}^{-0.136\,m} \quad \text{(in kg / ha)},$$

zie figuur 2.48.

a. Hoe groot is het assimilatievermogen a in een gezond gewas?

b. Tot hoever kan a volgens dit model afnemen?

c. Bepaal de groeisnelheid en de relatieve groeisnelheid van $a(m)$.

d. Maak een grafiek van $a'(m)$ tegen $a(m)$.

e. Welk assimilatievermogen voorspelt het model als 10% van het bladoppervlak is aangetast door meeldauw?

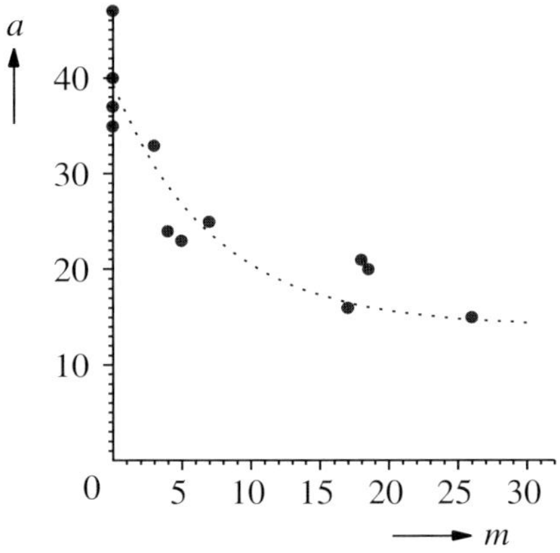

figuur 2.48. Het effect van meeldauw op het assimilatievermogen van tarwe.

Opgave 2.77 (proceskunde, scheikunde, natuurkunde). Bij het overschakelen op een nieuw productieproces wordt een reactortank (CSTR, continuously stirred tank reactor) schoongemaakt. De tank wordt daartoe eerst geleegd, en het deel van de inhoud dat daarbij achterblijft wordt verdund met oplosmiddel. Het oplosmiddel stroomt met een constante snelheid in, onder voortdurend roeren. Als de tank vol is loopt hij over: de instroom en uitstroom zijn dan aan elkaar gelijk.
De inhoud van de tank is 100 liter; het restvolume is 1 liter, waarin de reactant een concentratie C_0 heeft. De instroomsnelheid is 10 liter per minuut. De concentratie reactant duiden we aan met $C(t)$, t in minuten.

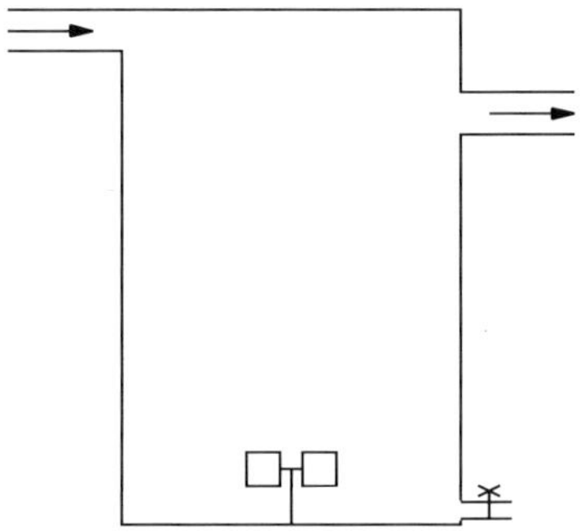
figuur 2.49. Schema van een CSTR.

a. Laat zien dat op $t = t_1 = 9.9$ min de tank weer vol is.

b. Laat zien dat

$$C(t) = \frac{C_0}{1 + 10t}$$

voor $0 \le t \le t_1$, en dat $C(t_1) = C_1 = 0.01\,C_0$.

c. Voor $t \ge t_1$ geldt $C'(t) = -0.1\,C(t)$. Laat hiermee zien dat $C(t) = C_1\,\mathrm{e}^{-0.1(t - t_1)}$.

d. Op welk tijdstip t_b geldt $C(t_b) = 10^{-5}\,C_0$?

Amerikaanse ringnekfazant.

Opgave 2.78 (biologie). Onder ideale omstandigheden kan een populatie exponentieel groeien. In figuur 2.50 staat het aantal fazanten op Protection Island (Washington, USA), vanaf hun introductie in 1937. Het aantal is gemodelleerd met

$$F(t) = 17.6(2.47)^t$$

a. Met welke factor neemt de populatie volgens dit model jaarlijks toe?
b. Na hoeveel jaren is de populatie volgens dit model verdubbeld? Stemt dat overeen met de data?
c. In welk jaar zijn er volgens het model meer dan 20000 fazanten? Kunnen we erop vertrouwen dat dit realistisch is?

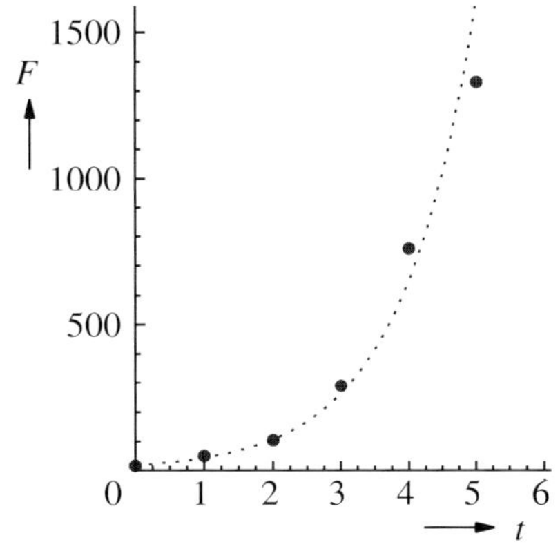

figuur 2.50. Fazanten op Protection Island.

Opgave 2.79 (biologie). Parasitoïden zijn insecten die hun eieren afzetten op een gastheerinsect. De larven die uit de eitjes komen groeien ten koste van die gastheer en veroorzaken uiteindelijk zijn dood.
Een entomoloog onderzoekt de effectiviteit van parasitoïden voor biologische bestrijding. Hij zet op graanmonsters met G gastheerpoppen één vrouwelijke parasitoïd. Na een dag is het aantal geparasiteerde gastheerpoppen P. Het verband tussen G en P (zie figuur 2.51) wordt gemodelleerd met

$$P(G) = 64(1-e^{-0.01G}).$$

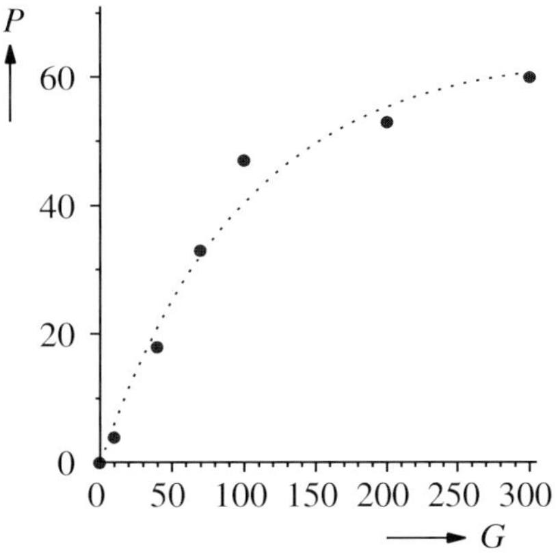

figuur 2.51. Geparasiteerde poppen P en beschikbare poppen G.

a. Wat is de betekenis van het getal 64 in de bovenstaande formule?
b. Een parasitoïd heeft in een dag 20 gastheerpoppen geparasiteerd. Hoeveel gastheren zaten er (volgens het model) in haar graanmonster?
c. In een graanmonster zitten 150 ongeparasiteerde poppen en één parasitoïd. Hoeveel poppen zijn na een dag nog niet geparasiteerd?
d. Voor een tweede soort parasitoïd vinden we het verband

$$P(G) = 40(1-e^{-0.1G}).$$

Vergelijk de effectiviteit van deze soorten als biologisch bestrijdingsmiddel.

Traditioneel bereide tempé.

Opgave 2.80. (levensmiddelentechnologie, proceskunde, microbiologie). Tempé is een traditioneel Indonesisch voedingsproduct, gemaakt van sojabonen. Op de gekookte en in bananenblad verpakte sojabonen wordt de schimmel *Rhizopus oligosporus* gekweekt. Het mycelium van de schimmel bindt de bonen tot een massieve koek; tijdens dit proces gisten de bonen. De resulterende tempé wordt gestoomd, gekookt, gebakken of gefrituurd. Tempé is een rijke vegetarische bron van eiwit en vitamine B12. Tegenwoordig worden ook roestvrij stalen vaten gebruikt in plaats van bananenbladeren.

Voor het bepalen van de groeisnelheid meten we hoeveel CO_2 de schimmel produceert tijdens de groei in een afgesloten fles. In figuur 2.52 is ~~de natuurlijke logaritme van~~ de geproduceerde hoeveelheid CO_2 (in mol) uitgezet tegen de tijd t (in uren), gemeten bij 30°C. De waarnemingen zijn goed te beschrijven met de functie

$$C(t) = \frac{11.756}{1 + 129.28\,e^{-0.0674\,t}}.$$

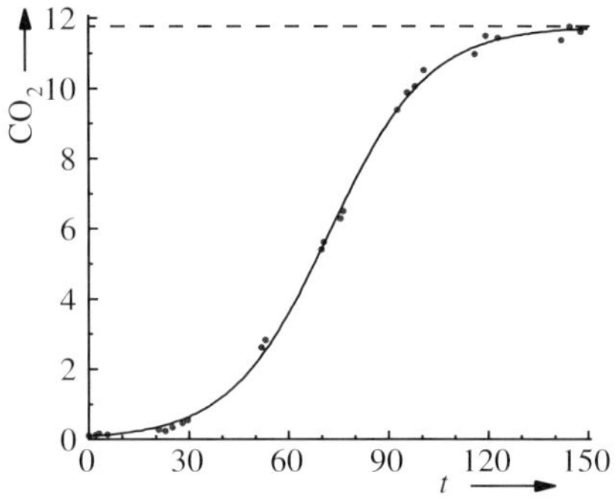

figuur 2.52. CO_2 productie van *Rhizopus oligosporus*.

a. Wanneer bereikt de groeisnelheid zijn maximum?

b. Mogelijke verklaringen voor het afnemen van de groei van CO_2 zijn:
   i. de zuurstof raakt op,
   ii. het voedsel raakt op,
   iii. de schimmel heeft al zoveel afvalstoffen geproduceerd dat hij zijn eigen groei gaat remmen.

   Geef bij elk van deze redenen aan hoe figuur 2.52 zou veranderen als we het experiment zouden herhalen met evenveel sojabonen in een grotere fles.

Opgave 2.81. $N(t)$ is een logistische functie:

$$N(t) = \frac{a}{1 + c\,e^{-akt}}.$$

Bereken het buigpunt $(t_B, N(t_B))$ door de relatie $N'(t) = k\,N(t)\,(a - N(t))$ naar t te differentiëren.

2.11 REFLECTIE

In het eerste deel van dit hoofdstuk is een aantal toepassingen van de afgeleide bijeen gebracht: de raaklijn, de Taylorreeks, de regel van l'Hôpital en de methode van Newton. De eerste drie technieken zijn vooral analytische hulpmiddelen. De methode van Newton is een numerieke methode: het nulpunt van een functie wordt niet analytisch bepaald, maar het wordt benaderd. De methode van Newton is vooral geschikt voor gebruik met behulp van een computer of een programmeerbare rekenmachine, minder geschikt voor gebruik met een zakrekenmachine.
In hoofdstuk 6, *Functies van twee variabelen*, worden de concepten van raaklijn en Taylorreeks uitgebreid naar meerdere dimensies. Enkele andere numerieke methoden komen we in hoofdstuk 4, *Integratietechnieken*, tegen.

In het tweede deel maken we een uitstap naar logaritmische schalen. De logaritmische schaal is zo belangrijk dat er lange tijd grafiekpapier met een logaritmische schaal op een of beide assen in de kantoorboekhandel te koop was. Daarnaast was er ook zogenaamd normaal waarschijnlijkheidspapier te koop. Bij dit papier staat op één as een niet-lineaire schaal. Het normaal waarschijnlijkheidspapier werd veel gebruikt in de statistiek. Tegenwoordig is dit grafiekpapier verdrongen door grafische computerprogramma's.

De logaritmische schalen worden toegepast bij de groeifuncties in het derde deel van dit hoofdstuk. Er worden enige functies besproken waarvoor een eenvoudig verband bestaat tussen functie en afgeleide. Dat vormt een aanzet tot hoofdstuk 5, *Differentiaalvergelijkingen*. Daarin zullen we deze verbanden meer systematisch onderzoeken.
Hoewel veel praktijkvoorbeelden onder de behandelde typen groeifuncties vallen, zijn nog lang niet alle mogelijkheden aan bod gekomen. Bovendien zijn de besproken functies niet alleen van toepassing op groei. Het verband tussen bijvoorbeeld opbrengst en zaaidichtheid van een gewas, of tussen de concentratie van een sterk geurende stof en de beoordeling van de geursterkte, kan ook met de behandelde functies worden beschreven.

HISTORISCHE NOTITIES

De moderne begripsvorming over differentiëren en afgeleide begint bij Pierre de Fermat (Frankrijk, 1601-1665). Van hem is al het resultaat dat een maximum of minimum in een grafiek ligt in een punt waar de afgeleide nul is.
Belangrijke bijdragen aan de verdere ontwikkeling zijn geleverd door Isaac Barrow (Engeland, 1630-1677), Isaac Newton (Engeland, 1642-1727) en Gottfried Wilhelm Leibniz (Duitsland, 1646-1716).

Fermat

Taylor

De Taylorreeks is het eerst gepubliceerd in een boek uit 1712 van Brook Taylor (Engeland, 1685-1731). Voor veel afzonderlijke elementaire functies zoals $\sin(x)$, $\cos(x)$ en $\ln(1+x)$ was het resultaat al eerder bekend.
De methode van Newton voor het zoeken van nulpunten is inderdaad bedacht door Newton.
De regel van l'Hôpital voor het berekenen van limieten is vernoemd naar Guillaume François Antoine de l'Hôpital (Frankrijk, 1661-1704).

Een heel elementaire toepassing van logaritmische schalen is de rekenliniaal. Deze is rond 1620 ontworpen door de Engelse wiskundige en ingenieur William Oughtred (1574-1660). Op de rekenliniaal worden door middel van logaritmische schalen vermenigvuldiging en deling omgezet in optelling en aftrekking, en deze laatste bewerkingen worden uitgevoerd door mechanisch lengten langs de liniaal bij elkaar op te tellen. Gedurende drie eeuwen is de rekenliniaal een onmisbaar hulpmiddel geweest voor iedereen die veel moest rekenen. Hij is pas na 1960 verdrongen door de elektronische rekenmachine.

Oughtred

Modellen voor exponentiële groei zijn al zo oud dat hun oorsprong niet goed meer te achterhalen is. Ze zijn toegepast in populatiebiologie en economie door Thomas Malthus (Engeland, 1766-1834). Het logistische groeimodel is ontwikkeld door Pierre-François Verhulst (België, 1804-1849), een van de grondleggers van de mathematische biologie.

NOTATIES

In de wiskunde wordt de afgeleide van een functie $x(t)$ meestal met een accent aangegeven: $x'(t)$. In de natuurkunde is ook de dot-notatie gebruikelijk: $\dot{x}(t)$, of $\dot{x}$.

3 INTEGRALEN

VOORKENNIS

- Kennis van het begrip differentiëren.
- Kennis van de rekenregels voor het differentiëren en vaardigheid in het gebruik van die regels (productregel, quotiëntregel, kettingregel).
- Kennis van de functies x^a, e^x, $\ln(x)$, $\sin(x)$, $\cos(x)$, $\tan(x)$ en hun afgeleiden.

OVERZICHT VAN DIT HOOFDSTUK

3.1 INLEIDING

Voorbeeld (landbouwplantenteelt). Een boer die graan verbouwt kijkt regelmatig hoe hoog het koren staat. Zo ziet hij of het gewas goed genoeg groeit. Als de groeisnelheid te laag is moet hij misschien extra bemesten of beregenen. #

Voorbeeld (zuivel). Een medewerker in een kaasfabriek weegt op gezette tijden de kazen die liggen te rijpen. De afname van het gewicht geeft aan hoe snel het vocht uit de kaas verdwijnt. Is de verdampingssnelheid te groot, dan moet hij de vochtigheidsgraad in de ruimte iets verhogen. #

Voorbeeld (farmacie, procestechniek). Een analiste bij een farmaceutisch bedrijf meet dagelijks de concentratie van gemodificeerde bacteriën in een kweekinstallatie. Daardoor weet zij of de omstandigheden voor deling juist zijn. Als de groeisnelheid te laag is, kan zij extra voedingsstoffen toevoegen. #

In de drie bovenstaande voorbeelden zijn we steeds geïnteresseerd in de verandering van een gemeten grootheid. Als $f(t)$ de functie is die de grootheid beschrijft, dan wordt de groei- of afnamesnelheid gegeven door de afgeleide $f'(t)$. We bepalen die snelheid dus door te differentiëren.

Voorbeeld (sociologie, planologie). De samenstelling van de bevolking van een gemeente verandert door geboorte, sterfte en verhuizingen. De dagelijkse mutaties worden bij de burgerlijke stand geregistreerd. Als de samenstelling op 1 januari bekend is, dan kan de gemeente met deze mutatiegegevens de bevolkingsopbouw op iedere andere datum berekenen. #

Voorbeeld (toxicologie, biologie). Een koe heeft gras gegeten dat verontreinigd is door asdeeltjes uit een afvalverwerkingsinstallatie. Daardoor heeft ze gifstoffen binnengekregen. Deze gifstoffen worden in de lever opgeslagen en verlaten het lichaam langzaam via de melk. De concentratie van gif in de melk is een maat voor de snelheid waarmee het gif wordt verwijderd. Door regelmatig monsters van de melk te nemen kunnen we de nog aanwezige hoeveelheid gif schatten. #

Voorbeeld (milieuhygiëne). Een fabriek heeft een vergunning tot het lozen van 1000 kg afvalstof per week op een rivier. Door regelmatig monsters van het rivierwater te nemen wordt de snelheid bepaald waarmee de lozingen plaatsvinden. Daarmee is het mogelijk te controleren of de fabriek zich houdt aan de voorschriften. #

In deze laatste drie voorbeelden is de verandering van de grootheid eenvoudig te meten. We kennen dus de afgeleide $f'(t)$ van de functie $f(t)$ die de grootheid beschrijft. De vraag is nu hoe we uit deze afgeleide de functie $f(t)$ zelf kunnen bepalen. We gaan dat na aan de hand van het laatste voorbeeld.

Voorbeeld (milieuhygiëne). Een chemische fabriek heeft een vergunning tot het lozen van 1000 kg afvalzout per week op het langsstromende riviertje. Per dag stroomt er 10 000 m^3 water door de rivier, dus het debiet is constant: $D = 10\,000\ \mathrm{m}^3/\mathrm{dag}$.
In een meetstation stroomafwaarts wordt elke dag de zoutconcentratie c van het water gemeten. Dit geeft een serie meetgegevens $c_1, \ldots, c_N$ voor N opeenvolgende dagen. In figuur 3.1 zijn deze metingen in een grafiek uitgezet, met horizontaal de tijd in dagen, en verticaal de gemeten concentratie in kg / m^3.
Met deze meetresultaten kunnen we schatten hoeveel zout het meetstation passeert. De hoeveelheid zout z (in kg) die in één dag ($\Delta t = 1$) passeert is

$$z = Dc\Delta t = Dc.$$

De hoeveelheid zout die de eerste dag passeert (z_1) is evenredig met de oppervlakte van het eerste kolommetje uit figuur 3.1. De concentratie c_1 wordt hierbij constant verondersteld over die hele dag. De geschatte totale hoeveelheid zout die in de hele week passeert is de som van de geschatte hoeveelheden in zeven dagen:

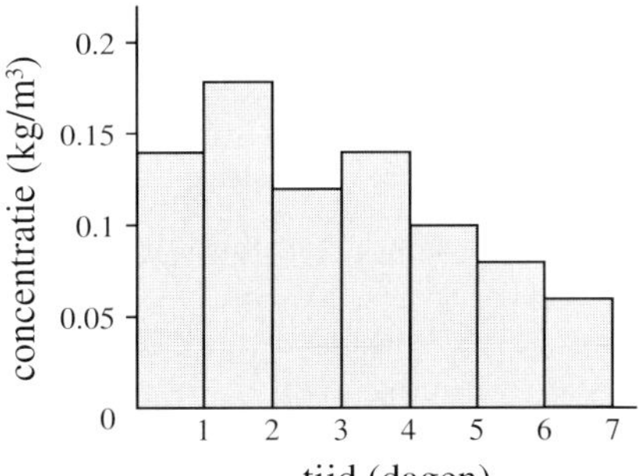

figuur 3.1. Eén meting per dag.

$$Z = z_1 + z_2 + \ldots + z_7 = Dc_1 + Dc_2 + \ldots + Dc_7 = D\sum_{n=1}^{7} c_n .$$

De som geeft de totale oppervlakte van de zeven kolommetjes in figuur 3.1. Uit de gegeven meetwaarden volgt een uitstoot van 8050 kg. #

Voorbeeld (vervolg). Bij deze meetprocedure kunnen snelle veranderingen in de concentratie onopgemerkt blijven. Om die te detecteren moeten we vaker meten. We doen nu vier metingen per dag, steeds om de zes uur. Per week zijn dat 28 metingen van de concentratie (c_1 tot en met c_{28}), weergegeven in figuur 3.2. Daarin staat ook wat de resultaten zijn met maar één meting per dag, op het tweede meettijdstip. Op de vijfde dag zien we zo een piek in de concentratie, die bij minder vaak meten niet wordt opgemerkt.
We veronderstellen nu de concentratie constant over een kwart dag. De hoeveelheid zout die dan passeert is weer $z = Dc\Delta t$, maar nu met $\Delta t = ¼$.

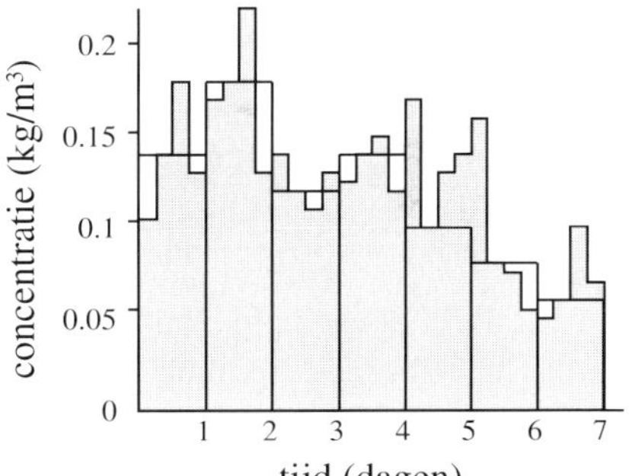

figuur 3.2. Vier metingen per dag.

Ieder kolommetje in figuur 3.2 staat zo voor een hoeveelheid zout $z_n = ¼Dc_n$. De geschatte hoeveelheid zout in een week is nu

$$Z = z_1 + z_2 + \ldots + z_{28} = \tfrac{1}{4}Dc_1 + \tfrac{1}{4}Dc_2 + \ldots + \tfrac{1}{4}Dc_{28} = D\sum_{n=1}^{28} c_n \cdot \tfrac{1}{4}.$$

De laatste som geeft juist de totale oppervlakte onder de grafiek van c_n. Uit de gegeven meetwaarden volgt een uitstoot van 8750 kg. #

Een sensor voor wateranalyse.

Voorbeeld (vervolg). Continue meting geeft het nauwkeurigste resultaat. Een sensor (zie figuur hiernaast) wordt in het water geplaatst. Hij geeft een signaal dat afhankelijk is van de zoutconcentratie. Dat signaal gaat naar een penschrijver, die er een grafiek van maakt.
De uitvoer van de penschrijver (figuur 3.3) is een grafiek van de gemeten zoutconcentratie (in $\mathrm{kg/m^3}$) als functie van de tijd (in dagen). De rij c_n, die de concentratie geeft op opeenvolgende tijdstippen, is zo vervangen door een continue functie $c(t)$, de concentratie als functie van de tijd. Voor deze continue meting kunnen we de meetresultaten niet meer bij elkaar optellen.

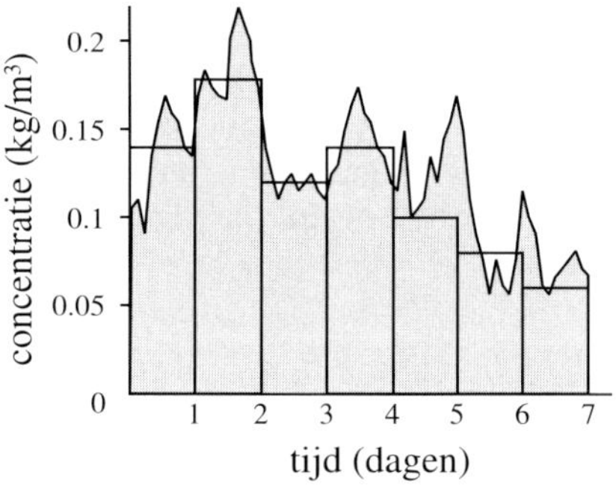

figuur 3.3. Continue meting.

Nog steeds is de totale hoeveelheid zout in een week evenredig met de oppervlakte onder de grafiek van $c(t)$. Om de oppervlakte te bepalen verdelen we hem in kolommetjes ter breedte Δt, met hoogte $c(t)$. Als we Δt kleiner nemen wordt ook de oppervlakte van de kolommetjes kleiner; dat effect wordt gecompenseerd doordat er meer kolommetjes komen. Het is net alsof we nog steeds een eindig, maar heel groot aantal keren meten. Als we N keer per dag meten is de tijd tussen twee metingen $\Delta t = 1/N$. De meettijdstippen zijn $t_n = n\Delta t$; de hoeveelheid zout die tussen t_{n-1} en t_n langs stroomt is $z(t_n) = Dc(t_n)\Delta t$. In de limiet voor N naar oneindig komt er

$$Z = D \lim_{N \to \infty} \sum_{n=1}^{7N} c(t_n)\,\Delta t\,.$$

De uitstoot bedraagt $Z = 8850$ kg. #

Opgave 3.1.

a. De hoeveelheid zout z die in een tijdsinterval Δt passeert wordt berekend als $z = D\,c(t_n)\,\Delta t$. Controleer met behulp van de dimensies van deze grootheden de juistheid van die formule.

b. Ga na hoe de laatste uitdrukking voor de hoeveelheid Z in een week verandert als het debiet van de rivier niet constant is: $D = D(t)$. #

3.2 WISKUNDIG GEREEDSCHAP: PRIMITIEVE EN AFGELEIDE

De ***afgeleide*** van de functie $f(x) = x^3$ vinden we door $f(x)$ te ***differentiëren*** naar x. Dat levert $f'(x) = 3x^2$. Als andersom een functie $f(x)$ wordt gevraagd waarvoor $f'(x) = 3x^2$, dan is $f(x) = x^3$ een oplossing.

Voorbeeld. We zoeken een functie $f(x)$ waarvoor $f'(x) = 2x + 1$. Een mogelijk antwoord is $f(x) = x^2 + x$, want

$$f'(x) = \frac{\mathrm{d}}{\mathrm{d}x}(x^2 + x) = 2x + 1. \qquad \#$$

Het omgekeerde proces van differentiëren heet ***primitiveren***. Bij het primitiveren van een functie $g(x)$ zoeken we een functie $f(x)$ zodanig, dat $f'(x) = g(x)$. De functie $f(x)$ noemen we dan een ***primitieve*** van $g(x)$.

Voorbeeld (vervolg). Niet alleen $f(x) = x^2 + x$ is een antwoord op het vorige probleem, maar ook bijvoorbeeld $h(x) = x^2 + x + 1$. Immers, de afgeleide van een constante is nul, dus

$$h'(x) = \frac{\mathrm{d}}{\mathrm{d}x}(x^2 + x + 1) = \frac{\mathrm{d}}{\mathrm{d}x}(x^2 + x) + \frac{\mathrm{d}}{\mathrm{d}x}(1) = 2x + 1 + 0 = f'(x). \qquad \#$$

De gezochte functie bij primitiveren is kennelijk niet eenduidig gedefinieerd. We kunnen altijd een constante bij een gevonden oplossing optellen en zo een nieuwe functie maken met dezelfde afgeleide. De primitieve van een functie is dus op een constante na bekend.

Voorbeeld. De afgeleide van de functie $f(x) = \ln(x)$ is $f'(x) = 1/x$. Ook $h(x) = \ln(x) + C$, met C een willekeurige constante, heeft dezelfde afgeleide. We kunnen bijvoorbeeld kiezen $C = \ln(2)$. Daarmee krijgen we $h(x) = \ln(x) + \ln(2)$, en met de somregel voor de logaritme geldt dan $h(x) = \ln(x) + \ln(2) = \ln(2x)$. Met de kettingregel vinden we inderdaad

$$h'(x) = \frac{\mathrm{d}}{\mathrm{d}x}\big(\ln(2x)\big) = \frac{1}{2x}\frac{\mathrm{d}}{\mathrm{d}x}(2x) = \frac{2}{2x} = \frac{1}{x}. \qquad \#$$

[D] ***Definitie.*** Een ***primitieve*** van een functie $f(x)$ is een functie met afgeleide $f(x)$. Een primitieve wordt vaak met een hoofdletter aangeduid; de primitieven van $f(x)$ zijn $F(x) + C$ als

$$\big(F(x) + C\big)' = f(x).$$

De constante C heet de ***integratieconstante***. #

Voorbeeld. De primitieven van $f(x) = \sqrt{x}$ zijn $F(x) + C$, met $F(x) = \frac{2}{3}x\sqrt{x}$. Immers, $x\sqrt{x} = x^{3/2}$ en dus

$$\big(F(x) + C\big)' = F'(x) = \frac{\mathrm{d}}{\mathrm{d}x}\left(\tfrac{2}{3}x^{3/2}\right) = \tfrac{2}{3}\tfrac{3}{2}x^{1/2} = x^{1/2} = \sqrt{x} = f(x). \qquad \#$$

DIFFERENTIËREN

Primitiveren is het omgekeerde van differentiëren. Vaardigheid in differentiëren is dus belangrijk om goed te kunnen primitiveren. We herhalen de eigenschappen uit §2.2.

Eigenschap. Voor het berekenen van afgeleiden gelden de volgende ***rekenregels***.

$$[c f(x)]' = c f'(x)$$

$$[f(x) + g(x)]' = f'(x) + g'(x) \qquad \text{(somregel)},$$

$$[f(x) g(x)]' = f'(x) g(x) + f(x) g'(x) \qquad \text{(productregel)},$$

$$\left[\frac{f(x)}{g(x)}\right]' = \frac{f'(x) g(x) - f(x) g'(x)}{g(x)^2} \qquad \text{(quotiëntregel)},$$

$$\frac{\mathrm{d}}{\mathrm{d}x} f(g(x)) = f'(g(x))\, g'(x) \qquad \text{(kettingregel)}. \qquad \#$$

Naast de rekenregels hebben we ook een tabel met ***standaardafgeleiden*** nodig:

Functie	***Afgeleide***
$f(x) = a$	$f'(x) = 0$
$f(x) = x^a$	$f'(x) = a x^{a-1}$
$f(x) = \ln(x) \qquad (x > 0)$	$f'(x) = \frac{1}{x}$
$f(x) = \mathrm{e}^{ax} = \exp(ax)$	$f'(x) = a\mathrm{e}^{ax} = a\exp(ax)$
$f(x) = a^x \quad (a > 0)$	$f'(x) = a^x \ln(a)$
$f(x) = \sin(x)$	$f'(x) = \cos(x)$
$f(x) = \cos(x)$	$f'(x) = -\sin(x)$
$f(x) = \tan(x)$	$f'(x) = \dfrac{1}{\cos^2(x)}$

Toelichting. Voor $f(x) = \ln(x)$ gebruiken we het begrip ***inverse functie***. De inverse van een functie $g(x)$ is een functie $f(x)$ waarvoor $g(f(x)) = x$. Zo is de natuurlijke logaritme $f(x) = \ln(x)$ de inverse van de exponentiële functie $g(x) = \mathrm{e}^x$, want $\mathrm{e}^{\ln(x)} = x$, zie ook figuur 3.4. Om de afgeleide van $f(x)$ te vinden differentiëren we de formule $g(f(x)) = x$. De kettingregel geeft dan

$$g'(f(x)) f'(x) = 1 \Rightarrow f'(x) = \frac{1}{g'(f(x))}.$$

Nu is $f(x) = \ln(x)$ de inverse van $g(x) = \mathrm{e}^x$, met afgeleide $g'(x) = \mathrm{e}^x$. Invullen geeft

$$\ln'(x) = f'(x) = \frac{1}{g'(\ln(x))} = \frac{1}{\mathrm{e}^{\ln(x)}} = \frac{1}{x}.$$

\#

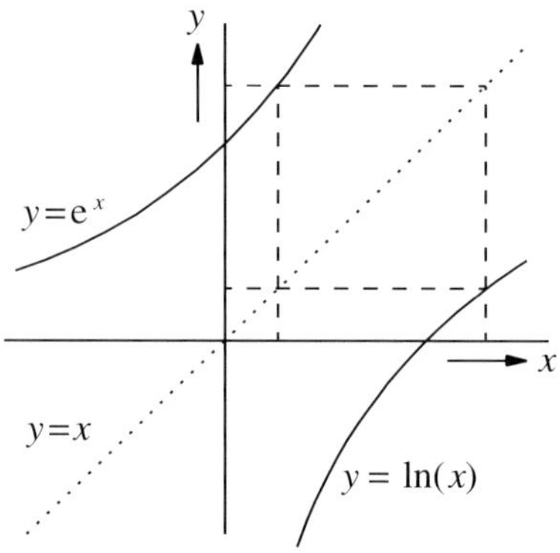

figuur 3.4. Exponentiële functie en logaritme.

PRIMITIVEREN

D Het zoeken naar de primitieve functie wordt ***primitiveren*** of ***integreren*** genoemd. In dit verband spreken we van de ***integraal*** van $f(x)$, aangeduid met het ***integraalteken*** $\int$:

$$\int f(x)\,\mathrm{d}x = F(x) + C\,.$$

Deze integraal is slechts op een constante na gedefinieerd, we spreken daarom van de ***onbepaalde integraal***. We noemen C de ***integratieconstante***. De functie $f(x)$ achter het integraalteken heet de ***integrand***: dit is de functie waarvan we de primitieve zoeken. Achter die functie staat dx, wat aanduidt dat x de variabele is waarnaar we integreren. De variabele x heet in deze context de ***integratievariabele***.
Het verband tussen afgeleide en primitieve wordt gegeven door de relatie

$$\int f(x)\,\mathrm{d}x = \int F'(x)\,\mathrm{d}x = F(x) + C\,.$$

Bij het primitiveren van $f(x)$ zoeken we dus een functie $F(x)$ zo, dat $F'(x) = f(x)$.

Voorbeeld. Een primitieve van $f(x) = \frac{1}{x}$ is $F(x) = \ln(x)$, dus

$$\int \frac{1}{x}\,\mathrm{d}x = \ln(x) + C\,.$$ #

Soms zien we de primitieve direct. Dat is de basis voor de methode van directe integratie.

Opgave 3.2. Bepaal de volgende integralen:

a. $\int \sin(x)\,\mathrm{d}x$ b. $\int \mathrm{e}^t\,\mathrm{d}t$

c. $\int 4y^3\,\mathrm{d}y$ d. $\int 2s - 1\,\mathrm{d}s\,.$ #

We spreken van ***directe integratie*** als de primitieve van een functie in een tabel wordt gevonden, of door een "geraden" primitieve met differentiatie te controleren. Als we zo geen primitieve kunnen vinden moeten we meer geavanceerde technieken gebruiken. In hoofdstuk 4 behandelen we drie systematische methoden voor het bepalen van primitieven.

DIRECTE INTEGRATIE

Van een aantal standaardfuncties staan hierboven de afgeleiden in een tabel. Van die afgeleide functies kennen we dus de primitieve: we moeten de tabel dan omgekeerd lezen. Zo maken we een tabel van standaardprimitieven.

Functie	***Primitieve***
$f(x) = x^a$	$F(x) = \frac{1}{a+1} x^{a+1}$ (mits $a \neq -1$)
$f(x) = \mathrm{e}^{ax}$	$F(x) = \frac{1}{a} \mathrm{e}^{ax}$
$f(x) = \frac{1}{x}$ $(x > 0)$	$F(x) = \ln(x)$
$f(x) = \sin(x)$	$F(x) = -\cos(x)$
$f(x) = \cos(x)$	$F(x) = \sin(x)$
$f(x) = \dfrac{1}{\cos(x)^2}$	$F(x) = \tan(x)$

Voorbeeld. We zoeken de primitieve van $f(x) = 1/x^2$. Uit de tabel vinden we met regel 1 voor $a = -2$ dat $F(x) = -1/x$. Ga na dat deze functie de gevraagde afgeleide heeft. #

Voorbeeld. We zoeken de onbepaalde integraal

$$\int x^4 \, \mathrm{d}x = F(x) + C .$$

De afgeleide van $F(x) = x^5$ is $F'(x) = 5x^4$, dat is een factor 5 te groot. De gezochte primitieve vinden we door die factor uit te delen: voor $F(x) = \frac{1}{5}x^5$ geldt $F'(x) = \frac{1}{5}5x^4 = x^4$. Met de tabel van standaardprimitieven vinden we het antwoord ook direct (ga na). #

Voorbeeld. Als $f(x) = \mathrm{e}^{4x}$ dan proberen we als primitieve $F(x) = \mathrm{e}^{4x}$. Bij het differentiëren vinden we met de kettingregel $F'(x) = 4\mathrm{e}^{4x}$. Dat is een factor 4 te groot. Als we daar door delen vinden we de correcte primitieve: $F(x) = \frac{1}{4}\,\mathrm{e}^{4x}$. #

Voorbeeld. De primitieve van $f(x) = \cos(2x + 1)$ kunnen we proberen te raden, omdat we de primitieve van $\cos(y)$ kennen: dat is $\sin(y)$. Met $y = 2x + 1$ leidt dat tot het probeersel $F(x) = \sin(2x + 1)$. Differentiëren met de kettingregel geeft $F'(x) = 2\cos(2x + 1)$, dat is een factor 2 te groot. Die factor delen we uit: $F(x) = \frac{1}{2}\sin(2x + 1)$ is de correcte primitieve. #

Voorbeeld. Een primitieve van $f(x) = 1/x$ is

$$F(x) = \ln(|x|) = \begin{cases} \ln(x) & \text{voor } x > 0, \\ \ln(-x) & \text{voor } x < 0. \end{cases}$$

Toelichting. Er geldt $[\ln(x)]' = 1/x$, dus $F(x) = \ln(x)$ is een primitieve van $1/x$. Deze primitieve geldt alleen voor $x > 0$, want anders is $\ln(x)$ niet gedefinieerd. Voor $x < 0$ schrijven we $y = -x$. Er geldt dan $y > 0$, en $f(y) = 1/y$ heeft als primitieve $\ln(y) = \ln(-x)$. Met de kettingregel volgt $[\ln(-x)]' = 1/(-x) \cdot -1 = 1/x$. Dus ook de functie $\ln(-x)$ is een primitieve van $f(x) = 1/x$, en deze primitieve is juist gedefinieerd voor $x < 0$.
De primitieve van $f(x) = 1/x$ bestaat dus uit twee takken. In één formule schrijven we ook wel $F(x) = \ln(|x|)$, maar we mogen maar op één tak tegelijk zitten: het punt $x = 0$ mogen we niet oversteken. #

Opgave 3.3. Bepaal de primitieven van de volgende functies.

a. $f(x) = 4x^2$ b. $f(t) = 3\mathrm{e}^{2t+1}$. #

REKENREGELS VOOR PRIMITIVEREN

In de bovenstaande voorbeelden en in opgave 3.3 gebruikten we een van de regels voor differentiëren, namelijk $[c\,F(x)]' = c\,F'(x)$. Daarmee volgt

$$\int c\,F'(x)\,\mathrm{d}x = \int \big[\,c\,F(x)\,\big]'\mathrm{d}x = cF(x)+C = c\big(F(x)+\hat{C}\big) = c\int F'(x)\,\mathrm{d}x\,,$$

met $\hat{C}$ weer een (willekeurige) integratieconstante. Laten we de tussenstappen weg dan krijgen we met $f(x) = F'(x)$:

E **_Eigenschap._** Een constante factor mag buiten de integraal worden gebracht:

$$\int c\,f(x)\,\mathrm{d}x = c\int f(x)\,\mathrm{d}x\,.$$ #

Voorbeelden. De primitieve van de functie $f(x)=\frac{1}{2x}$ is

$$\int f(x)\,\mathrm{d}x = \int \frac{1}{2x}\,\mathrm{d}x = \tfrac{1}{2}\int \frac{1}{x}\,\mathrm{d}x = \tfrac{1}{2}\ln(|\,x\,|)+C\,.$$

De primitieve van $f(x) = 6x^3$ is

$$\int f(x)\,\mathrm{d}x = \int 6x^3\,\mathrm{d}x = 6\int x^3\,\mathrm{d}x = 6\cdot\tfrac{1}{4}x^4+C = \tfrac{3}{2}x^4+C\,.$$ #

Ook de andere rekenregels voor differentiëren kunnen we omzetten in rekenregels voor primitiveren. Zo geldt voor de afgeleide van de som van twee functies $F(x)$ en $G(x)$ de somregel voor differentiatie:

$$[\,F(x)+G(x)\,]' = F'(x)+G'(x)\,.$$

Als $F(x)$ en $G(x)$ de primitieve functies zijn van respectievelijk $f(x)$ en $g(x)$ dan geldt

$$\int f(x)+g(x)\,\mathrm{d}x = \int F'(x)+G'(x)\,\mathrm{d}x = \int \big[F(x)+G(x)\big]'\,\mathrm{d}x = F(x)+G(x)+C\,.$$

Dit levert de volgende eigenschap:

E **_Eigenschap (somregel)._** De primitieve van de som (of het verschil) van twee functies is de som (of het verschil) van de primitieven van die functies:

$$\int f(x)+g(x)\,\mathrm{d}x = \int f(x)\,\mathrm{d}x + \int g(x)\,\mathrm{d}x\,.$$ #

Voorbeeld. De functie $h(x) = 2x + 1$ is de som van de functies $f(x) = 2x$ en $g(x) = 1$. Een primitieve van $f(x)$ is $F(x) = x^2$, en een primitieve van $g(x)$ is $G(x) = x$. We vinden nu voor $h(x) = 2x + 1$ de primitieve $H(x) = F(x) + G(x) = x^2 + x$. #

Voorbeeld. De primitieve van $\mathrm{e}^{3x}+\sin(\frac{1}{3}x)$ vinden we door de integrand te splitsen:

$$\int \mathrm{e}^{3x}+\sin(\tfrac{1}{3}x)\,\mathrm{d}x = \int \mathrm{e}^{3x}\,\mathrm{d}x + \int \sin(\tfrac{1}{3}x)\,\mathrm{d}x = \tfrac{1}{3}\mathrm{e}^{3x} - 3\cos(\tfrac{1}{3}x) + C$$

(ga na!). #

Omdat een som van eenvoudige functies gemakkelijk te primitiveren is, is het nuttig te kijken of de integrand te vereenvoudigen is tot een som. Soms moeten we daarvoor eerst wat rekenen.

Voorbeeld. De functie

$$h(x) = e^x(1+e^x)$$

schrijven we door het uitwerken van de haakjes als $h(x) = e^x + e^{2x}$. Dit is de som van $f(x) = e^x$ en $g(x) = e^{2x}$, met als primitieven $F(x) = e^x$ en $G(x) = ½e^{2x}$. Een primitieve van $h(x)$ is dus

$$H(x) = e^x + \tfrac{1}{2}e^{2x} = e^x(1+\tfrac{1}{2}e^x).$$ #

Opgave 3.4. Bepaal de primitieve van

a. $f(x) = 4x^3 + \tfrac{1}{2}x^2 + 1$ b. $g(x) = \dfrac{(x+1)(x-2)}{x}$. #

B

DE FUNCTIES arcsin(x), arccos(x) EN arctan(x)

We hebben de afgeleide van $f(x) = \ln(x)$ gevonden door $f(x)$ te schrijven als inverse van de functie $g(x) = e^x$. Er geldt namelijk $g(f(x)) = e^{\ln(x)} = x$ voor alle $x > 0$, en ook omgekeerd geldt dat $f(g(x)) = \ln(e^x) = x$ voor alle x.
De afgeleide van de inverse $f(x)$ van de functie $g(x)$ vinden we door het linker- en rechterlid van de vergelijking $g(f(x)) = x$ te differentiëren. Via de kettingregel volgt dan

$$g(f(x)) = x \quad\Rightarrow\quad g'(f(x))\,f'(x) = 1 \quad\Rightarrow\quad f'(x) = \frac{1}{g'(f(x))}.$$

We passen dit nu toe op de functies $g(x) = \sin(x)$ en $g(x) = \tan(x)$.

Voorbeeld. De inverse van de sinusfunctie $g(x) = \sin(x)$ komt zo vaak voor dat hij een aparte naam heeft: $f(x) = \arcsin(x)$, spreek uit: ***arcsinus.*** Deze functie is gedefinieerd voor $-1 \le x \le 1$, en zijn functiewaarden liggen tussen $-\pi/2$ en $\pi/2$, zie figuur 3.5.
De afgeleide van $f(x) = \arcsin(x)$ vinden we met de bovenstaande formule. We vullen daarin $f(x) = \arcsin(x)$, $g(x) = \sin(x)$ en $g'(x) = \cos(x)$. Op het interval $-1 \le x \le 1$ geldt $g(f(x)) = x$. Daarmee vinden we

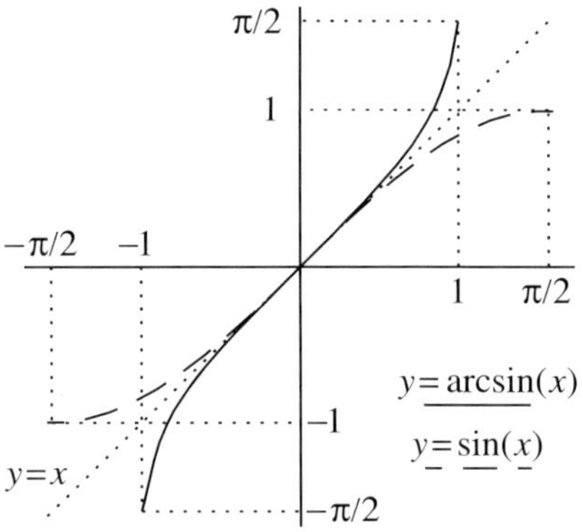

figuur 3.5. Sinus en arcsinus.

$$\arcsin'(x) = \frac{1}{g'(\arcsin(x))} = \frac{1}{\cos(\arcsin(x))} = \frac{1}{\sqrt{1-\sin(\arcsin(x))^2}} = \frac{1}{\sqrt{1-x^2}}.$$ #

Voorbeeld. De tangensfunctie $g(x) = \tan(x)$ heeft als inverse functie $f(x) = \arctan(x)$ (spreek uit: ***arctangens***). Deze functie is gedefinieerd voor alle reële x, en zijn functiewaarden liggen tussen $-\pi/2$ en $\pi/2$, zie figuur 3.6.
We berekenen de afgeleide van $f(x) = \arctan(x)$ met de bovenstaande formule. We vullen daarin in $f(x) = \arctan(x)$ en $g(x) = \tan(x)$. Voor deze functie $g(x) = \tan(x)$ geldt $g'(x) = 1/\cos(x)^2$. Voor alle x geldt $g(f(x)) = x$. We vinden daarmee

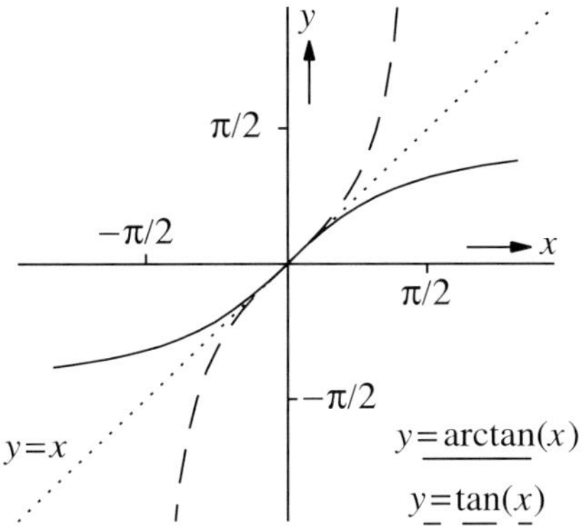

figuur 3.6. Tangens en arctangens.

$$\arctan'(x) = \frac{1}{\tan'(\arctan(x))} = \cos(\arctan(x))^2 =$$
$$= \frac{\cos(\arctan(x))^2}{\cos(\arctan(x))^2 + \sin(\arctan(x))^2} = \frac{1}{1+\tan(\arctan(x))^2} = \frac{1}{1+x^2}. \ \#$$

We kunnen nu de afgeleide functies van $f(x) = \arcsin(x)$ en $f(x) = \arctan(x)$ toevoegen aan de lijst van standaardafgeleiden. Ook kunnen we

$$f(x) = \frac{1}{\sqrt{1-x^2}} \quad \text{en} \quad f(x) = \frac{1}{1+x^2}$$

toevoegen aan de lijst van (standaard)functies waarvan de primitieve bekend is. Zo nodig kan de lijst worden uitgebreid met andere vaak voorkomende functies. Het formularium achter in dit boek bevat zo'n uitgebreidere lijst van primitieven.

Opgave 3.5. Bepaal primitieven van

a. $f(x) = \dfrac{1}{\sqrt{1-4x^2}}$ b. $g(x) = \dfrac{1}{4+x^2}$. #

Opgave 3.6.

a. De functie $f(x) = \arccos(x)$ is de inverse van $g(x) = \cos(x)$. Bepaal $f'(x)$.
b. Schets in één figuur de grafieken van $\cos(x)$ en $\arccos(x)$. #

Opmerking. Op de meeste zakrekenmachines zijn de inverse functies $\arcsin(x)$, $\arccos(x)$ en $\arctan(x)$ beschikbaar met de [inv] knop of [shift] knop, gevolgd door respectievelijk [sin], [cos] of [tan]. #

SAMENVATTING

- Een primitieve van een functie $f(x)$ is een functie $F(x)$ met afgeleide $f(x)$:

$$F'(x) = f(x).$$

- De primitieve is op een constante na bepaald. Ook $F(x)+C$ heeft afgeleide $f(x)$:

$$\left(F(x)+C\right)' = f(x).$$

- De primitieve van $f(x)$ wordt genoteerd met

$$\int f(x)\,\mathrm{d}x = \int F'(x)\,\mathrm{d}x = F(x) + C.$$

De functie $f(x)$ heet de integrand, x heet de integratievariabele, en C heet de integratieconstante.

- Tabel van standaardprimitieven:

Functie	***Primitieve***
$f(x) = x^a$	$F(x) = \frac{1}{a+1}x^{a+1}$ (mits $a \neq -1$)
$f(x) = \mathrm{e}^{ax}$	$F(x) = \frac{1}{a}\mathrm{e}^{ax}$
$f(x) = \frac{1}{x}$ $(x > 0)$	$F(x) = \ln(x)$
$f(x) = \sin(x)$	$F(x) = -\cos(x)$
$f(x) = \cos(x)$	$F(x) = \sin(x)$
$f(x) = \dfrac{1}{\cos(x)^2}$	$F(x) = \tan(x)$

- Een constante factor mag buiten de integraal worden gebracht:

$$\int c\,f(x)\,\mathrm{d}x = c\int f(x)\,\mathrm{d}x.$$

- De integraal van de som (of het verschil) van twee functies is de som (of het verschil) van de twee integralen:

$$\int f(x)+g(x)\,\mathrm{d}x = \int f(x)\,\mathrm{d}x + \int g(x)\,\mathrm{d}x.$$

- De functie $\arcsin(x)$ is de inverse van $\sin(x)$, en er geldt $\arcsin'(x) = \dfrac{1}{\sqrt{1-x^2}}$.

- De functie $\arctan(x)$ is de inverse van $\tan(x)$, en er geldt $\arctan'(x) = \dfrac{1}{1+x^2}$.

3.3 TOEPASSINGEN

Toepassing 1 (planologie, sociologie). In een gemeente met 30 000 inwoners staan 10 000 woningen. De gemeente wil het gemiddeld aantal bewoners per woning niet boven 3 laten komen, en bouwt daarom 180 woningen per jaar. Uit gegevens uit het verleden wordt een empirisch model voor de veranderingen in de bevolkingsomvang afgeleid. De prognose voor het aantal geboorten is

$$g(t) \;=\; 730 + 55t + 2t^2 \quad \text{per jaar,}$$

en die voor het aantal sterfgevallen is

$$s(t) \;=\; 370 + 35t - t^2 \qquad \text{per jaar.}$$

In beide formules is t uitgedrukt in jaren na het begin van de planningsperiode. De overige effecten, zoals migratie, houden elkaar volgens de schattingen in evenwicht.
Het aantal inwoners als functie van de tijd geven we aan met $N(t)$. De afgeleide van $N(t)$ is de verandering van het aantal inwoners per tijdseenheid (jaar). De netto bevolkingstoename per jaar is het aantal geboorten minus het aantal sterfgevallen, ofwel

$$N'(t) \;=\; g(t) - s(t) \;=\; 360 + 20t + 3t^2 \,.$$

We kennen $g(t)$ en $s(t)$, en dus $N'(t)$, en daaruit vinden we $N(t)$ met primitiveren

$$N(t) \;=\; \int N'(t)\,\mathrm{d}t \;=\; \int 360 + 20t + 3t^2 \,\mathrm{d}t \;=\; 360t + 10t^2 + t^3 + C\,.$$

De integratieconstante C vinden we door het aanvankelijk aantal inwoners $N(0) = 30\,000$ in te vullen; dan volgt dat ook $C = 30\,000$.

Opgave 3.7.

a. Wat is de groeisnelheid van de bevolking (in personen per jaar) in het begin?
b. Wat is de toename van de bevolking in het eerste jaar?
c. Wat is het aantal woningen W als functie van t?
d. Wanneer groeit de woningbehoefte even hard als de woningvoorraad?
e. Wanneer ontstaat er volgens de norm van de gemeente een woningtekort?

Toepassing 2 (milieukunde). Een chemische fabriek heeft een vergunning voor het lozen van 1000 kg van een afvalstof per week op een rivier. Stroomafwaarts van de lozingspijp wordt de concentratie van die afvalstof gemeten. Het verloop wordt beschreven door de functie

$$c(t) \;=\; c_0\,\mathrm{e}^{0.0125t}\,,$$

Lozing op open water.

met t in weken na het begin van de metingen en $c_0 = 7\cdot 10^{-3}\,\mathrm{kg/m^3}$. Het debiet van de rivier is constant en bedraagt $0.2\,\mathrm{m^3/s}$. Per uur stroomt dan 720 000 liter water voorbij en per week $120\,960\,\mathrm{m^3}$. Zou de concentratie constant $c_0 = 7\cdot 10^{-3}\,\mathrm{kg/m^3}$ zijn, dan passeert in totaal $120\,960 \times 7\cdot 10^{-3} \cong 8.5\cdot 10^2$ kg afvalstof per week. De fabriek blijft dan dus onder de lozingsnorm.

Maar de concentratie neemt toe. De hoeveelheid gepasseerde afvalstof sinds het begin van de metingen ($t = 0$) geven we aan met $G(t)$. De afgeleide $G'(t)$ is de toename per tijdseenheid (week), en dat is juist de concentratie $c(t)$ maal het debiet $D = 120\,960\ \mathrm{m^3/week}$. We vinden dus

$$G(t) = \int G'(t)\,\mathrm{d}t = \int D\,c(t)\,\mathrm{d}t = D c_0 \int \mathrm{e}^{0.0125t}\,\mathrm{d}t = D c_0 \left(80\mathrm{e}^{0.0125t} + C\right).$$

Invullen van $G(0) = 0$ geeft ten slotte $C = -80$ (ga na!).

Opgave 3.8.

a. Hoeveel afvalstof is er in de eerste week geloosd?

b. Wat is bij constante lozing de maximaal toegelaten concentratie $c_{\max}$?

c. Als de fabriek bij $c_{\max}$ de uitstoot stabiliseert, is zij dan al in overtreding?

d. Op welk tijdstip wordt in de voorafgaande week precies de toegelaten hoeveelheid afvalstof geloosd?

3.4 Opgaven

Opgave 3.9. Differentieer de volgende functies:

a. $f(x) = e^{ax+b}$ b. $f(x) = 2^x$

c. $f(x) = 2^{1-x}$ d. $f(x) = (\frac{1}{2})^x$

e. $f(x) = \sin(\alpha x)$ f. $f(x) = \tan(2x)$

g. $f(x) = \ln(x^2)$ h. $f(x) = e^{-x^2}$

i. $f(x) = \sqrt{1+x^2}$ j. $f(x) = \ln(2x+1)$

k. $f(x) = x\cos(x)$ l. $f(x) = x\ln(x)$

m. $f(x) = \dfrac{1}{x} - \dfrac{1}{\sqrt{x}}$ n. $f(x) = \dfrac{1}{x(x-1)}$

o. $f(x) = \dfrac{\sin(x^2)}{2x}$ p. $f(x) = \frac{1}{y}\cos(xy)$

q. $f(x) = \frac{1}{x}\cos(xy)$ r. $f(x) = \frac{1}{x}\cos(x^2)$

s. $f(x) = \ln\left(\dfrac{x-1}{x+1}\right)$ t. $f(x) = 2.37 \cdot 10^{1.82x}$.

Opgave 3.10. Bepaal een primitieve van de volgende functies:

a. $f(x) = 6x^3$ b. $f(x) = x(x-1)$

c. $f(x) = \sin(x\sqrt{2})$ d. $f(x) = (x+1)^2$

e. $f(x) = \frac{5}{x}$ f. $f(x) = 2\sin(x) + \cos(2x)$

g. $f(x) = x\sqrt{x}$ h. $f(x) = \sqrt[3]{x}$

i. $f(x) = (2x-1)^3$ j. $f(x) = \dfrac{1}{x} - \dfrac{1}{\sqrt{x}}$

k. $f(x) = \dfrac{2}{x-1}$ l. $f(x) = \dfrac{1}{3-2x}$

m. $f(x) = 2^x$ n. $f(x) = \frac{1}{2}\sin(2x-1)$

o. $f(x) = (\frac{1}{2}x+1)^n$ p. $f(x) = e^{2x+1}$.

Opgave 3.11. Bepaal de volgende integralen:

a. $\int 2x^2 + 4x^3 \,dx$ b. $\int e^{-x/2} \,dx$

c. $\int 3^x \,dx$ d. $\int 2(y-2) \,dy$

e. $\int \frac{1}{z} + \sqrt{z} \,dz$ f. $\int \sin(\alpha x) \,dx$

g. $\int \dfrac{1}{y^2} + \dfrac{3}{y^3} \,dy$ h. $\int \sqrt[3]{t^2} + \dfrac{1}{\sqrt[3]{t^2}} \,dt$

i. $\int \cos(2-u) \,du$ j. $\int e^{ax+b} \,dx$.

Opgave 3.12. De Taylorreeks van $f(x) = \sqrt{1+x}$ kunnen we schrijven als binomiaalreeks:

$$f(x) = (1+x)^{1/2} = \binom{\frac{1}{2}}{0} + \binom{\frac{1}{2}}{1}x + \binom{\frac{1}{2}}{2}x^2 + \ldots = 1 + \tfrac{1}{2}x - \tfrac{1}{8}x^2 + \ldots.$$

Door deze reeks term voor term te primitiveren vinden we

$$F(x) = \int (1+x)^{1/2}\,\mathrm{d}x = \tfrac{2}{3}(1+x)^{3/2} = C + x + \tfrac{1}{4}x^2 - \tfrac{1}{24}x^3 + \ldots.$$

Invullen van $x = 0$ geeft $C = \frac{2}{3}$ (ga na).

a. Bereken de volgende term in de reeks voor zowel $f(x)$ als $F(x)$.

b. Bereken ook de binomiaalreeks voor $H(x) = (1+x)^{3/2}$ tot en met x^4, en vergelijk die met de bovenstaande reeks voor $F(x)$.

c. Bepaal de Taylorreeks van $G(x) = \ln(1+x)$ door integratie van de binomiaalreeks van $g(x) = (1+x)^{-1}$.

Opgave 3.13. Bepaal een primitieve van de volgende functies:

a. $f(x) = \dfrac{1}{\frac{1}{2}x^2 + 1}$

b. $g(u) = \dfrac{1}{\sqrt{4-u^2}}$

c. $h(t) = \dfrac{1}{1+(t-1)^2}$

d. $x(t) = \dfrac{1}{t^2+2}$.

3.5 WISKUNDIG GEREEDSCHAP: INTEGRAAL EN OPPERVLAKTE

DE BEPAALDE INTEGRAAL

We willen de oppervlakte onder de grafiek van een functie $f(x)$ op een interval $[a, b]$ bepalen (figuur 3.7). Die oppervlakte A benaderen we door $[a, b]$ in N gelijke stukjes $\Delta x = (b-a)/N$ te verdelen. We krijgen zo de punten $x_n = a + n\Delta x$, met $n = 0,1,\ldots,N$.
De oppervlakte onder $f(x)$ wordt daarmee verdeeld in N kolommetjes met een breedte Δx. De hoogte van het kolommetje met basis $[x_{n-1}, x_n]$ is ongeveer $f(x_n)$. Zo benaderen we de ***oppervlakte*** onder de grafiek met

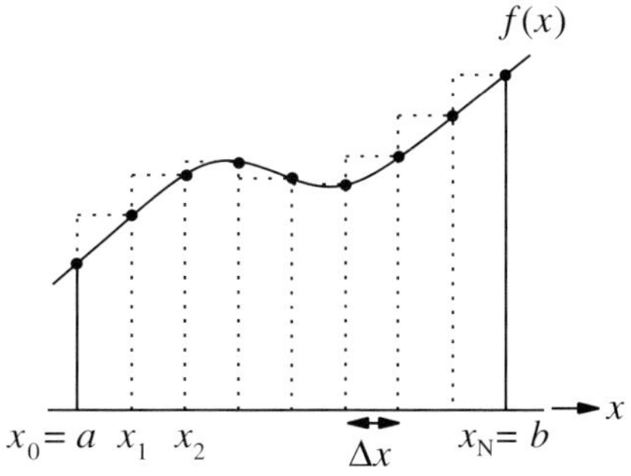

figuur 3.7. Benadering van een oppervlakte.

$$A \cong f(x_1)\Delta x + f(x_2)\Delta x + \ldots + f(x_N)\Delta x = \sum_{n=1}^{N} f(x_n)\,\Delta x,$$

de som van de oppervlaktes van de kolommetjes. Deze benadering wordt beter naarmate het aantal kolommetjes groter wordt, en hun breedte kleiner. Voor de limiet $N \to \infty$ bestaat een apart wiskundig begrip: de ***bepaalde integraal***.

D ***Definitie.*** De ***bepaalde integraal*** van een functie $f(x)$ van a naar b is

$$A = \lim_{N\to\infty} \sum_{n=1}^{N} f(x_n)\,\Delta x = \int_a^b f(x)\,\mathrm{d}x\,.$$

Het ***integraalteken*** $\int$ geeft hier de limiet in de sommatie aan. De getallen a en b zijn de ***integratiegrenzen.*** Dat het de grenzen voor de variabele x zijn kan worden opgemaakt uit $\mathrm{d}x$, dat in de plaats komt van Δx. We zeggen dat de functie $f(x)$ naar x wordt geïntegreerd. #

BEPAALDE INTEGRAAL EN PRIMITIEVE

Integralen met grenzen noemen we ***bepaalde integralen***, die zonder grenzen ***onbepaalde integralen***. Met een onbepaalde integraal duiden we een primitieve van een functie aan:

$$\int f(x)\,\mathrm{d}x = F(x) + C\,,$$

waarbij $F'(x) = f(x)$ (zie §3.2). Met een bepaalde integraal berekenen we de oppervlakte onder de grafiek van $f(x)$ op het interval $[a, b]$:

$$I = \int_a^b f(x)\,\mathrm{d}x\,.$$

De waarde van een bepaalde integraal is dus een getal. Deze waarde kunnen we berekenen met behulp van de primitieve van de integrand $f(x)$. Om dat in te zien bekijken we de functie $I(b)$,

$$I(b) = \int_a^b f(x)\,\mathrm{d}x\,,$$

die de oppervlakte geeft onder de curve $f(x)$ op het interval $[a, b]$. De bovengrens b is daarbij variabel, de ondergrens a is vast. Vergelijk nu $I(b+\Delta x)$ met $I(b)$. In figuur 3.8 zien we dat $I(b+\Delta x) - I(b)$ de oppervlakte van het gearceerde kolommetje is. De breedte van dat kolommetje is Δx, de hoogte is links $f(b)$. Er geldt dus

$$I(b+\Delta x) - I(b) \cong f(b)\Delta x\,.$$

In de limiet $\Delta x \to 0$ geeft dat

$$I'(b) = \lim_{\Delta x \to 0} \frac{I(b+\Delta x) - I(b)}{\Delta x} = f(b)\,,$$

dus $I(b)$ is een primitieve van $f(b)$. Hieruit volgt dat $I(b) = F(b) + C$:

$$I(b) = \int_a^b f(x)\,\mathrm{d}x = F(b) + C\,.$$

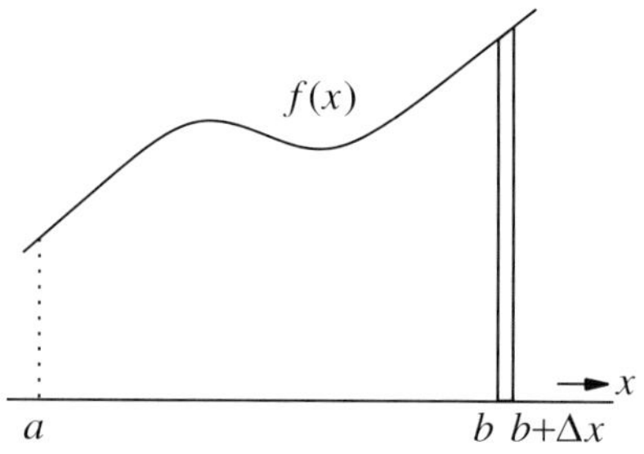

figuur 3.8. Verandering van een integraal.

Ook de integratieconstante C kunnen we nog uitrekenen. Immers, als de bovengrens b samenvalt met de ondergrens a, dan is de oppervlakte nul: $I(a) = F(a) + C = 0$. Hieruit volgt $C = -F(a)$ en we concluderen dat

$$\int_a^b f(x)\,\mathrm{d}x = F(b) - F(a).$$

Dit is een belangrijk verband tussen de ***bepaalde integraal*** en de ***primitieve*** van een functie $f(x)$. De waarde van de bepaalde integraal is het verschil van de waarden van de primitieve $F(x)$ in de eindpunten $x = a$ en $x = b$. Hiervoor bestaat een aparte notatie. De primitieve $F(x)$ wordt tussen rechte haakjes geplaatst, met de grenzen als boven- en onderindex.

E

Eigenschap. Als $F(x)$ een primitieve is van $f(x)$, dan geldt

$$\int_a^b f(x)\,dx = \Big[F(x)\Big]_{x=a}^{x=b} = F(b) - F(a)\,.$$ #

Voorbeeld. De primitieve van de functie $f(x) = \mathrm{e}^{-x}$ is $F(x) = -\mathrm{e}^{-x}$ (ga na!). Met behulp hiervan berekenen we de oppervlakte onder de grafiek van $f(x)$ tussen $x = 0$ en $x = 1$:

$$\int_0^1 \mathrm{e}^{-x}\,\mathrm{d}x = \Big[-\mathrm{e}^{-x}\Big]_{x=0}^{x=1} = -\mathrm{e}^{-1} - (-\mathrm{e}^{-0}) = 1 - \mathrm{e}^{-1}\,.$$ #

Opgave 3.14. Bereken met behulp van de primitieve de volgende bepaalde integralen

a. $\int_0^1 x^3 \, \mathrm{d}x$ b. $\int_0^\pi \sin(x) \, \mathrm{d}x$

c. $\int_0^1 \mathrm{e}^{2x} \, \mathrm{d}x$ d. $\int_1^4 \sqrt{u} \, \mathrm{d}u$. #

REKENREGELS VOOR BEPAALDE INTEGRALEN

De rekenregels voor bepaalde integralen zijn dezelfde als die van onbepaalde integralen (zie §3.2). Daarnaast zijn er regels die betrekking hebben op de grenzen.

E

Eigenschap. Een ***constante factor*** in de integrand kan buiten de integraal worden gehaald:

$$\int_a^b \alpha f(x) \, \mathrm{d}x = \alpha \int_a^b f(x) \, \mathrm{d}x \, . \qquad \#$$

In de bovenstaande voorbeelden en opgaven was de integrand steeds een positieve functie. Dus was ook de integraal positief. Uit de bovenstaande eigenschap volgt direct wat er gebeurt als de integrand negatief is. Als $f(x)$ positief is voor elke $x \in [a,b]$, dan is de integraal over $f(x)$ positief. Kiezen we $\alpha = -1$ dan volgt

$$\int_a^b -f(x) \, \mathrm{d}x = -\int_a^b f(x) \, \mathrm{d}x \, .$$

De integraal van de negatieve functie $-f(x)$ is dus negatief. Bij het integreren wordt de oppervlakte ***onder*** de x-as negatief geteld (zie figuur 3.9).

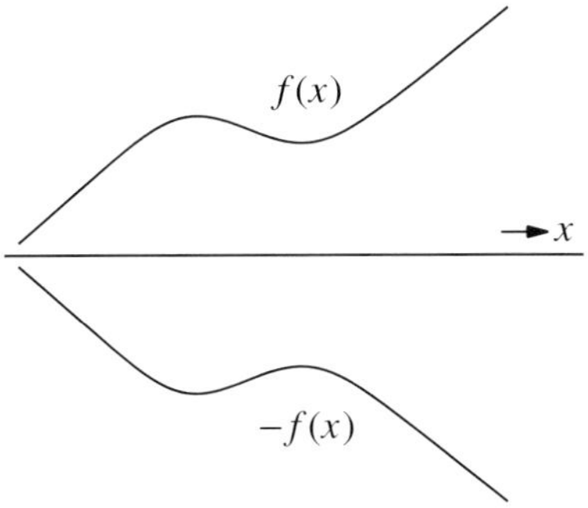

figuur 3.9. Positieve en negatieve integrand.

Voorbeeld. De functie $f(x) = x^2 - x$ is negatief op het interval $[0,1]$. De integraal is ook negatief:

$$\int_0^1 x^2 - x \, \mathrm{d}x = \left[\tfrac{1}{3}x^3 - \tfrac{1}{2}x^2 \right]_{x=0}^{x=1} = (\tfrac{1}{3} - \tfrac{1}{2}) - 0 = -\tfrac{1}{6} \, . \qquad \#$$

E

Eigenschap (somregel). Als de integrand de som van twee functies is, dan kunnen we de integraal splitsen in de som van twee integralen:

$$\int_a^b f(x) + g(x) \, \mathrm{d}x = \int_a^b f(x) \, \mathrm{d}x + \int_a^b g(x) \, \mathrm{d}x \, . \qquad \#$$

Eigenschap (plakken en knippen). De som van twee bepaalde integralen over aaneensluitende intervallen kunnen we schrijven als een enkele integraal over het gezamenlijke interval:

$$\int_a^b f(x)\,\mathrm{d}x + \int_b^c f(x)\,\mathrm{d}x = \int_a^c f(x)\,\mathrm{d}x . \qquad \#$$

Als twee integratieintervallen op elkaar aansluiten, dan kunnen we ze tot één interval samenvoegen ("plakken"). Dit wordt duidelijk door de beide integralen in één plaatje te tekenen (figuur 3.10). De twee gearceerde gebieden kunnen we samenvoegen tot een aaneengesloten gebied. Het omgekeerde kan natuurlijk ook: een integraal over een interval $[a, c]$ kunnen we splitsen in twee integralen over aansluitende intervallen $[a, b]$ en $[b, c]$ ("knippen").

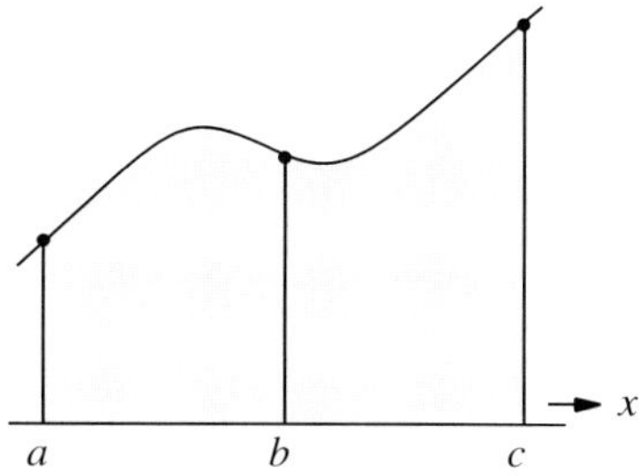

figuur 3.10. Knippen en plakken.

Deze regel volgt ook uit de relatie tussen de bepaalde integraal en de primitieve:

$$\int_a^b f(x)\,\mathrm{d}x + \int_b^c f(x)\,\mathrm{d}x = \big(F(b) - F(a)\big) + \big(F(c) - F(b)\big) = F(c) - F(a) =$$

$$= \int_a^c f(x)\,\mathrm{d}x .$$

Eigenschap (omkeren van grenzen). Bij het omwisselen van de grenzen keert de bepaalde integraal van teken om:

$$\int_a^b f(x)\,\mathrm{d}x = F(b) - F(a) = -\big(F(a) - F(b)\big) = -\int_b^a f(x)\,\mathrm{d}x . \qquad \#$$

Een gevolg van deze eigenschap is dat de integraal van een positieve functie ($f(x) \geq 0$) over een interval $[a, b]$ negatief is als de ondergrens a groter is dan de bovengrens b.

Voorbeeld. We berekenen de waarde van de oppervlakte onder $f(x) = x$ op $[1, 2]$, maar met omgewisselde grenzen:

$$\int_2^1 x\,\mathrm{d}x = \left[\tfrac{1}{2}x^2\right]_{x=2}^{x=1} = \tfrac{1}{2} - 2 = -\tfrac{3}{2} . \qquad \#$$

Eigenschap. Als de bovengrens gelijk is aan de ondergrens, dan is de integraal nul:

$$\int_a^a f(x)\,\mathrm{d}x = F(a) - F(a) = 0 . \qquad \#$$

Opgave 3.15. Bereken de volgende integralen:

a. $\displaystyle\int_{-1}^{1} e^x + e^{-x}\, dx$

b. $\displaystyle\int_{-1}^{1} e^x - e^{-x}\, dx$

c. $\displaystyle\int_{-1}^{1} |x|\, dx$

d. $\displaystyle\int_{1}^{-1} 2t + 1\, dt$

e. $\displaystyle\int_{0}^{\pi} \sin(x)^2\, dx + \int_{0}^{\pi} \cos(x)^2\, dx$

f. $\displaystyle\int_{1}^{0} \frac{1}{x-2}\, dx .$ #

ONEIGENLIJKE INTEGRALEN

In het voorafgaande zijn we er stilzwijgend vanuit gegaan dat het integratieinterval $[a, b]$ eindig is. In de praktijk kunnen de grenzen van de integraal ook oneindig zijn, terwijl de oppervlakte onder de grafiek van de functie eindig blijft.

Voorbeeld. We berekenen de integraal van de functie $f(x) = 1/x^2$ over het interval $[1, b]$

$$I(b) = \int_{1}^{b} \frac{1}{x^2}\, dx = \left[\frac{-1}{x} \right]_{x=1}^{x=b} = \frac{-1}{b} + 1 .$$

Hoe groter b hoe groter $I(b)$. In het bijzonder geldt

$$\int_{1}^{\infty} \frac{1}{x^2}\, dx = \lim_{b\to\infty} \int_{1}^{b} \frac{1}{x^2}\, dx = \lim_{b\to\infty} \left(1 - \frac{1}{b} \right) = 1 - \lim_{b\to\infty} \frac{1}{b} = 1 - 0 = 1 .$$ #

D

Definitie. Een integraal over een onbegrensd gebied heet een ***oneigenlijke integraal***. De limiet geven we meestal niet expliciet aan:

$$\int_{a}^{\infty} f(x)\, dx = \lim_{b\to\infty} \int_{a}^{b} f(x)\, dx , \qquad \int_{-\infty}^{b} f(x)\, dx = \lim_{a\to-\infty} \int_{a}^{b} f(x)\, dx$$ en

$$\int_{-\infty}^{\infty} f(x)\, dx = \lim_{a\to-\infty} \lim_{b\to\infty} \int_{a}^{b} f(x)\, dx .$$ #

Een ander type oneigenlijke integraal treedt op een eindig integratieinterval op, als de integrand in dat interval niet begrensd is.

Voorbeeld. De integraal $I(a)$ van de functie $f(x) = 1/\sqrt{x}$ over het interval $[a,1]$ is

$$I(a) = \int_a^1 \frac{1}{\sqrt{x}}\,\mathrm{d}x = \int_a^1 x^{-1/2}\,\mathrm{d}x = \left[\tfrac{1}{1/2}x^{1/2}\right]_{x=a}^{x=1} = \left[2\sqrt{x}\right]_{x=a}^{x=1} = 2\left(1-\sqrt{a}\right).$$

Nemen we nu $a = 0$, dan kunnen we gewoon invullen $I(0) = 2(1-\sqrt{0}) = 2$. De waarde van de integraal is dus begrensd, ondanks het feit dat de integrand niet begrensd is voor x dicht bij 0. Nemen we netjes de limiet dan geldt

$$I(0) = \int_0^1 \frac{1}{\sqrt{x}}\,\mathrm{d}x = \lim_{a\downarrow 0}\int_a^1 \frac{1}{\sqrt{x}}\,\mathrm{d}x = \lim_{a\downarrow 0} 2\left(1-\sqrt{a}\right) = 2.$$ #

Ook in dit voorbeeld spreken we van een oneigenlijke integraal. Zowel voor gewone als oneigenlijke integralen geldt (als $b > a$)

$$\int_a^b f(x)\,\mathrm{d}x = \lim_{c\downarrow a}\lim_{d\uparrow b}\int_c^d f(x)\,\mathrm{d}x.$$

Als deze limiet niet is gedefinieerd, dan bestaat ook de integraal niet.

Opgave 3.16. Bepaal de volgende oneigenlijke integralen:

a. $\displaystyle\int_1^\infty \frac{1}{x^3}\,\mathrm{d}x$ b. $\displaystyle\int_{-\infty}^0 \mathrm{e}^{3x}\,\mathrm{d}x$. #

HET GEMIDDELDE

Voorbeeld (milieuhygiëne; zie ook §3.1). We keren terug naar het voorbeeld van de zoutconcentratie. Uit de grafiek in figuur 3.11 kunnen we afleiden hoeveel zout er in een week passeert. Verticaal staat de gemeten zoutconcentratie c (in kg / m^3), horizontaal de tijd (in dagen); er is één meting van c per dag. Het debiet is $D = 10\,000\ \text{m}^3$ water per dag; we concluderen dat er $z = Dc$ kg zout per dag passeert. De totale hoeveelheid zout in een week is dan

$$Z = z_1 + z_2 + \ldots + z_7 = D(c_1 + c_2 + \ldots + c_7)$$

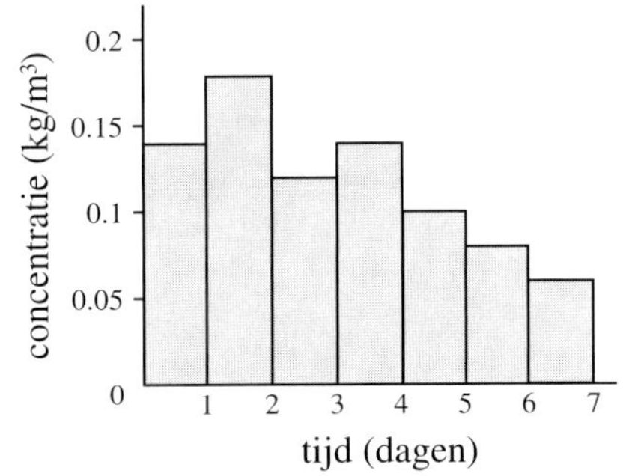

figuur 3.11. Eén meting per dag.

ofwel $Z = D \times$ (*de oppervlakte onder de grafiek*).

De gemiddelde concentratie $\bar{c}$ over die week is nu zo gedefinieerd dat

$$\bar{c} = \frac{1}{7}(c_1 + c_2 + \ldots + c_7) = \frac{1}{7}\sum_{n=1}^{7} c_n \,. \qquad \#$$

Het begrip ***gemiddelde*** karakteriseert met een enkel getal een belangrijk aspect van een groot aantal metingen. De hierboven gegeven formulering van het gemiddelde laat zich gemakkelijk generaliseren naar langere meetseries. We zullen zien dat ook voor continue metingen een zinvolle definitie van gemiddelde te geven is.

Voorbeeld (vervolg). De concentraties c_1 tot en met c_7 zijn misschien niet erg representatief voor de concentraties in de loop van de dag. Dat werkt door in het gemiddelde $\bar{c}$. Om $\bar{c}$ beter te bepalen gaan we vaker meten, met tussenpozen van zes uur, dus een kwart dag. Over zo'n kwart dag nemen we c constant. We tellen de gemeten concentraties bij elkaar op, en delen door hun aantal:

$$\bar{c} = \frac{1}{28}(c_1 + c_2 + \ldots + c_{28}) = \frac{1}{28}\sum_{n=1}^{28} c_n \,.$$

Dit is in overeenstemming met wat je intuïtief het gemiddelde noemt. #

Voorbeeld (vervolg). Het beste resultaat krijgen we door de concentratie continu te meten. Daarvoor meten we op een groot aantal (N) tijdstippen, en dan nemen we de limiet $N \to \infty$. We krijgen dan tijdsintervalletjes $\Delta t = 7 / N$ waarover we c constant nemen, dus

$$\bar{c} = \lim_{N\to\infty} \frac{1}{N}(c_1 + c_2 + \ldots + c_N) = \lim_{N\to\infty} \frac{1}{7}\sum_{n=1}^{N} c_n \,\Delta t = \frac{1}{7}\int_0^7 c(t)\,\mathrm{d}t \,.$$

De integraal is de oppervlakte onder de grafiek. De gemiddelde hoogte van de grafiek is dus dat oppervlak gedeeld door de de lengte van het interval. #

[D] ***Definitie.*** Het ***gemiddelde*** van een functie $f(x)$ over het interval $[a, b]$ is

$$\overline{f}_{[a,b]} = \frac{1}{b-a}\int_a^b f(x)\,\mathrm{d}x,$$

dat is de integraal over het interval gedeeld door de lengte van dat interval. #

Voorbeeld. Het gemiddelde van de functie $f(x) = x^3$ over het interval [0, 2] is

$$\overline{f}_{[0,2]} = \frac{1}{2-0}\int_0^2 x^3\,\mathrm{d}x = \tfrac{1}{2}\left[\tfrac{1}{4}x^4\right]_{x=0}^{x=2} = \tfrac{1}{2}(\tfrac{1}{4}2^4 - 0) = 2.$$ #

Opgave 3.17. Bepaal het gemiddelde van

a. $f(x) = x(1-x)$ over $[0,1]$

b. $f(x) = \mathrm{e}^{-3x}$ over $[0,5]$

c. $f(x) = \sin(x)$ over $[0,\pi]$. #

Uit de definitie van het gemiddelde volgt direct

$$\int_a^b f(x)\,\mathrm{d}x = \int_a^b \overline{f}_{[a,b]}\,\mathrm{d}x.$$

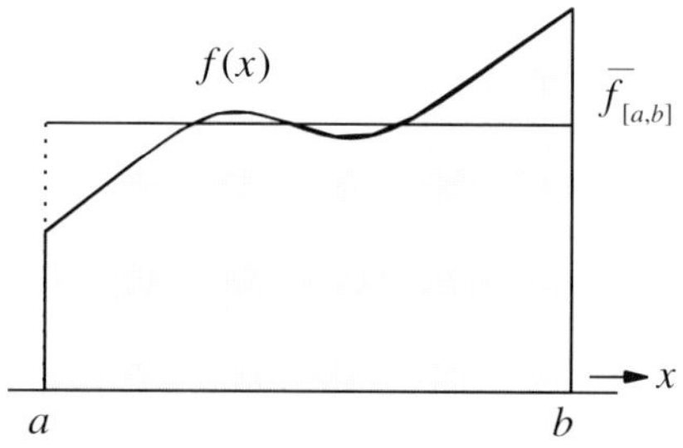

figuur 3.12. Het gemiddelde van een functie.

We zien dat ook in een grafiek, zie figuur 3.12. Immers, de linker integraal geeft de oppervlakte onder de functie $f(x)$ op het interval $[a, b]$, terwijl de rechter integraal de oppervlakte geeft onder de functie $\overline{f}_{[a,b]}(x)$. Dit is een rechthoek met basis $(b-a)$ en hoogte $\overline{f}_{[a,b]}$. De oppervlakte van de rechthoek is gelijk aan de gearceerde oppervlakte onder de grafiek van de functie $f(x)$.

Soms hebben we genoeg aan een schatting voor het gemiddelde. In de praktijk is de oppervlakte onder $f(x)$ lastig te schatten, en dat is ook feitelijk niet nodig. Brengen we namelijk in de laatste vergelijking het rechterlid naar links, dan volgt

$$\int_a^b f(x)\,\mathrm{d}x - \int_a^b \overline{f}_{[a,b]}\,\mathrm{d}x = \int_a^b f(x) - \overline{f}_{[a,b]}\,\mathrm{d}x = 0.$$

De integrand van de laatste integraal is het verschil van $f(x)$ en de constante $\overline{f}_{[a,b]}$. Waar $f(x)$ groter is dan $\overline{f}_{[a,b]}$ telt de oppervlakte tussen $f(x)$ en $\overline{f}_{[a,b]}$ positief, waar $f(x)$ kleiner is dan $\overline{f}_{[a,b]}$ telt het negatief. De totale oppervlakte boven de horizontale lijn $y = \overline{f}_{[a,b]}$ moet dus gelijk zijn aan de oppervlakte onder die lijn.

Opgave 3.18. Geef een schatting van het gemiddelde van de volgende functies over het aangegeven interval.

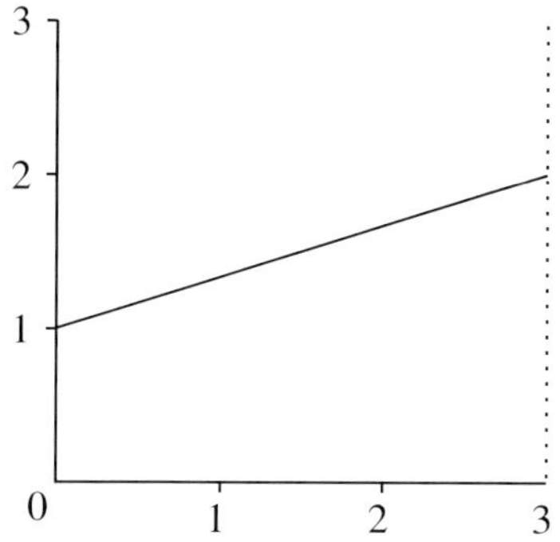

a.

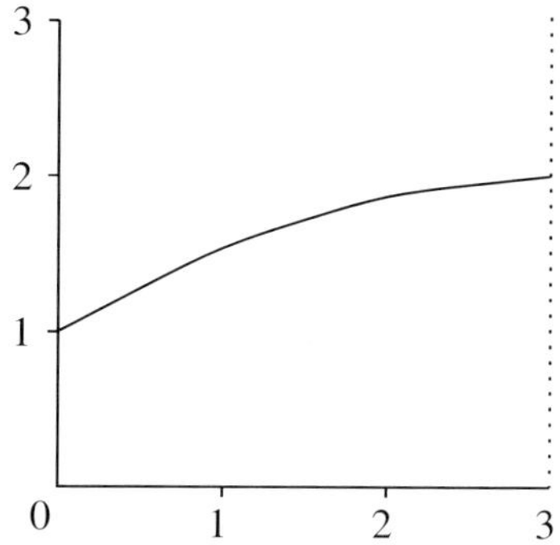

b.

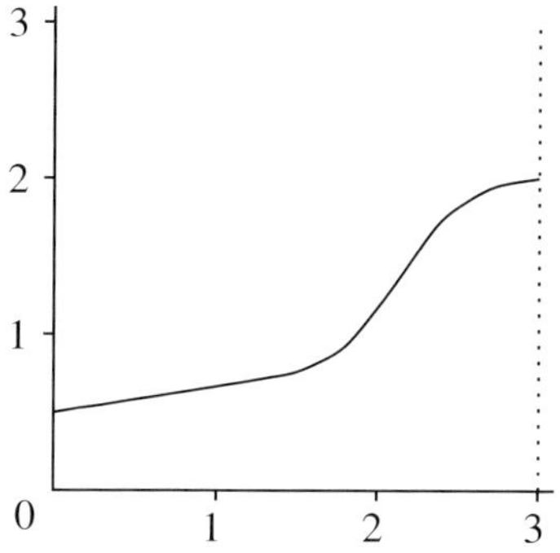

c.

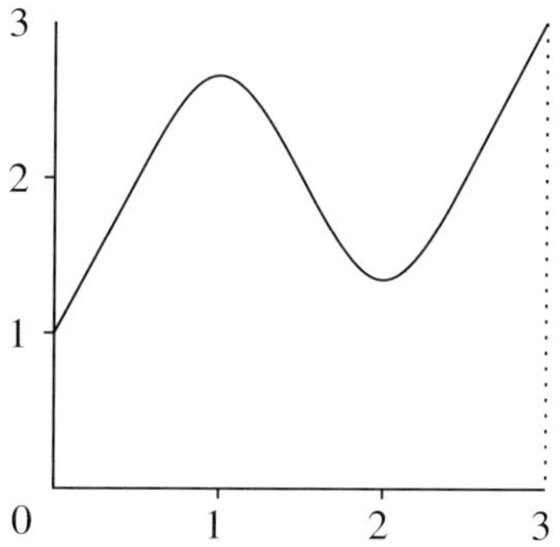

d.

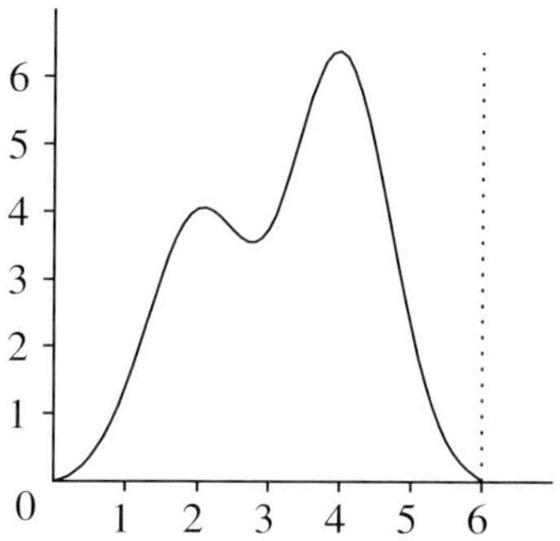

e.

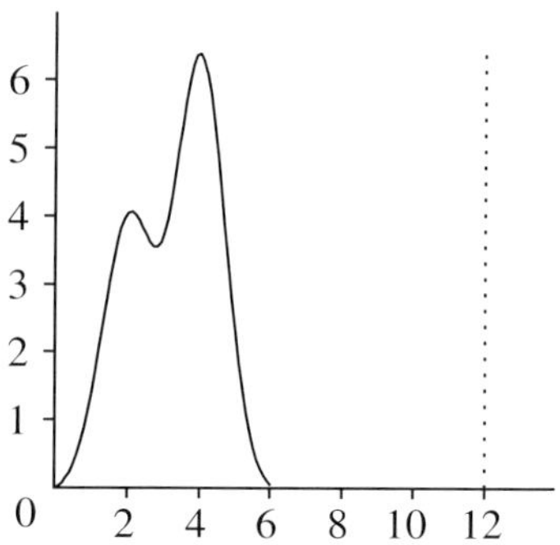

f.

#

Samenvatting

- Een bepaalde integraal is de oppervlakte onder $f(x)$ op het interval $[a, b]$

$$I = \int_a^b f(x)\,\mathrm{d}x\,.$$

- Het verband tussen bepaalde integraal en primitieve $F(x)$ van de functie $f(x)$ is

$$\int_a^b f(x)\,\mathrm{d}x = \left[\,F(x)\,\right]_{x=a}^{x=b} = F(b) - F(a)\,.$$

- Een constante kan buiten de integraal worden gehaald:

$$\int_a^b \alpha f(x)\,\mathrm{d}x = \alpha \int_a^b f(x)\,\mathrm{d}x\,.$$

- De integraal van de som van twee functies is de som van de integralen:

$$\int_a^b f(x) + g(x)\,\mathrm{d}x = \int_a^b f(x)\,\mathrm{d}x + \int_a^b g(x)\,\mathrm{d}x\,.$$

- De som van twee integralen over aaneensluitende integratieintervallen is de integraal over het aaneengesloten interval:

$$\int_a^b f(x)\,\mathrm{d}x + \int_b^c f(x)\,\mathrm{d}x = \int_a^c f(x)\,\mathrm{d}x\,.$$

- Bij het omwisselen van grenzen keert de bepaalde integraal van teken om:

$$\int_a^b f(x)\,\mathrm{d}x = -\int_b^a f(x)\,\mathrm{d}x\,.$$

- Een integraal met bovengrens gelijk aan ondergrens heeft de waarde nul:

$$\int_a^a f(x)\,\mathrm{d}x = 0\,.$$

- Met een oneigenlijke integraal bedoelt men de limiet

$$\int_a^\infty f(x)\,\mathrm{d}x = \lim_{b \to \infty} \int_a^b f(x)\,\mathrm{d}x$$

of

$$\int_{-\infty}^b f(x)\,\mathrm{d}x = \lim_{a \to -\infty} \int_a^b f(x)\,\mathrm{d}x\,.$$

- Het gemiddelde van een functie $f(x)$ over het interval $[a, b]$ is

$$\overline{f}_{[a,b]} = \frac{1}{b-a} \int_a^b f(x)\,\mathrm{d}x\,.$$

3.6 TOEPASSINGEN

Toepassing 1 (planologie, sociologie). Een gemeente heeft in januari een volkstelling gehouden in de hoop op een grotere bijdrage uit het gemeentefonds. Helaas beslist de minister 1 juli als peildatum te gebruiken. Moet de volkstelling nu worden herhaald?

Model. De burgerlijke stand houdt de dagelijkse verandering van de bevolking bij. Als n de verandering van het aantal inwoners per dag is, en N het aantal inwoners, dan geldt op 1 juli

$$N(1\,\text{juli}) = N(1\,\text{jan}) + n(1\,\text{jan}) + n(2\,\text{jan}) + \cdots + n(29\,\text{juni}) + n(30\,\text{juni})\,.$$

De toename van de functie $N(t)$ over een bepaalde tijd is de som over de waarden van de functie $n(t)$ in die tijd.
Voor een discreet proces geldt

$$N(t+1) = N(t) + n(t)\,.$$

Voor een continu proces geldt analoog

$$F(t+\Delta t) \cong F(t) + f(t)\Delta t\,.$$

Het discrete proces heeft tijdstappen van een vaste lengte, hier één dag. Het continue proces is benaderd met een discreet proces, maar om dat goed te doen moeten we hele kleine stapjes maken. In het bijzonder geldt voor $\Delta t \to 0$

$$f(t) = \lim_{\Delta t \to 0} \frac{F(t+\Delta t) - F(t)}{\Delta t} = F'(t)\,.$$

Omdat $f(t)$ de afgeleide van $F(t)$ is, is $F(t)$ de primitieve van $f(t)$. De integraal

$$\int_0^T f(t)\,\mathrm{d}t = F(T) - F(0)$$

geeft de toename van $F(t)$ tussen $t = 0$ en $t = T$. Herrangschikken geeft

$$F(T) = F(0) + \int_0^T f(t)\,\mathrm{d}t\,,$$

waarmee $F(T)$ is uitgedrukt als de som van $F(0)$ en de integraal over de veranderingen.

Gegevens. De gemeente heeft op 1 januari blijkens de telling 29 878 inwoners. De mutaties worden bijgehouden in maandstaten, weergegeven in de volgende tabel:

maand	geboorte	sterfte	import	export
jan	53	48	27	36
feb	46	52	22	24
mrt	64	47	32	25
apr	66	45	39	32
mei	69	38	43	36
jun	59	36	47	31

Opgave 3.19.

a. Bepaal de toename van de bevolking tussen 1 januari en 1 juli.

b. Hoeveel inwoners heeft de gemeente op 1 juli?

c. In een model worden de aantallen per maand geschat op

$$\begin{aligned} \text{geboorte:} \quad & g(t) = 60 + 8\sin(\tfrac{1}{6}\pi(2t-3)), \\ \text{sterfte:} \quad & s(t) = 45 + 7\cos(\tfrac{1}{3}\pi t), \\ \text{import:} \quad & i(t) = 35 - 12\cos(\tfrac{1}{6}\pi(t+1)), \\ \text{export:} \quad & e(t) = 30 - 6\cos(\tfrac{1}{6}\pi(t+1)), \end{aligned}$$

in personen per maand, met t in maanden ($t = 0$ komt overeen met 1 januari). Wat is volgens het model het totaal aantal geboorten tussen 1 januari en 1 juli?

d. Wat is de toename volgens het model en wat wordt het aantal inwoners op 1 juli?

Toepassing 2 (economie). Bij het maken van een product maakt een bedrijf kosten. Als er één exemplaar wordt gemaakt zijn de kosten relatief hoog, omdat er geïnvesteerd is in machines, gebouwen en ontwikkeling. Bij een groter aantal stijgen de totale kosten, maar de investeringen niet. De ***totale kosten*** bij productieomvang y noemen we $TK(y)$.
Bij een gegeven productie y willen we weten wat het kost om deze met een kleine hoeveelheid Δy te verhogen. Die kosten zijn

$$\Delta TK = TK(y+\Delta y) - TK(y).$$

De kosten per productie-eenheid zijn

$$MK(y) = \lim_{\Delta y \to 0} \frac{TK(y+\Delta y) - TK(y)}{\Delta y} = TK'(y).$$

Deze ***marginale kosten*** $MK(y)$ zijn belangrijk voor het optimale productieniveau. Immers, zo lang de kosten per extra geproduceerd exemplaar lager zijn dan de inkomsten per extra verkocht exemplaar, is het zinvol de productie op te voeren.
Voor de totale winst- en verliesrekening zijn de totale kosten van belang. De totale kosten $TK(y)$ bestaan uit de ***vaste (of constante) kosten*** $CK = TK(0)$, en de ***variabele kosten*** $VK(y) = TK(y) - TK(0)$:

$$TK(y) = TK(0) + VK(y) = CK + \int_0^y MK(x)\,\mathrm{d}x.$$

De variabele kosten $VK(y)$ zijn dus gelijk aan de bovenstaande integraal.

Opgave 3.20. Een fabrikant van appelmoes schat de marginale kosten op

$$MK(y) = 4y^2 - 16y + 116$$

in euro's per 1000 kg, met y de productieomvang in ton. De eerste kilo appelmoes kost dus 11.6 cent (plus de investeringen), de duizendste kilo 10.4 cent en de tweeduizendste nog maar 10.0 cent. Uiteindelijk gaan de kosten per eenheid weer stijgen.

a. Maak een grafiek van $MK(y)$.

b. Voor welke kilo zijn de marginale kosten het kleinst? Hoe groot zijn die dan?

c. Als bij een productieomvang van drie ton de totale kosten € 800 zijn, wat zijn dan de constante kosten?

d. Hoeveel nemen de totale kosten toe als de productieomvang stijgt van drie naar zes ton? Is het antwoord van vraag c. nodig om dit bedrag te bepalen?

e. Met hoeveel dalen de totale kosten als de productieomvang daalt van zes naar vijf ton? Wat gebeurt er als de productieomvang van vijf ton naar drie ton daalt? Klopt dit met het voorgaande?

Toepassing 3 (economie, bedrijfskunde, vergelijk § 23, toepassing 1 en §3.6, toepassing 2). Een fabriek van banketartikelen heeft € 500 000 geïnvesteerd in een nieuwe productielijn voor taarten. De investering wordt in vijf jaar afgeschreven. Met een voorziening voor onderhoud zijn de vaste kosten *CK* € 150 000 per jaar. De marginale kosten worden gecalculeerd op

$$MK(x) = 1 + 2e^{-0.00001x}$$

Een productielijn voor taarten.

in euro's per taart. De eerste taart kost € 3,00 ($MK(1) \cong 3$). Als het aantal taarten toeneemt dalen de marginale productiekosten langzaam. De duizendste taart kost $MK(1000) \cong$ € 2,98. De variabele kosten voor de productie van die eerste duizend taarten worden gegeven door de integraal

$$VK(1000) = \int_0^{1000} MK(x)\,dx = \int_0^{1000} 1 + 2e^{-0.00001x}\,dx = \left[x - 200000e^{-0.00001x}\right]_{x=0}^{x=1000}$$
$$\cong 1000 - 198010 + 200000 = 2990 \text{ euro.}$$

De gemiddelde variabele kosten per taart zijn dus circa € 2,99. Omdat voor kleine aantallen de grafiek van *MK*(*x*) bijna een rechte lijn is, zijn de gemiddelde kosten voor een aantal taarten bijna gelijk aan het gemiddelde van de kosten van de eerste en de laatste taart.
Voor een groter aantal taarten geldt dat niet meer. De gemiddelde variabele kosten per taart bij een jaarproductie van 200 000 taarten zijn

$$\overline{VK}_{[0,\,200000]} = \frac{1}{200000}\int_0^{200000} 1 + 2e^{-0.00001x}\,dx =$$
$$= \frac{1}{200000}\left[x - 200000e^{-0.00001x}\right]_{x=0}^{x=200000} \cong 1{,}86,$$

terwijl $MK(200\,000) \cong$ € 1,27 . De verkoopprijs van een taart is € 2,95 .

Opgave 3.21.

a. Laat met een Taylorreeks zien dat $MK(x) \cong 3 - 0.00002\,x$, voor kleine x .
b. Wat betekent in dit geval "kleine" x?
c. Laat met deze benadering zien dat
$$\overline{VK}_{[0,N]} \cong \frac{MK(N) + MK(0)}{2}.$$
d. Verklaar aan de hand van de grafiek van *MK*(*x*) dat de gemiddelde variabele kosten bij 200 000 taarten lager liggen dan ½ [*MK*(200 000) + *MK*(0)] .
e. Wat zijn de totale kosten per taart bij een jaarproductie van 200 000 taarten?
f. Maakt de fabriek in dat geval winst? En bij een productie van 100 000 taarten?
g. Bepaal (numeriek) het break-even point, dat is het aantal taarten waarbij de winst nul is.
h. Bij welk aantal taarten zijn de marginale kosten gelijk aan de verkoopprijs?

Toepassing 4 (statistiek). Bij het gooien met een (zuivere) dobbelsteen hebben alle mogelijke uitkomsten dezelfde kans. De kans op een willekeurig aantal ogen is dus één zesde. Dat kunnen we weergeven in een kanstabel:

Uitkomst x	1	2	3	4	5	6
Kans $p(x)$	$\frac{1}{6}$	$\frac{1}{6}$	$\frac{1}{6}$	$\frac{1}{6}$	$\frac{1}{6}$	$\frac{1}{6}$

Het totaal aantal ogen bij het N keer gooien met één dobbelsteen is op den duur (voor N groot)

$$\frac{N}{6}\times 1 + \frac{N}{6}\times 2 + \frac{N}{6}\times 3 + \frac{N}{6}\times 4 + \frac{N}{6}\times 5 + \frac{N}{6}\times 6 = \frac{N}{6}\times 21 = 3.5N .$$

Het gemiddeld aantal ogen per worp is dus op den duur 3.5. Dit aantal kan natuurlijk niet in één worp worden gegooid. Het getal 3.5 heet de ***verwachtingswaarde*** van het aantal ogen in één worp met een zuivere dobbelsteen.
Voor een discreet proces is de verwachtingswaarde $\mathrm{E}(x)$ van een variabele x

$$\mathrm{E}(x) = x_1 p(x_1) + x_2 p(x_2) + \ldots + x_n p(x_n) = \sum_{k=1}^{n} x_k p(x_k) ,$$

waarin $p(x_k)$ de kans is dat de variabele x de waarde x_k aanneemt. Voor de dobbelsteen is $x_k = 1, 2, \ldots, 6$, met $p(x_k) = 1/6$. De som van alle kansen is 1.

Let op! De verwachtingswaarde $\mathrm{E}(x)$ is een getal, geen functie van de variabele x!

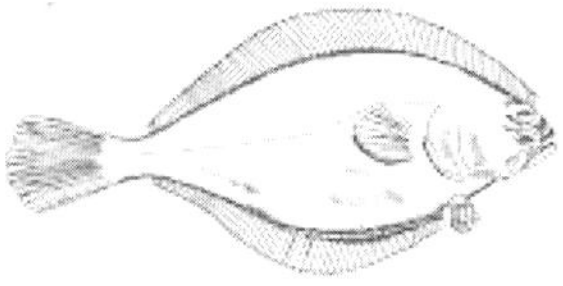

Schol.

Als x geen discrete maar continue waarden aanneemt, zoals de lengte van een gevangen schol, heeft het geen zin te spreken over de kans op een zekere waarde. Wel kunnen we spreken over de kans dat de lengte tussen bijvoorbeeld 0.20 m en 0.21 m ligt. Hoe kleiner het interval, hoe kleiner de kans. De kans dat de lengte in een interval $[x, x+\Delta x]$ ligt is $f(x)\Delta x$, waarbij $f(x)$ de ***kansdichtheidsfunctie*** heet. De ***kansverdelingsfunctie*** $F(y)$ geeft de kans dat de lengte x kleiner dan of gelijk aan y is. De kans dat x ligt tussen y en $y + \Delta y$ is dus te schrijven als

$$f(y)\Delta y \cong F(y+\Delta y) - F(y) .$$

In de limiet voor $\Delta y \to 0$ vinden we

$$f(y) = \lim_{\Delta y \to 0} \frac{F(y+\Delta y) - F(y)}{\Delta y} = F'(y).$$

De kansdichtheidsfunctie is de afgeleide van de kansverdelingsfunctie. Andersom geldt

$$F(y) = \int_0^y f(x)\,\mathrm{d}x$$

waarbij x enkel positieve waarden aanneemt ($F(0) = 0$).

In het bijzonder geldt

$$\lim_{y \to \infty} F(y) = \int_0^\infty f(x)\,\mathrm{d}x = 1,$$

de som van alle kansen is weer één. (Let op: een oneigenlijke integraal!). De kansdichtheidsfunctie heet ***genormeerd***.
Met behulp van $f(x)$ kunnen we de verwachtingswaarde berekenen. We delen de x-as op in intervalletjes Δx en krijgen zo de punten $x_k = k\Delta x$. In de plaats van de kans $p(x_k)$ op x_k praten we nu over de kans dat x ligt tussen x_k en $x_k + \Delta x$. De kans dat $x_k \le x \le x_{k+1}$ is dan $f(x_k)\Delta x$. Net als bij het discrete proces berekenen we de verwachtingswaarde als som van $x_k f(x_k)\Delta x$. In de limiet $\Delta x \to 0$ geeft dat

$$\mathrm{E}(x) = \lim_{\Delta x \to 0} \left[x_0 f(x_0)\Delta x + x_1 f(x_1)\Delta x + x_2 f(x_2)\Delta x + \ldots\right] = \int_0^\infty x\, f(x)\,\mathrm{d}x\,.$$

In het algemeen geldt dat als x een kansdichtheidsfunctie $f(x)$ heeft, dan heeft de afgeleide grootheid $g(x)$ een ***verwachtingswaarde***

$$\mathrm{E}(g(x)) = \int_0^\infty g(x) f(x)\,\mathrm{d}x\,.$$

Bijvoorbeeld voor $g(x) = x^2$ vinden we de verwachtingswaarde van x^2:

$$\mathrm{E}(x^2) = \int_0^\infty x^2 f(x)\,\mathrm{d}x\,.$$

Later zullen we in het bijzonder deze laatste verwachtingswaarde nog nodig hebben.

Opgave 3.22. We nemen als kansdichtheidsfunctie voor de lengte van gevangen schol

$$f(x) = \begin{cases} 0 & \text{voor } x < 0.10 \\ a(x-0.1)(0.6-x) & \text{voor } 0.10 \le x \le 0.60 \\ 0 & \text{voor } x > 0.60 \end{cases}$$

met x in meter. Vissen beneden de 10 cm zwemmen door de mazen van het net en schol boven de 60 cm wordt in de praktijk niet vaak gevangen.

a. Bepaal de waarde van a zo, dat de kansdichtheidsfunctie genormeerd is.
b. Welk percentage van de gevangen schol heeft een lengte tussen 10 en 11 cm?
c. Welk percentage van de gevangen schol heeft een lengte tussen 10 en 50 cm?
d. Onder welke lengte zit 50% van de gevangen schol? (Deze waarde heet de ***mediaan***.)
e. Bepaal de verwachtingswaarde van de lengte van de gevangen schol.

Toepassing 5 (sociologie, econometrie). Economen en politici zijn geïnteresseerd in de verdeling van inkomens. Een indruk daarvan krijgen we met een staafdiagram. Hierin staan horizontaal inkomens i, en verticaal het aantal mensen n van wie het inkomen in een bepaalde inkomenscategorie ligt. In figuur 3.13 staat zo'n grafiek voor de medewerkers van een universiteit. Hier is n_1 het aantal medewerkers met een jaarsalaris tot € 10 000, n_2 is het aantal met een salaris tussen € 10 000 en € 20 000, enzovoort.
Deze grafiek geeft alleen een goed beeld van deze groep. Vergelijking met een andere groep, bijvoorbeeld het spoorwegpersoneel, is lastig: de groepsgrootte is immers anders.

We bekijken daarom een andere manier om de gegevens in grafiek te brengen. Het totaal aantal personen is N:

$$N = n_1 + n_2 + n_3 + \dots .$$

Het totaal aan salaris van de mensen in de eerste salariscategorie is ongeveer $5000 n_1 = i_1 n_1$, dat van de tweede categorie is $15\,000 n_2 = i_2 n_2$. Voor het totaal I over alle categorieën tezamen geldt

$$I = i_1 n_1 + i_2 n_2 + i_3 n_3 + \quad .$$

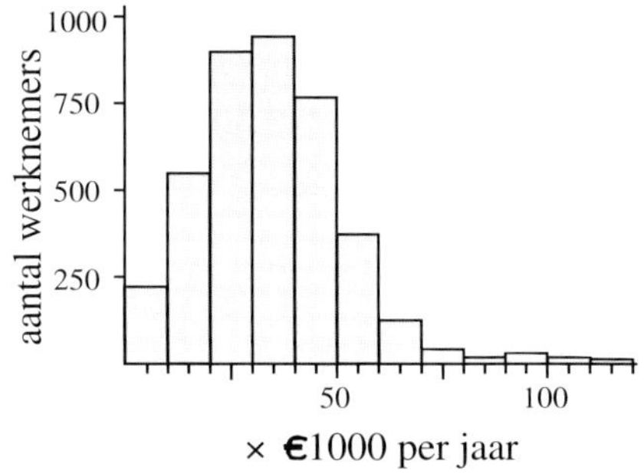

figuur 3.13. Staafdiagram van inkomens.

We gaan nu over op cumulatieve fracties. Het aantal personen in de eerste salariscategorie vormt een fractie $x_1 = n_1 / N$ van het totaal aantal. Samen hebben zij een fractie $y_1 = i_1 n_1 / I$ van het totaal van de salarissen. In de eerste twee categorieën zitten $N_2 = n_1 + n_2$ personen die samen $I_2 = i_1 n_1 + i_2 n_2$ aan salaris verdienen. Dat geeft de fracties $x_2 = N_2 / N$ en $y_2 = I_2 / I$. Zo voortgaand krijgen we de fractie x_k van het aantal mensen in de eerste k categorieën en de fractie y_k van het totaal aan salaris van die personen. Als we x_k en y_k uitzetten in een grafiek krijgen we de zogeheten ***Lorentzcurve***. Figuur 3.14 geeft de Lorentzcurve bij de salarisverdeling uit figuur 3.13. Door het werken met fracties zijn verschillende groepen met elkaar te vergelijken.

Lorentzcurven bestaan voor elke verdeling. Er is een Lorentzcurve voor primaire inkomens (vóór belasting en subsidies) en een voor secondaire inkomens (na de belasting en subsidies), voor investeringen en voor bedrijfswinsten.
Ook bij een continue verdeling kunnen we een Lorentzcurve bepalen. We werken dan met integralen in plaats van sommen. Voor een (niet-genormaliseerde) continue kansdichtheidsfunctie $f(s)$ zijn de fracties $x(s)$ en $y(s)$:

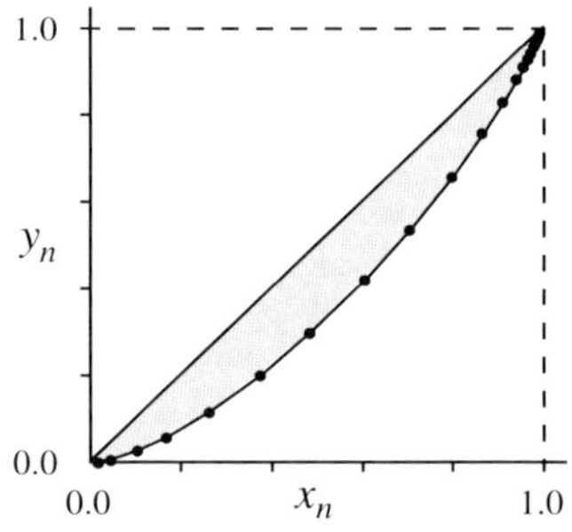

figuur 3.14. Lorentzcurve van inkomens.

$$x(s) = \int_0^s f(\sigma)\,d\sigma \Big/ \int_0^\infty f(\sigma)\,d\sigma , \qquad y(s) = \int_0^s \sigma f(\sigma)\,d\sigma \Big/ \int_0^\infty \sigma f(\sigma)\,d\sigma .$$

Opgave 3.23. Gegeven is de kansdichtheidsfunctie $f(s) = 12(s^3 - 2s^2 + s)$ voor $0 \le s \le 1$.

a. Maak een schets van deze kansdichtheidsfunctie.
b. Bepaal voor deze kansdichtheidsfunctie de bijbehorende functies $x(s)$ en $y(s)$.
c. Teken in één figuur de functies $x(s)$ en $y(s)$ voor $0 \le s \le 1$.
d. Bereken $x(s)$ en $y(s)$ voor $s = 0$, $^1/_6$, $^1/_3$, $^1/_2$, $^2/_3$, $^5/_6$ en 1 en teken met deze punten het geschatte verloop van de Lorentzcurve $y(x)$.

Toepassing 6 (natuurkunde). In een elektrisch apparaat dat is aangesloten op een gelijkspanningsbron (bijvoorbeeld een batterij) loopt de stroom steeds in dezelfde richting: we spreken van gelijkstroom. De spanning van het lichtnet daarentegen is een ***wisselspanning***. Die spanning is een functie van de tijd:

$$V(t) = V_0 \sin(2\pi\omega t),$$

met t in seconden. Hierin is ω de ***frequentie***, uitgedrukt in Hertz (s^{-1}). In Europa is de frequentie 50 Hz; er gaan dus 50 perioden in één seconde.
Voor de stroom I geldt de wet van Ohm:

$$V(t) = I(t)R,$$

waarbij de stroom I wordt uitgedrukt in Ampère en de weerstand R in Ohm. De stroom heeft dus een zelfde verloop als de spanning, we spreken van ***wisselstroom***.
Het ***vermogen*** P (energieverbruik per tijdseenheid) wordt gegeven door de wet van Watt:

$$P(t) = V(t)I(t),$$

in Watt (Joule / s). Voor een apparaat met weerstand R geldt dus

$$P(t) = V(t)I(t) = \frac{V(t)^2}{R} = \frac{V_0^2 \sin(2\pi\omega t)^2}{R} = \frac{V_0^2 \sin(100\pi t)^2}{R}.$$

Het vermogen is altijd positief, maar het varieert snel. Van belang is het gemiddeld vermogen:

$$\overline{P} = \frac{1}{T}\int_0^T P(t)\,\mathrm{d}t = \frac{1}{T}\int_0^T \frac{V_0^2 \sin(2\pi\omega t)^2}{R}\,\mathrm{d}t.$$

Omdat in iedere periode van de wisselspanning hetzelfde gebeurt nemen we $T = 0.02$ s. Dit vullen we in, en met de goniometrische relatie $\cos(2x) = 1 - 2\sin^2(x)$ vinden we:

$$\overline{P} = \frac{1}{0.02}\int_0^{0.02} \frac{V_0^2 \sin(100\pi t)^2}{R}\,\mathrm{d}t = \frac{V_0^2}{0.02R}\int_0^{0.02} \sin(100\pi t)^2\,\mathrm{d}t =$$

$$= \frac{V_0^2}{0.02R}\int_0^{0.02} \tfrac{1}{2}\big(1-\cos(200\pi t)\big)\mathrm{d}t = \frac{V_0^2}{0.02R}\left[\tfrac{1}{2}\left(t - \frac{\sin(200\pi t)}{200\pi}\right)\right]_{t=0}^{t=0.02} = \frac{V_0^2}{2R}.$$

Voor gelijkspanning geldt $\overline{P} = V^2/R$ (ga na); dat scheelt een factor twee. Daarom spreken we bij wisselspanning over de ***effectieve spanning*** $V_{\mathrm{eff}}^2 = \tfrac{1}{2}V_0^2$. De opgegeven waarde is altijd de effectieve spanning. In Nederland is de waarde van de netspanning 230 V.

Opgave 3.24.

a. Wat is voor een effectieve spanning van 230 V de waarde van V_0?

b. Laat zien dat V_{eff} gelijk is aan de wortel uit de gemiddelde waarde van $V(t)^2$.

c. In de Verenigde Staten is de netspanning 110 V en de netfrequentie 60 Hz. Ook dat is een effectieve spanning. Wat is daar de waarde van V_0?

d. Een periodiek signaal met $V = 0$ in de eerste helft van de periode en $V = 1$ in de tweede helft heet een ***blokspanning***. Wat is de effectieve spanning?

3.7 OPGAVEN

Opgave 3.25. Bereken de volgende integralen:

a. $\int_{-1}^{1} x^3 \, dx$ b. $\int_{0}^{3\pi} \cos(x) \, dx$

c. $\int_{0}^{1} e^{-x} \, dx$ d. $\int_{0}^{a} 2x(x+1) \, dx$

e. $\int_{1}^{2} 3\sqrt{x} \, dx$ f. $\int_{0}^{3} |t-1| \, dt$.

Opgave 3.26. Bepaal het gemiddelde van de functie $f(x) = \sin(x)$ over $[0, \pi]$, $[0, 3\pi]$, $[0, 5\pi]$ en $[0, 7\pi]$. Licht de uitkomst toe.

Opgave 3.27. Bepaal het gemiddelde van $f(x) = \dfrac{1}{\sqrt{x}}$ over $[0,1]$.

Opgave 3.28 (plantenteelt). Groene planten slaan door assimilatie energie in hun bladeren op. Hierbij wordt kooldioxide (CO_2) gebonden en komt zuurstof (O_2) vrij:

$$CO_2 \;+\; \text{energie} \;\rightarrow\; \text{suiker} \;+\; O_2 .$$

Door de opgenomen stof neemt het gewicht van de plant (de biomassa) toe. Bij het omgekeerde proces, ademen of respiratie, komt de opgeslagen energie weer vrij, en neemt het gewicht af. Planten assimileren overdag en ademen dag en nacht.
De assimilatiesnelheid van een plant is evenredig met de intensiteit van het zonlicht (fotosynthese). De groei van de biomassa van een kamerplant door assimilatie modelleren we met

$$y_a'(t) = 10\sin\left(\tfrac{1}{12}(t-6)\pi\right) \qquad \text{(in mg / uur)} \qquad \text{voor } 6 \le t \le 18$$

waarin t is gemeten in uren na middernacht. Buiten de genoemde uren is $y_a'(t)$ nul.
De ademhalingssnelheid wordt gedurende het gehele etmaal constant verondersteld; de bijbehorende gewichtsverandering is

$$y_r'(t) = -1 \qquad \text{(in mg / uur).}$$

a. Teken in één figuur de functies $y_a'(t)$ en $y_r'(t)$ voor $t = 0$ tot $t = 24$.
b. Bereken de gewichtstoename per dag door assimilatie en het gewichtsverlies door respiratie. Hoeveel neemt de plant per dag aan gewicht toe?
c. Elke milligram gewichtsvermindering door respiratie gaat gepaard met een zuurstofgebruik van 1.7 mg. Een kubieke meter lucht bevat 0.4 kg zuurstof. Hoeveel kubieke meter lucht gebruiken 10 van deze kamerplanten gedurende de nacht (van 18.00 tot 6.00 uur)? Is dat iets om rekening mee te houden als je planten op je slaapkamer hebt?

Opgave 3.29 (sociologie, econometrie; zie ook §3.6, toepassing 5). De relatieve inkomensverdeling in een land kunnen we weergeven in een Lorentzcurve, waarin we uitzetten welke fractie van het bruto nationaal inkomen (BNI) wordt genoten door welke fractie van de bevolking. Als bijvoorbeeld de 50% van de bevolking met het laagste inkomen samen 30% van het BNI verdient, dan ligt het punt $(x, y) = (0.5, 0.3)$ op de Lorentzcurve.

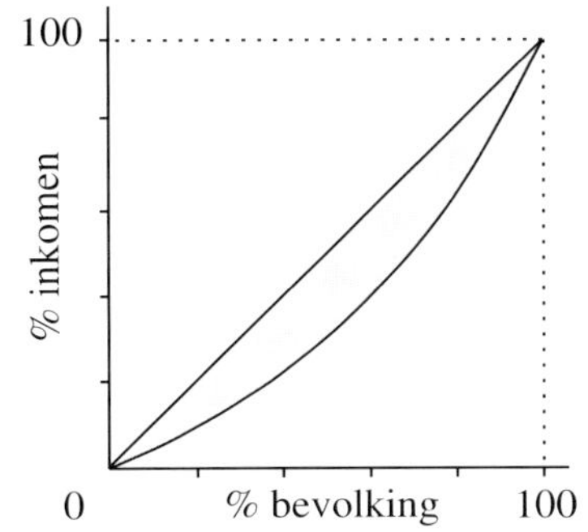

figuur 3.15. Lorentzcurve en Ginigetal.

Naarmate de inkomensongelijkheid groter is ligt de Lorentzcurve verder beneden de diagonaal. Een maat daarvoor is het ***Ginigetal***, de verhouding tussen het oppervlak tussen de diagonaal en de Lorentzcurve, en het oppervlak onder de diagonaal. Omdat het oppervlak onder de diagonaal ½ is, is het Ginigetal dus twee keer het oppervlak van het gearceerde gebied in figuur 3.15.

a. Kan de 10% van de bevolking met het laagste inkomen 90% van het inkomen hebben? Welke fractie krijgen zij maximaal?

b. In een fictief land heeft de ene helft van de bevolking een inkomen van € 20 000 per jaar en de andere helft van € 30 000 per jaar. Hoe ziet de Lorentzcurve er uit en wat is het bijbehorende Ginigetal?

c. Laat zien dat het Ginigetal tussen 0 en 1 ligt. Voor welke inkomensverdeling geldt de waarde 0, en wanneer is het Ginigetal 1?

d. Kan de grafiek van $y(x) = (4x^2 + x)/5$ een Lorentzcurve zijn? Welk deel van het BNI krijgt dan de 60% van de bevolking met het laagste inkomen?

e. Hoe groot is voor deze curve het Ginigetal?

f. De overheid belast de hogere inkomens progressief en gebruikt de opbrengst om de armsten uitkeringen te geven. Wat heeft dat voor effect op de Lorentzcurve en het Ginigetal voor het netto inkomen (na belasting en uitkeringen)?

Opgave 3.30 (plantenteelt). Bij het zaaien van graan verdeelt de boer het zaad regelmatig over de akker. Hoe meer zaad, hoe meer kiemplanten, maar bij een opeenhoping van zaad groeien door onderlinge concurrentie alleen de sterkste planten op. Een grotere zaaidichtheid verhoogt de oogst, maar daar is een grens aan.

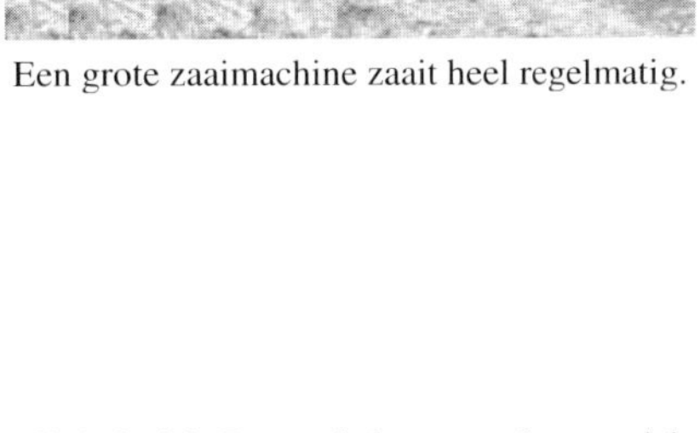
Een grote zaaimachine zaait heel regelmatig.

Model. De opbrengst beschrijven we met het model voor begrensde exponentiële groei. De opbrengst T (in kilogram per vierkante meter) neemt toe met de zaaidichtheid x, ook in kg/m^2, volgens

$$T(x) = 2(1 - 1000^{-x}).$$

a. Maak een grafiek van $T(x)$ voor $0 \leq x \leq 0.5$.

b. Bepaal $T(0.35)$.

c. We krijgen nooit overal precies dezelfde zaaidichtheid. Bepaal daarom de gemiddelde opbrengst per m^2 voor $0.3 \leq x \leq 0.4$.

d. Waarom is de gemiddelde opbrengst lager dan die bij een zaaidichtheid van 0.35?

Opgave 3.31 (plantenteelt). Een akker wordt op 1 april met zomertarwe ingezaaid. Aanvankelijk groeien de planten vrijstaand op, ze beconcurreren elkaar niet op voedingsstoffen en licht. We modelleren deze eerste fase met een constante relatieve groeisnelheid; we krijgen dan exponentiële groei (zie §2.8). De groeisnelheid van de tarwe in het model wordt gegeven door

$$y'(t) = 0.0672\,e^{0.2t}$$

Zomertarwe.

in kg drooggewicht per ha per dag, t in dagen. Deze fase duurt 40 dagen, tot en met 10 mei.
In de tweede fase, tot en met 19 juli (70 dagen) neemt de onderlinge concurrentie toe. De groeisnelheid is dan constant (zie figuur 3.16).
In de laatste fase is de tarwe volgroeid, en alle energie wordt gebruikt voor het rijpen van het graan. De groeisnelheid neemt weer snel af. De laatste 10 dagen tot de oogst op 29 juli wordt de groeisnelheid gemodelleerd met

$$y'(t) = 200\,e^{-0.53\,(t-110)}.$$

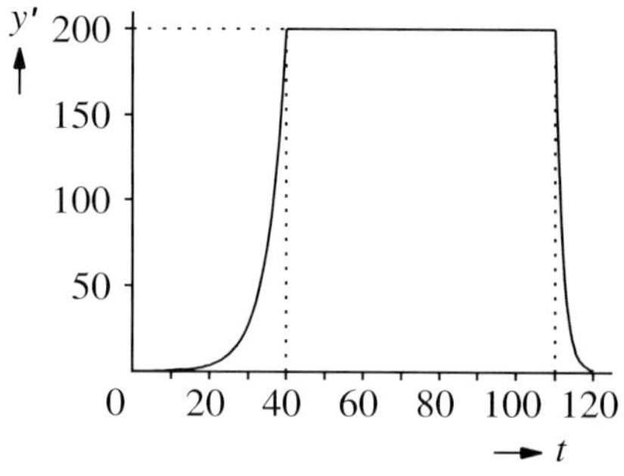

figuur 3.16. De groeisnelheid van het drooggewicht van zomertarwe (kg per ha per dag).

a. Wat is het drooggewicht per hectare aan het eind van de eerste fase?
b. Bereken de groeisnelheid aan het eind van de exponentiële groeifase.
c. Bereken de gewichtstoename van de tarwe in de fase van constante groei.
d. Bereken ten slotte de gewichtstoename in de derde fase, de rijping.
e. Schets een grafiek van het drooggewicht van de tarwe als functie van de tijd over de gehele periode. Neem daarbij aan dat het begingewicht te verwaarlozen is.
f. Hoe groot is de gemiddelde groeisnelheid in de eerste fase, van 1 april tot en met 10 mei? Hoe groot is de gemiddelde snelheid in de tweede fase?

Opgave 3.32. Net als een onbepaalde integraal kan ook een bepaalde integraal gebruikt worden als het omgekeerde van een afgeleide. Een voordeel daarbij kan zijn dat er geen onbepaalde constante meer is.

a. De functie $f(y)$ is een bepaalde integraal:

$$f(y) = \int_0^y \cos(x)\,dx.$$

Bepaal $f'(y)$.

b. Bepaal $g'(x)$ voor $g(x) = \int_1^x 2t^2 + t\,dt$.

c. $f(x)$ is een willekeurige functie. Laat zien dat als

$$F(x) = \int_a^x f(t)\,dt$$

dan $F'(x) = f(x)$.

3.8 REFLECTIE

Differentiëren en integreren vormen samen de infinitesimaalrekening. In dit hoofdstuk hebben we de concepten van het integreren behandeld: de onbepaalde integraal of primitieve als het omgekeerde van de afgeleide, en de bepaalde integraal als oppervlaktemaat. De technieken voor het integreren komen aan bod in hoofdstuk 4.

HISTORISCHE NOTITIES

Barrow

De eerste aanzetten tot integratie zijn te vinden bij Archimedes (Griekenland, 287-212 vC). De moderne ontwikkeling begint echter in de 17de eeuw, toen men trachtte een goede wiskundige beschrijving te geven van functies van continue variabelen.
De basis voor de differentiaalrekening is gelegd door Pierre de Fermat (Frankrijk, 1601-1665). Deze werd verder ontwikkeld door Isaac Barrow (Engeland, 1630-1677). De belangrijke doorbraak kwam echter met het werk van Barrow's leerling Isaac Newton (Engeland, 1642-1727). Newton's notatie voor wat hij "fluxierekening" noemde, wordt in de natuurkunde nog steeds veel gebruikt. In Frankrijk hield men nog lang vast aan de theorieën van René Descartes (1596-1650). Pas rond 1750 werd het pleit in het voordeel van Newton beslecht.
Samen met Newton is Gottfried Wilhelm Leibniz (Duitsland, 1646-1716) grondlegger van de differentiaalrekening, en het is zijn notatie die ingang heeft gevonden in de wiskunde. Newton en Leibniz hebben een lange en felle strijd gevoerd over het primaat van de ontdekking. Vermoedelijk hebben zij hun ideeën onafhankelijk van elkaar ontwikkeld.

Leibniz

De integraalrekening is samen met de differentiaalrekening ontwikkeld door dezelfde mensen: Fermat, Barrow, Newton en Leibniz. Daarbij is integratie voor Newton in de eerste plaats het omgekeerde van differentiatie, dat is het onderwerp van §3.2. Voor Leibniz is integratie in de eerste plaats de limiet van een som, bijvoorbeeld voor een oppervlakte; dat is het onderwerp van §3.5. Ze hebben wel beiden geweten van het verband tussen deze twee zienswijzen. De relatie tussen het differentiëren en het integreren is geformuleerd door Barrow, de leermeester van Newton. Zijn werk heeft ook Leibniz beïnvloed.

De definitie van de integraal als som gaat terug op Auguste-Louis Cauchy (Frankrijk, 1789-1857). Een wat betere definitie is die van Georg Riemann (Duitsland, 1826-1866). Hij introduceerde de Riemannsommen van een functie $f(x)$ op een interval $[a, b]$:

$$S_N = \sum_{k=1}^{N} f(\xi_k)(x_k - x_{k-1}),$$

waarin $a = x_0 < x_1 < \ldots < x_{N-1} < x_N = b$ en $x_{k-1} \le \xi_k \le x_k$. De integraal is dan de limiet voor $N \to \infty$ van deze sommen. Door Karl Theodor Weierstrass (Duitsland, 1815-1897) is een strenge functieleer ontwikkeld met daarin begrepen een integraalbegrip. Thomas Stieltjes (Nederland, 1856-1894) gaf een belangrijke uitbreiding aan het integraalbegrip van Riemann, vandaar dat je ook de naam Riemann-Stieltjesintegraal tegenkomt. Een verdere generalisatie is de maattheorie, ontwikkeld door Henri Lebesgue (Frankrijk, 1875-1941). Men spreekt van Lebesgue- en Lebesgue-Stieltjes integralen.

Riemann

4 INTEGRATIETECHNIEKEN

VOORKENNIS

- Kennis van het begrip differentiëren.
- Kennis van de rekenregels voor het differentiëren en vaardigheid in het gebruik van die regels (productregel, quotiëntregel, kettingregel).
- Kennis van het begrippen primitieve, onbepaalde en bepaalde integraal.
- Kennis van de rekenregels voor integralen.

OVERZICHT VAN DIT HOOFDSTUK

4.1 Inleiding

In dit hoofdstuk behandelen we een aantal methoden voor het bepalen van primitieven. Daarbij proberen we een integraal te herleiden tot een standaardintegraal, een integraal met een integrand $f(x)$ waarvan de primitieve $F(x)$ bekend is. Welke methode in een gegeven situatie de juiste of de beste is, is vaak moeilijk te zeggen. Soms werken meerdere methoden; het is dan een kwestie van ervaring om een efficiënte aanpak te vinden.
We spreken van ***directe integratie*** als we een primitieve uit een tabel halen, of een "geraden" primitieve met differentiatie controleren. Als dat niet lukt zijn er de ***substitutiemethode***, ***partiële integratie*** en de methode van het ***breuksplitsen***. Als we ook daarmee geen primitieve vinden kunnen we een ***numerieke methode*** toepassen.

Voorbeeld (toxicologie, biologie). Een weiland is vervuild door de uitstoot van asdeeltjes uit een afvalverwerkingsinstallatie. Koeien die daar gras gegeten hebben kregen gifstoffen binnen. Die gifstoffen zijn opgeslagen in het lichaamsvet. Ze verlaten het lichaam langzaam, grotendeels via de melk. De concentratie van gif in de melk is een maat voor de snelheid waarmee het gif het lichaam van een koe verlaat. Dagelijks wordt de concentratie gif in de melk gemeten. De waargenomen concentraties modelleren we als

Koeien in de wei.

$$c(t) = 4t\,\mathrm{e}^{-0.2t} \qquad (\text{in g}/\text{m}^3)$$

met t in dagen na het eten van het vervuilde gras. Om uit te rekenen hoeveel gif de koe nog in haar lichaam heeft moeten we $c(t)$ integreren. #

Voorbeeld (levensmiddelennatuurkunde, moleculaire fysica, chemie). Colloïdale deeltjes zijn microscopisch kleine bolletjes die in een oplossing zweven. Het geheel, oplosmiddel met colloïdale deeltjes, heet een suspensie. Voorbeelden zijn melk, kruipolie en latexverf. Een van de redenen dat de deeltjes niet klonteren en neerslaan, is dat ze geladen zijn.
Om de lading op de bolletjes te krijgen is energie nodig, de zelfenergie. We bekijken deze zelfenergie nader. #

Melk: een suspensie.

Voorbeeld. Bij spectroscopie krijgen we informatie over materie uit uitgezonden of doorgelaten straling. Dat kan elektromagnetische straling zijn (radio- en microgolven, licht, gamma- en röntgenstraling), radioactieve α- of β-straling, of neutronen.
Straling is een golfverschijnsel, met een frequentie ω en een amplitude of intensiteit. Het ***spectrum*** $S(\omega)$ is de sterkte van de straling als functie van de frequentie. Een scherpe piek in een spectrum heet een ***spectraallijn***. Voorbeelden zijn natriumlampen en lasers. We gaan na hoe we uit een gemeten spectrum de kenmerkende eigenschappen van een spectraallijn kunnen vinden.

4.2 WISKUNDIG GEREEDSCHAP: DE SUBSTITUTIEREGEL

DE KETTINGREGEL EN DE SUBSTITUTIEREGEL

In §3.2 hebben we gezien hoe we voor een standaardfunctie de primitieve vinden. Maar ook een bijna standaardfunctie als $f(x) = e^{4x}$ bleek direct te primitiveren. Proberen we namelijk $F(x) = e^{4x}$ als primitieve, dan vinden we bij differentiatie een factor 4 te veel. Delen door 4 geeft de goede primitieve: de afgeleide van $F(x) = ¼\,e^{4x}$ is inderdaad $F'(x) = ¼\,e^{4x} \cdot (4x)' = e^{4x} = f(x)$.

Net zo vinden we een primitieve van $f(x) = \cos(2x)$. De primitieve van $\cos(x)$ is $\sin(x)$. De afgeleide van $F(x) = \sin(2x)$ is $F'(x) = \cos(2x) \cdot (2x)' = 2\cos(2x)$, dat is een factor 2 te veel. Die factor delen we uit. Met $F(x) = ½\sin(2x)$ krijgen we dan de juiste primitieve.

De bovenstaande methode lijkt een handige techniek om de voorraad primitieven eens flink uit te breiden. Helaas zit er een adder onder het gras.

Voorbeeld. We passen de bovenstaande truc toe op de functie

$$f(x) = \cos(x^2).$$

Als primitieve proberen we $F(x) = \sin(x^2)$, immers de primitieve van $\cos(x)$ is $\sin(x)$. Bij differentiëren vinden we (kettingregel!)

$$F(x) = \sin(x^2) \;\Rightarrow\; F'(x) = \cos(x^2)\cdot(x^2)' = \cos(x^2)\cdot 2x,$$

dat is $2xf(x)$. We delen door de factor $2x$, en differentiëren om te zien of we dan de goede primitieve hebben. Met de quotiëntregel vinden we

$$F(x) = \frac{\sin(x^2)}{2x} \;\Rightarrow$$

$$F'(x) = \left(\frac{\sin(x^2)}{2x}\right)' = \frac{(2x)^2\cos(x^2) - 2\sin(x^2)}{4x^2} = \cos(x^2) - \frac{\sin(x^2)}{2x^2}.$$

Behalve de gezochte $f(x) = \cos(x^2)$ krijgen we nog een term, die we helemaal niet wilden. De methode werkt nu dus niet. #

De methode werkt niet in dit voorbeeld omdat $2x$ geen constante is, maar een functie van x. Dat geeft een ongewenste extra term in de afgeleide van $F(x)$.

Voorbeeld. Beschouw de integrand

$$f(x) = x\cos(x^2).$$

Dit is bijna dezelfde functie als boven. We kennen de primitieve van $\cos(x)$, dat is $\sin(x)$. Bij het differentiëren van de functie $F(x) = \sin(x^2)$ geeft de kettingregel een factor $2x$. Van belang is nu dat een factor x al voorkomt in de integrand! We hebben immers

$$F(x) = \sin(x^2) \;\Rightarrow\; F'(x) = \cos(x^2)\cdot(x^2)' = 2x\cos(x^2),$$

dat is $2f(x)$, dus een factor 2 te veel. Die factor delen we uit, en we vinden zo $F(x) = ½\sin(x^2)$. #

In de voorbeelden hierboven komt een functie (de cosinus) voor die een standaardprimitieve heeft. Het argument van de standaardfunctie is echter niet de integratievariabele x, maar een functie $g(x)$. In het eerste geval is $g(x)$ een lineaire functie: $g(x) = 2x$ met afgeleide $g'(x) = 2$, een constante. De afgeleide van de kwadratische functie $g(x) = x^2$ uit de laatste twee voorbeelden is $g'(x) = 2x$, afhankelijk van x. Van belang is of $g'(x)$ voorkomt in de integrand.

Voorbeeld. We zoeken de integraal

$$\int 2x\mathrm{e}^{x^2}\,\mathrm{d}x\,.$$

In de lijst met standaardprimitieven komt de functie e^x voor, met primitieve e^x. Nu staat hier in de exponent niet x maar x^2. Met $g(x) = x^2$ krijgen we $\mathrm{e}^{x^2} = \mathrm{e}^{g(x)}$. Ook de afgeleide $g'(x) = 2x$ komt voor in de integrand. Bij het differentiëren van $\mathrm{e}^{g(x)}$ wordt die factor juist door de kettingregel toegevoegd, en we vinden

$$\int 2x\mathrm{e}^{x^2}\,\mathrm{d}x = \int g'(x)\mathrm{e}^{g(x)}\,\mathrm{d}x = \mathrm{e}^{g(x)} + C = \mathrm{e}^{x^2} + C. \qquad \#$$

In het bovenstaande voorbeeld ***substitueren*** we $g(x)$ voor x^2. Daarmee brengen we de integrand in een geschikte vorm voor directe integratie. Noodzakelijk daarbij is dat ook de afgeleide $g'(x)$ als factor in de oorspronkelijke integrand staat.
De techniek die we hierboven gebruiken heet de ***substitutiemethode***. Deze methode berust op het omgekeerd gebruik van de kettingregel voor differentiatie van samengestelde functies. De kettingregel luidt

$$\frac{\mathrm{d}}{\mathrm{d}x}F(g(x)) = f(g(x))\,g'(x)\,,$$

waarin $f(y)$ de afgeleide (naar y) is van $F(y)$. Door integratie volgt direct

$$\int f(g(x))\,g'(x)\,\mathrm{d}x = \int \frac{\mathrm{d}}{\mathrm{d}x}F(g(x))\,\mathrm{d}x = F(g(x))+C\,.$$

We substitueren nu $y = g(x)$. Omdat $F'(y) = f(y)$ is $F(y)$ een primitieve van $f(y)$ en dus

$$\int f(g(x))\,g'(x)\,\mathrm{d}x = F(g(x))+C = F(y)+C = \int f(y)\,\mathrm{d}y.$$

Het weglaten van de tussenstappen geeft direct een integraal naar y. We kunnen dus de substitutie uitvoeren zonder dat we de functie $F(y)$ kennen! De zo verkregen integraal kunnen we verder bewerken om $F(y)$ te vinden.

Eigenschap (substitutieregel). Voor willekeurige functies $f(y)$ en $y = g(x)$ geldt

$$\int f(g(x))\,g'(x)\,\mathrm{d}x = \int f(y)\,\mathrm{d}y. \qquad \#$$

Voorbeeld. We berekenen de integraal

$$\int \cos(x)\, e^{\sin(x)}\, dx.$$

We proberen $g(x) = \sin(x)$. Inderdaad is $g'(x) = \cos(x)$ en met $y = g(x)$ komt er

$$\int \cos(x)\, e^{\sin(x)}\, dx = \int g'(x)\, e^{g(x)}\, dx = \int e^y\, dy = e^y + C = e^{\sin(x)} + C.$$

Na de substitutie vinden we de integraal met directe integratie. #

Opgave 4.1. Bepaal de volgende integralen met behulp van de substitutiemethode.

a. $\int e^x \sin(e^x)\, dx$ b. $\int \frac{\cos(\sqrt{x})}{\sqrt{x}}\, dx$

c. $\int \frac{x}{\sqrt{1-x^2}}\, dx$ d. $\int x e^{-x^2}\, dx$. #

De substitutiemethode werkt ook voor lineaire functies $g(x)$ als behandeld bij directe integratie.
Voorbeeld. De integrand van

$$\int e^{-5x}\, dx$$

heeft niet direct de vorm die voor substitutie nodig is: voor de substitutie $g(x) = -5x$ ontbreekt de afgeleide $g'(x) = -5$. We lossen dat op door de integrand met de ontbrekende factor te vermenigvuldigen, en er direct weer door te delen. We krijgen dan met $y = g(x)$:

$$-\tfrac{1}{5}\int -5e^{-5x}\, dx = -\tfrac{1}{5}\int g'(x) e^{g(x)}\, dx = -\tfrac{1}{5}\int e^y\, dy = -\tfrac{1}{5}e^y + C = -\tfrac{1}{5}e^{-5x} + C.$$ #

Opgave 4.2. Bepaal de primitieve van
a. $f(x) = e^{4x}$ b. $g(x) = \cos(2x)$. #

ALGORITME: DE SUBSTITUTIEREGEL

- Kies een substitutie $y = g(x)$ als het binnenste deel van een samengestelde functie.
- Bepaal de afgeleide $\frac{dy}{dx} = g'(x)$. Bepaal eventueel de constante factor k die niet in de integrand voorkomt.
- Herschrijf $\int f(g(x))\frac{g'(x)}{k}\, dx = \frac{1}{k}\int f(y)\, dy$ en zoek de primitieve (naar y).
- Substitueer $g(x) = y$ terug.

Een gemakkelijk te onthouden recept voor de substitutieregel krijgen we door de afgeleide $g(x)$ te schrijven als differentiaalquotiënt, en dan de "noemer" dx van dat differentiaalquotiënt "weg te strepen" tegen de "integratievariabele" dx. De rechtvaardiging van deze handelswijze is echter zwak.

EZELSBRUG: DE SUBSTITUTIEREGEL

$$\int f(g(x))\, g'(x)\, \mathrm{d}x = \int f(g(x)) \frac{\mathrm{d}g(x)}{\mathrm{d}x} \mathrm{d}x = \int f(g(x))\, \mathrm{d}g(x) = \int f(y)\, \mathrm{d}y\,.$$

SPECIAAL GEVAL: $f(x) = g'(x)/g(x)$

Functies van het type $f(x) = g'(x)/g(x)$ kunnen altijd met de substitutiemethode geïntegreerd worden.

Voorbeeld. De volgende integraal heeft een integrand van het type $f(x) = g'(x)/g(x)$, de teller is juist de afgeleide van de noemer:

$$\int \frac{2x+1}{x^2+x+1} \mathrm{d}x.$$

Met de substitutie $y = g(x) = x^2 + x + 1$ vinden we

$$\int \frac{2x+1}{x^2+x+1} \mathrm{d}x = \int \frac{(x^2+x+1)'}{x^2+x+1} \mathrm{d}x = \int \frac{g'(x)}{g(x)} \mathrm{d}x = \int \frac{1}{y} \mathrm{d}y = \ln(|\, y\,|) + C =$$
$$= \ln(x^2+x+1) + C.$$

#

Voorbeeld. Ook $f(x) = \tan(x)$ kunnen we als $f(x) = g'(x)/g(x)$ schrijven:

$$\int \tan(x)\, \mathrm{d}x = \int \frac{\sin(x)}{\cos(x)} \mathrm{d}x = \int \frac{-\cos'(x)}{\cos(x)} \mathrm{d}x = -\ln(|\cos(x)\,|) + C\,.$$

#

In het algemeen geldt bij een dergelijke integraal dat

E

$$\int \frac{g'(x)}{g(x)} \mathrm{d}x = \ln(|\, g(x)\,|) + C\,.$$

Soms, zoals in het laatste voorbeeld, is het nodig de integrand te bewerken om de gewenste vorm te krijgen.

Opgave 4.3. Bereken de volgende integralen. Ga na of ze van het algemene type als hierboven zijn, of eenvoudig in die vorm zijn te brengen.

a. $\displaystyle\int \frac{x}{1+x^2} \mathrm{d}x$ b. $\displaystyle\int \frac{e^x - e^{-x}}{e^x + e^{-x}} \mathrm{d}x.$ #

DE SUBSTITUTIEREGEL VOOR BEPAALDE INTEGRALEN

Bij een substitutie in een bepaalde integraal is niet alleen de integratievariabele zelf betrokken, maar ook de integratiegrenzen. Die moeten we aanpassen aan de nieuwe integratievariabele y.

E

Eigenschap (substitutieregel). De ***substitutieregel*** voor bepaalde integralen is

$$\int_a^b f(g(x))\,g'(x)\,dx = \int_{g(a)}^{g(b)} f(y)\,dy. \qquad \#$$

Bij substitutie in een onbepaalde integraal moeten we na integratie de oorspronkelijke variabele weer terugsubstitueren. Bij substitutie in een bepaalde integraal is dat niet nodig.

Voorbeeld. We berekenen het oppervlak onder de grafiek van $f(x) = x\sin(x^2)$ tussen $x = 0$ en $x = \sqrt{\pi}$. Dat betekent dat we zoeken naar de waarde van de bepaalde integraal

$$I = \int_0^{\sqrt{\pi}} x\sin(x^2)\,dx.$$

We proberen de substitutie $y = x^2$. Voor het overzicht maken we een schema:

$$\begin{cases} \text{substitutie:} & y = g(x) = x^2 \\ \text{afgeleide:} & g'(x) = 2x \\ \text{ondergrens:} & x = 0 \;\Rightarrow\; y = g(0) = 0 \\ \text{bovengrens:} & x = \sqrt{\pi} \;\Rightarrow\; y = g(\sqrt{\pi}) = (\sqrt{\pi})^2 = \pi. \end{cases}$$

Als we dit invullen dan krijgen we

$$I = \int_0^{\sqrt{\pi}} x\sin(x^2)\,dx = \int_{x=0}^{x=\sqrt{\pi}} \tfrac{1}{2}g'(x)\sin(g(x))\,dx = \tfrac{1}{2}\int_{y=0}^{y=\pi} \sin(y)\,dy =$$
$$= \tfrac{1}{2}\big[-\cos(y)\big]_{y=0}^{y=\pi} = \tfrac{1}{2}\big(-\cos(\pi) + \cos(0)\big) = 1. \qquad \#$$

Opgave 4.4. Bepaal de volgende integralen met behulp van de substitutieregel:

a. $\displaystyle\int_0^{\sqrt{\pi}} x\cos(x^2)\,dx$ b. $\displaystyle\int_0^1 \frac{2x}{\sqrt{1+x^2}}\,dx.$ #

MEERVOUDIGE SUBSTITUTIES

In de bovenstaande voorbeelden kregen we met een substitutie steeds een integrand die we konden primitiveren met directe integratie. Soms moeten we de integraal na een substitutie verder bewerken, bijvoorbeeld met een nieuwe substitutie.

Voorbeeld. We berekenen de integraal

$$\int \sin(x)\cos(x)\,\mathrm{e}^{-(\cos(x))^2}\,\mathrm{d}x.$$

We proberen de substitutie $y = g(x) = \cos(x)$, met $g'(x) = -\sin(x)$. Er volgt

$$\int \sin(x)\cos(x)\,\mathrm{e}^{-(\cos(x))^2}\,\mathrm{d}x = \int -g'(x)\,g(x)\,\mathrm{e}^{-(g(x))^2}\,\mathrm{d}x = -\int y\,\mathrm{e}^{-y^2}\,\mathrm{d}y.$$

Nu gaan we opnieuw substitueren, namelijk $z = h(y) = y^2$ met $h'(y) = 2y$, en we krijgen

$$-\tfrac{1}{2}\int \mathrm{e}^{-y^2}\,2y\,\mathrm{d}y = -\tfrac{1}{2}\int \mathrm{e}^{-h(y)}\,h'(y)\,\mathrm{d}y = -\tfrac{1}{2}\int \mathrm{e}^{-z}\,\mathrm{d}z = \tfrac{1}{2}\mathrm{e}^{-z} + C.$$

Ten slotte substitueren we de oorspronkelijke variabele terug:

$$\tfrac{1}{2}\mathrm{e}^{-z} = \tfrac{1}{2}\mathrm{e}^{-y^2} = \tfrac{1}{2}\mathrm{e}^{-(\cos(x))^2} = F(x).$$

Merk op dat we achteraf bezien ook direct $z = g(x) = \cos(x)^2$ hadden kunnen substitueren, maar in twee stappen gaat het ook. #

Opgave 4.5. Bereken

$$\int x\cos(x^2)\,\mathrm{e}^{\sin(x^2)}\,\mathrm{d}x$$

door twee keer de substitutiemethode te gebruiken. #

SAMENVATTING

- De substitutieregel voor willekeurige functies $f(y)$ en $y = g(x)$ luidt

$$\int f(g(x)\, g'(x)\, \mathrm{d}x \;=\; \int f(y)\, \mathrm{d}y.$$

- De substitutieregel voor bepaalde integralen is

$$\int_a^b f(g(x))\, g'(x)\, \mathrm{d}x \;=\; \int_{g(a)}^{g(b)} f(y)\, \mathrm{d}y\,.$$

- Een speciaal geval van de substitutieregel is

$$\int \frac{g'(x)}{g(x)}\, \mathrm{d}x \;=\; \ln(|\, g(x)\,|) + C\,.$$

4.3 TOEPASSINGEN

Toepassing 1 (moleculaire fysica, levensmiddelennatuurkunde, chemie). Colloïdale deeltjes zijn microscopisch kleine bolletjes die in een oplossing zweven. Het geheel, oplosmiddel met colloïdale deeltjes, heet een suspensie. Voorbeelden zijn melk, kruipolie en latexverf. Een van de redenen dat de deeltjes niet klonteren en neerslaan, is dat ze geladen zijn.

Drie latex-polymeer suspensies.

Om de lading op de bolletjes te krijgen is energie nodig, de zogenaamde zelfenergie. Om die zelfenergie te bepalen bouwen we de lading Q geleidelijk op in stapjes Δt met kleine hoeveelheden ΔQ. De energie die nodig is om de lading ΔQ vanuit oneindig bij een bol met straal R en lading Q te brengen is volgens de wet van Coulomb

$$\Delta E = \frac{Q\,\Delta Q}{4\pi\varepsilon R}$$

waarbij ε de zogeheten diëlektrische constante van de oplossing is. We delen door Δt:

$$\frac{\Delta E}{\Delta t} = \frac{Q}{4\pi\varepsilon R}\frac{\Delta Q}{\Delta t}$$

en nemen dan de limiet voor $\Delta t \to 0$:

$$E'(t) = \frac{Q(t)\,Q'(t)}{4\pi\varepsilon R}.$$

De energie vinden we nu door te primitiveren:

$$E(t) = \frac{1}{4\pi\varepsilon R}\int Q(t)\,Q'(t)\,\mathrm{d}t.$$

Met behulp van de substitutie $y = Q(t)$ kunnen we de primitieve vinden.

$$E(t) = \frac{1}{4\pi\varepsilon R}\int Q(t)\,Q'(t)\,\mathrm{d}t = \frac{1}{4\pi\varepsilon R}\int y\,\mathrm{d}y = \frac{y^2}{8\pi\varepsilon R} + C = \frac{Q(t)^2}{8\pi\varepsilon R} + C.$$

Dit geldt voor willekeurige functies $Q(t)$! Kennelijk hangt de energie niet af van de manier waarop de oplading plaats vindt, maar uitsluitend van de lading zelf:

$$E(Q) = \frac{Q^2}{8\pi\varepsilon R} + C.$$

Opgave 4.6.

a. Meestal nemen we $E = 0$ als $Q = 0$. Wat betekent dat voor C?

b. In een vloeistof met $\varepsilon = 10^{-11}\,\mathrm{Fm}^{-1}$ zit een colloïdaal deeltje met een straal van 10^{-6} m en een lading van 10^{-12} C. Wat is de zelfenergie van dat deeltje?

Toepassing 2 (statistiek: de normale verdeling; vergelijk ook § 3.6, toepassing 4). In de kansrekening en statistiek wordt de ***standaard normale verdeling*** veel gebruikt. De kansdichtheidsfunctie van die verdeling is

$$f(x) = \frac{1}{\sqrt{2\pi}} e^{-\frac{1}{2}x^2} .$$

De grafiek van $f(x)$ is de symmetrische klokvormige functie weergegeven in figuur 4.1. De bijbehorende verdelingsfunctie is

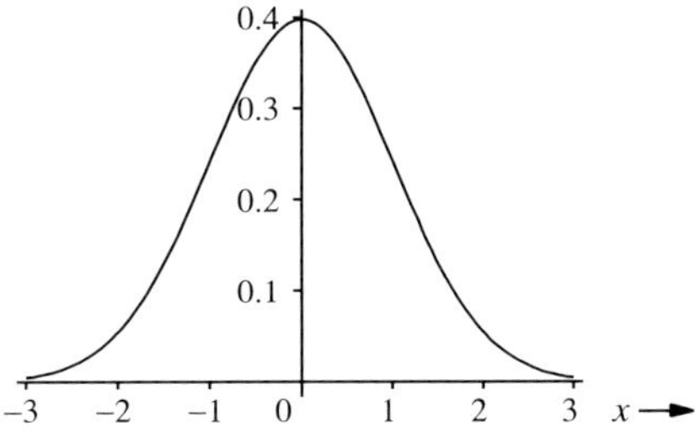

figuur 4.1. De kansdichtheidsfunctie van de standaard normale verdeling.

$$F(x) = \frac{1}{\sqrt{2\pi}} \int_{-\infty}^{x} e^{-\frac{1}{2}y^2}\, dy .$$

Een variabele is standaard normaal verdeeld als de kans dat zijn waarde kleiner is dan een getal x gelijk is aan $F(x)$. De kans dat zijn waarde tussen x en $x + \Delta x$ ligt is dan

$$\int_{x}^{x+\Delta x} f(y)\, dy = F(x+\Delta x) - F(x) .$$

Uiteraard moeten alle kansen samen 1 zijn. Dat is inderdaad het geval, want de kansverdeling is ***genormeerd***[1]:

$$\lim_{x \to \infty} F(x) = \frac{1}{\sqrt{2\pi}} \int_{-\infty}^{\infty} e^{-\frac{1}{2}y^2}\, dy = 1 .$$

Opgave 4.7.

a. Ga na dat $F(0) = ½$.

b. Bepaal de verwachtingswaarde $E(x)$ voor de standaard normale verdeling:

$$E(x) = \int_{-\infty}^{\infty} x f(x)\, dx$$

c. Bepaal de verwachtingswaarde $E(x)$ bij de kansdichtheidsfunctie

$$f(x) = \frac{1}{\sqrt{2\pi}} e^{-\frac{1}{2}(x-3)^2} .$$

Ga ook na dat de bijbehorende kansverdelingsfunctie correct is genormeerd.

[1] zie hiervoor §6.9, toepassing 1.

4.4 OPGAVEN

Opgave 4.8. Bepaal de volgende integralen:

a. $\int \frac{1+\sqrt{x}}{x}\,\mathrm{d}x$

b. $\int \frac{\cos(x)}{1+\sin(x)}\,\mathrm{d}x$

c. $\int \frac{\sin(\sqrt{x+1})}{\sqrt{x+1}}\,\mathrm{d}x$

d. $\int \frac{\cos(x)}{1+\sin(x)^2}\,\mathrm{d}x$

e. $\int \sin(x)^2\cos(x)\,\mathrm{d}x$

f. $\int \sin(x)-\sin(x)^3\,\mathrm{d}x$

g. $\int \frac{3x^2+2x+1}{x^3+x^2+x}\,\mathrm{d}x$

h. $\int \frac{2x^2+x}{x^3+x^2+x}\,\mathrm{d}x$

i. $\int \frac{1}{x+x\ln(x)^2}\,\mathrm{d}x$

j. $\int \frac{\mathrm{e}^{3x}}{1+\mathrm{e}^{3x}}\,\mathrm{d}x$

k. $\int \frac{x}{\sqrt{1-x^2}}\,\mathrm{d}x$

l. $\int \frac{x}{\sqrt{1-x^4}}\,\mathrm{d}x$

m. $\int x\sqrt{1-x}\,\mathrm{d}x$

n. $\int \frac{x}{\sqrt{1-x}}\,\mathrm{d}x$.

Opgave 4.9. Bepaal de volgende integralen:

a. $\int_0^1 (x-2)^7\,\mathrm{d}x$

b. $\int_{-1}^1 (2s+1)^3\,\mathrm{d}s$

c. $\int_0^\pi \cos(\omega x+\varphi)\,\mathrm{d}x$

d. $\int_0^{\pi/2} (2\sin(t)+1)^3\cos(t)\,\mathrm{d}t$

e. $\int_0^{1/9} \frac{\tan\left(\pi\sqrt{x}\right)}{\sqrt{x}}\,\mathrm{d}x$

f. $\int_{\pi/3}^{2\pi/3} \frac{1}{\tan(\varphi)}\,\mathrm{d}\varphi$

g. $\int_{\mathrm{e}}^{\infty} \frac{1}{x\ln(x)^2}\,\mathrm{d}x$

h. $\int_{-1}^{1} \frac{2s}{4+s^2}\,\mathrm{d}s$.

Opgave 4.10. Een variabele is standaard normaal verdeeld. Laat zien dat de kans dat zijn waarde groter is dan 2 even groot is als de kans dat zijn waarde kleiner is dan –2.

Opgave 4.11. Op de oostelijke Nijloever leeft een populatie dwergmangoesten. Voor het drinkwater zijn zij aangewezen op de Nijl. Vlakbij de rivier kunnen ze aan de krokodillen ten prooi vallen; ver weg van de Nijl hebben ze gebrek aan water.
We modelleren de dichtheid van de dwergmangoesten met de functie

$$f(x) = 400\,x\,\mathrm{e}^{-\alpha x^2} \qquad \text{(aantal per km}^2\text{)},$$

waarbij x de afstand tot de Nijl is, in km.

a. Bepaal α als er 100 dwergmangoesten leven per km Nijloever.

b. Hoeveel leven er dan binnen een afstand van 200 m van de rivier?

Opgave 4.12 (zie ook§ 4.3, toepassing 2).
De ***errorfunctie*** erf(x),

$$\operatorname{erf}(x) = \frac{2}{\sqrt{\pi}} \int_0^x e^{-y^2}\, dy$$

is nauw verwant aan de kansverdelingsfunctie

$$F(x) = \frac{1}{\sqrt{2\pi}} \int_{-\infty}^{x} e^{-\frac{1}{2}y^2}\, dy$$

van de standaard normale verdeling of Gauss-verdeling. De grafiek van erf(x) is getekend in figuur 4.2.

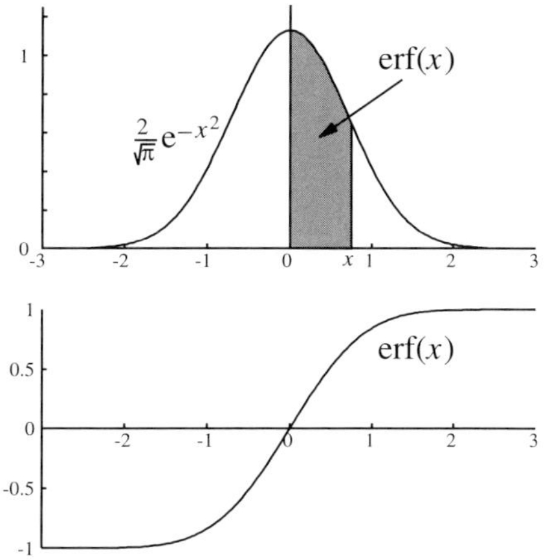

figuur 4.2. De errorfunctie erf(x).

a. Ga na dat erf(0) = 0.

b. Laat met de substitutie $z = g(y) = y\sqrt{2}$ in de bovenste integraal zien dat

$$\operatorname{erf}(x) = 2F(x\sqrt{2}) - 1 .$$

c. Ga hiermee na dat

$$\lim_{x \to \infty} \operatorname{erf}(x) = 1.$$

d. Gegeven is dat $F(1) = 0.8413$. Voor welke x is hiermee erf(x) te bepalen en wat is de waarde?

e. Bepaal de integraal

$$\int_{-\infty}^{\infty} e^{-3x^2}\, dx .$$

4.5 WISKUNDIG GEREEDSCHAP: PARTIËLE INTEGRATIE

DE PRODUCTREGEL EN PARTIËLE INTEGRATIE

De afgeleide van het product van twee functies $f(x)$ en $g(x)$ is

$$[f(x)g(x)]' = f'(x)g(x) + f(x)g'(x).$$

Nemen we nu links en rechts primitieven dan vinden we

$$f(x)g(x)+C = \int [f(x)g(x)]'\,\mathrm{d}x = \int f'(x)g(x)\,\mathrm{d}x + \int f(x)g'(x)\,\mathrm{d}x.$$

Dat lijkt op het eerste gezicht niet erg bruikbaar. Als we een som van integralen als in het rechterlid hebben, met juist die specifieke combinatie van primitieven en afgeleiden, dan kunnen we de totale primitieve vinden. In de praktijk komt dat zelden voor. Het nut van deze formule is ook niet het bepalen van een integraal, maar het herschrijven ervan.

Voorbeeld. De afgeleide van $P(x) = x\sin(x)$ is

$$P'(x) = [x\sin(x)]' = \sin(x) + x\cos(x).$$

Dat betekent dat $P(x)$ een primitieve is van de som van de functies in het rechterlid

$$\int \sin(x)\,\mathrm{d}x + \int x\cos(x)\,\mathrm{d}x = x\sin(x) + C.$$

Van de twee integralen kunnen we de eerste direct integreren. Dat levert

$$-\cos(x) + \tilde{C} + \int x\cos(x)\,\mathrm{d}x = x\sin(x) + C.$$

We houden nu nog maar één onbekende integraal over. Brengen we de bekende functies naar rechts, dan komt er

$$\int x\cos(x)\,\mathrm{d}x = x\sin(x) + \cos(x) + C,$$

met een (nieuwe) integratieconstante C. We vinden zo een primitieve van $q(x) = x\cos(x)$, namelijk $Q(x) = x\sin(x) + \cos(x)$. Ga door differentiëren na dat dit klopt. #

In het voorbeeld is $q(x) = x\cos(x)$ een product van twee functies $f(x) = x$ en $g'(x) = \cos(x)$, ofwel $q(x) = f(x)\,g'(x)$. Deze vorm komt voor in de afgeleide van het product van $f(x)$ en $g(x)$. Van belang is dat we $g'(x) = \cos(x)$ kunnen primitiveren. Door het ontbrekende deel van het product $f'(x)\,g(x)$ naar het rechterlid te brengen kunnen we de integraal met $q(x)$ omzetten in een andere integraal. Dat heet ***partiële integratie***.

Eigenschap (partiële integratie).

$$\int f(x)\,g'(x)\,\mathrm{d}x = f(x)g(x) - \int f'(x)\,g(x)\,\mathrm{d}x,$$

en

$$\int f'(x)\,g(x)\,\mathrm{d}x = f(x)g(x) - \int f(x)\,g'(x)\,\mathrm{d}x.$$

#

Voorbeeld. De functie $h(x) = x\,\mathrm{e}^x$ staat niet in de lijst van standaardintegralen. Ook is er geen substitutie die een functie uit de lijst geeft. We kunnen echter de functie zien als het product van $f(x) = x$ en $g'(x) = \mathrm{e}^x$. Dat is een geschikte keuze voor partiële integratie. Er geldt $f'(x) = 1$ en $g(x) = \mathrm{e}^x$, en we vinden

$$\int x\,\mathrm{e}^x\,\mathrm{d}x = x\,\mathrm{e}^x - \int 1\cdot\mathrm{e}^x\,\mathrm{d}x = x\,\mathrm{e}^x - \mathrm{e}^x + C = (x-1)\mathrm{e}^x + C.$$

De nieuwe integraal die zo ontstaat kunnen we direct bepalen. Partiële integratie is dus een effectief hulpmiddel bij het vinden van de primitieve van $h(x)$. #

Let op! Bij partiële integratie kunnen we altijd twee kanten op. Als we de goede kant op gaan wordt de nieuwe integraal eenvoudiger. Als we de verkeerde kant opgaan wordt hij juist ingewikkelder! #

Opgave 4.13. Voer partiële integratie uit op de integraal

$$\int x\,\mathrm{e}^x\,\mathrm{d}x$$

door de functie $h(x) = x\,\mathrm{e}^x$ te schrijven als het product van $f'(x) = x$ en $g(x) = \mathrm{e}^x$. Waar leidt dit toe? #

Opgave 4.14. Bepaal de primitieve van

a. $h(x) = x\sin(x)$ b. $f(x) = x\ln(x)$

c. $g(x) = x\,\mathrm{e}^{-x}$. #

PARTIËLE INTEGRATIE VOOR BEPAALDE INTEGRALEN

Ook bij bepaalde integralen kunnen we partiële integratie toepassen. Daarbij vinden we

$$\int_a^b f'(x)g(x)\,\mathrm{d}x = \int_a^b \big(f(x)g(x)\big)'\,\mathrm{d}x - \int_a^b f(x)g'(x)\,\mathrm{d}x =$$

$$= \big[f(x)g(x)\big]_{x=a}^{x=b} - \int_a^b f(x)g'(x)\,\mathrm{d}x$$

Met weglating van de tussenstap:

E ***Eigenschap (partiële integratie).*** De regel voor ***partiële integratie*** voor bepaalde integralen is

$$\int_a^b f'(x)g(x)\,\mathrm{d}x = \Big[\ f(x)g(x)\ \Big]_{x=a}^{x=b} - \int_a^b f(x)g'(x)\,\mathrm{d}x =$$

$$= f(b)g(b) - f(a)g(a) - \int_a^b f(x)g'(x)\,\mathrm{d}x\,. \qquad \#$$

Voorbeeld. We berekenen de bepaalde integraal

$$I = \int_0^\pi x\cos(x)\,\mathrm{d}x\,,$$

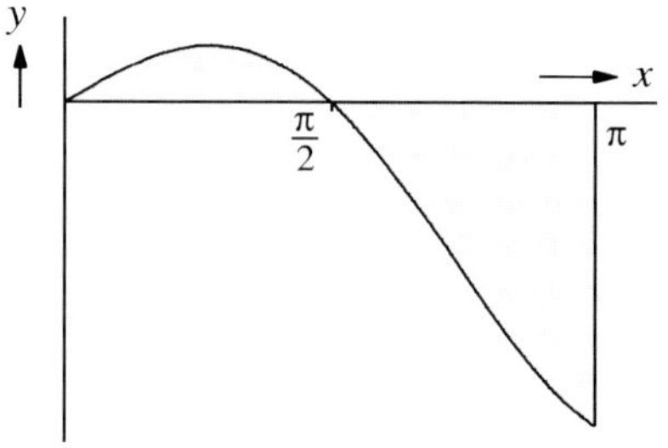

figuur 4.3. De grafiek van $x\cos(x)$.

dat is het gearceerde oppervlak in figuur 4.3. Merk op dat in de integraal het oppervlak tussen de punten $x = 0$ en $x = \pi/2$ positief wordt geteld, en dat het oppervlak tussen $x = \pi/2$ en $x = \pi$ negatief wordt geteld.
We kiezen hier $f'(x) = \cos(x)$, met primitieve $f(x) = \sin(x)$. De andere functie is dan $g(x) = x$, met afgeleide $g'(x) = 1$. Dit geeft

$$I = \int_0^\pi x\cos(x)\,\mathrm{d}x = \big[\,x\sin(x)\,\big]_{x=0}^{x=\pi} - \int_0^\pi \sin(x)\,\mathrm{d}x = 0 + \big[\cos(x)\,\big]_{x=0}^{x=\pi} = -2\,. \ \#$$

Opgave 4.15. Bepaal met behulp van partiële integratie de volgende integralen:

a. $\displaystyle\int_0^\pi x\sin(x)\,\mathrm{d}x$ b. $\displaystyle\int_1^e t\ln(t)\,\mathrm{d}t\,.$ #

HERHAALDE PARTIËLE INTEGRATIE

Tot dusver kregen we door partiële integratie een integraal die direct te primitiveren is. Helaas is dat niet altijd het geval. Als de overblijvende integraal niet met directe integratie is op te lossen, dan kunnen we substitueren, of nog eens partieel integreren.

Voorbeeld. We zoeken een primitieve van $p(x) = x^2 \mathrm{e}^x$. Als we $p(x)$ zien als het product van $f(x) = x^2$ en $g'(x) = \mathrm{e}^x$ (met primitieve $g(x) = \mathrm{e}^x$) kunnen we partieel integreren:

$$\int x^2 \mathrm{e}^x \, \mathrm{d}x = x^2 \mathrm{e}^x - 2\int x \mathrm{e}^x \, \mathrm{d}x .$$

Deze laatste integraal hebben we in een eerder voorbeeld al bepaald, ook met behulp van partiële integratie. Gebruiken we nu het resultaat daarvan, dan vinden we de primitieve

$$\int x^2 \mathrm{e}^x \, \mathrm{d}x = x^2 \mathrm{e}^x - 2(x-1)\mathrm{e}^x + C = (x^2 - 2x + 2)\mathrm{e}^x + C .$$ #

De integraal die we met partiële integratie krijgen kunnen we zo nodig verder bewerken. Zo vinden we een primitieve van $f(x) = x^5 \cos(x)$ na vijf maal partieel integreren. De kans op rekenfouten is dan wel groot. Het is aan te raden altijd het resultaat te controleren door differentiatie.

Opgave 4.16. Bereken de volgende integralen met herhaalde partiële integratie.

a. $\int x^2 \sin(x) \, \mathrm{d}x$, b. $\int x^2 \mathrm{e}^{-x} \, \mathrm{d}x$,

c. $\int_0^{\pi/2} x^2 \cos(x) \, \mathrm{d}x$ d. $\int_0^{\infty} \mathrm{e}^{-x} \cos(x) \, \mathrm{d}x$. #

SPECIAAL GEVAL: $g(x) = 1$

Voorbeeld. We zoeken een primitieve van $f(x) = \ln(x)$. Deze functie komt niet voor in de lijst van standaardintegralen. We kennen wel de afgeleide $f'(x) = 1/x$, maar voor partiële integratie is een product nodig van de vorm $f(x)g'(x)$. Dat krijgen we met $g'(x) = 1$, dan staat er wel degelijk $f(x)g'(x)$. Partiële integratie (met $g(x) = x$) geeft

$$\int \ln(x) \mathrm{d}x = \int 1 \cdot \ln(x) \mathrm{d}x = x\ln(x) - \int x \tfrac{1}{x} \mathrm{d}x = x\ln(x) - \int 1 \, \mathrm{d}x = x\ln(x) - x + C .$$

Ga door differentiatie na dat $x \ln(x) - x$ een correcte primitieve van $f(x) = \ln(x)$ is. #

Ook in andere gevallen geeft de keuze $g'(x) = 1$ de mogelijkheid de integraal te bepalen.

Opgave 4.17. Bepaal $\int \ln(x)^2 \, \mathrm{d}x$. #

SAMENVATTING

- De regel voor partiële integratie luidt

$$\int f(x)\, g'(x)\, \mathrm{d}x = f(x)g(x) - \int f'(x)\, g(x)\, \mathrm{d}x,$$

of

$$\int f'(x)\, g(x)\, \mathrm{d}x = f(x)g(x) - \int f(x)\, g'(x)\, \mathrm{d}x.$$

- De regel voor partiële integratie voor bepaalde integralen is

$$\int_a^b f'(x)g(x)\, \mathrm{d}x = \big[f(x)g(x)\big]_{x=a}^{x=b} - \int_a^b f(x)g'(x)\, \mathrm{d}x.$$

- Een integraal van de vorm

$$\int f(x)\, \mathrm{d}x$$

kan soms worden gevonden door partiële integratie met $g'(x) = 1$.

4.6 TOEPASSINGEN

Toepassing 1 (toxicologie, milieuhygiëne, veeteelt). Een koe heeft gras gegeten dat verontreinigd was met asdeeltjes uit een afvalverwerkingsinstallatie. Het gif wordt in het vet opgeslagen en verlaat het lichaam weer via de melk. Dagelijks wordt de concentratie gif in de melk gemeten. De waargenomen concentraties in g/m^3 zijn te beschrijven met

$$c(t) = 4t\,e^{-0.2t}$$

met t in dagen na het eten van het verontreinigde gras. De koe levert 15 liter melk per dag. De functie $G(t)$ geeft de totale hoeveelheid uitgescheiden gif als functie van de tijd.

Opgave 4.18.

a. Wanneer bereikt de gifconcentratie in de melk zijn maximum?
b. Wat is de toename van $G(t)$ per dag?
c. Wat is de waarde van $G(0)$?
d. Bepaal $G(t)$.
e. Hoeveel gif heeft de koe binnen gekregen?
f*. Wanneer is 90% van het gif verdwenen? (Hint: gebruik de methode van Newton).

Toepassing 2 (statistiek; vergelijk ook §3.6, toepassing 4). Vulkaanuitbarstingen zijn moeilijk te voorspellen. Zelfs als een vulkaan nauwlettend wordt geobserveerd is het precieze tijdstip van de eruptie niet goed te voorzien. De frequentie van de uitbarstingen is vaak wel bekend. Bij een vulkaan die gemiddeld eens in de vijftig jaar uitbarst kan de tussentijd tussen de erupties ook wel eens 25 of 100 jaar zijn. Hetzelfde doet zich voor bij aardverschuivingen, wervelstormen, grote meteorietinslagen en andere tot de verbeelding sprekende natuurrampen.
De wachttijdtheorie beschrijft statistisch de tijdsduur tussen twee *onafhankelijke* opeenvolgende gebeurtenissen. De theorie heeft veel toepassingen: aardbevingen, celdelingen, epidemieën, passerende auto's op de snelweg, orders voor een fabriek, radioactief verval van atoomkernen, verval van atomen en moleculen uit aangeslagen toestanden, enzovoort.
De kansverdelingsfunctie $F(t)$ geeft de kans dat de wachttijd tot de volgende gebeurtenis kleiner is dan t. De bijbehorende kansdichtheidsfunctie $f(t)$ geeft de kans $f(t)\Delta t$ dat de wachttijd ligt tussen t en $t + \Delta t$. Een veel gebruikte kansdichtheidsfunctie in de wachttijdtheorie is de ***exponentiële verdeling***:

$$f(t) = \lambda e^{-\lambda t} \quad \text{voor } t \geq 0.$$

(Let op: dit is geen kans*verdelings*functie maar een kans*dichtheids*functie!)

Opgave 4.19.

a. Ga na dat de exponentiële verdeling juist genormeerd is.
b. Bepaal de bijbehorende kansverdelingsfunctie $F(t)$.
c. Maak een grafiek van $f(t)$ en $F(t)$ voor de exponentiële verdeling.
d. Laat met behulp van partiële integratie zien dat $E(t) = 1/\lambda$.
e. We gebruiken de exponentiële verdeling als model voor een vulkaan die gemiddeld eens in de 50 jaar uitbarst. Welke waarde heeft λ, als we t in jaren meten?
f. Wat is de kans dat de vulkaan na een eruptie al binnen 25 jaar weer uitbarst?
g. Hoe waarschijnlijk is het dat de volgende eruptie meer dan 100 jaar later komt?

Toepassing 3 (statistiek, zie ook toepassing 2). Bij een vulkaan die gemiddeld eens in de vijftig jaar uitbarst, kan tussen twee uitbarstingen ook 25 of 100 jaar liggen. Het "gemiddelde" van 50 jaar is de verwachtingswaarde, die we uit een kansdichtheidsfunctie kunnen bepalen. De werkelijke uitkomsten van een kansproces liggen verspreid rond de verwachtingswaarde. De te verwachten spreiding van de resultaten is de verwachtingswaarde van het kwadraat van de afstand tot de verwachtingswaarde zelf. In de statistiek noemen we dat de ***variantie***, aangeduid met σ^2:

$$\sigma^2 = \mathrm{E}\big((x - \mathrm{E}(x))^2\big)$$

Een vulkaan barst uit.

We kunnen de variantie berekenen met behulp van de kansdichtheidsfunctie:

$$\sigma^2 = \int_0^\infty (x - \mathrm{E}(x))^2 f(x)\,\mathrm{d}x = \int_0^\infty \big(x^2 - 2x\mathrm{E}(x) + \mathrm{E}(x)^2\big) f(x)\,\mathrm{d}x =$$

$$= \int_0^\infty x^2 f(x)\,\mathrm{d}x - 2\mathrm{E}(x)\int_0^\infty x f(x)\,\mathrm{d}x + \mathrm{E}(x)^2 \int_0^\infty f(x)\,\mathrm{d}x =$$

$$= \mathrm{E}(x^2) - 2\mathrm{E}(x)\mathrm{E}(x) + \mathrm{E}(x)^2 = \mathrm{E}(x^2) - \mathrm{E}(x)^2 .$$

Hierbij hebben we gebruikt dat E(x) een getal is, en dus geen functie van x; E(x) mogen we dus buiten de integraal brengen. Bovendien hebben we gebruikt dat de kansverdelingsfunctie op 1 is genormeerd.

Opgave 4.20.

a. De verwachtingswaarde van t^2 voor de exponentiële verdeling is

$$\mathrm{E}(t^2) = \int_0^\infty t^2 \lambda \mathrm{e}^{-\lambda t}\,\mathrm{d}t .$$

Bereken deze integraal door twee keer partieel te integreren.

b. Wat is de variantie van de exponentiële verdeling?

4.7 Opgaven

Opgave 4.21. Bereken de volgende integralen met (eventueel herhaalde) partiële integratie:

a. $\int x^2 \ln(x^2)\,\mathrm{d}x$ b. $\int \mathrm{e}^{-x} \sin(x)\,\mathrm{d}x$.

Opgave 4.22. Bepaal een primitieve van

a. $f(x) = 2x\,\mathrm{e}^x$ b. $f(x) = x\,\mathrm{e}^{2x}$

c. $f(x) = x^2\,\mathrm{e}^x$ d. $f(x) = x\,\mathrm{e}^{x^2}$

e. $f(x) = x^3\,\mathrm{e}^{x^2}$.

Opgave 4.23. Bepaal een primitieve van

a. $f(x) = x^2 \cos(x)$ b. $f(x) = x\cos(x^2)$

c. $f(x) = x^3 \cos(x^2)$ d. $f(x) = x^2 \cos(x^3)$.

Opgave 4.24. Bepaal

a. $\int \arcsin(x)\,\mathrm{d}x$ b. $\int \arctan(x)\,\mathrm{d}x$

c. $\int \sqrt{1-x^2}\,\mathrm{d}x$.

Hint bij opgave c.: gebruik eerst partiële integratie, en daarna de relatie $x^2 = 1-(1-x^2)$.

Opgave 4.25. De ***gammafunctie*** (figuur 4.4) komt in veel toepassingen voor. Hij is gedefinieerd als

$$\Gamma(x+1) = \int_0^\infty t^x\,\mathrm{e}^{-t}\,\mathrm{d}t.$$

a. Laat zien dat $\Gamma(1) = 1$.
b. Bepaal met partiële integratie $\Gamma(2)$.
c. Laat met behulp van partiële integratie zien dat voor willekeurige x

$$\Gamma(x+1) = x\,\Gamma(x).$$

d. Laat zien dat voor gehele n geldt

$$\Gamma(n+1) = n!.$$

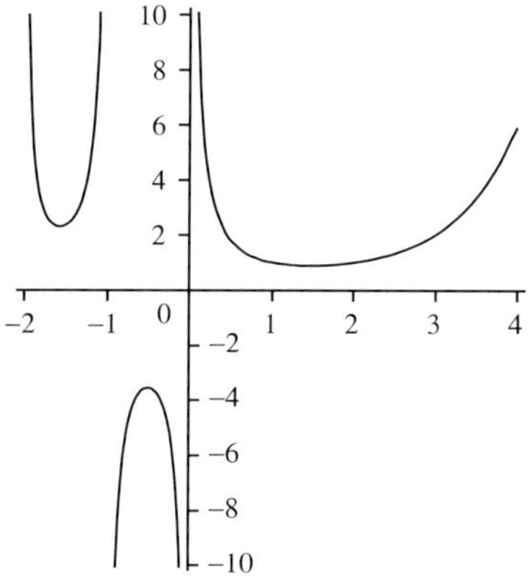

figuur 4.4. De gammafunctie.

e. Gegeven is dat $\Gamma(½) = \sqrt{\pi}$. Bereken $\Gamma(2.5)$.
f*. Laat zien dat $\Gamma(½) = \sqrt{\pi}$. (Hint: substitueer $t = y^2$ en vergelijk het resultaat met de errorfunctie, zie opgave 4.12.)

Opgave 4.26. Bereken het gemiddelde van de functie $f(t) = \ln(t)$ over

a. het interval $[0, 1]$
b. het interval $[1, \mathrm{e}]$
c. het interval $[1, \infty]$.

Opgave 4.27 (zie ook §4.3, toepassing 2 en §4.6, toepassing 3). De kansdichtheidsfunctie van de ***standaard normale verdeling*** is

$$f(x) = \frac{1}{\sqrt{2\pi}} e^{-\frac{1}{2}x^2}$$

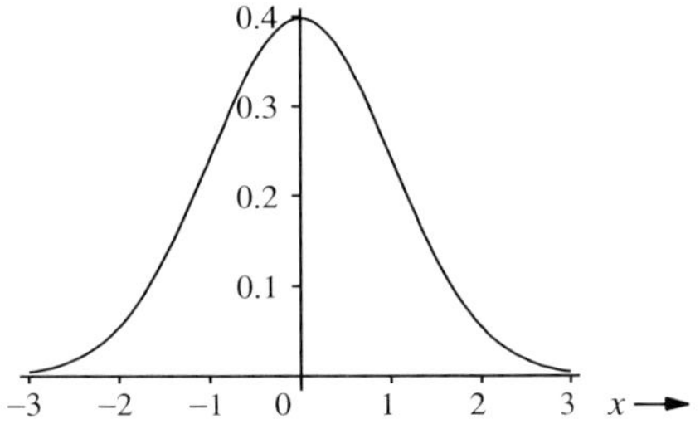

figuur 4.5. De standaard normale verdeling.

De grafiek van $f(x)$ is de symmetrische klokvormige functie weergegeven in figuur 4.5. De bijbehorende verdelingsfunctie is

$$F(x) = \frac{1}{\sqrt{2\pi}} \int_{-\infty}^{x} e^{-\frac{1}{2}y^2} \, dy .$$

Deze kansverdeling is genormeerd:

$$\lim_{x \to \infty} F(x) = \frac{1}{\sqrt{2\pi}} \int_{-\infty}^{\infty} e^{-\frac{1}{2}y^2} \, dy = 1 .$$

Bepaal de variantie van de standaard normale verdeling. (Hint: gebruik partiële integratie bij de berekening van $E(x^2)$.)

Opgave 4.28 (zie ook §4.3, toepassing 2, §4.6, toepassing 3 en opgave 4.27). De meest gebruikte kansdichtheidsfunctie is die van de ***normale verdeling*** of Gaussverdeling:

$$f(x) = \frac{1}{\sigma\sqrt{2\pi}} e^{-\frac{(x-\mu)^2}{2\sigma^2}} .$$

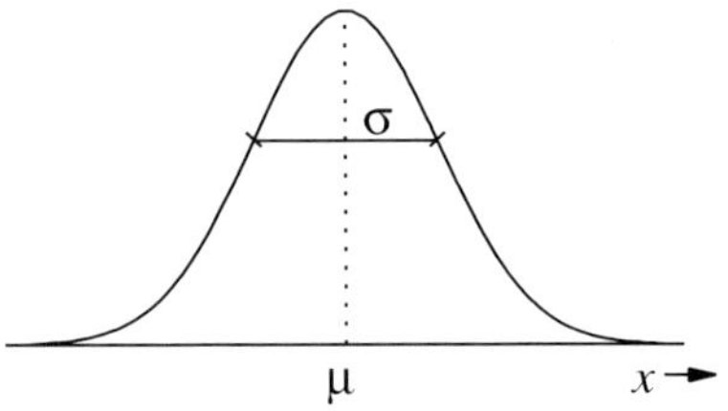

figuur 4.6. De normale verdeling.

De grafiek van $f(x)$ staat in figuur 4.6. Deze kansdichtheidsfunctie heeft verwachtingswaarde μ en variantie σ^2. Een variabele die verdeeld is volgens deze kansdichtheidsfunctie heet $N(\mu, \sigma)$ verdeeld. De normale verdeling wordt ontzettend vaak gebruikt, ook als we niet zeker weten of dat wel echt klopt. Alleen als er gegronde redenen zijn en er een werkbaar alternatief is gebruiken we deze verdeling niet. De normale verdeling voor $\mu = 0$ en $\sigma = 1$ is de standaard normale verdeling, zie §4.6, toepassing 3 en opgave 4.27. Anderzijds, als x $N(\mu, \sigma)$ verdeeld is, dan is

$$z = \frac{x - \mu}{\sigma}$$

standaard normaal verdeeld. Een normale verdeling krijgen we dus uit de standaard normale verdeling met een substitutie. Gebruik die eigenschap bij de volgende vragen.

a. De verdelingsfunctie is

$$F(x) = \frac{1}{\sigma\sqrt{2\pi}} \int_{-\infty}^{x} e^{-\frac{(y-\mu)^2}{2\sigma^2}} \, dy .$$

Laat zien dat deze verdeling genormeerd is, dat wil zeggen, $\lim_{x \to \infty} F(x) = 1$.

b. Laat zien dat de verwachtingswaarde van de normale verdeling μ is.

c. Laat zien dat de variantie van de normale verdeling σ^2 is.

Opgave 4.29 (moleculaire fysica, levensmiddelennatuurkunde, chemie; vergelijk § 4.3, toepassing 1). De zelfenergie van colloïdale deeltjes in een suspensie kunnen we berekenen met de integraal

$$E(t) = \frac{1}{4\pi\varepsilon R}\int Q(t)\,Q'(t)\,\mathrm{d}t.$$

In §4.3, toepassing 1 hebben we deze integraal bepaald met de substitutie $y = Q(t)$. Laat zien dat die primitieve ook kan worden gevonden met partiële integratie.

Opgave 4.30. De uitbarstingen van een vulkaan modelleren we met een exponentiële verdeling met een verwachtingswaarde van vijftig jaar.

a. Hoe groot is de kans dat de vulkaan binnen een jaar uitbarst, als de vorige uitbarsting 50 jaar geleden was?
b. Hoe groot is de kans dat de vulkaan binnen een jaar uitbarst, als de vorige uitbarsting 5 jaar geleden was?
c. Hoe groot is de kans dat de vulkaan binnen 50 jaar uitbarst, als de vorige uitbarsting 50 jaar geleden was?
d. Binnen welke termijn bestaat er 10% risico op een uitbarsting?

Opgave 4.31. De kansdichtheidsfunctie van de ***uniforme verdeling*** op het interval $[0, T]$ is

$$u(t) = \begin{cases} 1/T & \text{voor } 0 \le t \le T\,, \\ 0 & \text{voor } t < 0 \text{ en } t > T\,. \end{cases}$$

a. Ga na dat $u(t)$ goed is genormeerd.
b. Bepaal de verwachtingswaarde en de variantie van t voor de uniforme verdeling.

Opgave 4.32. De ***Laplacetransformatie*** zet functies om in andere functies als

$$L[f(t)](s) = F(s) = \int_0^\infty f(t)\mathrm{e}^{-st}\,\mathrm{d}t\,.$$

De functie $F(s)$ heet dan de Laplace-getransformeerde van $f(t)$. Zo vinden we bijvoorbeeld voor $f(t) = 1$:

$$L[f(t)](s) = F(s) = \int_0^\infty 1\mathrm{e}^{-st}\,\mathrm{d}t = \left[-\tfrac{1}{s}\mathrm{e}^{-st}\right]_{t=0}^{t=\infty} = -\tfrac{1}{s}\cdot 0 - -\tfrac{1}{s}\cdot 1 = \tfrac{1}{s}\,.$$

Daarbij moet de integraal wél bestaan, en dat is alleen voor $s > 0$. De Laplace-getransformeerde van $f(t) = 1$ is dus $F(s) = {}^1/_s$ voor $s > 0$.

a. Bepaal de Laplace-getransformeerde van $f(t) = t$. Voor welke waarde van het argument s bestaat deze Laplace-getransformeerde?
b. Bepaal de Laplace-getransformeerde van $f(t) = \mathrm{e}^{\alpha t}$.
c. Bepaal de Laplace-getransformeerde van $f(t) = \sin(\beta t)$. (Hint: gebruik een tabel van integralen).
d. Als $F(s) = L[f(t)](s)$ en $G(s) = L[g(t)](s)$, dan $F(s) + G(s) = L[f(t) + g(t)](s)$. Ga dit na.

(*Opmerking. Er bestaan uitgebreide tabellen van Laplacetransformaties.*)

4.8 WISKUNDIG GEREEDSCHAP: BREUKSPLITSEN

ONDER ÉÉN NOEMER BRENGEN EN BREUKSPLITSEN

In §3.2 hebben we de integraal van een som van functies geschreven als de som van de integralen van die functies. Soms zijn er wat bewerkingen nodig om een integrand als een som te schrijven (zie bijvoorbeeld opgave 3.4b). Ook in deze paragraaf is dat het geval; hier primitiveren we breuken van veeltermen met een noemer van graad 2.

Voorbeeld. De som (of het verschil) van twee breuken met ongelijke noemer

$$f(x) = \frac{1}{x} + \frac{-1}{x+1} = \frac{1}{x} - \frac{1}{x+1},$$

is ook als enkele breuk te schrijven, door beide breuken onder één noemer te brengen:

$$f(x) = \frac{1}{x}\frac{x+1}{x+1} - \frac{x}{x}\frac{1}{x+1} = \frac{(x+1)-x}{x(x+1)} = \frac{1}{x(x+1)}.$$

Het voordeel van de laatste vorm is een meer compacte schrijfwijze; het voordeel van de eerste vorm is dat die zich voor directe integratie leent. Stel nu dat we de primitieve zoeken van de laatste breuk. Omdat de twee vormen dezelfde functie beschrijven, kunnen we deze schrijven als de som van twee enkelvoudige breuken. We vinden zo

$$\int \frac{1}{x(x+1)}\,dx = \int \frac{1}{x} - \frac{1}{x+1}\,dx = \int \frac{1}{x}\,dx - \int \frac{1}{x+1}\,dx =$$
$$= \ln(|x|) - \ln(|x+1|) + C.$$

We kunnen de integraal dus bepalen met behulp van de somregel. #

D

Het ***onder één noemer brengen*** (gelijknamig maken) van twee eenvoudige breuken levert een breuk op met een samengestelde noemer. Om zo'n breuk met een samengestelde noemer te primitiveren moeten we die breuk schrijven als een som van breuken met enkelvoudige noemers. Dat omgekeerde proces heet ***breuksplitsen***.

Voorbeeld (vervolg). We bekijken hetzelfde geval als hierboven, namelijk de functie

$$f(x) = \frac{1}{x(x+1)}.$$

De noemer van deze breuk is een product van de factoren x en $x+1$. Een breuk met een dergelijke noemer, een product van factoren, is altijd te schrijven als de som van twee eenvoudiger breuken, met enkelvoudige factoren in de noemer:

$$f(x) = \frac{1}{x(x+1)} = \frac{a}{x} + \frac{b}{x+1}.$$

Het rechterlid van deze vergelijking laat zich immers onder één noemer brengen via

$$f(x) = \frac{a}{x} + \frac{b}{x+1} = \frac{a(x+1)}{x(x+1)} + \frac{bx}{x(x+1)} = \frac{a(x+1)+bx}{x(x+1)} = \frac{(a+b)x+a}{x(x+1)}.$$

De teller van de breuk is een functie van x met nog onbekende constanten a en b. Deze functie moet voor elke waarde van x gelijk zijn aan de teller van $f(x)$, zodat

$$(a+b)x+a = 1, \qquad \text{dat is,} \qquad (a+b)x+a = 0x+1$$

voor elke x. Dat geldt als $a+b=0$ en $a=1$, dus $b=-1$. Er geldt dus

$$f(x) = \frac{1}{x} - \frac{1}{x+1}.$$

Zo hebben we de som teruggevonden waar we in het vorige voorbeeld vanuit gingen. #

De algemene regel voor breuksplitsen is

$$f(x) = \frac{c_1x+c_0}{(x-p)(x-q)} = \frac{a}{x-p} + \frac{b}{x-q},$$

waarbij c_1, c_0, p en q gegeven constanten zijn. De onbekende constanten a en b bepalen we door het rechterlid onder één noemer te brengen; vervolgens stellen we de teller links gelijk aan de teller rechts:

$$a(x-q)+b(x-p) = (a+b)x-(qa+pb) = c_1x+c_0.$$

Dat geldt als $a+b=c_1$ en $qa+pb=-c_0$, want dan staat links en rechts dezelfde uitdrukking in x (***gelijkstellen van coëfficiënten***). We krijgen zo een stelsel van twee lineaire vergelijkingen met twee onbekenden a en b. Dit stelsel lossen we op met eliminatie en substitutie.

Voorbeeld. We zoeken de primitieve van de functie

$$f(x) = \frac{3x+7}{(x+2)(x+3)}.$$

We splitsen de samengestelde breuk in twee enkelvoudige breuken

$$f(x) = \frac{a}{x+2} + \frac{b}{x+3} = \frac{a(x+3)+b(x+2)}{(x+2)(x+3)} = \frac{(a+b)x+(3a+2b)}{(x+2)(x+3)}.$$

De teller van de laatste breuk moet gelijk zijn aan $3x+7$. Dit levert het stelsel

$$\begin{cases} a+b=3 \\ 3a+2b=7 \end{cases} \quad\Rightarrow\quad \begin{cases} ①: & a+b=3 \\ ②-3①: & -b=-2 \end{cases}$$

waaruit volgt $b=2$ en $a=1$. Dit vullen we in $f(x)$ in. Daarna splitsen we de integraal in de som van twee integralen en passen directe integratie toe. We vinden zo

$$\int \frac{3x+7}{(x+2)(x+3)}\,dx = \int \frac{1}{x+2}\,dx + \int \frac{2}{x+3}\,dx = \ln(|x+2|)+2\ln(|x+3|)+C. \#$$

Opgave 4.33. Bepaal met breuksplitsing de primitieve van de volgende functies:

a. $f(x) = \dfrac{2x}{(x+3)(x-2)}$, b. $g(x) = \dfrac{4x-1}{(x+3)(x-3)}$. #

In de bovenstaande voorbeelden en opgaven is de noemer al ontbonden in factoren. Als dat niet het geval is, dan moeten we eerst de factoren van de noemer zoeken. Die factoren zijn dan de noemers van de breuken waarin we splitsen.

Voorbeeld. Gegeven is de breuk

$$f(x) = \frac{2x}{x^2+3x+2}.$$

De noemer is een kwadratische functie van x. Die kunnen we in factoren ontbinden door zijn nulpunten p en q te zoeken, bijvoorbeeld met de abc-formule:

$$p = x_+ = \frac{-3+\sqrt{9-8}}{2} \qquad \text{en} \qquad q = x_- = \frac{-3-\sqrt{9-8}}{2}.$$

We vinden dus $p = -1$ en $q = -2$, en dat geeft de ontbinding

$$x^2+3x+2 = (x-p)(x-q) = (x+1)(x+2).$$

Desgewenst kunnen we het resultaat controleren door het product uit te werken.
De gevonden factoren zijn de noemers van de enkelvoudige breuken waarin we splitsen:

$$f(x) = \frac{2x}{(x+1)(x+2)} = \frac{a}{x+1} + \frac{b}{x+2}.$$

Door de som onder één noemer te brengen vinden we voor de teller de vergelijking

$$a(x+2) + b(x+1) = (a+b)x + (2a+b) = 2x.$$

Dat geeft het stelsel lineaire vergelijkingen

$$\begin{cases} a+b = 2 \\ 2a+b = 0 \end{cases} \quad \Rightarrow \quad \begin{cases} ①: \ a+b = 2 \\ ②-2①: \ -b = -4 \end{cases},$$

met als oplossing $a = -2$ en $b = 4$ (ga na!). Als primitieve functie vinden we

$$\int \frac{2x}{x^2+3x+2}\mathrm{d}x = \int \frac{-2}{x+1}\mathrm{d}x + \int \frac{4}{x+2}\mathrm{d}x = -2\ln(|x+1|)+4\ln(|x+2|)+C. \ \#$$

Opgave 4.34. Ontbind de noemer van de volgende functies in factoren; bepaal vervolgens de primitieve:

a. $f(x) = \dfrac{1}{x^2-4x+3}$ b. $g(x) = \dfrac{4x+3}{3x^2+4x+1}$. #

Bij de techniek van het breuksplitsen kan zich een aantal complicaties voordoen. In het vervolg van deze paragraaf geven we aan wat er dan gedaan moet worden.

GELIJKE FACTOREN IN DE NOEMER

Voorbeeld. We proberen met behulp van breuksplitsen de primitieve te bepalen van

$$f(x) = \frac{x}{x^2+2x+1} = \frac{x}{(x+1)^2}.$$

De noemer heeft discriminant 0. Het is dus een kwadraat, een product van twee gelijke factoren. We kunnen dus niet splitsen in twee verschillende enkelvoudige breuken. Toch is ook deze functie te schrijven als de som van twee direct integreerbare functies:

$$f(x) = \frac{x}{(x+1)^2} = \frac{x+1\ -\ 1}{(x+1)^2} = \frac{x+1}{(x+1)^2} - \frac{1}{(x+1)^2} = \frac{1}{x+1} - \frac{1}{(x+1)^2}$$

De primitieve is nu met directe integratie te vinden:

$$\int \frac{x}{(x+1)^2}\,\mathrm{d}x = \int \frac{1}{x+1}\,\mathrm{d}x - \int \frac{1}{(x+1)^2}\,\mathrm{d}x = \ln(|x+1|) + \frac{1}{x+1} + C.$$

Ga na dat de afgeleide van deze functie inderdaad $f(x)$ is. #

Een breuk met twee gelijke factoren in de noemer schrijven we als som van een breuk met de enkele factor in de noemer en een breuk met het kwadraat van die factor:

$$f(x) = \frac{c_1x+c_0}{(x-p)^2} = \frac{a}{x-p} + \frac{b}{(x-p)^2},$$

met gegeven constanten c_1 en c_0 en p. De onbekende constanten a en b bepalen we weer door het rechterlid onder één noemer te brengen. Dan volgt

$$a(x-p)+b = ax-(pa-b) = c_1x+c_0.$$

We vinden zo het stelsel vergelijkingen

$$\begin{cases} a = c_1 \\ pa-b=-c_0 \end{cases},$$

met oplossing $a = c_1$, $b = c_0 + pc_1$.

Voorbeeld. We passen breuksplitsing toe op

$$f(x) = \frac{3x}{(x+2)^2} = \frac{a}{x+2} + \frac{b}{(x+2)^2} = \frac{a(x+2)+b}{(x+2)^2}.$$

Gelijk stellen van tellers geeft nu

$$a(x+2)+b = ax+(2a+b) = 3x.$$

We vinden $a = 3$ en $b = -6$. De primitieve is dus

$$\int \frac{3x}{(x+2)^2}\,\mathrm{d}x = \int \frac{3}{x+2}\,\mathrm{d}x + \int \frac{-6}{(x+2)^2}\,\mathrm{d}x = 3\ln(|x+2|) + \frac{6}{x+2} + C.$$ #

Opgave 4.35. Bepaal de primitieven van de volgende functies

a. $f(x) = \dfrac{2x+1}{(x+3)^2}$, b. $g(x) = \dfrac{6}{(3x+2)^2}$. #

TELLER VAN TE HOGE GRAAD

Voorbeeld. We proberen breuksplitsing toe te passen op de functie

$$f(x) = \frac{x^2+4x+1}{x^2+3x+2} = \frac{x^2+4x+1}{(x+2)(x+1)} = \frac{a}{x+2} + \frac{b}{x+1}.$$

Brengen we weer de breuken rechts onder dezelfde noemer, dan krijgen we voor de teller

$$a(x+1)+b(x+2) = (a+b)x+(a+2b) = x^2+4x+1.$$

Het is nu onmogelijk om getallen a en b te vinden zo, dat deze vergelijking klopt voor elke x: het linkerlid bevat immers geen term met x^2. Dit probleem lossen we als volgt op:

$$f(x) = \frac{x^2+4x+1}{x^2+3x+2} = \frac{x^2+3x+2\ -(3x+2)\ +4x+1}{x^2+3x+2} =$$
$$= \frac{x^2+3x+2}{x^2+3x+2} + \frac{x-1}{x^2+3x+2} = 1 + \frac{x-1}{x^2+3x+2}.$$

De breuk die we nu overhouden kunnen we met de gewone methode splitsen. #

Als de graad van de teller van een breuk gelijk is aan of groter is dan die van de noemer, dan kunnen we de deling gedeeltelijk uitvoeren (deling met rest). Het resultaat is een veelterm (in het bovenstaande voorbeeld de constante 1), en een rest die geschikt is voor breuksplitsing. Deze deling met rest verloopt net als bij een breuk van getallen.

Voorbeeld (vervolg). Als bij een breuk met gewone getallen de teller groter is dan de noemer, dan kan die breuk worden vereenvoudigd. Bijvoorbeeld

$$\frac{141}{132} = \frac{132+9}{132} = \frac{132}{132} + \frac{9}{132} = 1 + \frac{9}{132} = 1\tfrac{9}{132}.$$

Schrijven we nu $141 = 1\times100+4\times10+1\times1 = 1\times10^2+4\times10+1$, dan staat er precies de teller van het vorige voorbeeld met $x = 10$. Hetzelfde geldt voor de noemer. Ook de vereenvoudigde vorm voldoet exact aan die relatie. #

Een breuk van veeltermen vereenvoudigen we dus net als van een breuk met getallen. Bij ingewikkeldere breuken voeren we in beide gevallen een ***staartdeling*** uit.

Voorbeeld. Als we een wat ingewikkelder breuk hebben, bijvoorbeeld $\frac{1473}{132}$, dan gaat de staartdeling op de bekende wijze:

```
132 /1473\11
     132
     ---
      153
      132
      ---
       21
```

We krijgen dus als uitkomst van de deling 11 en als rest 21, dus $\frac{1473}{132} = 11\tfrac{21}{132}$.

Dezelfde staartdeling kunnen we ook maken met veeltermen in x. Als voorbeeld vereenvoudigen we de breuk

$$f(x) = \frac{x^3+4x^2+7x+3}{x^2+3x+2},$$

dat is dezelfde breuk als boven, maar nu met grondtal x in plaats van grondtal tien. We voeren op precies dezelfde manier als in het getallenvoorbeeld de staartdeling uit:

$$\begin{array}{l} x^2+3x+2\ /\ x^3+4x^2+7x+3\ \backslash\ x+1 \\ \qquad\qquad\quad \underline{x^3+3x^2+2x} \\ \qquad\qquad\qquad\quad x^2+5x+3 \\ \qquad\qquad\qquad\quad \underline{x^2+3x+2} \\ \qquad\qquad\qquad\qquad\quad 2x+1 \end{array}$$

Het is dus in beide gevallen zaak machten van hoog naar laag te ordenen (dat gaat bij getallen vanzelf) en gelijke machten onder elkaar te houden. Het resultaat van de deling is

$$f(x) = x+1 + \frac{2x+1}{x^2+3x+2}.$$

De laatste term laat zich weer op de gebruikelijke manier splitsen. #

Opgave 4.36. Primitiveer de volgende functies:

a. $f(x) = \dfrac{x^2+4x+1}{x^2+3x+2}$ b. $g(x) = \dfrac{x^3+2x^2+4x+2}{x^2+x-2}$. #

B

NOEMER NIET IN FACTOREN TE ONTBINDEN

Voorbeeld. We zoeken een primitieve van

$$f(x) = \frac{2x+1}{x^2+x+1}.$$

De noemer heeft een negatieve discriminant, en is dus niet in factoren te ontbinden. Nu is toevallig de teller van deze breuk gelijk aan de afgeleide van de noemer. Dat betekent dat we $g(x) = x^2 + x + 1$ kunnen substitueren, met $g'(x) = 2x + 1$ (vergelijk §4.2):

$$\int \frac{2x+1}{x^2+x+1}\,\mathrm{d}x = \int \frac{g'(x)}{g(x)}\,\mathrm{d}x = \ln(g(x)) + C = \ln(x^2+x+1) + C.$$ #

Opgave 4.37. Bepaal de primitieve van de volgende functies:

a. $f(x) = \dfrac{2x+5}{x^2+5x+8}$ b. $g(x) = \dfrac{4x+3}{2x^2+3x+4}$. #

De natuurlijke logaritme is de oplossing als de teller (een veelvoud van) de afgeleide van de noemer is. De oplossing is ook met substitutie te vinden als de teller een constante is.

Voorbeeld. De techniek van het breuksplitsen is niet toe te passen bij de functie

$$f(x) = \frac{1}{x^2+2x+2},$$

omdat de discriminant van de noemer negatief is. Om een goede substitutie te vinden herschrijven we eerst de noemer:

$$f(x) = \frac{1}{x^2+2x+2} = \frac{1}{(x+1)^2+1}.$$

In deze integrand substitueren we $g(x) = x+1$. Met $g'(x) = 1$ vinden we

$$\int \frac{1}{(x+1)^2+1}\,\mathrm{d}x = \int \frac{g'(x)}{g(x)^2+1}\,\mathrm{d}x = \arctan(g(x))+C = \arctan(x+1)+C. \qquad \#$$

De techniek die we gebruiken heet ***kwadraat afsplitsen***. Daarmee schrijven we een tweedegraads veelterm als de som van een kwadratische term van de vorm $(ax+b)^2$ en een constante.

Voorbeeld (kwadraat afsplitsen). We hebben de volgende tweedegraads veelterm

$$n(x) = 4x^2 + 8x + 13.$$

De discriminant is $64-208 = -144 < 0$, dus we gaan kwadraat afsplitsen. We schrijven daartoe $n(x)$ in de vorm

$$n(x) = (ux+v)^2 + w = u^2x^2 + 2uvx + v^2 + w.$$

Gelijk stellen van coëfficiënten geeft

$$\begin{cases} u^2 = 4 & \Rightarrow \quad u = 2, \\ 2uv = 8 & \Rightarrow \quad v = 2, \\ v^2 + w = 13 & \Rightarrow \quad w = 9. \end{cases}$$

De oplossing is dus

$$n(x) = 4x^2+8x+13 = (2x+2)^2 + 9. \qquad \#$$

Voorbeeld (vervolg). We beschouwen de integrand

$$f(x) = \frac{2}{4x^2+8x+13} = \frac{2}{(2x+2)^2+9}.$$

We brengen de noemer in de vorm $g(x)^2+1$, zodat we direct de arctangens als primitieve krijgen. Omdat in de noemer de constante 9 staat in plaats van 1 vermenigvuldigen we teller en noemer beide met $\frac{1}{9}$:

$$f(x) = \frac{2}{(2x+2)^2+9}\,\frac{\frac{1}{9}}{\frac{1}{9}} = \frac{\frac{2}{9}}{\frac{1}{9}(2x+2)^2+1} = \frac{\frac{2}{9}}{(\frac{2}{3}(x+1))^2+1}.$$

Nu gebruiken we substitutie $g(x) = \frac{2}{3}(x+1)$. Met $g'(x) = \frac{2}{3}$ komt er

$$\int f(x)\,\mathrm{d}x = \int \frac{\frac{2}{9}}{(\frac{2}{3}(x+1))^2+1}\,\mathrm{d}x = \frac{1}{3}\int \frac{g'(x)}{g(x)^2+1}\,\mathrm{d}x = \frac{1}{3}\arctan(g(x))+C =$$

$$= \frac{1}{3}\arctan(\tfrac{2}{3}(x+1))+C.$$

#

Opgave 4.38. Bepaal de integraal van de volgende functies

a. $f(x) = \dfrac{1}{x^2+4x+5}$ b. $h(x) = \dfrac{3}{4x^2+12x+13}$. #

Ook een breuk waarvan de noemer niet is te ontbinden splitsen we in twee termen. De eerste term heeft als teller een (onbekend) veelvoud van de afgeleide van de noemer; deze term geeft een logaritme bij integratie. De tweede term heeft een onbekende constante als teller; deze term geeft een arctangens. De twee onbekenden bepalen we weer met gelijkstellen van coëfficiënten.

Voorbeeld. Beschouw de integrand

$$f(x) = \frac{4x+1}{x^2+4x+5}.$$

De noemer $n(x) = x^2 + 4x + 5$ heeft discriminant -4 en kan dus niet in factoren ontbonden worden. De afgeleide is $n'(x) = 2x + 4$, en we splitsen de breuk dus volgens

$$f(x) = \frac{4x+1}{x^2+4x+5} = \frac{a(2x+4)}{x^2+4x+5}+\frac{b}{x^2+4x+5}.$$

De twee termen in het rechterlid hebben dezelfde noemer. Tellen we ze op dan volgt dat

$$a(2x+4)+b = 2ax+(4a+b) = 4x+1.$$

Gelijk stellen van coëfficiënten geeft het stelsel vergelijkingen

$$\begin{cases} 2a = 4 \\ 4a+b = 1 \end{cases}$$

met oplossing $a = 2$ en $b = -7$. We vinden voor de eerste integraal

$$\int \frac{2(2x+4)}{x^2+4x+5}\,\mathrm{d}x = 2\ln(x^2+4x+5) + C.$$

Voor de tweede integraal moeten we alleen nog kwadraat afsplitsen:

$$\int \frac{-7}{x^2+4x+5}\,\mathrm{d}x = \int \frac{-7}{(x+2)^2+1}\,\mathrm{d}x = -7\arctan(x+2)+C.$$

Het totaal resultaat is nu

$$\int \frac{4x+1}{x^2+4x+5}\,\mathrm{d}x = 2\ln(x^2+4x+5) - 7\arctan(x+2) + C.$$

#

Opgave 4.39. Bepaal de primitieve van $f(x) = \dfrac{6x-6}{4x^2-12x+13}$. #

SAMENVATTING

We beschouwen breuken waarvan de noemer een kwadratische functie is van x en de teller een willekeurige veelterm in x.

- Als de teller van de breuk een tweede of hogere graads veelterm is wordt eerst de breuk door staartdeling vereenvoudigd tot een veelterm plus een breuk met teller van hoogstens eerste graad:

$$\frac{\tilde{c}_k x^k + \tilde{c}_{k-1} x^{k-1} + \ldots + \tilde{c}_1 x + \tilde{c}_0}{n(x)} = c_k x^{k-2} + c_{k-1} x^{k-3} + \cdots + c_2 + \frac{c_1 x + c_0}{n(x)} .$$

- Een breuk waarvan de noemer in ongelijke factoren kan worden ontbonden wordt gesplitst volgens

$$f(x) = \frac{c_1 x + c_0}{(x-p)(x-q)} = \frac{a}{x-p} + \frac{b}{x-q} .$$

De onbekende constanten a en b worden bepaald door het rechterlid onder één noemer te brengen. Gelijk stellen van coëfficiënten geeft het stelsel

$$\begin{cases} a + b = c_1 \\ -qa - pb = c_0 \end{cases}$$

dat wordt opgelost met eliminatie en substitutie.

- Een breuk waarvan de noemer in twee gelijke factoren kan worden ontbonden wordt gesplitst volgens

$$f(x) = \frac{c_1 x + c_0}{(x-p)^2} = \frac{a}{x-p} + \frac{b}{(x-p)^2} .$$

Onder één noemer brengen van het rechterlid geeft voor de onbekende constanten a en b het stelsel

$$\begin{cases} a = c_1 , \\ -pa + b = c_0 . \end{cases}$$

- Een breuk waarvan de noemer niet in factoren kan worden ontbonden wordt gesplitst volgens

$$f(x) = \frac{c_1 x + c_0}{n(x)} = \frac{a\,n'(x)}{n(x)} + \frac{b}{n(x)} .$$

De eerste term geeft bij integratie een logaritme, de tweede geeft na kwadraat afsplitsen bij integratie een arctangens.

4.9 TOEPASSINGEN

Toepassing 1 (moleculaire fysica). De kernen van sommige atomen hebben een magnetisch moment, dat zich in een extern magnetisch veld kan oriënteren. Dat gebruiken we bij kernspinresonantie (NMR, nuclear magnetic resonance).

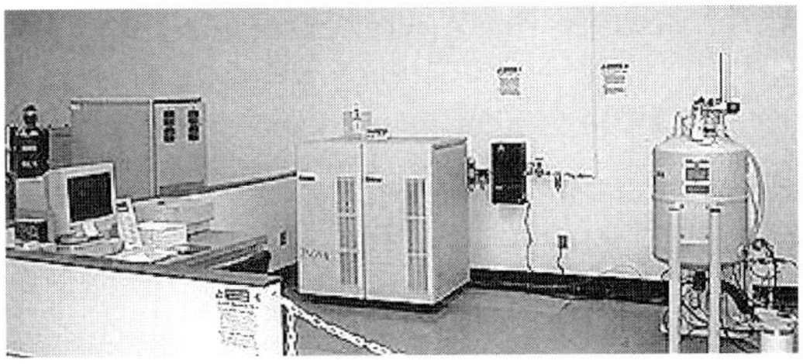

Een NMR installatie.

Model. De verandering van de magnetisatie m van de kernen in een extern veld modelleren we met

$$\frac{m'(t)}{M} = \alpha\left(1 - \frac{m(t)^2}{M^2}\right) \quad\Rightarrow\quad m'(t) = \frac{\alpha}{M}\left(M^2 - m(t)^2\right).$$

Aanvankelijk zijn de magneetjes van de kernen willekeurig geordend, dus $m(0) = 0$. Uiteindelijk gaat de magnetisatie naar M. De constante α geeft aan hoe snel dat gaat.

Analyse. Hier is $m'(t)$ uitgedrukt in $m(t)$, niet in t. We kunnen dus niet rechtstreeks integreren. We draaien daarom de zaak om: we beschouwen de tijd als functie van de magnetisatie $t(m)$. Voor de afgeleide van die inverse functie geldt

$$t'(m) = \frac{1}{m'(t)} = \frac{1}{\alpha}\frac{M}{M^2 - m^2}.$$

Deze functie van m kunnen we via breuksplitsen primitiveren. We schrijven

$$t(m) = \int t'(m)\,\mathrm{d}m = \frac{1}{\alpha}\int \frac{M}{M^2 - m^2}\,\mathrm{d}m.$$

Berekening. Met de ontbinding $M^2 - m^2 = (M+m)(M-m)$ kunnen we breuksplitsen:

$$\frac{M}{M^2 - m^2} = \frac{a}{M+m} + \frac{b}{M-m} = \frac{a(M-m) + b(M+m)}{M^2 - m^2} = \frac{(a+b)M + (b-a)m}{M^2 - m^2}.$$

Gelijk stellen van de tellers geeft $a = ½$ en $b = ½$ (ga na!). Nu kunnen we primitiveren:

$$t(m) = \frac{1}{2\alpha}\int \frac{1}{M+m} + \frac{1}{M-m}\,\mathrm{d}m = \frac{1}{2\alpha}\ln(M+m) - \frac{1}{2\alpha}\ln(M-m) + C.$$

Op $t = 0$ is $m = 0$. Vullen we dit in, dan volgt $C = 0$ (ga na). Ten slotte inverteren we $t(m)$:

$$t = \frac{1}{2\alpha}\ln(M+m) - \frac{1}{2\alpha}\ln(M-m) \quad\Rightarrow\quad 2\alpha t = \ln\left(\frac{M+m}{M-m}\right) \quad\Rightarrow$$

$$\Rightarrow\quad e^{2\alpha t} = \frac{M+m}{M-m} \quad\Rightarrow\quad (M-m)e^{2\alpha t} = M+m \quad\Rightarrow$$

$$\Rightarrow\quad M(e^{2\alpha t} - 1) = m(e^{2\alpha t} - 1) \quad\Rightarrow\quad m(t) = M\frac{e^{2\alpha t} - 1}{e^{2\alpha t} + 1}.$$

(Opmerking. Na korte tijd zetten we het externe veld uit. We meten dan de magnetisatie van de kernen, en daarmee α. Dat geeft informatie over de stof. In NMR wordt dit snel herhaald, waarmee resonantie kan ontstaan. Dat geeft nog meer informatie.)

Opgave 4.40.

a. Ga na dat voor de gevonden oplossing inderdaad geldt $m(0) = 0$.

b. Naar welke limietwaarde nadert $m(t)$ voor $t \to \infty$?

c. Als $\alpha = 10^8\,\mathrm{s}^{-1}$, na hoeveel tijd geldt dan $m(t) = 0.99M$?

d. Differentieer $m(t)$ en laat zien dat aan de vergelijking is voldaan.

(In het volgende hoofdstuk behandelen we een algemenere vorm van de bovenstaande techniek om dit soort problemen op te lossen.)

Toepassing 2 (biologie, entomologie, teeltkunde). Een model voor de groei van een populatie sprinkhanen in een bepaald gebied bevat drie termen. Ten eerste is er een constante migratie van sprinkhanen van buiten het gebied naar binnen. Ten tweede verdwijnt er per tijdseenheid een constante fractie van de dieren, door sterfte en migratie naar buiten. Ten derde, om zich voort te planten moeten mannelijke en vrouwelijke sprinkhanen elkaar ontmoeten en paren. De kans op een ontmoeting neemt kwadratisch toe met het aantal individuen. Er is onbeperkt voedsel, er zijn verder geen grenzen aan de groei.

Model. Deze aannamen leiden tot een model voor het aantal (n) sprinkhanen:

$$n'(t) = a - bn + cn^2, \quad \text{met } a \geq 0,\ b \geq 0 \text{ en } c \geq 0.$$

Hierin is a de immigratie, bn het verlies door sterfte en emigratie, en cn^2 de aanwas door voortplanting. Als er aanvankelijk geen sprinkhanen in het gebied zijn ontstaat er een populatie door immigratie ($a > 0$). Het hangt dan van b en c af hoe de populatie zich verder ontwikkelt.

Analyse. We maken gebruik van de inverse functie $t(n)$, die het tijdstip t geeft waarop de populatie de omvang n bereikt. De afgeleide van de inverse functie is (zie ook §3.2)

$$t'(n) = \frac{1}{n'(t)} = \frac{1}{a - bn + cn^2}$$

en $t(n)$ is de primitieve van die laatste functie. Door $t(n)$ te inverteren vinden we dan $n(t)$.

Berekening. In het begin zijn er geen sprinkhanen. Als de immigratie 1000 individuen per dag is, sterfte en emigratie verwaarloosbaar zijn ($b = 0$) en $c = 10^{-5}$, dan vinden we

$$t(n) = \int \frac{1}{10^3 + 10^{-5}n^2}\,\mathrm{d}n = \frac{1}{10^3}\int \frac{1}{1 + 10^{-8}n^2}\,\mathrm{d}n = 10^{-3}\int \frac{1}{1 + (10^{-4}n)^2}\,\mathrm{d}n =$$
$$= 10^{-3} \cdot 10^4 \arctan(10^{-4}n) + C = 10\arctan(10^{-4}n) + C.$$

Omdat op $t = 0$ het aantal sprinkhanen $n = 0$ is, geldt dat $C = 0$. Om het verloop van de populatie met de tijd te vinden moeten we de gevonden oplossing inverteren.

$$t(n) = 10\arctan(10^{-4}n) \;\Rightarrow\; \tfrac{1}{10}t(n) = \arctan(10^{-4}n) \;\Rightarrow\; \tan(\tfrac{1}{10}t) = 10^{-4}n$$
$$\Rightarrow\; n(t) = 10^4\tan(\tfrac{1}{10}t).$$

De populatie explodeert op $t = 5\pi$. Om dat te voorkomen doodt de plaatselijke bevolking dagelijks 20% van de sprinkhanen. Dat betekent $b = 0.2$. We krijgen nu

$$t(n) = \int \frac{1}{1000 - 0{,}2n + 10^{-5}n^2}\,\mathrm{d}n = 10^5 \int \frac{1}{10^8 - 2\cdot 10^4 n + n^2}\,\mathrm{d}n =$$

$$= 10^5 \int \frac{1}{(10^4 - n)^2}\,\mathrm{d}n = \frac{10^5}{10^4 - n} + C.$$

Vervolgens vullen we in $n = 0$ en $t = 0$. Dat geeft $C = -10$. Inverteren geeft nu

$$t(n) = \frac{10^5}{10^4 - n} - 10 \quad \Rightarrow \quad (t+10)(10^4 - n) = 10^5$$

$$\Rightarrow \quad n(t) = 10^4 - \frac{10^5}{t+10} = \frac{10^4 t}{t+10}.$$

Zelfs in de limiet $t \to \infty$ blijft $N_\infty = \lim_{t\to\infty} n(t)$ begrensd. De explosie blijft dus uit.

Opgave 4.41.

a. Neem weer $a = 1000$, een dagelijkse sterfte van 5% en $c = 0$. Hoe ontwikkelt zich de populatie als functie van de tijd, als weer $n = 0$ op $t = 0$?

b. Kun je direct aan de modelvergelijking zien wat de uiteindelijke populatie wordt?

c. Wat is de omvang N_∞ in het voorbeeld uit de tekst? Hoeveel sprinkhanen moeten er dagelijks worden gedood?

d. Per ongeluk wordt één sprinkhaan te weinig gedood, de populatie wordt dan $N_\infty + 1$. Hoe ontwikkelt zich de populatie verder?

e. Als 25% in plaats van 20% wordt gedood, hoe is dan de ontwikkeling? Wat is het uiteindelijk aantal sprinkhanen? Is het erg als er een te weinig wordt gedood?

4.10 OPGAVEN

Opgave 4.42. Bepaal de volgende integralen met behulp van breuksplitsing:

a. $\displaystyle\int \frac{1}{x(1-x)}\,\mathrm{d}x$ b. $\displaystyle\int \frac{2y+3}{(y+2)(2y+1)}\,\mathrm{d}y$

c. $\displaystyle\int \frac{4x+2}{(x+2)(x-2)}\,\mathrm{d}x$ d. $\displaystyle\int \frac{x^2}{(x+2)(x-2)}\,\mathrm{d}x$.

Opgave 4.43. Ontbind de noemer in factoren. Bepaal vervolgens met behulp van breuksplitsing de primitieve van de volgende functies

a. $f(x) = \dfrac{3}{x^2-2x-8}$ b. $g(x) = \dfrac{2x}{x^2-4}$

c. $h(x) = \dfrac{2x+5}{4x^2+2x-2}$ d. $x(t) = \dfrac{1}{t^2+t}$.

Opgave 4.44. Primitiveer de volgende functies:

a. $f(x) = \dfrac{x^3+4x^2+7x+3}{x^2+3x+2}$ b. $g(y) = \dfrac{2y^3-6y^2-9y+10}{y^2-2y-8}$.

Opgave 4.45. Bepaal de primitieve van de volgende functies:

a. $f(x) = \dfrac{1}{(x+1)^2}$ b. $g(x) = \dfrac{2x}{(x+3)^2}$

c. $h(x) = \dfrac{2x+1}{2x^2+8x+8}$ d. $f(x) = \dfrac{7x-4}{x^2+2x-3}$

e. $g(x) = \dfrac{x^4-5x^2+3x-2}{x^2+2x-3}$ f. $f(x) = \dfrac{5x+2}{x^2+2x+1}$

g. $g(x) = \dfrac{x^3+3x^2-2x-1}{x^2+2x+1}$ h. $f(x) = \dfrac{x+2}{x^2+4x+6}$

i. $g(x) = \dfrac{4x^2+x}{2x^3+x^2+4x}$ j. $h(x) = \dfrac{x^2+5x+4}{x^2+x+2}$

k. $f(x) = \dfrac{1}{x^2+6x+10}$ l. $g(x) = \dfrac{2}{x^2-6x+13}$

m. $h(x) = \dfrac{3}{9x^2+6x+2}$ n. $f(x) = \dfrac{2x+1}{x^2+1}$

o. $g(x) = \dfrac{3x+8}{x^2+4x+8}$ p. $h(x) = \dfrac{4x-1}{4x^2-4x+5}$.

4.11 GEMENGDE OPGAVEN

Opgave 4.46. Bepaal de primitieve van

a. $f(x) = x^2 \ln(ax)$

b. $f(x) = x^2 e^{bx}$

c. $f(x) = x^2 \cos(cx)$.

Opgave 4.47. Bepaal de volgende integralen:

a. $\displaystyle\int \frac{1}{\sqrt{3x+2}}\,dx$

b. $\displaystyle\int \frac{x}{3x+2}\,dx$

c. $\displaystyle\int \frac{x}{\sqrt{3x^2+2}}\,dx$

d. $\displaystyle\int \frac{x}{3x^2+2}\,dx$.

Opgave 4.48. Bepaal de primitieve van

a. $f(x) = \frac{1}{2}\cos(\frac{1}{2}x)$

b. $g(x) = x^{1/2}\cos(x^{1/2})$

c. $h(x) = \frac{1}{2}x^2\cos(\frac{1}{2}x)$.

Opgave 4.49. Bepaal de volgende integralen:

a. $\displaystyle\int \frac{1}{x\ln(x)}\,dx$

b. $\displaystyle\int \frac{\ln(x)}{x}\,dx$

c. $\displaystyle\int \frac{\ln(x)}{x^2}\,dx$

d. $\displaystyle\int \frac{\ln(x)}{(x+1)^2}\,dx$.

Opgave 4.50. Integralen met goniometrische functies zijn soms op te lossen door de relaties tussen die functies te gebruiken. Bijvoorbeeld met $\cos(x)^2 + \sin(x)^2 = 1$ vinden we

$$\int \frac{1}{\cos(x)}\,dx = \int \frac{\cos(x)}{\cos(x)^2}\,dx = \int \frac{\cos(x)}{1-\sin(x)^2}\,dx.$$

De integraal leent zich nu voor substitutie. Bepaal de primitieve van

a. $f(x) = \dfrac{1}{\sin(x)}$

b. $f(x) = \tan(x)^2$

c. $f(x) = \dfrac{1}{\tan(x)}$.

Opgave 4.51. Soms komt bij de substitutieregel de afgeleide niet voor, maar voegen we die toe door er mee te vermenigvuldigen en er door te delen, *binnen de integraal*! We zoeken

$$\int \ln(1+\sqrt{x})\,dx.$$

Een goede substitutie lijkt $y = g(x) = \sqrt{x}$, maar $g'(x) = \frac{1}{2\sqrt{x}}$ ontbreekt. We schrijven

$$\int \ln(1+\sqrt{x})\,\mathrm{d}x = \int \frac{1}{2\sqrt{x}}\, 2\sqrt{x}\, \ln(1+\sqrt{x})\,\mathrm{d}x = 2\int g(x)\, g'(x) \ln(1+g(x))\,\mathrm{d}x =$$

$$= 2\int y \ln(1+y)\,\mathrm{d}y\,.$$

a. Voer hierin de substitutie $z = h(y) = 1 + y$ uit.
b. Bewerk de integraal verder met partiële integratie.
c. Ga na wat gebeurt als we direct $g(x) = 1 + \sqrt{x}$ substitueren.

Opgave 4.52. Bepaal de primitieve van

a. $f(x) = \dfrac{\sqrt{x}}{1+\sqrt{x}}$ b. $f(x) = \dfrac{\ln(1+\mathrm{e}^x)}{1+\mathrm{e}^{-x}}$

c. $f(x) = \sin(\sqrt{x})$

met respectievelijk de substituties $y = g(x) = \sqrt{x}$, $y = g(x) = \mathrm{e}^x$ en $y = g(x) = \sqrt{x}$. Voeg de ontbrekende afgeleide $g'(x)$ toe als in opgave 4.51.

Opgave 4.53. Bepaal de primitieve van

a. $f(x) = \sin(\ln(x))$ b. $f(x) = \mathrm{e}^{\sqrt{x}}$.

Opgave 4.54. De Taylorreeks (zie §2.2)

$$f(y) = \frac{1}{1+y} = 1 - y + y^2 - y^3 + \cdots$$

kunnen we met $y = x^2$ omzetten in

$$g(x) = \frac{1}{1+x^2} = 1 - x^2 + x^4 - x^6 + \cdots\ .$$

a. Bereken nu de Taylorreeks voor $h(x) = \arctan(x)$ door integratie van deze reeks.
b. Bepaal op een zelfde manier de Taylorreeks voor $f(x) = \arcsin(x)$.

Opgave 4.55. Bepaal de volgende integralen

a. $\displaystyle\int \frac{3x+2}{x^2+2x-3}\,\mathrm{d}x$ b. $\displaystyle\int \frac{3x+2}{x^2+2x+1}\,\mathrm{d}x$

c. $\displaystyle\int \frac{3x+2}{x^2+2x+2}\,\mathrm{d}x$.

4.12 WISKUNDIG GEREEDSCHAP: NUMERIEKE INTEGRATIE

INLEIDING

Voor het berekenen van het oppervlak onder de grafiek van $f(x)$ met een bepaalde integraal hebben we primitieve functie $F(x)$ nodig. Echter, het is niet voor alle functies mogelijk de primitieve in standaardfuncties uit te drukken. Ook als er geen functievoorschrift van $f(x)$ bekend is, maar alleen meetwaarden, is primitiveren onmogelijk.
Voor het berekenen van het oppervlak is primitiveren ook niet altijd nodig. Soms hebben we aan de waarde van de integraal genoeg. We kunnen die waarde dan getalsmatig, ofwel numeriek bepalen. Dat kan met ***numerieke integratie***.

Voorbeeld. We bepalen numeriek het oppervlak A onder de grafiek van

$$f(x) = 4x(1-x)$$

op het interval $[0,1]$, dus

$$A = \int_0^1 4x(1-x)\,dx.$$

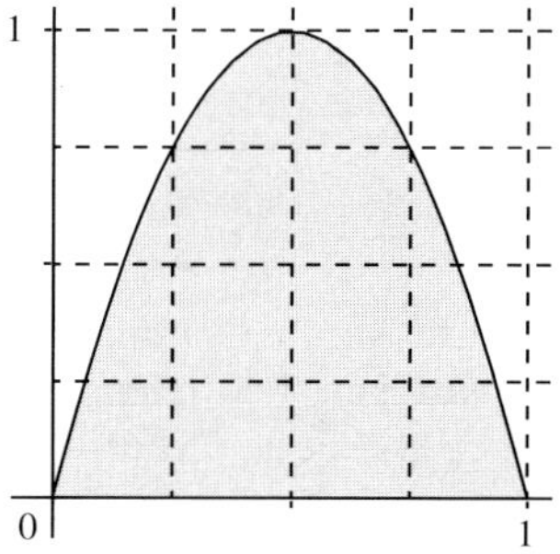

figuur 4.7. Het oppervlak A.

Voor iedere waarde van x op het interval kunnen we het getal $f(x)$ berekenen. We tekenen de grafiek van de functie op ruitjespapier (figuur 4.7), en het gezochte oppervlak maken we grijs. Nu kunnen we het oppervlak gemakkelijk bepalen door de grijze hokjes te tellen. Vermenigvuldigen we dat aantal met het oppervlak van één hokje, dan krijgen we een schatting voor de integraal A.
Sommige hokjes zijn voor een deel grijs. Die tellen we alleen mee als ze voor meer dan de helft grijs zijn. Als we het eenheidsvierkant opdelen in 16 kleine vierkantjes, dan zijn 12 daarvan voor meer dan de helft grijs. Dat geeft $A \cong {}^{12}/_{16} = {}^{3}/_{4}$ als schatting voor het oppervlak.
In dit geval kunnen we de integraal ook bepalen door primitiveren. Deze methode noemen we ***analytisch***, en die geeft de exacte oplossing:

$$A = \int_0^1 4x(1-x)\,dx = 4\left[\tfrac{1}{2}x^2 - \tfrac{1}{3}x^3\right]_{x=0}^{x=1} = \tfrac{4}{6} = \tfrac{2}{3}.$$

De benadering die we krijgen door hokjes te tellen is dus fout, maar het verschil met het werkelijk oppervlak is niet erg groot: ${}^{3}/_{4} - {}^{2}/_{3} = {}^{1}/_{12}$. We hebben dus iets meer dan één hokje te veel geteld. #

Het resultaat kunnen we verbeteren door kleinere hokjes te nemen. Daarvoor moeten we preciezer het verloop van $f(x)$ bepalen, de grafiek nauwkeuriger tekenen en meer hokjes tellen. Verbetering van het resultaat heeft dus een prijs. De vraag is nu hoe we met zo weinig mogelijk inspanning een zo goed mogelijk resultaat kunnen krijgen.

RECHTHOEKSREGELS

We verdelen het integratieinterval in stukjes met lengte h. In elk stukje berekenen we $f(x)$ in precies één punt. Zo'n punt heet een ***steunpunt***. Op een intervalletje benaderen we $f(x)$ met zijn waarde in het steunpunt. Het oppervlak wordt zo benaderd met rechthoeken als in figuur 4.8.

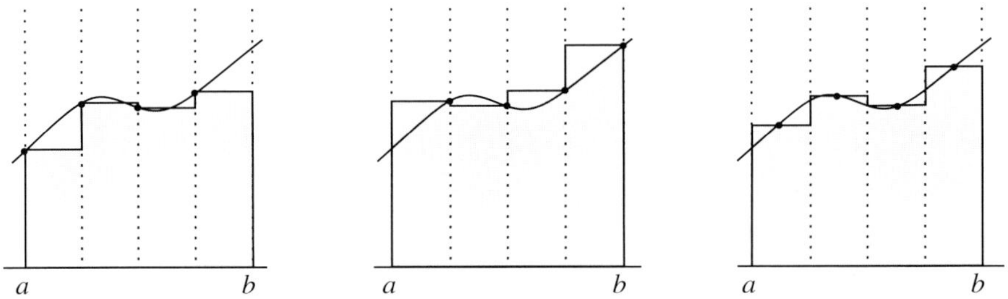

figuur 4.8

De plaats van het steunpunt in het intervalletje is nog vrij. Meestal kiezen we het linker eindpunt van het intervalletje, het rechter eindpunt of het midden. Zo krijgen we respectievelijk de ***linker-*** en ***rechter rechthoeksregel*** en ***midpuntregel***. In figuur 4.8 zijn de drie methoden weergegeven.

Voorbeeld (vervolg). We passen de drie rechthoeksregels toe op dezelfde functie als boven:

$$f(x) = 4x(1-x).$$

We delen het interval [0,1] weer in vier gelijke stukjes (dus $h = 1/4$). Bij de linker rechthoeksregel bepalen we $f(x)$ in $x = 0,\ ^1/_4,\ ^1/_2$ en $^3/_4$ (zie figuur 4.9). Bij de rechter rechthoeksregel bepalen we $f(x)$ in $x = {}^1/_4,\ ^1/_2,\ ^3/_4$ en 1, en voor de midpuntregel in $x = {}^1/_8,\ ^3/_8,\ ^5/_8$ en $^7/_8$. De linker rechthoeksregel geeft dan

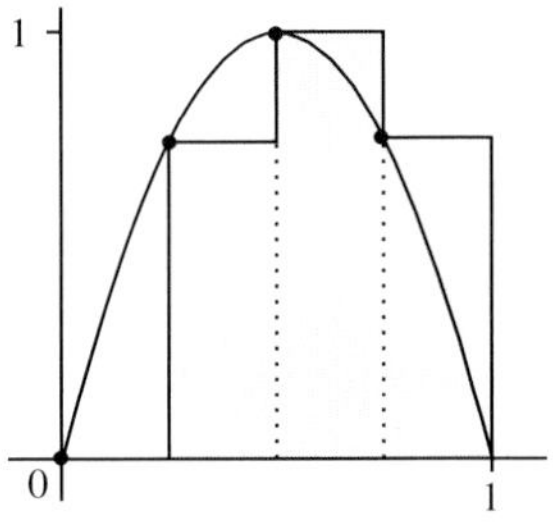

figuur 4.9. Gerepeteerde linker rechthoeksregel.

$$\int_0^1 4x(1-x)\,dx \cong \tfrac{1}{4}f(0)+\tfrac{1}{4}f(\tfrac{1}{4})+\tfrac{1}{4}f(\tfrac{1}{2})+\tfrac{1}{4}f(\tfrac{3}{4}) = \tfrac{1}{4}\left(0+\tfrac{3}{4}+1+\tfrac{3}{4}\right) = \tfrac{10}{16} = \tfrac{5}{8}.$$

Het resultaat van de rechter rechthoeksregel is in dit geval hetzelfde (ga na!). De fout is $^5/_8 - {}^2/_3 = -{}^1/_{24}$, in absolute waarde kleiner dan met hokjes tellen.
De midpuntregel geeft

$$\int_0^1 4x(1-x)\,dx \cong \tfrac{1}{4}f(\tfrac{1}{8})+\tfrac{1}{4}f(\tfrac{3}{8})+\tfrac{1}{4}f(\tfrac{5}{8})+\tfrac{1}{4}f(\tfrac{7}{8}) = \tfrac{1}{4}\left(\tfrac{7}{16}+\tfrac{15}{16}+\tfrac{15}{16}+\tfrac{7}{16}\right) = \tfrac{11}{16}.$$

De fout in de midpuntregel is $^{11}/_{16} - {}^2/_3 = {}^1/_{48}$, dat is kleiner dan bij de vorige benaderingen. De midpuntregel is dus een efficiënte methode om de integraal te benaderen. Met slechts vier berekeningen van $f(x)$ is het oppervlak bepaald met een fout van 3% . #

Opgave 4.56. Bereken de integraal

$$I = \int_0^1 x^2 \, dx$$

zowel analytisch als met behulp van de drie rechthoeksregels met $h = ¼$. Teken ook de grafiek van $f(x) = x^2$ op het interval $[0,1]$ en bepaal het oppervlak onder de curve door het aantal hokjes van $¼ \times ¼$ te tellen. Vergelijk de resultaten met elkaar. #

De hierboven beschreven methoden zijn éénpuntsmethoden, omdat we op elk stukje maar één steunpunt gebruiken. Omdat de benadering met een rechthoek op elk stukje wordt herhaald, spreken we van ***herhaalde*** of ***gerepeteerde rechthoeksregels***.

DE TRAPEZIUMREGEL

Een verbetering krijgen we door op elk intervalletje $[x, x+h]$ $f(x)$ in ***beide*** randpunten te berekenen. Daartussen benaderen we de functie met een rechte lijn. Het oppervlak wordt dus benaderd met een trapezium (figuur 4.10).
Zo krijgen we de ***trapeziumregel***:

$$A = h f(x) + \tfrac{h}{2}\big(f(x+h) - f(x)\big) = \\ = \tfrac{h}{2}\big(f(x) + f(x+h)\big).$$

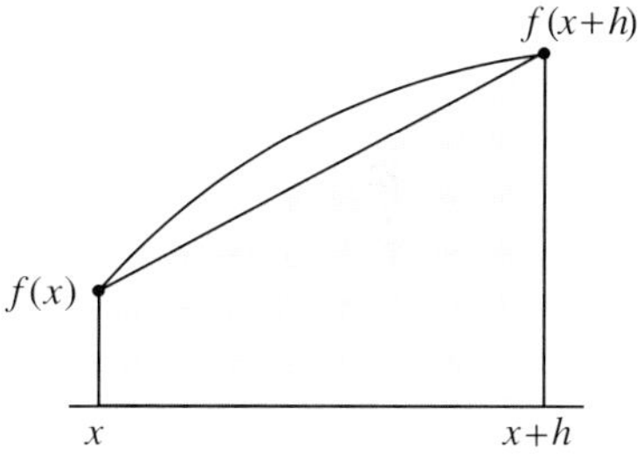

figuur 4.10. De trapeziumregel.

Ook de trapeziumregel kunnen we repeteren. We delen het interval $[a, b]$ op in N stukjes met lengte $h = (b-a)/N$, en passen op elk stukje de trapeziumregel toe. Dat geeft

$$\int_a^b f(x)\,dx \cong \tfrac{h}{2}\big(f(a) + f(a+h)\big) + \tfrac{h}{2}\big(f(a+h) + f(a+2h)\big) + \ldots + \tfrac{h}{2}\big(f(b-h) + f(b)\big)$$

$$= \tfrac{h}{2}\big(f(a) + 2f(a+h) + 2f(a+2h) + \ldots + 2f(b-h) + f(b)\big).$$

In figuur 4.11 zien we dat de schuine zijden van de trapezia de grafiek van $f(x)$ redelijk benaderen, beter dan bij de rechthoeksregels.
De fout van trapeziumregel is ongeveer twee keer zo groot als die van de midpuntregel. Toch is de trapeziumregel niet minder populair dan de midpuntregel.

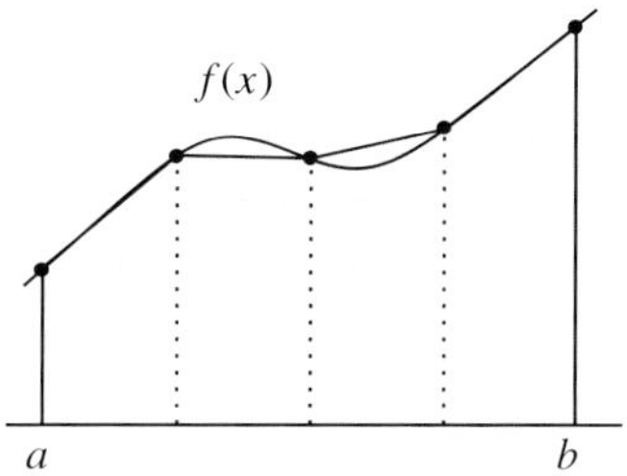

figuur 4.11. De gerepeteerde trapeziumregel.

Opgave 4.57. Benader de waarde van

$$\int_0^{\pi} \sin(x)\,dx$$

met de trapeziumregel en met de midpuntregel, beide met $h = \pi/4$. Bepaal de integraal ook analytisch. Vergelijk de fouten van de beide numerieke methoden met elkaar. #

SAMENVATTING

- De linker rechthoeksregel benadert een integraal door

$$\int_a^b f(x)\,dx \cong h\big(f(a)+f(a+h)+\ldots+f(b-2h)+f(b-h)\big).$$

- De rechter rechthoeksregel benadert een integraal door

$$\int_a^b f(x)\,dx \cong h\big(f(a+h)+f(a+2h)+\ldots+f(b-h)+f(b)\big).$$

- De midpuntregel benadert een integraal door

$$\int_a^b f(x)\,dx \cong h\big(f(a+\tfrac{1}{2}h)+f(a+\tfrac{3}{2}h)+\ldots+f(b-\tfrac{3}{2}h)+f(b-\tfrac{1}{2}h)\big).$$

- De trapeziumregel benadert een integraal door

$$\int_a^b f(x)\,dx \cong \tfrac{h}{2}\big(f(a)+2f(a+h)+2f(a+2h)+\ldots+2f(b-h)+f(b)\big).$$

.13 TOEPASSINGEN

Toepassing 1 (plantenteelt, bodemkunde). Planten nemen voedsel hoofdzakelijk op via de topjes van de haarwortels. De voedselopname V hangt dus af van de hoeveelheid haarwortels.

Model. We meten de dichtheid $h(z)$ van haarwortels en de straal $R(z)$ van het wortelstelsel als functie van de diepte z. Het aantal haarwortels tussen diepte z en $z + \Delta z$ is dan $\pi\, h(z)\, R^2(z)\, \Delta z$. De concentratie $c(z)$ van een voedingsstof kan afhangen van de diepte. Eén haarwortel neemt per dag $\alpha c(z)$ van die stof op, waarin α een evenredigheidsconstante is. De voedselopname V is het aantal haarwortels maal de opname α $c(z)$ per haarworteltop, geïntegreerd over z:

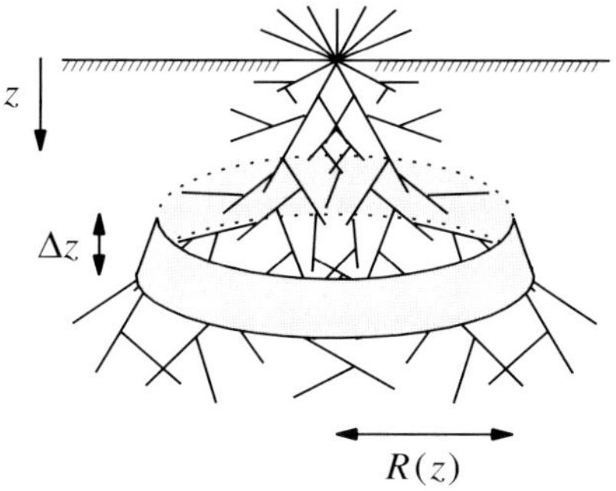

figuur 4.12. Schematisch wortelstelsel

$$V = \int_0^D \alpha \pi h(z) R(z)^2 c(z)\, \mathrm{d}z,$$

waarbij D de maximale diepte van de wortels is; z neemt toe met toenemende diepte.
De concentratie van ijzer, een natuurlijk mineraal, hangt niet van de diepte af. Er geldt dus $c(z) = c$. Als ook de haarworteldichtheid constant is, dus $h(z) = h$, dan wordt de integraal

$$V = \alpha \pi h c \int_0^D R(z)^2\, \mathrm{d}z.$$

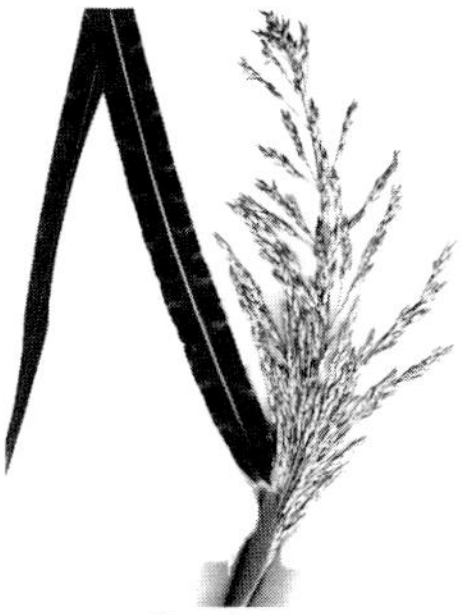
Sorghum.

Berekening. Meting van het wortelstelsel van een sorghumplant (een tropische graansoort) geeft $R(0.1) = 0.2$, $R(0.3) = 0.5$, $R(0.5) = 0.4$, $R(0.7) = 0.3$, $R(0.9) = 0.1$ m. Met de midpuntregel benaderen we nu deze laatste integraal:

$$\int_0^1 R(x)^2\, \mathrm{d}x \cong 0.2\big(R(0.1)^2 + R(0.3)^2 + R(0.5)^2 + R(0.7)^2 + R(0.9)^2\big) = 0.11\,(\mathrm{m}^3).$$

Met $c = 10^{-3}\,\mathrm{kg/m^3}$, $h = 10^8\,\mathrm{m^{-3}}$ en $\alpha = 10^{-10}\,\mathrm{m^3/dag}$ geeft dat $V \cong 3.5 \cdot 10^{-6}\,\mathrm{kg/dag}$.

Opgave 4.58.

a. Waarom is $D = 1$ m genomen en niet $D = 0.9$ m in de laatste integraal?

b. Laat zien dat $0.11\,\pi$ de numerieke schatting voor het volume van het wortelstelsel is.

c. Na enige tijd raken bepaalde gedeelten van de bodem uitgeput. De plant laat dan meer haarwortels groeien in de rijkere delen. Meting geeft

x	0.1	0.3	0.5	0.7	0.9
$c(x)$	$0.9 \cdot 10^{-3}$	$0.5 \cdot 10^{-3}$	$0.5 \cdot 10^{-3}$	$0.8 \cdot 10^{-3}$	$1.0 \cdot 10^{-3}$
$h(x)$	$1.2 \cdot 10^{8}$	$1.1 \cdot 10^{8}$	$1.2 \cdot 10^{8}$	$1.6 \cdot 10^{8}$	$1.8 \cdot 10^{8}$

Bereken met de midpuntregel hoeveel ijzer de plant per dag opneemt.

Toepassing 2 (moleculaire fysica, chemie). Bij spectroscopie krijgen we informatie over materie uit uitgezonden of doorgelaten straling. Dat kan elektromagnetische straling zijn (radio- en microgolven, licht, gamma- en röntgenstraling), radioactieve α- of β-straling, of neutronen.
Straling is een golfverschijnsel, met een frequentie ω en een amplitude of intensiteit. Het ***spectrum*** $S(\omega)$ is de sterkte van de straling als functie van de frequentie. De intensiteit tussen $\omega = a$ en $\omega = b$ bij een spectrum $S(\omega)$ is

$$I_{[a,b]} = \int_a^b S(\omega)\,\mathrm{d}\omega .$$

De totale intensiteit van de straling is

$$I = \int_{-\infty}^{\infty} S(\omega)\,\mathrm{d}\omega .$$

Een scherpe piek in een spectrum heet een ***spectraallijn***. Voorbeelden zijn natriumlampen en lasers. Het spectrum van een spectraallijn heet een lijnprofiel, met als kenmerken de intensiteit (of lijnsterkte) I, de frequentie ω_0 en de lijnbreedte $\Delta\omega$.

Model. De spectraallijn in een emissiespectrum heet een ***Gaussische lijn***. Voor een Gaussische lijn met intensiteit I geldt $S(\omega) = I\,S_G(\omega)$, waarbij

$$S_G(\omega) = \sqrt{\frac{2}{\pi\,\Delta\omega^2}}\,\exp\!\left(-\frac{2(\omega-\omega_0)^2}{\Delta\omega^2}\right).$$

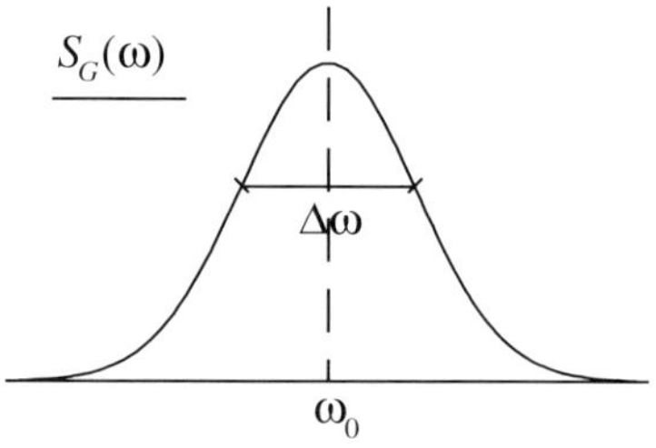

figuur 4.13. Een Gaussische lijnprofiel.

Het maximum van de lijn ligt bij ω_0 (ga na). $\Delta\omega$ is een maat voor de breedte van de lijn.

Berekening. We berekenen de intensiteit van een Gaussische lijn tussen $\omega = \omega_0 - \tfrac{1}{2}\Delta\omega$ en $\omega = \omega_0 + \tfrac{1}{2}\Delta\omega$ met de trapeziumregel. Daartoe delen we dit interval op in stukjes $h = \tfrac{1}{4}\Delta\omega$. Dat geeft de steunpunten $x_k = \omega_0 + kh$, met $k = -2, -1, 0, 1$ en 2. De trapeziumregel geeft nu

$$\begin{aligned} I_{[\,\omega_0-\Delta\omega/2\,,\,\omega_0+\Delta\omega/2\,]} &= \tfrac{1}{2}h\big(S_G(x_{-2}) + 2S_G(x_{-1}) + 2S_G(x_0) + 2S_G(x_1) + S_G(x_2)\big) = \\ &= \tfrac{1}{8}\Delta\omega\sqrt{2/\pi\Delta\omega^2}\,(\mathrm{e}^{-1/2} + 2\mathrm{e}^{-1/8} + 2 + 2\mathrm{e}^{-1/8} + \mathrm{e}^{-1/2}) \cong 0.6725. \end{aligned}$$

De werkelijke waarde bedraagt 0.6827.

Opgave 4.59.

a. Ga na dat een Gaussische spectraallijn met spectrum $S(\omega) = I\,S_G(\omega)$ inderdaad totale intensiteit I heeft. Gebruik daarbij dat $\int_{-\infty}^{\infty} \mathrm{e}^{-x^2}\,\mathrm{d}x = \sqrt{\pi}$.

b. Laat zien dat $\int_{-\infty}^{\infty} x\mathrm{e}^{-x^2}\,\mathrm{d}x = 0$ (zie ook opgave 4.1d.).

c. Toon nu (met $x = \omega - \omega_0$) aan dat voor een Gaussische lijn met intensiteit I geldt

$$\omega_0 = \frac{1}{I} \int_{-\infty}^{\infty} \omega S(\omega)\, d\omega.$$

d. Ga na dat de frequentie ω_0 de verwachtingswaarde $E(\omega)$ is van een kansdichtheidsfunctie $S(\omega)\,/\,I$.

e. De variantie van de kansdichtheidsfunctie $S(\omega)\,/\,I$ is $\frac{1}{4}\Delta\omega^2$. Laat dat zien.

f. Laat zien dat $\int_{-\infty}^{\infty} x^2 e^{-x^2}\, dx = \frac{1}{2}\sqrt{\pi}$. Toon hiermee aan dat voor een Gaussische lijn

$$\tfrac{1}{4}\Delta\omega^2 = \frac{1}{I} \int_{-\infty}^{\infty} \omega^2\, S(\omega)\, d\omega - \omega_0^2.$$

g. Ga na dat $S_G(\omega_0 \pm \tfrac{1}{2}\Delta\omega) = S_G(\omega_0)\,/\,\sqrt{e}$.

Toepassing 2 (vervolg). In figuur 4.14 is het experimenteel bepaalde spectrum van een enkele Gaussische spectraallijn gegeven. Uitgezet is de gemeten spectrale sterkte $S(\omega)$ in Ws tegen de frequentie ω in s^{-1}. Uit het gemeten spectrum moeten we zo goed mogelijk de intensiteit I, de frequentie ω_0 en de lijnbreedte $\Delta\omega$ bepalen.

Als er geen meetonnauwkeurigheid was, dan konden we de gevraagde I, ω_0 en $\Delta\omega$ uit de grafiek aflezen (zie boven). Omdat dit in de praktijk niet het geval is berekenen we deze waarden numeriek.

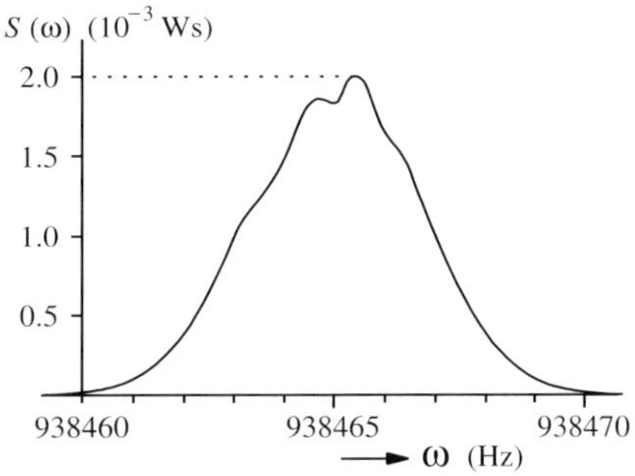

figuur 4.14. Een gemeten lijnprofiel.

De intensiteit van de lijn krijgen we door het gemeten spectrum $S(\omega)$ numeriek te integreren. De waarden buiten het afgebeelde frequentiegebied liggen beneden de waarnemingsgrens, we nemen die nul in de berekening.

De frequentie ω_0 bepalen we uit

$$\omega_0 = \frac{1}{I} \int_{-\infty}^{\infty} \omega S(\omega)\, d\omega.$$

De lijnbreedte $\Delta\omega$ bepalen we via

$$\tfrac{1}{4}\Delta\omega^2 = \frac{1}{I} \int_{-\infty}^{\infty} \omega^2\, S(\omega)\, d\omega - \omega_0^2.$$

Deze integralen kunnen we (net als de intensiteit) numeriek bepalen uit de meetgegevens.

Opgave 4.60.

a. Bepaal met behulp van de trapeziumregel de lijnintensiteit door het afgebeelde interval in tien gelijke stukjes te verdelen.

b. Bepaal voor de gegeven lijn de ligging met behulp van de trapeziumregel.

c. Bereken ook de lijnbreedte met de trapeziumregel en de gegeven formule.

Toepassing 3 (moleculaire fysica, chemie; vergelijk ook toepassing 2). Bij een emissiespectrum heeft een spectraallijn de vorm van een Gaussische lijn (zie toepassing 2). In een adsorptiespectrum heeft hij de vorm van een ***Lorentzlijn***. De spectrale intensiteit $S(\omega)$ van een Lorentzlijn met intensiteit I voldoet aan $S(\omega) = I\,S_L(\omega)$, met

$$S_L(\omega) = \frac{2}{\pi\Delta\omega}\frac{1}{1+\frac{4(\omega-\omega_0)^2}{\Delta\omega^2}}.$$

De totale intensiteit van de straling is

$$I = \int_{-\infty}^{\infty} S(\omega)\,d\omega.$$

Het maximum van $S_L(\omega)$ligt bij ω_0 (ga na). Bovendien geldt $S_L(\omega_0 \pm \tfrac{1}{2}\Delta\omega) = \tfrac{1}{2}\,S_L(\omega_0)$ (ga ook dit na), men noemt daarom $\Delta\omega$ wel de ***halfwaardebreedte*** van de Lorentzlijn.

De grafiek van $S_L(\omega)$ is afgebeeld in figuur 4.15. Daarbij is ter vergelijking ook de Gaussische lijn

$$S_G(\omega) = \sqrt{\frac{2}{\pi\,\Delta\omega^2}}\,\exp\!\left(-\frac{2(\omega-\omega_0)^2}{\Delta\omega^2}\right)$$

afgebeeld, voor dezelfde[1] waarden ω_0 en $\Delta\omega$. We zien dat de Lorentzlijn iets breder is dan de Gaussische lijn ("dikkere staarten").

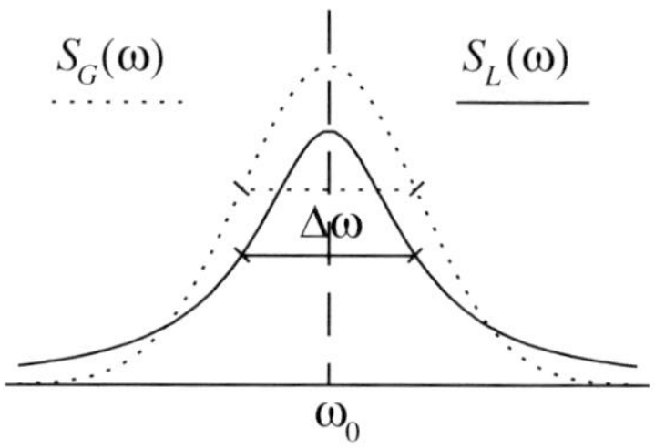

figuur 4.15. Een Lorentzlijn.

Opgave 4.61.

a. Ga na dat een Lorentzlijn met een spectraalsterkte $S(\omega) = I\,S_L(\omega)$ inderdaad totale intensiteit I heeft.

b. Laat zien dat de intensiteit $I_{[\,\omega_0-\Delta\omega/2,\,\omega_0+\Delta\omega/2\,]}$ van een Lorentzlijn over het interval tussen $\omega = \omega_0 - \tfrac{1}{2}\Delta\omega$ en $\omega = \omega_0 + \tfrac{1}{2}\Delta\omega$ gelijk is aan $\tfrac{1}{2}I$. Ook in deze zin is dus $\Delta\omega$ de halfwaardebreedte van de Lorentzlijn.

c. Laat zien dat voor een Lorentzlijn geldt $I = \tfrac{1}{2}\pi\Delta\omega\,S(\omega_0)$. Uit meting van $\Delta\omega$ en $S(\omega_0)$ is dus direct de lijnintensiteit te bepalen.

d. Voor een Gaussische lijn zijn de frequentie ω_0 en de lijnbreedte $\Delta\omega$ verbonden met de verwachtingswaarde en de variantie van de kansdichtheidsfunctie $S(\omega)\,/\,I$ door de relaties

$$\omega_0 = \frac{1}{I}\int_{-\infty}^{\infty}\omega S(\omega)\,d\omega \quad \text{en} \quad \tfrac{1}{4}\Delta\omega^2 = \frac{1}{I}\int_{-\infty}^{\infty}\omega^2 S(\omega)\,d\omega - \omega_0^2$$

(vergelijk opgave 4.59b en c). Waarom zijn dergelijke relaties voor een Lorentzlijn niet te leggen?

[1] Het lijkt alsof $\Delta\omega$ voor de Gaussische lijn in figuur 4.15 groter is dan voor de Lorentzlijn. Dat is gezichtsbedrog, meet maar na!

Toepassing 3 (vervolg). In figuur 4.16 is de gemeten sterkte $S(\omega)$ van een spectraallijn uitgezet tegen de frequentie ω. Dit zijn dezelfde metingen als in figuur 4.14, maar nu veronderstellen we dat de lijn een Lorentzlijn is. Als het precies een Lorentzlijn zou zijn en als er geen meetfouten waren, dan konden we I, ω_0 en $\Delta\omega$ uit de grafiek aflezen (zie boven). Omdat dit niet het geval is berekenen we deze waarden numeriek.

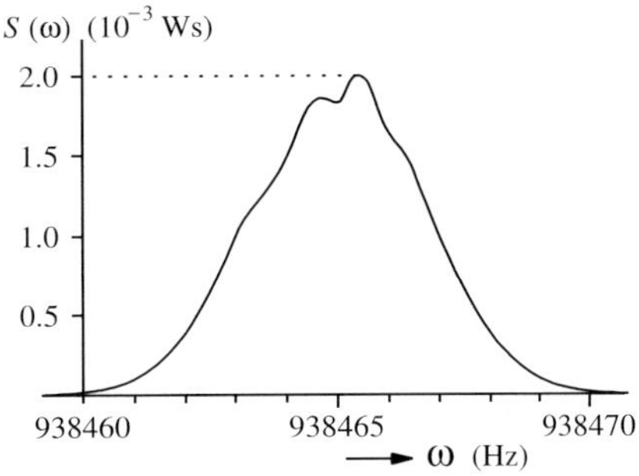

figuur 4.16. Een gemeten lijnprofiel.

Buiten het afgebeelde frequentiegebied nemen we de spectrale sterkte nul. De intensiteit I van de lijn krijgen we dan door de gemeten $S(\omega)$ te integreren over het frequentiegebied. Voor een Gaussische lijn bepalen we de frequentie ω_0 en de breedte uit de verwachtingswaarde en de variantie van de verdeling. Voor een Lorentzlijn kan dat niet (vergelijk opgave 4.61). In plaats daarvan gebruiken we de begrippen ***mediaan*** en ***interkwartielafstand***.

De ***mediaan*** is in dit geval de frequentie die de intensiteit in twee gelijke delen splitst: de helft van de intensiteit ligt er onder, en de helft ligt erboven. De mediaan is een schatting voor ω_0.
Het eerste kwartielpunt $\omega_{1/4}$ is die frequentie waaronder ¼ van de intensiteit ligt, en het derde kwartielpunt $\omega_{3/4}$ is die frequentie waaronder ¾ van intensiteit ligt. De ***interkwartielafstand*** $\omega_{3/4} - \omega_{1/4}$ is een schatting voor $\Delta\omega$. De algemene relatie voor ω_p is

$$F(\omega_p) = \int_{-\infty}^{\omega_p} S(\omega)\,d\omega = pI$$

met $p = ½$ voor de mediaan. Door deze integraal numeriek te berekenen uit de metingen kunnen we ω_0 en $\Delta\omega$ bepalen.

Opgave 4.62.

a. Bepaal met de midpuntregel de intensiteit als functie van de bovengrens, door het afgebeelde interval in tien gelijke stukjes $\delta\omega$ te verdelen. Wat is de lijnintensiteit I?

b. Maak een grafiek van de in het vorige onderdeel bepaalde functie $F(\omega)$.

c. Zoek in deze grafiek de twee opeenvolgende punten ω_- en ω_+, waarvoor $F(\omega)$ respectievelijk juist kleiner en groter is dan $½.I$ Bereken hiermee de mediaan

$$\omega_{1/2} = \omega_- + \delta\omega \frac{F(\omega_{1/2}) - F(\omega_-)}{F(\omega_+) - F(\omega_-)}.$$

Deze formule gebruikt lineaire interpolatie in de grafiek van $F(\omega)$.

d. Bereken op vergelijkbare wijze het eerste en derde kwartielpunt en bepaal hiermee $\Delta\omega$.

e. Vergelijk de resultaten met die van opgave 4.60.

4.14 OPGAVEN

Opgave 4.63. Bepaal met de rechthoeksregels en de trapeziumregel het oppervlak onder de grafiek die bij de volgende meetseries hoort. Merk op dat je die grafiek zelf weliswaar niet hoeft te tekenen, maar het helpt wel bij het analyseren van het probleem.

a. $a(1) = 1.18$, $a(3) = 1.82$, $a(5) = 2.28$, $a(7) = 2.32$, $a(9) = 2.34$, $a(11) = 2.35$.

b. $b(0{,}3) = 1245$, $b(0.4) = 1353$, $b(0.5) = 1411$, $b(0.6) = 1464$.

c. $c(0{,}0) = 0.02$, $c(0.1) = 0.15$, $c(0.2) = 0.31$, $c(0.5) = 0{,}43$, $c(1.0) = 0.45$.

Opgave 4.64. Bereken de volgende integralen met behulp van de trapeziumregel en indien mogelijk analytisch.

a. $\int_0^2 x e^{-x}\, dx$ met $h = ¼$, b. $\int_0^1 e^{-x}\sqrt{x}\, dx$ met $h = ¼$.

Opgave 4.65 (zie ook opgave 4.12). Een integraal die we niet analytisch kunnen bepalen is wel numeriek te benaderen. Bijvoorbeeld, voor een gegeven waarde van x kunnen we

$$\mathrm{erf}(x) = \frac{2}{\sqrt{\pi}}\int_0^x e^{-y^2}\, dy,$$

met de trapeziumregel berekenen.
Een alternatief is de integrand te benaderen met een Taylorreeks. Uit de Taylorreeks voor $f(z) = e^z$ vinden we met $z = -y^2$

$$\mathrm{erf}(x) = \frac{2}{\sqrt{\pi}}\int_0^x 1 - y^2 + \tfrac{1}{2}y^4 - \tfrac{1}{6}y^6 + \ldots\, dy.$$

a. Benader erf(1) met de trapeziumregel met $h = ¼$.

b. Benader erf(1) met de eerste drie termen uit de Taylorreeks als boven.

c. Vergelijk de antwoorden met het exacte resultaat $\mathrm{erf}(1) \cong 0.84270$.

d. Bereken ook erf(2) met de trapeziumregel en de Taylorreeks als hierboven en vergelijk met het exacte (afgeronde) resultaat $\mathrm{erf}(2) = 0.99532$.

e. Benader erf(2) met een Taylorreeks rond $y_0 = 1$ tot orde y^4.

Opgave 4.66. De integraalsinus is gedefinieerd als

$$\mathrm{Si}(x) = \int_0^x \frac{\sin(y)}{y}\, dy.$$

a. Schrijf de functie $f(y) = \sin(y)$ in de integrand als een Taylorreeks en bereken hiermee de eerste drie termen (ongelijk nul) van de Taylorreeks van $\mathrm{Si}(x)$.

b. Bepaal met behulp van deze reeksontwikkeling een benadering voor $\mathrm{Si}(\pi/2)$.

c. Benader $\mathrm{Si}(\pi/2)$ ook met de trapeziumregel en de midpuntregel, beide met $h = \pi/8$.

d. Vergelijk de verkregen resultaten met de exacte waarde $\mathrm{Si}(\pi/2) \cong 1.37076$.

Opgave 4.67 (waterzuivering). Afvalstoffen kunnen afgebroken worden door bacteriën en andere micro-organismen. De reinigende werking van natuurlijke systemen is beperkt, vandaar dat gerichte reiniging in kunstmatige zuiveringsinstallaties nodig is.

In een proefopstelling wordt huishoudelijk afvalwater gezuiverd in een bakje met slib door bacteriën ('actief slib'). Deze activiteit van de bacteriën leidt tot een hoger zuurstofgebruik: de ademhaling (respiratie) neemt toe. We bepalen de respiratiesnelheid (dat is het zuurstofgebruik per tijdseenheid) door het zuurstofgehalte van het water te meten.

Aan 0.9 liter actief slib is (op $t = 0$) 0.1 liter vuil water toegevoegd. In rusttoestand gebruiken de bacteriën circa 22 milligram per liter per uur. In figuur 4.17 is horizontaal de tijd in minuten uigezet, en verticaal de respiratiesnelheid. We zien dat de activiteit eerst stijgt, en daarna langzaam tot de rusttoestand terugzakt. Het water bevat dan geen voeding meer voor de bacteriën.

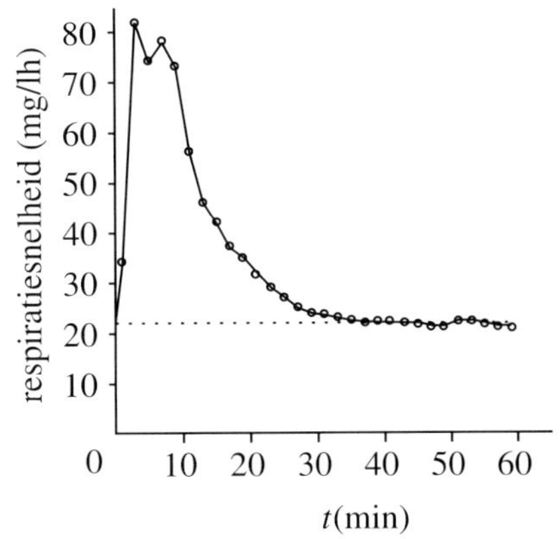

figuur 4.17 Respiratie van actief slib.

a. Beredeneer dat het oppervlak onder de grafiek juist de totale hoeveelheid verbruikte zuurstof is.

b. Bepaal de extra hoeveelheid zuurstof die wordt gebruikt door het oppervlak tussen $t = 0$ en $t = 40$ min (!) te schatten met behulp van de trapeziumregel.

c. Het extra zuurstofgebruik is evenredig met de hoeveelheid verwijderde voedingsstoffen. Na hoeveel tijd is 95% van het vuil verwijderd?

Opgave 4.68 (sociologie, econometrie; vergelijk §4.3, toepassing 4 en §4.4, opgave 4.24). De Lorentzcurve geeft informatie over de inkomensverdeling binnen een groep. In figuur 4.18 is een Lorentzcurve getekend. Het Ginigetal is de verhouding van het oppervlak tussen de diagonaal en de Lorentzcurve (het grijze gebied) en het oppervlak onder de diagonaal. Dit is een maat voor de inkomensongelijkheid.

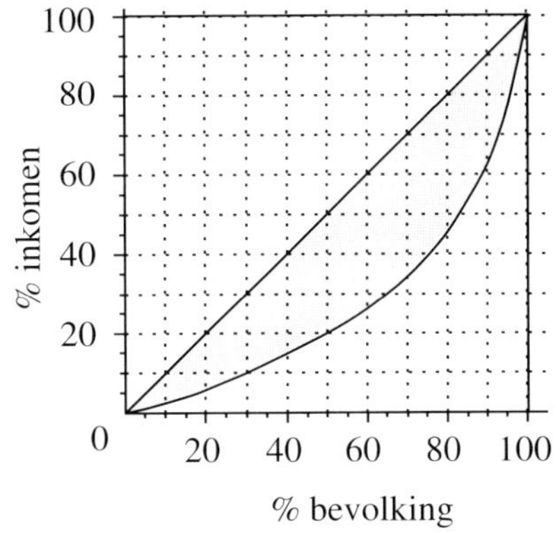

figuur 4.18. Een Lorentzcurve.

a. Hoeveel procent van de bevolking heeft de beschikking over de eerste 10% van het nationaal inkomen? Hoeveel procent krijgt de laatste 10% van het inkomen?

b. Bereken p_{laag}, het deel van de bevolking dat bestaat uit de laagst betaalden, die samen de helft van het nationaal inkomen verdienen.

c. Bereken het Ginigetal numeriek door het oppervlak onder de Lorentzcurve met de trapeziumregel te benaderen. Verdeel hiertoe het interval langs de x-as in stukjes van 10%.

d. We delen het interval $[0, 1]$ in $[0, p_{laag}]$ en $[p_{laag}, 1]$. Laat zien dat de trapeziumregel op deze stukken voor het Ginigetal Gi de benadering geeft

$$Gi \cong p_{laag} - \tfrac{1}{2}.$$

e. Beredeneer dat de benadering met de trapeziumregel altijd een lagere waarde voor Gi geeft dan de werkelijke waarde.

Opgave 4.69*.***

a. We benaderen de grafiek van een functie $f(x)$ op het interval $[a,b]$ door een rechte lijn door de punten $(a,f(a))$ en $(b,f(b))$. Laat zien dat

$$y(x) = f(a) + (x-a)\frac{f(b)-f(a)}{b-a}$$

de vergelijking voor die lijn is.

b. Integreer $y(x)$ over $[a,b]$. Laat daarmee zien dat de integraal van $f(x)$ over $[a,b]$ wordt benaderd door $\frac{1}{2}h(f(a)+f(b))$. Leid hiermee de formule voor de trapeziumregel af.

4.15 REFLECTIE

In dit hoofdstuk zijn drie methoden behandeld voor het primitiveren. Als we de gezochte primitieve niet direct kunnen vinden, dan kunnen we soms de integrand bewerken tot een gemakkelijkere vorm. Vaak is een enkele bewerking niet genoeg, en is alleen door herhaald proberen en toepassen van alle technieken resultaat te behalen.

We moeten ons daarbij wel realiseren dat lang niet iedere functie een primitieve heeft die uit te drukken is in standaardfuncties als $\sin(x)$, $\ln(x)$ enzovoort. Probeer maar eens de volgende opgave:

"Onmogelijke" Opgave 4.70. Bepaal de volgende integralen:

a. $\dfrac{2}{\sqrt{\pi}}\displaystyle\int_0^x e^{-y^2}\,dy$ b. $\displaystyle\int_0^x \sin(\tfrac{\pi}{2}y^2)\,dy$

b. $\displaystyle\int_0^x \frac{\sin(y)}{y}\,dy$ d. $\dfrac{1}{\pi}\displaystyle\int_0^\pi \cos(x\sin(t))\,dt$ #

Deze integralen zien er niet echt ingewikkeld uit. Omdat ze voor de toepassing belangrijk zijn worden ze gebruikt als definities van respectievelijk de errorfunctie $\text{erf}(x)$, de Fresnelintegraal $S(x)$, de Integraalsinus $Si(x)$ en de Besselfunctie $J_0(x)$.

Tegenwoordig worden ook computerprogramma's die algebraïsche bewerkingen als primitiveren uitvoeren steeds meer gemeengoed; we noemen MATHEMATICA, MAPLE, DERIVE en MATHCAD. Zulke computeralgebra programma's kunnen ook bewerkingen als substitutie, partiële integratie en breuksplitsing doen. Verder hebben ze een veel langere lijst met standaardintegralen dan wij: zij kunnen opgave 4.70 wel oplossen!

Soms nemen we onze toevlucht tot de numerieke methoden, zoals die in §4.12 aan de orde komen. Deze numerieke methoden zijn vooral geschikt als we van de gezochte primitieve slechts een beperkt aantal waarden nodig hebben. Hebben we echt de primitieve als functie nodig, dan zijn de numerieke methoden minder geschikt.

HISTORISCHE NOTITIES

De substitutieregel is waarschijnlijk ontdekt door James Gregory (Schotland, 1638-1685).
De partiële integratie gaat terug op Brook Taylor (Engeland, 1685-1731). Op zijn naam staat ook de Taylorreeks, hoewel die al veel eerder door Gregory gevonden was.
De numerieke integratie is sterk bevorderd door Leonard Euler (Zwitserland, 1707-1783). Belangrijke bijdragen kwamen ook van Isaac Newton (Engeland, 1642-1727; de Newton-Cotes methoden) en Carl Friedrich Gauss (Duitsland, 1777-1855; de Gauss-methoden, later verder ontwikkeld tot Gauss-Kronrod methoden).

Gregory

5 DIFFERENTIAALVERGELIJKINGEN

VOORKENNIS

- Kennis van elementaire algebraïsche rekenregels.
- Kennis van de afgeleide en de primitieve van een functie.
- Vaardigheid in het bepalen van afgeleide en primitieve.

OVERZICHT VAN DIT HOOFDSTUK

5.1 INLEIDING

Voorbeeld. Als een voorwerp warmer is dan zijn omgeving stroomt er warmte uit het voorwerp naar de omgeving: het voorwerp koelt af. Er is dus een verband tussen de temperatuurverandering en het temperatuurverschil. #

Voorbeeld. De hoeveelheid kapitaalgoederen in een land neemt toe door investeringen. Anderzijds neemt de waarde van die goederen af door veroudering. Hoe meer kapitaalgoederen, hoe groter de afschrijving. De toename van de hoeveelheid kapitaalgoederen hangt dus niet alleen af van de investeringen, maar ook van die hoeveelheid zelf. #

In beide voorbeelden is er een verband tussen een grootheid en de snelheid waarmee die grootheid verandert. De grootheid zelf beschrijven we met een functie $y(t)$ van de tijd t; de verandering is dan $y'(t)$, de afgeleide naar de tijd. De vergelijking die het verband legt tussen $y(t)$ en $y'(t)$ heet een ***differentiaalvergelijking***.

Voorbeeld (biologie, microbiologie). In een kweekschaaltje zit aanvankelijk een klein aantal bacteriën. Omdat de omstandigheden gunstig zijn gaan zij zich delen: elke negentig minuten verdubbelt het aantal bacteriën. Als we beginnen met n_0 bacteriën, dan zijn er na een keer delen $n_1 = 2n_0$, na twee keer delen $n_2 = 2n_1 = 4n_0$, enzovoort. Na k keer delen geldt

$$n_k = 2^k n_0 .$$

De uitkomst is een ***meetkundige rij*** (vergelijk ook §1.4, opgave 1.23). Elke negentig minuten is er een nieuwe generatie, en neemt de variabele k toe met één. Het aantal bacteriën neemt stapsgewijs toe, steeds met een geheel aantal. Zowel de variabele k, die de tijd aangeeft, als de variabele n_k zijn dus ***discreet***.

Het proces loopt in werkelijkheid veel gecompliceerder, omdat de bacteriën zich niet allemaal op hetzelfde moment delen. Sommige doen dat wat eerder, andere wat later: de generatietijd van negentig minuten is een gemiddelde. Zelfs met één gemeenschappelijke stamvader zijn er op den duur op elk moment wel bacteriën aan het delen; als we met meerdere stamvaders beginnen treedt dat nog sneller op. Verder sterven er bacteriën, ook op willekeurige tijdstippen.
We kunnen dus niet het leven van individuen in de populatie in detail volgen. We nemen daarom op tijd t een willekeurig exemplaar uit de populatie; we weten niet wanneer hij zich voor het laatst gedeeld heeft. Daarmee is het volgende tijdstip van delen een kansproces: de kans dat hij zich deelt in een klein tijdvak van t naar $t+\Delta t$ is evenredig met Δt, met evenredigheidsconstante g. De kans dat hij sterft is ook evenredig met Δt, met evenredigheidsconstante s. Als we het aantal bacteriën aanduiden met $n(t)$, dan verwachten we dus voor $n(t+\Delta t)$ de waarde

$$n(t+\Delta t) \cong n(t) + gn(t)\Delta t - sn(t)\Delta t = n(t) + \alpha n(t)\Delta t$$

met $\alpha = g - s$. Merk op dat niet alleen de tijd t, maar ook $n(t)$ hiermee continu geworden is; we krijgen dus een ***continu model*** voor de groei van de populatie.
Voor kleine Δt geldt

$$n(t+\Delta t) - n(t) \cong \alpha n(t)\Delta t .$$

We delen door Δt:

$$\frac{n(t+\Delta t) - n(t)}{\Delta t} \cong \alpha n(t),$$

en we nemen de limiet $\Delta t \to 0$:

$$n'(t) = \alpha n(t).$$

Dit is een ***differentiaalvergelijking***, die de groei van het aantal bacteriën beschrijft in termen van dat aantal zelf.
Oplossingen van deze vergelijking hebben we al in §2.8 gezien: het zijn de ***exponentiële functies***

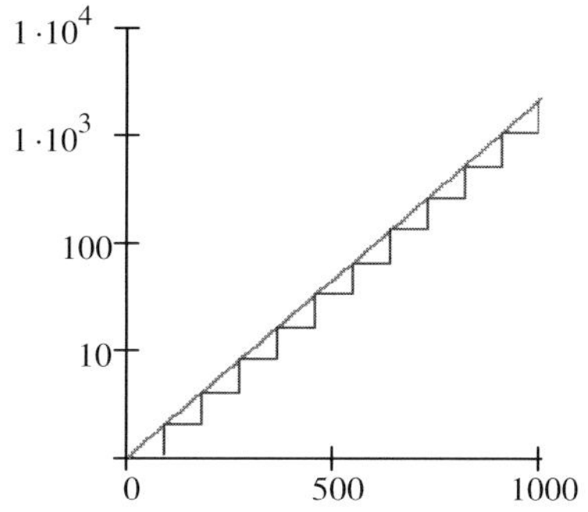

figuur 5.1. Continue en discrete groei, logaritmische schaal.

$$n(t) = n_0\,e^{\alpha t}.$$

De oplossing heeft dezelfde verdubbelingstijd van negentig minuten als het discrete proces voor $\alpha = \ln(2)/90$ per min (ga na!).
In figuur 5.1 is de uitkomst van beide modellen geschetst op een logaritmische schaal. Voor grote aantallen bacteriën is het continue model realistischer dan het discrete model.

Het aantal bacteriën $n(t)$ vertoont exponentiële groei zolang de omstandigheden gunstig zijn. Op den duur zijn er zoveel bacteriën in het kweekschaaltje dat ze elkaar beconcurreren; daardoor vertraagt de groei. Het afnemen van de groeisnelheid als $n(t)$ groeit modelleren we door α niet constant te nemen, maar afhankelijk van $n(t)$, bijvoorbeeld met

$$\alpha = k(a - n(t)).$$

Met deze α volgt

$$n(t+\Delta t) - n(t) \cong k(a-n(t))n(t)\Delta t,$$

en in de limiet $\Delta t \to 0$ krijgen we de zogeheten ***logistische differentiaalvergelijking***:

$$n'(t) \cong k(a-n(t))n(t).$$

Ook deze vergelijking zagen we al in §2.8. Het blijkt dat de oplossingen van deze vergelijking de groei van een bacteriekweek heel aardig weergeven. #

Voorbeeld (natuurkunde). Een massieve ijzeren bol heeft een temperatuur van 100°C. We brengen die bol in een ruimte met een constante temperatuur van 20°C. Hoe verandert de temperatuur $T(t)$ van de bol met de tijd t?
In een eenvoudig model neemt de temperatuur van de bol evenredig af met het verschil in temperatuur tussen de bol en zijn omgeving. De afname van de temperatuur per tijdseenheid is $-T'(t)$. Een model voor het afkoelingsproces is dus

$$-T'(t) = a(T(t) - T_r)$$

met $a > 0$ de evenredigheidsconstante en $T_r = 20$°C de temperatuur van de omgeving.[1]

---

[1] Dit is de *koelingswet van Newton*, genoemd naar Isaac Newton (1642-1727).

Het minteken zetten we aan de rechterkant, en zo krijgen we de ***differentiaalvergelijking***

$$T'(t) = -a(T(t) - T_r).$$

In dit hoofdstuk behandelen we een methode om deze differentiaalvergelijking op te lossen. Nu al zien we dat de constante functie $T(t) = T_r$ voldoet (daarvoor geldt immers $T'(t) = 0$). De bol is dan op de temperatuur van de omgeving en blijft daarop: die toestand is ***stationair***. Houden we een brandende lucifer bij de bol, dan stijgt de temperatuur even, maar keert daarna weer naar de omgevingstemperatuur T_r terug: de stationaire toestand is ***stabiel*** (voor verstoringen).

De constante functie $T(t) = T_r$, die aan de differentiaalvergelijking voldoet, voldoet niet aan de beginwaarde $T(0) = 100°C$; het is dus niet de oplossing van ons probleem. Er zijn dus meer oplossingen van de differentiaalvergelijking. Hieruit moeten we een oplossing kiezen die voldoet aan de beginwaarde. #

Voorbeeld (macro-economie). $K(t)$ is de hoeveelheid kapitaalgoederen waarover een land beschikt op het tijdstip t. De groei van de hoeveelheid kapitaalgoederen, $K'(t)$, modelleren we met de vergelijking

$$K'(t) = I(t) - \delta K(t),$$

met I de investeringen in kapitaalgoederen en δ de afschrijvingscoëfficiënt. We nemen aan dat de investeringen I een vaste fractie van het nationaal inkomen Y zijn:

$$I(t) = sY(t), \qquad 0 < s < 1.$$

Het nationaal inkomen is op zijn beurt een functie van de hoeveelheid kapitaalgoederen:

$$Y(t) = g(K(t)).$$

Als $g(K) = a_0 + a_1K$, dan leidt groei van de kapitaalgoederen tot een evenredige groei van het nationaal inkomen.

Als we deze relaties invullen in de vergelijking voor K, dan geeft dit een ***differentiaalvergelijking***

$$K'(t) = sg(K(t)) - \delta K(t).$$

Als we $K(t_0)$ kennen, dan kunnen we met de differentiaalvergelijking het verloop van $K(t)$ berekenen. Daarmee kunnen we de economische ontwikkeling voorspellen. Het resultaat is nooit helemaal correct, omdat een gecompliceerd proces als de nationale economie natuurlijk niet in zo'n eenvoudig model is te vangen.

Cobb en Douglas hebben in het model een verzadigingseffect ingebouwd door de functie $g(K) = a\sqrt{K}$ te kiezen. De toename van het nationaal inkomen is dan niet meer evenredig met de toename van de kapitaalgoederen; de verhouding tussen deze toenamen wordt voor grotere waarden van K steeds kleiner.
De niet-lineaire relatie $g(K) = a\sqrt{K}$ maakt de differentiaalvergelijking iets ingewikkelder dan de lineaire relatie $g(K) = a_0 + a_1K$. Niettemin kunnen we de differentiaalvergelijking in beide gevallen oplossen. #

5.2 WISKUNDIG GEREEDSCHAP: RICHTINGSVELDEN, EVENWICHTEN EN MODELLEN

In de inleiding hebben we voorbeelden gezien van differentiaalvergelijkingen en de manier waarop we die kunnen opstellen. In deze paragraaf besteden we aandacht aan de analyse van differentiaalvergelijkingen, zonder dat we de oplossingen expliciet kennen. Dat is van belang als we die oplossingen niet kunnen vinden, maar het is ook een nuttig hulpmiddel om te controleren of het model (de differentiaalvergelijking) wel het gedrag vertoont dat we ervan verwachten.
In §5.5 behandelen we een aantal oplosmethoden voor differentiaalvergelijkingen.

DIFFERENTIAALVERGELIJKING EN RICHTINGSVELD

Voorbeeld (biologie; vergelijk §5.1). Het aantal bacteriën in een kweek kunnen we modelleren met de ***logistische differentiaalvergelijking***

$$y'(t) = k(a - y(t))\,y(t).$$

De oplossingen $y(t)$ van deze differentiaalvergelijking zijn besproken in hoofdstuk 2, het zijn logistische functies. Hoe we die oplossingen kunnen vinden laten we in §5.5 zien; we beperken ons nu tot de differentiaalvergelijking zelf.

Als we de functie $y(t)$ zouden kennen, dan zouden we daarvan een grafiek kunnen tekenen door y uit te zetten tegen t. Bij gebrek aan de expliciete oplossing kunnen we de grafiek van $y(t)$ niet tekenen. Uit de differentiaalvergelijking weten we echter wel dat in het punt met coördinaten t en $y(t)$ de afgeleide de waarde $y'(t) = k\,(a - y(t))\,y(t)$ heeft. We kunnen dus in het punt $(t, y(t))$ een richtingscoëfficiënt $y'(t)$ berekenen.

We tekenen nu in een aantal punten een kort lijnstukje, met de richtingscoëfficiënt $y'(t)$ die bij dat punt hoort. De hoek φ die dat lijnstukje met de t-as maakt wordt gegeven door $\tan(\varphi) = y'(t)$. Zo'n lijnstukje heet een ***raaklijnelement***. De figuur 5.2 die zo ontstaat heet het ***richtingsveld*** van de differentiaalvergelijking. Dit richtingsveld geeft al veel informatie over de oplossingen van de differentiaalvergelijking.

Laten we eens starten in het punt $t = 0$ en $y(0) = \frac{1}{4}a$, zie figuur 5.2. In dat punt heeft $y(t)$ een positieve richtingscoëfficiënt. De grafiek is daar dus stijgend. Aan het richtingsveld zien we dat daardoor de richtingscoëfficiënt nog verder toeneemt. Bij $y(t) = \frac{1}{2}a$ bereikt de richtingscoëfficiënt zijn maximum; daarboven neemt hij weer af. Bij $y(t) = a$ is de richtingscoëfficiënt nul, de grafiek loopt dan horizontaal. Deze oplossing is in figuur 5.2 gestippeld getekend.
Voor $t = 0$ en $y(0) > a$ geldt $y'(0) < 0$, de grafiek daalt dan. Als $y(t)$ daalt neemt de daalsnelheid af, de grafiek gaat dus steeds vlakker lopen. Bij $y(t) = a$ loopt de grafiek horizontaal. #

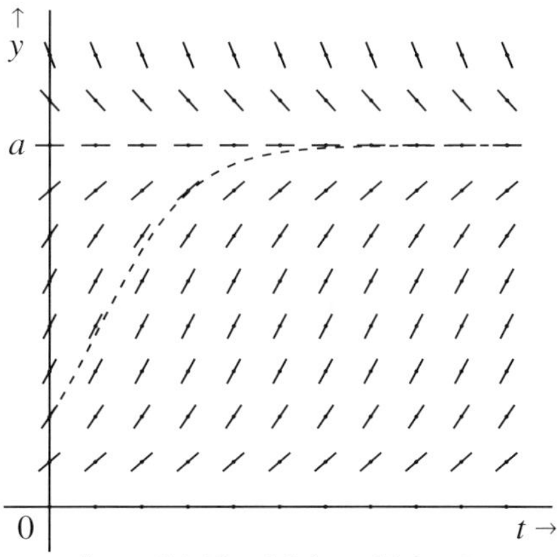

figuur 5.2. Het richtingveld van de logistische differentiaalvergelijking.

D

Definitie. Een ***differentiaalvergelijking*** (van de eerste orde[1]) is een vergelijking van de vorm

$$y'(t) = f(t, y(t))$$

met rechts een functie van de onafhankelijke variabele t en de afhankelijke variabele $y(t)$.#

Voorbeelden. De volgende vergelijkingen zijn differentiaalvergelijkingen van de eerste orde:

$$y'(t) = -3y(t),$$
$$y'(t) = -t\,y(t) + \sin(t),$$
$$y'(t) = (1 - y(t)^2)\,y(t),$$
$$y'(t) = t\,y(t)^2. \qquad \#$$

Het ***richtingsveld*** van de differentiaalvergelijking $y'(t) = f(t, y(t))$ bestaat uit de ***raaklijnelementen*** in een aantal punten in het (t, y)-vlak. Het raaklijnelement in het punt $(t, y(t))$ heeft richtingscoëfficiënt $y'(t)$. Deze waarde volgt direct uit de differentiaalvergelijking: voor de hoek φ die het raaklijnelement met de t-as maakt geldt $\tan(\varphi) = y'(t) = f(t, y(t))$.

Voorbeeld. We schetsen het richtingsveld van de differentiaalvergelijking

$$y'(t) = y(t).$$

In ieder punt in het (t, y)-vlak kunnen we de richtingscoëfficiënt van de oplossing uitrekenen. De oplossing waarvoor $y(1) = 2$ heeft in $t = 1$ een afgeleide $y'(1) = y(1) = 2$. In het punt (1,2) tekenen we een raaklijnelement met richtingscoëfficiënt 2. Dat doen we niet voor alle punten van het (t, y)-vlak, want dat wordt erg vol. We kiezen de punten regelmatig verspreid, bijvoorbeeld met $t = 0, 1, 2, \ldots$ en $y(t) = 0, 1, 2, \ldots$. Zo krijgen we een regelmatig ***rooster*** van punten. In de roosterpunten tekenen we de raaklijnelementen. Dat geeft het richtingsveld van de vergelijking $y'(t) = y(t)$, zie figuur 5.3. #

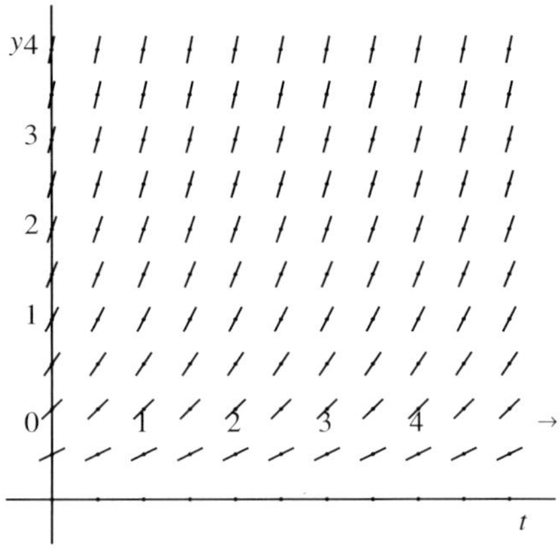

figuur 5.3. Het richtingsveld van $y'(t) = y(t)$.

Opgave 5.1. Het richtingsveld van de differentiaalvergelijking $y'(t) = y(t)$ is weergegeven in figuur 5.3.

a. Laat zien dat de richtingscoëfficiënt in het punt (3,1) juist 1 is.
b. Welke hoek maakt de raaklijn aan de grafiek in het punt $(2,\sqrt{2})$?
c. Waarom staan alle raaklijnelementen op de lijn $y(t) = 1$ onder een hoek van 45°?
d. Schets de grafiek van de oplossing met $y(2) = 2$. #

[1] Een vergelijking die $y'(t)$ en $y(t)$ bevat en eventueel ook t is een differentiaalvergelijking van de eerste orde. Een vergelijking die ook hogere orde afgeleiden van $y(t)$ bevat is een hogere orde differentiaalvergelijking. Deze behandelen we hier niet.

Voorbeeld. We schetsen het richtingsveld van de differentiaalvergelijking

$$y'(t) = t - y(t)$$

voor $0 \leq t \leq 5$ en $-1 \leq y \leq 4$. We maken een rooster van punten: t loopt met stappen van ½ van $t = 0$ naar $t = 5$, en y met stappen van ½ van $y = -1$ naar $y = 4$. In die 121 punten trekken we de raaklijnelementen, met richtingscoëfficiënt $t - y$. Het resultaat is figuur 5.4. #

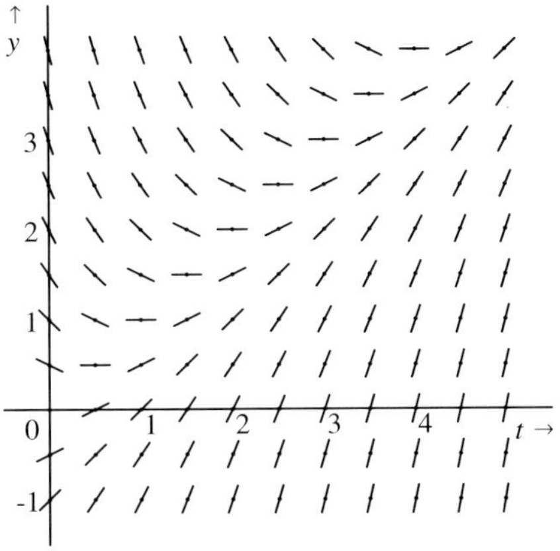

figuur 5.4. Het richtingsveld van $y'(t) = t - y(t)$.

Opgave 5.2. Bekijk nog eens de differentiaalvergelijking

$$y'(t) = t - y(t)\,.$$

a. Schets in figuur 5.4 de grafiek van de oplossing $y(t)$ van de differentiaalvergelijking waarvoor $y(0) = -1$.
b. Schets de grafiek van de oplossing met $y(0) = 2$.
c. Schets de grafiek van de oplossing met $y(2) = -1$. #

Uit de bovenstaande voorbeelden zien we dat een functie $y(t)$ niet geheel wordt bepaald door de differentiaalvergelijking waar hij aan voldoet. We kunnen in het richtingsveld meerdere krommen trekken die raken aan de raaklijnelementen. Een oplossing $y(t)$ ligt pas vast als we een punt (t_0, y_0) kennen waardoor hij gaat. Die functie $y(t)$ voldoet dan niet alleen aan de differentiaalvergelijking, maar ook nog aan de extra voorwaarde $y(t_0) = y_0$. Die extra voorwaarde heet de ***beginvoorwaarde***.

D

Opgave 5.3. Schets het richtingsveld van de differentiaalvergelijking

$$y'(t) = \tfrac{1}{2}(3 - y(t))\,y(t)$$

voor $-1 \leq y \leq 4$ en $0 \leq t \leq 5$. Laat t en y daarbij met stappen van ½ oplopen. Schets ook de oplossingen waarvoor $y(0) = -½$, $y(0) = 0$, $y(0) = ½$, $y(0) = 2$ en $y(0) = 4$. #

EVENWICHTEN

Differentiaalvergelijkingen modelleren vaak fysische, economische of biologische processen die afhangen van de tijd. In de vergelijking $y'(t) = f(t, y(t))$ stelt de onafhankelijke variabele t dan de tijd voor; de afhankelijke variabele $y(t)$ beschrijft het proces dat we modelleren.
We beperken ons nu tot processen, waarvan de externe omstandigheden constant zijn. De verandering $y'(t)$ hangt dan alleen af van $y(t)$ zelf, en niet van t (anders dan via $y(t)$). Bij zo'n proces hoort een differentiaalvergelijking van het type

$$y'(t) = f(y(t)),$$

waarbij het rechterlid een functie is van alleen $y(t)$. Zo'n differentiaalvergelijking heet ***autonoom***. Het richtingsveld van zulke vergelijkingen hangt alleen van y af, en niet van t: als we het plaatje horizontaal verschuiven verandert het niet. Zie bijvoorbeeld figuur 5.2 en figuur 5.3: dit zijn richtingsvelden van autonome differentiaalvergelijkingen. Figuur 5.4 toont een richtingsveld van een differentiaalvergelijking die niet autonoom is.

Een autonome differentiaalvergelijking beschrijft een systeem dat niet van de tijd t afhangt. We zoeken daarom eerst oplossingen $y(t)$ die ook niet van de tijd afhangen; dat zijn dus constante oplossingen $y(t) = y(0)$ voor alle t. In dat geval geldt $y'(t) = 0$, dus

$$f(y(t)) = 0 \qquad \text{voor alle } t.$$

Dit geldt als

$$f(y(0)) = 0.$$

Een waarde $y(0)$ die hieraan voldoet heet een ***evenwicht*** van de differentiaalvergelijking.

Definitie. $\underline{y}$ is een ***evenwicht*** van de differentiaalvergelijking $y'(t) = f(y(t))$ als de constante functie $y(t) = \underline{y}$ een oplossing van de differentiaalvergelijking is. #

Eigenschap. $\underline{y}$ is een evenwicht van $y'(t) = f(y(t))$ als $f(\underline{y}) = 0$. #

Voorbeelden. We geven voor de volgende differentiaalvergelijkingen de evenwichten, indien ze bestaan:

$$y'(t) = -3y(t): \qquad y(t) = \underline{y} = 0$$

$$y'(t) = 2y(t) - 4: \qquad y(t) = \underline{y} = 2$$

$$y'(t) = y(t)^2 + 2: \qquad \text{geen evenwicht}$$

$$y'(t) = y(t)^2 - 5y(t) + 6: \qquad y(t) = \underline{y}_{1,2} \text{ met } \underline{y}_1 = 2 \text{ en } \underline{y}_2 = 3.$$ #

Opgave 5.4. Bepaal de evenwichten van de vergelijkingen

a. $y'(t) = k\,y(t)$

b. $y'(t) = k(a - y(t))$

c. $y'(t) = k(a - y(t))\,y(t)$. #

Opmerking. In een richtingsveld kunnen we een evenwicht heel gemakkelijk herkennen als een horizontale rij van horizontale raaklijnelementen! #

Voorbeeld. In figuur 5.5 staat het richtingsveld van de ***lineaire differentiaalvergelijking***

$$y'(t) \;=\; y(t)\,.$$

Er is een evenwicht $\underline{y} = 0$. Bij een beginwaarde $y(0)$ die iets groter is dan $\underline{y}$, bijvoorbeeld $y(0) = \underline{y} + \Delta y$, is de afgeleide $y'(0)$ positief (want $f(\underline{y} + \Delta y) = \Delta y > 0$). De oplossing door dat punt is dus stijgend, en de afstand tot het evenwicht neemt verder toe als t toeneemt.
Als de beginwaarde $y(0)$ iets kleiner is dan $\underline{y}$, zeg $y(0) = \underline{y} - \Delta y$, dan is de afgeleide van $y(t)$ negatief (want $f(\underline{y} - \Delta y) = -\Delta y < 0$). Dit geeft een dalende functie, en weer neemt de afstand tot het evenwicht toe. We noemen het evenwicht $\underline{y} = 0$ een ***instabiel evenwicht***: een oplossing die er dicht bij start loopt er vandaan. #

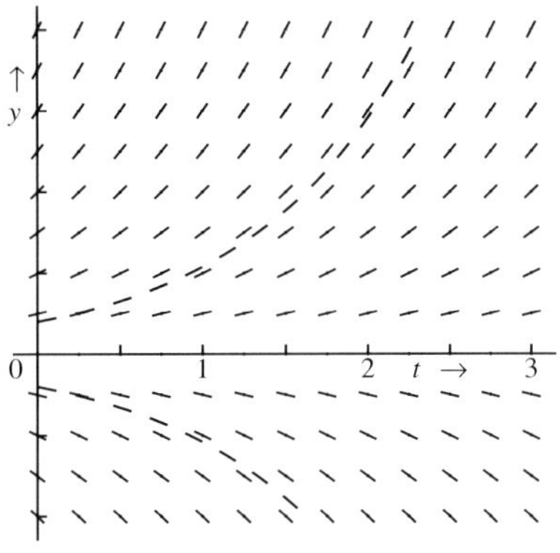

figuur 5.5. De vergelijking $y'(t) = y(t)$.

Voorbeeld. Anders ligt het bij het evenwicht $\underline{y} = 0$ van de lineaire differentiaalvergelijking

$$y'(t) \;=\; -y(t)\,.$$

Bij een beginwaarde die iets groter is dan $\underline{y}$, zeg $y(0) = \Delta y$, is de afgeleide van $y(t)$ negatief (want $f(\Delta y) = -\Delta y < 0$). De oplossing door dat punt is dus een dalende functie. Als t toeneemt neemt de afstand tot het evenwicht neemt af.
Bij een beginwaarde iets kleiner dan $\underline{y}$, zeg $y(0) = -\Delta y$, is de afgeleide positief ($f(-\Delta y) > 0$). Dit geeft nu een stijgende functie en weer neemt de afstand tot het evenwicht af. We noemen het evenwicht $\underline{y} = 0$ ***stabiel***: een oplossing die er dicht bij start loopt er naar toe. #

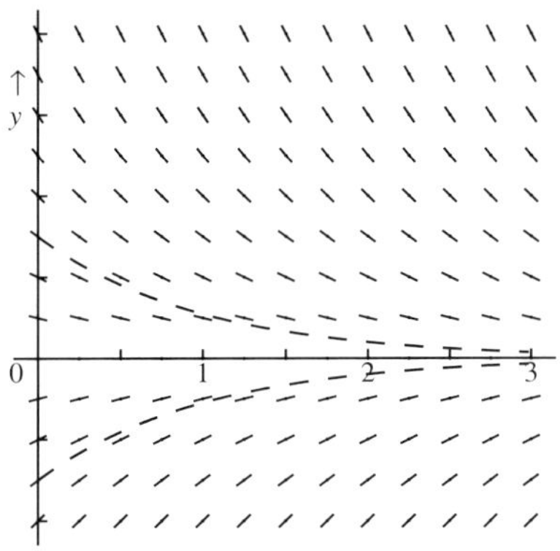

figuur 5.6. De vergelijking $y'(t) = -y(t)$.

D ***Definitie.*** Een evenwicht van een autonome differentiaalvergelijking is ***stabiel*** als oplossingen die dichtbij dat evenwicht starten naar het evenwicht toegaan. Het evenwicht is ***instabiel*** als oplossingen die dichtbij dat evenwicht starten van het evenwicht weg lopen. #

Voorbeeld. De logistische vergelijking

$$y'(t) \;=\; k(a - y(t))\,y(t)$$

(met $k > 0$ en $a > 0$) heeft evenwichten $\underline{y}_1 = 0$ en $\underline{y}_2 = a$. Aan figuur 5.7 zien we dat het evenwicht $\underline{y}_1 = 0$ instabiel is, en dat $\underline{y}_2 = a$ stabiel is. #

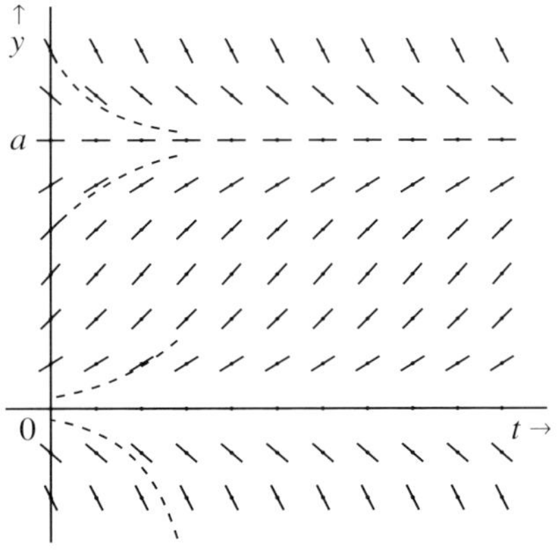

figuur 5.7. De logistische vergelijking.

We kunnen de stabiliteit van een evenwicht gemakkelijk bepalen aan de hand van het richtingsveld. Maar ook als we geen richtingsveld hebben is de stabiliteit gemakkelijk te vinden, louter door te kijken naar grafiek van de functie $f(y)$.

E

Eigenschap. Een evenwicht $\underline{y}$ van de differentiaalvergelijking $y'(t) = f(y(t))$ is ***stabiel*** als $f'(\underline{y}) < 0$, het evenwicht is ***instabiel*** als $f'(\underline{y}) > 0$. #

Toelichting. Stel dat $\underline{y}$ een evenwicht is van de vergelijking

$$y'(t) = f(y(t))$$

waarvoor $f'(\underline{y}) < 0$. Als we starten in $\underline{y} + \Delta y$ dan geldt met een eerste orde benadering

$$y'(t) = f(\underline{y}+\Delta y) \cong f(\underline{y}) + f'(\underline{y})\Delta y = f'(\underline{y})\Delta y .$$

Er volgt dat $y'(t) < 0$ is als $\Delta y > 0$, en $y'(t) > 0$ is als $\Delta y < 0$. Het evenwicht $\underline{y}$ is dus stabiel. Op dezelfde manier volgt dat een evenwicht $\underline{y}$ met $f'(\underline{y}) > 0$ instabiel is. #

Voorbeeld. Voor de logistische differentiaalvergelijking

$$y'(t) = f(y(t)) = k(a - y(t))\,y(t)$$

(met $k > 0$ en $a > 0$) staat de grafiek van $f(y)$ in figuur 5.8. Dezelfde grafiek zagen we eerder in §2.8, figuur 2.36. In de snijpunten van de grafiek van $f(y)$ met de y-as geldt $f(y) = 0$: dat zijn de evenwichten. In het eerste evenwicht, $\underline{y} = 0$, geldt $f'(\underline{y}) > 0$. Dat evenwicht is dus instabiel. In het tweede evenwicht, $\underline{y} = a$, geldt $f'(\underline{y}) < 0$. Dat evenwicht is dus stabiel. #

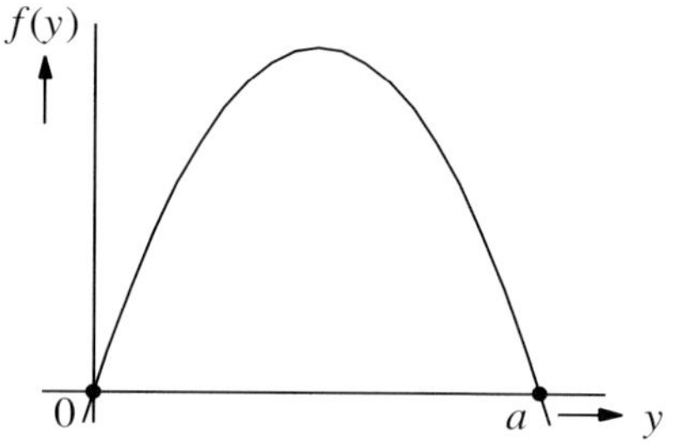

figuur 5.8. De functie $f(y)$ van de logistische differentiaalvergelijking.

Opgave 5.5.

a. Welk(e) evenwicht(en) heeft de vergelijking $y'(t) = ½(10 - y(t))$?
b. Is (zijn) dat (die) evenwicht(en) stabiel?
c. Beschrijf de oplossingen met $y(0) = 0$ en met $y(0) = 100$. #

Opgave 5.6.

a. Bepaal de evenwichten van $y'(t) = \sin(y(t))$ en hun stabiliteit.
b. Wat is de limiet van $y(t)$ voor $t \to \infty$ als $y(0) = 3\pi/2$? En als $y(0) = 5\pi/2$? #

Opgave 5.7.

a. Bepaal de evenwichten van $y'(t) = y(t) - y(t)^3$ en hun stabiliteit.
b. Tot welke waarde nadert $y(t)$ voor $t \to \infty$ als $y(0) = 0.5$? #

MODELLEREN MET DIFFERENTIAALVERGELIJKINGEN

Bij het opstellen van de differentiaalvergelijking moeten we een praktisch probleem in wiskundige termen vertalen. Dit komt vaak neer op het opstellen van een ***balansvergelijking***. Hierbij bepalen we de groei van de onbekende functie $y(t)$ tussen twee (dicht bij elkaar liggende) tijdstippen t en $t+\Delta t$:

$$\Delta y = y(t+\Delta t) - y(t).$$

Hoe kleiner Δt, hoe kleiner het verschil Δy. Voor kleine Δt is dit verschil ongeveer evenredig met Δt. De evenredigheidsconstante hangt meestal af van $y(t)$ en soms ook van t. Deze evenredigheidsconstante duiden we aan met $f(t, y(t))$. We krijgen zo

$$\Delta y = y(t+\Delta t) - y(t) \cong f(t, y(t))\Delta t.$$

We delen links en rechts door Δt en nemen dan de limiet voor $\Delta t \to 0$:

$$y'(t) = \lim_{\Delta t \to 0} \frac{y(t+\Delta t) - y(t)}{\Delta t} = f(t, y(t)),$$

en daarmee hebben we de differentiaalvergelijking gevonden.
De verschillende bijdragen aan de verandering Δy moeten we zorgvuldig verwerken. Daarvoor bekijken we alle invloeden die kunnen leiden tot toe- of afname van $y(t)$. We maken dus een ***balans*** voor de verandering van de afhankelijke variabele over een (klein) tijdsinterval.

Bij het opstellen van de balansvergelijking moeten we goed letten op de meeteenheden. Bepaalde gegevens kunnen bijvoorbeeld in minuten zijn uitgedrukt en andere in uren. In dat geval rekenen we alles naar één van beide om. Verder kunnen we de juistheid van het model (dat is: de gevonden differentiaalvergelijking) verifiëren door na te gaan of de dimensies van alle termen in de vergelijking hetzelfde zijn. Als links de verandering van een volume per tijdseenheid staat, dan moet ook de rechterkant de dimensie volume gedeeld door tijd hebben.

Voorbeeld (milieuhygiëne). Een rivier met een debiet van 10^6 liter (schoon) water per minuut stroomt door een meer. Er stroomt via de rivier evenveel water het meer uit als er in komt. Het volume van het meer wordt geschat op 10^{10} m^3.
Een papierfabriek neemt 10^5 liter water per uur op uit het meer en loost het als afvalwater. Dit afvalwater heeft een concentratie van 5 g cellulose per liter. De afvalstof (cellulose) verspreidt zich gelijkmatig door het hele meer. We nemen aan dat de cellulose niet wordt afgebroken. Gevraagd wordt de concentratie cellulose in het meer te modelleren als functie van de tijd.

Analyse: stap 1. We beginnen met het standaardiseren van de eenheden. Dat betekent dat we moeten kiezen voor liters óf m^3, voor g óf kg, en voor minuten óf uren. We kiezen hier voor m^3, kg en uren. De rivier heeft dan een debiet van $6{\cdot}10^4$ (m^3 / uur). De lozing is 100 m^3 / uur met een concentratie van 5 kg / m^3. Het volume van het meer is 10^{10} m^3.

Analyse: stap 2. We stellen een balansvergelijking op voor de hoeveelheid (massa) cellulose in het meer. Noem die hoeveelheid (in kg) $y(t)$. De concentratie $C(t)$ (in kg / m^3) van cellulose in het meer is die hoeveelheid gedeeld door het volume van het meer, dat is dus: $C(t) = y(t) / 10^{10} = 10^{-10}\, y(t)$. Ga zelf na dat de eenheid inderdaad kg / m^3 is.

De hoeveelheid cellulose die per uur in het meer terechtkomt is het product van volume van het afvalwater (in m^3) $\times$ concentratie cellulose (in kg/m^3) in dat afvalwater. Per uur komt er dus $100 \times 5 = 500$ kg cellulose in het meer terecht. Dat betekent een toename van $y(t)$ tussen t en $t+\Delta t$ van

$$500\,\Delta t \quad \text{(in kg)}.$$

Er verdwijnt echter ook cellulose uit het meer: de rivier neemt het stroomafwaarts met zich mee. De hoeveelheid hangt af van de concentratie cellulose in het meer, en dus van de tijd. Op een klein tijdsinterval $[t, t+\Delta t]$ is de concentratie in het afgevoerde water (bijna) constant $C(t)$. In dit interval $[t, t+\Delta t]$ wordt $6 \cdot 10^4\,\Delta t$ m^3 water afgevoerd. De hoeveelheid cellulose in dit water is weer het product van volume (in m^3) $\times$ concentratie (in kg/m^3); de eenheid is dus kg:

$$6 \cdot 10^4\,\Delta t\, C(t) \;=\; 6 \cdot 10^4\,\Delta t\, 10^{-10}\; y(t) \;=\; 6 \cdot 10^{-6}\; y(t)\,\Delta t \quad \text{(in kg)}.$$

De massabalans wordt daarmee ("invoer – uitvoer"):

$$\Delta y \;=\; 500\,\Delta t \text{ kg} \;-\; 6 \cdot 10^{-6}\; y(t)\,\Delta t \text{ kg}.$$

Analyse: stap 3. De massabalans schrijven we om tot een differentiaalvergelijking. We vinden voor $y(t)$ (in kg):

$$\Delta y \;=\; y(t+\Delta t) - y(t) \;=\; 500\,\Delta t \text{ kg} \;-\; 6 \cdot 10^{-6}\; y(t)\,\Delta t \text{ kg}.$$

Delen door Δt en limiet nemen voor $\Delta t \to 0$ geeft de differentiaalvergelijking voor $y(t)$:

$$y'(t) \;=\; 500 \;-\; 6 \cdot 10^{-6}\; y(t) \quad \text{(in kg per uur)}.$$

De corresponderende differentiaalvergelijking voor de concentratie $C(t)$ (in kg/m^3) is dan (ga na!)

$$C'(t) \;=\; 5 \cdot 10^{-8} \;-\; 6 \cdot 10^{-6}\; C(t) \quad \text{(in kg per m}^3\text{ per uur)}.$$ #

Opgave 5.8. Bereken de evenwichtsconcentratie van cellulose in het meer, uitgedrukt in milligram per liter. #

SAMENVATTING

- Een verband tussen een functie $y(t)$ en zijn afgeleide $y'(t)$ van de vorm

$$y'(t) = f(t, y(t))$$

heet een differentiaalvergelijking.

- Het richtingsveld van een differentiaalvergelijking bestaat uit de raaklijn-elementen aan oplossingen van

$$y'(t) = f(t, y(t))$$

in een aantal punten van het (t, y)-vlak.

- Een differentiaalvergelijking van het type

$$y'(t) = f(y(t))$$

is een autonome differentiaalvergelijking.

- Een autonome differentiaalvergelijking

$$y'(t) = f(y(t))$$

heeft een evenwicht $\underline{y}$ als

$$f(\underline{y}) = 0.$$

- Een evenwicht van een differentiaalvergelijking is stabiel als oplossingen die dicht bij dat evenwicht starten er naartoe lopen. Het evenwicht is instabiel als oplossingen die dicht bij dat evenwicht starten er van weg lopen.

- Een evenwicht $\underline{y}$ van de vergelijking $y'(t) = f(y(t))$ waarvoor

$$f'(\underline{y}) < 0$$

is stabiel, een evenwicht waarvoor

$$f'(\underline{y}) > 0$$

is instabiel.

5.3 TOEPASSINGEN

Toepassing 1 (natuurkunde; vergelijk de inleiding, §5.1). Een massieve ijzeren bol heeft een temperatuur van 100°C. Die bol brengen we in een ruimte met een constante temperatuur van 20°C. De temperatuur van de bol is $T(t)$ en de temperatuur van de omgeving is $T_r = 20$°C. Uit de *koelingswet van Newton* volgt het model voor het afkoelingsproces:

$$T'(t) = -a(T(t) - T_r),$$

met $a > 0$ een evenredigheidsconstante.
We zagen al dat de constante functie $T(t) = T_r$ voldoet (daarvoor geldt immers $T'(t) = 0$). De temperatuur is dan stationair: $T(t) = T_r$ is een evenwichtsoplossing. Als we een brandende lucifer bij de bol houden, dan stijgt de temperatuur even, maar hij keert daarna weer naar de omgevingstemperatuur T_r terug. Dit evenwicht is dus stabiel.
De stabiliteit volgt ook uit de differentiaalvergelijking. We schrijven

$$T'(t) = f(T(t)) \quad \text{met} \quad f(T) = -a(T - T_r).$$

Er geldt $f(T_r) = 0$, dus $\underline{T} = T_r$ is een evenwicht, en $f'(T_r) = -a < 0$, dus het evenwicht $\underline{T} = T_r$ is stabiel.
In figuur 5.9 staat het richtingsveld van de differentiaalvergelijking

$$T'(t) = -a(T(t) - T_r) \quad \text{met} \quad a = 0.05$$

voor $0 < t < 100$ en $0° < T < 100°$. Daarin staan ook de oplossingen $T(t)$ met $T(0) = 100°$ en $T(0) = 0°$. Deze oplossingen gaan (net als alle andere) naar T_r als $t \to \infty$. Het verschil $V(t) = T(t) - T_r$ wordt dus klein. Ook voor deze verschilfunctie $V(t)$ geldt een differentiaalvergelijking:

$$V'(t) = (T(t) - T_r)' = T'(t) - T_r' = -a(T(t) - T_r) - 0 = -aV(t).$$

De functie $V(t)$ voldoet dus aan simpelere vergelijking dan $T(t)$, namelijk

$$V'(t) = -aV(t).$$

De functies $V(t) = Ce^{-at}$ voldoen aan deze vergelijking. Daarvoor geldt immers

$$V'(t) = (Ce^{-at})' = -aCe^{-at} = \\ = -aV(t).$$

Omdat $V(t) = T(t) - T_r$ volgt nu voor $T(t)$:

$$T(t) = T_r + V(t) = T_r + Ce^{-at}.$$

We kiezen nu C zo dat $T(0)$ de goede waarde krijgt. Bijvoorbeeld voor $T(0) = 100°$:

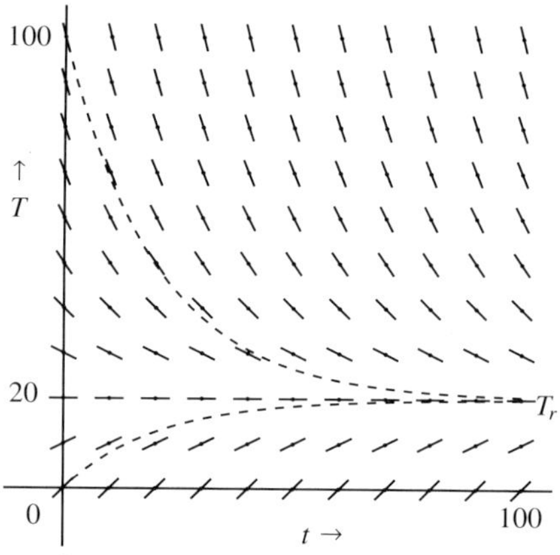

figuur 5.9. De temperatuur van de bol.

$$T(0) = T_r + Ce^{-a0} = T_r + C, \quad \text{dus} \quad 100° = 20° + C, \quad \text{dus} \quad C = 80°.$$

Er volgt dat $T(t) = 20° + 80°\, e^{-at}$.

Opgave 5.9. Bepaal de functie $T(t)$ die voldoet aan de differentiaalvergelijking en aan de beginvoorwaarde $T(0) = 0$°C.

Toepassing 2 (biologie). De dichtheid van een biologische soort in een gebied modelleren we vaak met een logistische differentiaalvergelijking. Als dat model realistisch zou zijn, dan zou de dichtheid naar zijn stabiele evenwicht groeien, hoe klein hij aanvankelijk ook is. Dat gebeurt niet altijd. Bij een heel lage dichtheid kan een populatie gemakkelijk uitsterven, doordat mannetjes en vrouwtjes elkaar niet kunnen vinden (het *Allee effect*), of door inteelt, of door een ongelukkig voorval zoals een strenge winter.
We proberen daarom de logistische differentiaalvergelijking

$$y'(t) = f(y(t)) \quad \text{met} \quad f(y) = k\,y(a-y)$$

aan te passen met een drempelwaarde ε. Voor $y(0) < \varepsilon$ geldt dan $y(t) \to 0$ en voor $y(0) > \varepsilon$ geldt $y(t) \to a$. De waarde $y = \varepsilon$ is dus een instabiel evenwicht. We zoeken nu een functie $f(y)$ met nulpunten in $y = 0$, $y = \varepsilon$ en $y = a$, en met $f'(0) < 0, f'(\varepsilon) > 0$ en $f'(a) < 0$. Dat leidt tot de differentiaalvergelijking

$$y'(t) = f(y(t)) \quad \text{met} \quad f(y) = k\,y(y-\varepsilon)(a-y).$$

Opgave 5.10.

a. Schets de functie $f(y) = y\,(y-½)(3-y)$. Beschrijf de oplossingen $y(t)$ van de differentiaalvergelijking $y'(t) = f(y(t))$, afhankelijk van de beginwaarde $y(0)$.

b. Schets het richtingsveld van de differentiaalvergelijking uit a, voor $0 \le y \le 4$ en $0 \le t \le 4$. Laat t en y daarbij met stappen van ¼ oplopen. Schets de oplossingen waarvoor $y(0) = 0$, $y(0) = ¼$, $y(0) = 1$, $y(0) = 2$ en $y(0) = 4$.

Toepassing 3 (chemie: reactiekinetiek). Twee stoffen A en B reageren tot een stof C. De stof C kan op zijn beurt weer uiteenvallen in A en B. Als één molecuul A en één molecuul B samen één molecuul C vormen, dan is het chemisch reactieschema

$$\mathrm{A} + \mathrm{B} \underset{k_2}{\overset{k_1}{\rightleftarrows}} \mathrm{C}.$$

Hierin zijn k_1 en k_2 de reactieconstanten. De concentraties van de reactanten A, B en C geven we aan met $a(t)$, $b(t)$ en $c(t)$, dus $a(t) = [\mathrm{A}](t)$, $b(t) = [\mathrm{B}](t)$ en $c(t) = [\mathrm{C}](t)$.
In de reactie van links naar rechts wordt C gevormd als een molecuul A reageert met een molecuul B. De kans op deze gebeurtenis is evenredig met de kans dat een molecuul van A een molecuul van B "tegenkomt", en die kans is evenredig met de concentratie van A vermenigvuldigd met de concentratie van B. Het aantal reacties van links naar rechts per tijdseenheid en per volume-eenheid is dus

$$k_1\,a(t)\,b(t).$$

Voor de reactie waarbij C splitst in A en B is alleen een molecuul C nodig. De kans dat deze gebeurtenis optreedt is dus evenredig met concentratie van C. Het aantal reacties van rechts naar links per tijdseenheid en per volume-eenheid is dus

$$k_2\,c(t).$$

De toename van $a(t)$ is gelijk aan het aantal reacties van rechts naar links (hierdoor wordt er A geproduceerd) min het aantal reacties van links naar rechts (hierdoor wordt er A verbruikt); beide aantallen uitgedrukt per tijdseenheid en per volume-eenheid:

$$a'(t) = -k_1 ab + k_2 c.$$

Op dezelfde manier vinden we voor $b(t)$ en $c(t)$ de vergelijkingen (ga na!)

$$b'(t) = -k_1 ab + k_2 c,$$
$$c'(t) = k_1 ab - k_2 c.$$

De vergelijkingen voor $a'(t)$, $b'(t)$ en $c'(t)$ hangen alle van $a(t)$, $b(t)$ en $c(t)$ gezamenlijk af. We hebben dus niet drie losse differentiaalvergelijkingen, maar een stelsel van drie differentiaalvergelijkingen. Dit stelsel reduceren we tot één differentiaalvergelijking.
Uit de differentiaalvergelijkingen

$$a'(t) = -k_1 ab + k_2 c$$
$$b'(t) = -k_1 ab + k_2 c$$
$$c'(t) = k_1 ab - k_2 c$$

zien we dat $a'(t) + b'(t) + 2c'(t) = 0$ en ook dat $a'(t) = b'(t)$. Daarmee kunnen we $a(t)$ en $b(t)$ uitdrukken in $c(t)$:

$$a'(t) = -c'(t) \Rightarrow a(t) - a(0) = c(0) - c(t) \Rightarrow a(t) = a(0) + c(0) - c(t),$$
$$b'(t) = -c'(t) \Rightarrow b(t) - b(0) = c(0) - c(t) \Rightarrow b(t) = b(0) + c(0) - c(t).$$

We nemen aan dat de beginconcentraties bekend zijn, bijvoorbeeld: $a(0) = 0.5$, $b(0) = 0.5$ en $c(0) = 0$. Dat geeft

$$a(t) = 0.5 - c(t),$$
$$b(t) = 0.5 - c(t).$$

Dit vullen we in de differentiaalvergelijking voor $c(t)$ in. Daarmee vinden we

$$c'(t) = f(c)$$

met

$$f(c) = k_1(0.5 - c)(0.5 - c) - k_2 c$$

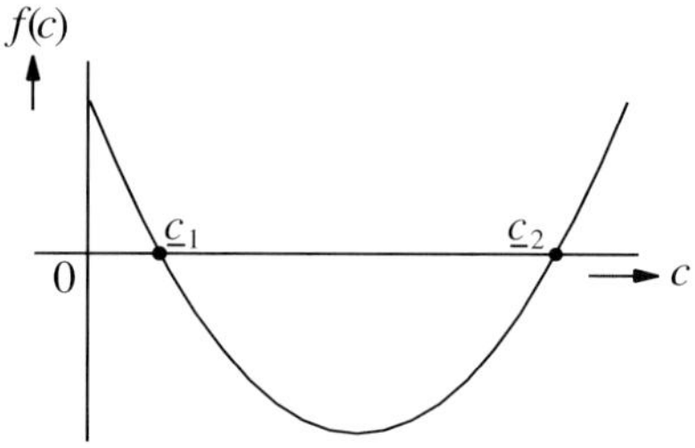

figuur 5.10. De evenwichten van c.

(zie figuur 5.10). Deze differentiaalvergelijking heeft twee evenwichten, $\underline{c}_1$ en $\underline{c}_2$,

$$\underline{c}_{1,2} = \tfrac{1}{2}(1+r) \pm \tfrac{1}{2}\sqrt{2r + r^2} \quad \text{met } r = k_2 / k_1 > 0,$$

waarvoor geldt $0 < \underline{c}_1 < 0.5 < \underline{c}_2$. Alleen het evenwicht $\underline{c}_1$ kan worden gerealiseerd (waarom?). Dit evenwicht is stabiel.

Opgave 5.11.

a. Bereken de evenwichtsconcentraties van A, B en C als $k_2 = 2k_1$.
b. Bereken de evenwichtsconcentraties van A, B en C als $k_2 = ½k_1$.
c. Wat is de differentiaalvergelijking voor $c(t)$ als $a(0) = 2$, $b(0) = 1$ en $c(0) = 1$?
d. Bereken de evenwichtsconcentraties van A, B en C als $k_1 = k_2 = 1$ en $a(0) = 2$, $b(0) = 1$ en $c(0) = 1$.

5.4 OPGAVEN

Opgave 5.12. Schets het richtingsveld van

$$y'(t) \;=\; \tfrac{1}{2}(1 - y(t))$$

voor $y \geq 0$. Teken daarin de grafiek van de oplossing met $y(0) = 0.1$ en die met $y(0) = 1.5$. Bepaal, al dan niet aan de hand van het richtingsveld, het (de) evenwicht(en) van deze differentiaalvergelijking, en zijn (hun) stabiliteit.

Opgave 5.13. Schets het richtingsveld van

$$y'(t) \;=\; -t\, y(t)$$

voor $t \geq 0$ en $y \geq 0$. Teken daarin de grafiek van de oplossing met $y(0) = 1$.

Opgave 5.14. Schets het richtingsveld van de volgende differentiaalvergelijkingen:

a. $\quad y'(t) \;=\; y(t)^2 / t^2$

b. $\quad y'(t) \;=\; y(t) / t^2 .$

Opgave 5.15. Bepaal de evenwichten van de differentiaalvergelijking

$$y'(t) \;=\; 4 - y(t)^2 .$$

Bepaal ook de stabiliteit van de evenwichten. Ga na wat de limiet van $y(t)$ is voor $t \to \infty$ afhankelijk van de beginwaarde $y(0) = y_0$ met $-\infty < y_0 < \infty$.

Opgave 5.16. Bepaal de evenwichten van de differentiaalvergelijking

$$y'(t) \;=\; y(t)^2 - y(t)^3 .$$

Ga na wat het gedrag is van $y(t)$ voor $t \to \infty$, afhankelijk van de beginwaarde. Wat kan er gezegd worden over de stabiliteit van de evenwichten (stabiel, instabiel of geen uitsluitsel)?

Opgave 5.17 (biochemie, vereenvoudigd Michaelis-Menten model). In biochemische reacties zorgen enzymen E voor de omzetting van moleculen in een gewijzigde vorm. De stof die wordt omgezet heet het substraat S, en de getransformeerde stof is het product P. Het enzym bindt zich met een molecuul van het substraat en levert het enzymsubstraat-complex C. Dit laatste kan uit elkaar vallen in het originele enzym E en een molecuul van het product P. Het reactieschema is

$$\mathrm{E} + \mathrm{S} \;\underset{k_1}{\overset{k_{-1}}{\rightleftarrows}}\; \mathrm{C} \;\xrightarrow[k_2]{}\; \mathrm{E} + \mathrm{P}\,.$$

We veronderstellen dat $k_{-1} = 0$ en dat S in een constante concentratie $[\mathrm{S}](t) = s$ aanwezig is. De concentraties van enzym en enzymsubstraatcomplex worden beschreven met de functies $e(t) = [\mathrm{E}](t)$ en $c(t) = [\mathrm{C}](t)$, en daarvoor geldt $e(0) = e_0$ en $c(0) = 0$.

a. Voor $e(t)$ geldt de differentiaalvergelijking

$$e'(t) = -k_1 s\, e(t) + k_2 c(t).$$

Ga dit na, en geef ook de vergelijking voor $c'(t)$.

b. Toon aan dat $e(t) + c(t) =$ constant.

c. Elimineer $c(t)$ uit de differentiaalvergelijking voor $e(t)$. Dit geeft een differentiaalvergelijking van het type $e'(t) = f(e(t))$. Bepaal $f(e)$ en geef deze functie grafisch weer.

d. Voor welke waarde van $\underline{e}$ is $e(t) = \underline{e}$ een evenwicht? Is dit evenwicht stabiel?

e. Met welke snelheid wordt P geproduceerd als het proces in evenwicht is?

Opgave 5.18 (economie; vergelijk het voorbeeld in de inleiding, §5.1). De hoeveelheid kapitaalgoederen beschrijven we met de differentiaalvergelijking

$$K'(t) = s\,g(K) - \delta K \quad \text{met } g(K) = a_0 + a_1 K\,, \quad a_0, a_1, \delta, s > 0.$$

a. Bepaal $f(K)$ als de differentiaalvergelijking geschreven wordt als $K'(t) = f(K(t))$.

b. Toon aan dat er alleen een positief evenwicht mogelijk is als $\delta > s\,a_1$. Bepaal dit evenwicht. Is het stabiel?

c. Wat gebeurt er als $\delta < s\,a_1$?

d. Onderzoek of er een positief evenwicht is als $g(K) = a\sqrt{K}$. Onderzoek ook de stabiliteit van het (de) gevonden evenwicht(en).

5.5 WISKUNDIG GEREEDSCHAP: HET OPLOSSEN VAN DIFFERENTIAALVERGELIJKINGEN

D Een ***beginwaardeprobleem*** is een differentiaalvergelijking met een beginvoorwaarde:

$$\begin{cases} y'(t) = f(t, y(t)), \\ y(t_0) = y_0 . \end{cases}$$

Aan de differentiaalvergelijking zelf voldoen vele oplossingen. Uit deze oplossingen kiezen we de functie die voldoet aan de beginvoorwaarde.

Van sommige differentiaalvergelijkingen kunnen we de oplossingen analytisch vinden, bijvoorbeeld met scheiding van variabelen of variatie van constante. Deze methoden behandelen we in deze paragraaf. Maar er zijn ook differentiaalvergelijkingen waarvan de oplossingen niet analytisch kunnen worden gevonden. We zijn dan aangewezen op numerieke methoden, die de oplossing van een beginwaardeprobleem te benaderen. Voor deze numerieke methoden hebben we een computer nodig. Aan het slot van deze paragraaf behandelen we de eenvoudigste van deze methoden: de methode van Euler.

SCHEIDING VAN VARIABELEN

Voorbeeld 1. We zoeken de oplossing $y(t)$ van het beginwaardeprobleem

$$y'(t) = a\, y(t), \quad y(0) = 2.$$

Eerst brengen we de factor $y(t)$ naar de linkerkant van de vergelijking. We doen dat door de differentiaalvergelijking links en rechts door $y(t)$ te delen; zo vinden we

$$\frac{y'(t)}{y(t)} = a.$$

Vervolgens primitiveren we links en rechts naar t :

$$\int \frac{y'(t)}{y(t)}\, \mathrm{d}t = \int a\, \mathrm{d}t.$$

In de linker integraal gaan we door substitutie over op de variabele y:

$$\int \frac{1}{y}\, \mathrm{d}y = \int a\, \mathrm{d}t.$$

Uitwerken van de integralen levert dan

$$\ln(|\, y\,|) = at + K$$

met K een willekeurige constante. Om de natuurlijke logaritme te verdrijven nemen we de e-macht (links én rechts):

$$\mathrm{e}^{\ln(|y|)} = \mathrm{e}^{at+K} = \mathrm{e}^{K}\, \mathrm{e}^{at},$$

zodat

$$| y(t) | = C e^{at} , \quad \text{met } C = e^K .$$

De absolute waarden kunnen we laten vallen door ook negatieve waarden van C toe te laten. We krijgen zo de algemene oplossing van de differentiaalvergelijking:

$$y(t) = C e^{at} .$$

Ga na dat deze oplossing voor alle C en t aan de differentiaalvergelijking voldoet. Met de constante C laten we $y(t)$ aan de beginvoorwaarde voldoen. Invullen van $t = 0$ geeft

$$2 = y(0) = C e^{a0} = C \quad \Rightarrow \quad C = 2.$$

De oplossing van het beginwaardeprobleem is dus $y(t) = 2\,e^{at}$. #

Bovenstaande methode werkt voor differentiaalvergelijkingen van de vorm

$$y'(t) = p(y(t))q(t).$$

Rechts staat een product van twee functies waarvan de een alleen van de onafhankelijke variabele t afhangt en de ander alleen van de afhankelijke variabele $y(t)$. De differentiaalvergelijking kunnen we dan oplossen door ***scheiding van variabelen***. Hierbij delen we door het gedeelte dat afhangt van y:

$$\frac{1}{p(y(t))} y'(t) = q(t).$$

Links staat nu een vorm die alleen afhangt van $y(t)$ en $y'(t)$ (en niet van t), rechts staat een functie die alleen afhangt van t. We primitiveren de functies links en rechts naar t:

$$\int \frac{1}{p(y)} y'(t)\,dt = \int q(t)\,dt.$$

Door substitutie gaan we bij de linker integraal over op y als integratievariabele. We vinden daarmee

$$\int \frac{1}{p(y)}\,dy = \int q(t)\,dt.$$

Als we deze beide integralen kunnen bepalen krijgen we een vergelijking voor $y(t)$.

Voorbeeld 2. We zoeken een oplossing van het beginwaardeprobleem

$$y'(t) = \frac{1}{t+1} y(t), \quad y(1) = 3.$$

Scheiding van variabelen geeft

$$\frac{y'(t)}{y(t)} = \frac{1}{t+1},$$

en dat gaat door primitiveren over in

$$\int \frac{y'(t)}{y(t)}\,\mathrm{d}t = \int \frac{1}{t+1}\,\mathrm{d}t.$$

Substitutie geeft

$$\int \frac{1}{y}\,\mathrm{d}y = \int \frac{1}{t+1}\,\mathrm{d}t,$$

en daaruit volgt

$$\ln(|y|) = \ln(|t+1|) + K.$$

We nemen links en rechts weer de e-macht:

$$\mathrm{e}^{\ln(|y|)} = \mathrm{e}^{\ln(|t+1|) + K} = \mathrm{e}^{K}\,\mathrm{e}^{\ln(|t+1|)}.$$

Dit geeft

$$|y(t)| = C\,|t+1|, \quad \text{met } C = \mathrm{e}^{K}.$$

De absolute waarden werken we weg door ook negatieve waarden van C toe te laten:

$$y(t) = C(t+1),$$

en deze oplossing is geldig voor alle t. De oplossing is zelfs geldig op een interval dat het punt $t = -1$ bevat, terwijl de differentiaalvergelijking zelf daar niet eens is gedefinieerd. Ga dit na door te verifiëren dat de oplossing voor alle C en t aan de differentiaalvergelijking voldoet.
De constante C gebruiken we weer om de oplossing aan een beginvoorwaarde te laten voldoen. Voor de oplossing van de differentiaalvergelijking met $y(1) = 3$ geldt (ga na)

$$3 = y(1) = 2C \quad\Rightarrow\quad C = \tfrac{3}{2}.$$

De oplossing van het beginwaardeprobleem is dus $y(t) = \tfrac{3}{2}(t+1)$. #

Opgave 5.19. Geef de algemene oplossing van

a. $y'(t) = y(t)^2$

b. $y'(t) = -2t\,y(t)$

c. $y'(t) = 2(5 - y(t))$. #

Opgave 5.20 (vergelijk opgave 5.19 a). Los het beginwaardeprobleem

$$\begin{cases} y'(t) = y(t)^2 \\ y(0) = 1 \end{cases}$$

op. #

SPECIALE GEVALLEN: DE GROEIFUNCTIES

In §2.8 hebben we de groeifuncties behandeld, en relaties gevonden tussen zo'n functie en zijn afgeleide:

Groeifunctie		Differentiaalvergelijking	
exponentieel	$N(t) = c\,e^{kt}$	$N'(t) = k\,N(t)$	lineair
begrensd exponentieel	$N(t) = a(1 - c\,e^{-kt})$	$N'(t) = k(a - N(t))$	lineair
logistisch	$N(t) = \dfrac{a}{1 + c\,e^{-akt}}$	$N'(t) = k\,N(t)(a - N(t))$	logistisch

De relaties uit de derde kolom vonden we door de functies in de tweede kolom te differentiëren. Met scheiding van variabelen kunnen we nu de functies in de tweede kolom vinden als de oplossingen van de differentiaalvergelijkingen in de derde kolom.

Voorbeeld. We lossen de logistische differentiaalvergelijking $y'(t) = k(a - y(t))y(t)$ op met scheiding van variabelen:

$$\frac{y'(t)}{(a - y(t))y(t)} = k.$$

We primitiveren de functies links en rechts, en dat levert

$$\int \frac{y'(t)}{(a - y(t))y(t)}\,\mathrm{d}t = \int k\,\mathrm{d}t.$$

Door middel van substitutie gaan we in de linker integraal over op de nieuwe variabele y:

$$\int \frac{1}{(a - y)y}\,\mathrm{d}y = \int k\,\mathrm{d}t.$$

De breuk in de linker integrand kunnen we splitsen als

$$\frac{1}{(a - y)y} = \frac{1}{a}\left(\frac{1}{a - y} + \frac{1}{y}\right)$$

(ga na!). Daarmee vinden we

$$\frac{1}{a}\int \frac{1}{a - y}\,\mathrm{d}y + \frac{1}{a}\int \frac{1}{y}\,\mathrm{d}y = \int k\,\mathrm{d}t.$$

Na uitwerking van de integralen krijgen we

$$-\tfrac{1}{a}\ln(|a - y|) + \tfrac{1}{a}\ln(|y|) = kt + K$$

(let op het minteken voor de eerste ln!), en dat geeft

$$\ln\left(\left|\frac{y}{a - y}\right|\right) = akt + aK.$$

We nemen links en rechts de e-macht en krijgen dan voor alle y met $0 < y < a$

$$\frac{y}{a - y} = \mathrm{e}^{akt + aK}.$$

Uit deze vergelijking lossen we y op. We schrijven $q = \mathrm{e}^{akt + aK}$, en dan volgt

$$\frac{y}{a-y} = q \;\Rightarrow\; y = q(a-y) \;\Rightarrow\; y = qa - qy \;\Rightarrow\; qy + y = qa \;\Rightarrow$$

$$\Rightarrow\; (q+1)y = qa \;\Rightarrow\; y = \frac{qa}{q+1} = \frac{a}{1+1/q}.$$

We vinden dus als algemene oplossing voor de logistische differentiaalvergelijking

$$y(t) = \frac{a}{1+\mathrm{e}^{-akt-aK}} = \frac{a}{1+c\,\mathrm{e}^{-akt}}, \quad \text{met } c = \mathrm{e}^{-aK}.$$

Deze formule kwamen we al eerder tegen in §2.8: $y(t)$ is een ***logistische functie***. Met de waarde van c kunnen we de oplossing aan de beginvoorwaarde laten voldoen. #

Opgave 5.21. Geef de algemene oplossing van de volgende differentiaalvergelijkingen:

a. $y'(t) = \frac{1}{2}y(t) - 1$

b. $y'(t) = \frac{1}{2}y(t) - y(t)^2$. #

Opgave 5.22. Los het beginwaardeprobleem $y'(t) = \frac{1}{2}y(t) - y(t)^2$, $y(0) = 1$ op. #

Lineaire differentiaalvergelijkingen: variatie van constante

Een eerste orde differentiaalvergelijking $y'(t) = f(t, y(t))$ is ***lineair*** als hij te schrijven is als

$$y'(t) = a(t)\,y(t) + b(t)$$

met $a(t)$ en $b(t)$ gegeven functies. Een lineaire differentiaalvergelijking heet ***homogeen*** als $b(t) = 0$ voor alle t. Als dat niet zo is, heet hij ***inhomogeen.***
Een lineaire differentiaalvergelijking kunnen we met scheiding van variabelen oplossen als $b(t) = k\,a(t)$. Dat is bijvoorbeeld het geval als $b(t) = 0$ (de vergelijking is dan homogeen) of als $a(t) = a$ en $b(t) = b$, dus onafhankelijk van t. In alle andere gevallen gebruiken we ***variatie van constante***.

Voorbeeld. We zoeken de oplossingen van de vergelijking

$$y'(t) = 2\,y(t) + \mathrm{e}^{-t}.$$

Stap 1. De bijbehorende homogene differentiaalvergelijking

$$y'(t) = 2\,y(t)$$

lossen we op met scheiding van variabelen:

$$\int \frac{y'(t)}{y(t)}\,\mathrm{d}t = \int 2\,\mathrm{d}t.$$

Door substitutie gaan we links over op y als integratievariabele:

$$\int \frac{1}{y}\,\mathrm{d}y = \int 2\,\mathrm{d}t.$$

Uitwerking geeft

$$\ln(|\,y\,|) = 2t + K$$

met K de integratieconstante. Verdere uitwerking geeft voor de oplossing van de homogene differentiaalvergelijking

$$|\,y(t)\,| = \mathrm{e}^{2t+K} = \mathrm{e}^{K}\mathrm{e}^{2t} \quad\Rightarrow\quad y(t) = U\,\mathrm{e}^{2t}, \quad U = \pm\,\mathrm{e}^{K}.$$

Stap 2. Met de methode van variatie van constante zoeken we de oplossing van de inhomogene differentiaalvergelijking door de constante U te vervangen door een functie $u(t)$:

$$y(t) = u(t)\,\mathrm{e}^{2t}.$$

Deze functie substitueren we in de volledige differentiaalvergelijking. Dat geeft

$$u'(t)\mathrm{e}^{2t} + u(t)\mathrm{e}^{2t}\cdot 2 = 2u(t)\mathrm{e}^{2t} + \mathrm{e}^{-t}.$$

De tweede term links is gelijk aan de eerste term rechts. Er volgt dat

$$u'(t)\mathrm{e}^{2t} = \mathrm{e}^{-t} \quad\Rightarrow\quad u'(t) = \mathrm{e}^{-t}\,\mathrm{e}^{-2t} = \mathrm{e}^{-3t},$$

met als oplossing

$$u(t) = \int e^{-3t}\,dt = -\tfrac{1}{3}e^{-3t} + C$$

(ga na!). De algemene oplossing is dus

$$y(t) = u(t)e^{2t} = [-\tfrac{1}{3}e^{-3t} + C]e^{2t} = -\tfrac{1}{3}e^{-t} + Ce^{2t}.$$

De waarde van C wordt weer zo gekozen dat de oplossing de juiste beginwaarde heeft. #

Bij het oplossen van een inhomogene lineaire differentiaalvergelijking

$$y'(t) = a(t)y(t) + b(t)$$

gaan we uit van een oplossing $y_h(t)$ van de homogene differentiaalvergelijking:

$$y_h'(t) = a(t)y_h(t).$$

Deze vermenigvuldigen we met een functie $u(t)$:

$$y(t) = u(t)\,y_h(t).$$

Invullen in de (volledige) differentiaalvergelijking geeft

$$u'(t)\,y_h(t) + u(t)\,y_h'(t) = u'(t)\,y_h(t) + u(t)a(t)\,y_h(t) = a(t)u(t)\,y_h(t) + b(t),$$

ofwel

$$u'(t)\,y_h(t) = b(t)$$

(ga na!). De functie $u(t)$ moet dus een primitieve van $b(t)\,/\,y_h(t)$ zijn:

$$u(t) = \int \frac{b(t)}{y_h(t)}\,dt.$$

De algemene oplossing van de inhomogene vergelijking $y'(t) = a(t)\,y(t) + b(t)$ is dus

$$y(t) = u(t)\,y_h(t) = y_h(t)\int \frac{b(t)}{y_h(t)}\,dt.$$

In de onbepaalde integraal zit een vrije integratieconstante. Die kunnen we gebruiken om de oplossing aan een beginvoorwaarde te laten voldoen.

Opmerking. Het is niet verstandig om de bovenstaande formule voor de oplossing van een lineaire differentiaalvergelijking uit het hoofd te kennen. Het is beter om in elk concreet geval de procedure van variatie van constante door te lopen. #

Voorbeeld. We zoeken de oplossing van het beginwaardeprobleem

$$y'(t) = -\frac{y(t)}{t} + 1, \quad y(1) = 1.$$

Stap 1. De bijpassende homogene vergelijking lossen we op met scheiden van variabelen:

$$y'(t) = -\frac{y(t)}{t} \quad \Rightarrow \quad \int \frac{y'(t)}{y(t)}\,\mathrm{d}t = -\int \frac{1}{t}\,\mathrm{d}t.$$

Door substitutie gaan we links over op y als integratievariabele:

$$\int \frac{1}{y}\,\mathrm{d}y = -\int \frac{1}{t}\,\mathrm{d}t.$$

Uitwerking geeft

$$\ln(|y|) = -\ln(|t|) + K = \ln(|\tfrac{1}{t}|) + K$$

met integratieconstante K. De oplossing van de homogene differentiaalvergelijking is dus

$$|y(t)| = \mathrm{e}^{\ln(|1/t|)+K} = \left|\tfrac{1}{t}\right|\mathrm{e}^{K} \quad \Rightarrow \quad y(t) = \frac{U}{t}, \quad U = \pm\mathrm{e}^{K}.$$

Stap 2. Voor de oplossing van de inhomogene differentiaalvergelijking vervangen we de constante U door een functie $u(t)$:

$$y(t) = \frac{u(t)}{t}.$$

Deze functie vullen we in de volledige differentiaalvergelijking in.

$$\frac{u'(t)}{t} - \frac{u(t)}{t^2} = -\frac{u(t)}{t^2} + 1 \quad \Rightarrow \quad \frac{u'(t)}{t} = 1 \quad \Rightarrow \quad u'(t) = t \quad \Rightarrow \quad u(t) = \tfrac{1}{2}t^2 + C$$

(ga na!). De algemene oplossing is dus

$$y(t) = \frac{u(t)}{t} = \frac{\tfrac{1}{2}t^2 + C}{t} = \tfrac{1}{2}t + \frac{C}{t}.$$

Stap 3. We kiezen nu C zo dat de oplossing de juiste beginwaarde heeft.

$$y(1) = 1 \quad \Rightarrow \quad \tfrac{1}{2} + C = 1 \quad \Rightarrow \quad C = \tfrac{1}{2} \quad \Rightarrow \quad y(t) = \frac{t^2+1}{2t}.$$ #

Opgave 5.23. Bepaal de oplossing van het beginwaardeprobleem

$$\begin{cases} y'(t) = -3y(t) + t, \\ y(0) = 1. \end{cases}$$ #

Opgave 5.24. Bepaal de algemene oplossing van de vergelijking $y'(t) = y(t) + \mathrm{e}^t$. #

Opgave 5.25. Geef de algemene oplossing van $y'(t) = -y(t) + \sin(t)$. (Hint: de primitieve van $\mathrm{e}^t \sin(t)$ is te vinden in een tabel, of door twee maal partieel te integreren.) #

DE METHODE VAN EULER

Lang niet alle differentiaalvergelijkingen zijn analytisch op te lossen. Wel kunnen we altijd de oplossing van een differentiaalvergelijking $y'(t) = f(t, y(t))$ met beginvoorwaarde $y(t_0) = y_0$ benaderen met behulp van het richtingsveld.

We kiezen tijdstippen $t_n = t_0 + nh$, $n = 0, 1, 2, \ldots$ met $h > 0$ en klein genoeg. We benaderen de oplossing over het interval $[t_0 , t_1]$ door zijn raaklijn in het punt (t_0 , y_0). De helling daarvan is $y'(t_0) = f(t_0, y_0)$. Hiermee vinden we op het interval $[t_0 , t_1]$ als benadering

$$y(t) \cong y(t_0) + y'(t_0)(t-t_0) = y(t_0) + f(t_0, y(t_0))(t-t_0) = u(t).$$

In het eindpunt $t = t_1$ geldt dus

$$y(t_1) \cong y(t_0) + y'(t_0)(t_1-t_0) = y(t_0) + f(t_0, y(t_0))h = u(t_1).$$

Vervolgens benaderen we de oplossing op het interval $[t_1 , t_2]$ met

$$y(t) \cong y(t_1) + y'(t_1)(t-t_1) = y(t_1) + f(t_1, y(t_1))(t-t_1).$$

Voor de (onbekende!) waarde $y(t_1)$ vullen we nu de eerder berekende benadering $u(t_1)$ in:

$$y(t) \cong y(t_1) + f(t_1, y(t_1))(t-t_1) \cong u(t_1) + f(t_1, u(t_1))(t-t_1).$$

We vinden zo in het eindpunt $t = t_2$:

$$y(t_2) \cong u(t_1) + f(t_1, u(t_1))h = u(t_2).$$

Zo gaan we verder. We vinden dan als benadering een gebroken rechte lijn. Hij gaat door de punten $(t_k , u(t_k))$ waarin $u(t_k)$ wordt gegeven door het iteratieve proces van Euler:

$$u(t_k) = u(t_{k-1}) + h\,f(t_{k-1}, u(t_{k-1})) \quad \text{met } u(t_0) = y(t_0).$$

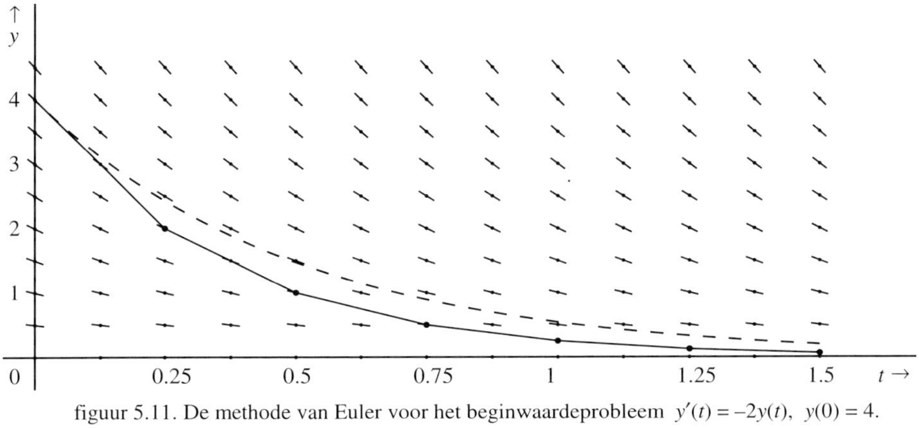

figuur 5.11. De methode van Euler voor het beginwaardeprobleem $y'(t) = -2y(t)$, $y(0) = 4$.

In figuur 5.11 is dit uitgewerkt voor het beginwaardeprobleem $y'(t) = -2y(t)$, $y(0) = 4$ met stapgrootte $h = 0.25$. In de figuur is ook de exacte oplossing getekend, dat is $y(t) = 4e^{-2t}$. Als we de stapgrootte h kleiner nemen wordt de benadering nog beter.

Opgave 5.26. Benader de oplossing van het beginwaardeprobleem $y'(t) = -(1-y(t))\,y(t)$, $y(0) = 0.8500$ met de methode van Euler voor $0 < t \leq 2$. Gebruik daarbij een stapgrootte $h = 0.25$ en reken in tenminste 4 cijfers achter de komma. #

SAMENVATTING

- Een beginwaardeprobleem voor een functie $y(t)$ bestaat uit een differentiaalvergelijking en een beginvoorwaarde:

$$\begin{cases} y'(t) = f(t, y(t)), \\ y(t_0) = y_0 . \end{cases}$$

- Scheiding van variabelen:

$$y'(t) = p(y(t))q(t) \quad \Rightarrow \quad \int \frac{1}{p(y)}\,\mathrm{d}y = \int q(t)\,\mathrm{d}t .$$

- De inhomogene lineaire differentiaalvergelijking

$$y'(t) = a(t)y(t) + b(t)$$

kan worden opgelost met variatie van constante. De oplossing heeft de vorm

$$y(t) = y_h(t) \int \frac{b(t)}{y_h(t)}\,\mathrm{d}t ,$$

waarin $y_h(t)$ een oplossing van de bijbehorende homogene vergelijking is.

- De methode van Euler voor het beginwaardeprobleem

$$y'(t) = f(t, y(t)), \quad y(t_0) = y_0$$

geeft een rij benaderingen $u(t_k)$ voor $y(t_k)$ volgens de relatie

$$u(t_k) = u(t_{k-1}) + h\,f(t_{k-1}, u(t_{k-1})), \quad k = 1, 2, 3, \ldots,$$

met $u(t_0) = y(t_0)$.

5.6 TOEPASSINGEN

Toepassing 1 (tuinbouw). Licht verliest aan intensiteit bij het doorlopen van een glaslaag. Als het licht een dun laagje Δs doorloopt, is het verlies evenredig aan de intensiteit, dus

$$I(s+\Delta s) - I(s) \cong -k\, I(s)\, \Delta s\,.$$

Dit is de uitdovingswet van *Lambert en Beer*. Hierin is k de uitdovingscoëfficiënt, die specifiek is voor de glassoort.

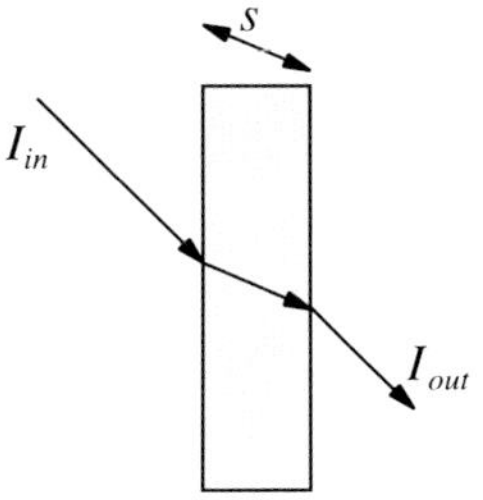

figuur 5.12. Licht in glas.

Opgave 5.27.

a. Stel een differentiaalvergelijking voor de lichtintensiteit $I(s)$ op, waarin s de lengte van de weg door het glas is.

b. Los die differentiaalvergelijking op.

c. Een glasplaat met een dikte van 3 mm laat 40% van het (loodrecht opvallende) licht door. Bepaal de uitdovingscoëfficiënt van dit glas.

Toepassing 2 (geneeskunde; biologie). Bij de groei van een tumor vermindert de toevoer van zuurstof en voedingsstoffen naar de cellen in het inwendige; het delingstempo van deze cellen wordt daardoor vertraagd. Als $y(t)$ het aantal tumorcellen is, dan moet de groeicoëfficiënt a in het groeimodel $y'(t) = a\, y(t)$ dus afnemen als functie van de tijd of als functie van het aantal tumorcellen. Voor de groeicoëfficiënt a die met de tijd t afneemt wordt $a(t) = \alpha\, e^{-\beta t}$ het meest gebruikt, voor de groeicoëfficiënt a die afneemt met $y(t)$ is $a(y) = -\alpha \ln(y/\gamma)$ de bekendste representant. Dit leidt tot de differentiaalvergelijkingen

$$y'(t) = \alpha e^{-\beta t}\, y(t) \qquad (\alpha > 0,\ \beta > 0),$$

$$y'(t) = -\alpha\, y(t) \ln(y(t)/\gamma) \qquad (\alpha > 0,\ \gamma > 1).$$

In de medische literatuur worden deze beide differentiaalvergelijkingen aangeduid met de *wet van Gompertz*. Ze kunnen beide worden opgelost met scheiding van variabelen.

Opgave 5.28.

a. Geef de oplossing van $y'(t) = \alpha e^{-\beta t}\, y(t)$, $\quad y(0) = 1$.

b. Geef de oplossing van $y'(t) = -\alpha\, y(t) \ln(y(t)/\gamma)$, $\quad y(0) = 1$.

Toepassing 3 (hydrologie). In 1932 ontstond het IJsselmeer door afsluiting van de Zuiderzee. De zoutconcentratie in het IJsselmeer daalde vervolgens geleidelijk. Met het volgende model wordt deze ontzilting beschreven.
Het IJsselmeer bevat V m^3 water met zoutconcentratie $c(t)$, t gemeten vanaf de sluiting van de dam. Jaarlijks voert de IJssel A m^3 water aan met een constant zoutgehalte a, en voeren de sluizen in de afsluitdijk A m^3 IJsselmeerwater met concentratie $c(t)$ af. Als de overige effecten (verdamping, regen, wegzakken in de grond, enzovoort) elkaar opheffen, leidt dit tot een differentiaalvergelijking voor de zoutconcentratie in het IJsselmeer:

$$V\, c'(t) = A\, a - A\, c(t)\,.$$

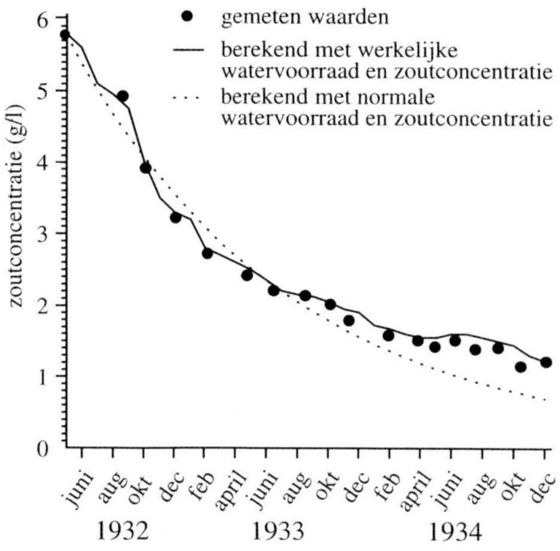

figuur 5.13. Zoutconcentratie in het IJsselmeer.

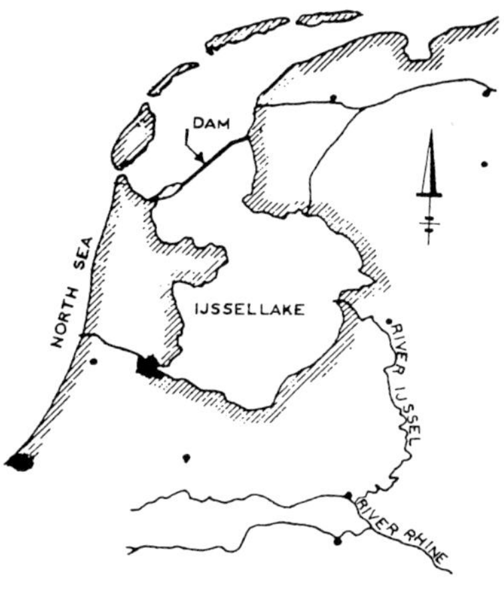

figuur 5.14. Het IJsselmeer.

Opgave 5.29.

a. Stel een massabalans op voor de hoeveelheid zout in het IJsselmeer, en leid daarmee de bovenstaande differentiaalvergelijking voor $c(t)$ af.

b. De parameters zijn $V = 13{\cdot}10^9\ \mathrm{m}^3$, $A = 13{\cdot}10^9\ \mathrm{m}^3/\mathrm{jaar}$, $c(0) = 5.9\ \mathrm{kg/m}^3$ en $a = 0.1\ \mathrm{kg/m}^3$. Bepaal het verloop van de zoutconcentratie in het IJsselmeer.

(Ondanks de vereenvoudigingen voldeed dit model in het eerste jaar goed. In het tweede jaar lagen de gemeten zoutconcentraties echter hoger dan de berekende waarden (zie figuur 5.13). De zomer van dat jaar was droog en warm, zodat de verdamping niet werd gecompenseerd door de regenval. Daardoor was er minder water, waardoor het zoutgehalte steeg. Na correctie hiervoor klopte het model weer goed met de metingen.)

Toepassing 4 (visteelt). Het jachtgedrag van een roofvis hangt af van de hoeveelheid voedsel die de vis nog in de maag heeft. Een hongerige vis jaagt uiteraard actiever dan een vis met volle maag.

Model. En grof model voor de snelheid waarmee de maaginhoud na een maaltijd de maag weer verlaat is

$$V'(t) = k\sqrt{V(t)},$$

Snoek op jacht.

waarbij V de fractie van het maagvolume gevuld met voedsel is. De tijd t is gemeten in uren.

Opgave 5.30.

a. Geef de oplossing van de differentiaalvergelijking die voldoet aan $V(0) = 1$ (volle maag). In deze oplossing komt nog de parameter k voor.

b. Na twee uur blijkt de maaginhoud nog ¼ te bedragen. Bepaal hieruit k.

c. Na hoeveel tijd is de maaginhoud tot de helft gedaald?

Toepassing 5 (milieuhygiëne). Het gas SF_6 komt normaal niet in de buitenlucht voor; daarom kan het dienst doen als tracer. Om na te gaan waar de verontreinigde lucht uit een schoorsteen terechtkomt, voegen we SF_6 aan de "gewone" schoorsteengassen toe. Vervolgens meten we de concentratie SF_6 in de buitenlucht met een gaschromatograaf. Maar eerst moeten we de gaschromatograaf ijken met bekende, zeer lage, concentraties SF_6. Deze toepassing gaat over het bereiden van dergelijke ijkconcentraties.

Proefopzet. We hebben een bol met inhoud $V = 0.4$ liter, zie figuur 5.15. Deze bol is geheel gevuld met SF_6. Vanaf $t = 0$ wordt er een luchtstroom van $s = 10$ ml / min door de bol geleid, terwijl een roerder lucht en SF_6 goed mengt. Geleidelijk daalt de concentratie van SF_6 in de bol.

Model. De concentratie $C(t)$ van SF_6 drukken we uit in $\mu g/m^3$. De concentratie op $t = 0$ is $C(0) = 6.08 \cdot 10^9$ $\mu g/m^3$ (dit is de soortelijke massa van SF_6).
De hoeveelheid SF_6 in de bol is $V\,C(t)$ μg, en de hoeveelheid SF_6 die per tijdseenheid de bol uitstroomt is $s\,C(t)$ $\mu g/\text{min}$. De afname van de hoeveelheid SF_6 voldoet dus aan

$$(V\,C(t))' = -\,s\,C(t)\,.$$

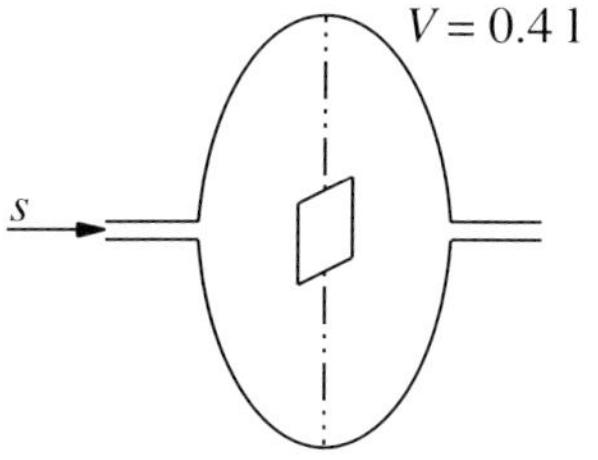

figuur 5.15. Een bol met ijkgas.

Opgave 5.31.

a. Stel de differentiaalvergelijking voor $C(t)$ op, waarin alle parameters vervangen zijn door getallen. Let daarbij goed op de eenheden waarmee wordt gerekend!
b. Bepaal de functie $C(t)$ die voldoet aan deze differentiaalvergelijking en aan de gegeven beginwaarde $C(0)$.
c. Bereken het tijdstip $t = t_A$ waarvoor $C(t_A) = 1\ \mu g/m^3$.
d. Helaas hebt u uw pompje niet goed geijkt: in plaats van 10 ml lucht per minuut pompt hij 10.1 ml per minuut door de bol. De concentratie van SF_6 wordt daarom niet gegeven door de functie $C(t)$ zoals bepaald in b, maar door een functie $\check{C}(t)$. Bepaal deze functie $\check{C}(t)$.
e. Bereken $\check{C}(t_A)$. Hoeveel procent wijkt deze waarde af van $C(t_A) = 1\ \mu g$?
f. Hoe stelt u zich eigenlijk voor dat we aan een bol geheel gevuld met SF_6 komen?

Toepassing 6 (hydrologie). In een dal met een lengte van 10 km en een breedte van 200 m ligt een stuwmeer. De beide "wanden" van het dal zijn vrijwel verticaal, en de bodem is vrijwel horizontaal. Bij een waterstand van h (in m) is de inhoud van dit stuwmeer dus

$$V = 2 \cdot 10^6\, h \quad (\text{in } m^3)\,.$$

We onderzoeken hoe de waterstand zich ontwikkelt bij een vaste stand van de schuif onder in de dam.

Analyse. De instroom $in(t)$ is afhankelijk van de regenval, en die is seizoensgebonden. In de winter is er een grote toevoer van regenwater, en in de zomer is er nauwelijks enige aanvoer. We modelleren daarom de instroom met de formule

$$in(t) = 10^8\,[1 + \cos(2\pi t)] \quad (\text{in } m^3/\text{jaar})$$

met t gemeten in jaren.

De uitstroom *out(t)* is de snelheid waarmee het water wegstroomt. Die is evenredig met de waterhoogte h (*wet van Darcy*). De uitstroom voldoet dus aan

$$out(t) = a\,h(t) \quad (\text{in m}^3/\text{jaar}),$$

waarin a wordt bepaald door de stand van de schuif in de dam.
De verandering van de hoeveelheid water in het meer per jaar is

$$V'(t) = in(t) - out(t).$$

Daarmee vinden we voor h de inhomogene lineaire differentiaalvergelijking

$$2\cdot 10^6\, h'(t) = -a\,h(t) + 10^8[1+\cos(2\pi t)] \Rightarrow h'(t) = \tfrac{-a}{2\cdot 10^6}h(t) + 50[1+\cos(2\pi t)].$$

Berekening. We lossen deze vergelijking op met variatie van constante.
Stap 1. De bijbehorende homogene vergelijking is

$$h'(t) = \tfrac{-a}{2\cdot 10^6}h(t)$$

met als oplossingen

$$h_H(t) = U\exp(\tfrac{-a}{2\cdot 10^6}t).$$

Stap 2. De oplossing van de inhomogene vergelijking schrijven we als

$$h(t) = u(t)\exp(\tfrac{-a}{2\cdot 10^6}t).$$

Invullen in de differentiaalvergelijking geeft dan

$$u'(t)\exp(\tfrac{-a}{2\cdot 10^6}t) + u(t)\exp(\tfrac{-a}{2\cdot 10^6}t)\cdot\tfrac{-a}{2\cdot 10^6} = \tfrac{-a}{2\cdot 10^6}u(t)\exp(\tfrac{-a}{2\cdot 10^6}t) + 50[1+\cos(2\pi t)],$$

en dus

$$u'(t)\exp(\tfrac{-a}{2\cdot 10^6}t) = 50[1+\cos(2\pi t)] \Rightarrow u(t) = \int 50[1+\cos(2\pi t)]\exp(\tfrac{a}{2\cdot 10^6}t)\,dt.$$

We kunnen *u(t)* bepalen door twee keer partieel te integreren (of met een tabel, bijvoorbeeld die achter in dit boek):

$$u(t) = \left[\frac{10^8}{a} + 50\frac{\frac{a}{2\cdot 10^6}\cos(2\pi t) + 2\pi\sin(2\pi t)}{4\pi^2 + (\frac{a}{2\cdot 10^6})^2}\right]\exp(\tfrac{a}{2\cdot 10^6}t) + C.$$

De waterhoogte *h(t)* is dus

$$h(t) = u(t)\exp(\tfrac{-a}{2\cdot 10^6}t) = \frac{10^8}{a} + 50\frac{\frac{a}{2\cdot 10^6}\cos(2\pi t) + 2\pi\sin(2\pi t)}{4\pi^2 + (\frac{a}{2\cdot 10^6})^2} + C\exp(\tfrac{-a}{2\cdot 10^6}t).$$

Interpretatie. In deze oplossing kunnen we drie termen onderscheiden:

$$h(t) = h_0 + h_1\cos(2\pi t + \psi) + C\exp(\tfrac{-a}{2\cdot 10^6}t).$$

De eerste term, $h_0 = 10^8/a$, is de gemiddelde waterhoogte. De tweede term geeft de seizoensfluctuatie weer; hij heeft een periode van 1 jaar, en loopt iets achter de regenval aan. De derde term geeft de invloed van de begintoestand; deze term gaat naar 0.

Met enige goniometrie kan men zien dat

$$h_1 = \frac{10^8}{\sqrt{(4\pi 10^6)^2 + a^2}} \quad \text{en} \quad \psi = \arctan\left(\frac{-4\pi 10^6}{a}\right).$$

Opgave 5.32.

a. Op welke dag in het jaar neemt het waterpeil zijn hoogste stand aan als $a = 10^7$?

b. Hoe hoog is het maximale waterpeil als $a = 10^7$?

Toepassing 7 (economie; vergelijk het voorbeeld in §5.1 en opgave 5.18 in §5.4). In het macro-economisch model van Cobb en Douglas verandert de hoeveelheid kapitaalgoederen volgens

$$K'(t) = s\,g(K(t)) - \delta K(t) \quad \text{met} \quad g(K) = a\sqrt{K}\,.$$

Dit is een niet-lineaire differentiaalvergelijking. We gaan over op de nieuwe afhankelijke variabele $W(t) = \sqrt{K(t)}$. Met de kettingregel krijgen we dan

$$W'(t) = \frac{dW}{dK}\frac{dK}{dt} = \frac{1}{2\sqrt{K(t)}}\left(sa\sqrt{K(t)} - \delta K(t)\right) = \tfrac{1}{2}\left(sa - \delta\sqrt{K(t)}\right) =$$

$$= \tfrac{1}{2}\left(sa - \delta W(t)\right)\,.$$

$W(t)$ voldoet dus aan een lineaire differentiaalvergelijking, en die kunnen we oplossen. Daarmee kunnen we ook $K(t)$ vinden.

Opgave 5.33.

a. Geef de algemene oplossing van de differentiaalvergelijking voor $W(t)$.

b. Geef de algemene oplossing van de differentiaalvergelijking voor $K(t)$.

5.7 OPGAVEN

Opgave 5.34. Geef de algemene oplossing van de volgende differentiaalvergelijkingen:

a. $y'(t) = y(t)\sin(t)$

b. $y'(t) = 6 - 2y(t)$

c. $y'(t) = t\,y(t)^2$.

Opgave 5.35. Los de volgende beginwaardeproblemen op:

a. $y'(t) = -4y(t)^2$, $\quad y(0) = 1$

b. $y'(t) = 1/y(t)$, $\quad y(0) = 1$

c. $y'(t) = -t/y(t)$, $\quad y(0) = 1$.

Opgave 5.36. Geef de algemene oplossing van de volgende differentiaalvergelijkingen:

a. $y'(t) = -y(t) + t$

b. $y'(t) = 2y(t) - \cos(t)$

c. $y'(t) = t\,y(t) - t$.

Opgave 5.37. Los de volgende beginwaardeproblemen op:

a. $y'(t) = -y(t) - \sin(t)$, $\quad y(0) = -\frac{1}{2}$

b. $y'(t) = -2y(t) + 3e^{-2t}$, $\quad y(0) = -1$

c. $y'(t) = t\,y(t)^2 - t$, $\quad y(1) = 2$.

Opgave 5.38 (plantenteelt). Bij grassen is de relatieve groeisnelheid van de wortelmassa vaak anders dan die van de bladmassa. Voor de wortelmassa w en de spruit s (= groene delen) van Italiaans raaigras (*lolium multiflorum*) geldt

$$\frac{w'(t)}{w(t)} = k\frac{s'(t)}{s(t)}.$$

Het getal k heet de ***allometrische constante***. Tot aan de bloei van het gras is $k = 1.12$. Bij het begin van de bloei is het gemiddelde drooggewicht van de wortel 1 gram en dat van de spruit 2 gram.

a. Leid af dat voor $w(s)$ geldt

$$w'(s) = k\frac{w}{s}.$$

(Aanwijzing: differentieer $w(t) = w(s(t))$ naar t).

b. Bepaal de functie $w(s)$ die voldoet aan deze differentiaalvergelijking en aan de gegeven wortel- en spruitgewichten bij het begin van de bloei.

c. Teken de grafiek van deze oplossing op dubbellogaritmische schalen; zet s op de horizontale as uit. Begin beide schalen bij 0.1 gram.

d. Na de bloei krijgt de allometrische constante k een andere waarde. Uiteindelijk wordt het spruitgewicht 90 g, het wortelgewicht 10 g. Zet in dezelfde grafiek het verband tussen w en s na de bloei uit. Wat is in deze periode de waarde van k?

Opgave 5.39 (meteorologie). Een bolvormige regendruppel verdampt met een snelheid die evenredig is met zijn oppervlak. In een experiment neemt de diameter D van een druppel in 5 minuten af van 4 mm tot 3 mm. Geef een uitdrukking voor $D(t)$.

Opgave 5.40 (milieuhygiëne). We willen de concentratie van CO, een uitlaatgas, langs een verkeersweg bepalen. Een monsterfles met mengschotten, gevuld met schone lucht, wordt aangesloten op een pompje en zo gevuld met buitenlucht. Na enige tijd wordt de fles afgesloten en voor onderzoek meegenomen.
De fles heeft een inhoud van $V = 0.5$ l. De fractie verontreinigde buitenlucht in de fles is $P(t)$. Het pompje heeft een snelheid van 1.5 l / min.

a. Hoe groot is $P(0)$?
b. Hoeveel liter verontreinigde lucht bevat de fles op tijdstip t, uitgedrukt in $P(t)$?
c. Stel een differentiaalvergelijking voor $P(t)$ op. (Hint: bepaal de verandering van de hoeveelheid verontreinigde lucht per tijdseenheid.)
d. Los de differentiaalvergelijking uit c op met de onder a gevonden beginwaarde.
e. Na hoeveel tijd is de fles voor 98% gevuld met verontreinigde lucht?

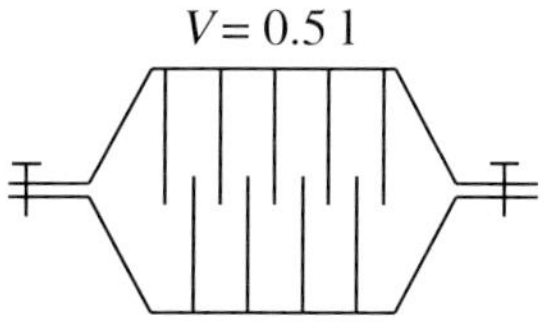

figuur 5.16. Een monsterfles.

Opgave 5.41 (sociologie, planologie). In de onderstaande tabel staan enige gegevens afkomstig van volkstellingen in de Verenigde Staten.

jaar	1790	1850	1910	1970
aantal inwoners $\times 10^6$	4	23	92	203

In 1845 werd als model aangenomen dat de bevolkingsgrootte $N(t)$ zou voldoen aan de vergelijking

$$600N'(t) = N(t)(184 - N(t)) .$$

De eenheid voor N is daarbij 1 miljoen inwoners, en de eenheid voor t is 10 jaar. Voor het jaar 1790 geldt $t = 0$.

a. Los de differentiaalvergelijking op.
b. Is het aantal inwoners in 1850 in overeenstemming met het model?
c. In welk jaar is de groeisnelheid volgens het model maximaal? Is in dat jaar het model nog in overeenstemming met de werkelijkheid?
d. Laat zien dat de bevolkingsgrootte in het jaar 2010 niet meer met het model kan worden voorspeld.

Opgave 5.42 (levensmiddelentechnologie). In rauwe melk komen bacteriën voor die de houdbaarheid nadelig beïnvloeden, en ondanks alle voorzorgen, ook ziekteverwekkende bacteriën. Door pasteuriseren kan het aantal van dergelijke bacteriën worden verminderd. Het gemiddelde aantal (per liter) van een bepaalde bacterie in ongepasteuriseerde melk duiden we aan met $P(0)$. Na pasteurisatie op 73°C geldt voor het gemiddelde aantal $P(t)$:

$$P'(t) = -k\,P(t).$$

De waarde van k hangt af van de soort bacterie. Voor de gevaarlijke bacterie *staphylococcus aureus*, die voedselvergiftiging kan veroorzaken, geldt $k = 0.18$ per sec.

a. Los de differentiaalvergelijking voor $P(t)$ op.

b. Veronderstel dat $P(0) = 1$. Hoelang moeten we dan pasteuriseren opdat het gemiddeld aantal bacteriën *staphylococcus aureus* per m^3 minder dan 0.01 is?

Opgave 5.43 (visteelt). Een kweekbak bevat 1000 liter zoet water. Men laat water, dat 5 g zout per liter bevat, de bak inlopen met een snelheid van 2 liter per minuut. Een zelfde hoeveelheid loopt gelijktijdig door een overloop de bak uit. Het water in de bak wordt ondertussen goed geroerd. Na een half uur wordt er geen zout water meer naar binnen gepompt, maar gewoon zoet water. Na nogmaals een half uur wordt de pomp afgezet. Bereken de uiteindelijke concentratie van het zout in de bak.

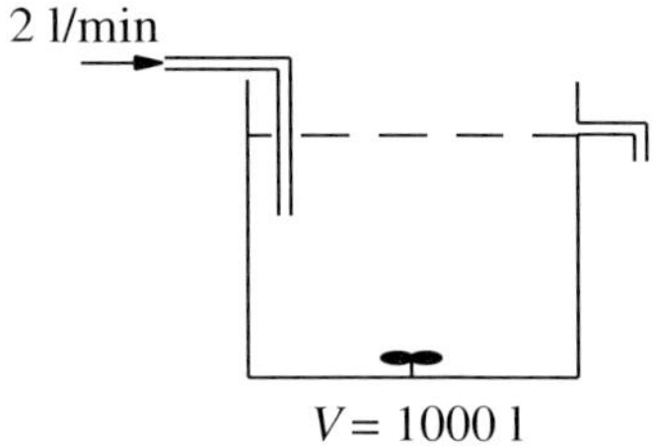

figuur 5.17. Een geroerde tank.

Opgave 5.44 (economie). Het rentepercentage $a(t)$ op de kapitaalmarkt heeft over een periode T voorafgaand aan het tijdstip $t = 0$ een wisselend verloop gehad. Het valt een belegger op dat $a(-T) = a(0)$ en $a'(-T) = a'(0)$. Op grond daarvan meent hij te kunnen verwachten dat het verloop van $a(t)$ zich zal herhalen in de periode $0 \le t \le T$:

$$a(t) = a(t-T).$$

Met behulp van enige metingen berekent hij als het te verwachten rentepercentage

$$a(t) = 7 + 1.5\sin\left(\tfrac{2\pi}{T}\left(t + \tfrac{T}{6}\right)\right).$$

a. Bereken de toename van een geïnvesteerd kapitaal van € 100 000,– op het tijdstip $t = T$ uitgaande van het verwachte renteverloop.

b. De belegger kan ook het kapitaal tegen een vast rentepercentage van 7% over een periode T uitzetten. Wat levert het meest op?

Opgave 5.45 (plantenteelt). De groeisnelheid van de biomassa van gewassen als suikerbieten, maïs, aardappelen wordt, bij aanwezigheid van voldoende water en voedingsstoffen, voornamelijk bepaald door de assimilatie. Gedurende de zomermaanden geldt voor maïs in Nederland

$$y'(t) = 720 - 0.03\,y(t),$$

waarin t de tijd is in dagen en y de biomassa in kg / ha. Er geldt $y(0) = 4000$ kg / ha.

a. Bepaal $y(t)$.

b. Hoe groot is de groeisnelheid van de biomassa op $t = 0$?

c. Wanneer is de biomassa nog maar 5% van zijn maximum verwijderd?

Opgave 5.46 (farmacie, geneeskunde, biologie). Een patiënt krijgt een intraveneuze injectie met een geneesmiddel in passieve vorm. Metabolische reacties in het bloed zetten het middel om in een actieve vorm, met een constante evenredigheidsfactor k_1. De actieve vorm wordt door de lever uitgescheiden met een constante evenredigheidsfactor k_2.
We modelleren de concentratie van de actieve vorm in het bloed. Daarbij verwaarlozen we de tijd die verloopt tussen het injecteren en het bereiken van een uniforme concentratie van de passieve vorm in het bloed. De concentratie van de passieve vorm noemen we $p(t)$, die van de actieve vorm $a(t)$. De beginwaarde van $p(t)$ is $p(0) = p_0$, waarbij p_0 afhangt van de hoeveelheid ingespoten stof.

a. Stel de differentiaalvergelijking op waaraan $p(t)$ voldoet.
b. Los de differentiaalvergelijking op, waarbij p_0 als parameter in de oplossing blijft staan.
c. Stel de differentiaalvergelijking voor $a(t)$ op.
d. Wat is de beginwaarde $a(0)$ voor $a(t)$?
e. Los de differentiaalvergelijking voor $a(t)$ op, onder de veronderstelling dat $k_1 \neq k_2$.
f. De grafieken van de functies $p(t)$ en $a(t)$ staan in figuur 5.18. Het maximum van $a(t)$ is aangegeven met A. Dit maximum wordt aangenomen in $t = t_m$. Druk t_m uit in k_1 en k_2.
g. Los de differentiaalvergelijking voor $a(t)$ op voor het speciale geval dat $k_1 = k_2$.

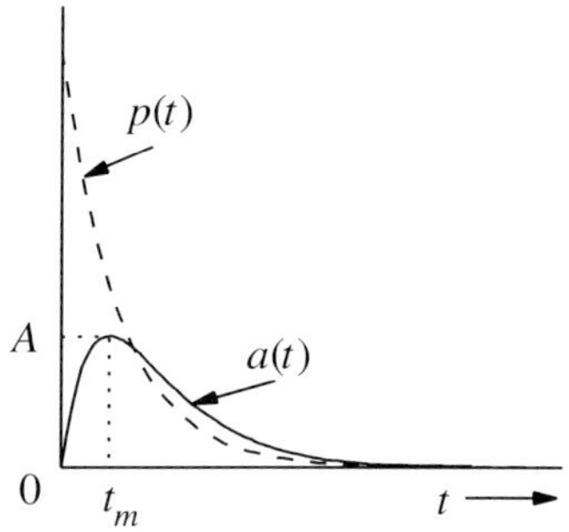

figuur 5.18. Actieve en passieve vorm van een geneesmiddel.

(Opmerking. De farmaceutische industrie geeft zich grote moeite om de waarden van k_1 en k_2 van hun producten zodanig te beïnvloeden dat t_m en de breedte van de piek van $a(t)$ een maximaal effect teweeg brengen.)

Opgave 5.47 (marktkunde, micro-economie). De prijs van een bepaald product duiden we aan met p, de vraag met q_v en het aanbod met q_a. In een continu marktmodel zijn prijs, vraag en aanbod functies van de tijd: $p = p(t)$, $q_v = q_v(t)$ en $q_a = q_a(t)$. Neem aan dat de vraag- en aanbodfuncties worden gegeven door

$$\begin{aligned} q_a &= 2 + p, \\ q_v &= 8 - 2p. \end{aligned}$$

Verder reageert de prijs op verandering in vraag en aanbod volgens de vergelijking

$$p'(t) = \tfrac{1}{2}(q_v - q_a).$$

a. Ga na dat deze formules de belangrijkste economische regels van vraag en aanbod juist weergeven.
b. Stel een differentiaalvergelijking voor $p(t)$ op.
c. Geef de oplossing $p(t)$ die hoort bij beginvoorwaarde $p(0) = 0.5$ en de oplossing $p(t)$ die hoort bij beginvoorwaarde $p(0) = 3.0$.
d. De differentiaalvergelijking heeft een evenwicht. Bereken dit evenwicht, en laat zien dat het stabiel is.
e. Laat zien hoe we het evenwicht kunnen vinden zonder de differentiaalvergelijking voor $p(t)$ op te stellen.

Opgave 5.48 (marktkunde, micro-economie; vergelijk opgave 5.47). Het aanbod van zomergroenten wordt meer door externe factoren bepaald dan door de vraag uit de markt. We kunnen bijvoorbeeld het aanbod van asperges modelleren door de functie

$$q_{\mathrm{a}}(t) = \begin{cases} 0 & \text{voor} \quad t < t_1 \\ A & \text{voor} \quad t_1 \le t \le t_2 \\ 0 & \text{voor} \quad t_2 < t \end{cases}$$

waarin t_1 het begin en t_2 het einde van het aspergeseizoen weergeeft. We nemen aan $t_1 = 80$ (dat is 21 april) en $t_2 = 166$ (dat is 15 juni).
Neem aan dat de vraagfunctie wordt gegeven door

$$q_{\mathrm{v}} = 10 - 2p$$

en dat de prijs reageert op veranderingen in vraag en aanbod volgens de vergelijking

$$p'(t) = \tfrac{1}{2}(q_{\mathrm{v}} - q_{\mathrm{a}}).$$

a. Stel een differentiaalvergelijking voor $p(t)$ op voor $t_1 < t < t_2$.
b. Heeft het zin om de differentiaalvergelijking na $t = t_2$ door te laten lopen? Zo ja, hoe gaat dat in zijn werk? Zo nee, waarom niet?
c. Geef de oplossing $p(t)$ die hoort bij beginvoorwaarde $p(t_1) = 5$ en de oplossing $p(t)$ die hoort bij beginvoorwaarde $p(t_1) = 0$.
d. De differentiaalvergelijking heeft een evenwicht. Bereken dit evenwicht, en laat zien dat het stabiel is.
e. Laat zien hoe we het evenwicht kunnen vinden zonder de differentiaalvergelijking voor $p(t)$ op te stellen.

Opgave 5.49 (scheikunde, proceskunde). In een reactievat vindt een omzetting plaats van een primaire stof B via een tussenproduct C naar het eindproduct D. De omzetting van B naar C gaat via reactie met A, dat in overmaat aanwezig is, terwijl B tijdens het proces continu wordt toegevoerd met snelheid q. De stof C wordt omgezet in het eindproduct D:

$$A + B \xrightarrow{k_1} C \xrightarrow{k_2} D$$

a. Beredeneer dat dit productieproces leidt tot de differentiaalvergelijkingen

$$b'(t) = -k_1 a b(t) + q$$
$$c'(t) = k_1 a b(t) - k_2 c(t)$$

voor de concentraties a, $b(t)$ en $c(t)$ van stof A, B en C respectievelijk.
b. Wat is in de stationaire situatie (evenwicht) de productiesnelheid van stof D?
c. Neem in deze vergelijkingen $q = 0.1$, $ak_1 = 0.1$ en $k_2 = 0.2$. Als beginconcentratie voor B nemen we $b(0) = 0$. Laat zien, door het oplossen van de differentiaalvergelijking voor $b(t)$, dat

$$b(t) = 1 - \mathrm{e}^{-0.1t}.$$

d. Gebruik dit resultaat om ook de vergelijking voor $c(t)$ op te lossen. Neem als beginconcentratie $c(0) = 0$.
e. Wat verandert er aan het proces als de aanvoer van B wordt verhoogd, en wat als de concentratie van A wordt verhoogd?

Opgave 5.50 (biologie). Als we het gewicht van een dier uitzetten tegen zijn leeftijd vinden we vaak een S-vormige curve (zie figuur 5.19). De logistische functie geeft geen goede beschrijving voor die curve. De parameters van die functie hebben ook geen relatie met het groeiproces.
Een alternatief groeimodel is dat van *Von Bertalanffy*. Hij nam aan dat de vorm van een dier, en al zijn organen, niet door groei veranderen. Dan geldt het volgende verband tussen lengte l en gewicht W:

$$W = (\gamma l)^3. \qquad (*)$$

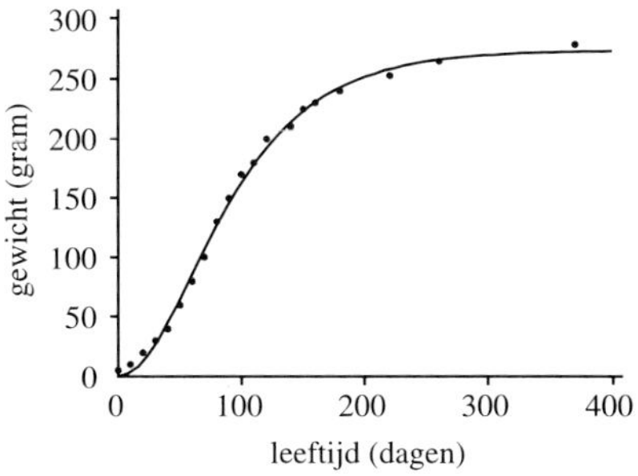

figuur 5.19. Leeftijd en gewicht van witte ratten.

Groei is het verschil tussen opbouw van nieuw weefsel en afbraak. Dat geeft een balansvergelijking van de vorm

$$W'(t) = [\text{opbouw}] - [\text{afbraak}].$$

Afbraak is het gevolg van het afsterven van oude cellen. We nemen aan dat die afbraak evenredig is de massa van het weefsel. Daardoor ontstaat een gewichtsverlies dat evenredig is met het gewicht, met evenredigheidsfactor β.
Voor opbouw is voedsel nodig. De opname van dat voedsel gaat via het maagdarmkanaal. De hoeveelheid voedingsstoffen die kan worden opgenomen is dus evenredig met het oppervlak van dit kanaal. Omdat de vorm niet door groei verandert, is het oppervlak van het maagdarmkanaal evenredig met l^2. Uit formule (*) volgt nu dat de opbouw evenredig is met $W^{2/3}$, met evenredigheidsfactor α.
Von Bertalanffy heeft dit model toegepast op witte ratten; zijn meetwaarden staan in figuur 5.19. Hij vond $\alpha = 0.352\ \text{g}^{1/3}/\text{dag}$, $\beta = 0.0542$ per dag, $l(0) = 7.91$ mm en $\gamma = 0.0683\ \text{g}^{1/3}/\text{mm}$.

Witte rat.

a. Stel de differentiaalvergelijking op voor $W(t)$.
b. Leidt met (*) uit de vergelijking voor $W(t)$ een differentiaalvergelijking voor $l(t)$ af.
c. Geef de oplossing voor $l(t)$. Gebruik dat een dier met lengte $l(0)$ geboren wordt.
d. Geef de oplossing voor $W(t)$.
e. Bepaal de evenwichtsoplossing $\underline{W}$.
f. De opname-efficiëntie α en de afbraaksnelheid β hangen van het milieu af. Bij lagere temperatuur nemen zowel α als β af. Ga na hoe de groeicurve verandert als zowel α als β ¾ van de door Von Bertalanffy gegeven waarde hebben. Is het maximale gewicht van een rat onder de nieuwe omstandigheden kleiner?

5.8 REFLECTIE

In dit hoofdstuk werden methoden ontwikkeld voor het oplossen van eerste orde differentiaalvergelijkingen. Slechts een beperkt aantal processen kunnen we met een eerste orde differentiaalvergelijking modelleren: groeiprocessen van gewassen of biologische populaties, vervaltijden van stoffen, eenvoudige chemische reacties en balansen van stoffen in een reservoir met in- en uitstroom. Andere processen kunnen we alleen met hogere orde differentiaalvergelijkingen of met een stelsel van eerste orde differentiaalvergelijkingen modelleren. De mechanische slinger kan met een differentiaalvergelijking van de tweede orde worden beschreven. De interactie tussen prooi- en roofdierpopulaties kunnen we met een stelsel van twee differentiaalvergelijkingen van de eerste orde beschrijven.

De methode van Euler voor het numeriek oplossen van differentiaalvergelijkingen is de eenvoudigste van een grote familie methoden. Andere, meer geavanceerde benaderingsmethoden leveren vaak betere resultaten. Numerieke routines in software bibliotheken van computers zijn op die methoden gebaseerd.

HISTORISCHE NOTITIES

Johannes Bernoulli

De grondslagen van de differentiaalrekening zijn gelegd door Isaac Newton (Engeland, 1642-1727) en Gottfried Wilhelm Leibniz (Duitsland, 1646-1716). Zij hebben beiden in de zeventiende eeuw eenvoudige differentiaalvergelijkingen opgesteld en opgelost. In 1671 gaf Newton een indeling van eerste orde differentiaalvergelijkingen in drie klassen, en zijn oplossingsmethode berustte op het gebruik van (Taylor)reeksen. Leibniz was de eerste die de methode van scheiding van variabelen aangaf. Hij gaf ook de oplossing van de lineaire differentiaalvergelijkingen (1692) en gebruikte substituties bij het oplossen van differentiaalvergelijkingen (1696). De oplossingsmethode voor lineaire differentiaalvergelijkingen zoals wij die hier geven gaat echter terug (1696) op Johannes Bernoulli (Zwitserland, 1667-1748).

Aan het einde van de zeventiende eeuw zijn alle elementaire technieken voor eerste orde differentiaalvergelijkingen bekend. Onbekend was echter de ontoereikendheid van die technieken. Het heeft tot ongeveer 1880 geduurd tot men er goed van doordrongen was dat oplosbare differentiaalvergelijkingen slechts bij uitzondering voorkomen. Dat is te danken aan de Franse school van Picard, Poincaré en Painlevé.
De methode van Euler gaat terug op Leonhard Euler (Zwitserland, 1707-1783). Het numeriek oplossen van differentiaalvergelijkingen (met name die uit de astronomie) heeft met deze en soortgelijke methoden in vroeger eeuwen onvoorstelbaar veel inspanning gekost. Pas na de opkomst van moderne computers in de tweede helft van de twintigste eeuw is de kennis van numerieke technieken voor differentiaalvergelijkingen aanzienlijk uitgebreid.

Euler

6 Functies van twee variabelen: differentieren en integreren

Voorkennis

Kennis van de lineaire algebra in $\mathbf{R}^2$ en $\mathbf{R}^3$, met name:
- vectorvoorstelling en vergelijking van lijn en vlak.
- inwendig product, lengte van een vector, hoek tussen twee vectoren.

Kennis van functies van één variabele, met name:
- eerste en tweede orde afgeleide, kettingregel.
- grafiek en raaklijn aan de grafiek.
- Taylorreeks, in het bijzonder de eerste en tweede orde benadering.
- primitiveren en integreren.

Overzicht van dit hoofdstuk

6.1 Inleiding

In veel praktijksituaties hangt een grootheid af van meer dan één variabele. In dit hoofdstuk beperken we ons tot functies van twee variabelen.

Voorbeeld 1 (economie, bedrijfskunde). Een eenvoudig model voor een productieproces bevat twee productiefactoren: arbeid a en kapitaal k. De productieomvang q van een onderneming is een functie van a en k:

$$q = F(a,k).$$

Aan de hand van de eigenschappen van een dergelijke productiefunctie kunnen we veel kenmerken van de bedrijfseconomie analyseren.
Vaak kiezen we voor $F(a,k)$ een van de zogenaamde Cobb-Douglas productiefuncties:

$$F(a,k) = C a^{\alpha} k^{\beta} \quad (\text{met } C > 0,\ \alpha > 0,\ \beta > 0).$$

De constante C heet de ***technologieconstante***: een productieproces met een hogere C levert een grotere productie bij dezelfde inzet van arbeid en kapitaal. #

Voorbeeld 2 (milieuhygiëne). In een rivier is op een onbekende tijd op een onbekende plaats een onbekende hoeveelheid van een giftige stof geloosd. Twee meetstations bepalen beide de concentratie van het gif in het langsstromende water.
De concentratie $C(x,t)$ tengevolge van de lozing van een hoeveelheid stof in een rivier kunnen we modelleren met de functie

$$C(x,t) = \frac{G}{S}\frac{1}{2\sqrt{\pi D t}}\,\mathrm{e}^{-\frac{(x-vt)^2}{4Dt}}.$$

Hierin zijn x en t de variabelen; x is de afstand tot de plaats van de lozing (gemeten langs de rivier) en t is de tijd vanaf het moment van de lozing. Daarnaast bevat de formule nog een aantal constanten (parameters): v is de stroomsnelheid van de rivier, S is de oppervlakte van de dwarsdoorsnede van de rivier, D is de dispersieconstante (dit is een maat voor het gemak waarmee de stof zich in het water verspreidt) en G is de hoeveelheid geloosde stof.
Aan de hand van deze formule kunnen we iets zeggen over de plaats van de giflozing, en daarmee over de vermoedelijke schuldige aan deze lozing. #

Voorbeeld 3 (natuurkunde). We bekijken de temperatuurverdeling in een vlakke plaat. We nemen daarbij aan dat er geen warmtetransport is in de richting loodrecht op de plaat; de plaat kunnen we dan modelleren als een tweedimensionaal object (zie figuur 6.1).
De locale verschillen in temperatuur veroorzaken een warmtestroming. Volgens de wet van Fourier heeft die warmtestroom de richting van de grootste temperatuurverschillen; daarbij stroomt de warmte van hoge naar lage temperaturen.
In dit hoofdstuk zullen we een wiskundige formulering geven van de wet van Fourier.

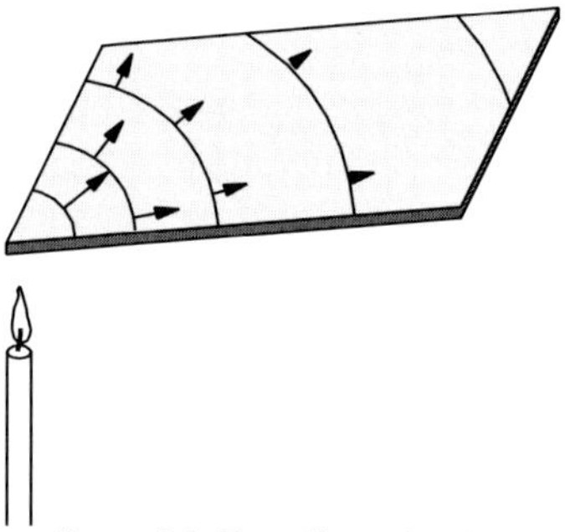

figuur 6.1: Tweedimensionale warmtestroming door een vlakke plaat.

Voorbeeld 4 (milieuhygiëne; vergelijk §3.1). We komen terug op het voorbeeld van de zoutlozing in §3.1. Een fabriek loost afvalzout op een langsstromende rivier. Stroomafwaarts meet een sensor continu de zoutconcentratie $c(t)$ van het water. Met behulp van het debiet D en de gemeten zoutconcentratie kunnen we dan de totale zouthoeveelheid bepalen:

$$Z = \int_0^T D\,c(t)\,\mathrm{d}t\,.$$

De sensor meet weliswaar de zoutconcentratie continu in de tijd, maar slechts op één punt in de rivier. We hebben daarbij aangenomen dat de concentratie overal in de dwarsdoorsnee van de rivier hetzelfde is. Op grote afstand van de fabriek is dat redelijk, maar dichtbij het lozingspunt niet. In werkelijkheid is er stroomafwaarts van de lozingspijp een "pluim", die langzaam uitwaaiert over de rivier. Dichtbij de pijp zit al het zout in een smalle strook, zie figuur 6.2. Verder weg verspreidt het zich over de hele breedte van de rivier. In figuur 6.3 is dat schematisch weergegeven met de arceringsgraad: hoe donkerder de arcering, hoe hoger de concentratie.

figuur 6.2. De Rijn bij Basel met een pluim van chemisch afval (19 augustus 1991).

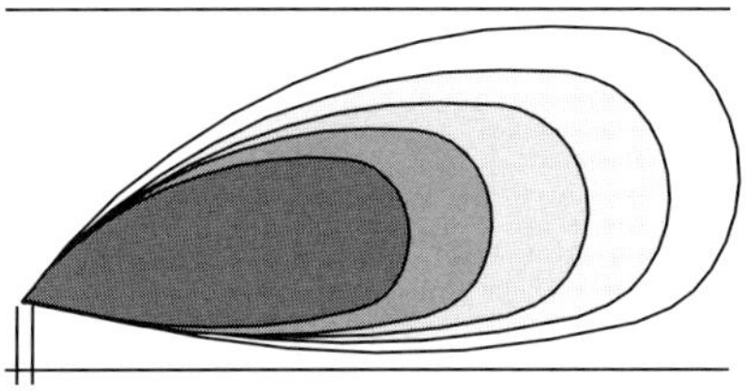

figuur 6.3. Schema van een rivier met daarin een pluim van zout water.

De waargenomen concentratie op een vaste afstand van de bron is dus niet alleen een functie van de tijd t, maar ook van de positie x van de sensor, gemeten langs de breedte van de rivier. Een betere waarde van de concentratie krijgen we door te middelen over x:

$$\bar{c}(t) = \frac{1}{B}\int_0^B c(x,t)\,\mathrm{d}x,$$

met B de breedte van de rivier. De totale zouthoeveelheid in een tijd T wordt dan

$$Z = \int_0^T D\,\bar{c}(t)\,\mathrm{d}t = \frac{D}{B}\int_0^T\int_0^B c(x,t)\,\mathrm{d}x\,\mathrm{d}t\,.$$

We krijgen dus een dubbele integraal van een functie van twee variabelen. #

6.2 WISKUNDIG GEREEDSCHAP: GRAFIEK EN RAAKVLAK

In dit hoofdstuk kijken we naar functies van twee variabelen. We werken dus in $\mathbf{R}^2$ en in $\mathbf{R}^3$. Om de notaties eenvoudig te houden geven we de coördinaten van een punt in $\mathbf{R}^2$ (of $\mathbf{R}^3$) aan met x en y (of x, y en z) in plaats van x_1 en x_2 (of x_1, x_2 en x_3). Overigens zijn de resultaten in dit hoofdstuk eenvoudig te generaliseren naar functies van n variabelen.

INLEIDING: FUNCTIES VAN ÉÉN VARIABELE

Een functie $f(x)$ bepaalt voor ieder reëel getal x een getal $y = f(x)$. Wiskundig zeggen we: een functie f: $\mathbf{R} \Rightarrow \mathbf{R}$ voegt aan elk reëel getal x precies één reëel getal $f(x)$ toe.
De punten $(x, f(x))$ in het (x, y)-vlak vormen samen de ***grafiek*** van $f(x)$. Deze grafiek is een kromme met vergelijking $y = f(x)$. Bij elke x hoort precies één waarde van y; x heet de ***onafhankelijke*** en y de ***afhankelijke variabele***.

In figuur 6.4 staat de grafiek van een functie $f(x)$, met de raaklijn in $x = a$. Deze raaklijn heeft een vergelijking en een vectorvoorstelling. Een ***vergelijking*** van de raaklijn is

$$y = f(a) + f'(a)(x-a).$$

Voor een vectorvoorstelling van de raaklijn hebben we een steunvector en een richtingsvector nodig. We zien dat de raaklijn door $P = (a, f(a))$ gaat, dat is het eindpunt van de vector p:

$$p = \begin{pmatrix} a \\ f(a) \end{pmatrix}.$$

Deze vector is dus een steunvector voor de raaklijn. Een richtingsvector is

$$\begin{pmatrix} 1 \\ f'(a) \end{pmatrix}$$

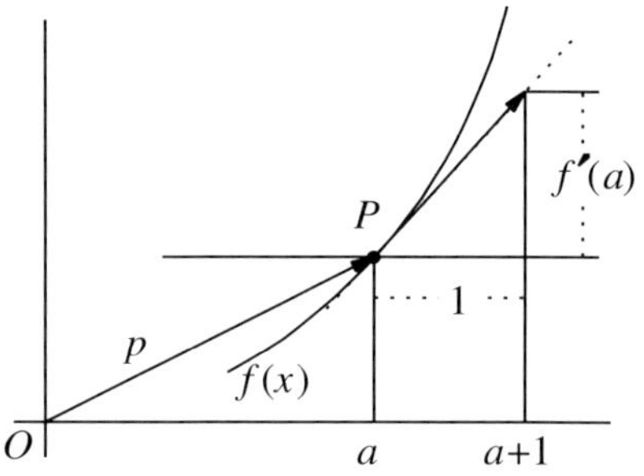

figuur 6.4. De raaklijn.

(zie figuur 6.4). Een ***vectorvoorstelling*** voor de raaklijn is dus

$$\begin{pmatrix} x \\ y \end{pmatrix} = \begin{pmatrix} a \\ f(a) \end{pmatrix} + \lambda \begin{pmatrix} 1 \\ f'(a) \end{pmatrix}.$$

In figuur 6.4 zijn steunvector en richtingsvector beide gemakkelijk af te lezen.

Opgave 6.1. Uit de vergelijking voor de raaklijn kunnen we gemakkelijk de vectorvoorstelling vinden, en omgekeerd. Laat dit zien. #

Opgave 6.2. De lijn l is de raaklijn van $f(x) = 1 - e^{-x/2}$ in $x = 2$. Bepaal een vergelijking en een vectorvoorstelling voor l. #

Opgave 6.3. Hieronder staan eigenschappen van de grafiek van $f(x)$. Welke algebraïsche van de afgeleiden van de functie $f(x)$ horen daarbij?

$f(x)$ is stijgend in $x = a$ | $f(x)$ is dalend in $x = a$
$f(x)$ heeft een buigpunt in $x = a$ | $f(x)$ heeft een extreem in $x = a$
$f(x)$ heeft een minimum in $x = a$ | $f(x)$ heeft een maximum in $x = a$ #

GRAFIEK, RAAKLIJNEN EN RAAKVLAK

Een functie $f(x, y)$ bepaalt voor ieder tweetal reële getallen x en y een getal $z = f(x, y)$. Wiskundig zeggen we ook wel: een functie f: $\mathbf{R}^2 \Rightarrow \mathbf{R}$ voegt aan elk tweetal reële getallen x en y precies één reëel getal $f(x, y)$ toe.
De punten$(x, y, f(x, y))$ in de (x, y, z)-ruimte vormen samen de ***grafiek*** van $f(x, y)$. Deze grafiek is een (gebogen) oppervlak met de vergelijking $z = f(x, y)$. Bij elk punt (x, y) in het grondvlak hoort precies één punt $(x, y, f(x, y))$ op de grafiek; x en y zijn dus de onafhankelijke variabelen en is z de afhankelijke variabele. In figuur 6.5 is een deel van de grafiek van een dergelijke functie $f(x, y)$ geschetst.

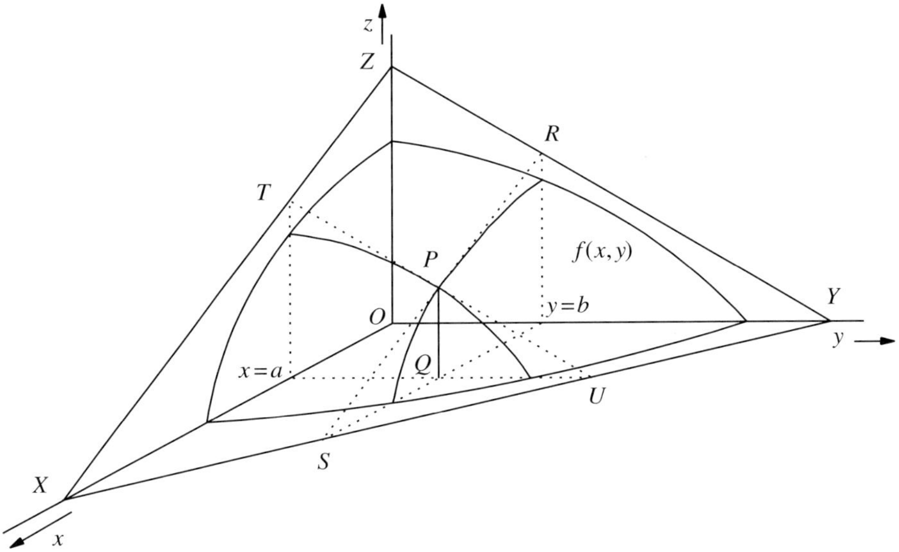

figuur 6.5. De grafiek van een functie van twee variabelen, met raaklijnen en raakvlak.

Het punt $P = (a, b, f(a, b))$ ligt op de grafiek, boven het punt $Q = (a, b)$ in het grondvlak. Twee raaklijnen van $f(x, y)$ door P zijn RS, evenwijdig aan het (x, z)-vlak (het zijvlak), en TU, evenwijdig aan het (y, z)-vlak (het achtervlak). Het vlak XYZ door deze lijnen bevat alle raaklijnen door P aan het oppervlak; dit is het ***raakvlak*** van $f(x, y)$ door P. Voor dit raakvlak proberen we een vectorvoorstelling en een vergelijking te vinden.

Opgave 6.4. Hoe lopen de raaklijnen van $f(x, y)$ door P die respectievelijk de x-as, de y-as en de z-as snijden? #

Eerst kijken we voor een vaste waarde van y, zeg $y = b$. We definiëren daarvoor een hulpfunctie $g(x)$ van één variabele als

$$g(x) = f(x,b).$$

De kromme die we krijgen als doorsnee van het vlak $y = b$ met $z = f(x, y)$ in figuur 6.5 kunnen we dan opvatten als de grafiek van $g(x)$, zie figuur 6.6. Ook de raaklijn RS van $f(x, y)$ door P vinden we terug in figuur 6.6: het is de raaklijn van $g(x)$ door P.
In (de vlakke) figuur 6.6 is een vectorvoorstelling van deze raaklijn RS snel gevonden:

$$\begin{pmatrix} x \\ z \end{pmatrix} = \begin{pmatrix} a \\ g(a) \end{pmatrix} + \lambda \begin{pmatrix} 1 \\ g'(a) \end{pmatrix}.$$

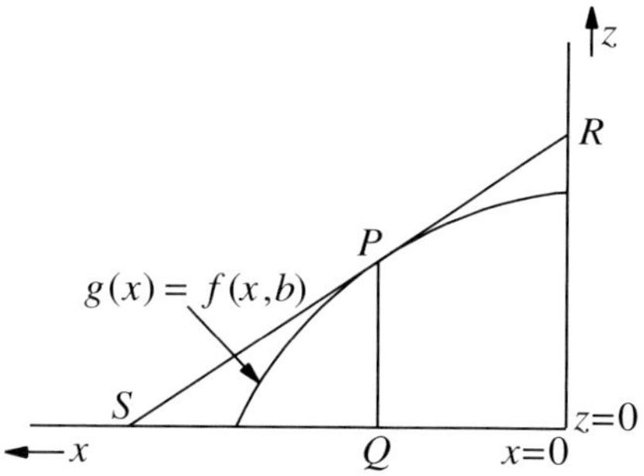

figuur 6.6. Doorsnee met het vlak $y = b$.

We gaan nu terug naar de ruimtelijke figuur 6.5. We vinden dan voor de raaklijn RS de volgende vectorvoorstelling (bedenk hierbij dat $g(a) = f(a, b)$, en $y = b$ is constant):

$$\begin{pmatrix} x \\ y \\ z \end{pmatrix} = \begin{pmatrix} a \\ b \\ g(a) \end{pmatrix} + \lambda \begin{pmatrix} 1 \\ 0 \\ g'(a) \end{pmatrix} = \begin{pmatrix} a \\ b \\ f(a,b) \end{pmatrix} + \lambda \begin{pmatrix} 1 \\ 0 \\ g'(a) \end{pmatrix}.$$

We zien dat de afgeleide $g'(a)$ de steilheid is van de raaklijn RS in figuur 6.5 bij $y = b$ vast.

Opgave 6.5.

a. Wat is de vergelijking die hoort bij de raaklijn RS in (de vlakke) figuur 6.6?

b. In (de ruimtelijke) figuur 6.5 hoort bij de raaklijn RS niet één vergelijking, maar een stelsel van twee vergelijkingen. Geef zo'n stelsel. #

Op dezelfde manier doorsnijden we in figuur 6.5 de grafiek van $f(x, y)$ met het verticale vlak $x = a$. We nemen dus x vast. Zo ontstaat figuur 6.7.
De kromme die we krijgen als doorsnede van het vlak $x = a$ met $z = f(x, y)$ is weer de grafiek van een hulpfunctie van één variabele, nu van y:

$$h(y) = f(a,y).$$

De raaklijn TU van $f(x, y)$ door P in figuur 6.5 is nu in figuur 6.7 de raaklijn van $h(y)$ door P. Een vectorvoorstelling van deze raaklijn is

$$\begin{pmatrix} y \\ z \end{pmatrix} = \begin{pmatrix} b \\ h(b) \end{pmatrix} + \mu \begin{pmatrix} 1 \\ h'(b) \end{pmatrix}.$$

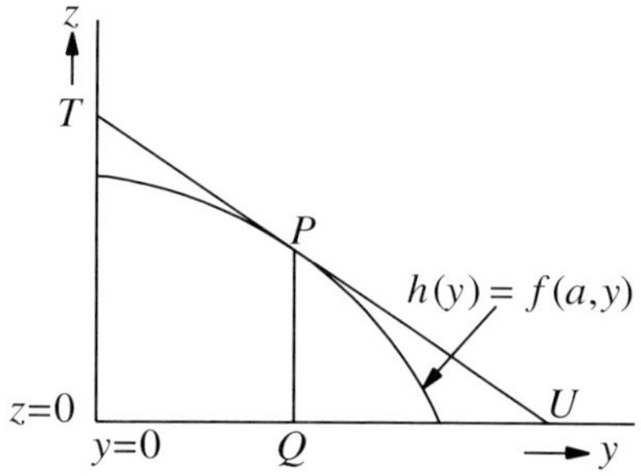

figuur 6.7. Doorsnee met het vlak $x = a$.

In (de ruimtelijke) figuur 6.5 vinden we voor de raaklijn TU als vectorvoorstelling (bedenk nu dat $h(b) = f(a, b)$, en $x = a$ is constant):

$$\begin{pmatrix} x \\ y \\ z \end{pmatrix} = \begin{pmatrix} a \\ b \\ h(b) \end{pmatrix} + \mu \begin{pmatrix} 0 \\ 1 \\ h'(b) \end{pmatrix} = \begin{pmatrix} a \\ b \\ f(a,b) \end{pmatrix} + \mu \begin{pmatrix} 0 \\ 1 \\ h'(b) \end{pmatrix}.$$

We hebben nu de vectorvoorstelling van twee raaklijnen, met voor elk een steunvector en een richtingsvector. Deze raaklijnen liggen allebei in het raakvlak. Voor een vectorvoorstelling van het raakvlak hebben we een steunvector en twee richtingsvectoren nodig. Voor de steunvector nemen we de steunvector van de beide raaklijnen (merk op dat dat dezelfde vector is!). Voor de richtingsvectoren nemen we de twee richtingsvectoren van de twee gevonden raaklijnen. Hiermee vinden we een vectorvoorstelling van het raakvlak:

$$\begin{pmatrix} x \\ y \\ z \end{pmatrix} = \begin{pmatrix} a \\ b \\ f(a,b) \end{pmatrix} + \lambda \begin{pmatrix} 1 \\ 0 \\ g'(a) \end{pmatrix} + \mu \begin{pmatrix} 0 \\ 1 \\ h'(b) \end{pmatrix}.$$

In deze vectorvoorstelling komen nog $g'(a)$ en $h'(b)$ voor, en dat is niet erg fraai. Hierna laten we zien hoe dat kan worden vermeden.

Voorbeeld. We zoeken het raakvlak van $f(x, y) = xy\ln(x)$ in $(x, y) = (1, 2)$.
Eerst rekenen we de functiewaarde uit: $z = f(1, 2) = 0$. De steunvector voor het raakvlak is dus

$$p = \begin{pmatrix} 1 \\ 2 \\ 0 \end{pmatrix}.$$

Vervolgens bekijken we de functie $g(x)$ met $g(x) = f(x, 2)$. Er geldt $g(x) = 2x\ln(x)$, dus $g'(x) = 2\ln(x) + 2$, en $g'(1) = 2$. Voor de functie $h(y)$ met $h(y) = f(1, y)$ vinden we $h(y) = 0$, dus $h'(y) = 0$, en $h'(2) = 0$. De beide richtingsvectoren zijn dus

$$\begin{pmatrix} 1 \\ 0 \\ g'(1) \end{pmatrix} = \begin{pmatrix} 1 \\ 0 \\ 2 \end{pmatrix} \quad \text{en} \quad \begin{pmatrix} 0 \\ 1 \\ h'(2) \end{pmatrix} = \begin{pmatrix} 0 \\ 1 \\ 0 \end{pmatrix}.$$

De vectorvoorstelling voor het raakvlak is nu

$$\begin{pmatrix} x \\ y \\ z \end{pmatrix} = \begin{pmatrix} 1 \\ 2 \\ 0 \end{pmatrix} + \lambda \begin{pmatrix} 1 \\ 0 \\ 2 \end{pmatrix} + \mu \begin{pmatrix} 0 \\ 1 \\ 0 \end{pmatrix}.$$ #

Opgave 6.6. Bepaal een vectorvoorstelling voor het raakvlak van $f(x, y) = xy\ln(x)$ in het punt $x = 2$ en $y = -2$. #

Opgave 6.7. Bepaal een vectorvoorstelling voor het raakvlak van $f(x, y) = x^2y - 2x - y^3$ in het punt $x = 2$ en $y = 1$. #

PARTIËLE AFGELEIDEN

De afgeleiden $g'(a)$ en $h'(b)$ die we hierboven gebruikten kunnen we ook rechtstreeks ontlenen aan de functie $f(x, y)$. Om $g'(a)$ te vinden, definieerden we eerst $g(x) = f(x, b)$, differentieerden vervolgens naar x en vulden tenslotte voor x de waarde a in. Hetzelfde resultaat krijgen we door $f(x, y)$ naar x te differentiëren, waarbij we y als een constante behandelen; in het resultaat vullen we vervolgens voor x en y respectievelijk a en b in.
Net zo vonden we $h'(b)$: we differentieerden $h(y) = f(a, y)$ naar y en vulden daarna $y = b$ in. We krijgen dat ook als we $f(x, y)$ naar y differentiëren en daarbij x als een constante behandelen; in het resultaat vullen we voor x en y de waarden a en b in.

De procedure, waarbij we een functie $f(x, y)$ naar x differentiëren en daarbij y als een constante behandelen, noemen we ***partieel differentiëren*** naar x. Het resultaat noemen we de ***partiële afgeleide*** van $f(x, y)$ naar x; we noteren het als $f_x(x, y)$ of als $\frac{\partial}{\partial x} f(x, y)$.[1]
Net zo differentiëren we de functie $f(x, y)$ partieel naar y door $f(x, y)$ naar y te differentiëren en daarbij x als een constante te behandelen. Het resultaat noteren we nu als $f_y(x, y)$, en dat noemen we de partiële afgeleide van $f(x, y)$ naar y.

D

Definitie. De partiële afgeleiden van functie $f(x, y)$ zijn

$$f_x(x, y) = \frac{\partial}{\partial x} f(x, y) = \lim_{\Delta x \to 0} \frac{f(x+\Delta x, y) - f(x, y)}{\Delta x},$$
$$f_y(x, y) = \frac{\partial}{\partial y} f(x, y) = \lim_{\Delta y \to 0} \frac{f(x, y+\Delta y) - f(x, y)}{\Delta y}.$$ #

Duidelijk is te zien, dat het differentiëren slechts op één variabele wordt toegepast, en dat de andere variabele als een constante wordt behandeld.

Voorbeeld. Een motorrijder rijdt door een berglandschap dat wordt beschreven door de vergelijking $z = f(x, y)$. Hij ervaart een helling $f_x(x, y)$ als hij parallel aan de x-as rijdt ("naar het zuiden"); hij ervaart een helling $f_y(x, y)$ als hij parallel aan de y-as rijdt ("naar het oosten"). #

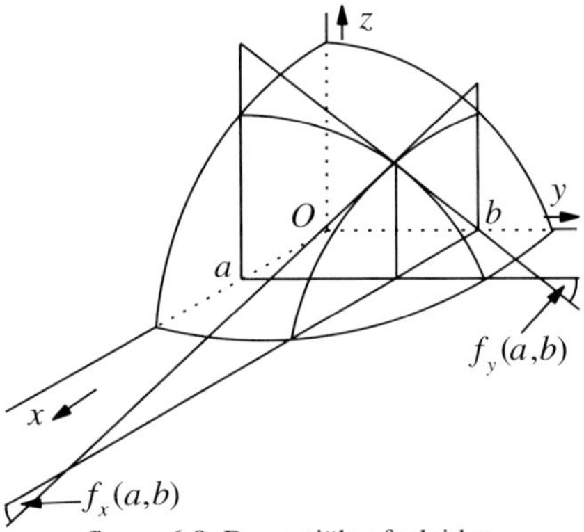

figuur 6.8. De partiële afgeleiden.

Opgave 6.8. Bepaal de beide partiële afgeleiden van de functie $f(x, y) = x^2 y$. #

[1] Merk op dat we het symbool "∂" (in plaats van "d") gebruiken om aan te geven dat het gaat om partieel differentiëren.

We keren nu terug naar het raakvlak aan de grafiek van $f(x, y)$, zie figuur 6.5. Uit het bovenstaande blijkt dat $g'(a) = f_x(a, b)$ en $h'(b) = f_y(a, b)$. Vectorvoorstellingen van de raaklijnen RS en TU in figuur 6.5 zijn nu respectievelijk

$$\begin{pmatrix} x \\ y \\ z \end{pmatrix} = \begin{pmatrix} a \\ b \\ f(a,b) \end{pmatrix} + \lambda \begin{pmatrix} 1 \\ 0 \\ f_x(a,b) \end{pmatrix} \quad \text{en} \quad \begin{pmatrix} x \\ y \\ z \end{pmatrix} = \begin{pmatrix} a \\ b \\ f(a,b) \end{pmatrix} + \mu \begin{pmatrix} 0 \\ 1 \\ f_y(a,b) \end{pmatrix}$$

en de ***vectorvoorstelling van het raakvlak*** door het punt $(a, b, f(a, b))$ is dus

$$\begin{pmatrix} x \\ y \\ z \end{pmatrix} = \begin{pmatrix} a \\ b \\ f(a,b) \end{pmatrix} + \lambda \begin{pmatrix} 1 \\ 0 \\ f_x(a,b) \end{pmatrix} + \mu \begin{pmatrix} 0 \\ 1 \\ f_y(a,b) \end{pmatrix}.$$

Deze vectorvergelijking schrijven we uit in coördinaten:

$$\begin{cases} x = a + \lambda, \\ y = b + \mu, \\ z = f(a,b) + f_x(a,b)\lambda + f_y(a,b)\mu. \end{cases}$$

Elimineren we nu λ en μ uit dit stelsel, dan vinden we een ***vergelijking van het raakvlak*** door het punt $(a, b, f(a, b))$ aan de grafiek van $f(x, y)$:

$$z = f(a,b) + f_x(a,b)(x-a) + f_y(a,b)(y-b).$$

Merk op, dat deze vergelijking voor het raakvlak van $f(x, y)$ door $(a, b, f(a, b))$ dezelfde structuur heeft als de vergelijking voor de raaklijn van $f(x)$ door $(a, f(a))$:

$$y = f(a) + f'(a)(x-a).$$

We vatten de gevonden eigenschappen van het raakvlak samen:

E ***Eigenschap.*** Het raakvlak van $f(x, y)$ door het punt $(a, b, f(a, b))$ wordt gegeven door de ***vectorvoorstelling***

$$\begin{pmatrix} x \\ y \\ z \end{pmatrix} = \begin{pmatrix} a \\ b \\ f(a,b) \end{pmatrix} + \lambda \begin{pmatrix} 1 \\ 0 \\ f_x(a,b) \end{pmatrix} + \mu \begin{pmatrix} 0 \\ 1 \\ f_y(a,b) \end{pmatrix}$$

of door de ***vergelijking***

$$z = f(a,b) + f_x(a,b)(x-a) + f_y(a,b)(y-b).$$ #

Opgave 6.9 (vergelijk opgave 6.7). Bepaal ook een vergelijking voor het raakvlak van $f(x, y) = x^2y - 2x - y^3$ in het punt $x = 2$ en $y = 1$. #

HOGERE ORDE PARTIËLE AFGELEIDEN

De partiële afgeleiden $f_x(x, y)$ en $f_y(x, y)$ zijn zelf weer functies van twee variabelen. We kunnen $f_x(x, y)$ en $f_y(x, y)$ beide nogmaals partieel naar x of naar y differentiëren. Het resultaat is één van de volgende vier zogenaamde ***tweede orde partiële afgeleiden***:

D

$$f_{xx}(x, y) = \frac{\partial}{\partial x}\left(\frac{\partial}{\partial x} f(x, y)\right) = \frac{\partial^2}{\partial x^2} f(x, y),$$

$$f_{xy}(x, y) = \frac{\partial}{\partial y}\left(\frac{\partial}{\partial x} f(x, y)\right) = \frac{\partial^2}{\partial y \partial x} f(x, y),$$

$$f_{yx}(x, y) = \frac{\partial}{\partial x}\left(\frac{\partial}{\partial y} f(x, y)\right) = \frac{\partial^2}{\partial x \partial y} f(x, y),$$

$$f_{yy}(x, y) = \frac{\partial}{\partial y}\left(\frac{\partial}{\partial y} f(x, y)\right) = \frac{\partial^2}{\partial y^2} f(x, y).$$

Zo kunnen we doorgaan; we krijgen dan derde en hogere orde partiële afgeleiden.

Voorbeeld. Voor de functie $f(x, y) = x^2 \ln(y) + y \sin(x)$ geldt

$$f_x(x, y) = 2x\ln(y) + y\cos(x) \quad \text{en} \quad f_y(x, y) = \frac{x^2}{y} + \sin(x).$$

Nogmaals partieel differentiëren levert vier tweede orde partiële afgeleiden:

$$f_{xx}(x, y) = 2\ln(y) - y\sin(x) \quad \text{en} \quad f_{yx}(x, y) = \frac{2x}{y} + \cos(x),$$

$$f_{xy}(x, y) = \frac{2x}{y} + \cos(x) \quad \text{en} \quad f_{yy}(x, y) = -\frac{x^2}{y^2}.$$

#

In dit voorbeeld blijkt $f_{xy}(x, y)$ gelijk aan $f_{yx}(x, y)$ te zijn. Dit geldt algemeen voor nette functies. De volgorde waarin we (partieel) differentiëren is dus niet van belang voor het resultaat. Zo heeft $f(x, y)$ acht derde orde partiële afgeleiden, waarvan er slechts vier echt verschillend zijn:

$$f_{xxx}(x, y),$$
$$f_{xxy}(x, y) = f_{xyx}(x, y) = f_{yxx}(x, y),$$
$$f_{xyy}(x, y) = f_{yxy}(x, y) = f_{yyx}(x, y),$$
$$f_{yyy}(x, y).$$

Opgave 6.10. Bepaal $f_{xx}(x, y)$, $f_{xy}(x, y)$, $f_{yx}(x, y)$ en $f_{yy}(x, y)$ voor de volgende functies:

a. $f(x, y) = (x + y)e^x$,

b. $f(x, y) = y\cos(xy)$.

#

DE TAYLORREEKS VAN EEN FUNCTIE VAN TWEE VARIABELEN

In §2.2 hebben we de vergelijking van de raaklijn van een functie $f(x)$ van één variabele uitgebouwd tot de Taylorreeks van $f(x)$ rond $x = a$. Net zo kunnen we de vergelijking van het raakvlak van een functie $f(x, y)$ van twee variabelen uitbouwen tot een Taylorreeks van $f(x, y)$ rond het punt (a, b).

E

Eigenschap (Taylorreeks; zonder bewijs). Voor een functie $f(x, y)$ die voldoende glad is geldt voor $x-a = \Delta x$ en $y-b = \Delta y$, Δx en Δy klein:

$$\begin{aligned}
f(x, y) &= f(a+\Delta x, b+\Delta y) = \\
&= f(a,b) + \\
&+ \tfrac{1}{1!}\left\{f_x(a,b)\Delta x + f_y(a,b)\Delta y\right\} + \\
&+ \tfrac{1}{2!}\left\{f_{xx}(a,b)\Delta x^2 + 2f_{xy}(a,b)\Delta x\Delta y + f_{yy}(a,b)\Delta y^2\right\} + \\
&+ \tfrac{1}{3!}\left\{f_{xxx}(a,b)\Delta x^3 + 3f_{xxy}(a,b)\Delta x^2\Delta y + 3f_{xyy}(a,b)\Delta x\Delta y^2 + f_{yyy}(a,b)\Delta y^3\right\} \\
&+ \cdots
\end{aligned}$$

De coëfficiënten in de rijen staan in de driehoek van Pascal, zie §1.2. #

Vaak gebruiken we maar een paar termen van de Taylorreeks als benadering voor $f(x, y)$. Dat heeft alleen zin als (x, y) dicht bij (a, b) ligt, dat wil zeggen, als Δx én Δy klein zijn. De ***eerste orde benadering*** (de lineaire benadering) van $f(x, y)$ rond (a, b) is

$$f(x,y) \cong f(a,b) + f_x(a,b)(x-a) + f_y(a,b)(y-b).$$

De grafiek van het rechterlid is juist het raakvlak in (a, b) aan de grafiek van $f(x, y)$!

Als de eerste orde benadering niet goed genoeg is voegen we termen toe. De ***tweede orde benadering*** (kwadratische benadering) van $f(x, y)$ rond (a, b) is

$$\begin{aligned}
f(x,y) \cong{} & f(a,b) + \left\{f_x(a,b)(x-a) + f_y(a,b)(y-b)\right\} + \\
& + \tfrac{1}{2}\left\{f_{xx}(a,b)(x-a)^2 + 2f_{xy}(a,b)(x-a)(y-b) + f_{yy}(a,b)(y-b)^2\right\}.
\end{aligned}$$

Voorbeeld. We bepalen een tweede orde benadering van de functie

$$f(x,y) = 3x^2y + xy^2 - 6xy.$$

De partiële afgeleiden zijn

$$f_x(x,y) = 6xy + y^2 - 6y \quad \text{en} \quad f_y(x,y) = 3x^2 + 2xy - 6x,$$
$$f_{xx}(x,y) = 6y, \quad f_{xy}(x,y) = 6x + 2y - 6 = f_{yx}(x,y), \quad f_{yy}(x,y) = 2x.$$

Ga zelf na dat rond $(a, b) = (1,1)$ $f(x, y)$ benaderd wordt door de kwadratische functie

$$f(x,y) \cong -2 + \{(x-1)-(y-1)\} + \tfrac{1}{2}\{6(x-1)^2 + 4(x-1)(y-1) + 2(y-1)^2\}. \quad \#$$

Opgave 6.11. Maak een eerste en een tweede orde benadering van

a. $f(x,y) = (x+y)e^x$ rond $(0,0)$,

b. $f(x,y) = y\cos(xy)$ rond $(0,1)$. #

SAMENVATTING

- De partiële afgeleiden van $f(x, y)$ zijn

$$f_x(x,y) = \frac{\partial}{\partial x} f(x,y) = \lim_{\Delta x \to 0} \frac{f(x+\Delta x, y) - f(x,y)}{\Delta x},$$

$$f_y(x,y) = \frac{\partial}{\partial y} f(x,y) = \lim_{\Delta y \to 0} \frac{f(x, y+\Delta y) - f(x,y)}{\Delta y}.$$

- Een vectorvoorstelling van het raakvlak van $f(x, y)$ door $(a, b, f(a, b))$ is

$$\begin{pmatrix} x \\ y \\ z \end{pmatrix} = \begin{pmatrix} a \\ b \\ f(a,b) \end{pmatrix} + \lambda \begin{pmatrix} 1 \\ 0 \\ f_x(a,b) \end{pmatrix} + \mu \begin{pmatrix} 0 \\ 1 \\ f_y(a,b) \end{pmatrix}.$$

- Een vergelijking van het raakvlak van $f(x, y)$ door $(a, b, f(a, b))$ is

$$z = f(a,b) + f_x(a,b)(x-a) + f_y(a,b)(y-b).$$

- De Taylorreeks van $f(x, y)$ rond het punt (a, b) is

$$\begin{aligned} f(x,y) &= f(a+\Delta x, b+\Delta y) = \\ &= f(a,b) + \\ &\quad + \tfrac{1}{1!}\left\{ f_x(a,b)\Delta x + f_y(a,b)\Delta y \right\} + \\ &\quad + \tfrac{1}{2!}\left\{ f_{xx}(a,b)\Delta x^2 + 2 f_{xy}(a,b)\Delta x \Delta y + f_{yy}(a,b)\Delta y^2 \right\} + \\ &\quad + \tfrac{1}{3!}\left\{ f_{xxx}(a,b)\Delta x^3 + 3 f_{xxy}(a,b)\Delta x^2 \Delta y + \right. \\ &\qquad\qquad \left. + 3 f_{xyy}(a,b)\Delta x \Delta y^2 + f_{yyy}(a,b)\Delta y^3 \right\} \\ &\quad + \cdots \end{aligned}$$

6.3 TOEPASSINGEN

Toepassing 1 (economie, bedrijfskunde). Een eenvoudig model voor een productieproces bevat twee productiefactoren: arbeid a en kapitaal k. De productieomvang q van een onderneming is een functie van a en k:

$$q = F(a,k).$$

Vaak kiezen we voor $F(a, k)$ een van de zogenaamde Cobb-Douglas productiefuncties:

$$F(a,k) = C a^{\alpha} k^{\beta} \quad (\text{met } C > 0,\ \alpha > 0,\ \beta > 0).$$

De constante C heet de ***technologieconstante***: een beter productieproces, met een hogere C, levert een grotere productie bij dezelfde inzet van arbeid en kapitaal.
In figuur 6.9 staat de grafiek van de productiefunctie

$$q = F(a,k) = 2a^{1/2}k^{1/2} = 2\sqrt{ak}$$

(voor $a > 0$ en $k > 0$). Ook is de raaklijn in het punt (a_0, k_0) evenwijdig aan het (a, q)-vlak (het voorvlak) getekend. Deze raaklijn wordt beschreven door de vergelijkingen

$$\begin{cases} q = F(a_0,k_0) + F_a(a_0,k_0)(a-a_0) \\ k = k_0. \end{cases}$$

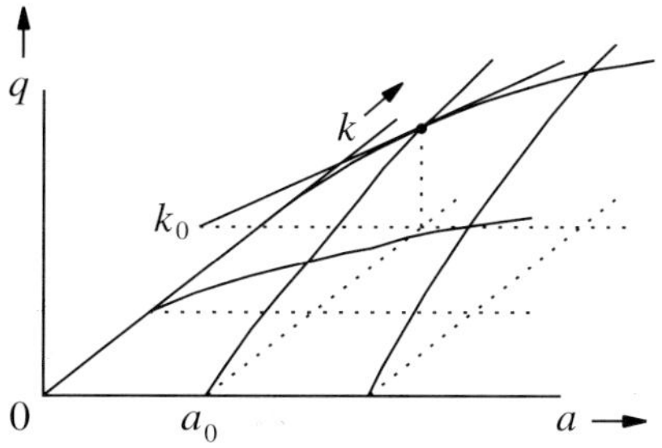

figuur 6.9. Een Cobb-Douglas productiefunctie.

Vanuit het punt (a_0, k_0) voegen we nu aan de arbeid Δa eenheden toe ($a = a_0 + \Delta a$); daarbij houden we het kapitaal constant ($k = k_0$). De productie neemt dan in lineaire benadering met $F_a(a_0, k_0)\,\Delta a$ eenheden toe (gebruik de raaklijn!). De partiële afgeleide $F_a(a_0, k_0)$ beschrijft dus de gevoeligheid van de productie voor een verandering van de productiefactor arbeid bij overigens gelijkblijvende omstandigheden.
Economen noemen $F_a(a_0, k_0)$ de ***marginale productiviteit van arbeid*** in (a_0, k_0). Net zo heet $F_k(a_0, k_0)$ de ***marginale productiviteit van kapitaal***. Dit geeft een economische betekenis aan de beide partiële afgeleiden.

Opgave 6.12.

a. Een productieproces wordt beschreven met $F(a, k) = 2a^{1/2}k^{1/2}$. Laat zien, dat in dit model schaalvergroting geen (extra) voordeel of nadeel oplevert: vermenigvuldigen we a en k met (dezelfde) factor λ, dan wordt ook de productie q met λ vermenigvuldigd. "Een twee maal zo grote fabriek produceert twee maal zoveel."

b. Hoe is deze situatie bij een productieproces beschreven door $F(a, k) = 3a^{1/2}k^{3/4}$?

c. Bepaal voor de productiefunctie $F(a, k) = 2a^{1/2}k^{1/2}$ de marginale productiviteit van arbeid en de marginale productiviteit van kapitaal in het punt (25,16).

d. De eenvoudigste Cobb-Douglas functie krijgen we voor $\alpha = \beta = 1$. Leg uit waarom deze niet vaak gebruikt wordt.

Toepassing 2 (milieuhygiëne). In een rivier is op een onbekende tijd op een onbekende plaats een onbekende hoeveelheid gif geloosd. Langs de rivier liggen twee meetstations A en B, die de maximale concentraties C_A en C_B van het voorbijdrijvende gif waarnemen.

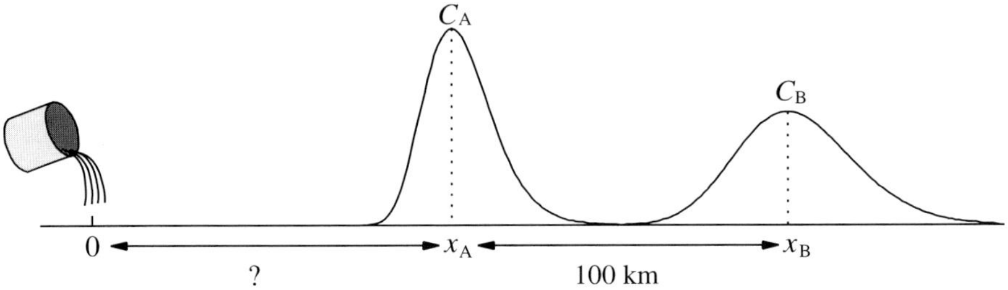

figuur 6.10. Schematische kaart, met de uitwaaierende gifwolk.

De afstanden x_A en x_B van de meetstations tot de plaats van de lozing zijn onbekend. Wel kennen we hun onderlinge afstand: $x_B - x_A = 100$ km. We staan voor de taak om te bepalen waar de lozing heeft plaatsgevonden.

Model. Voor het modelleren maken we enkele vereenvoudigende aannamen. We verwaarlozen de effecten van zijrivieren, andere lozingen, regenval en verdamping. We nemen aan dat dwarsdoorsnede en stroomsnelheid van de rivier overal gelijk zijn. Als we afstand meten langs de rivier, dan wordt daarmee de rivier een lange rechte geul. Onder die aannamen geldt voor de concentratie $C(x, t)$ (kg / m^3) van het gif in de rivier[1]

$$C(x,t) = \frac{G}{S}\frac{1}{2\sqrt{\pi D t}}\,e^{-\frac{(x-vt)^2}{4Dt}}.$$

Hierbij is x de afstand tot de plaats van de lozing (in m langs de rivier) en t de tijd vanaf het moment van de lozing (in s). De constanten G, S, v en D zijn parameters: G is de hoeveelheid geloosde stof (in kg), S is de oppervlakte van een dwarsdoorsnede van de rivier (in m^2), v is de stroomsnelheid van de rivier (in m / s), en D is de dispersieconstante (dit is een maat voor het gemak waarmee deze stof zich in het water verspreidt) (in m^2 / s).

Analyse. We berekenen de plaats, waar op $t_0 > 0$ de concentratie van het gif maximaal is. Daartoe bepalen we de afgeleide van $g(x) = C(x, t_0)$ en stellen deze gelijk aan nul. We bepalen dus het nulpunt van $C_x(x, t_0)$:

$$C_x(x,t_0) = \frac{G}{S}\frac{1}{2\sqrt{\pi D t_0}}\,e^{-\frac{(x-vt_0)^2}{4Dt_0}}\cdot\frac{-2(x-vt_0)}{4Dt_0}.$$

Er volgt dat $C_x(x, t_0) = 0$ voor $x - vt_0 = 0$, dat is dus in het punt $x_0 = vt_0$. Uit het tekenverloop van $C_x(x, t_0)$ volgt dat $C(x, t_0)$ een maximum heeft in $x = x_0$. Blijkbaar drijft het maximum van de concentratie van het gif met de stroom mee de rivier af! De waarde van dit maximum is

$$C(x_0,t_0) = C(vt_0,t_0) = \frac{G}{S}\frac{1}{2\sqrt{\pi D t_0}}.$$

De maximale waarde neemt af in de loop van de tijd: de gifgolf wordt steeds lager.

[1] Deze formule wordt afgeleid in *Wiskunde in Werking deel 3: functies van meer variabelen.*

Het maximum van de golf bereikt dus op tijdstip $t_A = x_A / v$ meetstation A, en op tijdstip $t_B = x_B / v$ meetstation B; de waarden van deze maxima zijn dan

$$C_A = C(vt_A, t_A) = \frac{G}{S}\frac{1}{2\sqrt{\pi D t_A}} \quad \text{en} \quad C_B = C(vt_B, t_B) = \frac{G}{S}\frac{1}{2\sqrt{\pi D t_B}}.$$

Er volgt

$$C_A^2 / C_B^2 = t_B / t_A = x_B / x_A .$$

Dit quotiënt volgt uit de metingen. Omdat we ook $x_B - x_A$ kennen, kunnen we x_A nu gemakkelijk berekenen.

Opgave 6.13. Vergelijking van de metingen van de stations A en B geeft $C_A = 1.2\, C_B$. Bepaal de ligging van de stortplaats. #

Analyse (vervolg). De plaats van het maximum van de gifwolk op tijdstip t_0 hebben we bepaald door de functie $C(x, t_0)$ partieel naar x te differentiëren. Het resultaat was $x_0 = v t_0$. Dit is de plaats waar iemand die op één moment de gehele rivier overziet het maximum ziet. Maar dit is niet wat we in een meetstation op een vaste plaats x_1 langs de rivier zien. Daar meten we $C(x_1, t)$; we kunnen alleen bepalen op welk tijdstip deze functie maximaal is. Daarvoor moeten we de functie $C(x, t)$ partieel naar t differentiëren:

$$C_t(x,t) = \frac{G}{S}\frac{1}{2\sqrt{\pi D t}} e^{-\frac{(x-vt)^2}{4Dt}} \left(\frac{-1}{2t} + \frac{2v(x-vt)}{4Dt} + \frac{(x-vt)^2}{4Dt^2} \right).$$

Vermenigvuldigen met $4Dt^2$ en nul stellen levert dan het tijdstip, waarop in $x = x_1$ een maximum wordt waargenomen:

$$-2Dt + 2vt(x_1 - vt) + (x_1 - vt)^2 = 0 \quad \Rightarrow$$

$$-2Dt + 2x_1vt - 2v^2t^2 + x_1^2 - 2x_1vt + v^2t^2 = 0 \quad \Rightarrow$$

$$x_1^2 - v^2t^2 - 2Dt = 0 \quad \Rightarrow \quad t = \frac{-D \pm \sqrt{D^2 + v^2x_1^2}}{v^2} .$$

Alleen de positieve oplossing voor t is realistisch.
Voor een rivier is D meestal klein in verhouding tot vx. (Het dispersief transport is dan klein ten opzichte van het convectief transport.) Dan mogen we de term D verwaarlozen. We vinden zo opnieuw $t_{max} = t_1 = x_1 / v$, en de eerder afgeleide resultaten blijven toch geldig.

Opgave 6.14. Station A meet het maximum op $t = t_A$. Ga na dat $x_A / v - D / v^2 < t_A < x_A / v$.

6.4 OPGAVEN

Opgave 6.15. Beschouw de functie

$$f(x, y) = 12 - 3x^2 - y^2 .$$

a. Bepaal de snijpunten van de grafiek van $f(x, y)$ met x-, y- en z-as.
b. Bepaal de doorsnede van de grafiek van $f(x, y)$ met het (y, z)-vlak.
c. Bepaal de doorsnede van de grafiek van $f(x, y)$ met de vlakken $y = 0$ en $y = 3$.
d. Bepaal de doorsnede van de grafiek van $f(x, y)$ met het grondvlak en met het vlak $z = 12$.
e. Teken nu zo goed mogelijk de grafiek van $f(x, y)$.

Opgave 6.16. Bepaal $f_x(x, y)$ en $f_y(x, y)$ als

a. $f(x, y) = e^{xy}$
b. $f(x, y) = x\sin(y)$
c. $f(x, y) = y\ln(x)$
d. $f(x, y) = xe^{xy+y}$.

Opgave 6.17. Bepaal een vectorvoorstelling en een vergelijking voor het raakvlak van

$$f(x, y) = x^3y + x^2y^2 \quad xy^3$$

door het punt met $x = 1$ en $y = 2$.

Opgave 6.18. Bepaal een vectorvoorstelling en een vergelijking voor het raakvlak van

$$f(x, y) = x\cos(xy)/y$$

in het $(0, 1)$.

Opgave 6.19. Het punt $P = (1, 1, 2)$ ligt op de grafiek van $f(x, y) = x^2 + y^2$.

a. Bepaal een vectorvoorstelling voor de raaklijn van $f(x, y)$ door P evenwijdig aan het (x, z)-vlak.
b. Bepaal een vectorvoorstelling voor de raaklijn van $f(x, y)$ door P evenwijdig aan het (y, z)-vlak.
c. Bepaal een vectorvoorstelling en een vergelijking voor het raakvlak van $f(x, y)$ door P.
d. Bepaal een vectorvoorstelling voor de raaklijn van $f(x, y)$ door P evenwijdig aan het (x, y)-vlak.
e. Bepaal een vectorvoorstelling voor de raaklijn van $f(x, y)$ door P die in het vlak met vergelijking $x + 2y = 3$ ligt.

Opgave 6.20. Bepaal $f_{xx}(x, y)$, $f_{xy}(x, y)$, $f_{yx}(x, y)$ en $f_{yy}(x, y)$ als

a. $f(x, y) = e^{xy}$
b. $f(x, y) = x\sin(y)$
c. $f(x, y) = y\ln(x)$
d. $f(x, y) = xe^{xy+y}$.

Opgave 6.21. Bepaal de eerste orde benadering van

a.	$f(x,y) = e^{xy}$	rond $(0,0)$
b.	$f(x,y) = x\sin(y)$	rond $(1,0)$
c.	$f(x,y) = y\ln(x)$	rond $(1,0)$
d.	$f(x,y) = xe^{xy+y}$	rond $(1,1)$.

Opgave 6.22. Bepaal de tweede orde benadering van

a.	$f(x,y) = e^{xy}$	rond $(0,0)$
b.	$f(x,y) = x\sin(y)$	rond $(1,0)$
c.	$f(x,y) = y\ln(x)$	rond $(1,0)$
d.	$f(x,y) = xe^{xy+y}$	rond $(1,1)$.

Opgave 6.23 (natuurkunde). De (ééndimensionale) warmtevergelijking

$$u_t(x,t) = D u_{xx}(x,t)$$

beschrijft het warmtetransport in een (dunne) staaf. Laat zien, dat elk van de volgende functies oplossing van deze vergelijking is.

a. $u(x,t) = x^4 + 12Dx^2t + 12D^2t^2$

b. $u(x,t) = e^{4Dt-2x}$

c. $u(x,t) = e^{-4Dt}\cos(2x)$

d. $u(x,t) = e^{-x^2/4Dt}\Big/\sqrt{t}$.

Opgave 6.24. Hoeveel partiële afgeleiden van orde n heeft een functie $f(x,y)$ van twee variabelen? Hoeveel hiervan zijn echt verschillend? Hoeveel zijn er van elk type?

6.5 WISKUNDIG GEREEDSCHAP: GRADIËNT EN STORINGSREKENING

RICHTINGSAFGELEIDE

In de vorige paragraaf hebben we de partiële afgeleiden van $f(x,y)$ ingevoerd. $f_x(a,b)$ is de richtingscoëfficiënt (de plaatselijke helling van de grafiek) van $f(x,y)$ in (a,b) in de richting van de positieve x-as. $f_y(a,b)$ is de richtingscoëfficiënt van $f(x,y)$ in (a,b) in de richting van de positieve y-as. We kijken nu vanuit $Q=(a,b)$ in een willekeurige richting. Als die richting een hoek θ maakt met de positieve x-as, dan kijken we langs de vector

$$v = \begin{pmatrix}\cos(\theta)\\ \sin(\theta)\end{pmatrix}.$$

Als we ons vanuit (a,b) verplaatsen in de richting van v, dan gaan we langs de lijn

$$q+sv = \begin{pmatrix}a\\ b\end{pmatrix} + s\begin{pmatrix}\cos(\theta)\\ \sin(\theta)\end{pmatrix}.$$

Daarmee beperken we ons tot de functie

$$g(s) = f(a+s\cos(\theta), b+s\sin(\theta)).$$

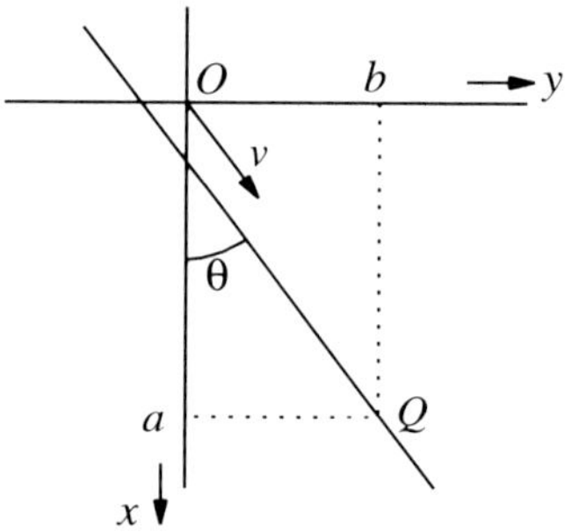

figuur 6.11. Verplaatsing in het grondvlak.

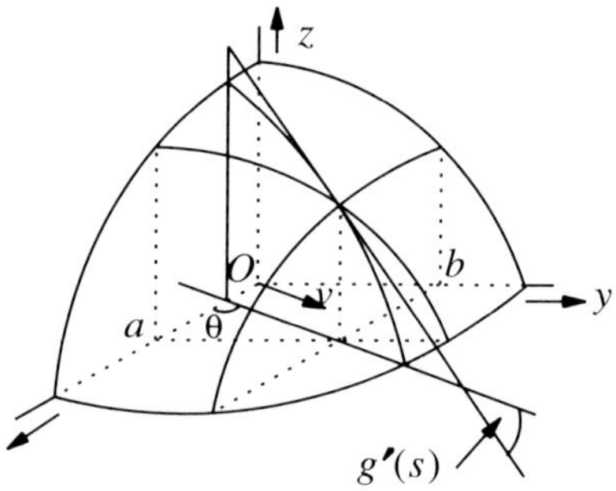

figuur 6.12. De richtingsafgeleide.

De hellingshoek bij die verplaatsing is de richtingsafgeleide in de richting van v. Dit is de afgeleide van $g(s)$, die we uitrekenen op dezelfde manier als de beide partiële afgeleiden:

D

Definitie. De ***(richtings)afgeleide*** van $f(x,y)$ in (a,b) in de richting van $v = \begin{pmatrix}\cos(\theta)\\ \sin(\theta)\end{pmatrix}$ is

$$\lim_{s\to 0} \frac{f(a+s\cos(\theta), b+s\sin(\theta)) - f(a,b)}{s}.$$ #

Opgave 6.25. Ga na dat de richtingsafgeleide voor $\theta = 0$ overeenkomt met $f_x(a,b)$, en dat de richtingsafgeleide voor $\theta = \frac{1}{2}\pi$ overeenkomt met $f_y(a,b)$. #

Met enig rekenwerk kunnen we de richtingsafgeleide in de partiële afgeleiden uitdrukken:

E

Eigenschap.

$$\lim_{s\to 0} \frac{f(a+s\cos(\theta), b+s\sin(\theta)) - f(a,b)}{s} = \cos(\theta) f_x(a,b) + \sin(\theta) f_y(a,b).$$

De stijging in een willekeurige richting in het raakvlak kunnen we dus ontbinden in twee bijdragen, respectievelijk langs de x-richting en langs de y-richting. #

Toelichting. Ga maar na:

$$\lim_{s\to 0} \frac{f(a+s\cos(\theta), b+s\sin(\theta)) \ - \ f(a,b)}{s} =$$

$$\lim_{s\to 0} \frac{f(a+s\cos(\theta), b+s\sin(\theta)) \ - \ f(a, b+s\sin(\theta)) \ + \ f(a, b+s\sin(\theta) \ - \ f(a,b)}{s} =$$

$$\lim_{s\to 0} \frac{f(a+s\cos(\theta), b+s\sin(\theta)) \ - \ f(a, b+s\sin(\theta))}{s} + \lim_{s\to 0} \frac{f(a, b+s\sin(\theta) \ - \ f(a,b)}{s} =$$

$$\lim_{s\to 0} \cos(\theta) f_x(a, b+s\sin(\theta)) \ + \ \sin(\theta) f_y(a,b) \ = \ \cos(\theta) f_x(a,b) \ + \ \sin(\theta) f_y(a,b).$$ #

In de praktijk hebben we vaak de richtingsafgeleide nodig in de richting van een willekeurige vector v. Als v niet lengte 1 heeft geldt

$$v = \begin{pmatrix} v_1 \\ v_2 \end{pmatrix} = \begin{pmatrix} |v|\cos(\theta) \\ |v|\sin(\theta) \end{pmatrix},$$

dus

$$\begin{pmatrix} \cos(\theta) \\ \sin(\theta) \end{pmatrix} = \begin{pmatrix} v_1/|v| \\ v_2/|v| \end{pmatrix}.$$

Daarmee vinden we

Eigenschap. De afgeleide van $f(x, y)$ in de richting van v is

$$\frac{v_1}{|v|} f_x(a,b) \ + \ \frac{v_2}{|v|} f_y(a,b) .$$ #

DE GRADIËNT

In een richting met een hoek θ met de positieve x-as heeft $f(x, y)$ een richtingsafgeleide

$$\cos(\theta) f_x(a,b) \ + \ \sin(\theta) f_y(a,b).$$

Als we spreken over *de* helling van een vlak, dan bedoelen we niet zomaar een helling in een willekeurige richting, maar de maximale helling. Om deze te vinden zoeken we de maximale richtingsafgeleide. We differentieren daarom naar θ en bepalen de nulpunten van de afgeleide:

$$-\sin(\theta) f_x(a,b) \ + \cos(\theta) f_y(a,b) \ = \ 0, \quad \text{dus} \quad \frac{\cos(\theta)}{\sin(\theta)} = \frac{f_x(a,b)}{f_y(a,b)}$$

De vector

$$\begin{pmatrix} f_x(a,b) \\ f_y(a,b) \end{pmatrix}$$

wijst dus in de richting van de sterkste stijging; deze vector wordt de ***gradiënt*** genoemd.

De richtingsvector langs de gradiënt is

$$v = \begin{pmatrix} \cos(\theta) \\ \sin(\theta) \end{pmatrix} = \begin{pmatrix} f_x(a,b) \\ f_y(a,b) \end{pmatrix} \Big/ \sqrt{f_x(a,b)^2 + f_y(a,b)^2}$$

en daarmee vinden we de richtingsafgeleide in de richting van de gradiënt:

$$\frac{f_x(a,b)^2 + f_y(a,b)^2}{\sqrt{f_x(a,b)^2 + f_y(a,b)^2}} = \sqrt{f_x(a,b)^2 + f_y(a,b)^2}\,,$$

dat is precies de lengte van de gradiënt.

We vatten het gevondene samen:

D **_Definitie._** De ***gradiënt*** van de functie $f(x, y)$ in het punt (a, b) is de vector van partiële afgeleiden in dat punt. We duiden hem aan met $\mathrm{grad} f(a, b)$ of met $\nabla f(a, b)$:

$$\mathrm{grad}\, f(a,b) = \nabla f(a,b) = \begin{pmatrix} f_x(a,b) \\ f_y(a,b) \end{pmatrix} = \begin{pmatrix} \frac{\partial}{\partial x} f(a,b) \\ \frac{\partial}{\partial y} f(a,b) \end{pmatrix}.$$ #

E **_Eigenschap._** $\mathrm{grad} f(a, b)$ is de vector die wijst in de richting van de sterkste stijging van $f(x, y)$. Zijn lengte is gelijk aan de maximale richtingsafgeleide. #

Opgave 6.26. Bepaal de gradiënt van $f(x, y) = y\cos(xy)$ in het punt (1,0). #

Opgave 6.27. Een vlak in $\mathbf{R}^3$ heeft vergelijking $3x + 5y - z = 7$. In welke richting heeft dit vlak zijn maximale stijging? Welke hoek maakt het met het grondvlak? #

Opmerking. De gradiënt speelt een belangrijke rol in allerlei vormen van fysisch transport. Zie hiervoor §6.6, toepassing 1. #

Met behulp van de gradiënt en een inwendig product kunnen we een compacte formule voor de richtingsafgeleide geven. De afgeleide in de richting van v is immers

$$\frac{v_1}{|v|} f_x(a,b) + \frac{v_2}{|v|} f_y(a,b) = \frac{1}{|v|}(v, \nabla f(a,b)).$$

Dit kunnen we nog verder uitwerken tot

$$\frac{1}{|v|}(v, \nabla f(a,b)) = \frac{|v|\,|\nabla f(a,b)|\cos(\varphi)}{|v|} = |\nabla f(a,b)|\cos(\varphi)\,,$$

waarin φ de hoek tussen v en $\nabla f(a, b)$ is.

E **_Eigenschap._** De richtingsafgeleide van $f(x, y)$ in (a, b) in de richting van de vector v is $|\nabla f(a, b)|\cos(\varphi)$, waarin φ de hoek tussen v en $\nabla f(a, b)$ is. #

DE KETTINGREGEL

Als $f(x)$ en $x(t)$ functies zijn van één variabele, dan is $g(t) = f(x(t))$ ook een functie van één variabele. Voor de afgeleide van deze samengestelde functie geldt de kettingregel:

$$g'(t) = f'(x(t))\,x'(t).$$

Vervangen we de hulpfunctie $g(t)$ weer door $f(x(t))$, dan krijgen we

$$\frac{\mathrm{d}}{\mathrm{d}t} f(x(t)) = \frac{\mathrm{d}}{\mathrm{d}x} f(x(t)) \frac{\mathrm{d}}{\mathrm{d}t} x(t).$$

Als we ook de argumenten van de functies weglaten wordt de kettingregel heet compact:

$$\frac{\mathrm{d}f}{\mathrm{d}t} = \frac{\mathrm{d}f}{\mathrm{d}x}\frac{\mathrm{d}x}{\mathrm{d}t}.$$

Voorbeeld(natuurkunde). De luchtdruk van de aardse atmosfeer kan (grof) worden gemodelleerd met de functie

$$p(z) = C\mathrm{e}^{-0.00007z}, \quad C = 101325\,\mathrm{Pa} = 1013.25\,\mathrm{mbar},$$

met z in meters boven zeeniveau.
Een motorrijder rijdt door een berglandschap. In zijn koffer zit een barograaf, die de luchtdruk meet en uitzet op een strook papier. Dat levert een grafiek van $P(t) = p(z(t))$, waarbij $z(t)$ de hoogte is waarop de motorrijder zich op tijdstip t bevindt. #

Opgave 6.28. De motorrijder rijdt op 1600 m hoogte op een weg met een stijgingspercentage[1] van 10%. Zijn snelheid is 18 km / uur. Wat zijn $P(t)$ en $P'(t)$ op dat moment? #

Uit de bovenstaande kettingregel kunnen we andere kettingregels afleiden.
Als $f(x)$ een functie is van één variabele en $x(u, v)$ een functie van twee variabelen, dan is de samengestelde functie $g(u, v) = f(x(u, v))$ een functie van twee variabelen. Om $g_u(u, v)$ te bepalen differentiëren we $f(x(u, v))$ naar u, waarbij we v constant houden. Dan hangt $x(u, v)$ alleen van u af. De kettingregel voor een functie van één variabele (u) geeft nu

$$g_u(u,v) = f'(x(u,v))\,x_u(u,v).$$

Op dezelfde wijze vinden we

$$g_v(u,v) = f'(x(u,v))\,x_v(u,v).$$

Nu laten we hulpfunctie $g(u, v)$ weg, en de variabelen van de samengestelde functie:

$$f_u(x(u,v)) = f'(x)\,x_u(u,v), \quad f_v(x(u,v)) = f'(x)\,x_v(u,v).$$

Soms worden alle argumenten weggelaten, en dan volgt de compacte vorm:

$$\frac{\partial f}{\partial u} = \frac{\mathrm{d}f}{\mathrm{d}x}\frac{\partial x}{\partial u}, \quad \frac{\partial f}{\partial v} = \frac{\mathrm{d}f}{\mathrm{d}x}\frac{\partial x}{\partial v}.$$

Opgave 6.29. Gegeven zijn $f(x) = \sin(x)$ en $x(u, v) = u^2 + uv + v^2$. Bepaal de partiële afgeleiden van $g(u, v) = f(x(u, v))$ zowel direct als met de bovenstaande formules. #

---

[1] Een stijgingspercentage van $p\%$ komt overeen met een hellingshoek θ als $\tan(\theta) = p / 100$.

Een nieuwe situatie ontstaat als $f(x, y)$ een functie is van twee variabelen en $x(t)$ en $y(t)$ beide functies zijn van één variabele. De samengestelde functie $g(t) = f(x(t), y(t))$ is een functie van één variabele. We zoeken een uitdrukking voor de afgeleide $g'(t)$ van deze samengestelde functie. Het resultaat is vooral van belang bij het modelleren. In concrete gevallen levert het bepalen van de afgeleide geen probleem op.

Voorbeeld. De samengestelde functie van $f(x, y) = x^2 - y^2$, $x(t) = \cos(t)$ en $y(t) = \sin(t)$ is $g(t) = \cos^2(t) - \sin^2(t)$ $(= \cos(2t))$. Door rechtstreeks differentiëren volgt eenvoudig

$$g'(t) = -2\cos(t)\sin(t) - 2\sin(t)\cos(t) = -4\sin(t)\cos(t) \quad (= -2\sin(2t)). \qquad \#$$

We stellen ons een motorrijder voor, die op het oppervlak $z = f(x, y)$ rijdt. Zijn x-coördinaat en y-coördinaat zijn respectievelijk $x(t)$ en $y(t)$, dus zijn z-coördinaat is $z(t) = f(x(t), y(t)) = g(t)$. Omdat $x(t)$ de coördinaat langs de x-as is, is $x'(t)$ zijn snelheid langs de x-as. Dezelfde redenering geldt voor de y-as. We vinden zo de (horizontale) snelheidsvector

$$v(t) = \begin{pmatrix} v_1(t) \\ v_2(t) \end{pmatrix} = \begin{pmatrix} x'(t) \\ y'(t) \end{pmatrix}.$$

Deze snelheid v geeft de richtingsvector waarin de motorrijder beweegt. De bijbehorende stijgsnelheid $z'(t)$ is dus gelijk aan de horizontale snelheid $|v|$ maal de richtingsafgeleide α in de richting v. Per seconde verplaatst de motorrijder zich immers $|v|$ meter horizontaal, en daarmee $\alpha|v|$ meter verticaal. Met de richtingsafgeleide krijgen we

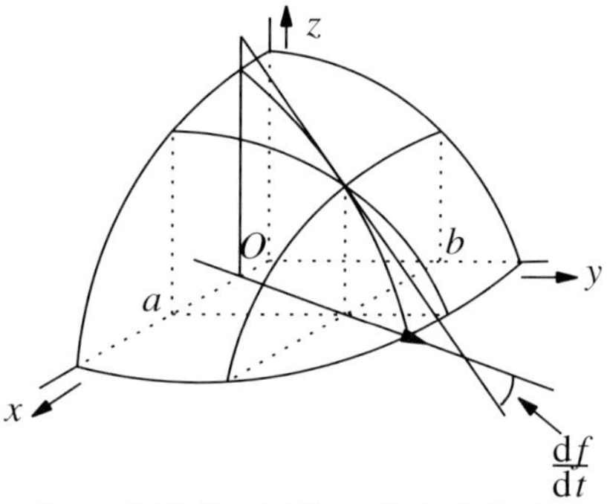

figuur 6.13. De richtingsafgeleide in de richting van de horizontale snelheidsvector.

$$\begin{aligned} z'(t) &= \left(\frac{v_1}{|v|} f_x(x(t), y(t)) + \frac{v_2}{|v|} f_y(x(t), y(t)) \right) |v| = \\ &= f_x(x(t), y(t))\, x'(t) + f_y(x(t), y(t))\, y'(t) = (\nabla f(x(t), y(t)), v(t)). \end{aligned}$$

Zo hebben we de afgeleide van de samengestelde functie $g(t) = f(x(t), y(t))$ gevonden. De kettingregel voor een functie van twee variabelen luidt dus

$$\frac{d}{dt} f(x(t), y(t)) = f_x(x(t), y(t))\, x'(t) + f_y(x(t), y(t))\, y'(t) = (\nabla f(x(t), y(t)), v(t)).$$

Meer compacte schrijfwijzen voor deze kettingregel ontstaan door variabelen weg te laten. We krijgen dan eerst

$$\frac{d}{dt} f(x(t), y(t)) = f_x(x, y)\, x'(t) + f_y(x, y)\, y'(t) = (\nabla f(x, y), v(t))$$

en vervolgens

$$\frac{df}{dt} = \frac{\partial f}{\partial x}\frac{dx}{dt} + \frac{\partial f}{\partial y}\frac{dy}{dt} = (\nabla f, v).$$

Voorbeeld (vervolg). De samengestelde functie van $f(x, y) = x^2 - y^2$, $x(t) = \cos(t)$ en $y(t) = \sin(t)$ is $g(t) = \cos^2(t) - \sin^2(t)$. Met $f_x(x, y) = 2x$ en $f_y(x, y) = -2y$, $x'(t) = -\sin(t)$ en $y'(t) = \cos(t)$ levert de bovenstaande kettingregel

$$g'(t) = 2\cos(t)(-\sin(t)) + (-2\sin(t))\cos(t) = -4\sin(t)\cos(t),$$

en dat is natuurlijk hetzelfde resultaat als voorheen. #

Opgave 6.30. Bepaal (op twee manieren) de afgeleide $g'(t)$ van de samengestelde functie $g(t) = f(x(t), y(t))$, waarbij $f(x, y) = x^3 \sin(y)$, $x(t) = \cos(t)$ en $y(t) = t^2$. #

Als $f(x, y)$ een functie is van twee variabelen en ook $x(u, v)$ en $y(u, v)$ zijn beide functies van twee variabelen, dan is de samengestelde functie $g(u, v) = f(x(u, v), y(u, v))$ weer een functie van twee variabelen. Om $g_u(u, v)$ te bepalen moeten we $g(x(u, v), y(u, v))$ naar u differentiëren en daarbij v als een constante behandelen. Dan kunnen we de hierboven afgeleide kettingregel toepassen, en we vinden

$$\frac{\partial}{\partial u} f(x(u,v), y(u,v)) = f_x(x(u,v), y(u,v))\, x_u(u,v) + f_y(x(u,v), y(u,v))\, y_u(u,v),$$
$$\frac{\partial}{\partial v} f(x(u,v), y(u,v)) = f_x(x(u,v), y(u,v))\, x_v(u,v) + f_y(x(u,v), y(u,v))\, y_v(u,v).$$

Deze formules worden compacter door variabelen weg te laten:

$$f_u(x(u,v), y(u,v)) = f_x(x, y)\, x_u(u,v) + f_y(x, y)\, y_u(u,v),$$
$$f_v(x(u,v), y(u,v)) = f_x(x, y)\, x_v(u,v) + f_y(x, y)\, y_v(u,v),$$

en vervolgens

$$\frac{\partial f}{\partial u} = \frac{\partial f}{\partial x}\frac{\partial x}{\partial u} + \frac{\partial f}{\partial y}\frac{\partial y}{\partial u}, \qquad \frac{\partial f}{\partial v} = \frac{\partial f}{\partial x}\frac{\partial x}{\partial v} + \frac{\partial f}{\partial y}\frac{\partial y}{\partial v}.$$

Opgave 6.31. $f(x, y) = x^2 + 2xy + 2y^2$, $x(u, v) = u + v$ en $y(u, v) = u - v$. Bepaal op twee manieren de partiële afgeleiden van $g(u, v) = f(x(u, v), y(u, v))$. #

DIFFERENTIES EN STORINGSREKENING

In §2.2 vonden we als lineaire benadering van een functie $f(x)$ van één variabele

$$f(x) \cong f(a) + f'(a)(x-a).$$

Deze lineaire benadering wordt vaak met differenties geschreven. We schrijven dan $\Delta x = x-a$ en $\Delta f = f(x) - f(a)$. Dat levert

E

$$\Delta f \cong f'(a)\Delta x.$$

We hebben zo de verandering langs de grafiek van a naar x benaderd door de verandering langs de raaklijn aan de grafiek. De verandering (of ***verstoring***) Δx in x leidt dus tot een verandering (of verstoring) Δf in $f(x)$ vermenigvuldigd met een ***voortplantingsfactor*** $f'(a)$.

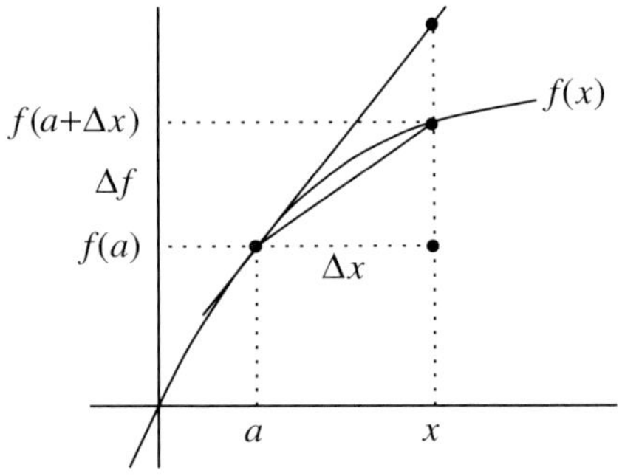

figuur 6.14: Grafiek en raaklijn.

Op dezelfde manier gaan we te werk bij de lineaire benadering van een functie $f(x,y)$ van twee variabelen. De lineaire benadering van een functie $f(x,y)$ van twee variabelen vinden we met behulp van zijn Taylorreeks (zie §6.2):

$$f(x,y) \cong f(a,b) + f_x(a,b)(x-a) + f_y(a,b)(y-b).$$

De functie aan de rechterkant is de lineaire benadering in het punt (a,b). Zijn grafiek is het raakvlak van $f(x,y)$ in (a,b). We benaderen dus de verandering langs de grafiek van $f(x,y)$ door de verandering langs het raakvlak.
Met $\Delta x = x-a$, $\Delta y = y-b$ en $\Delta f = f(x,y) - f(a,b)$ wordt de lineaire benadering

E

$$\Delta f \cong f_x(a,b)\Delta x + f_y(a,b)\Delta y.$$

Opgave 6.32. De functie

$$f(x,y) = 300 + 100\cos(\tfrac{x}{100}) + 25\sin(\tfrac{y}{50})$$

beschrijft een heuvellandschap (x, y, en z in m). Ik sta in het punt $(30,50)$. Hoeveel hoogte win ik (in lineaire benadering) met een stap van 1 meter naar het noordwesten? Wat is het exacte hoogteverschil? Waarom zijn de beide antwoorden vrijwel gelijk? #

Ook alle kettingregels geven op deze manier aanleiding tot rekenregels voor verstoringen. Zo vinden we voor een samengestelde functie $f(x(t),y(t)) = g(t)$:

E

$$\Delta f \cong g'(t)\Delta t = \big(f_x(x(t),y(t))\,x'(t) + f_y(x(t),y(t))\,y'(t)\big)\Delta t$$

(ga na!).

Opgave 6.33. Druk de verstoring Δf van $f(x(u,v),y(u,v))$ uit in de verstoringen van de variabelen u en v. #

Voorbeeld (natuurkunde, weerkunde). De luchtdruk van de aardse atmosfeer kan (grof) worden gemodelleerd met de functie

$$p(z) = C\mathrm{e}^{-0.00007z},$$

met z in meters boven zeeniveau. De waarde van C varieert tussen 98000 en 105000 Pa voor lage of hoge druk gebieden. In de loop van de tijd verandert deze druk. Er geldt dus eigenlijk

$$p(t,z) = C(t)\mathrm{e}^{-0.00007z}.$$

We keren nu terug naar de motorrijder die door een berglandschap rijdt. In zijn koffer heeft hij een barograaf, dat is een instrument dat de luchtdruk meet en het resultaat tekent op een langzaam draaiende strook papier. Deze barograaf tekent een grafiek van de functie $P(t) = p(t, z(t))$, waarbij $z(t)$ de hoogte is waarop de motorrijder zich op tijdstip t bevindt. Deze hoogte is op zijn beurt weer een functie van de plaatscoördinaten x en y: $z(t) = h(x(t), y(t))$.

De functie $P(t)$ hangt nu op twee verschillende wijzen van de variabele t af:

1. Via het eerste argument van $p(t, z)$, die de veranderlijkheid in de tijd van de luchtdruk op een vaste plaats weergeeft;
2. Via het tweede argument van $p(t, z)$, die de hoogteafhankelijkheid van de druk weergeeft.

Om de afgeleide $P'(t)$ uit te drukken gebruiken we de kettingregel die we voor de afgeleide van de samengestelde functie $g(t) = f(x(t), y(t))$ hebben gevonden:

$$g'(t) = \tfrac{\mathrm{d}}{\mathrm{d}t} f(x(t), y(t)) = f_x(x(t), y(t))\,x'(t) + f_y(x(t), y(t))\,y'(t).$$

Hierin schrijven we nu $P(t) = g(t)$, $x(t) = t$ (en dus $x'(t) = 1$), en $y(t) = z(t)$. Met $p(t, z(t)) = f(x(t), y(t))$ vinden we dan

$$P'(t) = \tfrac{\mathrm{d}}{\mathrm{d}t} p(t, z(t)) = p_t(t, z(t)) + p_z(t, z(t))\,z'(t).$$

Voor de verandering ΔP geldt dus

$$\Delta P \cong \left[p_t(t, z(t)) + p_z(t, z(t))\,z'(t)\right]\Delta t.$$ #

Opgave 6.34 (vergelijk opgave 6.28).

a. Een motorrijder rijdt op 1600 m hoogte op een weg naar het noordwesten, met een stijgingspercentage van 10%. Zijn snelheid is 18 km/uur. Wat is zijn snelheidsvector? (let op: x-, y- en z-coördinaat!).
b. Door de nadering van een stormdepressie daalt de luchtdruk met 100 Pa per uur. Bereken $P'(t)$ op dat moment.
c. Welke verandering in geregistreerde druk verwacht u in 10 minuten? #

SAMENVATTING

- De afgeleide van $f(x, y)$ het punt (a, b) in de richting $d = \begin{pmatrix} \cos(\varphi) \\ \sin(\varphi) \end{pmatrix}$ is

  $$f_x(a,b)\cos(\varphi) + f_y(a,b)\sin(\varphi).$$

- De gradiënt van $f(x, y)$ in het punt (a, b) is de vector

  $$\text{grad}\, f(a,b) = \nabla f(a,b) = \begin{pmatrix} f_x(a,b) \\ f_y(a,b) \end{pmatrix}.$$

  Deze gradiënt wijst in de richting, waarin $f(x, y)$ zijn grootste toename heeft en de lengte van deze vector is gelijk aan deze maximale helling.

- De afgeleide van $f(x, y)$ in de richting van een vector v is $|\nabla f(a, b)|\cos(\varphi)$, waarin φ de hoek tussen v en $\nabla f(a, b)$ is.

- De kettingregel voor een functie $f(x(u, v))$ van $\mathbf{R}^2$ naar $\mathbf{R}$ luidt:

  $$f_u(x(u,v)) = f'(x(u,v))\, x_u(u,v), \quad f_v(x(u,v)) = f'(x(u,v))\, x_v(u,v).$$

  In compacte notatie:

  $$\frac{\partial f}{\partial u} = \frac{\mathrm{d}f}{\mathrm{d}x}\frac{\partial x}{\partial u}, \quad \frac{\partial f}{\partial v} = \frac{\mathrm{d}f}{\mathrm{d}x}\frac{\partial x}{\partial v}.$$

- De kettingregel voor een functie $f(x(t), y(t))$ van $\mathbf{R}$ naar $\mathbf{R}$ luidt:

  $$\tfrac{\mathrm{d}}{\mathrm{d}t} f(x(t), y(t)) = f_x(x, y)\, x'(t) + f_y(x, y)\, y'(t).$$

  In compacte notatie:

  $$\frac{\mathrm{d}f}{\mathrm{d}t} = \frac{\partial f}{\partial x}\frac{\mathrm{d}x}{\mathrm{d}t} + \frac{\partial f}{\partial y}\frac{\mathrm{d}y}{\mathrm{d}t}.$$

- De kettingregel voor een functie $f(x(u, v), y(u, v))$ van $\mathbf{R}^2$ naar $\mathbf{R}$ luidt:

  $$\tfrac{\partial}{\partial u} f(x(u,v), y(u,v)) = f_x(x, y)\, x_u(u,v) + f_y(x, y)\, y_u(u,v),$$

  $$\tfrac{\partial}{\partial v} f(x(u,v), y(u,v)) = f_x(x, y)\, x_v(u,v) + f_y(x, y)\, y_v(u,v).$$

  In compacte notatie:

  $$\frac{\partial f}{\partial u} = \frac{\partial f}{\partial x}\frac{\partial x}{\partial u} + \frac{\partial f}{\partial y}\frac{\partial y}{\partial u}, \quad \frac{\partial f}{\partial v} = \frac{\partial f}{\partial x}\frac{\partial x}{\partial v} + \frac{\partial f}{\partial y}\frac{\partial y}{\partial v}.$$

6.6 TOEPASSINGEN

Toepassing 1 (natuurkunde, hydrologie, fysische chemie): gradiënt en stroomdichtheid. Stromingen in $\mathbf{R}^2$ worden vlakke stromingen genoemd. Dat kunnen stofstromen zijn, maar ook elektrische- of warmtestromen. Voor stoftransport bekijken we de ***stroomdichtheid***

$$J(x, y) = \rho(x, y)v(x, y)$$

waarin $v(x, y)$ de stroomsnelheid is (in m/s) en $\rho(x, y)$ de massadichtheid (in kg/m^2); dus de eenheid van stroomdichtheid $J(x, y)$ is kg/m s. Merk op dat v en J vectoren in $\mathbf{R}^2$ zijn.
De werkelijke wereld is echter driedimensionaal, en de vlakke stromingen zijn vaak vereenvoudigde modellen voor ruimtelijke stromingen. In $\mathbf{R}^3$ is de stroomdichtheid

$$J(x, y, z) = \rho(x, y, z)v(x, y, z)$$

waarin $v(x, y, z)$ de stroomsnelheid is (in m/s) en $\rho(x, y, z)$ de massadichtheid (in kg/m^3). Nu is $J(x, y, z)$ een vector in $\mathbf{R}^3$, met als fysische eenheid kg/m^2 s.

Toepassing 1a (fysische chemie): massastroming en de eerste wet van Fick. We bekijken het tweedimensionaal transport van een opgeloste stof in een vloeistof. De stroming, met een stroomdichtheid $J(x, y)$, wordt opgewekt door lokale verschillen in de chemische potentiaal. Meestal is deze potentiaal evenredig aan de concentratie $c(x, y)$ van de opgeloste stof, dat is de hoeveelheid opgeloste stof per oppervlakteeenheid. Volgens de ***wet van Fick*** is de stroomdichtheid $J(x, y)$ evenredig aan de gradiënt van de concentratie $c(x, y)$:

$$J(x, y) = -D\,\nabla c(x, y) = -D\begin{pmatrix} \frac{\partial}{\partial x}c(x, y) \\ \frac{\partial}{\partial y}c(x, y) \end{pmatrix}$$

met D de diffusiecoëfficiënt.

Toepassing 1b: Warmtestroming en de wet van Fourier). We bekijken de temperatuurverdeling in een vlakke plaat. We nemen daarbij aan dat er geen warmtetransport plaats heeft in de richting loodrecht op de plaat; de plaat kunnen we dan modelleren als een tweedimensionaal object.
Door locale verschillen in temperatuur wordt een warmtestroming opgewekt. Die stroming wordt gegeven door de stroomdichtheid $w(x, y)$ (in W/m). Volgens de ***wet van Fourier*** is $w(x, y)$ evenredig met de gradiënt van de temperatuur $T(x, y)$:

figuur 6.15: Tweedimensionale warmtestroming door een vlakke plaat.

$$w(x, y) = -\lambda d\,\nabla T(x, y) = -\lambda d\begin{pmatrix} \frac{\partial}{\partial x}T(x, y) \\ \frac{\partial}{\partial y}T(x, y) \end{pmatrix}.$$

Hierin is λ de warmtegeleidingscoëfficiënt van het medium, en d is de dikte van de plaat.

Toepassing 1c (hydrologie): grondwaterstroming en de wet van Darcy. We stellen een model op voor de stroming van verzadigd grondwater in een afgesloten aquifer (spanningswater). De grondwaterstroming wordt opgewekt door locale verschillen in de hydrostatische druk $H(x, y, z)$. Volgens de ***wet van Darcy*** is de stroomdichtheid $J(x, y, z)$ evenredig met de gradiënt van de druk $H(x, y, z)$:

$$J(x,y,z) = -\frac{K}{g}\,\Delta H(x,y,z) = -\frac{K}{g}\begin{pmatrix} \frac{\partial}{\partial x} H(x,y,z) \\ \frac{\partial}{\partial y} H(x,y,z) \\ \frac{\partial}{\partial z} H(x,y,z) \end{pmatrix}$$

waarin K de doorlatendheid van de bodem (in m/s) is, en g de zwaartekrachtsversnelling ($9.8 \text{ m}/\text{s}^2$).
Vaak is de dikte van de aquifer klein ten opzichte van de horizontale afmetingen. De verticale component van de stroming is dan klein, zodat we kunnen middelen over de verticale coördinaat z. Daarmee brengen we stroomdichtheid en druk van drie dimensies naar twee terug. De (gemiddelde) stroomdichtheid $\overline{J}(x, y)$ is dan evenredig met de gradiënt van de (gemiddelde) hydrostatische druk $\overline{H}(x, y)$:

$$\overline{J}(x,y) = -\frac{K}{g}\,\Delta\overline{H}(x,y) = -\frac{K}{g}\begin{pmatrix} \frac{\partial}{\partial x} \overline{H}(x,y) \\ \frac{\partial}{\partial y} \overline{H}(x,y) \end{pmatrix}.$$

Opgave 6.35.

a. Leid uit de wet van Fick de fysische dimensie van de diffusiecoëfficiënt D af.

b. Leid uit de wet van Fourier de fysische dimensie van de warmtegeleidingscoëfficiënt λ af.

Toepassing 2 (economie, bedrijfskunde; vervolg op §6.3, toepassing 1). Een eenvoudig model van een productieproces bevat twee productiefactoren: arbeid a en kapitaal k. De productieomvang q van een onderneming is een functie van a en k:

$$q = F(a,k).$$

De prijs p die een eenheid product opbrengt hangt af van de productie q:

$$p = p(q).$$

Immers, voor grote waarden van q wordt de markt overstroomd en is de prijs laag; voor kleine waarden van q treedt er schaarste op en is de prijs hoog. De opbrengst wordt bepaald door de productieomvang (we nemen aan dat alles wordt verkocht) en de prijs:

$$O = p(q)q = g(q),$$

met $q = F(a,k)$. Dus is ook O een functie van arbeid en kapitaal: $O(a,k) = g(F(a,k))$. De gevoeligheid van de opbrengst $O(a,k)$ in een punt (a_0,k_0) voor een verandering van de productiefactor arbeid bij overigens gelijkblijvende omstandigheden is de partiële afgeleide van $O(a,k)$ naar a in dit punt. Deze berekenen we met de kettingregel:

$$O_a = O_a(a_0,k_0) = g'(F(a_0,k_0))\,F_a(a_0,k_0), \quad \text{ofwel} \quad \frac{\partial O}{\partial a} = \frac{\mathrm{d}O}{\mathrm{d}q}\frac{\partial q}{\partial a}.$$

Hierbij heet $\frac{\partial O}{\partial a}$ de ***marginale opbrengst van arbeid*** en heten $\frac{\mathrm{d}O}{\mathrm{d}q}$ en $\frac{\partial q}{\partial a}$ de ***marginale opbrengst van het product*** en de ***marginale productiviteit van arbeid***. Dat levert de volgende economische wet:

De marginale opbrengst van arbeid is gelijk aan de marginale opbrengst van het product vermenigvuldigd met de marginale productiviteit van arbeid.

Opgave 6.36.

a. Welke grootheid duiden we aan met "de marginale opbrengst van kapitaal"?

b. Wat is marginale opbrengst van de arbeid als

$$F(a,k) = 2\sqrt{ak} \quad \text{en} \quad p(q) = \frac{1}{\sqrt[4]{q}} \; ?$$

c. Wat is marginale opbrengst van het kapitaal als

$$F(a,k) = 4\sqrt[4]{ak^3} \quad \text{en} \quad p(q) = \frac{1}{\sqrt[3]{q^2}} \; ?$$

Toepassing 3 (teeltkunde; geografie). De declinatie $\delta(t)$ van de zon is de geografische breedte waar de zon loodrecht boven het aardoppervlak staat:

$$\delta(t) \;=\; -23.4^\circ \cos\!\left(\tfrac{360^\circ}{365.24}(t+10)\right) \quad (t \text{ in dagen, gerekend vanaf 1 januari}).$$

Deze formule geeft de regelmatige beweging van de declinatie tussen de keerkringen weer.
Met de declinatie δ kunnen we de daglengte L in een plaats P met geografische breedte β op tijd t bepalen. Figuur 6.16 stelt een dwarsdoorsnede van de aarde voor, namelijk een zijaanzicht op het moment dat de zon in P op het hoogste punt staat; op dat moment ligt P precies aan de kant van de zon. We zien in de figuur dat

$$MB \;=\; MO\tan(\delta),$$
$$MO \;=\; MQ\tan(\beta).$$

Er volgt dat

$$MB \;=\; MQ\tan(\beta)\tan(\delta).$$

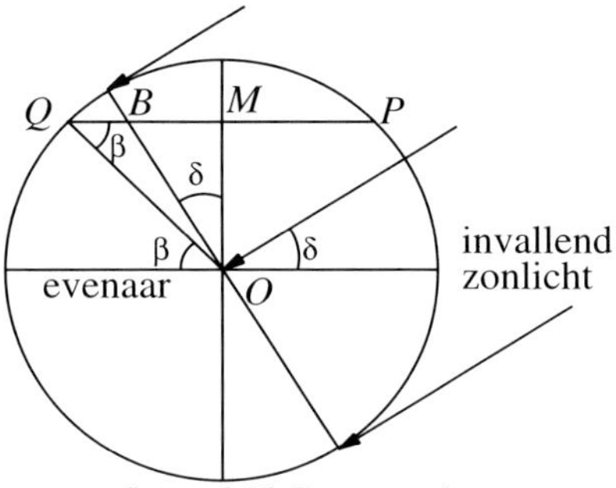

figuur 6.16. Doorsnee door de meridiaan door P.

In figuur 6.17 staat een horizontale doorsnee van de aarde op geografische breedte β. Hierin zien we P, Q, M en B terug. De punten A en C liggen op de grens van dag en nacht; in figuur 6.16 zouden ze liggen op de grote cirkel loodrecht op de figuur, met als middellijn de lijn door O en B. Op de boog APC is het dag, op de boog AQC is het nacht. We zien dat

$$MB = MC\sin(\varphi) \;\Rightarrow\; MO = MC\sin(\varphi).$$

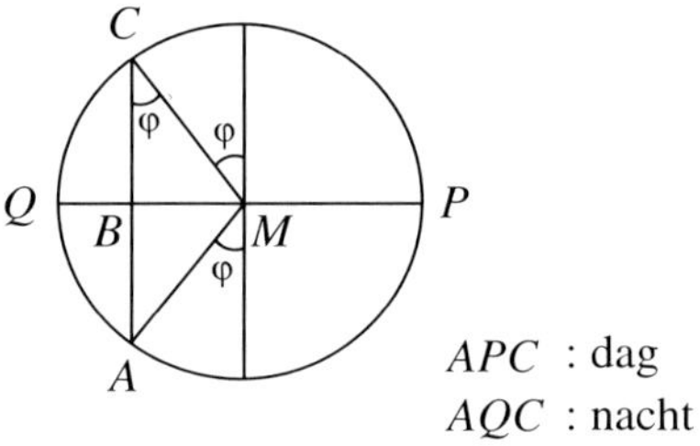

figuur 6.17. Doorsnee door de breedtecirkel door P.

Hiermee volgt

$$\sin(\varphi) \;=\; \tan(\beta)\tan(\delta).$$

Voor de daglengte L lezen we uit figuur 6.17 af:

$$L \;=\; \frac{180^\circ + 2\varphi}{360^\circ}\,24\,(\text{uur}) \;=\; 12 + \frac{2\varphi}{15^\circ}\,(\text{uur}),$$

waarbij φ in graden en L in uren wordt uitgedrukt. Hiermee volgt L als functie van β en t:

$$L(\beta,t) \;=\; 12 + \tfrac{2}{15^\circ}\arcsin\!\big(\tan(\beta)\tan(\delta(t))\big)$$

waarbij het resultaat van de arcsinus in graden moet worden uitgedrukt.
We bepalen de daglengte in Wageningen ($\beta = 51.97^\circ$) op 16 november ($t = 320$):

$$\delta(320) \;=\; -23.4^\circ\cos\!\left(\tfrac{360^\circ}{365.24}(320+10)\right) \;=\; -19.23^\circ,$$
$$L(51.97^\circ, 320) \;=\; 12 + \tfrac{2}{15^\circ}\arcsin\!\big(\tan(51.97^\circ)\tan(-19.23^\circ)\big) \;=\; 8\text{uur } 28\,\text{min}\,.$$

We bepalen nu de partiële afgeleiden van $L(\beta, t)$. Merk op, dat hier cosinus en tangens graden als invoer gebruiken en de arcsinus graden als uitvoer gebruikt. De bekende afgeleiden van deze functies gelden echter voor radialen. Voordat we gaan differentiëren herschrijven we de formules naar radialen; ook $\delta(t)$ en β drukken we in radialen uit:

$$\begin{aligned}\delta(t) &= -0.4084\cos\left(\tfrac{2}{365.24}(t+10)\right),\\ L(\beta,t) &= 12 + \tfrac{24}{\pi}\arcsin\left(\tan(\beta)\tan(\delta(t))\right).\end{aligned}$$

Dan volgt met de kettingregel

$$\begin{aligned}\delta'(t) &= -0.4084\sin\left(\tfrac{2\pi}{365.24}(t+10)\right)\tfrac{2\pi}{365.24}\ \text{rad per dag},\\ \frac{\partial}{\partial t}L(\beta,t) &= \frac{24}{\pi}\frac{1}{\sqrt{1-\tan(\beta)^2\tan(\delta(t))^2}}\frac{\tan(\beta)}{\cos(\delta(t))^2}\,\delta'(t)\ \text{uur per dag}.\end{aligned}$$

Voor Wageningen ($\beta = 51.97° = 0.9070$ rad) op 16 november ($t = 320$) vinden we (ga na!)

$$\begin{aligned}\delta(320) &= -0.4084\cos\left(\frac{2\pi\cdot 330}{365.24}\right) = -0.3356\ \text{rad},\\ \delta'(320) &= -0.4084\sin\left(\frac{2\pi\cdot 330}{365,24}\right)\frac{2\pi}{365.24} = -0.004003\ \text{rad per dag},\\ \frac{\partial}{\partial t}L(0.9070, 320) &= \\ &= \frac{24}{\pi}\frac{1}{\sqrt{1-\tan(0.9070)^2\tan(-0.3356)^2}}\frac{\tan(0.9070)}{\cos(-0.3356)^2}\cdot -0.004003\\ &= -0.04900\ \text{uur per dag} = -2.94\ \text{min per dag}.\end{aligned}$$

Dus rond 16 november neemt de daglengte in Wageningen ongeveer 3 minuten per dag af.
Met behulp van de andere partiële afgeleide,

$$\frac{\partial}{\partial\beta}L(\beta,t) = \frac{24}{\pi}\frac{1}{\sqrt{1-\tan(\beta)^2\tan(\delta(t))^2}}\frac{\tan(\delta(t))}{\cos(\beta)^2}\ \text{uur per rad}$$

berekenen we hoe de daglengte varieert met de geografische breedte. Rome ligt op 41.82°, en dat is 10.15° = 0.1772 rad zuidelijker dan Wageningen. Op 16 november geldt

$$\begin{aligned}\frac{\partial}{\partial\beta}L(0.9070,320) &= \frac{24}{\pi}\frac{1}{\sqrt{1-\tan(0.9070)^2\tan(-0.3356)^2}}\frac{\tan(-0.3356)}{\cos(0.9070)^2} = \\ &= -7.845\ \text{uur per rad}\ .\end{aligned}$$

Het verschil tussen de daglengte in Rome en die in Wageningen is op deze datum dus ongeveer (in een eerste orde benadering)

$$\frac{\partial}{\partial\beta}L(0.9070, 320)\,\Delta\beta = -7.845\cdot -0.1772 = 1.390\,\text{uur} = 1\,\text{uur}\ 23\,\text{min}.$$

Opgave 6.37.

a. Wat is de betekenis van het getal 23.4° in de functie $\delta(t)$?

b. Op welke plaatsen en tijdstippen (β, t) is er een daglengte van 12 uur?

c. Voor welke plaatsen β is er een daglengte van 24 uur mogelijk?

d. Bepaal rechtstreeks de daglengte in Rome op 16 november, en bereken het verschil met die in Wageningen. Wat is de oorzaak van de afwijking van het resultaat hierboven?

6.7 OPGAVEN

Opgave 6.38. We berekenen richtingsafgeleiden van $f(x, y) = x^2 + y^2$ in het punt (2,1).

a. Bepaal de richtingsafgeleide in de richting van de vector $\begin{pmatrix} 1 \\ 1 \end{pmatrix}$.

b. Bepaal de richtingsafgeleide in de richting van het punt (1,2).

c. Bepaal de richtingsafgeleide in de richting van de oorsprong.

Opgave 6.39. Beschouw de functie $f(x, y) = x^3 + 2xy^2 - 6xy$.

a. Geef een vergelijking voor het raakvlak van $f(x, y)$ in het punt $P = (1, 1, -3)$.

b. Bepaal grad$f(1,1)$. Wat is de meetkundige betekenis van deze vector?

c. Bepaal de hellingshoek van het oppervlak in het punt P in de richting $(3, -4)$.

Opgave 6.40.

a. Met $f(x, y) = x^2 + y^2$, $x(t) = t\cos(t)$ en $y(t) = t\sin(t)$ ontstaat door substitutie de samengestelde functie $g(t)$. Bepaal op twee manieren $g'(t)$.

b. Met $f(x, y) = x^2 + y^2$, $x(u, v) = u\cos(v)$ en $y(u, v) = u\sin(v)$ ontstaat de samengestelde functie $g(u, v)$. Bepaal op twee manieren $g_u(u, v)$ en $g_v(u, v)$.

Opgave 6.41 (landmeetkunde).

a. We bevinden ons precies 50 meter voor een kerktoren. We kijken naar de top van de toren en meten de hoek α tussen onze zichtlijn en het grondvlak. We vinden $\alpha = 48°$ met een afleesnauwkeurigheid 0.5°. Bepaal de hoogte van deze kerktoren en een eerste orde benadering voor de foutenmarge in de hoogte.

b. Beantwoord dezelfde vraag als bovendien de afstand van 50m een meetonnauwkeurigheid van 2% heeft.

Opgave 6.42 (mechanica). We leggen een balletje op een oppervlak met vergelijking $z = f(x, y)$. In welke richting begint het balletje te rollen?

Opgave 6.43 (meetkunde). Hoe moeten we een helling beklimmen, zodat de steilheid (dit is de tangens van de hellingshoek), die we onderweg ondervinden, de helft van de maximale steilheid is?

Opgave 6.44 (scheikunde) (multiple choice). De reactiesnelheid k van een katalytisch proces hangt van de temperatuur T (in graden Kelvin) en de zuurgraad (pH) af:

$$k(T, pH) = 10 + 5T\,e^{0.2T + 5pH}$$

De temperatuur daalt met 10K. Hoeveel moet de pH bij benadering worden verhoogd om de reactiesnelheid constant te houden?

(a) De pH moet twee verhoogd worden.

(b) De pH moet twee verlaagd worden.

(c) De pH moet 20% verhoogd worden.

(d) Dat hangt af van de temperatuur.

Opgave 6.45 (natuurkunde) (multiple choice). De trillingstijd T van een massa-veersysteem is

$$T(m,C) = 2\pi\sqrt{\tfrac{m}{C}},$$

waarin m de massa is en C de veerconstante van Hooke. Voor de verandering ΔT in T bij kleine veranderingen Δm in m en ΔC in C geldt in een lineaire benadering:

(a) $\dfrac{\Delta T}{T} \cong \dfrac{\Delta m}{2m} - \dfrac{\Delta C}{2C}$.

(b) $\dfrac{\Delta T}{T} \cong \dfrac{\Delta m}{m} + \dfrac{\Delta C}{C}$.

(c) $\Delta T \cong 2\pi\left(\sqrt{\tfrac{\Delta m}{C}} - \tfrac{1}{C}\sqrt{m\Delta C}\right)$.

(d) de uitdrukkingen in a, b en c zijn alle onjuist.

Opgave 6.46 (natuurkunde). Een puntlading Q in de oorsprong heeft een elektrisch veld

$$V(x,y,z) = \frac{Q}{4\pi\varepsilon\sqrt{x^2+y^2+z^2}}$$

waarin ε de diëlektrische constante van het medium is. Een andere lading q in een punt $P = (x, y, z)$ ondervindt hierdoor een kracht

$$F = -q\,\nabla V.$$

Bereken de kracht op q als $P = (10^{-10}, 0, 0)$, $\varepsilon = 8.9 \cdot 10^{-12}\ \mathrm{C^2/J}$ en beide ladingen de waarde van een elementaire lading hebben $(1e = 1.6 \cdot 10^{-19}\ \mathrm{C})$.

Opgave 6.47 (fysische chemie). De gaswet van Boyle zegt dat bij een gegeven temperatuur T het product van druk en volume in een afgesloten vat constant is, met andere woorden, dit product is een functie van T:

$$PV = f(T).$$

In dit verband zijn de volgende grootheden kenmerkend:

$$\alpha = \frac{\partial V/\partial T}{V},$$

$$\beta = -\frac{\partial V/\partial P}{V}.$$

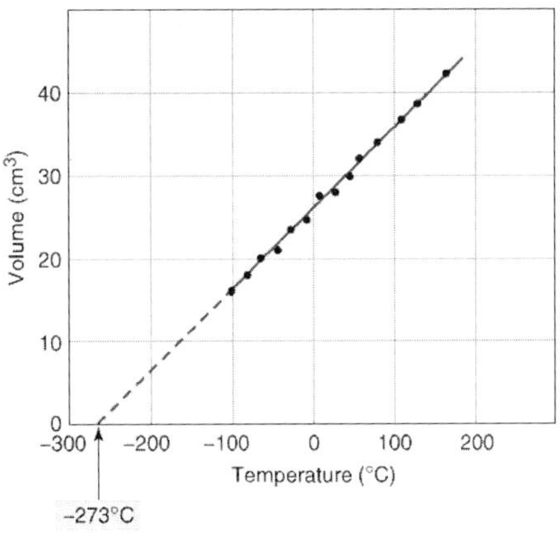

figuur 6.18. Ideaal gas (P is constant).

α heet de thermische expansiviteit, β de isotherme compressibiliteit.

a. Leidt uitdrukkingen voor α en β af voor een gas dat aan wet van Boyle voldoet.

b. Een speciaal geval is de ideale gaswet $PV = kT$, zie figuur 6.18. Wat zijn α en β in dat geval?

Opgave 6.48 (bedrijfskunde en economie; vergelijk §6.3, toepassing 1). We bekijken een model voor een productieproces waarbij de productie q een functie is van a en k die voldoet aan het Cobb-Douglas productiemodel:

$$q = F(a,k) = C a^{\alpha} k^{\beta} \quad (\text{met } C > 0,\ \alpha > 0,\ \beta > 0).$$

a. We bezien eerst het geval dat $\beta = 1 - \alpha$. Laat zien, dat in dat geval geldt

$$F(\lambda a, \lambda k) = \lambda F(a,k) \quad \text{voor alle } \lambda > 0\,.$$

Een functie $F(a, k)$ met deze eigenschap noemen we homogeen van graad 1.

b. Meer algemeen noemen we een functie ***homogeen van graad p*** als geldt

$$F(\lambda a, \lambda k) = \lambda^p F(a,k) \text{ voor alle } \lambda > 0\,.$$

Laat zien, dat de Cobb-Douglas functies homogeen zijn van graad $\alpha + \beta$.

c. Bewijs de stelling van Euler: als $F(a, k)$ homogeen van graad p is, dan geldt

$$a F_a(a,k) + k F_k(a,k) = p F(a,k).$$

(Aanwijzing: differentieer $F(\lambda a, \lambda k)$ naar λ en neem vervolgens $\lambda = 1$.)

Opgave 6.49 (economie; vergelijk opgave 6.48). Voor een productiefunctie $F(a, k)$ definiëren we de arbeidselasticiteit van de productie in het punt (a, k) als

$$E_a\, F(a,k) = \frac{\partial F(a,k)}{\partial a} \Big/ \frac{F(a,k)}{a} = \frac{a F_a(a,k)}{F(a,k)}\,.$$

a. Toon aan, dat $E_a F(a, k)$ een dimensieloze grootheid is, en dus niet afhangt van de schaal waarin a, k en F worden uitgedrukt.

b. Definieer zelf $E_k F(a, k)$, de kapitaalselasticiteit van de productie in het punt (a, k).

c. Bepaal $E_a F(a, k)$ en $E_k F(a, k)$ voor de Cobb-Douglas productiefunctie

$$F(a,k) = 2a^{1/3}k^{2/3}.$$

d. Bewijs met behulp van bovenstaande stelling van Euler: als de productiefunctie $F(a, k)$ homogeen van graad p is, dan geldt

$$E_a F(a,k) + E_k F(a,k) = p.$$

.8 WISKUNDIG GEREEDSCHAP: DUBBELE INTEGRALEN

Met integratie kunnen we het oppervlak onder de grafiek van $f(x)$ te berekenen. Bij een functie is de grafiek $z = f(x, y)$ een oppervlak in $\mathbf{R}^3$. Met integratie kunnen we het ***volume*** onder dit oppervlak bepalen.

INTEGRATIE OVER RECHTHOEKEN

In figuur 6.19 is de grafiek van $f(x, y)$ getekend voor (x, y) in de rechthoek $[a, b] \times [c, d]$: x ligt tussen a en b, y ligt tussen c en d.
Om het gearceerde volume onder de grafiek te bepalen verdelen we de y-as in N stukjes met lengte $\Delta y = (d-c)/N$. Hiermee krijgen we de punten $y_n = c + n\Delta y$. Voor iedere vaste waarde van y_n reduceren we zo de functie van twee variabelen $f(x, y)$ tot een functie van één variabele $f(x, y_n)$. Door integratie naar x krijgen we het oppervlak onder de grafiek van $f(x, y_n)$:

$$S(y_n) = \int_a^b f(x, y_n)\,\mathrm{d}x.$$

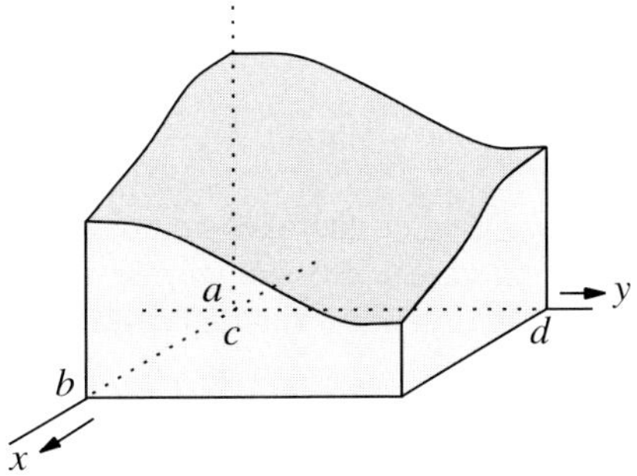

figuur 6.19. Het volume onder de grafiek van $f(x, y)$

Door de y-as in stukjes te verdelen hebben we het volume in plakjes gesneden. Het oppervlak van zo'n plakje is de waarde $S(y_n)$ hierboven, en de dikte is Δy. Het volume van dat plakje is dus ongeveer $V_n \cong S(y_n)\,\Delta y$. (Het volume klopt niet precies omdat het plakje aan de rand scheef is, terwijl wij het recht nemen; zie figuur 6.20). Als we de volumina van alle verschillende plakjes bij elkaar optellen krijgen we

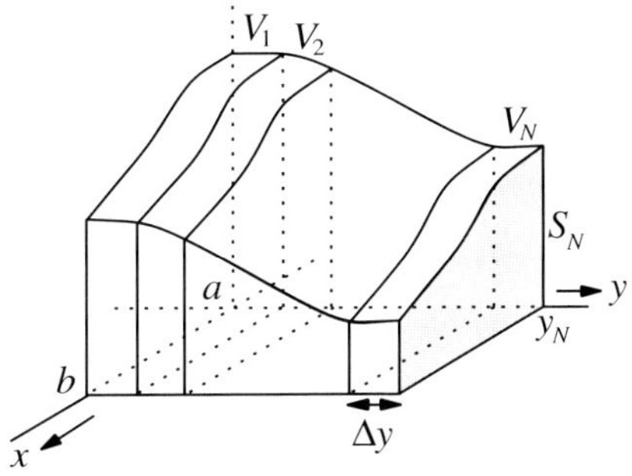

figuur 6.20. Het volume in plakjes gesneden.

$$V = V_1 + V_2 + \ldots + V_N \cong S(y_1)\Delta y + S(y_2)\Delta y + \ldots + S(y_N)\Delta y = \sum_{n=1}^{N} S(y_n)\Delta y.$$

Voor elke waarde van y_n kunnen we het oppervlak $S(y_n)$ berekenen door $f(x, y_n)$ te integreren naar x als hierboven. $S(y_n)$ is dus de waarde van de functie $S(y)$ in het punt $y = y_n$:

$$S(y) = \int_a^b f(x, y)\,\mathrm{d}x.$$

Als we plakjes dunner maken wordt het effect van de scheve randjes kleiner. Als $N \to \infty$ (dus als $\Delta y \to 0$) krijgen we de limiet

$$V = \lim_{N\to\infty} \sum_{n=1}^{N} S(y_n)\Delta y = \int_c^d S(y)\,\mathrm{d}y.$$

Hierin vullen we nu de formule voor $S(y)$ in. Het resultaat is dan

$$V = \int_c^d \left(\int_a^b f(x,y)\,\mathrm{d}x \right) \mathrm{d}y.$$

Het volume V is dus te berekenen door de functie $f(x,y)$ ***twee keer*** te integreren. Eerst integreren we naar x, dat geeft de functie $S(y)$, en vervolgens integreren we die functie naar y. In de praktijk laten we bij een dergelijke ***dubbele integraal*** de haakjes weg:

$$V = \int_c^d \int_a^b f(x,y)\,\mathrm{d}x\,\mathrm{d}y.$$

⚠ ***Let op.*** De integraaltekens en de symbolen dx en dy werken zelf als "haakjes", van binnen naar buiten. De grenzen bij de eerste integraal slaan op de laatst genoemde (buitenste) variabele, y, en die van de tweede op de binnenste variabele x. #

Voorbeeld. We integreren $f(x,y) = x + y^2$ over de rechthoek $0 \leq x \leq 1$, $-1 \leq y \leq 1$. Dat geeft de integraal

$$V = \int_{-1}^{1} \int_{0}^{1} f(x,y)\,\mathrm{d}x\,\mathrm{d}y = \int_{-1}^{1} \int_{0}^{1} x + y^2\,\mathrm{d}x\,\mathrm{d}y$$

waarbij we eerst naar x en dan naar y integreren. Dat blijkt uit de volgorde van de symbolen dx en dy. De integratiegrenzen staan in omgekeerde volgorde. Als we de integratie naar x uitvoeren, met y een constante, dan vinden we

$$V = \int_{y=-1}^{y=1} \left(\int_{x=0}^{x=1} x + y^2\,\mathrm{d}x \right) \mathrm{d}y = \int_{y=-1}^{y=1} \left[\tfrac{1}{2}x^2 + xy^2 \right]_{x=0}^{x=1} \mathrm{d}y = \int_{y=-1}^{y=1} \tfrac{1}{2} + y^2\,\mathrm{d}y.$$

Hierin hebben we de integratievariabele nog eens expliciet in de grenzen vermeld, hoewel dat eigenlijk niet nodig is. In het vervolg laten we dat achterwege.
Nu voeren we de integratie naar y uit. De variabele x is door het integreren en invullen van de grenzen verdwenen, dus resteert een gewone enkele integraal naar y:

$$V = \int_{y=-1}^{y=1} \tfrac{1}{2} + y^2\,\mathrm{d}y = \left[\tfrac{1}{2}y + \tfrac{1}{3}y^3 \right]_{y=-1}^{y=1} = \left(\tfrac{1}{2} + \tfrac{1}{3} \right) - \left(-\tfrac{1}{2} - \tfrac{1}{3} \right) = \tfrac{5}{3}. \qquad \#$$

Opgave 6.50. Bepaal $\int_0^2 \int_0^1 x^2 y^3 + 1\,\mathrm{d}x\,\mathrm{d}y$. #

In plaats van de y-as kunnen we natuurlijk ook de x-as onderverdelen in kleine stukjes ter lengte Δx. Dit geeft een alternatieve manier om het volume V te berekenen. Door de opdeling van het interval $[a, b]$ in de x-richting definiëren we de punten $x_m = a + m\Delta x$, $m = 1, 2, \ldots, M$ met $\Delta x = (b - a) / M$. Voor iedere vaste waarde van x_m hebben we dan de functie $f(x_m, y)$, die alleen een functie is van y. Integratie naar y geeft het oppervlak

$$P(x_m) = \int_c^d f(x_m, y)\,\mathrm{d}y.$$

Door het opdelen van de x-as krijgen we dwarsgesneden plakjes met dikte Δx en oppervlak $P(x_m)$. Het volume van een plakje is $V_m \cong P(x_m)\,\Delta x$, en van alle plakjes samen

$$V = V_1 + V_2 + \ldots + V_M \cong P(x_1)\Delta x + P(x_2)\Delta x + \ldots + P(x_M)\Delta x = \sum_{m=1}^{M} P(x_m)\Delta x.$$

In de limiet $M \to \infty$ (dus $\Delta x \to 0$) geldt

$$V = \lim_{M \to \infty} \sum_{m=1}^{M} P(x_m)\Delta x = \int_a^b P(x)\,\mathrm{d}x.$$

Invullen van

$$P(x) = \int_c^d f(x, y)\,\mathrm{d}y$$

geeft

$$V = \int_a^b \left(\int_c^d f(x, y)\,\mathrm{d}y \right) \mathrm{d}x.$$

Het volume V is dus ook te berekenen door de functie $f(x, y)$ eerst naar y te integreren, en het resultaat vervolgens naar x. Laten we hier de haakjes weg, dan krijgen we

$$V = \int_c^d \int_a^b f(x, y)\,\mathrm{d}x\,\mathrm{d}y = \int_a^b \int_c^d f(x, y)\,\mathrm{d}y\,\mathrm{d}x.$$

Merk op dat het omwisselen van de integratievolgorde is toegestaan, mits natuurlijk daarbij de juiste grenzen voor de variabelen x en y worden gebruikt. Het berekenen van een dubbele integraal komt in de praktijk neer op het twee keer berekenen van een bepaalde integraal zoals we dat al eerder hebben gedaan.

Voorbeeld (vervolg). We mogen bij de hierboven berekende integraal ook de volgorde van integratie omwisselen. We berekenen dan

$$V = \int_0^1 \int_{-1}^1 f(x,y)\,\mathrm{d}y\,\mathrm{d}x = \int_0^1 \int_{-1}^1 x + y^2\,\mathrm{d}y\,\mathrm{d}x.$$

Eerst bepalen we de binnenste integraal, die naar y. Dat levert

$$V = \int_{x=0}^{x=1} \left(\int_{y=-1}^{y=1} x + y^2\,\mathrm{d}y \right) \mathrm{d}x = \int_{x=0}^{x=1} \left[xy + \tfrac{1}{3}y^3 \right]_{y=-1}^{y=1} \mathrm{d}x = \int_{x=0}^{x=1} 2x + \tfrac{2}{3}\,\mathrm{d}x.$$

De variabele y is nu verdwenen. Integratie naar x geeft tenslotte

$$V = \int_0^1 2x + \tfrac{2}{3}\,\mathrm{d}x = \left[x^2 + \tfrac{2}{3}x \right]_{x=0}^{x=1} = (1 + \tfrac{2}{3}) - (0 + 0) = \tfrac{5}{3}.$$

Dat is inderdaad hetzelfde resultaat als het vorige. #

Het omkeren van de integratievolgorde kan nuttig zijn om het antwoord te controleren. Omdat de berekeningen dan meestal verschillen is de kans om fouten te herhalen klein.

Opgave 6.51. Bepaal

$$\int_0^1 \int_0^2 x^2 y^3 + 1\,\mathrm{d}y\,\mathrm{d}x.$$

Controleer zo het antwoord van opgave 6.50. #

Onregelmatige gebieden

Tot nu toe hebben we steeds rechthoekige gebieden in het (x, y)-vlak bekeken, maar het gebied mag ook een andere vorm hebben. We willen een functie $f(x, y)$ integreren over het in figuur 6.21 gearceerde gebied G. Daarmee bepalen we het volume onder het oppervlak $z = f(x, y)$, waarbij de variabelen x en y waarden aannemen binnen G.

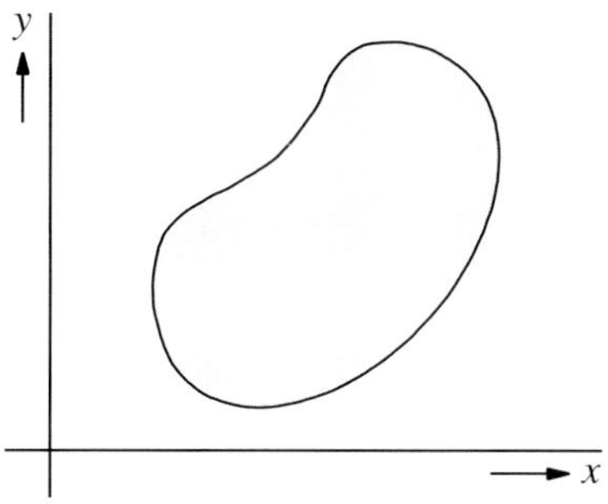

figuur 6.21. Het integratiegebied G.

We kijken eerst wat preciezer naar de waarden van de variabelen x en y in G.
De variabele y neemt in G waarden aan tussen c en d. Net als bij het rechthoekig gebied delen we de y-as op in stukjes ter lengte $\Delta y = (d-c)/N$. Hiermee krijgen we de punten $y_n = c + n\Delta y$, met $n = 1, 2, \ldots, N$. We krijgen zo een opdeling van het gebied in strookjes als in figuur 6.22.
We kunnen nu voor elke y_n de integraal naar x bepalen. Het resultaat is dan het oppervlak onder de grafiek van de functie $f(x, y_n)$, met y_n vast. Het enige verschil met een rechthoekig gebied is, dat nu de integratiegrenzen in de x-richting afhangen van de gekozen waarde van y_n. Voor een gegeven vaste waarde y_n heeft de ondergrens de waarde $a(y_n)$, de bovengrens noteren we met $b(y_n)$. Het te bepalen oppervlak is dan

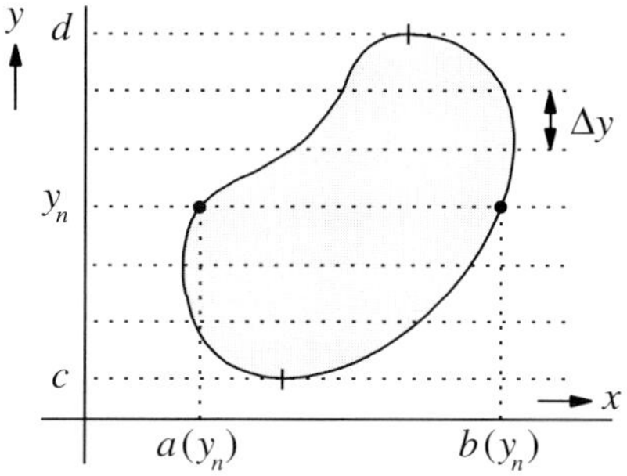

figuur 6.22. Integratie eerst naar x.

$$S(y_n) = \int_{a(y_n)}^{b(y_n)} f(x, y_n)\, dx.$$

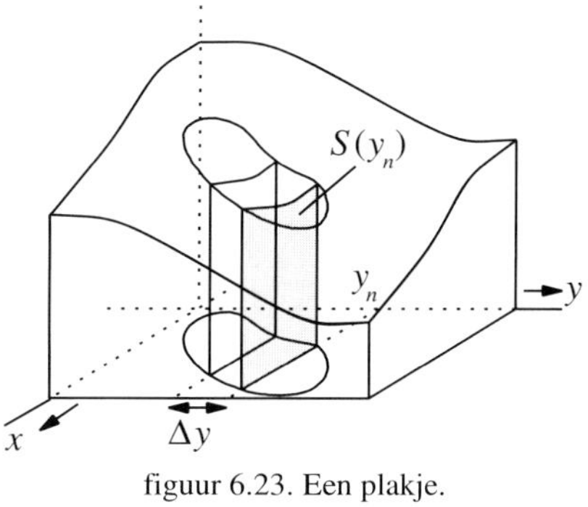

figuur 6.23. Een plakje.

Het volume V_n van het bijbehorende plakje (zie figuur 6.23) heeft dus de waarde $V_n \cong S(y_n)\Delta y$, en het totaal volume is net als voorheen

$$V = V_1 + V_2 + \ldots + V_N \cong S(y_1)\Delta y + S(y_2)\Delta y + \ldots + S(y_N)\Delta y = \sum_{n=1}^{N} S(y_n)\Delta y.$$

Vanwege de schuine randen van de plakjes is de som slechts een benadering voor het volume. In de limiet voor $N \to \infty$ krijgen we oneindig dunne plakjes, het effect van de schuine randen verdwijnt en de som over de variabele $S(y_n)$ wordt een integraal over $S(y)$:

$$V = \lim_{N \to \infty} \sum_{n=1}^{N} S(y_n)\Delta y = \int_c^d S(y)\, dy = \int_c^d \int_{a(y)}^{b(y)} f(x, y)\, dx\, dy.$$

De grenzen in de y-richting zijn vaste getallen c en d, maar de onder- en bovengrens in de x-richting zijn functies $a(y)$ en $b(y)$; zij beschrijven de vorm van het integratiegebied. Omdat het alleen functies zijn van y geeft dat bij de integratie naar x geen problemen.

Ook hier kunnen we de integratievolgorde omkeren. We kijken eerst naar het gebied in het (x, y)-vlak (zie figuur 6.24). Als we eerst integreren naar y, dan hangen de integratiegrenzen af van x: het zijn de functies $c(x)$ en $d(x)$. Daarna volgt integratie naar x, met vaste grenzen a en b. De gebiedsintegraal is dus ook te schrijven als

$$V = \int_a^b \int_{c(x)}^{d(x)} f(x, y)\, \mathrm{d}y\, \mathrm{d}x.$$

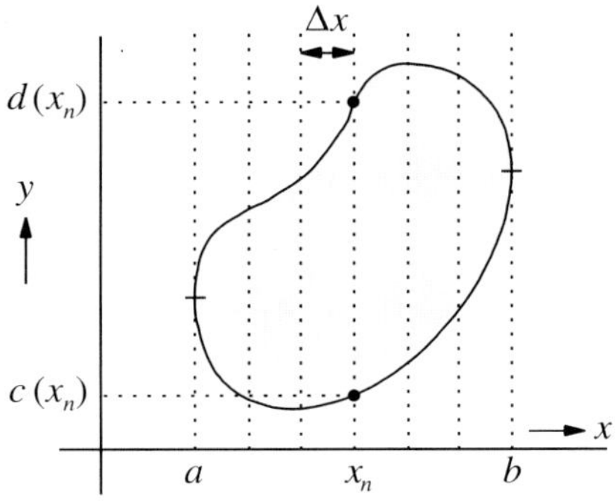

figuur 6.24. Integratie eerst naar y.

Voorbeeld. Een driehoek in het (x, y)-vlak wordt begrensd door de x-as (dat is de lijn $y = 0$), de y-as (de lijn $x = 0$) en de lijn $y = ½(1-x)$. In figuur 6.25 is het gebied gearceerd weergegeven. Over dit gebied willen we $f(x, y) = x + y^2$ integreren, dezelfde functie als in het vorige voorbeeld. We moeten zorgvuldig de integratiegrenzen bepalen, temeer daar die nu afhankelijk zijn van de gekozen integratievolgorde.

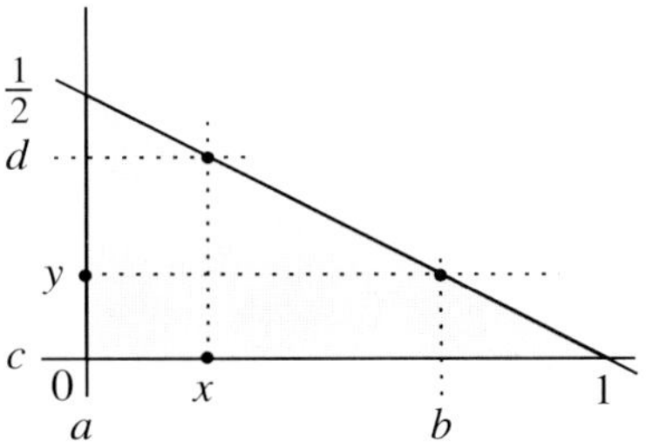

figuur 6.25. Driehoekig integratiegebied.

We integreren eerst naar x, en kiezen dus y vast. We trekken een horizontale lijn (de lijn $y =$ constant) in de figuur. De ondergrens van x is dan $a = 0$, onafhankelijk van de waarde van y. De bovengrens is de waarde van x op de schuine lijn. Op de schuine lijn geldt dat $y = ½(1-x)$, ofwel $x = 1-2y$. Voor gegeven y krijgen we dus $b = 1-2y$. Voor de y-richting zijn de grenzen vast. De ondergrens voor y is $c = 0$, de bovengrens is $d = ½$. We krijgen dus

$$V = \int_0^{1/2} \left(\int_0^{1-2y} x + y^2\, \mathrm{d}x \right) \mathrm{d}y = \int_0^{1/2} \left[\tfrac{1}{2}x^2 + xy^2 \right]_{x=0}^{x=1-2y} \mathrm{d}y =$$

$$= \int_0^{1/2} \tfrac{1}{2}(1-2y)^2 + (1-2y)y^2\, \mathrm{d}y = \int_0^{1/2} -2y^3 + 3y^2 - 2y + \tfrac{1}{2}\, \mathrm{d}y =$$

$$= \left[-\tfrac{1}{2}y^4 + y^3 - y^2 + \tfrac{1}{2}y \right]_{y=0}^{y=1/2} = \left(-\tfrac{1}{32} + \tfrac{1}{8} - \tfrac{1}{4} + \tfrac{1}{4} \right) - 0 = \tfrac{3}{32}.$$

Bij het omkeren van de integratievolgorde moeten we ook de integratiegrenzen anders kiezen. Voor vaste x trekken we een verticale lijn ($x =$ constant), en vinden zo de grenzen $c = 0$ (de x-as) en $d = ½(1-x)$ (de schuine lijn). De grenzen in de x-richting zijn vast, $a = 0$ en $b = 1$. Dus volgt

$$V = \int_0^1 \left(\int_0^{(1-x)/2} x + y^2\, \mathrm{d}y \right) \mathrm{d}x = \int_0^{1/2} \left[xy + \tfrac{1}{3}y^3 \right]_{y=0}^{y=(1-x)/2} \mathrm{d}x =$$

$$= \int_0^1 \tfrac{1}{2}x(1-x) + \tfrac{1}{24}(1-x)^3\, \mathrm{d}x = \int_0^1 -\tfrac{1}{24}x^3 - \tfrac{3}{8}x^2 + \tfrac{3}{8}x + \tfrac{1}{24}\, \mathrm{d}x =$$

$$= \left[-\tfrac{1}{96}x^4 - \tfrac{1}{8}x^3 + \tfrac{3}{16}x^2 + \tfrac{1}{24}x \right]_{x=0}^{x=1} = \left(-\tfrac{1}{96} - \tfrac{1}{8} + \tfrac{3}{16} + \tfrac{1}{24} \right) - 0 = \tfrac{3}{32}.$$

#

Dubbele integralen als hierboven zijn lastig. Doordat de binnenste grenswaarden zelf weer functies zijn, is het rekenwerk meestal aanzienlijk. Een rekenfout is dan snel gemaakt. Het opstellen van de integraal dient zorgvuldig te geschieden.

De algemene aanpak begint met het ***tekenen van het gebied*** in het (x, y)-vlak. Vervolgens trekken we een verticale of horizontale hulplijn, waaraan we de grenzen aflezen. Als controle bestaat nog de mogelijkheid de integratievolgorde om te wisselen, zodat eventuele rekenfouten alsnog kunnen worden opgespoord. Omdat de berekeningen meestal verschillend zijn is de kans op het maken van twee keer dezelfde fout klein.

WERKWIJZE VOOR DUBBELE INTEGRALEN $\iint_G f(x, y)\,dx\,dy$

1. Maak een schets van het integratiegebied G.
2. Beslis aan de hand van de integrand en de vorm van het gebied of je eerst naar x dan wel naar y integreert.

Bij integratie eerst naar x:

3. Trek een horizontale hulplijn op hoogte y in de schets van G.
4. Bepaal linker- en rechter eindpunt $a(y)$ en $b(y)$ van de hulplijn als functie van y.
5. Bepaal $S(y) = \int_{a(y)}^{b(y)} f(x, y)\,dx$.
6. Bepaal de onder- en bovengrens c en d van y als uitersten van G in de verticale richting.
7. Bepaal $\iint_G f(x, y)\,dx\,dy = \int_c^d S(y)\,dy$.

Bij integratie eerst naar y:

3. Trek een verticale hulplijn op horizontale positie x in de schets van G.
4. Bepaal onder- en boven eindpunt $c(x)$ en $d(x)$ van de hulplijn als functie van x.
5. Bepaal $P(x) = \int_{c(x)}^{d(x)} f(x, y)\,dy$.
6. Bepaal de linker- en rechtergrens a en b van x als uitersten van G in de horizontale richting.
7. Bepaal $\iint_G f(x, y)\,dy\,dx = \int_a^b P(x)\,dx$.

Opgave 6.52. Bereken de volgende integralen. Maak een plaatje van het integratiegebied in het (x, y)-vlak. Verwissel ook de integratievolgorde en controleer het resultaat.

a. $f(x, y) = \sin(x + y)$ over de driehoek tussen de lijnen $y = 0$, $y = x$ en $y + x = 2$.

b. $f(x, y) = e^{-x^2}$ over de driehoek ingesloten door $y = 0$, $y = 2x$ en $x = 2$. #

(B)

OMWENTELINGSLICHAMEN

Met tweedimensionale integralen kunnen we het volume van een willekeurig voorwerp bepalen. Als een voorwerp symmetrisch is voor rotatie om een as kan het eenvoudiger. Zo'n voorwerp heet een ***omwentelingslichaam***. Voorbeelden zijn een kegel (zowel het wiskundige object als het voorwerp dat wordt gebruikt bij het kegelspel), een sigaar, een damschijf of een pion bij het schaakspel.
De vorm van een omwentelingslichaam als in figuur 6.26 ligt volledig vast als we voor iedere positie langs de x-as de straal kennen.

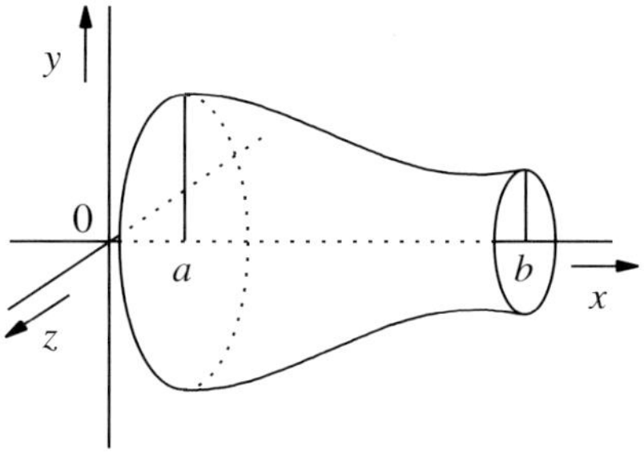

figuur 6.26. Een omwentelingslichaam.

Het voorwerp uit figuur 6.26 is symmetrisch voor rotatie om de x-as. De straal is gegeven door $r(x)$ voor $a \le x \le b$. Om het volume V van dit omwentelingslichaam te bepalen delen we de x-as op in stukjes ter grootte Δx. Dan krijgen we de punten $x_n = a + n\Delta x$, met $n = 1, 2, \ldots, N$ en $\Delta x = (b-a)/N$. Door het opdelen van de x-as wordt het lichaam in N even dikke plakjes gesneden. Vanwege de rotatiesymmetrie is elk plakje een rond schijfje met straal $r(x_n)$ (figuur 6.27). De oppervlakte van het "grondvlak" is $\pi r(x_n)^2$, en het volume van het schijfje is $V_n \cong \pi r(x_n)^2 \Delta x$ (door de scheve randjes niet precies). Het volume V van het omwentelingslichaam is

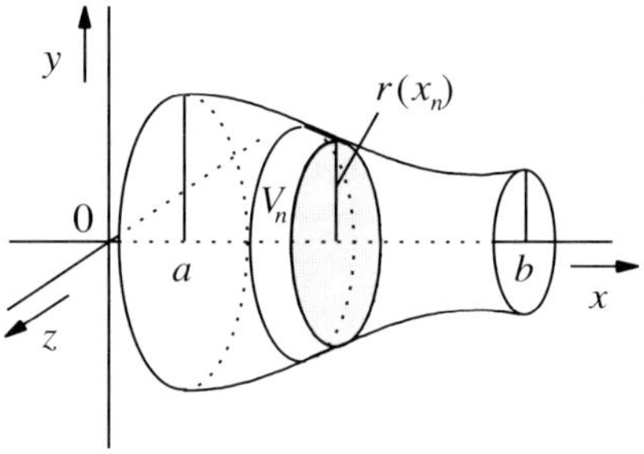

figuur 6.27. Een plakje van het lichaam.

$$V = V_1 + V_2 + \ldots + V_N \cong \pi r(x_1)^2 \Delta x + \pi r(x_2)^2 \Delta x + \ldots + \pi r(x_N)^2 \Delta x = \\ = \sum_{n=1}^{N} \pi r(x_n)^2 \Delta x .$$

Nemen we weer de limiet $N \to \infty$ (dus $\Delta x \to 0$), dan krijgen we

$$V = \lim_{N \to \infty} \sum_{n=1}^{N} \pi r(x_n)^2 \Delta x = \int_a^b \pi r(x)^2 \, dx .$$

De laatste formule geeft aan hoe het volume van een omwentelingslichaam in de praktijk kan worden berekend. Het blijkt dat we dankzij de symmetrie met slechts één integratie kunnen volstaan, als we die integraal langs de as van symmetrie kiezen.

Voorbeeld. Als de lijn $y = 1 - ½x$ (voor $0 \le x \le 2$) om de x-as draait, beschrijft hij een kegelmantel met hoogte $h = 2$ en tophoek $\alpha = 2\arctan(½) \cong 53°$ (ga na!). Het volume van deze kegel is

$$V = \int_0^2 \pi(1-\tfrac{1}{2}x)^2 \, dx = -\pi\left[\tfrac{2}{3}(1-\tfrac{1}{2}x)^3\right]_{x=0}^{x=2} = \tfrac{2}{3}\pi . \qquad \#$$

SAMENVATTING

- Een dubbele integraal van een functie $f(x, y)$ van twee variabelen over een gebied G in het (x, y)-vlak geeft het volume van het lichaam onder het oppervlak $z = f(x, y)$.

- Als G een rechthoek is gegeven door $a \le x \le b$ en $c \le y \le d$ dan wordt het volume berekend via de dubbele integraal

$$V = \int_c^d \int_a^b f(x, y)\,\mathrm{d}x\,\mathrm{d}y = \int_a^b \int_c^d f(x, y)\,\mathrm{d}y\,\mathrm{d}x.$$

  De integratievolgorde mag worden omgekeerd.

- Bij een onregelmatig gebied G is de integratievolgorde van invloed op de grenzen. Bij integratie eerst naar y is het gebied begrensd door $c(x) \le y \le d(x)$ en $a \le x \le b$. Het volume is

$$V = \int_a^b \int_{c(x)}^{d(x)} f(x, y)\,\mathrm{d}y\,\mathrm{d}x.$$

  Bij integratie eerst naar x zijn de grenzen $a(y) \le x \le b(y)$ en $c \le y \le d$:

$$V = \int_c^d \int_{a(y)}^{b(y)} f(x, y)\,\mathrm{d}x\,\mathrm{d}y.$$

  De grenzen worden bepaald met behulp van een plaatje van G.

- De rand van een omwentelingslichaam (om de x-as) wordt beschreven door de functie $r(x)$ op het interval $[a, b]$. Het volume V van dat omwentelingslichaam is

$$V = \int_a^b \pi\, r(x)^2\,\mathrm{d}x.$$

6.9 TOEPASSINGEN

Toepassing 1 (statistiek; vergelijk § 4.3, toepassing 2 en opgave 4.27). De belangrijkste kansverdelingsfunctie in de statistiek is de standaard normale verdeling:

$$F(x) = \frac{1}{\sqrt{2\pi}} \int_{-\infty}^{x} e^{-\frac{1}{2}y^2}\, dy .$$

De kansverdeling is genormeerd dankzij de vreemde voorfactor. We kunnen de integraal (voor willekeurige x) niet bepalen, maar de integraal

$$S = \int_{-\infty}^{\infty} e^{-\frac{1}{2}y^2}\, dy = \sqrt{2\pi}\, F(\infty) = \sqrt{2\pi}$$

valt kennelijk wel te berekenen. Dat gaat met een truc: we schrijven S^2 als

$$S^2 = S \times S = \int_{-\infty}^{\infty} e^{-\frac{1}{2}y^2}\, dy \times \int_{-\infty}^{\infty} e^{-\frac{1}{2}x^2}\, dx ,$$

de integratievariabele is immers niet van belang. De eerste integraal is een constante (hij hangt niet van x af). We mogen hem dus binnen de tweede integraal brengen:

$$S^2 = \int_{-\infty}^{\infty} \left(\int_{-\infty}^{\infty} e^{-\frac{1}{2}y^2}\, dy \right) e^{-\frac{1}{2}x^2}\, dx.$$

De tweede integrand, die niet van y afhangt, brengen we binnen de binnenste integraal:

$$S^2 = \int_{-\infty}^{\infty} \int_{-\infty}^{\infty} e^{-\frac{1}{2}y^2} e^{-\frac{1}{2}x^2}\, dy\, dx = \int_{-\infty}^{\infty} \int_{-\infty}^{\infty} e^{-\frac{1}{2}(x^2+y^2)}\, dx\, dy.$$

S^2 is dus het volume onder de grafiek $z = f(x, y) = e^{-\frac{1}{2}(x^2+y^2)}$. Ditzelfde volume kunnen we krijgen door de grafiek van $z(r) = e^{-\frac{1}{2}r^2}$ om de z-as te wentelen (ga dit na met een plaatje!). Daarbij is z de onafhankelijke variabele, met grenzen $0 \le z \le 1$, dus

$$S^2 = \pi \int_0^1 r(z)^2\, dz.$$

Opgave 6.53.

a. Laat zien dat $r(z) = \sqrt{-2\ln(z)}$.

b. Laat nu zien dat

$$S^2 = 2\pi \int_0^1 -\ln(z)\, dz.$$

c. Ga na dat $\lim_{z \downarrow 0} z \ln(z) = 0$, en bepaal de integraal uit b.

d. Laat nu zien dat de standaard normale verdeling inderdaad genormeerd is.

Hoeveel hout bevatten deze stammen?

Toepassing 2 (bosbouw). Om de waarde van een houtopstand te taxeren moeten we schatten hoeveel hout er in de stammen zit. We vatten een stam op als een omwentelingslichaam, en we bepalen de vorm hiervan door op verschillende hoogten de omtrek van de stam te bepalen. In de praktijk kan dat alleen onder aan de stam. Met een schatting van de hoogte van de boom is dan de inhoud te bepalen.

Model. De stam van een boom is nooit helemaal recht, maar loopt naar boven taps toe. De omtrek (engels: circumference) C als functie van de hoogte y gemeten vanaf de voet van de boom (beide in meters) is

$$C(y) = C_0\left(1 - \frac{y}{y_0}\right)^a,$$

met a een constante.

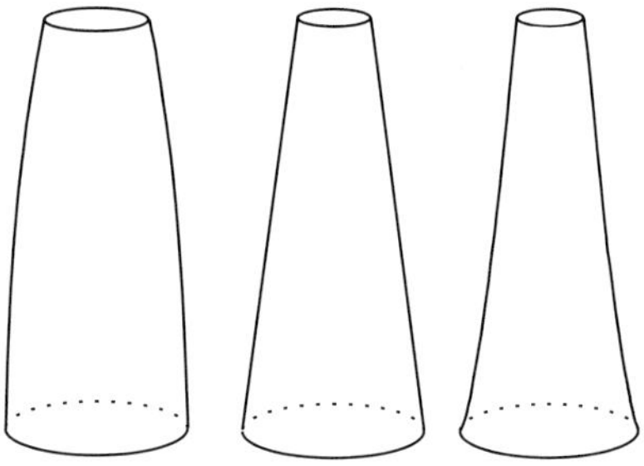

figuur 6.28. Verschillende boomstamtypen.

Opgave 6.54.

a. Beredeneer dat alleen waarden $a \geq 0$ zinvolle modellen voor een boom opleveren.

b. Laat zien dat voor alle $a \geq 0$ de omtrek aan de voet wordt gegeven door C_0.

c. Verklaar waarom voor $a > 0$ voor de hoogte h van de boom moet gelden $h \leq y_0$.

d. Teken in één figuur de straal als functie van y voor $a = 0$, $a = 0.5$, $a = 1$, $a = 1.5$. Voor $a = 0.5$ heet het omwentelingslichaam een paraboloïde, de boomstam is een afgeknotte paraboloïde (figuur 6.28). Voor $a = 1$ is de stam een afgeknotte kegel, voor $a > 1$ heet het lichaam een (afgeknotte) neïloide.

e. Laat zien dat het volume van een boom met hoogte h wordt gegeven door

$$V = \frac{C_0^2}{4\pi}\int_0^h \left(1 - \frac{y}{y_0}\right)^{2a} dy.$$

f. Een stam met $a = 1$ heeft een omtrek van 3 m bij $y = 0$ en een omtrek van 2.86 m bij $y = 1.5$ (schouderhoogte). Wat is de waarde van y_0 voor deze stam?

g. Bepaal het volume van die stam als $h = 10$ m.

Toepassing 3 (microbiologie, biologie; statistiek). Een belangrijke evolutionaire factor voor een populatie is variantie in overerfelijke informatie. Als alle individuen exact dezelfde genetische eigenschappen bezitten, is de populatie kwetsbaar voor veranderende milieufactoren. Een zekere spreiding rond het optimum vermindert die kwetsbaarheid.
We beschouwen een schimmelsoort met eigenschappen A en B, de resistentie tegen twee verschillende fungiciden. De mate van resistentie van een individuele schimmelcel wordt aangegeven met een getal x voor eigenschap A en y voor eigenschap B, met $0 \le x \le 1$ en $0 \le y \le 1$. De kans dat de resistentie tussen x en $x + \Delta x$ ligt voor A en tussen y en $y + \Delta y$ voor B is $f(x, y)\,\Delta x\,\Delta y$, waarbij

$$f(x, y) = \tfrac{36}{5}\,x\,y(1 - x\,y).$$

We hebben dus te maken met een kansdichtheidsfunctie voor twee variabelen. De normering wordt gegeven door de eis dat de som van alle kansen 1 is:

$$\int_0^1\!\!\int_0^1 f(x, y)\,\mathrm{d}x\,\mathrm{d}y = \tfrac{36}{5}\int_0^1\!\!\int_0^1 x\,y(1 - x\,y)\,\mathrm{d}x\,\mathrm{d}y = \tfrac{36}{5}\int_0^1 \Big[\tfrac{1}{2}x^2 y - \tfrac{1}{3}x^3 y^2\Big]_{x=0}^{x=1} \mathrm{d}y =$$

$$= \tfrac{36}{5}\int_0^1 \tfrac{1}{2}y - \tfrac{1}{3}y^2\,\mathrm{d}y = \tfrac{36}{5}\Big[\tfrac{1}{4}y^2 - \tfrac{1}{9}y^3\Big]_{y=0}^{y=1} =$$

$$= \tfrac{36}{5}\Big((\tfrac{1}{4} - \tfrac{1}{9}) - 0\Big) = 1.$$

Verwachtingswaarden als bijvoorbeeld $E(x)$ of $E(y)$ berekenen we als voorheen door $x f(x, y)$, respectievelijk $y f(x, y)$, te integreren over het definitiegebied van de kansdichtheidsfunctie in het (x, y)-vlak: $0 \le x \le 1$ en $0 \le y \le 1$.

Opgave 6.55.

a. Bereken de verwachtingswaarden $E(x)$ en $E(y)$. Waarom zijn ze gelijk?

b. Bereken de varianties $\sigma_x^{\,2} = E(x^2) - E(x)^2$ en $\sigma_y^{\,2} = E(y^2) - E(y)^2$.

c. Een hoge resistentie voor A gaat gepaard met een lagere resistentie voor B en omgekeerd. Een maat voor dat verband is de ***correlatiecoëfficiënt*** ρ_{xy}:

$$\rho_{xy} = \frac{E(xy) - E(x)\,E(y)}{\sigma_x \sigma_y}.$$

Bereken de correlatiecoëfficiënt voor de bovenstaande verdelingsfunctie $f(x, y)$.

d. Bereken de kans dat de resistentie van een schimmelcel voor A groter is dan voor B.

.10 OPGAVEN

Opgave 6.56. Integreer de volgende functies over de gegeven rechthoeken. Wissel als dat zinvol is de integratievolgorde om en controleer daarmee het antwoord.

a.	$f(x,y) = (y-2x)^2$	voor $0 \le x \le 1$ en $0 \le y \le 2$.
b.	$f(x,y) = (x+y)^2$	voor $-1 \le x \le 0$ en $0 \le y \le 2$.
c.	$f(x,y) = x^2 e^{-y} + y^2 e^{-x}$	voor $0 \le x \le 1$ en $1 \le y \le 2$.
d.	$f(x,y) = x^2 y e^{-xy}$	voor $0 \le x \le 1$ en $0 \le y \le 1$.

Opgave 6.57. G is de driehoek in het (x,y)-vlak ingesloten door $x = 0$, $y = 0$ en $x + y = 2$. Bereken de integraal van $f(x,y) = xy$ over G.

Opgave 6.58. G is de driehoek in het (x,y)-vlak met als hoekpunten $(0,0)$, $(1,1)$ en $(0,2)$. Bepaal de integraal van $f(x,y) = \cos(x+y)$ over G.

Opgave 6.59. Integreer $\frac{x+2y}{x^2+1}$ over de driehoek met hoekpunten $(0,0)$, $(1,0)$ en $(0,1)$.

Opgave 6.60. Wissel de integratievolgorde van $\int_0^4 \int_0^{\sqrt{x}} f(x,y)\,dy\,dx$ om.

Opgave 6.61. Een gebied G in het (x,y)-vlak wordt ingesloten door $x = 1$, $y = 0$ en $y = 2x^2$. Bereken de integraal van $f(x,y) = 4x e^{-y}$ over G.

Opgave 6.62. Een gebied G in het (x,y)-vlak wordt ingesloten door $x = 1$, $y = 0$, $x = 2$ en $y = \sqrt{x}$. Bereken de integraal van $f(x,y) = y / x^2$ over G.

Opgave 6.63. Bereken $\int_0^1 \int_{2y}^2 e^{x^2}\,dx\,dy$.

Opgave 6.64. Bereken $\lim_{a \to \infty} \int_1^a \int_{1/x}^x \frac{1}{2x^2 y}\,dy\,dx$.

Opgave 6.65. Bereken de integraal van $f(x,y)$ over het vierkant $V = [0,1] \times [0,1]$ als

$$f(x,y) = \begin{cases} 1-x-y & \text{als } x+y<1, \\ 0 & \text{elders.} \end{cases}$$

Opgave 6.66. Bereken $\int_0^2 \int_y^2 \sin(x^2)\,dx\,dy$.

Opgave 6.67. R is de rechthoek $[1,2]\times[1,4]$. Bereken de integraal van $f(x, y)$ over R als

$$f(x,y) = \begin{cases} \frac{1}{(x+y)^2} & \text{als } x \le y \le 2x, \\ 0 & \text{elders.} \end{cases}$$

Opgave 6.68. Een gebied G in het eerste kwadrant wordt ingesloten door de lijnen $x = 4$, $y = 4$ en $xy = 4$. Bereken de integraal van $g(x, y) = 4x / y^2$. Verifieer het antwoord door de integratievolgorde om te draaien.

Opgave 6.69. De lijnen $x = 0$, $y = 4$ en $y = x^2$ sluiten het gebied G in. Bereken de integraal van $f(x,y) = x\mathrm{e}^{x^2-y}$ over G.

Opgave 6.70 (logistiek). We bepalen de inhoud van een ton. We meten daartoe de hoogte h van de ton, de omtrek s_1 aan de boven- en onderkant (die zijn dus gelijk), en de omtrek s_2 in het midden, waar de ton het dikst is (zie figuur 6.29). De dikte van de wand van de ton is d.

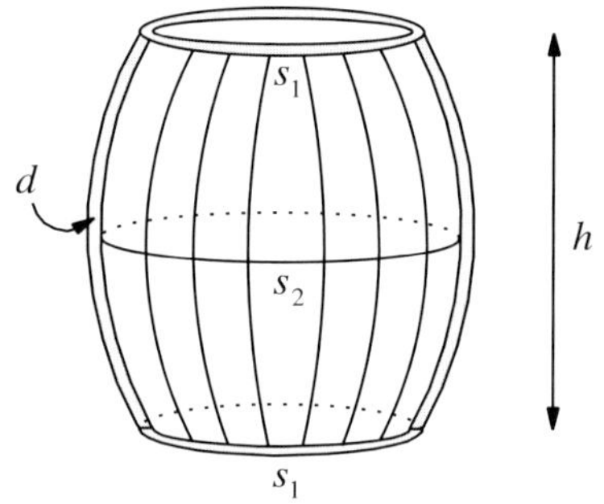

figuur 6.29. Een ton.

a. Benader met de trapeziumregel het volume V van de ton als functie van h, s_1, s_2 en d.
b. Gegeven is dat $h = 1$, $s_2 = 2$, $s_1 = 1.5$ en $d = 0$. Wat is het volume V in de benadering van a.?
c. Gegeven is $s(x) = 1.5 + 2x(1-x)$, h en d zijn als boven. Bepaal het volume van de ton met de omwentelingsintegraal.
d. Waarom is dit volume groter dan het onder b. bepaalde?
e. Bepaal de gemiddelde omtrek van de ton.
f. Wat is het volume van een cilindrische ton van gelijke hoogte en met straal als bepaald in e.? Waarom is dit volume kleiner dan onder c.?

Opgave 6.71 (zuivel, levensmiddelentechnologie). Een Goudse kaas heeft diameter D en dikte H. De zijkant vormt een halve cirkel met straal $H/2$ (figuur 6.30).

a. Laat zien dat we de kaas kunnen beschrijven als het omwentelingslichaam om de y-as van de functie

$$f(y) = \tfrac{1}{2}D - \tfrac{1}{2}H + \sqrt{\tfrac{1}{4}H^2 - y^2}$$

op het interval $[-H/2, H/2]$.

b. Bepaal het volume van de kaas.

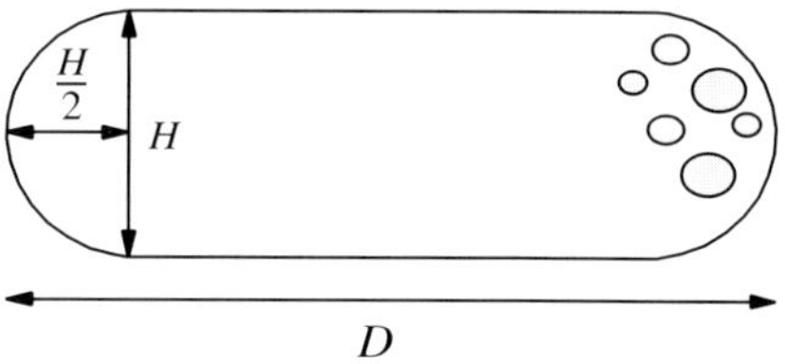

figuur 6.30. Een Goudse kaas.

Opgave 6.72. Het volume van een bol kan worden berekend door het volume van het omwentelingslichaam te bepalen van de functie die een cirkelsegment van 180° beschrijft.

a. Beredeneer dat die functie voor een bol met straal 1 wordt gegeven door

$$f(x) = \sqrt{1-x^2}$$

b. Laat zien dat de inhoud van een bol met straal r wordt verkregen door de functie

$$f(x) = \sqrt{r^2 - x^2}$$

op het interval $[-r, r]$ rond de x-as te wentelen.

c. Bepaal het volume van een bol met straal r.

Opgave 6.73. V_1 is het volume van een cilinder met straal 1 en hoogte 1; V_2 is het volume van een halve bol met straal 1; V_3 is het volume van een kegel met hoogte 1 en straal 1 aan de basis. Volgens Archimedes geldt $V_1 : V_2 : V_3 = 3 : 2 : 1$. Bewijs deze stelling.

6.11 REFLECTIE

Als we proberen een concrete situatie wiskundig te beschrijven, dan komen we al snel (tenminste) twee onafhankelijke grootheden tegen. We hebben dan een functie van twee (of meer) variabelen nodig. Functies van twee (of meer) variabelen vormen dus een onmisbaar stuk wiskundig gereedschap voor iedereen, die de werkelijkheid wil modelleren. We hebben zo inderdaad een nieuwe dimensie toegevoegd aan ons wiskundig arsenaal.
De theorie en het begrippenkader van functies van twee (of meer) variabelen zijn voor de hand liggende uitbreidingen van theorie en begrippenkader van functies van één variabele. De afgeleide van een functie van een variabele wordt dan vervangen door de partiële afgeleide(n) van een functie van twee variabelen. De raaklijn van een functie van één variabele wordt vervangen het raakvlak van een functie van twee variabelen.

In de behandeling van functies van twee variabelen hebben we ernaar gestreefd de resultaten zodanig te formuleren dat ze gegeneraliseerd kunnen worden naar functies van meer variabelen.

Dit hoofdstuk vormt een begin van wat in het engels "vector calculus" genoemd wordt; het vormt de verbinding tussen de analyse uit de eerdere hoofdstukken, en de lineaire algebra. De benodigde elementen uit de lineaire algebra zijn te vinden in *Wiskunde in Werking deel 1: vectoren en matrices toegepast.* De vector calculus zetten we voort in *Wiskunde in Werking deel 3: functies van meer variabelen toegepast.*

Taylor

HISTORISCHE NOTITIES

De theorie van functies van meerdere variabelen is voortgekomen uit de mathematische fysica. Het toepassingsgebied van waaruit het meest bijgedragen is tot de ontwikkeling is dat van de gewone en partiële differentiaalvergelijkingen.
De partiële afgeleiden zijn afkomstig van Leonhart Euler (Zwitserland, 1707-1783; ook het getal $e \cong 2.71828$ is van hem, en naar hem genoemd) en Jean d'Alembert (Frankrijk, 1717-1783). Andere belangrijke bijdragen zijn afkomstig van Brook Taylor (met onder meer de Taylorreeks; Engeland, 1685-1731) en Daniel Bernoulli (Zwitserland, 1700-1782).

FUNCTIES VAN TWEE VARIABELEN: EXTREMEN

VOORKENNIS

Kennis van functies van twee variabelen, met name:
- partiële afgeleiden.
- Taylorreeks, eerste en tweede orde benadering.
- grafiek en raakvlak aan de grafiek.
- gradiënt.

Kennis van lineaire algebra:
- vectoren, inwendig product.
- vectorvoorstelling van een lijn.

OVERZICHT VAN DIT HOOFDSTUK

7.1 INLEIDING

In dit hoofdstuk bekijken we hoe we maxima en minima van functies van twee variabelen kunnen vinden.

Voorbeeld (marktkunde). Een bedrijf brengt twee soorten koffie op de markt: A (Aroma) en B (Boffie). De totale kosten (inclusief distributie) zijn

€ 2,50 per kg Aroma en € 2,– per kg Boffie.

Het bedrijf wil de verkoopprijzen p_A en p_B (in euro's per kg) zó vaststellen, dat de winst maximaal is. Natuurlijk beïnvloedt de prijsstelling ook de verkoopcijfers. Marktonderzoek suggereert dat afzet en prijs samenhangen volgens

$$\begin{cases} q_A = -p_A + p_B + 2, \\ q_B = p_A - 2p_B + 5. \end{cases}$$

Hierin zijn q_A en q_B de hoeveelheid verkochte Aroma en Boffie, in miljoen kg per jaar. De winst W bestaat uit opbrengst minus kosten. Die winst is dus een functie van twee variabelen: $W = W(p_A, p_B)$. Welke prijs moet het bedrijf voor zijn producten vragen om zo veel mogelijk winst te maken? #

Voorbeeld (veeteelt). De eierproductie van scharrelkippen hangt af van het voer dat ze krijgen. Als een kip x kg meelvoer en y kg hardvoer per jaar krijgt, dan modelleren we de eierproductie P per kip per jaar met

$$P = 100 + xy.$$

Beide soorten voeding bevatten blijkbaar bestanddelen, die voor een goede leg nodig zijn. Een kip heeft in totaal 20 kilo voer per jaar nodig:

$$x + y = 20.$$

Scharrelkippen.

Een kilo meelvoer kost 20 cent en een kilo hardvoer kost 60 cent. Een ei brengt 5 cent op. Wat adviseert u de boer? Welke kosten en baten kunt u hem in het vooruitzicht stellen? #

Om een goed inzicht te krijgen in functies zijn grafieken onmisbaar. Dat geldt voor functies van twee variabelen nog meer dan voor functies van één variabele, omdat de meetkundige structuur veel meer variatie toelaat. Anderzijds is het juist door die ingewikkeldere structuur vaak lastig om een ruimtelijke tekening van een grafiek te maken. Computerpakketten kunnen hierbij veel werk uit handen nemen.
Veel computerpakketten geven de mogelijkheid om een grafiek van een functie van twee variabelen "ruimtelijk" voor te stellen. Dat gaat met behulp van een "draadframe", eventueel met inkleuring. Vaak kunnen we daarbij de gezichtshoek zelf kiezen, zodat we de interessante details goed kunnen zien. Een andere mogelijkheid is het gebruik van vlakke voorstellingen zoals contourplots.

Voorbeeld. De functie

$$f(x, y) = \tfrac{1}{2}(x^2 - 0.5x - 0.3y + |\sin(y)|\, y^4 + 0.3)\, e^{-(x^2+y^2)}$$

beschrijft een eiland in de oceaan. De onderstaande grafieken zijn met een computerpakket gegenereerd. De linker is een oppervlaktegrafiek met grijstinten; de rechter is een contourkaart.

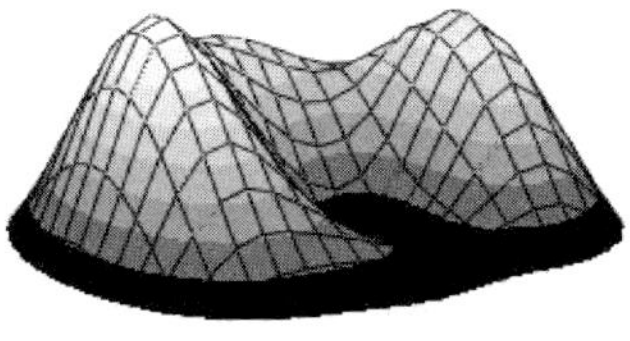

Oppervlaktegrafiek

Contourkaart

#

Niet in alle gevallen hebben we voor een functie van twee variabelen een functievoorschrift: vaak hebben we alleen metingen.

Voorbeeld (meteorologie). Weerkaarten kunnen we dagelijks zien in de krant of op de televisie. Zo'n kaart bevat onder meer isobaren; dit zijn lijnen, die plaatsen met een gelijke luchtdruk verbinden. Zo krijgen we gemakkelijk inzicht in de luchtdrukverdeling.
De luchtdruk in een bepaald gebied (op een vast tijdstip) kunnen we opvatten als een functie van twee variabelen. We beschikken daarbij niet over een functievoorschrift. Wel kunnen we voor elke plaats de functiewaarde door meting bepalen. Isobaren zijn dan een nuttig hulpmiddel om deze luchtdruk-functie in beeld te brengen.

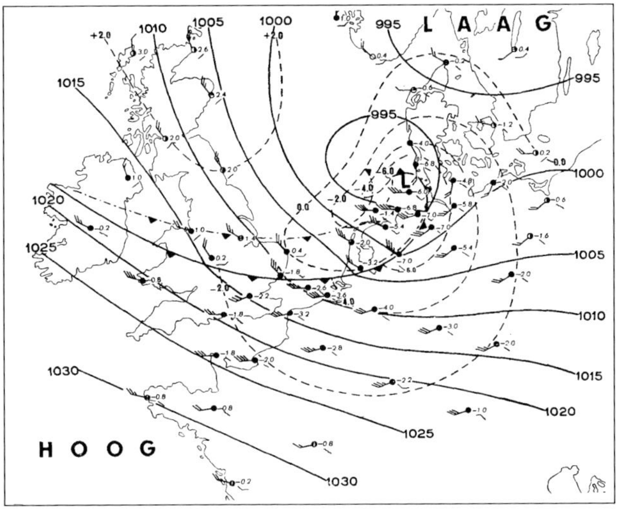

Een weerkaart met isobaren en isothermen.

#

7.2 WISKUNDIG GEREEDSCHAP: EXTREMEN

INLEIDING: FUNCTIES VAN ÉÉN VARIABELE

De begrippen stationair punt, maximum, minimum en buigpunt kennen we al voor functies van één variabele. Een functie $f(x)$ heeft een stationair punt in $x = a$ als de raaklijn van $f(x)$ in $x = a$ horizontaal is. De functie $f(x)$ heeft een maximum in $x = a$ als de grafiek van $f(x)$ in de buurt van $x = a$ onder $f(a)$ ligt.

Een voldoende voorwaarde voor een maximum van $f(x)$ in a is

$$f'(a) = 0 \quad \text{en} \quad f''(a) < 0.$$

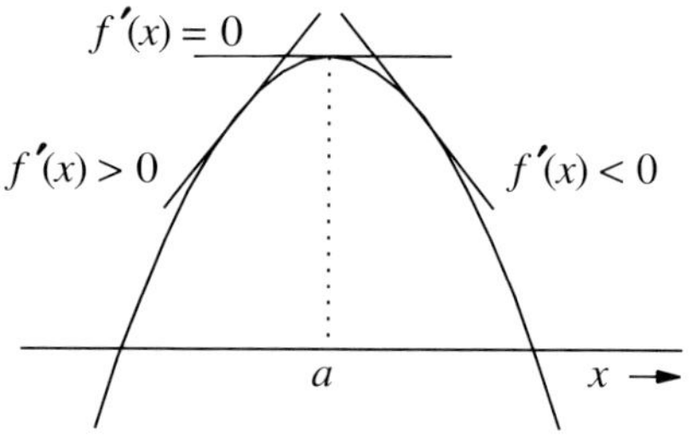

figuur 7.1. Een maximum van een functie van één variabele

Toelichting. Als $f''(a) < 0$, dan is ook $f''(x) < 0$ in de buurt van a. Dus $f'(x)$ daalt in de buurt van a. Omdat $f'(a) = 0$ is $f'(x)$ links van a positief en rechts van a negatief (zie figuur 7.1). Dus is $f(x)$ links van a stijgend en rechts van a dalend. Er volgt dat $f(x)$ een maximum in a heeft. #

Deze voorwaarde volgt ook uit de Taylorreeks van $f(x)$ rond $x = a$. De tweede orde benadering

$$f(x) \cong f(a) + f'(a)(x-a) + \frac{f''(a)}{2!}(x-a)^2$$

gaat met $f'(a) = 0$ over in

$$f(x) \cong f(a) + f''(a)(x-a)^2.$$

De grafiek van de functie aan de rechterkant is een parabool; als $f''(a) < 0$ is het een bergparabool met top $(a, f(a))$, zie figuur 7.2. Ook zo zien we dat $f(x)$ een maximum in a heeft.

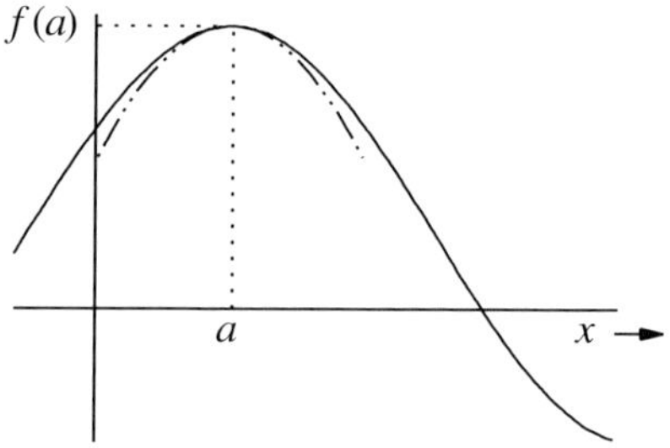

figuur 7.2. De tweede orde benadering in het maximum.

Opgave 7.1. Wanneer heeft $f(x)$ een minimum in $x = a$? Herformuleer het voorafgaande verhaal voor deze situatie. #

Opgave 7.2. Beschouw de volgende functies $f(x)$:

a. $f(x) = 1 + (x-2)^2$,

b. $f(x) = 1 + (x-2)^3$,

c. $f(x) = 1 + (x-2)^4$.

Wat is er in deze gevallen aan de hand in $x = 2$? Zijn bovenstaande criteria bruikbaar? #

Opgave 7.3. Teken de grafiek van de functie $f(x) = 3x^2 - 2000x^3$ in de buurt van 0. Is het gerechtvaardigd "in de buurt van 0" de derde orde term te verwaarlozen? #

D Het punt (a, b) is een ***stationair punt*** van de functie $f(x, y)$ als het raakvlak van $f(x, y)$ in (a, b) horizontaal is. Dan zijn de speciale raaklijnen in de richting van x-as en y-as ook horizontaal, dus $f_x(a, b) = 0$ en $f_y(a, b) = 0$. De vergelijking van dit raakvlak is dus

$$z = f(a,b) + 0(x-a)+0(y-b) \quad \text{ofwel} \quad z = f(a,b).$$

Dit is inderdaad een vergelijking van het horizontale vlak door het punt $(a, b, f(a, b))$.

E ***Eigenschap.*** Het punt (a, b) is een stationair punt van $f(x, y)$ als (a, b) oplossing is van het stelsel

$$\begin{cases} f_x(x, y) = 0, \\ f_y(x, y) = 0. \end{cases}$$

#

Voorbeeld. We zoeken de stationaire punten van

$$f(x, y) = 3x^2y + xy^2 - 6xy.$$

De partiële afgeleiden zijn $f_x(x, y) = 6xy + y^2 - 6y$ en $f_y(x, y) = 3x^2 + 2xy - 6x$. De stationaire punten zijn dus de oplossingen van het stelsel vergelijkingen

$$\begin{cases} 6xy + y^2 - 6y = 0, \\ 3x^2 + 2xy - 6x = 0. \end{cases}$$

We splitsen dit probleem op in deelproblemen door de linkerleden zover mogelijk te ontbinden in factoren. We vinden

$$\begin{cases} y(6x + y - 6) = 0 \\ x(3x + 2y - 6) = 0 \end{cases} \Rightarrow \begin{cases} y = 0 \quad \text{óf} \quad 6x + y - 6 = 0, \\ x = 0 \quad \text{óf} \quad 3x + 2y - 6 = 0. \end{cases}$$

We kunnen kennelijk zowel $f_x(x, y)$ als $f_y(x, y)$ op twee manieren op nul krijgen. Door alle mogelijkheden voor $f_x(x, y) = 0$ te combineren met alle mogelijkheden voor $f_y(x, y) = 0$ ontstaan er in totaal vier verschillende mogelijkheden voor een stationair punt:

$$a: \quad \begin{cases} y = 0 \\ x = 0 \end{cases} \qquad \Rightarrow \quad \text{Stationair punt} : (0,0)$$

$$b: \quad \begin{cases} y = 0 \\ 3x + 2y - 6 = 0 \end{cases} \Rightarrow \begin{cases} y = 0 \\ x = 2 \end{cases} \Rightarrow \quad \text{Stationair punt} : (2,0)$$

$$c: \quad \begin{cases} 6x + y - 6 = 0 \\ x = 0 \end{cases} \Rightarrow \begin{cases} y = 6 \\ x = 0 \end{cases} \Rightarrow \quad \text{Stationair punt} : (0,6)$$

$$d: \quad \begin{cases} 6x + y - 6 = 0 \\ 3x + 2y - 6 = 0 \end{cases} \Rightarrow \begin{cases} \text{①}: \ 6x + y - 6 = 0 \\ 2\text{②} - \text{①}: \ 3y - 6 = 0 \end{cases} \Rightarrow$$

$$\Rightarrow \begin{cases} x = \frac{2}{3} \\ y = 2 \end{cases} \Rightarrow \quad \text{Stationair punt} : (\tfrac{2}{3}, 2)$$

Daarmee zijn alle stationaire punten gevonden: $(0, 0)$, $(2, 0)$, $(0, 6)$ en $(⅔, 2)$. Controleer zelf, dat in deze vier punten $f_x(x, y)$ en $f_y(x, y)$ beide waarde nul hebben. #

Opgave 7.4. Bereken de stationaire punten van $f(x, y) = x^3 - \frac{3}{2}x^2y + 6x^2 + \frac{1}{2}y^2$. #

Maxima en minima in een grafiek

In figuur 7.3 staan de belangrijkste mogelijkheden voor een functie $f(x,y)$ rondom een stationair punt (a,b).

Als $f(x,y)$ in een omgeving van (a,b) helemaal boven $f(a,b)$ ligt, dan heeft $f(x,y)$ een ***minimum*** in (a,b). Een voorbeeld van deze situatie is

$$f(x,y) = x^2 + y^2$$

met een minimum in $(0,0)$.

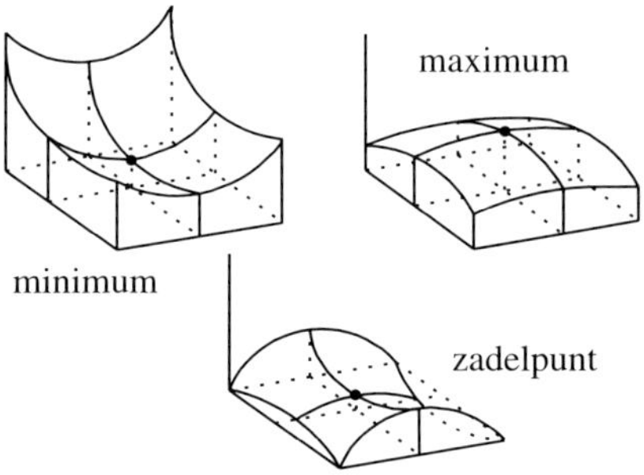

figuur 7.3. Drie soorten stationaire punten.

Als $f(x,y)$ in een omgeving van (a,b) helemaal onder $f(a,b)$ ligt, dan heeft $f(x,y)$ een ***maximum*** in (a,b). Een voorbeeld is

$$f(x,y) = -(x^2 + y^2)$$

met een maximum in $(0,0)$.

Als $f(x,y)$ in elke omgeving van (a,b) zowel punten onder als boven $f(a,b)$ heeft zoals in figuur 7.3, dan heeft $f(x,y)$ een ***zadelpunt*** in (a,b). Een voorbeeld hiervan is

$$f(x,y) = x^2 - y^2$$

met een zadelpunt in $(0,0)$.

De tweede orde benadering rondom een stationair punt

Om te berekenen of een stationair punt een minimum, maximum of zadelpunt kan zijn gebruiken we een Taylorreeks (zie § 62).

Meestal gebruiken we maar een paar termen van de Taylorreeks om een functie $f(x,y)$ te benaderen. Vaak is de eerste orde benadering (raakvlak!)

$$f(x,y) \cong f(a,b) + f_x(a,b)(x-a) + f_y(a,b)(y-b)$$

al goed genoeg, maar niet bij het onderzoek van stationaire punten. In een stationair punt (a,b) van $f(x,y)$ geldt immers $f_x(a,b) = 0$ en $f_y(a,b) = 0$, zodat de eerste orde benadering reduceert tot

$$f(x,y) \cong f(a,b).$$

Hierin komen de variabelen x en y niet meer voor; deze benadering bevat dus te weinig informatie over de functie $f(x,y)$. We gaan daarom een stap verder, naar de tweede orde benadering van $f(x,y)$:

$$\begin{aligned} f(x,y) \cong{}& f(a,b) + \left\{f_x(a,b)(x-a) + f_y(a,b)(y-b)\right\} + \\ &+ \tfrac{1}{2}\left\{f_{xx}(a,b)(x-a)^2 + 2f_{xy}(a,b)(x-a)(y-b) + f_{yy}(a,b)(y-b)^2\right\}. \end{aligned}$$

Voor een stationair punt (a,b) gebruiken we weer dat $f_x(a,b) = 0$ en $f_y(a,b) = 0$. De tweede orde benadering in (a,b) van de functie $f(x,y)$ vereenvoudigt daarmee tot

$$\begin{aligned} f(x,y) \cong{}& f(a,b) \\ &+ \tfrac{1}{2}\left\{f_{xx}(a,b)(x-a)^2 + 2f_{xy}(a,b)(x-a)(y-b) + f_{yy}(a,b)(y-b)^2\right\}. \end{aligned}$$

Het weglaten van derde en hogere orde termen in de Taylorreeks van $f(x, y)$ is meestal gerechtvaardigd. Het gedrag van $f(x, y)$ in de buurt van een stationair punt (a, b) wordt in eerste instantie bepaald door de tweede orde benadering.

Voorbeeld (vervolg). We berekenen een tweede orde benadering van de functie

$$f(x, y) = 3x^2 y + xy^2 - 6xy.$$

De partiële afgeleiden zijn

$$f_x(x, y) = 6xy + y^2 - 6y \quad \text{en} \quad f_y(x, y) = 3x^2 + 2xy - 6x,$$
$$f_{xx}(x, y) = 6y, \quad f_{xy}(x, y) = 6x + 2y - 6,$$
$$f_{yx}(x, y) = 6x + 2y - 6, \quad f_{yy}(x, y) = 2x.$$

We krijgen zo dat $f(x, y)$ bijvoorbeeld rond het punt $(a, b) = (1,1)$ wordt benaderd door de kwadratische functie

$$f(x, y) \cong -2 + \{(x-1) - (y-1)\} + \tfrac{1}{2}\{6(x-1)^2 + 4(x-1)(y-1) + 2(y-1)^2\}$$

(ga na!).
De stationaire punten van $f(x, y)$ hebben we al eerder gevonden: $(0, 0)$, $(2, 0)$, $(0, 6)$ en $({}^2/_3, 2)$. Ga na dat rond het punt $(2, 0)$ geldt

$$f(x, y) \cong \tfrac{1}{2}\left(12(x-2)y + 4y^2\right).$$ #

Opgave 7.5. Bepaal de tweede orde benadering van de bovenstaande functie $f(x, y)$ in de punten $(0, 0)$, $(0, 6)$ en $({}^2/_3, 2)$. #

Een criterium voor maxima en minima

Het gedrag van de tweede orde benadering van $f(x,y) = f(a+\Delta x, b+\Delta y)$ rond een stationair punt (a,b),

$$f(a+\Delta x, b+\Delta y) \cong f(a,b) + \tfrac{1}{2}\left\{f_{xx}(a,b)\Delta x^2 + 2f_{xy}(a,b)\Delta x\Delta y + f_{yy}(a,b)\Delta y^2\right\},$$

wordt bepaald door de kwadratische functie

$$\varepsilon(\Delta x, \Delta y) = f_{xx}(a,b)\Delta x^2 + 2f_{xy}(a,b)\Delta x\Delta y + f_{yy}(a,b)\Delta y^2 .$$

- Als $\varepsilon(\Delta x, \Delta y)$ buiten $(0,0)$ alleen positieve waarden aanneemt, dan heeft $f(x,y)$ een minimum in (a,b);
- Als $\varepsilon(\Delta x, \Delta y)$ buiten $(0,0)$ alleen negatieve waarden aanneemt, dan heeft $f(x,y)$ een maximum in (a,b);
- Als $\varepsilon(\Delta x, \Delta y)$ zowel positieve als negatieve waarden aanneemt, dan heeft $f(x,y)$ een zadelpunt in (a,b).

Het verloop van $\varepsilon(\Delta x, \Delta y)$ is nauw verbonden met de grootheid

$$h(a,b) = f_{xx}(a,b)f_{yy}(a,b) - f_{xy}(a,b)^2 .$$

Er geldt namelijk:

E

Eigenschap. Is (a,b) een stationair punt van de functie $f(x,y)$, dan geldt
- als $h(a,b) > 0$ en $f_{xx}(a,b) > 0$, dan heeft $f(x,y)$ een minimum in (a,b);
- als $h(a,b) > 0$ en $f_{xx}(a,b) < 0$, dan heeft $f(x,y)$ een maximum in (a,b);
- als $h(a,b) < 0$, dan heeft $f(x,y)$ een zadelpunt in (a,b). #

Toelichting. Als $\varepsilon(\Delta x, \Delta y)$ zowel positieve als negatieve waarden aanneemt, dan heeft de vergelijking $\varepsilon(\Delta x, \Delta y) = 0$ oplossingen buiten (0,0). Die oplossingen zoeken we met kwadraat afsplitsen:

$$\begin{aligned}\varepsilon(\Delta x, \Delta y) &= \frac{1}{f_{xx}(a,b)}\left(\left(f_{xx}(a,b)\Delta x + f_{xy}(a,b)\Delta y\right)^2 + \left(f_{xx}(a,b)f_{yy}(a,b) - f_{xy}(a,b)^2\right)\Delta y^2\right) = \\ &= \frac{1}{f_{xx}(a,b)}\left(\left(f_{xx}(a,b)\Delta x + f_{xy}(a,b)\Delta y\right)^2 + \Delta y^2 h(a,b)\right).\end{aligned}$$

Geval 1. We zien dat $\varepsilon(\Delta x, \Delta y)$ tekenvast is als $h(a,b) > 0$. In dat geval geldt
- als $f_{xx}(a,b) > 0$, dan is $\varepsilon(\Delta x, \Delta y) \geq 0$. Omdat $\varepsilon(0,0) = 0$ heeft $\varepsilon(\Delta x, \Delta y)$ een minimum in (0,0). De functie $f(x,y)$ heeft dan een minimum in (a,b).
- als $f_{xx}(a,b) < 0$, dan is $\varepsilon(\Delta x, \Delta y) \leq 0$. Omdat $\varepsilon(0,0) = 0$ heeft $\varepsilon(\Delta x, \Delta y)$ een maximum in (0,0). De functie $f(x,y)$ heeft dan een maximum in (a,b).

Geval 2. Als $h(a,b) < 0$, dan heeft de vergelijking $\varepsilon(\Delta x, \Delta y) = 0$ oplossingen. Deze oplossingen vormen twee lijnen die elkaar snijden in $(0,0)$:

$$f_{xx}(a,b)\Delta x + f_{xy}(a,b)\Delta y = \pm\Delta y\sqrt{-h(a,b)} .$$

Tussen deze lijnen neemt $\varepsilon(\Delta x, \Delta y)$ afwisselend positieve en negatieve waarden aan. $\varepsilon(\Delta x, \Delta y)$ heeft dus een zadelpunt in $(0,0)$, en $f(x,y)$ heeft een zadelpunt in (a,b).

Geval 3. Als $h(a,b) = 0$, dan zitten we tussen de beide bovenstaande situaties in. We kunnen dan aan de hand van de tweede orde benadering geen uitspraak doen over de aard van het stationaire punt van $f(x,y)$. #

Let op! Het criterium heeft alleen waarde voor een stationair punt (a,b). Reken dus eerst de stationaire punten uit, en kijk dan wat hun aard is. #

Voorbeeld (vervolg). We bepalen de aard van de stationaire punten van de functie

$$f(x,y) = 3x^2y + xy^2 - 6xy.$$

De partiële afgeleiden zijn

$$f_x(x,y) = 6xy + y^2 - 6y, \qquad f_y(x,y) = 3x^2 + 2xy - 6x,$$
$$f_{xx}(x,y) = 6y, \qquad f_{xy}(x,y) = 6x + 2y - 6,$$
$$f_{yx}(x,y) = 6x + 2y - 6, \qquad f_{yy}(x,y) = 2x.$$

De stationaire punten vonden we al eerder: $(0,0)$, $(2,0)$, $(0,6)$ en $(^2/_3, 2)$. Met een schema kunnen we gemakkelijk uitspraken over de aard van de stationaire punten doen.

(a,b)	$f_{xx}(a,b)$	$f_{yy}(a,b)$	$f_{xy}(a,b)$	$h(a,b)$	Conclusie	$f(a,b)$
$(0,0)$	0	0	–6	–36	Zadelpunt	0
$(2,0)$	0	4	6	–36	Zadelpunt	0
$(0,6)$	36	0	6	–36	Zadelpunt	0
$(^2/_3, 2)$	12	$^4/_3$	2	12	Minimum	$-^8/_3$

We vinden drie zadelpunten en een minimum. Het minimum ligt in het punt $(^2/_3, 2)$ en de functiewaarde is daar $-^8/_3$. #

Let op. We hebben in dit voorbeeld zowel $f_{xy}(x,y)$ als $f_{yx}(x,y)$berekend. Dat lijkt overbodig: ze zijn immers gelijk aan elkaar! Dit kan dienen als controle voor $f_x(x,y)$ en $f_y(x,y)$. Een foutieve $f_x(x,y)$ en/of $f_y(x,y)$ zou foutieve stationaire punten geven. Omdat een niet-stationair punt nooit een extreem kan zijn is het verstandig vóór het berekenen van de stationaire punten eerst de vier tweede orde partiële afgeleiden te bepalen. #

Opgave 7.6 (vergelijk ook opgave 7.4). Bepaal de minima en maxima van de functie $f(x,y) = x^3 - \frac{3}{2}x^2y + 6x^2 + \frac{1}{2}y^2$. Wat is de functiewaarde in deze extremen? #

Opgave 7.7. Beschouw de volgende functies $f(x,y)$:

a. $f(x,y) = 1 + (x-2)^2 + y^2$,

b. $f(x,y) = 1 + (x-2)^3 + y^2$,

c. $f(x,y) = 1 + (x-2)^4 + y^2$.

Wat is er in al deze gevallen aan de hand in (2,0)? Is bovenstaand criterium bruikbaar? #

Opmerking. Het verloop van $\varepsilon(h,k)$ kan ook beschreven worden met behulp van de ***matrix van Hesse*** (***Hessiaan***)[1]:

$$H(a,b) = \begin{pmatrix} f_{xx}(a,b) & f_{xy}(a,b) \\ f_{xy}(a,b) & f_{yy}(a,b) \end{pmatrix}.$$

Merk op dat $h(a,b) = \det(H(a,b))$. #

[1] Zie *Wiskunde in Werking deel 1: vectoren en matrices toegepast*, §5.6.

SAMENVATTING

- Het punt (a, b) is een stationair punt van $f(x, y)$ als $f_x(a, b) = 0$ en $f_y(a, b) = 0$. Het raakvlak van $f(x, y)$ in (a, b) ligt dan horizontaal.

- Als (a, b) een stationair punt is van de functie $f(x, y)$ dan geldt
  - $f(x, y)$ heeft een minimum in (a, b) als $h(a, b) > 0$ en $f_{xx}(a, b) > 0$,
  - $f(x, y)$ heeft een maximum in (a, b) als $h(a, b) > 0$ en $f_{xx}(a, b) < 0$,
  - $f(x, y)$ heeft een zadelpunt in (a, b) als $h(a, b) < 0$,

  waarin $h(a,b) = f_{xx}(a,b)f_{yy}(a,b) - f_{xy}(a,b)^2$.

.3 TOEPASSINGEN

Toepassing 1 (marktkunde, economie). Een bedrijf brengt twee soorten koffie op de markt: A (Aroma) en B (Boffie). De kosten (inclusief distributie) per kg zijn

€ 2,50 voor Aroma,
€ 2,– voor Boffie.

Ongebrande koffiebonen.

Het bedrijf wil de verkoopprijzen p_A en p_B (in euro's per kg) zó bepalen, dat de winst maximaal is. Natuurlijk beïnvloedt de prijs ook de verkoopcijfers. Marktonderzoek lijkt uit te wijzen dat afzet en prijs samenhangen volgens

$$\begin{cases} q_A = -p_A + p_B + 2, \\ q_B = p_A - 2p_B + 5. \end{cases}$$

Hierin zijn q_A en q_B de afzet Aroma en Boffie, in miljoen kg per jaar.
De jaarlijkse winst W bestaat uit opbrengst min kosten:

$$\begin{aligned} W(p_A, p_B) &= (p_A - 2.50)q_A + (p_B - 2)q_B = \\ &= (p_A - 2.50)(-p_A + p_B + 2) + (p_B - 2)(p_A - 2p_B + 5) = \\ &= -p_A^2 + 2p_Ap_B - 2p_B^2 + 2.5p_A + 6.5p_B - 15 \end{aligned}$$

(in M€). Een stationair punt van $W(p_A, p_B)$ voldoet aan

$$\begin{cases} \dfrac{\partial}{\partial p_A} W(p_A, p_B) = -2p_A + 2p_B + 2.5, \\ \dfrac{\partial}{\partial p_B} W(p_A, p_B) = 2p_A - 4p_B + 6.5. \end{cases}$$

Dit lineaire stelsel heeft precies één oplossing: p_A = € 5,75 en p_B = € 4,50 (ga na!).
We gaan na of in dit stationaire punt inderdaad een maximum optreedt. Daartoe berekenen we de tweede orde partiële afgeleiden van $W(p_A, p_B)$:

$$\begin{cases} \dfrac{\partial^2}{\partial p_A^2} W(p_A, p_B) = -2 \\ \dfrac{\partial^2}{\partial p_A \partial p_B} W(p_A, p_B) = 2 \\ \dfrac{\partial^2}{\partial p_B^2} W(p_A, p_B) = -4 \end{cases}$$

We vinden

$$h(5{,}75, 4{,}50) = -2 \cdot -4 - 2^2 = 4 > 0 \quad \text{en} \quad \frac{\partial^2}{\partial p_A^2} W(5{,}75, 4{,}50) = -2 < 0 .$$

De winst heeft dus inderdaad een maximum in het punt p_A = € 5,75 , p_B = € 4,50.

Opgave 7.8.

a. Bereken de verkoopcijfers en de winst per jaar bij de prijsstelling $p_A = € 5{,}75$ en $p_B = € 4{,}50$.

b. Hoe verandert de winst bij een prijsverhoging voor beide merken van € 0,10? Wat is het effect van een even grote prijsverlaging?

Toepassing 2 (bedrijfskunde, marktkunde). Een fabrikant biedt zijn product aan op twee gescheiden deelmarkten. De prijs op deze markten reageert verschillend op het aanbod:

$$p_1 = f_1(q_1),$$
$$p_2 = f_2(q_2).$$

De totale productie van deze fabrikant is $q = q_1 + q_2$. Bij dit productieniveau q hoort een kostprijs $K(q)$. De totale opbrengst is de som van de opbrengsten op de twee deelmarkten:

$$O(q_1,q_2) = O_1(q_1) + O_2(q_2) = p_1 q_1 + p_2 q_2 = f_1(q_1)q_1 + f_2(q_2)q_2 .$$

Voor de totale winst geldt nu:

$$W(q_1,q_2) = O(q_1,q_2) - K(q_1 + q_2).$$

Maximale winst kan alleen in een stationair punt van $W(q_1, q_2)$ optreden. Een noodzakelijke voorwaarde is dus

$$\frac{\partial W}{\partial q_1} = 0 \quad \text{en} \quad \frac{\partial W}{\partial q_2} = 0.$$

Aan deze vergelijkingen is voldaan als

$$\frac{\mathrm{d}O_1}{\mathrm{d}q_1} = \frac{\mathrm{d}K}{\mathrm{d}q_1} \quad \text{en} \quad \frac{\mathrm{d}O_2}{\mathrm{d}q_2} = \frac{\mathrm{d}K}{\mathrm{d}q_2}.$$

Toepassing van de kettingregel levert

$$\frac{\mathrm{d}K}{\mathrm{d}q_1} = \frac{\mathrm{d}K}{\mathrm{d}q} \quad \text{en ook} \quad \frac{\mathrm{d}K}{\mathrm{d}q_2} = \frac{\mathrm{d}K}{\mathrm{d}q}.$$

Dat geeft als voorwaarde voor maximale winst

$$\frac{\mathrm{d}O_1}{\mathrm{d}q_1} = \frac{\mathrm{d}O_2}{\mathrm{d}q_2}.$$

Dit levert weer een economische wet:

Maximale winst treedt alleen op als de marginale opbrengsten van het product voor beide deelmarkten aan elkaar gelijk zijn.

Opgave 7.9. Een fabrikant heeft op twee deelmarkten te maken met de volgende prijsfuncties:

$$p_1 = f_1(q_1) = 34 - 6q_1,$$
$$p_2 = f_2(q_2) = 58 - 8q_2.$$

Zijn kostenfunctie is

$$K(q) = 2q^2 - 10q + 60.$$

a. Laat zien dat de winst $W(q_1, q_2)$ gegeven wordt door

$$W(q_1, q_2) = (34 - 6q_1)q_1 + (58 - 8q_2)q_2 - (2q^2 - 10q + 60).$$

b. Gebruik $q = q_1 + q_2$ om te laten zien dat

$$W(q_1, q_2) = 44q_1 - 8q_1^2 + 68q_2 - 10q_2^2 - 4q_1q_2 - 60.$$

c. Toon aan dat een stationair punt (q_1, q_2) voldoet aan het stelsel lineaire vergelijkingen

$$\begin{cases} 44 - 16q_1 - 4q_2 = 0, \\ 68 - 4q_1 - 20q_2 = 0. \end{cases}$$

d. Los het stelsel op met eliminatie en substitutie.

e. Ga na, dat de winst in (q_1, q_2) maximaal is. Hoe groot is die winst?

f. Controleer ook of er in dit punt voldaan is aan bovenstaande economische wet.

7.4 OPGAVEN

Opgave 7.10. Bereken de stationaire punten van de functie $f(x, y)$. Onderzoek in welke van deze punten $f(x, y)$ extreem is, en bepaal de aard en de grootte van de extremen.

a. $f(x, y) = 2x^2y + 3xy^2 - 18xy + 25$

b. $f(x, y) = x^2y + xy^2 - x^2 - xy - y^2 + 3$

c. $f(x, y) = x^3y + xy^2 - 5xy$

d. $f(x, y) = x^4 + y^4 - 2x^2 - 2y^2$

e. $f(x, y) = 2x^3 + 3x^2y + \frac{1}{3}y^3 + 3x^2 + 6xy$

f. $f(x, y) = 8x^2y - x^3y - xy^3$

g. $f(x, y) = x^4 - x^2y^2 - 2x^2 + 2y^2$.

Opgave 7.11. Bepaal voor elke waarde van α de aard en de grootte van de extremen van de functie $f(x, y; \alpha) = x^3 + y^3 - 3\alpha xy$.

Opgave 7.12. Voor $x > 0$ bekijken we de functie $f(x, y) = xy^2 - 4y\ln(x)$.

a. Los op: $f(x, y) = 0$. Bepaal het tekenverloop van $f(x, y)$.

b. Wat zijn de stationaire punten van $f(x, y)$?

c. In welke punten is $f(x, y)$ extreem? Wat is de aard van de extremen?

Opgave 7.13 (planologie; milieuhygiëne). In een driehoekig gebied begrensd door drie (even drukke) verkeerswegen zal een stiltecentrum worden gebouwd. Vanwege mogelijke geluidsoverlast wordt voorgesteld dit centrum zodanig te situeren dat de som van de afstanden tot de drie verkeerswegen maximaal is. Ga na waar volgens dit voorstel het stiltecentrum komt als

a. het driehoekige gebied gelijkzijdig is,

b. het driehoekige gebied gelijkbenig is.

Opgave 7.14 (natuurkunde). In de ruimte bevinden zich n puntmassa's met massa m_i in de punten $P_i = (x_i, y_i, z_i)$, $i = 1, 2, \ldots, n$. Het zwaartepunt Z is het punt waarvoor

$$\sum_{i=1}^{n} m_i \,|Z - P_i|^2$$

minimaal is. Bereken de coördinaten van Z.

Opgave 7.15 (bedrijfskunde, marktkunde, economie). Een onderneming produceert één artikel in twee fabrieken A en B. De kosten zijn in de twee vestigingen verschillend:

$$K_A(q) = 20q^2 - 60q + 100,$$
$$K_B(q) = 10q^2 - 40q + 90.$$

Hierbij staat $K(q)$ voor de gemaakte kosten bij de fabricage van q eenheden product.

a. Eén eenheid product levert de vaste prijs $p = 220$ op. Welke productieniveaus q_A en q_B maximaliseren de totale winst?

b. De prijs p is afhankelijk van de aangeboden hoeveelheid: $p = 520 - 10q$. Bepaal de productieniveaus q_A en q_B, die de totale winst maximaliseren.

Opgave 7.16 (bedrijfskunde, marktkunde, economie). Een onderneming produceert twee technisch verwante producten A en B. De productiekosten voor het product A hangen dan mede af van het productieniveau van het product B, en omgekeerd. De totale kosten K bij de productieniveaus q_A en q_B zijn

$$K(q_A, q_B) = q_A^2 + 2q_B^2 + 4q_Aq_B - 5q_A - 6q_B + 10.$$

De vaste prijzen voor de producten A en B zijn: $p_A = 17$ en $p_B = 26$.

a. Wat verstaan we onder de marginale kosten voor product A? Laat zien, dat de winst maximaal is als de marginale kosten van product A gelijk zijn aan de prijs van product A.

b. Voor welke productieniveaus q_A en q_B is de winst maximaal?.

Opgave 7.17 (bedrijfskunde, marktkunde, economie). Een producent opereert met één product op twee gescheiden markten A en B. Op beide markten is de prijs p, die hij voor zijn product kan krijgen afhankelijk van de aangeboden hoeveelheid:

$$p_A = 57 - 5q_A,$$
$$p_B = 40 - 7q_B.$$

Zijn productiekosten K zijn afhankelijk van de totaal geproduceerde hoeveelheid:

$$K(q) = 3q^2 - 5q + 16.$$

Hoe groot maakt hij zijn productie? Hoe verdeelt hij deze productie over de deelmarkten? Wat is zijn maximale winst?

7.5 WISKUNDIG GEREEDSCHAP: NIVEAULIJNEN EN EXTREMEN ONDER NEVENVOORWAARDEN

NIVEAULIJNEN

Een ruimtelijke voorstelling van een functie $f(x, y)$ van twee variabelen krijgen we via zijn grafiek, dat is het oppervlak $z = f(x, y)$. Helaas kunnen we alleen met behulp van een computerpakket een duidelijke ruimtelijke tekening van zo'n grafiek maken. Als alternatief kunnen we meerdere doorsneden van het oppervlak tekenen, eventueel in één figuur.

Voorbeeld (milieuhygiëne; vergelijk §6.3, toepassing 1). Van de functie $C(x, t)$ die een gifwolk in een rivier voorstelt,

$$C(x,t) = \frac{G}{S}\frac{1}{2\sqrt{\pi D t}}\,\mathrm{e}^{-\frac{(x-vt)^2}{4Dt}}$$

zijn in figuur 7.4 onder elkaar de "doorsneden" $C(x, t_0)$, $C(x, t_1)$ en $C(x, t_2)$ getekend ($t_0 < t_1 < t_2$). Daarmee worden twee effecten duidelijk:

- de gifwolk wordt met de stroom v van de rivier meegevoerd (dit is convectie).
- de gifwolk wordt lager maar breder (dit is dispersie).

In figuur 7.5 is een computergrafiek van de functie $C(x, t)$ afgebeeld. Het punt $t = 0$, $x = 0$ ligt boven in de grafiek; t loopt op naar linksonder, x loopt op naar rechtsonder. #

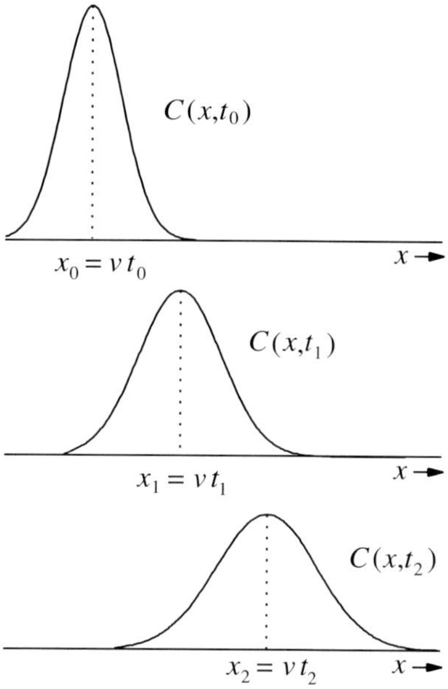

figuur 7.4. Drie momentopnamen van de gifwolk.

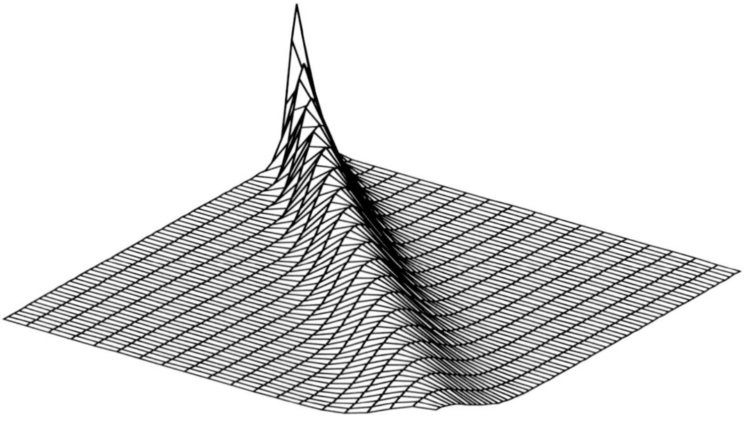

figuur 7.5. De gifwolk als functie van ruimte en tijd.

Een andere manier om een functie $f(x, y)$ in beeld te brengen berust op het gebruik van ***niveaulijnen***. Dit zijn krommen in het (x, y)-vlak die bestaan uit punten met dezelfde functiewaarde. Bij elke functiewaarde c is er een niveaulijn. De punten op die kromme voldoen aan de vergelijking $f(x, y) = c$.

Een aantal niveaulijnen in het (x, y)-vlak vormen samen een ***niveaukaart*** voor $f(x, y)$. Een niveaukaart voor $f(x, y)$ geeft een "vlakke" voorstelling van $f(x, y)$. Voorbeelden zijn wandelkaarten met hoogtelijnen, en weerkaarten met isothermen en isobaren.

Let op. Een niveaulijn kan uit meerdere losse punten of stukken bestaan, of zelfs (een gedeelte van) een vlak. Twee niveaulijnen bij verschillende waarden kunnen elkaar niet snijden: een functie neemt immers in elk punt hoogstens één waarde aan. #

Op een niveaukaart herkennen we een minimum of een maximum aan een serie gesloten niveaulijnen $f(x, y) = c$ die binnen elkaar liggen. Bij een minimum loopt c van binnen naar buiten op (figuur 7.6[a]). Bij een maximum loopt de waarde van c van binnen naar buiten af (figuur 7.6[b]).
Een zadelpunt herkennen we op een niveaukaart aan een stel hyperbool-achtige krommen als in figuur 7.6[c].

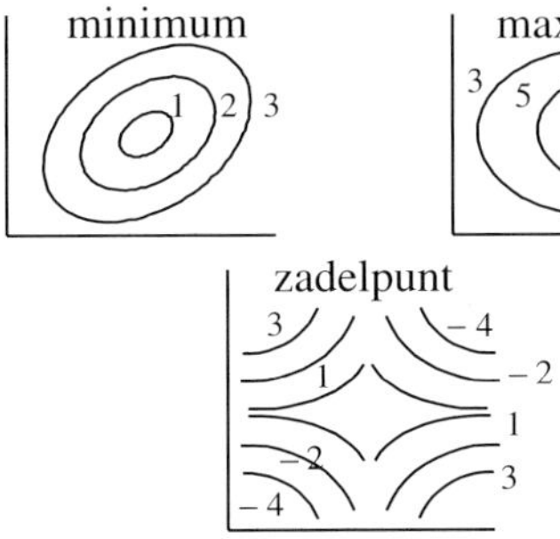

figuur 7.6. Stationaire punten en niveaulijnen.

In de praktijk kunnen we maar een beperkt aantal niveaulijnen tekenen. Als we de bijbehorende waarden goed kiezen krijgen we toch een goede indruk van de functie. Dat kan bijvoorbeeld met een ***contourkaart*** voor $f(x, y)$: een verzameling niveaulijnen met een vaste stapgrootte voor de functiewaarde. Waar niveaulijnen op een contourkaart dicht bij elkaar liggen daalt of stijgt de functie snel.
Het lezen van een niveaukaart of contourkaart vergt enige ervaring. Maar tijdens een bergwandeling is zo'n kaart toch wel handiger dan een maquette van het gebied!

Voorbeeld. In figuur 7.7 is de grafiek van de functie

$$f(x, y) = x^2 + y^2$$

getekend. De grafiek is een omwentelingsparaboloïde. In figuur 7.8a staan enkele niveaulijnen. Figuur 7.8b is een contourkaart met stap 1. #

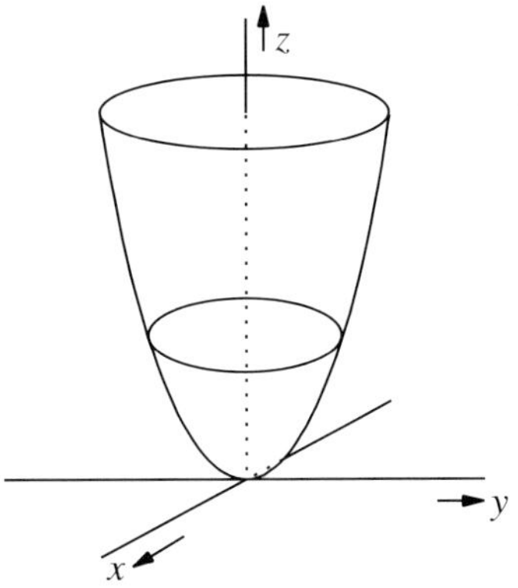

figuur 7.7. Ruimtelijke grafiek.

Niveaulijnen

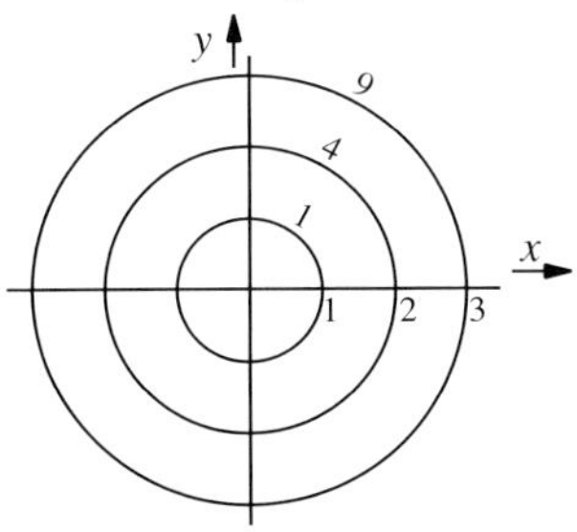

figuur 7.8a. Niveaukaart.

Contourlijnen

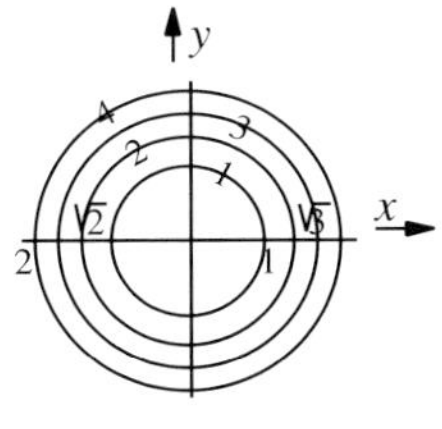

figuur 7.8b. Contourkaart.

Opgave 7.18.

a. Teken voor $f(x,y) = (x^2 - 4)(y^2 - 4)$ de niveaulijn bij waarde 0. Geef in dezelfde figuur ook de gebieden aan, waar $f(x,y)$ positief is. Wat valt u op?

b. Beantwoord dezelfde vraag voor $f(x,y) = x^2(y^2 - 4)$. #

NIVEAULIJN EN GRADIËNT

De niveaulijn bij waarde $c = f(a,b)$ vinden we door de grafiek van $f(x,y)$ te snijden met het horizontale vlak $z = c$, zie figuur 7.9. Ook de horizontale raaklijn aan de grafiek van $f(x,y)$ is getekend. De horizontale raaklijn ligt in het raakvlak van $f(x,y)$, en voldoet dus aan de vergelijking

$$z - f(a,b) = f_x(a,b)(x-a) + f_y(a,b)(y-b).$$

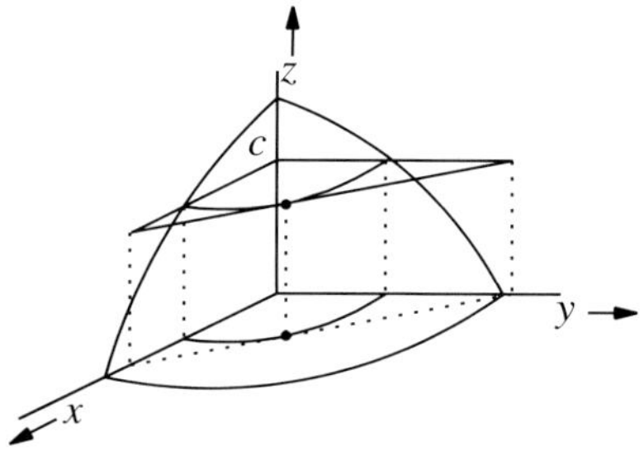

figuur 7.9. Niveaulijn met raaklijn.

Daarnaast voldoet hij ook aan de vergelijking $z = f(a,b)$, dus

$$f_x(a,b)(x-a) + f_y(a,b)(y-b) = 0 \quad (\text{en } z = c).$$

In figuur 7.9 is ook zijn projectie op het grondvlak getekend. Dit is juist de raaklijn aan de niveaulijn bij waarde c. Ook deze lijn voldoet aan de vergelijking

$$f_x(a,b)(x-a) + f_y(a,b)(y-b) = 0.$$

In vectorvoorstelling geeft dat

$$\begin{pmatrix} x \\ y \end{pmatrix} = \begin{pmatrix} a \\ b \end{pmatrix} + \lambda \begin{pmatrix} -f_y(a,b) \\ f_x(a,b) \end{pmatrix}$$

(ga na!). De richtingsvector van deze lijn staat loodrecht op de gradiënt:

$$\left(\begin{pmatrix} -f_y(a,b) \\ f_x(a,b) \end{pmatrix}, \begin{pmatrix} f_x(a,b) \\ f_y(a,b) \end{pmatrix} \right) = 0.$$

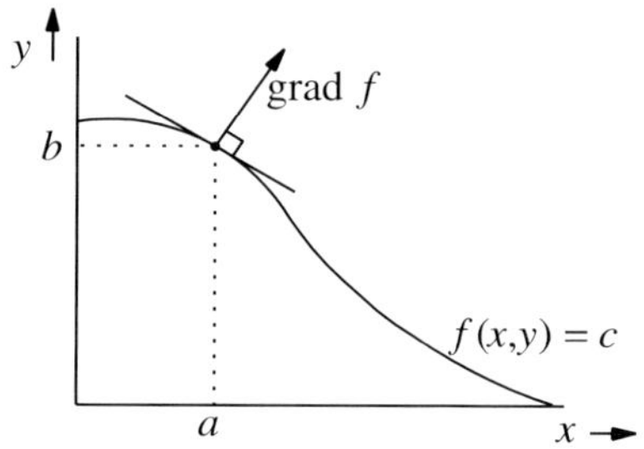

figuur 7.10. Niveaulijn en gradiënt.

Omdat de gradiënt loodrecht staat op de raaklijn aan de niveaukromme, staat hij ook loodrecht op de niveaukromme zelf.

We hebben hiermee de volgende eigenschappen gevonden:

E ***Eigenschap.*** De raaklijn aan de niveaulijn van $f(x,y)$ door het punt (a,b) voldoet aan

$$f_x(a,b)(x-a) + f_y(a,b)(y-b) = 0. \qquad \#$$

E ***Eigenschap.*** De gradiënt grad $f(a,b)$ staat loodrecht op niveaulijn van $f(x,y)$ in (a,b). #

Voorbeeld. De cirkel $x^2 + y^2 = 25$ is de niveaulijn van $f(x, y) = x^2 + y^2$ bij waarde $c = 25$. Deze cirkel is niet de grafiek van een functie van één variabele, want bij één x kunnen twee waarden van y horen:

$$y = \pm\sqrt{25 - x^2}\,.$$

In het bovenhalfvlak gebruiken we de positieve oplossing:

$$y(x) = +\sqrt{25 - x^2} \quad\Rightarrow\quad y'(x) = -\frac{x}{\sqrt{25 - x^2}}\,.$$

Voor $x = -3$ geldt $y(-3) = 4$ en $y'(-3) = ¾$. De raaklijn in $x = -3$ voldoet dus aan

$$y - 4 = \tfrac{3}{4}(x + 3).$$

Met de vergelijking voor een niveaulijn vinden we de raaklijn sneller:

$$\begin{aligned} f_x(x, y) &= 2x \qquad \text{dus} \qquad f_x(-3{,}4) = -6, \\ f_y(x, y) &= 2y \qquad \text{dus} \qquad f_y(-3{,}4) = \;\;8, \end{aligned}$$

en dat geeft als vergelijking voor de raaklijn

$$f_x(-3{,}4)(x + 3) + f_y(-3{,}4)(y - 4) = 0 \quad\Rightarrow\quad -6(x + 3) + 8(y - 4) = 0\,.$$

De vectorvoorstelling van die lijn is

$$\begin{pmatrix} x \\ y \end{pmatrix} = \begin{pmatrix} -3 \\ 4 \end{pmatrix} + \lambda \begin{pmatrix} 8 \\ 6 \end{pmatrix}.$$

De richtingsvector daarvan staat loodrecht op de gradiënt

$$\nabla f(a,b) = \begin{pmatrix} -6 \\ 8 \end{pmatrix}.$$

#

Opgave 7.19. Bepaal op de bovenstaande manier de raaklijn door $(4, -3)$ aan de cirkel $x^2 + y^2 = 25$. #

F

IMPLICIETE FUNCTIES EN IMPLICIET DIFFERENTIËREN

Een kromme met vergelijking $f(x, y) = c$ is niet altijd de grafiek van een functie $y(x)$. Een functie $y(x)$ heeft immers in elke x precies één waarde y. Voor een willekeurige kromme in het (x, y)-vlak hoeft dat niet het geval te zijn. Een verstandig gekozen deel van een kromme $f(x, y) = c$ is echter wél de grafiek van een (onbekende) functie $y(x)$. Die functie $y(x)$ wordt ***impliciet*** (via de vergelijking $f(x, y) = c$) gedefinieerd. Een functievoorschrift voor $y(x)$ kunnen we soms wel, soms niet, uit de vergelijking $f(x, y) = c$ afleiden.

We bekijken een niveaulijn K van $f(x, y)$. De raaklijn door (a, b) aan K voldoet aan

$$f_x(a,b)(x-a) + f_y(a,b)(y-b) = 0.$$

De richtingscoëfficiënt van K is dus

$$-\frac{f_x(a,b)}{f_y(a,b)}.$$

Als $f_y(a, b) \neq 0$, dan is K de grafiek van een (onbekende) functie $y(x)$ waarvoor $y(a) = b$, zie figuur 7.11. De punten $(x, y(x))$ in de buurt van (a, b) op K voldoen aan de vergelijking

$$f(x, y(x)) = c.$$

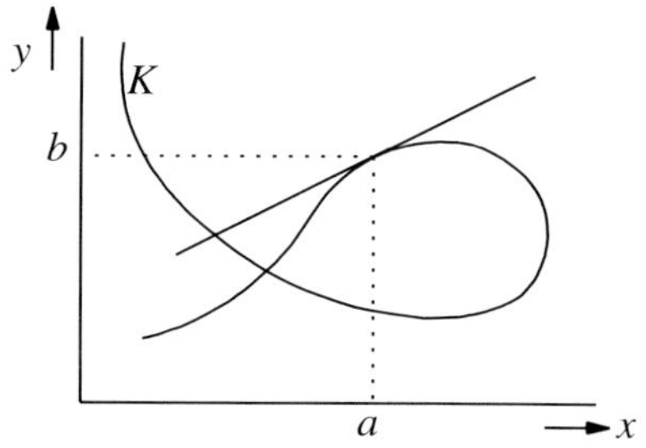

figuur 7.11. Een impliciete functie.

Deze vergelijking bepaalt de functie $y(x)$ impliciet. De afgeleide $y'(a)$ is de richtingscoëfficiënt van de raaklijn aan K door (a, b):

$$y'(a) = -\frac{f_x(a,b)}{f_y(a,b)} \quad \Rightarrow \quad y'(x) = -\frac{f_x(x, y(x))}{f_y(x, y(x))}.$$

Zonder $y(x)$ te kennen hebben we een uitdrukking voor zijn afgeleide gevonden!

Dit resultaat vinden we ook als we de vergelijking $f(x, y(x)) = c$ naar x differentiëren. Aan de rechterkant verschijnt de afgeleide van een constante, en die is nul. Links passen we de kettingregel foor functies van twee variabelen toe. We vinden zo

$$\begin{aligned} f(x, y(x)) = c \quad &\Rightarrow \quad \frac{\mathrm{d}}{\mathrm{d}x} f(x, y(x)) = 0 \\ &\Rightarrow \quad \frac{\partial}{\partial x} f(x, y(x)) + \frac{\partial}{\partial y} f(x, y(x))\, y'(x) = 0 \\ &\Rightarrow \quad y'(x) = -\frac{f_x(x, y(x))}{f_y(x, y(x))} \qquad (\text{mits } f_y(x, y(x)) \neq 0). \end{aligned}$$

Dit heet ***impliciet differentiëren***.

Voorbeeld. Door het punt (4,4) gaat een niveaulijn K van

$$f(x, y) = x^2 + xy + y^2.$$

Die niveaulijn heeft als vergelijking

$$x^2 + xy + y^2 = f(4,4) = 48.$$

Laat nu (a, b) een willekeurig punt op K zijn. De raaklijn door (a, b) aan de niveaulijn door (a, b) vinden we door impliciet differentieren. Uit de vergelijking

$$x^2 + x\,y(x) + y(x)^2 = 48$$

volgt dan $2x + y(x) + x\,y'(x) + 2y(x)\,y'(x) = 0$. Voor $x = a$ en $y = y(a) = b$ levert dit

$$2a + b + a\,y'(a) + 2b\,y'(a) = 0 \quad \Rightarrow \quad y'(a) = -\frac{2a+b}{a+2b} \quad (\text{mits } a + 2b \neq 0). \qquad \#$$

EXTREMEN ONDER NEVENVOORWAARDEN

Opnieuw rijdt onze motorrijder door de bergen. We vragen ons af op welke punten op zijn weg zijn hoogte maximaal is.
Het "berglandschap" is een oppervlak in $\mathbf{R}^3$. Het is de grafiek van een functie $f(x, y)$: een vergelijking van dit oppervlak is $z = f(x, y)$. Van de route van de motorrijder kennen we de x- en y-coördinaat. Dit is een kromme K in het (x, y)-vlak, die we (impliciet!) omschrijven als de contourlijn $g(x, y) = c$.

De motorrijder in de bergen.

We zoeken nu naar de punten (x, y) op de kromme K waar $f(x, y)$ (beperkt tot K) extreme waarden aanneemt. Dit probleem wordt aangeduid als het zoeken van de ***extremen*** van de functie $f(x, y)$ ***onder de nevenvoorwaarde*** $g(x, y) = c$. Het gaat nu dus niet om de extremen van de functie $f(x, y)$ zelf. Daarmee hebben we ons in §7.2 beziggehouden.

De positie van de motorrijder (in het grondvlak) noteren we als functie van de tijd t:

$$\begin{pmatrix} x(t) \\ y(t) \end{pmatrix}.$$

Omdat voor alle t de vergelijking $g(x(t), y(t)) = c$ geldt, volgt met de kettingregel

$$\frac{\mathrm{d}}{\mathrm{d}t} g(x(t), y(t)) = \frac{\partial}{\partial x} g(x(t), y(t)) x'(t) + \frac{\partial}{\partial y} g(x(t), y(t)) y'(t) = 0 .$$

De richtingsvector van de motorrijder (in het grondvlak),

$$v(t) = \begin{pmatrix} x'(t) \\ y'(t) \end{pmatrix}$$

staat dus loodrecht op de gradiënt

$$\nabla g(x(t), y(t)) = \begin{pmatrix} g_x(x(t), y(t)) \\ g_y(x(t), y(t)) \end{pmatrix}$$

omdat het inwendig product van deze vectoren 0 is.
De z-coördinaat van de motorrijder als functie van t voldoet aan $z(t) = f(x(t), y(t))$. Voor de afgeleide geldt (kettingregel)

$$\begin{aligned} z'(t) &= \frac{\mathrm{d}}{\mathrm{d}t} f(x(t), y(t)) = \frac{\partial}{\partial x} f(x(t), y(t)) x'(t) + \frac{\partial}{\partial y} f(x(t), y(t)) y'(t) = \\ &= (\nabla f(x(t), y(t)), v(t)) \end{aligned}$$

In de extreme punten geldt $z'(t) = 0$, en daar staat de richtingsvector $v(t)$ ook loodrecht op $\nabla f(x, y)$. In een extreem punt (x, y) staat $v(t)$ dus zowel loodrecht op $\nabla f(x, y)$ als op $\nabla g(x, y)$. Deze gradiënten moeten daarom dezelfde richting hebben:

$$\nabla f(x, y) = \lambda \nabla g(x, y) .$$

De punten (x, y) die hieraan voldoen vormen een kromme L in het (x, y)-vlak. Om de stationaire punten op de kromme K met vergelijking $g(x, y) = c$ te vinden moeten we deze kromme L nog snijden met K. We krijgen zo de volgende eigenschap:

◇ E

Eigenschap (de multiplicatorenmethode van Lagrange). Een stationair punt van $f(x, y)$ onder nevenvoorwaarde $g(x, y) = c$ is oplossing van het stelsel vergelijkingen

$$\begin{cases} f_x(x, y) = \lambda\, g_x(x, y) \\ f_y(x, y) = \lambda\, g_y(x, y) \\ g(x, y) = c. \end{cases}$$

De zogenaamde "multiplicator" λ speelt hier de rol van een parameter. #

NEVENVOORWAARDEN EN NIVEAULIJNEN

We illustreren de multiplicatorenmethode van Lagrange met behulp van de niveaulijnen van $f(x, y)$ en $g(x, y)$.

Figuur 7.12 bevat (gestippeld) de kromme K van de nevenvoorwaarde $g(x, y) = c$; (a, b) is een punt op K. De niveaulijn van $f(x, y)$ door (a, b) en $\nabla f(a, b)$ zijn ook getekend. De gradiënt staat loodrecht op de niveaulijn en wijst naar het gebied waar $f(x, y)$ groter is dan op de niveaulijn.
In figuur 7.12 snijdt K de niveaulijn van $f(x, y)$. Als we vanuit (a, b) over de kromme K naar linksboven gaan stijgt de waarde van $f(x, y)$; als we over K naar rechtsonder gaan daalt de waarde van $f(x, y)$. De functie $f(x, y)$ heeft dus in (a, b) geen extreme waarde onder de nevenvoorwaarde $g(x, y) = c$.

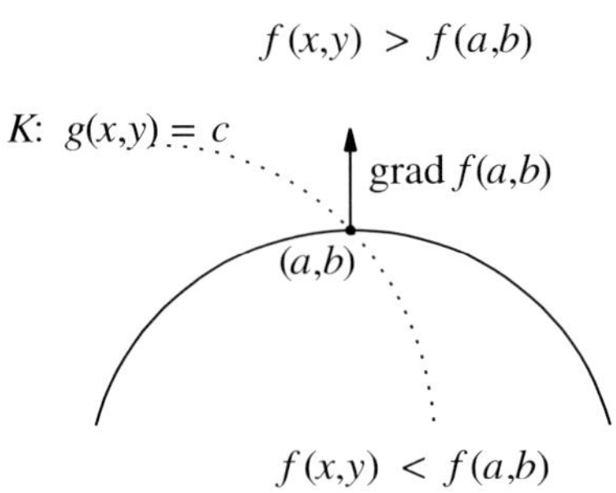

figuur 7.12. Geen stationair punt.

In figuur 7.13 raakt K aan de niveaulijn van $f(x, y)$ door (a, b). De kromme K ligt nu in een gebied waar $f(x, y) \geq f(a, b)$. $f(x, y)$ heeft dus in (a, b) een minimum onder de nevenvoorwaarde $g(x, y) = c$.

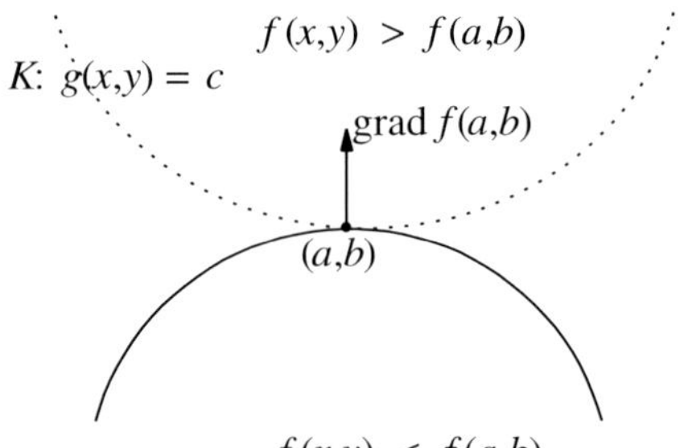

figuur 7.13. Wel een stationair punt.

Blijkbaar kan $f(x, y)$ alleen een extreem onder de nevenvoorwaarde $g(x, y) = c$ in (a, b) hebben als de niveaulijnen van $f(x, y)$ en $g(x, y)$ in (a, b) een gemeenschappelijke raaklijn hebben. Die raaklijn staat loodrecht op $\nabla f(a, b)$ én op $\nabla g(a, b)$. Er volgt dat $\nabla f(a, b)$ en $\nabla g(a, b)$ dezelfde richting hebben: $\nabla f(a, b) = \lambda \nabla g(a, b)$.

Opgave 7.20. Schets zelf een situatie, waarin $f(x, y)$ een maximum heeft in (a, b) onder de nevenvoorwaarde $g(x, y) = c$. Schets ook een situatie, waarin $f(x, y)$ een buigpunt heeft in (a, b) onder de nevenvoorwaarde $g(x, y) = c$. #

Of er in een stationair punt een minimum, een maximum of een buigpunt optreedt zal nader onderzoek moeten uitwijzen.

Voorbeeld. We berekenen plaats en aard van de stationaire punten van $f(x, y) = 3x + 4y$ onder de nevenvoorwaarde $g(x, y) = x^2 + y^2 = 25$. Er geldt

$$\begin{array}{ll} f_x(x,y)=3, & g_x(x,y)=2x \\ f_y(x,y)=4, & g_y(x,y)=2y \end{array}$$

Stationaire punten zijn nu oplossing van het stelsel

$$\begin{cases} 3=\lambda 2x \\ 4=\lambda 2y \\ x^2+y^2 = 25 \end{cases}$$

De variabele λ komt alleen in de eerste twee vergelijkingen voor, en daaruit kan hij met eliminatie worden verwijderd:

$$\begin{cases} 3 = \lambda\, 2x \\ 4 = \lambda\, 2y \\ x^2+y^2 = 25 \end{cases} \Rightarrow \begin{array}{ll} \text{①}: & 3 = \lambda\, 2x \\ x\text{②} - y\text{①}: & 4x-3y = 0 \\ \text{③}: & x^2+y^2 = 25 \end{array}$$

De laatste twee vergelijkingen bevatten nu geen λ. Hieruit moeten we de stationaire punten oplossen. Omdat ze niet-lineair zijn gaat dat met enige improvisatie gepaard:

$$\begin{cases} 4x-3y = 0 \\ x^2+y^2 = 25 \end{cases} \Rightarrow \begin{cases} 4x = 3y \\ 9x^2+9y^2 = 225 \end{cases} \Rightarrow \begin{cases} 4x = 3y \\ 9x^2+16x^2 = 225 \end{cases} \Rightarrow$$

$$\Rightarrow \begin{cases} 4x = 3y \\ 25x^2 = 225 \end{cases} \Rightarrow \begin{cases} 4x = 3y \\ x^2 = 9 \end{cases} \Rightarrow (x,y) = (3,4) \text{ of } (x,y) = (-3,-4).$$

We vinden twee stationaire punten: $Q_1 = (3,4)$ en $Q_2 = (-3,-4)$.

Nu resteert de vraag naar de aard van de stationaire punten. In figuur 7.14 zijn de niveaulijnen van $f(x, y)$ getekend die door Q_1 en Q_2 gaan, met vergelijkingen

$$3x+4y = 25 \quad \text{en} \quad 3x+4y = -25.$$

Ook de gradiënten van $f(x, y)$ in Q_1 en Q_2 zijn getekend, en de cirkel K die hoort bij de nevenvoorwaarde

$$g(x,y) = x^2+y^2 = 25.$$

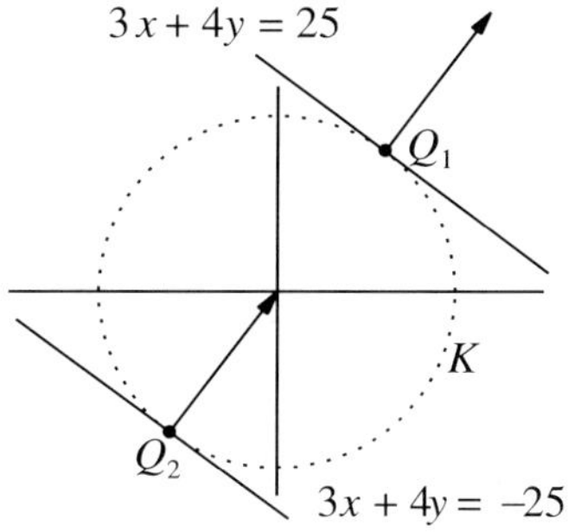

figuur 7.14. Een maximum en een minimum.

Aan de hand van de gradiënten zien we dat $f(x, y)$ een maximum heeft in Q_1, en een minimum in Q_2. #

Met eliminatie van de multiplicator λ zoals boven krijgen we de volgende eigenschap:

E **Eigenschap (extremen onder nevenvoorwaarde).** Een stationair punt van $f(x,y)$ onder nevenvoorwaarde $g(x,y)=c$ is oplossing van het stelsel vergelijkingen

$$\begin{cases} g_y(x,y)f_x(x,y) - g_x(x,y)f_y(x,y) = 0, \\ g(x,y) = c. \end{cases}$$

Hierin geeft de eerste vergelijking de kromme L van stationaire punten van $f(x,y)$ beperkt tot krommen van de vorm $g(x,y)=$ constant. De gezochte oplossing is het snijpunt van deze kromme met de kromme K die wordt gegeven door de tweede vergelijking. #

Voorbeeld. We berekenen de stationaire punten van $f(x,y)=xy$ onder de nevenvoorwaarde $g(x,y)=(x-1)^2+y^2=1$.

Het tekenverloop van $f(x,y)$ is gegeven in figuur 7.15. De nevenvoorwaarde beschrijft een cirkel met middelpunt (1,0) en straal 1. Als we over deze cirkel van A via B naar de oorsprong gaan, dan is $f(x,y)$ eerst 0, wordt vervolgens positief en is ten slotte 0. $f(x,y)$ moet dus op de weg van A via B naar (0,0) minstens één maximum hebben. Net zo vinden we dat $f(x,y)$ op de weg van A via C naar (0,0) minstens één minimum heeft. Met $f(x,y)=xy$ en $g(x,y)=(x-1)^2+y^2$ volgt

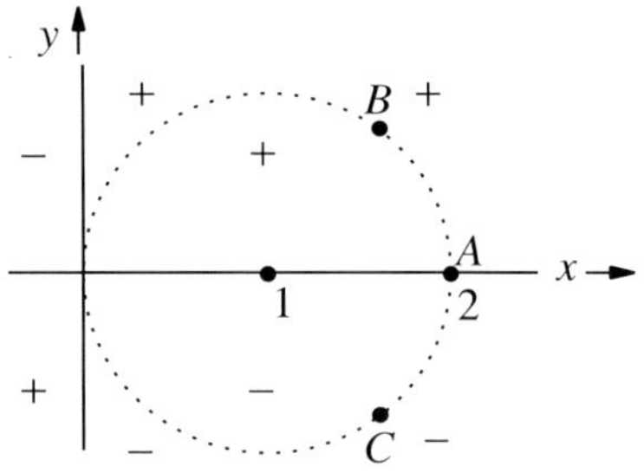

figuur 7.15

$$\begin{aligned} f_x(x,y) &= y, & g_x(x,y) &= 2(x-1), \\ f_y(x,y) &= x, & g_y(x,y) &= 2y. \end{aligned}$$

De stationaire punten van $f(x,y)$ onder de nevenvoorwaarde $g(x,y)=c$ liggen dus (voor elke waarde van c) op een kromme L die beschreven wordt door de vergelijking

$$2y^2 - 2x(x-1) = 0 \quad \Rightarrow \quad x^2 - x - y^2 = 0.$$

We moeten de snijpunten bepalen van deze kromme L en de gegeven cirkel met straal 1. Daarvoor moeten we het volgende stelsel oplossen:

$$\begin{cases} x^2 - x - y^2 = 0 \\ (x-1)^2 + y^2 = 1 \end{cases} \Rightarrow \begin{cases} x^2 - x - y^2 = 0 \\ x^2 - 2x + y^2 = 0 \end{cases} \Rightarrow \begin{cases} ①+②: \quad 2x^2 - 3x = 0 \\ ②: \quad x^2 - 2x + y^2 = 0 \end{cases}$$

$$\Rightarrow \begin{cases} ①: \quad 2x^2 - 3x = 0 \\ 2② - ①: \quad -x + 2y^2 = 0 \end{cases} \Rightarrow \begin{cases} x = 0 \text{ of } x = \frac{3}{2} \\ y = \pm\sqrt{\frac{1}{2}x} \end{cases} \Rightarrow$$

$$\Rightarrow \quad (x,y) = (0,0) \text{ of } (x,y) = (\tfrac{3}{2}, \tfrac{1}{2}\sqrt{3}) \text{ of } (x,y) = (\tfrac{3}{2}, -\tfrac{1}{2}\sqrt{3}).$$

Uit figuur 7.15 blijkt, dat de twee laatste punten respectievelijk een maximum en een minimum zijn. Ook de aard van het punt (0,0) blijkt uit figuur 7.15. Als we over de cirkel van B via (0,0) naar C gaan, dan is $f(x,y)$ eerst positief, wordt nul in (0,0) en vervolgens negatief. Er is dus in (0,0) geen minimum of maximum, maar een buigpunt. #

Opgave 7.21. Wat zijn de stationaire punten van $f(x,y)=xy$ onder de nevenvoorwaarde $g(x,y)=(x-1)^2+y^2=6$? Wat is de aard van deze stationaire punten? #

SAMENVATTING

- De niveaulijn van een functie $f(x,y)$ bij waarde c is een kromme in het (x,y)-vlak met vergelijking $f(x,y)=c$. Een niveaukaart voor $f(x,y)$ bestaat uit een aantal representatieve niveaulijnen van $f(x,y)$. Een contourkaart voor $f(x,y)$ bestaat uit niveaulijnen van $f(x,y)$ met een vaste stapgrootte voor c.

- Een vergelijking voor de raaklijn door (a,b) aan de (niveau-)lijn met vergelijking $f(x,y)=c$ is
$$f_x(a,b)(x-a) + f_y(a,b)(y-b) = 0.$$

- De niveaulijn $f(x,y)=f(a,b)$ staat in (a,b) loodrecht op $\nabla f(a,b)$.

- De vergelijking $f(x,y)=c$ bepaalt impliciet y als een functie van x: $y=y(x)$. Impliciet differentiëren van deze vergelijking levert informatie over de afgeleide van deze (onbekende) functie $y(x)$:
$$f_x(x,y(x)) + f_y(x,y(x))\,y'(x) = 0.$$

- Een stationair punt van de functie $f(x,y)$ onder de nevenvoorwaarde $g(x,y)=c$ is oplossing van het stelsel vergelijkingen
$$\begin{cases} f_x(x,y) = \lambda g_x(x,y) \\ f_y(x,y) = \lambda g_y(x,y) \\ g(x,y) = c\,. \end{cases}$$

7.6 TOEPASSINGEN

Toepassing 1 (economie en bedrijfskunde; zie ook §6.3, toepassing 3 en §6.6, toepassing 2). Opnieuw modelleren we de productie van een bedrijf met een productiefunctie $F(a,k)$. In de vergelijking

$$q = F(a,k)$$

staat q voor het aantal eenheden product en staan a en k voor de productiefactoren arbeid en kapitaal. Op de niveaulijn van $F(a,k)$ bij waarde C liggen alle combinaties (a,k) die leiden tot C eenheden product. Economen noemen een dergelijke niveaulijn een ***isoquant*** of ***isoproductiekromme***.

Soms kan een bedrijf het productieniveau niet veranderen, bijvoorbeeld als de markt verzadigd is, of als het contractueel een vaste hoeveelheid product moet leveren. Dan is het gebonden aan één isoquant. Als nu de prijs van arbeid daalt of de prijs van kapitaal stijgt, dan is het gunstig "kapitaal" door "arbeid" te vervangen. Maar in welke verhouding?

Het productieniveau in het punt (a_0, k_0) is

$$q_0 = F(a_0,k_0).$$

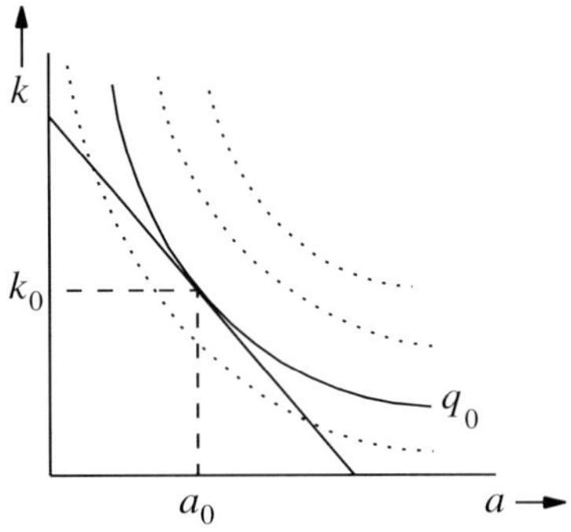

figuur 7.16. Isoquanten.

Om dit productieniveau te handhaven moeten we op de isoquant $F(a,k) = q_0$ blijven (zie figuur 7.16). Deze vergelijking bepaalt k impliciet als functie van a: $k = k(a)$. De grafiek van deze functie k is juist de isoquant.

We benaderen deze isoquant door zijn raaklijn l door (a_0, k_0). Een vergelijking voor l is

$$k - k_0 = k'(a_0)(a - a_0).$$

Dus als we in (a_0, k_0) één eenheid arbeid vervangen door $k'(a_0)$ eenheden kapitaal blijft de productie (in lineaire benadering) gelijk. Economen spreken van de ***marginale substitutieverhouding van arbeid***, $m.s.v._{arbeid}$:

$$m.s.v._{arbeid} = \frac{\mathrm{d}k}{\mathrm{d}a} = k'(a_0).$$

Voor de berekening van een marginale substitutieverhouding is het niet nodig k expliciet als functie van a te bepalen. Voor de bovenstaande raaklijn l geldt immers ook

$$F_a(a_0,k_0)(a - a_0) + F_k(a_0,k_0)(k - k_0) = 0.$$

Er volgt

$$k - k_0 = -\frac{F_a(a_0,k_0)}{F_k(a_0,k_0)}(a - a_0) \quad \Rightarrow \quad m.s.v._{arbeid} = -\frac{F_a(a_0,k_0)}{F_k(a_0,k_0)}.$$

Hiermee hebben we de volgende economische wet gevonden (zie ook §6.6, toepassing 2):

De marginale substitutieverhouding van arbeid is gelijk aan het tegengestelde van de marginale productiviteit van de arbeid gedeeld door de marginale productiviteit van het kapitaal.

Opgave 7.22.

a. Teken in het eerste kwadrant de isoquanten bij waarde 2 van de volgende Cobb-Douglas productiefuncties:

i. $F(a,k) = 2a^{1/2}k^{1/2}$,

ii. $\tilde{F}(a,k) = 2a^{3/4}k^{3/4}$.

b. Teken in het eerste kwadrant de contourkaart van deze productiefuncties bij de waarden 1, 2, 3 en 4. Wat valt u op?

c. Bereken de $m.s.v._{arbeid}$ in het punt (4,¼) voor de productiefuncties

i. $F(a,k) = 2a^{1/2}k^{1/2}$,

ii. $\tilde{F}(a,k) = 2a^{3/4}k^{3/4}$.

d. Hoe zou u het begrip *marginale substitutieverhouding van kapitaal* definiëren? Welk verband is er tussen $m.s.v._{arbeid}$ en $m.s.v._{kapitaal}$?

Toepassing 2 (bedrijfskunde, economie; zie ook §6.3, toepassing 3 en §7.6, toepassing 1). De productieomvang q van een bedrijf modelleren we weer met een functie $F(a, k)$. In

$$q = F(a,k)$$

staan a en k voor de productiefactoren arbeid en kapitaal. De kostprijzen p_a en p_k van arbeid en kapitaal beschouwen we als een gegeven, waarop het bedrijf geen invloed heeft. De kosten van a eenheden arbeid en k eenheden kapitaal zijn dan

$$K(a,k) = a\,p_a + k\,p_k\,.$$

Als het bedrijf een beperkt budget c heeft, dan is het gebonden aan de niveaulijn van $K(a, k) = c$. Economen noemen een dergelijke niveaulijn wel een ***isokostenkromme*** of een ***budgetlijn***. In figuur 7.16 zijn de budgetlijn en enkele isoquanten geschetst.

Het bedrijf probeert bij het budget c een maximale productie te realiseren. Er moet dus een extreem van de functie $F(a, k)$ onder de nevenvoorwaarde $K(a, k) = c$ worden bepaald. Uit figuur 7.17 blijkt dat één van de vele isoquanten raakt aan de gegeven budgetlijn. Het raakpunt is het gezochte maximum.

Als voorbeeld nemen we weer de Cobb-Douglas productiefunctie

$$F(a,k) = 2a^{1/2}k^{1/2}.$$

Met $p_a = 4$ en $p_k = 9$ is de kostenfunctie

$$K(a,k) = 4a + 9k.$$

We vinden

$$F_a(a,k) = a^{-1/2}k^{1/2}, \qquad K_a(a,k) = 4,$$
$$F_k(a,k) = a^{1/2}k^{-1/2}, \qquad K_k(a,k) = 9.$$

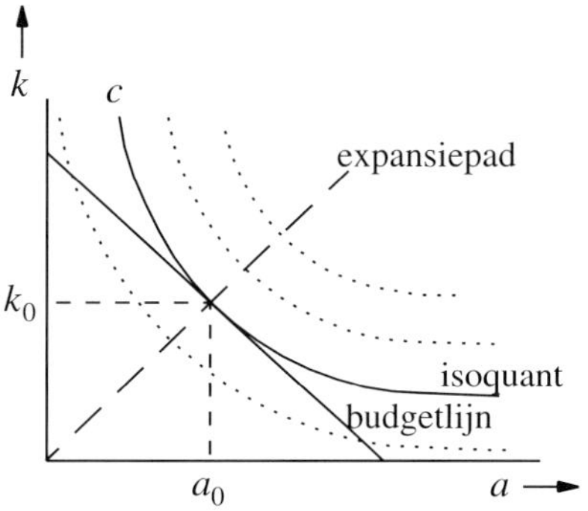

figuur 7.17. Budgetlijn en expansiepad.

Is bijvoorbeeld het budget $c = 144$, dan is de budgetlijn $4a + 9k = 144$. Het optimale punt (a, k) vinden we met de multiplicatorenmethode van Lagrange. Het stelsel (niet-lineaire) vergelijkingen lossen we met enige improvisatie op:

$$\begin{cases} a^{-1/2}k^{1/2} = 4\lambda \\ a^{1/2}k^{-1/2} = 9\lambda \\ 4a+9k = 144 \end{cases} \Rightarrow \begin{cases} ①\times②: & 1 = 36\lambda^2 \\ 4②-9①: & 4a^{1/2}k^{-1/2} - 9a^{-1/2}k^{1/2} = 0 \\ ③: & 4a+9k = 144 \end{cases} \Rightarrow$$

$$\Rightarrow \begin{cases} ①\Rightarrow & \lambda = \pm\frac{1}{6} \\ a^{1/2}k^{1/2}②: & 4a-9k = 0 \\ ③: & 4a+9k = 144 \end{cases} \Rightarrow \begin{cases} ①: & \lambda = \pm\frac{1}{6} \\ ②: & 4a-9k = 0 \\ ③-②: & 18k = 144 \end{cases}$$

We vinden $k = 8$, $a = 18$ en $\lambda = {}^1/_6$ (merk op dat $\lambda = -{}^1/_6$ niet voldoet). De productie is dus maximaal bij het budget $c = 144$ met 18 eenheden arbeid en 8 eenheden kapitaal. De productie bedraagt dan 24 eenheden.
Na eliminatie van de multiplicator λ krijgen we een vergelijking van de vorm

$$F_a(a,k)K_k(a,k) - F_k(a,k)K_a(a,k) = 0.$$

De oplossingen vormen een kromme in het (a, k)-vlak. Het optimale punt vinden we door deze kromme te snijden met de budgetlijn. Verruimen we het budget c, dan vinden we het nieuwe optimale punt door deze zelfde kromme te snijden met de nieuwe budgetlijn. Verhoging van de productie door verhoging van het budget, bij optimale inzet van arbeid en kapitaal, verloopt dus langs deze kromme. Economen noemen deze kromme het ***expansiepad*** van het productieproces.
Als we niet in het optimale punt (a, k) zitten maar in $(a+\Delta a, k+\Delta k)$, dan nemen de kosten in eerste orde toe met

$$\Delta K = K_a(a,k)\Delta a + K_k(a,k)\Delta k,$$

en de productie met

$$\Delta q = F_a(a,k)\Delta a + F_k(a,k)\Delta k = \lambda K_a(a,k)\Delta a + \lambda K_k(a,k)\Delta k = \lambda\Delta K.$$

De Lagrangemultiplicator λ beschrijft blijkbaar de gevoeligheid van de productie voor een verandering van het budget *onder optimale productieomstandigheden*. Economen noemen daarom λ de ***marginale productiviteit van het budget***.

Opgave 7.23.

a. Bepaal het expansiepad van het beschreven productieproces.
b. Bepaal opnieuw het expansiepad, als de prijs van arbeid stijgt naar $p_a = 6$.

Een fabrikant heeft te maken met de productie- en kostenfuncties

$$F(a,k) = 2a^{1/2}k^{1/2} \quad \text{en} \quad K(a,k) = 4a+9k.$$

Hij ziet een markt voor 24 eenheden eindproduct en besluit het productieproces zo in te richten, dat deze hoeveelheid met minimale kosten geproduceerd kan worden.

c. Formuleer het bijbehorende optimaliseringsprobleem.
d. In welk punt (a_0, k_0) zijn de kosten het laagst? Langs welke kromme beweegt dit punt als we het productieniveau veranderen?
e. Wat verstaan we onder de *marginale kosten van de productie* in een dergelijk laagste-kosten punt? Bepaal deze grootheid in het punt (a_0, k_0). Wat valt u op?

.7 OPGAVEN

Opgave 7.24. Beschouw de functie $f(x, y) = 12 - 3x^2 - y^2$.

a. Schets de niveaulijnen bij de waarden 5, 12 en 17.

b. Waar maakt de niveaulijn bij waarde –6 een hoek van 135° met de positieve x-as?

Opgave 7.25.

a. Bepaal een vectorvoorstelling van de horizontale raaklijn door $(a, b, f(a, b))$ aan de grafiek van $f(x, y)$.

b. Bepaal een vectorvoorstelling van de raaklijn (in het grondvlak) door (a, b) aan de niveaulijn $f(x, y) = f(a, b)$. Stel ook een vergelijking voor deze raaklijn op.

c. Bepaal een vectorvoorstelling van de normaal (in het grondvlak) door (a, b) van de niveaulijn $f(x, y) = f(a, b)$. Stel ook een vergelijking voor deze normaal op.

Opgave 7.26. Een kromme K is gegeven door de vergelijking $x^3 - 3x^2 + 4y^2 = 0$.

a. Bepaal vergelijkingen van raaklijn en normaal in het punt $(-1,1)$ van K.

b. Waar heeft K een horizontale raaklijn en waar een verticale raaklijn?

Opgave 7.27. Wat zijn de stationaire punten van $f(x, y) = x^2 - y^2$ onder de nevenvoorwaarde $g(x, y) = x^2 + (y + 2)^2 = 4$? Wat is de aard van deze stationaire punten?

Opgave 7.28. Bereken de stationaire punten van $x^2 - xy + y^2$ onder de nevenvoorwaarde $2x - y = 1$. Bepaal ook de aard van deze stationaire punten.

Opgave 7.29. Bepaal de stationaire punten van $3x - 2y - 1$ onder de nevenvoorwaarde $x^2 - y^2 = 5$. Bepaal ook de aard van deze stationaire punten.

Opgave 7.30. (economie; vergelijk ook §7.6, toepassing 2). Een consument (of een bedrijf of instelling) koopt x eenheden van product X en y eenheden van product Y. $U(x, y)$ is het "nut" dat hij van die aankoop heeft. De functie U heet een ***nutsfunctie***.

a. Teken enkele niveaulijnen van de nutsfunctie $U(x, y) = x^2 y^2$. Laat zien, dat een consument een gelijk nut ervaart van de aankooppakketten (2, 3) en (6, 1) en dus geen voorkeur voor een van beide pakketten heeft. (Daarom wordt een niveaulijn van $U(x, y)$ een ***isonutskromme*** of een ***indifferentiekromme*** genoemd).

b. Wat verstaan we onder het marginale nut van goed X? Bepaal het marginale nut van goed X en goed Y in het punt (2, 3). (Economen spreken overigens liever van het grensnut van goed X of goed Y.)

c. Wat verstaan we onder de marginale substitutieverhouding van goed X? Bereken deze $m.s.v._X$ in het punt (2, 3).

d. Leid een economische wet af, die de bovenstaande begrippen met elkaar verbindt. Controleer de geldigheid van deze wet in het punt (2, 3).

Opgave 7.31 (economie). Een student koopt x producten A met prijs 1 en y producten B met prijs 4. De nutsfunctie $N(x, y) = x^2 y^2$ beschrijft het nut van x producten A en y producten B. Voor welke x en y is het nut maximaal bij een budget van 36?

Opgave 7.32 (veeteelt). De eierproductie van scharrelkippen hangt af van het voer dat ze krijgen. We modelleren de eierproductie P per kip per jaar met

$$P = 100 + xy.$$

voor een kip die x kg meelvoer en y kg hardvoer per jaar krijgt. De totale hoeveelheid voer per kip per jaar is 20 kilo:

$$x + y = 20.$$

Scharrelkippen

Een kilo meelvoer kost 20 cent en een kilo hardvoer kost 60 cent. Een ei brengt 5 cent op. Wat adviseert u de boer en welke kosten en baten kunt u hem in het vooruitzicht stellen?

Opgave 7.33 (veeteelt). Een boer wil zijn vee laten grazen op een deel van een groot grasland, dat door een hek wordt begrensd. Hij vindt in de schuur 60 meter draad en een aantal palen. Bepaal de maximaal afgezette oppervlakte in elk van de volgende situaties.

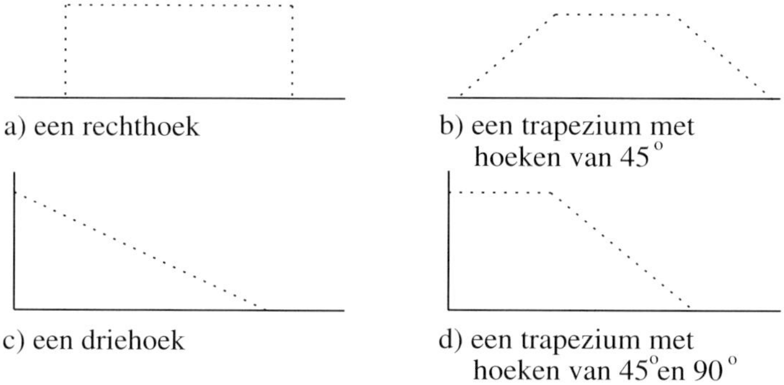

figuur 7.18. Afgezette stukken weiland.

Opgave 7.34 (bedrijfskunde). Een fabrikant produceert kartonnen prullenbakken met een ronde en met een vierkante dwarsdoorsnede. Welke afmetingen geven deze prullenbakken een maximale inhoud bij een voorgeschreven hoeveelheid karton?

Opgave 7.35 (mechanica). Het draagvermogen van een houten balk met een rechthoekige dwarsdoorsnee is evenredig met zijn breedte en met het kwadraat van zijn dikte.
Uit een cilindrische boomstam met straal R moet een balk gezaagd worden. Wat is de vorm van de sterkste balk?

Opgave 7.36 (bedrijfskunde). Een fabrikant van groenteconserven verpakt zijn product glazen potjes met een metalen deksel. Het deksel heeft een cilindervormige rand van 1 cm. Metaal is twee maal zo duur als glas. Een potje wordt tot 2 cm. onder de rand gevuld. Bepaal de vorm van zo'n potje, die bij gegeven kostprijs een maximale effectieve inhoud oplevert.

Olijven in glas

Opgave 7.37 (bedrijfskunde). Het productieproces van een bedrijf wordt beschreven door

$$q = 10\sqrt[5]{4a^3k^4}\ ,$$

waarbij q de hoeveelheid eindproduct is bij arbeid a en kapitaal k. De prijs van een eenheid arbeid is $p_a = 9$ en de prijs van een eenheid kapitaal is $p_k = 6$.

a. Het bedrijf heeft voor dit productieproces een budget $K = 84$ beschikbaar. Bepaal het optimale productieplan.

b. Het bedrijf ziet een markt voor 160 eenheden eindproduct. Bepaal het optimale productieplan.

Opgave 7.38. Als (a, b) een stationair punt is van de functie $f(x, y)$ onder de nevenvoorwaarde $g(x, y) = g(a, b)$, dan is (a, b) ook een stationair punt van de functie $g(x, y)$ onder de nevenvoorwaarde $f(x, y) = f(a, b)$. Laat dit zien.

7.8 REFLECTIE

In de behandeling van functies van twee variabelen hebben we ernaar gestreefd de resultaten zodanig te formuleren dat ze gegeneraliseerd kunnen worden naar functies van meer variabelen. Een uitzondering hierop vormt §7.2. Een stationair punt van een functie van drie of meer variabelen (minimum, maximum of zadelpunt?) kan niet worden onderzocht op de manier zoals hier aangegeven. In plaats daarvan moeten de eigenwaarden van de Hessiaan onderzocht worden, en dan blijkt het volgende. Als alle eigenwaarden van de Hessiaan positief zijn dan is het stationaire punt een minimum; als alle eigenwaarden negatief zijn dan is het stationaire punt een maximum; als de Hessiaan zowel positieve als negatieve eigenwaarden heeft, dan is het stationaire punt een zadelpunt.
De toepassing van de bovenstaande eigenschap verplicht ons de eigenwaarden van de Hessiaan uit te rekenen, en dat is vaak een moeizame taak. Bovendien willen we de eigenwaarden zelf niet eens kennen, we willen slechts weten of ze positief of negatief zijn. Gelukkig bestaat er een hulpmiddel om dit aan de weet te komen zonder de eigenwaarden zelf uit te rekenen: het criterium van Routh-Hurwitz. Toepassing van dit criterium op een Hessiaan van een functie van twee variabelen levert precies het criterium dat in §7.2 is vermeld.

HISTORISCHE NOTITIES

Lagrange

De theorie van functies van meerdere variabelen is voortgekomen uit de mathematische fysica. Het toepassingsgebied van waaruit het meest bijgedragen is tot de ontwikkeling is dat van de gewone en partiële differentiaalvergelijkingen.
De partiële afgeleiden zijn afkomstig van Leonhart Euler (Zwitserland, 1707-1783).
De concepten van stationair punt, minimum en maximum zijn uitgewerkt door Jean d'Alembert (Frankrijk, 1717-1783). Ook Joseph Louis Lagrange (Frankrijk, 1736-1813) heeft belangrijke bijgedragen geleverd, onder meer zijn multiplicatorenmethode.
De matrix van Hesse of Hessiaan is afkomstig van Ludwig Otto Hesse (Duitsland, 1811-1874).

Hesse

Door dit hoofdstuk en het voorafgaande lopen als een rode draad de toepassingen in de economie van het Cobb-Douglas model (1928). Deze zijn het resultaat van een interdisciplinaire samenwerking van twee Amerikanen: de wiskundige Charles W. Cobb en de econoom (en later senator) Paul H. Douglas (1892-1976).

8 COMPLEXE GETALLEN

VOORKENNIS

- Kennis van elementaire algebraïsche rekenregels. Vaardigheid in het rekenen met reële getallen, in het bijzonder het rekenen met breuken en wortels.
- Vaardigheid in het ontbinden van veeltermen in factoren.
- Kennis van de goniometrische functies sin(x), cos(x) en tan(x), en van hun meetkundige betekenis. Kennis van de exponentiële functie e^x, of exp(x). Kennis van de Taylorreeksen van deze functies.

Voor de toepassingen:

- Kennis van vectoren (in het bijzonder in $\mathbf{R}^2$) en vaardigheid in het rekenen met vectoren.
- Kennis van lineaire iteratieve processen in $\mathbf{R}^n$.

OVERZICHT VAN DIT HOOFDSTUK

8.1 INLEIDING

We zagen in hoofdstuk 5 dat de lineaire differentiaalvergelijking

$$x'(t) = k\,x(t)$$

oplossingen heeft van de vorm

$$x(t) = c\,e^{kt}.$$

Iemand die de oplossing niet meer precies weet, maar zich nog wel herinnert dat het een exponentiële functie is, kan als volgt handelen. Hij vult de functie $x(t) = e^{\lambda t}$ als probeer-oplossing in de differentiaalvergelijking in, en met $x'(t) = \lambda e^{\lambda t}$ vindt hij

$$\lambda e^{\lambda t} = k\,e^{\lambda t}.$$

Delen door $e^{\lambda t}$ (dat is positief voor alle t) leidt tot een simpele vergelijking voor λ:

$$\lambda = k.$$

Zo kunnen we heel effectief een ***eerste orde lineaire differentiaalvergelijking*** oplossen. In sommige gevallen is deze techniek rechtstreeks over te nemen voor ***tweede orde lineaire differentiaalvergelijkingen***.

Voorbeeld. Stel dat $x(t) = e^{\lambda t}$ voldoet aan de tweede orde differentiaalvergelijking

$$x''(t) + 2x'(t) - 3x(t) = 0.$$

We vullen deze probeer-oplossing in de vergelijking in, en dan vinden we met

$$x'(t) = \lambda e^{\lambda t} \quad \text{en} \quad x''(t) = \lambda^2 e^{\lambda t}$$

dat

$$\lambda^2 e^{\lambda t} + 2\lambda e^{\lambda t} - 3e^{\lambda t} = (\lambda^2 + 2\lambda - 3)e^{\lambda t} = 0.$$

Vervolgens delen we door $e^{\lambda t}$, en dat leidt tot de ***karakteristieke vergelijking***

$$\lambda^2 + 2\lambda - 3 = 0.$$

Deze vergelijking kunnen we oplossen door ***kwadraat afsplitsen***:

$$\lambda^2 + 2\lambda - 3 = (\lambda + 1)^2 - 4,$$

dus we schijven

$$(\lambda + 1)^2 - 4 = 0 \quad \text{dus} \quad (\lambda + 1)^2 = 4.$$

Daaruit volgt

$$\lambda + 1 = 2 \quad \text{of} \quad \lambda + 1 = -2,$$

zodat de oplossingen zijn

$$\lambda_1 = 1 \quad \text{en} \quad \lambda_2 = -3.$$

Deze oplossingen kunnen we natuurlijk ook bepalen met behulp van de ***abc-formule***:

$$\lambda^2 + 2\lambda - 3 = 0 \quad \Rightarrow \quad \lambda_{1,2} = \frac{-2 \pm \sqrt{4+12}}{2} = -1 \pm 2, \quad \text{dus} \quad \lambda_1 = 1 \text{ en } \lambda_2 = -3.$$

De functies $x_1(t) = \exp(\lambda_1 t) = e^t$ en $x_2(t) = \exp(\lambda_2 t) = e^{-3t}$ zijn inderdaad oplossingen van de differentiaalvergelijking (ga na!). #

Voorbeeld (vervolg). Stel dat de functie $x(t) = e^{\lambda t}$ voldoet aan de differentiaalvergelijking

$$x''(t) + 2x'(t) + 2x(t) = 0.$$

Dan vinden we met $x'(t) = \lambda e^{\lambda t}$ en $x''(t) = \lambda^2 e^{\lambda t}$:

$$(\lambda^2 + 2\lambda + 2)e^{\lambda t} = 0$$

ofwel

$$\lambda^2 + 2\lambda + 2 = 0.$$

Deze vergelijking proberen we weer op te lossen door kwadraat afsplitsen:

$$\lambda^2 + 2\lambda + 2 = (\lambda + 1)^2 + 1,$$

dus we schijven

$$(\lambda + 1)^2 + 1 = 0 \quad \text{dus} \quad (\lambda + 1)^2 = -1.$$

Om nu verder te kunnen gaan zullen we oplossingen moeten definiëren van de vergelijking $z^2 = -1$; we hebben dus een getal nodig waarvan het kwadraat negatief is! Dezelfde moeilijkheid komen we tegen als we de abc-formule proberen te gebruiken:

$$\lambda^2 + 2\lambda + 2 = 0 \quad \Rightarrow \quad \lambda_{1,2} = \frac{-2 \pm \sqrt{4-8}}{2} = -1 \pm \tfrac{1}{2}\sqrt{-4},$$

en opnieuw moeten we de wortel uit een negatief getal kennen. #

Bij het oplossen van tweede orde lineaire differentiaalvergelijkingen moeten we vergelijkingen oplossen van de vorm

$$a\lambda^2 + b\lambda + c = 0.$$

Deze vergelijking heeft alleen reële oplossingen als voor de ***discriminant*** D,

$$D = b^2 - 4ac$$

geldt: $D \geq 0$. We hebben echter ook behoefte aan oplossingen als $D < 0$.

8.2 WISKUNDIG GEREEDSCHAP: COMPLEXE GETALLEN EN HUN BEWERKINGEN

WAT IS EEN COMPLEX GETAL?

Heel lang geleden kende men alleen de ***natuurlijke getallen*** 1, 2, 3, ... Dat werkte aardig, zo lang er geen geld bestond. Snel na de invoering van het geld kwamen er geldwisselaars en bankiers. Zij hadden behoefte aan een notatie die aanduidt dat iemand niets bezit. Dit probleem werd opgelost door de natuurlijke getallen uit te breiden met het getal 0. Dat lijkt een voor de hand liggende gedachte, maar het is een wezenlijke stap in de geschiedenis van de wetenschap. Ook nu kunnen we deze vooruitgang nog zien bij jonge kinderen: ze leren eerst te tellen vanaf 1 (dus 1, 2, 3,...) en pas later komt de 0 erbij.
Vervolgens gingen de bankiers leningen verstrekken. Hiermee ontstond de behoefte aan een notatie die weergeeft dat iemand geen bezit heeft uitstaan bij de bankier, maar een schuld. Daarvoor zijn de negatieve getallen bedacht. Deze negatieve getallen zijn al heel abstract; ze geven iets aan dat er niet is, integendeel: ze geven aan hoe groot het gebrek aan iets (meestal geld) is. Met de negatieve getallen is de verzameling van de natuurlijke getallen uitgebreid tot de verzameling ***gehele getallen***.
Uit de behoefte om te verdelen zijn ondertussen ook de breuken ontstaan. Eerst waren die eenvoudig (een half, een kwart), later werden ze ingewikkelder. Rekenen met breuken is ook niet eenvoudig! Eerst waren de breuken positief, maar later kwamen er ook negatieve breuken bij. Zo ontstond de verzameling van de ***rationale getallen***.
De natuurlijke, gehele en rationale getallen zijn ontstaan (of ontdekt) zonder bemoeienis van de wetenschappers, eenvoudig omdat de maatschappij er behoefte aan had. De ontwikkelingen die volgen zijn echter geheel aan de wetenschap te danken.
Laten we eens kijken naar de lineaire vergelijking

$$ax + b = 0.$$

Als a en b gehele getallen zijn, dan kan de oplossing x heel goed een niet-geheel rationaal getal zijn. We zeggen: de lineaire vergelijking is niet oplosbaar binnen de gehele getallen. Laten we echter toe dat a en b rationale getallen zijn, dan blijft de oplossing x een rationaal getal. De lineaire vergelijking is dus wel oplosbaar binnen de rationale getallen.
Er zijn echter ook andere vergelijkingen dan de lineaire, en die hebben vaak oplossingen die geen rationaal getal zijn. Een heel oud probleem is het berekenen van het getal π dat voorkomt in de oppervlakteberekening van een cirkel. Maar ook andere vergelijkingen leveren niet-rationale oplossingen, bijvoorbeeld de ***kwadratische vergelijking***

$$ax^2 + bx + c = 0.$$

Voor $a = 1$, $b = 0$ en $c = -2$ is er een oplossing $x = \sqrt{2}$. Ook $\sqrt{2}$ is geen rationaal getal. De getallen π en $\sqrt{2}$ zijn echter wel willekeurig goed te benaderen met rationale getallen. Als we dit soort getallen aan de rationale getallen toevoegen krijgen we de ***reële getallen***.
Echter, voor $a = 1$, $b = 0$ en $c = 2$ heeft deze vergelijking geen reële oplossing. Om een oplossing te maken moeten we onze getallenverzameling opnieuw uitbreiden.

Het hierboven gesignaleerde probleem lossen we eenvoudig op door een oplossing van de vergelijking $x^2 = -1$ te postuleren:

D ***Definitie.*** Het getal i is een grootheid waarvoor $i^2 = -1$. Dit getal i heet de ***imaginaire eenheid***. #

Het getal i is natuurlijk geen reëel getal: het kwadraat van een reëel getal kan immers nooit negatief zijn. We hebben dus wezenlijk iets aan de reële getallen toegevoegd, en omdat het niet reëel is noemen we het ***imaginair*** (denkbeeldig).

Met behulp van dit imaginaire getal i kunnen we nu ook vierkantsvergelijkingen oplossen waarvan de discriminant D negatief is.

Voorbeelden.

a. $z^2+1 = 0: \Rightarrow z^2 = -1 \Rightarrow z^2 = \mathrm{i}^2 \Rightarrow$
$\Rightarrow z = \pm\mathrm{i} \Rightarrow z_1 = \mathrm{i}, \quad z_2 = -\mathrm{i}.$

b. $z^2+2z+2 = 0: \Rightarrow (z+1)^2+1 = 0 \Rightarrow (z+1)^2 = -1 = \mathrm{i}^2$
$\Rightarrow z+1 = \pm\mathrm{i} \Rightarrow z = -1\pm\mathrm{i}.$

c. $z^2-2z+2 = 0: \Rightarrow (z-1)^2+1 = 0 \Rightarrow (z-1)^2 = -1 = \mathrm{i}^2 \Rightarrow$
$\Rightarrow z-1 = \pm\mathrm{i} \Rightarrow z = 1\pm\mathrm{i}.$

d. $z^2+4z+13 = 0 \Rightarrow (z+2)^2+9 = 0 \Rightarrow (z+2)^2 = -9 = 9\mathrm{i}^2 = (3\mathrm{i})^2 \Rightarrow$
$\Rightarrow z+2 = \pm 3\mathrm{i} \Rightarrow z = -2\pm 3\mathrm{i}.$ #

Opgave 8.1. Bepaal de wortels van de vierkantsvergelijkingen

a. $9z^2+4 = 0$ b. $9z^2-4 = 0$

c. $z^2+z+1 = 0$ d. $4z^2-4z+5 = 0.$ #

Als een vierkantsvergelijking geen reële wortels heeft, dan zijn de oplossingen van de vorm $a + b\mathrm{i}$, waarbij a en b reële getallen zijn en i de imaginaire eenheid is. Getallen van deze vorm heten ***complexe getallen***. De verzameling van complexe getallen duiden we aan met **C**. De reële getallen maken deel uit van de verzameling van complexe getallen: we kunnen immers $b = 0$ nemen. De complexe getallen van de vorm $b\mathrm{i}$ (dus met $a = 0$) noemen we ***zuiver imaginair***.

D ***Definitie.*** De verzameling

$$\mathbf{C} = \{ z \mid z = x + \mathrm{i}\,y, \quad x \text{ en } y \text{ reëel} \}$$

heet de ***verzameling van complexe getallen***. Bij het complexe getal

$$z = x + \mathrm{i}\,y$$

heet x het ***reële deel*** van z, y het ***imaginaire deel*** van z. Zij worden aangeduid met de functies $\mathrm{Re}(z)$ en $\mathrm{Im}(z)$:

$$x = \mathrm{Re}(z), \quad y = \mathrm{Im}(z).$$ #

D ***Definitie.*** Bij het complexe getal $z = x + \mathrm{i}y$ (x en y reëel) heet het complexe getal

$$\bar{z} = x - \mathrm{i}\,y$$

de ***complex toegevoegde*** van z. #

Voorbeeld. Als $z = 1+5\mathrm{i}$ dan $\mathrm{Re}(z) = 1$, $\mathrm{Im}(z) = 5$ (niet 5i!) en $\bar{z} = 1-5\mathrm{i}$. #

Opgave 8.2. Bepaal $\mathrm{Re}(z)$, $\mathrm{Im}(z)$ en $\bar{z}$ als $z = 5-3\mathrm{i}$. #

Als z en w twee complexe getallen zijn met $w = \bar{z}$, dan geldt ook $z = \bar{w}$ (ga na!).

Als een vierkantsvergelijking $az^2 + bz + c = 0$ (met reële coëfficiënten a, b en c) geen reële wortels heeft (dus de discriminant $D = b^2 - 4ac$ is negatief, en $-D$ is positief), dan zijn de twee complexe wortels elkaars complex toegevoegde:

$$z_1 = \frac{-b + \mathrm{i}\sqrt{-D}}{2a}, \qquad z_2 = \frac{-b - \mathrm{i}\sqrt{-D}}{2a}.$$

Vergelijk de bovenstaande voorbeelden, en de uitkomsten van opgave 8.1.

HET COMPLEXE VLAK

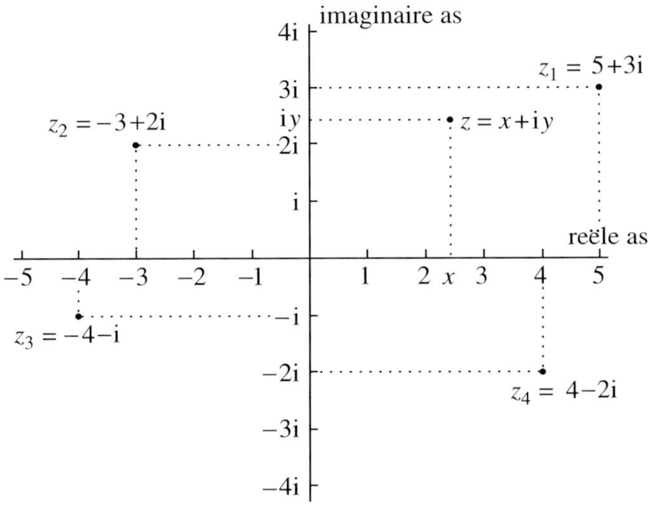

figuur 8.1. Het complexe vlak.

De verzameling van de reële getallen wordt vaak voorgesteld door de zogenaamde reële rechte. De imaginaire getallen liggen net zo op een rechte: elk getal iy met y reëel is er op vergelijkbare manier op te vinden als x op de reële rechte. Als we deze twee rechten loodrecht op elkaar zetten (horizontaal de reële as en verticaal de imaginaire as) krijgen we het ***complexe vlak***. De complexe getallen kunnen we dan als vectoren in dat vlak voorstellen (zie figuur 8.1): het complexe getal $a + b$i geven we weer als de vector $\begin{pmatrix} a \\ b \end{pmatrix}$.

Opgave 8.3. Teken de volgende complexe getallen in het complexe vlak:

a. $z = 4 + 2\mathrm{i}$

b. $z = 3\mathrm{i}$

c. $z = -1 + \mathrm{i}$

d. $z = -(2 + \mathrm{i})$

e. $z = -2\mathrm{i}/3$. #

BEWERKINGEN EN REKENREGELS VOOR COMPLEXE GETALLEN

Om zinvol met complexe getallen om te kunnen gaan moeten we ermee kunnen rekenen. De elementaire bewerkingen daarbij zijn optellen, aftrekken, vermenigvuldigen en delen.

Eerst gaan we na wanneer twee complexe getallen $z = x + iy$ en $w = u + iv$ gelijk zijn.

D ***Gelijkheid***: $z = w$ als $x = u$ én $y = v$.

(*"Twee complexe getallen zijn aan elkaar gelijk als hun reële delen aan elkaar gelijk zijn én hun imaginaire delen aan elkaar gelijk zijn"*). #

We definiëren de som en het verschil van twee complexe getallen $z = x + iy$ en $w = u + iv$:

D ***Som***: $z+w = x+iy + u+iv = (x+u)+i(y+v)$.

(*"Het reële deel van de som is de som van de reële delen, het imaginaire deel van de som is de som van de imaginaire delen"*).

Verschil: $z-w = (x+iy) - (u+iv) = (x-u)+i(y-v)$.

(*"Het reële deel van het verschil is het verschil van de reële delen, het imaginaire deel van het verschil is het verschil van de imaginaire delen"*). #

Voorbeeld. We bekijken de complexe getallen $z = 3 + 4i$ en $w = 1 + 2i$. Dan zijn de som en het verschil van z en w:

$$z+w = (3+4i) + (1+2i) = (3+1)+i(4+2) = 4+6i,$$
$$z-w = (3+4i) - (1+2i) = (3-1)+i(4-2) = 2+2i.$$ #

De som en het verschil van twee complexe getallen kunnen we gemakkelijk tekenen in het complexe vlak (zie figuur 8.2). De som van de twee complexe getallen $z = x + iy$ en $w = u + iv$ is vergelijkbaar met de som van de vectoren

$$\begin{pmatrix} x \\ y \end{pmatrix} + \begin{pmatrix} u \\ v \end{pmatrix} = \begin{pmatrix} x+u \\ y+v \end{pmatrix}.$$

Voor het verschil geldt een soortgelijke relatie. Ook de complex toegevoegde $\overline{z}$ van z kunnen we eenvoudig in het complexe vlak tekenen: we spiegelen z ten opzichte van de reële as (zie figuur 8.2).

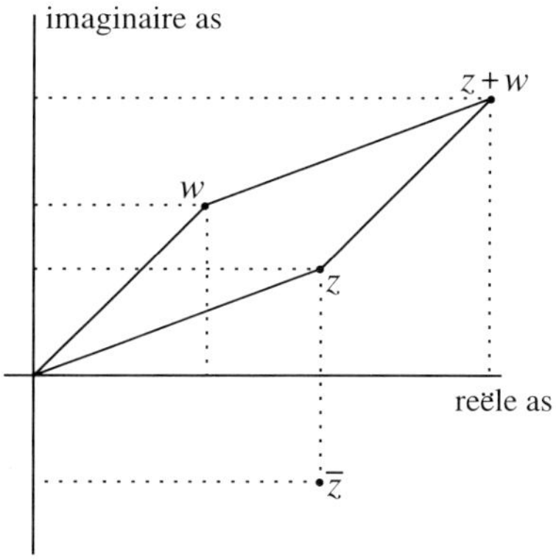

figuur 8.2. Som en complex toegevoegde in het complexe vlak.

Opgave 8.4. Gegeven zijn de complexe getallen $z = 1 + i$ en $w = 2 - 3i$.

a. Bereken $z + w$ en $z - w$.

b. Teken in het complexe vlak z, w, $\overline{z}$, $z + w$ en $z - w$. Geef ook $\mathrm{Re}(z)$ en $\mathrm{Im}(z)$ aan. #

Vervolgens definiëren we het product en het quotiënt van twee complexe getallen $z = x + \mathrm{i}y$ en $w = u + \mathrm{i}v$. Deze bewerkingen hebben geen directe tegenhanger voor vectoren in $\mathbf{R}^2$.

D **Product**: $zw = (x+\mathrm{i}y)(u+\mathrm{i}v) = xu + \mathrm{i}xv + \mathrm{i}yu + \mathrm{i}^2 yv = (xu - yv) + \mathrm{i}(xv + yu).$

Quotiënt: $\dfrac{z}{w} = \dfrac{x+\mathrm{i}y}{u+\mathrm{i}v} = \dfrac{(x+\mathrm{i}y)(u-\mathrm{i}v)}{(u+\mathrm{i}v)(u-\mathrm{i}v)} = \dfrac{xu - \mathrm{i}xv + \mathrm{i}uy - \mathrm{i}^2 yv}{u^2 - \mathrm{i}uv + \mathrm{i}uv - \mathrm{i}^2 v^2} = \dfrac{(xu + yv) + \mathrm{i}(uy - xv)}{u^2 + v^2}$ #

Voor complexe getallen gelden dezelfde rekenregels als voor reële getallen, met als extra regel dat $\mathrm{i}^2 = -1$.

Voorbeeld. We bekijken de complexe getallen $z = 3 + 4\mathrm{i}$ en $w = 1 + 2\mathrm{i}$.
Het product van z en w is

$$zw = (3+4\mathrm{i})(1+2\mathrm{i}) = (3-8) + \mathrm{i}(6+4) = -5 + 10\mathrm{i}.$$

Het quotiënt z/w is

$$\frac{z}{w} = \frac{3+4\mathrm{i}}{1+2\mathrm{i}} = \frac{(3+4\mathrm{i})(1-2\mathrm{i})}{(1+2\mathrm{i})(1-2\mathrm{i})} = \frac{3 - 6\mathrm{i} + 4\mathrm{i} - 8\mathrm{i}^2}{5} = \tfrac{1}{5}(11 - 2\mathrm{i}).$$ #

Opgave 8.5. Bereken de som, het verschil, het product en het quotiënt van z en w als
a. $z = 5 + \mathrm{i}$ en $w = 3 + 4\mathrm{i}$
b. $z = 1 - \mathrm{i}$ en $w = 2 - 3\mathrm{i}$. #

Opgave 8.6. Gegeven zijn de complexe getallen $z = -1 + 2\mathrm{i}$ en $w = 1 + \mathrm{i}$.
a. Bereken $\overline{z+w}$ en $\overline{z} + \overline{w}$, en vergelijk de uitkomsten.
b. Bereken $\overline{zw}$ en $\overline{z}\,\overline{w}$, en vergelijk de uitkomsten.
c. Bereken $z + \overline{z}$ en $2\,\mathrm{Re}(z)$, en vergelijk de uitkomsten.
d. Bereken $z - \overline{z}$ en $2\,\mathrm{Im}(z)$, en vergelijk de uitkomsten.
e. Bereken $\overline{\overline{z}}$ en vergelijk de uitkomst met z. #

Volgens de rekenregels zijn de bewerkingen "optelling" en "vermenigvuldiging" van reële of complexe getallen
- commutatief: voor elk tweetal complexe getallen w en z geldt $w + z = z + w$, en $wz = zw$.
- associatief: voor elk drietal complexe getallen t, w en z geldt $t + (w + z) = (t + w) + z$ en $t(wz) = (tw)z$
- distributief: voor elk drietal complexe getallen t, w en z geldt $t(w + z) = tw + tz$.

De complex toegevoegde is door een aantal relaties verbonden met de bewerkingen som, verschil, product en quotiënt. We geven ze als eigenschap, met een korte toelichting.

E ***Eigenschappen.*** Als $z = x + \mathrm{i}y$ en $w = u + \mathrm{i}v$ met x, y, u en v reëel, dan geldt

a. $\overline{z+w} = \overline{z} + \overline{w}$: $\quad \overline{z+w} = \overline{(x+u) + \mathrm{i}(y+v)} = (x+u) - \mathrm{i}(y+v) = \overline{z} + \overline{w}$.

b. $\overline{zw} = \overline{z}\,\overline{w}$: $\quad \overline{zw} = \overline{(xu - yv) + \mathrm{i}(xv + yu)} = (xu - yv) - \mathrm{i}(xv + yu) =$
$= (x - \mathrm{i}y)(u - \mathrm{i}v) = \overline{z}\,\overline{w}$.

c. $z + \overline{z} = 2\,\mathrm{Re}(z)$: $\quad z + \overline{z} = (x + \mathrm{i}y) + (x - \mathrm{i}y) = 2x = 2\,\mathrm{Re}(z)$.

d. $z - \overline{z} = 2\mathrm{i}\,\mathrm{Im}(z)$: $\quad z - \overline{z} = (x + \mathrm{i}y) - (x - \mathrm{i}y) = 2\mathrm{i}y = 2\mathrm{i}\,\mathrm{Im}(z)$.

e. $\overline{\overline{z}} = z$: $\quad \overline{\overline{z}} = \overline{\left(\overline{x + \mathrm{i}y}\right)} = \overline{(x - \mathrm{i}y)} = x + \mathrm{i}y = z$. #

DE COMPLEXE EXPONENTIËLE FUNCTIE

De belangrijkste functie voor complexe getallen is de exponentiële functie $\exp(z) = e^z$.

D **Definitie.** Voor een complex getal $z = x + iy$, x en y reëel, is de ***complexe exponentiële functie*** gegeven door

$$\exp(z) = e^z = e^x(\cos(y) + i\sin(y)) . \qquad \#$$

Toelichting. We gebruiken een eigenschap van de exponentiële functie die we al kennen voor het reële geval, namelijk $e^{a+b} = e^a e^b$. Daarnaast gebruiken we de Taylorreeksen van e^x, $\sin(x)$ en $\cos(x)$ (vergelijk §2.2):

$$e^x = 1 + x + \frac{x^2}{2!} + \frac{x^3}{3!} + \frac{x^4}{4!} + \ldots = \sum_{n=0}^{\infty} \frac{x^n}{n!},$$

$$\sin(x) = x - \frac{x^3}{3!} + \frac{x^5}{5!} - \frac{x^7}{7!} + \ldots = \sum_{n=0}^{\infty} (-1)^n \frac{x^{2n+1}}{(2n+1)!},$$

$$\cos(x) = 1 - \frac{x^2}{2!} + \frac{x^4}{4!} - \frac{x^6}{6!} + \ldots = \sum_{n=0}^{\infty} (-1)^n \frac{x^{2n}}{(2n)!},$$

Als we de x in de machtreeks van e^x vervangen door iy dan vinden we met $i^0 = 1$, $i^1 = i$, $i^2 = -1$, $i^3 = -i$, $i^4 = 1$, $i^5 = i$ enzovoort:

$$\begin{aligned} e^{iy} &= 1 + iy + \frac{(iy)^2}{2!} + \frac{(iy)^3}{3!} + \frac{(iy)^4}{4!} + \frac{(iy)^5}{5!} + \frac{(iy)^6}{6!} + \ldots = \\ &= \left(1 + \frac{(iy)^2}{2!} + \frac{(iy)^4}{4!} + \frac{(iy)^6}{6!} + \ldots\right) + \left(iy + \frac{(iy)^3}{3!} + \frac{(iy)^5}{5!} + \ldots\right) = \\ &= \left(1 - \frac{y^2}{2!} + \frac{y^4}{4!} - \frac{y^6}{6!} + \ldots\right) + i\left(y - \frac{y^3}{3!} + \frac{y^5}{5!} - \ldots\right) = \\ &= \cos(y) + i\sin(y) . \end{aligned}$$

Voor $z = x + iy$ moet gelden dat $e^z = e^{x+iy} = e^x e^{iy} = e^x(\cos(y) + i\sin(y))$. Hiermee is de exponentiële functie gedefinieerd voor alle complexe argumenten. #

De complexe exponentiële functie heeft alle eigenschappen die we er van verwachten. De belangrijkste eigenschappen zijn:

E **Eigenschap.** Voor twee complexe getallen z en w geldt $e^{z+w} = e^z e^w$. #

E **Eigenschap.** Voor elk complex getal α geldt $\frac{d}{dt} e^{\alpha t} = \alpha e^{\alpha t}$. #

De bovenstaande definitie drukt de complexe exponentiële functie uit in de reële functies cosinus en sinus. Het omgekeerde kan ook:

E **Eigenschap.** Voor reële x geldt $\cos(x) = \dfrac{e^{ix} + e^{-ix}}{2}$, $\sin(x) = \dfrac{e^{ix} - e^{-ix}}{2i}$. #

Toelichting.

$$\begin{aligned} e^{ix} + e^{-ix} &= (\cos(x) + i\sin(x)) + (\cos(-x) + i\sin(-x)) = \\ &= (\cos(x) + i\sin(x)) + (\cos(x) - i\sin(x)) = 2\cos(x), \\ e^{ix} - e^{-ix} &= (\cos(x) + i\sin(x)) - (\cos(-x) + i\sin(-x)) = \\ &= (\cos(x) + i\sin(x)) - (\cos(x) - i\sin(x)) = 2i\sin(x). \end{aligned}$$ #

TWEEDE ORDE LINEAIRE DIFFERENTIAALVERGELIJKINGEN

De complexe exponentiële functie is van groot belang bij het oplossen van tweede orde lineaire differentiaalvergelijkingen van de vorm

$$a x''(t) + b x'(t) + c x(t) \;=\; 0.$$

Voorbeeld. Stel dat de functie $x(t) = e^{\lambda t}$ voldoet aan de differentiaalvergelijking

$$x''(t) + 2x'(t) + 10x(t) \;=\; 0.$$

Dan vinden we met $x'(t) \;=\; \lambda e^{\lambda t}$ en $x''(t) \;=\; \lambda^2 e^{\lambda t}$:

$$(\lambda^2 + 2\lambda + 10)e^{\lambda t} \;=\; 0.$$

Na uitdelen van $e^{\lambda t}$ vinden we dat λ aan de karakteristieke vergelijking moet voldoen:

$$\lambda^2 + 2\lambda + 10 \;=\; 0.$$

Deze vergelijking proberen we weer op te lossen met kwadraat afsplitsen:

$$\lambda^2 + 2\lambda + 10 \;=\; (\lambda + 1)^2 + 9,$$

dus we schijven

$$(\lambda + 1)^2 + 9 \;=\; 0 \quad \text{dus} \quad (\lambda + 1)^2 \;=\; -9.$$

Met complexe getallen vinden we nu

$$\lambda + 1 = 3i \quad \text{of} \quad \lambda + 1 = -3i,$$

zodat

$$\lambda_1 = -1 + 3i \quad \text{en} \quad \lambda_2 = -1 - 3i.$$

Deze oplossingen kunnen we natuurlijk ook bepalen met behulp van de ***abc-formule***:

$$\lambda_{1,2} \;=\; \frac{-2 \pm \sqrt{4 - 40}}{2} \;=\; -1 \pm \tfrac{1}{2}\sqrt{-36} \;=\; -1 \pm 3i.$$

De functies

$$x_1(t) \;=\; \exp(\lambda_1 t) \;=\; e^{-t}\big(\cos(3t) + i\sin(3t)\big),$$
$$x_2(t) \;=\; \exp(\lambda_2 t) \;=\; e^{-t}\big(\cos(-3t) + i\sin(-3t)\big) \;=\; e^{-t}\big(\cos(3t) - i\sin(3t)\big)$$

zijn inderdaad oplossingen van de differentiaalvergelijking (ga na door expliciet differentiëren en invullen!). Deze functies zijn ***basisoplossingen*** van de differentiaalvergelijking. Elke andere oplossing $x(t)$ is een ***lineaire combinatie*** van $x_1(t)$ en $x_2(t)$:

$$x(t) \;=\; \alpha_1 x_1(t) \;+\; \alpha_2 x_2(t)\,,$$

met complexe coëfficiënten α_1 en α_2.

De differentiaalvergelijking heeft dus complexe en reële oplossingen. In de toepassingen zijn we meestal alleen in de reële oplossingen geïnteresseerd. Een oplossing in complexe vorm is dus niet aantrekkelijk. We voegen daarom de twee complexe oplossingen weer samen tot reële basisoplossingen van de differentiaalvergelijking.
De oplossingen $x_1(t)$ en $x_2(t)$ zijn elkaars complex toegevoegde; hun som is dus reëel, en hun verschil is imaginair. Er geldt

$$x_1(t)+x_2(t) = \mathrm{e}^{-t}\big(\cos(3t)+\mathrm{i}\sin(3t)\big) + \mathrm{e}^{-t}\big(\cos(3t)-\mathrm{i}\sin(3t)\big) = 2\mathrm{e}^{-t}\cos(3t),$$
$$x_1(t)-x_2(t) = \mathrm{e}^{-t}\big(\cos(3t)+\mathrm{i}\sin(3t)\big) - \mathrm{e}^{-t}\big(\cos(3t)-\mathrm{i}\sin(3t)\big) = 2\mathrm{i}\,\mathrm{e}^{-t}\sin(3t),$$

zodat de volgende combinaties reëel zijn:

$$f_1(t) = \tfrac{1}{2}\big(x_1(t)+x_2(t)\big) = \mathrm{e}^{-t}\cos(3t), \quad f_2(t) = \tfrac{1}{2\mathrm{i}}\big(x_1(t)-x_2(t)\big) = \mathrm{e}^{-t}\sin(3t).$$

Ga na dat dit ook oplossingen van de gegeven differentiaalvergelijking zijn! In deze twee functies zullen we de oplossing van de differentiaalvergelijking uitdrukken:

$$x(t) = \beta_1 f_1(t) + \beta_2 f_2(t),$$

met reële coëfficiënten β_1 en β_2.

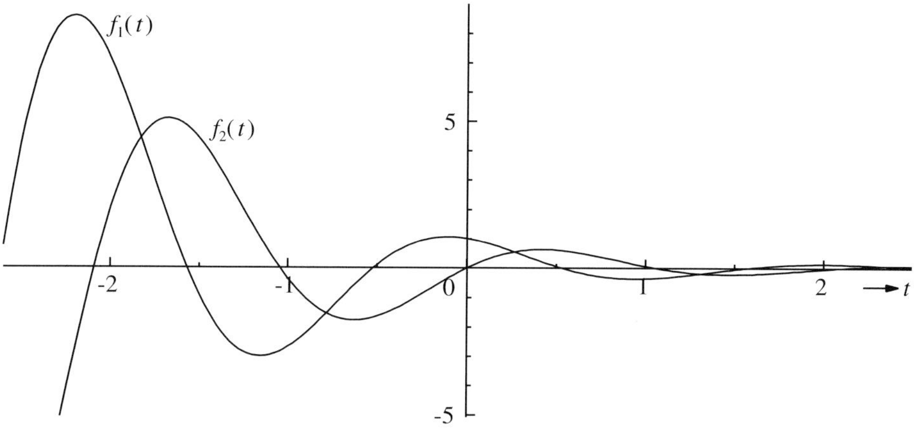

figuur 8.3. Oplossingen van $x''(t)+2x'(t)+10x(t) = 0$.

De grafieken van deze functies zijn afgebeeld in figuur 8.3. #

Opgave 8.7. Geef de oplossing (in reële vorm!) van het beginwaardeprobleem

$$x''(t)+2x'(t)+10x(t) = 0, \quad x(0) = 1, \quad x'(0) = 2.$$ #

Opgave 8.8. Geef de (reële) oplossingen van de differentiaalvergelijking

$$2x''(t)+2x'(t)+x(t) = 0.$$ #

SAMENVATTING

- De imaginaire eenheid is een getal i waarvoor $\mathrm{i}^2 = -1$. De vergelijking $x^2 = -1$ heeft als oplossingen i en –i.

- Als $z = x + \mathrm{i}\,y$, x en y reëel, dan is $\overline{z} = x - \mathrm{i}\,y$ de complex toegevoegde van z.

- Binnen de complexe getallen kunnen we optellen, aftrekken, vermenigvuldigen en delen met behoud van de normale rekenregels.

- Voor $z = x + \mathrm{i}\,y$, (x en y reëel) geldt $\exp(z) = \mathrm{e}^z = \mathrm{e}^x\left(\cos(x) + \mathrm{i}\sin(y)\right)$.

- Voor reële x geldt

$$\cos(x) = \frac{\mathrm{e}^{\mathrm{i}x} + \mathrm{e}^{-\mathrm{i}x}}{2}, \qquad \sin(x) = \frac{\mathrm{e}^{\mathrm{i}x} - \mathrm{e}^{-\mathrm{i}x}}{2\mathrm{i}}.$$

- Als een tweedegraads vergelijking $a z^2 + b z + c = 0$ (met reële coëfficiënten a, b en c) niet-reële wortels heeft (dus de discriminant $D = b^2 - 4ac$ is negatief, en $-D$ is positief), dan zijn de twee complexe wortels elkaars complex toegevoegde:

$$z_1 = \frac{-b + \mathrm{i}\sqrt{-D}}{2a}, \qquad z_2 = \frac{-b - \mathrm{i}\sqrt{-D}}{2a}.$$

- De oplossingen van de tweedegraads lineaire differentiaalvergelijking

$$a\,x''(t) + b\,x'(t) + c\,x(t) = 0$$

hebben de vorm

$$x(t) = \alpha_1 \exp(\lambda_1 t) + \alpha_2 \exp(\lambda_2 t),$$

waarin λ_1 en λ_2 de oplossingen van de karakteristieke vergelijking

$$a\lambda^2 + b\lambda + c = 0$$

zijn, en α_1 en α_2 twee vrij te kiezen constanten.

3 Toepassingen

Toepassing 1 (natuurkunde: de slinger).
We kunnen een slinger (geïdealiseerd) voorstellen als een puntmassa m opgehangen aan een (massaloze) staaf met lengte l (zie figuur 8.4).
De zwaartekracht oefent een naar beneden gerichte kracht uit op de puntmassa ter grootte van mg, waarin g de zwaartekrachtsversnelling is ($g \cong 9.8\,\mathrm{m/s^2}$). Als de slinger naar beneden hangt wordt deze kracht geheel opgevangen door de ophangstaaf. Heeft de slinger echter een uitwijking met een hoek θ, dan ontbinden we deze kracht in een kracht langs de ophangstaaf en een kracht loodrecht daarop. De kracht langs de staaf heeft de grootte $mg\cos(\theta)$. De kracht loodrecht op de staaf heeft de grootte $-mg\sin(\theta)$, waarbij het minteken aanduidt dat deze kracht gericht is tegen de uitwijking θ in; de slinger wordt immers naar de verticale positie teruggedreven.

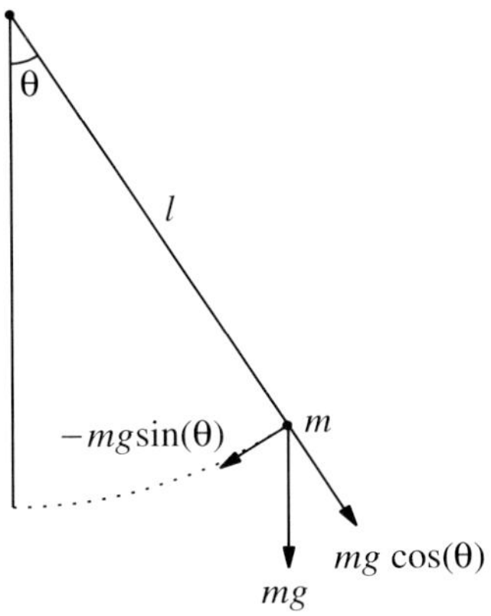

figuur 8.4. De slinger.

De terugdrijvende kracht zorgt voor een versnelling van de puntmassa door de wet van Newton: $F = ma$. De puntmassa ondergaat dus een versnelling $a = -g\sin(\theta)$. Met $a = l\,\theta''(t)$ volgt hieruit een tweede orde niet-lineaire differentiaalvergelijking voor θ:

$$\theta''(t) = -g\sin(\theta(t))/l.$$

Als θ klein is kunnen we $\sin(\theta)$ benaderen door de eerste term uit zijn Taylorreeks: $\sin(\theta) \cong \theta$. Hiermee hebben we de differentiaalvergelijking ***gelineariseerd***:

$$\theta''(t) = -g\,\theta(t)/l.$$

Opgave 8.9.

a. Bepaal de algemene oplossing van de gelineariseerde differentiaalvergelijking.

b. Bepaal de oplossing van de gelineariseerde differentiaalvergelijking met beginvoorwaarden $\theta(0) = 0.1$ en $\theta'(0) = 0$. Wat betekenen deze beginvoorwaarden?

c. Geef de oplossing van de gelineariseerde differentiaalvergelijking met beginvoorwaarden $\theta'(0) = 0.1$ en $\theta(0) = 0$. Wat betekenen deze beginvoorwaarde?

d. Bereken de slingertijd T, dat is de tijd die nodig is voor één volledige schommeling.

e. Op de slinger van een slingerklok zit een stelschroef waarmee we de effectieve lengte l kunnen vergroten of verkleinen. Als de klok te snel loopt, moeten we de slinger dan langer of korter maken?

f*. Een slingerklok loopt 1 minuut per uur te snel. Bepaal met een eerste orde benadering met hoeveel procent de effectieve slingerlengte l moet worden bijgesteld. (Hint: gebruik de Taylorreeks of binomiaalreeks van $f(x) = \sqrt{1+x}$).

8.4 OPGAVEN

Opgave 8.10. Bepaal $z+w$, $z-w$, zw en z/w als geldt dat

a. $z=-3$, $w=2\mathrm{i}$

b. $z=2+\mathrm{i}$, $w=1+2\mathrm{i}$

c. $z=1+\mathrm{i}$, $w=1-\mathrm{i}$

d. $z=2$, $w=1+\mathrm{i}$

e. $z=1+2\mathrm{i}$, $w=5-5\mathrm{i}$

f. $z=4-7\mathrm{i}$, $w=3+5\mathrm{i}$.

Opgave 8.11. Bepaal de wortels van de volgende vierkantsvergelijkingen:

a. $z^2+2z+2=0$

b. $2z^2+2z+1=0$

c. $z^2-3z+3=0$

d. $z^2+4z+5=0$.

Opgave 8.12. Bepaal alle reële oplossingen van de volgende tweede orde differentiaalvergelijkingen:

a. $x''(t)+2x'(t)+2x(t)=0$

b. $x''(t)=2x'(t)+2x(t)$

c. $2x''(t)+2x'(t)+5x(t)=0$

d. $2f''(x)+2f'(x)+f(x)=0$

e. $x''(t)=-\omega^2 x(t)$.

Opgave 8.13. De complexe getallen z en w zijn gegeven door $z=(x^2-2x+3)+\mathrm{i}\,(x+2)$ en $w=(x+1)+\mathrm{i}\,(x^2+3x-1)$, waarbij x een reëel getal is. Voor welke x geldt $z=w$?

Opgave 8.14. (natuurkunde: de gedempte slinger; vergelijk ook §8.3, toepassing 1). Bekijk een (geïdealiseerde) slinger met massa m en lengte l (zie figuur 8.5). De zwaartekracht oefent op de puntmassa een naar beneden gerichte kracht uit ter grootte mg, waarin g de zwaartekrachtsversnelling is ($g \cong 9.8\,\mathrm{m/s^2}$). Die kracht ontbinden we in een kracht langs de staaf en een kracht loodrecht daarop. De kracht loodrecht op de staaf, met grootte $-mg\sin(\theta)$, drijft de slinger naar de verticale positie terug. Met de wet van Newton: $F=ma$, en $a=l\theta''(t)$ volgt hieruit een tweede orde niet-lineaire differentiaalvergelijking voor θ:

$$\theta''(t) = -g\sin(\theta(t))/l.$$

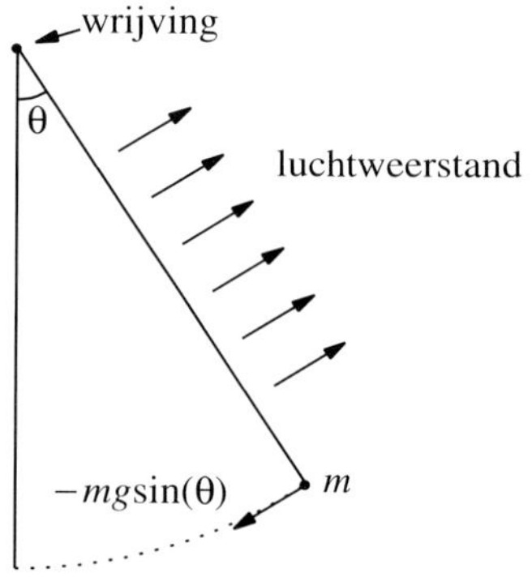

figuur 8.5. Een gedempte slinger.

Linearisatie van $\sin(\theta)$ rond $\theta = 0$ geeft een lineaire tweede orde differentiaalvergelijking:

$$\theta''(t) = -g\,\theta(t)/l.$$

In de bovenstaande afleiding is de zwaartekracht de enige kracht is die de beweging van de slinger bepaalt. Als de slinger in beweging is komt er nog twee krachten bij: de ***luchtweerstand*** en de ***wrijving*** in het draaipunt (het "aanlopen"). Bij lage snelheden kunnen we deze krachten modelleren als één kracht werkend op de puntmassa, die in grootte evenredig met de snelheid van de puntmassa, en in richting daaraan tegengesteld. Omrekenen naar de hoek θ geeft nu de lineaire tweede orde differentiaalvergelijking

$$\theta''(t) = \big(-g\,\theta(t) - k\,\theta'(t)\big)/l \qquad (k > 0).$$

a. Bepaal de algemene oplossing van de gelineariseerde differentiaalvergelijking.
b. Laat zien dat voor elke positieve k de schommeling op den duur uitdempt; verklaar hiermee de term ***gedempte slinger***.
c. Er is sprake van ***superkritische demping*** als k zo groot is dat een slinger die buiten zijn evenwicht wordt losgelaten zonder schommelen traag naar het evenwicht kruipt. Hoe groot moet k hiervoor zijn?
d. Er is sprake van ***subkritische demping*** als een slinger die buiten zijn evenwicht wordt losgelaten schommelend naar zijn evenwicht gaat. De slingertijd T hangt dan mede af van k. Wat is het verband tussen k en T?

Opgave 8.15. Bewijs de stelling van de Moivre:

$$\big(\cos(\alpha) + \mathrm{i}\sin(\alpha)\big)^n = \cos(n\alpha) + \mathrm{i}\sin(n\alpha)$$

voor elke reële α en elk geheel getal n.

Opgave 8.16. α is een (vast) complex getal, t is reële variabele. Laat zien dat voor

$$f(t) = \mathrm{e}^{\alpha t}$$

geldt

$$f'(t) = \alpha\,\mathrm{e}^{\alpha t}.$$

8.5 WISKUNDIG GEREEDSCHAP: MODULUS EN ARGUMENT

DE MODULUS VAN EEN COMPLEX GETAL

In de vorige paragraaf hebben we complexe getallen grafisch weergegeven in het complexe vlak. Een complex getal $z = x + \mathrm{i}y$ identificeren we daarbij met de vector

$$v = \begin{pmatrix} x \\ y \end{pmatrix}$$

in $\mathbf{R}^2$, het platte vlak (zie figuur 8.6). De lengte $|v|$ van v is het getal

$$|v| = \sqrt{x^2 + y^2}.$$

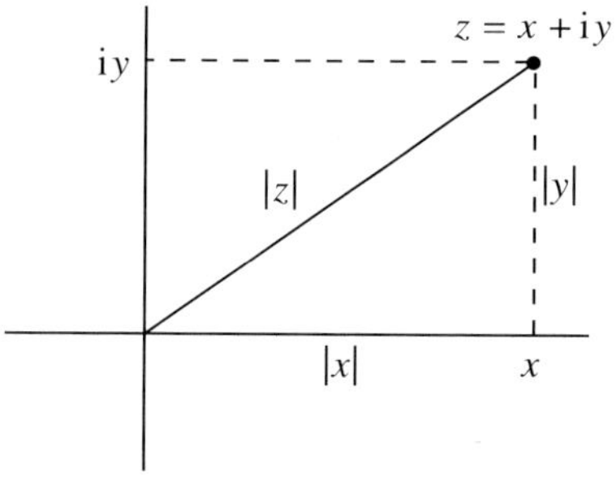

figuur 8.6. De modulus

Hetzelfde getal wordt in de context van complexe getallen de ***modulus*** of ***absolute waarde*** $|z|$ van z genoemd.

D ***Definitie.*** De ***modulus*** (***absolute waarde***) van het complexe getal $z = x + \mathrm{i}y$ (x en y reëel) is het (reële) getal

$$|z| = \sqrt{x^2 + y^2}.$$ #

Voorbeelden.

1. $z = 1 + 2\mathrm{i}$ $\qquad |z| = \sqrt{1+4} = \sqrt{5}.$
2. $z = -3\mathrm{i}:$ $\qquad |z| = \sqrt{9} = 3.$
3. $z = \mathrm{e}^{\mathrm{i}\alpha} = \cos(\alpha) + \mathrm{i}\sin(\alpha) : |z| = \sqrt{\cos(\alpha)^2 + \sin(\alpha)^2} = \sqrt{1} = 1$ voor elk reële α. #

De getallen $z = \mathrm{e}^{\mathrm{i}\alpha} = \cos(\alpha) + \mathrm{i}\sin(\alpha)$ als in voorbeeld 3 liggen in het complexe vlak op een cirkel rond de oorsprong met straal 1 (de complexe eenheidscirkel, zie figuur 8.7).

Opgave 8.17. Bereken $|z|$ als

a. $z = 4 + 3\mathrm{i}$
b. $z = 1 + \mathrm{i}$
c. $z = \frac{1}{2} + \frac{1}{2}\mathrm{i}\sqrt{3}$
d. $\bar{z} = 4 + 3\mathrm{i}.$ #

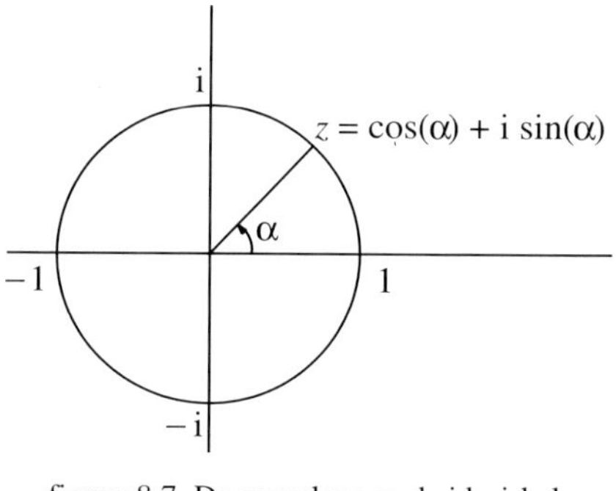

figuur 8.7. De complexe eenheidscirkel.

De modulus heeft een aantal relaties met de overige bewerkingen van complexe getallen. We geven ze als eigenschap, met een korte toelichting.

E ***Eigenschap***. Als $z = x + \mathrm{i}y$, $w = u + \mathrm{i}v$ (x, y, u en v reëel) dan geldt:

- $|z| = \sqrt{z\bar{z}}$: $\qquad z\bar{z} = (x + \mathrm{i}y)(x - \mathrm{i}y) = x^2 + y^2 = |z|^2.$
- $|z| \geq \mathrm{Re}(z)$: $\qquad |z| = \sqrt{x^2 + y^2} \geq \sqrt{x^2} = |x| = |\mathrm{Re}(z)|.$
- $|z| \geq \mathrm{Im}(z)$: $\qquad |z| = \sqrt{x^2 + y^2} \geq \sqrt{y^2} = |y| = |\mathrm{Im}(z)|.$

- $|z| = |\bar{z}|$: $|z| = \sqrt{x^2+y^2} = \sqrt{x^2+(-y)^2} = |\bar{z}|$.
- $|zw| = |z||w|$: $|zw|^2 = (zw)\overline{(zw)} = (z\bar{z})(w\bar{w}) = |z|^2|w|^2$.
- $|z/w| = |z|/|w|$: $|z/w|^2 = (z/w)\overline{(z/w)} = (z\bar{z})/(w\bar{w}) = |z|^2/|w|^2$.
- $|e^z| = e^{\mathrm{Re}(z)}$: $|e^z| = |e^{x+iy}| = |e^x e^{iy}| = |e^x||e^{iy}| = |e^x| = |e^{\mathrm{Re}(z)}|$.
- $|z+w| \le |z|+|w|$: $|z+w|^2 = (z+w)\overline{(z+w)} = z\bar{z} + z\bar{w} + \bar{z}w + w\bar{w} =$
$= |z|^2 + 2\,\mathrm{Re}(z\bar{w}) + |w|^2 \le |z|^2 + 2|z||w| + |w|^2 = (|z|+|w|)^2$. #

Voorbeeld. We vragen ons af wanneer alle oplossingen van de differentiaalvergelijking

$$x''(t) + p\,x'(t) + q\,x(t) = 0$$

begrensd zijn voor alle $t \ge 0$ in het geval dat $D = p^2 - 4q < 0$.
Stel dat de functie $x(t) = e^{\lambda t}$ voldoet aan de differentiaalvergelijking. Dan vinden we met $x'(t) = \lambda e^{\lambda t}$ en $x''(t) = \lambda^2 e^{\lambda t}$:

$$(\lambda^2 + p\lambda + q)e^{\lambda t} = 0 \quad \Rightarrow \quad \lambda^2 + p\lambda + q = 0$$

met als oplossing

$$\lambda_{1,2} = \frac{-p \pm i\sqrt{-D}}{2}.$$

De functies

$$\begin{aligned} x_1(t) &= \exp(\lambda_1 t) = e^{-pt/2}\left(\cos(\tfrac{1}{2}t\sqrt{-D}) + i\sin(\tfrac{1}{2}t\sqrt{-D})\right), \\ x_2(t) &= \exp(\lambda_2 t) = e^{-pt/2}\left(\cos(-\tfrac{1}{2}t\sqrt{-D}) + i\sin(-\tfrac{1}{2}t\sqrt{-D})\right) = \\ &= e^{-pt/2}\left(\cos(\tfrac{1}{2}t\sqrt{-D}) - i\sin(\tfrac{1}{2}t\sqrt{-D})\right) \end{aligned}$$

zijn basisoplossingen van de differentiaalvergelijking. Elke andere oplossing $x(t)$ is een lineaire combinatie van $x_1(t)$ en $x_2(t)$: $x(t) = \alpha_1 x_1(t) + \alpha_2 x_2(t)$ met complexe coëfficiënten α_1 en α_2. Voor die oplossing geldt

$$\begin{aligned} |x(t)| &= |\alpha_1 x_1(t) + \alpha_2 x_2(t)| \le |\alpha_1 x_1(t)| + |\alpha_2 x_2(t)| = \\ &= |\alpha_1||x_1(t)| + |\alpha_2||x_2(t)| = |\alpha_1||\exp(\lambda_1 t)| + |\alpha_2||\exp(\lambda_2 t)| = \\ &= |\alpha_1||\exp(\mathrm{Re}(\lambda_1 t))| + |\alpha_2||\exp(\mathrm{Re}(\lambda_2 t))| = (|\alpha_1| + |\alpha_2|)e^{pt/2}. \end{aligned}$$

(Ga na welke eigenschappen van de modulus hier gebruikt zijn!). Dus $|x(t)|$ is begrensd voor $t \ge 0$ als $p \ge 0$. Omgekeerd, als $p < 0$, dan zijn er niet-begrensde oplossingen. Neem bijvoorbeeld

$$x(t) = x_1(t) + x_2(t) = 2e^{-pt/2}\cos(\tfrac{1}{2}t\sqrt{-D}).$$

Nu is $\cos(\frac{1}{2}t\sqrt{-D}) = 1$ als $\frac{1}{2}t\sqrt{-D} = 2k\pi$, dus in $t = t_k = 4k\pi/\sqrt{-D}$, $k = 0,1,2,\ldots$ geldt

$$x(t_k) = 2e^{-pt_k/2}.$$

Dat is (als $p < 0$) een exponentieel stijgende rij getallen. Er volgt dat $x(t)$ een niet-begrensde oplossing is van de differentiaalvergelijking. #

HET ARGUMENT VAN EEN COMPLEX GETAL

Een vector in het platte vlak is uniek vastgelegd door zijn lengte samen met zijn richting ten opzichte van een willekeurige (maar vaste) coördinaatas. Als we complexe getallen identificeren met vectoren in het complexe vlak, dan is de modulus van het getal gelijk aan de lengte van de vector. De rol van de richting - ten opzichte van de reële as - wordt vervuld door het ***argument*** van het complexe getal.

Definitie. Het ***argument*** $\arg(z)$ van het complexe getal z is de hoek die de vector z in het complexe vlak maakt met de positieve reële as. Deze hoek is positief als de draaiing vanaf de reële as naar de vector z tegen de wijzers van de klok in gaat, en negatief als die draaiing met de wijzers van de klok mee gaat. #

Eigenschap. Voor elk complex getal $z = x + \mathrm{i}y$ (x en y reëel) geldt

$$\tan(\arg(z)) = \tfrac{y}{x}. \qquad \#$$

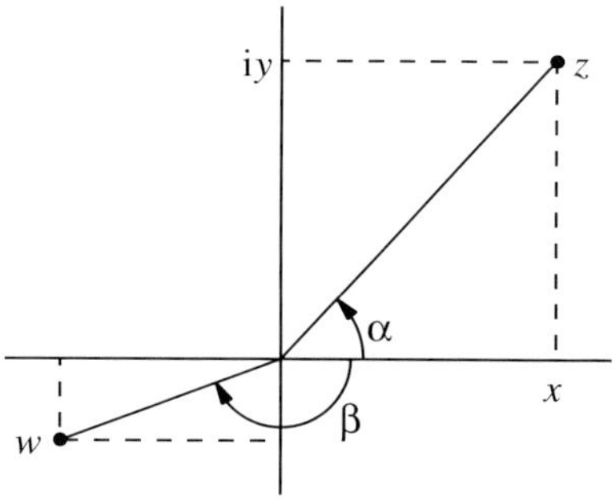

figuur 8.8. Het argument.

Als we in figuur 8.8 de vector z één maal ronddraaien tegen de wijzers van de klok in, dan neemt het argument met 2π toe, maar de vector z ligt weer op dezelfde plaats. Net zo komt de vector op zijn plaats terug als we hem eenmaal (of meerdere malen) ronddraaien met de klok mee; met iedere draaiing neemt het argument dan met 2π af. Het argument is dus slechts op een veelvoud van 2π na bepaald:

als $\arg(z) = \alpha$ dan ook $\arg(z) = \alpha + 2k\pi$,
met k een willekeurig geheel getal.

Om verwarring hierover te vermijden gebruiken we de ***hoofdwaarde*** van het argument van een complex getal z, dat is die waarde van $\arg(z)$ met

$$-\pi < \arg(z) \le \pi .$$

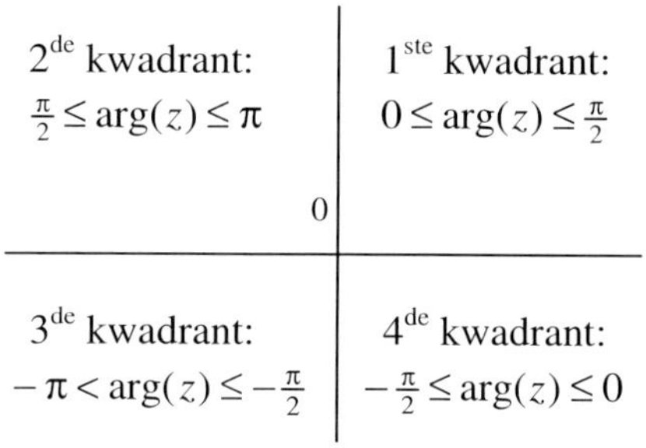

figuur 8.9. De hoofdwaarde van het argument.

De hoofdwaarde α van het argument van het getal $z = x + \mathrm{i}y$ (x en y reëel) kunnen we met de relatie $\tan(\arg(z)) = y/x$ uitdrukken in x en y. Omdat de inverse functie $\arctan(u)$ altijd waarden heeft tussen $-\pi/2$ en $\pi/2$ geldt (zie ook figuur 8.9):

$\alpha = \arctan(\tfrac{y}{x})$ als z in het 1ste of 4de kwadrant ligt (dus als $x > 0$),

$\alpha = \arctan(\tfrac{y}{x}) + \pi$ als z in het 2de kwadrant ligt (dus als $x < 0$ en $y > 0$),

$\alpha = \arctan(\tfrac{y}{x}) - \pi$ als z in het 3de kwadrant ligt (dus als $x < 0$ en $y < 0$).

Opgave 8.18. Bepaal de hoofdwaarde van het argument van z als

a. $z = -1 + \mathrm{i}$ b. $z = 2\mathrm{i}$

c. $z = 3$ d. $z = e^{\mathrm{i}y}$, y reëel. #

Een complex getal z is geheel bepaald als modulus $|z|$ en argument $\alpha = \arg(z)$ zijn gegeven. Als $z = x + \mathrm{i}y$ (x en y reëel) geldt namelijk

$$x = |z|\cos(\alpha), \quad y = |z|\sin(\alpha)$$

(zie figuur 8.10). Dus

$$z = |z|\cos(\alpha) + \mathrm{i}|z|\sin(\alpha) =$$
$$= |z|\big(\cos(\alpha) + \mathrm{i}\sin(\alpha)\big) = |z|e^{\mathrm{i}\alpha}.$$

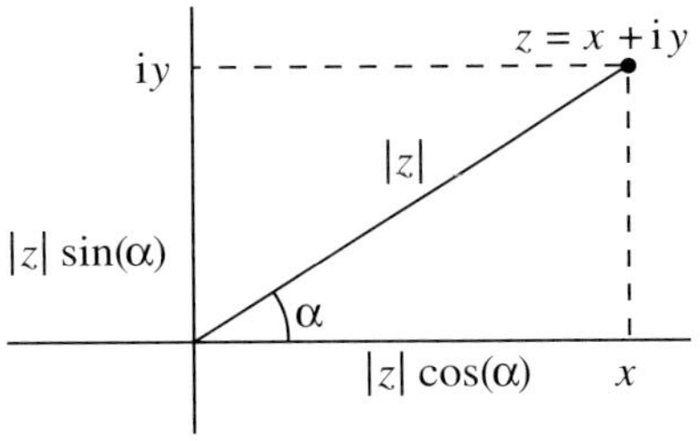

figuur 8.10. Modulus en argument.

Deze representatie van het complexe getal z als

$$z = |z|e^{\mathrm{i}\alpha}$$

E

in modulus en argument heet de ***poolvoorstelling*** van z.
Een getal z in poolvoorstelling kunnen we omzetten naar de "gewone" voorstelling $z = x + \mathrm{i}y$, en omgekeerd.

Voorbeeld. Het complexe getal z waarvoor $\arg(z) = 5\pi/6$ en $|z| = 2$ is $z = 2e^{5\pi\mathrm{i}/6}$, dat is in gewone representatie $z = 2(\cos(5\pi/6) + \mathrm{i}\sin(5\pi/6)) = 2(-\tfrac{1}{2}\sqrt{3} + \tfrac{1}{2}\mathrm{i}) = -\sqrt{3} + \mathrm{i}$. #

Voorbeeld. Het complexe getal $z = \mathrm{i}$ heeft als poolvoorstelling $z = e^{\mathrm{i}\pi/2}$, want $\arg(\mathrm{i}) = \pi/2$ en $|\mathrm{i}| = 1$. #

Opgave 8.19. Bepaal het complexe getal z waarvoor geldt dat

a. $\arg(z) = \pi/6$ en $|z| = 4$

b. $\arg(z) = 3\pi/4$ en $|z| = 2$

c. $\arg(z) = -\pi/3$ en $|z| = 4$. #

Opgave 8.20. Schrijf de volgende complexe getallen in poolvoorstelling:

a. $z = 2 + 2\mathrm{i}$

b. $z = -\sqrt{3} + \mathrm{i}$

c. $z = -3\mathrm{i}$. #

In poolvoorstelling is vermenigvuldigen en delen van complexe getallen heel eenvoudig. Het vermenigvuldigen van twee complexe getallen komt neer op het vermenigvuldigen van de moduli en het optellen van de argumenten. Omgekeerd komt het delen van twee complexe getallen neer op het delen van de moduli en het aftrekken van de argumenten.

Toelichting. Schrijf twee complexe getallen z en w in poolvoorstelling:

$$z = |z|\big(\cos(\alpha) + \mathrm{i}\sin(\alpha)\big), \quad w = |w|\big(\cos(\beta) + \mathrm{i}\sin(\beta)\big).$$

Dan

$$zw = |z|\big(\cos(\alpha) + \mathrm{i}\sin(\alpha)\big) \cdot |w|\big(\cos(\beta) + \mathrm{i}\sin(\beta)\big) =$$
$$= |z||w|\Big[\big(\cos(\alpha)\cos(\beta) - \sin(\alpha)\sin(\beta)\big) + \mathrm{i}\big(\sin(\alpha)\cos(\beta) + \cos(\alpha)\sin(\beta)\big)\Big]$$
$$= |zw|\big[\cos(\alpha+\beta) + \mathrm{i}\sin(\alpha+\beta)\big].$$ #

◇E *Eigenschap.* Voor het argument van een complex getal z geldt

a. $\arg(zw) = \arg(z) + \arg(w)\,,\quad \arg(z/w) = \arg(z) - \arg(w)$

b. $\arg(\frac{1}{z}) = -\arg(z)$

c. $\arg(\bar{z}) = -\arg(z)$

d. $\arg(-z) = \arg(z) + \pi$

e. $\arg(e^z) = \mathrm{Im}(z)\,.$ #

Opgave 8.21. Schrijf de getallen $z = 1 + i$ en $w = -i$ in poolvorm; bereken hiermee zw in poolvorm. Schrijf het resultaat terug als $a + ib$, en verifieer dit antwoord door het product zw ook direct uit te rekenen.

Opgave 8.22. Bepaal de poolvoorstelling van de getallen z/w, z^2w en $\bar{z}\,w^2$ als $z = 4 - 4i$ en $w = -2 + 2i\sqrt{3}$. #

HOGERE GRAADS VERGELIJKINGEN

In §8.2 hebben we gezien dat een vierkantsvergelijking met reële coëfficiënten steeds twee wortels heeft. De wortels zijn reëel (en verschillend) als $D > 0$, er is een dubbele reële wortel als $D = 0$, en er zijn twee verschillende complexe wortels (die elkaars complex toegevoegde zijn) als $D < 0$. Dit is een prettige situatie: een tweedegraads vergelijking heeft precies twee wortels.
De vraag is nu of we met complexe getallen ook vergelijkingen van hogere graad kunnen oplossen. Uit ervaring weten we dat een n^{de}-graads vergelijking ten hoogste n reële wortels heeft, maar het kunnen er ook minder zijn. Het blijkt nu, dat we complex rekenend altijd het juiste aantal wortels vinden. Dit is de volgende eigenschap (zonder bewijs):

◇E ***Eigenschap (de hoofdstelling van de algebra).*** Elk n^{de}-graads polynoom $p(z)$ (met reële of complexe coëfficiënten) heeft precies n wortels in de complexe getallen. Als deze wortels worden aangeduid met $z_1, \ldots, z_n$, dan kan $p(z)$ ontbonden worden in factoren:

$$p(z) = a(z - z_1)(z - z_2)\cdots(z - z_{n-1})(z - z_n)\,.$$ #

Veronderstel nu dat de coëfficiënten van het polynoom $p(z)$ reëel zijn. Als het complexe getal z_1 is een wortel is van de vergelijking

$$z_1^n + c_1 z_1^{n-1} + c_2 z_1^{n-2} + \ldots + c_{n-1} z_1 + c_n = 0\,,$$

dan is ook $\bar{z}_1$ een wortel. Dit is eenvoudig in te zien. Omdat de coëfficiënten $c_1, \ldots, c_n$ reëel zijn geldt voor $k = 1, \ldots, n$ dat $\bar{c}_k = c_k$, en er volgt

$$\bar{z}_1^n + c_1 \bar{z}_1^{n-1} + \ldots + c_{n-1}\bar{z}_1 + c_n = \overline{z_1^n + c_1 z_1^{n-1} + \ldots + c_{n-1} z_1 + c_n} = \bar{0} = 0$$

De wortels $z_1, \ldots, z_n$ bestaan dus uit reële getallen en paren van complex toegevoegden.

Voorbeeld. Het polynoom $p(z) = z^3 - z^2 + z - 1$ heeft wortels $z_1 = 1$, $z_2 = i$ en $z_3 = -i$. Dit polynoom is dus te schrijven als $p(z) = (z - 1)(z^2 + 1) = (z - 1)(z - i)(z + i)$. #

COMPLEXE EIGENWAARDEN EN EIGENVECTOREN

Een belangrijke toepassing van de complexe getallen ligt in het bepalen van eigenwaarden en eigenvectoren van een matrix.

Voorbeeld. We zoeken de eigenwaarden en eigenvectoren van de matrix

$$A = \begin{pmatrix} 1 & 1 \\ -2 & -1 \end{pmatrix}.$$

De karakteristieke vergelijking is $\det(A - \lambda I) = 0$, dat is, $[(1 - \lambda)(-1 - \lambda) + 2] = \lambda^2 + 1 = 0$. De eigenwaarden zijn dus complex: $\lambda_1 = \mathrm{i}$, $\lambda_2 = -\mathrm{i}$. Merk op dat $\lambda_1 = \overline{\lambda_2}$.
Ook de eigenvectoren hebben complexe elementen: dat blijkt als we ze uitrekenen. Er geldt $Av = \lambda v$, dus $(A - \lambda I)v = 0$; voor $\lambda = \lambda_1 = \mathrm{i}$:

$$(A - \mathrm{i}I)v = \begin{pmatrix} 1-\mathrm{i} & 1 \\ -2 & -1-\mathrm{i} \end{pmatrix}\begin{pmatrix} v_1 \\ v_2 \end{pmatrix} = 0 \;\Rightarrow\; \begin{matrix} \text{①}: \\ (1-\mathrm{i})\text{②}+2\text{①}: \end{matrix}\begin{pmatrix} 1-\mathrm{i} & 1 \\ 0 & 0 \end{pmatrix}\begin{pmatrix} v_1 \\ v_2 \end{pmatrix} = 0 \;\Rightarrow$$

$$\Rightarrow \quad v = v_2\begin{pmatrix} \frac{-1}{1-\mathrm{i}} \\ 1 \end{pmatrix}$$

dus

$$E_{\mathrm{i}} = \left\langle \begin{pmatrix} \frac{-1}{1-\mathrm{i}} \\ 1 \end{pmatrix} \right\rangle = \left\langle \begin{pmatrix} -1 \\ 1-\mathrm{i} \end{pmatrix} \right\rangle.$$

Op dezelfde manier vinden we (ga na) dat

$$E_{-\mathrm{i}} = \left\langle \begin{pmatrix} -1 \\ 1+\mathrm{i} \end{pmatrix} \right\rangle.$$

Merk op dat de eigenvectoren bij de eigenwaarde λ_2 de complex toegevoegden zijn van de eigenvectoren bij de eigenwaarde λ_1. #

Ook voor de eigenwaarden van matrices is de hoofdstelling van toepassing:
Eigenschap. Elke $n \times n$ matrix met reële of complexe coëfficiënten heeft n (reële of complexe) eigenwaarden. De niet-reële eigenwaarden van een reële matrix komen in complex toegevoegde paren voor, en ook de bijbehorende eigenvectoren zijn elkaars complex toegevoegde. #

Opgave 8.23. Bereken de eigenwaarden en eigenvectoren van de matrix

$$A = \begin{pmatrix} 0 & 1 \\ -1 & 0 \end{pmatrix}.$$ #

Opgave 8.24. Bereken de eigenwaarden van de matrix

$$A = \begin{pmatrix} 0 & 1 & 0 \\ 0 & 0 & 1 \\ 1 & 0 & 0 \end{pmatrix}.$$ #

(F) HET OPLOSSEN VAN VERGELIJKINGEN

De hoofdstelling van de algebra zegt alleen iets over het bestaan van de wortels; hij vertelt niet, hoe we ze kunnen vinden! Dit laatste is - zeker voor grotere waarden van n - een moeilijk of onoplosbaar probleem. Als de graad n laag is, valt het soms nog wel mee. We laten dat zien aan de hand van een paar voorbeelden.

Voorbeeld. We zoeken naar de wortels van de vergelijking

$$z^3 = -1 .$$

We schrijven z in poolvoorstelling: $z = |z|\,e^{i\alpha}$. Dan volgt

$$|z|^3 = |z^3| = |-1| = 1, \quad \text{dus} \quad |z| = 1$$

en

$$\arg(z^3) = \arg(-1) = \pi + 2k\pi = (2k+1)\pi \quad \text{met } k \text{ geheel}, \quad \Rightarrow$$
$$\arg(z) = \tfrac{1}{3}\arg(z^3) = \tfrac{2k+1}{3}\pi .$$

Deze relatie leidt tot drie verschillende hoofdwaarden α van het argument:

- voor $k = 1$: $\alpha = \alpha_1 = \pi$
- voor $k = 0$: $\alpha = \alpha_2 = \pi/3$
- voor $k = -1$: $\alpha = \alpha_3 = -\pi/3$

Andere waarden van k leiden niet tot een oplossing α met $-\pi < \alpha \leq \pi$. Er zijn dus drie oplossingen:

$$z_1 = |z_1|\exp(i\alpha_1) = \exp(i\pi) = -1,$$
$$z_2 = |z_2|\exp(i\alpha_2) = \exp(i\pi/3) = \tfrac{1}{2} + \tfrac{1}{2}i\sqrt{3},$$
$$z_3 = |z_3|\exp(i\alpha_3) = \exp(-i\pi/3) = \tfrac{1}{2} - \tfrac{1}{2}i\sqrt{3}.$$

#

Voorbeeld (vervolg). We zoeken opnieuw naar de wortels van de vergelijking

$$z^3 = -1 .$$

In een vlaag van inspiratie zien we dat $z = -1$ een wortel is: $(-1)^3 = -1$. Dus is het polynoom $p(z) = z^3 + 1$ deelbaar door de lineaire factor $z + 1$. We kunnen deze factor met een staartdeling uitdelen:

$$\begin{array}{llll}
z+1 \;/ & z^3 & +1 & \backslash\; z^2 - z + 1 \\
 & \underline{z^3 + z^2} & & \\
 & \quad -z^2 & & \\
 & \quad \underline{-z^2 - z} & & \\
 & \qquad\quad z + 1 & & \\
 & \qquad\quad \underline{z + 1} & & \\
 & \qquad\qquad 0 & &
\end{array}$$

We vinden $z^3 + 1 = (z+1)(z^2 - z + 1)$, en naast de wortel $z_1 = -1$ van $z + 1 = 0$ zijn er ook nog de twee wortels van $z^2 - z + 1 = 0$. Deze twee wortels vinden we met kwadraat afsplitsen of met de abc-formule: $z_2 = ½ + ½i\sqrt{3}$, $z_3 = ½ - ½i\sqrt{3}$. #

Voorbeeld. We zoeken de wortels van

$$z^4 + z^2 + 1 = 0.$$

Dit is een vierdegraads vergelijking in z, maar ook een tweedegraads vergelijking in z^2. We kunnen dus de oplossingen vinden door $w = z^2$ te substitueren. We krijgen dan de vergelijking

$$w^2 + w + 1 = 0,$$

en dat levert twee (complexe!) oplossingen voor w: w_1 en w_2. Vervolgens moeten we twee vierkantsvergelijkingen voor z oplossen:

$$z^2 = w_1 \quad \text{en} \quad z^2 = w_2 .$$

Omdat w_1 en w_2 complex zijn, zijn de methode van kwadraat afsplitsen en de abc-formule minder geschikt. De methode van het eerste voorbeeld, waarin z en w in poolvoorstelling worden geschreven, werkt in dit geval prettiger. Ga na! #

Voorbeeld (vervolg). We zoeken opnieuw de wortels van

$$z^4 + z^2 + 1 = 0.$$

De algemene procedure voor een dergelijk probleem is het splitsen in twee kwadratische factoren met reële coëfficiënten:

$$z^4 + z^2 + 1 = (z^2 + az + b)(z^2 + pz + q) .$$

Uitvermenigvuldigen levert vier (niet-lineaire) vergelijkingen voor a, b, p en q, die we (met veel rekenwerk) expliciet kunnen oplossen. Dit is een moeizame procedure. #

Voorbeeld (vervolg). We zoeken opnieuw de wortels van

$$z^4 + z^2 + 1 = 0.$$

De linkerkant van deze vergelijking schrijven we als het verschil van twee kwadraten. Daarmee kunnen we hem eenvoudig in factoren ontbinden:

$$\begin{aligned} z^4 + z^2 + 1 &= z^4 + 2z^2 + 1 - z^2 = (z^2+1)^2 - z^2 = \big((z^2+1) - z\big)\big((z^2+1) + z\big) = \\ &= (z^2 - z + 1)(z^2 + z + 1). \end{aligned}$$

De wortels z_1, z_2, z_3 en z_4 van $z^4 + z^2 + 1 = 0$ vallen nu uiteen in twee groepjes: de wortels z_1 en z_2 van $z^2 - z + 1 = 0$ enerzijds, en z_3 en z_4 van $z^2 + z + 1 = 0$ anderzijds. #

Opgave 8.25. Bereken de wortels van

a. $z^4 + z^2 + 1 = 0$

b. $z^3 + 8i = 0$ (Hint: gebruik de poolvoorstelling.)

c. $z^4 - 3z^2 = 4$. #

SAMENVATTING

- De modulus van het complexe getal $z = x + \mathrm{i}\,y$ is het reële getal

$$|z| = \sqrt{x^2 + y^2}.$$

- Het argument van het complexe getal z, $\arg(z)$, is de hoek die de vector z in het complexe vlak maakt met de positieve reële as. De hoofdwaarde van het argument van z is die waarde van $\arg(z)$ waarvoor $-\pi < \arg(z) \leq \pi$.

- Elk complex getal z kan geschreven worden als $z = |z|\,\mathrm{e}^{\mathrm{i}\arg(z)}$. Deze representatie van z heet de poolvoorstelling van z.

- Elk polynoom van graad n met reële of complexe coëfficiënten heeft precies n wortels binnen de complexe getallen. Als de coëfficiënten reëel zijn, dan vormen de niet-reële wortels paren complexe getallen die elkaars complex toegevoegde zijn.

- Elke $n \times n$ matrix met reële of complexe coëfficiënten heeft n (reële of complexe) eigenwaarden. De niet-reële eigenwaarden van een reële matrix komen in complex toegevoegde paren voor, en ook de bijbehorende eigenvectoren zijn elkaars complex toegevoegde.

.6 TOEPASSINGEN

Toepassing 1 (marktkunde, economie; vergelijk § 1.6, toepassing 5). De prijs (of: koers) van een aandeel wordt periodiek op de beurs vastgesteld: $y = y_k$. We bekijken een eenvoudig model voor de koersontwikkeling.

Model. Een belegger die een aandeel wil kopen let niet zozeer op de prijs als wel op de prijsontwikkeling (de "trend"). Is de prijs is gestegen dan zal de belegger kopen om van een verdere prijsstijging te profiteren. Dat leidt tot de volgende formule voor de vraag B:

$$B_k = b_0 + b_1(y_{k-1} - y_{k-2}) \qquad \text{met } b_0, b_1 > 0.$$

Een belegger die verkoopt let veel meer op de actuele prijs: hij verkoopt als hij de prijs hoog genoeg vindt ("winst nemen"). Hoe hoger de prijs is, des te meer aandelen worden er aangeboden. Het aanbod A wordt dus beschreven door

$$A_k = a_0 + a_1 y_k \qquad \text{met } a_0, a_1 > 0.$$

De prijs wordt bepaald door evenwicht tussen vraag en aanbod: $B_k = A_k$. Dus

$$b_0 + b_1(y_{k-1} - y_{k-2}) = a_0 + a_1 y_k$$

zodat

$$a_1 y_k = (b_0 - a_0) + b_1(y_{k-1} - y_{k-2}).$$

De koersontwikkeling wordt nu gegeven door een iteratief proces van de vorm

$$y_k = f(y_{k-1}, y_{k-2}), \qquad \text{met } f(y_1, y_2) = \frac{(b_0 - a_0) + b_1(y_1 - y_2)}{a_1}.$$

Dit proces heeft een evenwicht: de vergelijking $f(\underline{y}, \underline{y}) = \underline{y}$ heeft als oplossing

$$\underline{y} = \frac{b_0 - a_0}{a_1}.$$

Voor het verschil $z_k = y_k - \underline{y}$ tussen actuele prijs en evenwicht geldt (ga na!):

$$a_1 z_k = b_1(z_{k-1} - z_{k-2}) \quad \Rightarrow \quad a_1 z_k - b_1 z_{k-1} + b_1 z_{k-2} = 0.$$

De oplossingen z_k voldoen aan de relatie

$$z_k = \alpha\lambda^k + \beta\mu^k,$$

waarin α en β vrij te kiezen constanten zijn, en λ en μ de wortels zijn van de ***karakteristieke vergelijking***

$$a_1\lambda^2 - b_1\lambda + b_1 = 0.$$

Met $y_k = \underline{y} + z_k$ volgt nu dat

$$y_k = \frac{b_0 - a_0}{a_1} + \alpha\lambda^k + \beta\mu^k.$$

Hierin moeten we de waarden van α en β zo bepalen dat y_0 en y_1 de juiste waarden krijgen. Let op: als de vierkantsvergelijking reële wortels heeft, dan zijn α en β ook reëel. Als echter de wortels complex zijn, dan zijn ook α en β complex!

Berekening. We bekijken het model met $a_0 = 1$, $a_1 = 1$, $b_0 = 6$, $b_1 = 2$. De startprijzen zijn $y_0 = 1$ en $y_1 = 2$. De waarden y_k ontwikkelen zich dus volgens het iteratieve proces

$$y_k = 5 + 2(y_{k-1} - y_{k-2}).$$

Het proces is in evenwicht in $\underline{y} = 5$. Voor de afwijking uit het evenwicht, $z_k = y_k - \underline{y}$ geldt het iteratieve proces

$$z_k - 2z_{k-1} + 2z_{k-2} = 0$$

met als karakteristieke vergelijking

$$z^2 - 2z + 2 = 0.$$

De karakteristieke wortels van het proces zijn $\lambda = 1 + \mathrm{i}$ en $\mu = 1 - \mathrm{i}$. Er geldt dus

De New York Stock Exchange.

$$z_k = \alpha(1+\mathrm{i})^k + \beta(1-\mathrm{i})^k$$

en

$$y_k = \underline{y} + z_k = 5 + \alpha(1+\mathrm{i})^k + \beta(1-\mathrm{i})^k.$$

De beginvoorwaarden $y_0 = 1$ en $y_1 = 2$ geven twee vergelijkingen voor α en β, namelijk

$$\begin{aligned} y_0 &= 5 + \alpha(1+\mathrm{i})^0 + \beta(1-\mathrm{i})^0 = 5 + \alpha + \beta = 1 && \Rightarrow \alpha + \beta = -4, \\ y_1 &= 5 + \alpha(1+\mathrm{i})^1 + \beta(1-\mathrm{i})^1 = 5 + \alpha(1+\mathrm{i}) + \beta(1-\mathrm{i}) = 2 && \Rightarrow \alpha(1+\mathrm{i}) + \beta(1-\mathrm{i}) = -3. \end{aligned}$$

We krijgen dus een stelsel van twee lineaire vergelijkingen met complexe coëfficiënten; dit lossen we zoals gebruikelijk op met eliminatie en substitutie:

$$\begin{cases} 1\alpha + \quad 1\beta = -4 \\ (1+\mathrm{i})\alpha + (1-\mathrm{i})\beta = -3 \end{cases} \Rightarrow \begin{cases} ①: \; 1\alpha + 1\beta = -4 \\ ② - (1+\mathrm{i})①: \; 0\alpha - 2\mathrm{i}\beta = -3 + 4(1+\mathrm{i}) = 1 + 4\mathrm{i}. \end{cases}$$

Er volgt dat $\beta = -2 + \frac{1}{2}\mathrm{i}$ en $\alpha = -2 - \frac{1}{2}\mathrm{i}$. We vinden zo

$$y_k = 5 + \alpha(1+\mathrm{i})^k + \beta(1-\mathrm{i})^k = 5 + (-2 - \tfrac{1}{2}\mathrm{i})(1+\mathrm{i})^k + (-2 + \tfrac{1}{2}\mathrm{i})(1-\mathrm{i})^k.$$

Ondanks het voorkomen van de i's geeft deze uitdrukking voor elke k een reëel getal!

Opgave 8.26.
We bekijken een markt die beschreven wordt door het bovenstaande model met $a_0 = 5$, $a_1 = 1$, $b_0 = 9$, $b_1 = 1$. De startprijzen zijn $y_0 = 6$ en $y_1 = 5$.

a. Bereken de evenwichtsprijs.
b. Bepaal λ en μ.
c. Bepaal de algemene oplossing voor z_k, eerst in complexe, daarna in reële vorm.
d. Stel een stelsel op van twee lineaire vergelijkingen voor α en β.
e. Los dit stelsel op, en geef de prijs y_k.

Toepassing 2 (biologie, fysiologie). Bloed vervoert zuurstof en kooldioxide. Kooldioxide is een afvalproduct van het metabolisme, en het moet voortdurend worden afgevoerd. De longen voeren kooldioxide af met een snelheid die bepaald wordt door CO_2-receptoren in de hersenstam. Het ademhalingsvolume V (in liters) wordt zo beïnvloed door de hoeveelheid CO_2 (in liters) C in het bloed; omgekeerd is V van invloed op de verandering in C.

Model. Voor een eenvoudig model veronderstellen we dat ademhaling met constante tussenpozen plaatsvindt. Per ademteug zijn dan de vergelijkingen voor V_{n+1} en C_{n+1}:

$$\begin{aligned} C_{n+1} &= C_n - \{\text{hoeveelheid afgestaan } CO_2\} + \{\text{hoeveelheid geproduceerd } CO_2\}, \\ V_{n+1} &= f(C_n) \quad \text{waarin } f(C) \text{ de functie is die beschrijft hoe } V \text{ van } C \text{ afhangt.} \end{aligned}$$

Verdere modelaannamen zijn:

i. De hoeveelheid in de longen uitgewisselde kooldioxide is evenredig met het ademhalingsvolume, met evenredigheidsconstante a.

ii. Het ademhalingsvolume is evenredig met de hoeveelheid kooldioxide in het bloed tijdens de vorige ademhaling, met evenredigheidsconstante b.

iii. De hoeveelheid geproduceerd CO_2 is constant, met waarde m.

Dit leidt tot de relaties

$$\begin{aligned} C_{n+1} &= C_n - aV_n + m \\ V_{n+1} &= bC_n \end{aligned} \qquad (*)$$

Voor $a = 0.1$, $b = 5$ en $m = 0.3$ vinden we zo

$$\begin{aligned} C_{n+1} &= C_n - 0.1V_n + 0.3 \\ V_{n+1} &= 5C_n \end{aligned} \qquad (**)$$

Analyse. Het systeem is in ***evenwicht*** als $C_{n+1} = C_n = \underline{C}$ en $V_{n+1} = V_n = \underline{V}$. Een evenwicht wordt dus beschreven door de vergelijkingen

$$\begin{aligned} \underline{C} &= \underline{C} - 0.1\underline{V} + 0.3 \\ \underline{V} &= 5\underline{C} \end{aligned}$$

met als oplossing $\underline{V} = 3$ en $\underline{C} = 0.6$ (ga na!).

Voor de verdere berekening kijken we niet naar C_n en V_n zelf, maar naar de afwijking uit het evenwicht: $\Delta C_n = C_n - \underline{C}$ en $\Delta V_n = V_n - \underline{V}$. Hiervoor gelden homogene vergelijkingen:

$$\begin{aligned} \Delta C_{n+1} &= \Delta C_n - 0.1\Delta V_n \\ \Delta V_{n+1} &= 5\Delta C_n \end{aligned}$$

(ga na!). In matrix-vector notatie wordt dit $p_{n+1} = Ap_n$ met

$$p_n = \begin{pmatrix} \Delta C_n \\ \Delta V_n \end{pmatrix}, \quad A = \begin{pmatrix} 1 & -0.1 \\ 5 & 0 \end{pmatrix}.$$

De ontwikkeling van ΔC_n en ΔV_n wordt nu dus beschreven door de relatie $p_{n+1} = Ap_n$, dat is een lineair iteratief proces. De oplossingen van dergelijke iteratieve processen vinden we door de beginvector p_0 te ontbinden langs de eigenvectoren van A.

Berekening. De karakteristieke vergelijking is

$$\det(A-\lambda I) = \det\begin{pmatrix} 1-\lambda & -0.1 \\ 5 & -\lambda \end{pmatrix} = (1-\lambda)(-\lambda)+0.5 = \lambda^2-\lambda+0.5 = 0.$$

De discriminant van deze vergelijking is negatief: $D = -1$ (ga na). De eigenwaarden van A zijn dus complexe getallen: $\lambda = 0.5\,(1+\mathrm{i})$, $\mu = 0.5\,(1-\mathrm{i})$.
De eigenvectoren zijn dus ook complex. De eigenvector v bij eigenwaarde λ vinden we uit het stelsel

$$\begin{cases} (1-\lambda)v_1 - 0.1v_2 = 0 \\ 5v_1 - \lambda v_2 = 0 \end{cases} \Rightarrow \begin{cases} (0.5-0.5\mathrm{i})v_1 - 0.1v_2 = 0 \\ 5v_1 - (0.5+0.5\mathrm{i})v_2 = 0 \end{cases} \Rightarrow$$

$$\Rightarrow \begin{cases} ①: & (0.5-0.5\mathrm{i})v_1 - 0.1v_2 = 0 \\ (0.5-0.5\mathrm{i})② - 5①: & 0v_1 - 0v_2 = 0 \end{cases} \Rightarrow v_2 = 5(1-\mathrm{i})v_1$$

dus een eigenvector is

$$v = \begin{pmatrix} 1 \\ 5-5\mathrm{i} \end{pmatrix}.$$

De eigenvector w bij eigenwaarde μ krijgen we zonder rekenwerk, omdat $w = \overline{v}$:

$$w = \begin{pmatrix} 1 \\ 5+5\mathrm{i} \end{pmatrix}.$$

Voor een willekeurige oplossing van het lineaire iteratieve proces $p_{n+1} = Ap_n$ geldt nu

$$p_n = \alpha\lambda^n v + \beta\mu^n w$$

waarin α en β nog vrij te kiezen (complexe) constanten zijn. In vectorvorm:

$$\begin{pmatrix} \Delta C_n \\ \Delta V_n \end{pmatrix} = \alpha\lambda^n v + \beta\mu^n w.$$

Dit houdt in dat de oplossing van (*) gegeven wordt door

$$\begin{pmatrix} C_n \\ V_n \end{pmatrix} = \begin{pmatrix} \underline{C} + \Delta C_{n-1} \\ \underline{V} + \Delta V_{n-1} \end{pmatrix} = \begin{pmatrix} 0.6 \\ 3.0 \end{pmatrix} + \alpha\lambda^n v + \beta\mu^n w$$

waarin α en β nu zo gekozen moeten worden dat aan C_n en V_n voor $n = 0$ de gewenste beginwaarden hebben.

Opgave 8.27.

a. Ga na dat λ en μ modulus $\frac{1}{2}\sqrt{2}$ hebben.

b. Geef een uitdrukking voor C_n en voor V_n als $C_0 = 0.7$ en $V_0 = 4$.

c. Schrijf de gevonden oplossing in reële vorm.

d. Bekijk nu het algemene geval (*). Aan welke voorwaarde moeten a en b voldoen, opdat de twee eigenwaarden van $A(a, b)$ elkaars complex toegevoegde zijn?

Toepassing 3 (bosbouw, fytopathologie). Op een hardhoutplantage tast een schimmel het hout aan. De schimmel waait over uit de omgeving, en tast per 5 jaar 20% van de gezonde bomen aan; hiertegen valt weinig te doen. Daarnaast kunnen zieke bomen hun buren besmetten. Om dat laatste tegen te gaan worden zieke bomen gerooid.
Elk vijf jaar wordt 20% van de (gezonde) bomen geoogst en worden er 1000 nieuwe bomen geplant.

Schimmel op hardhout.

Model. We beschrijven de aantallen gezonde bomen x_n en zieke bomen y_n, op een tijdschaal van 5 jaar.

$$\begin{aligned} x_{n+1} &= 0.6x_n - 0.4y_n + 1000, \\ y_{n+1} &= 0.2x_n + 0.2y_n. \end{aligned} \qquad (*)$$

Analyse. Het systeem is in evenwicht als $x_n = x_{n+1} = \underline{x}$ en $y_n = y_{n+1} = \underline{y}$. Een evenwicht van dit systeem voldoet dus aan de vergelijkingen

$$\begin{aligned} 0.4\underline{x} + 0.4\underline{y} &= 1000, \\ 0.2\underline{x} - 0.8\underline{y} &= 0. \end{aligned}$$

met als oplossing $\underline{x} = 2000$ en $\underline{y} = 500$ (ga na!).
In plaats van naar x_n en y_n kunnen we ook naar de afwijking $\Delta x_n = x_n - \underline{x}$ en $\Delta y_n = y_n - \underline{y}$ uit het evenwicht kijken. Hiervoor gelden de vergelijkingen (ga na!)

$$\begin{aligned} \Delta x_{n+1} &= 0.6\Delta x_n - 0.4\Delta y_n, \\ \Delta y_{n+1} &= 0.2\Delta x_n + 0.2\Delta y_n. \end{aligned}$$

In matrix-vector notatie is dit $p_{n+1} = Ap_n$ met

$$p_n = \begin{pmatrix} \Delta x_n \\ \Delta y_n \end{pmatrix}, \quad A = \begin{pmatrix} 0.6 & -0.4 \\ 0.2 & 0.2 \end{pmatrix}.$$

De oplossing van het iteratieve proces $p_{n+1} = Ap_n$ vinden we door de eigenwaarden en eigenvectoren van A te bepalen en de beginvector p_0 te ontbinden langs de eigenvectoren.

Berekening. De karakteristieke vergelijking is

$$\begin{aligned} \det(A - \lambda I) &= \det\begin{pmatrix} 0.6-\lambda & -0.4 \\ 0.2 & 0.2-\lambda \end{pmatrix} = (0.6-\lambda)(0.2-\lambda) + 0.08 = \\ &= \lambda^2 - 0.8\lambda + 0.2 = 0. \end{aligned}$$

De eigenwaarden van A zijn dus complexe getallen: $\lambda = 0.2(2 + \mathrm{i})$, $\mu = 0.2(2 - \mathrm{i})$.

Stel dat v en w de eigenvectoren van deze matrix zijn behorende bij de eigenwaarden λ en μ. Dan wordt een willekeurige oplossing van het lineaire iteratieve proces $p_{n+1} = Ap_n$ gegeven door

$$p_n = \alpha\lambda^n v + \beta\mu^n w$$

waarin α en β nog vrij te kiezen (complexe) constanten zijn. In vectorvorm:

$$\begin{pmatrix} \Delta x_n \\ \Delta y_n \end{pmatrix} = \alpha\lambda^n v + \beta\mu^n w.$$

Dit houdt in dat de oplossing van (*) gegeven wordt door

$$\begin{pmatrix} x_n \\ y_n \end{pmatrix} = \begin{pmatrix} \underline{x} + \Delta x_{n-1} \\ \underline{y} + \Delta y_{n-1} \end{pmatrix} = \begin{pmatrix} 2000 \\ 500 \end{pmatrix} + \alpha\lambda^n v + \beta\mu^n w$$

waarin α en β nu zo gekozen moeten worden dat aan x_n en y_n voor $n = 0$ de gewenste beginwaarden hebben.

Opgave 8.28.

a. Relateer alle coëfficiënten in vergelijking (*) aan de gegeven modelbeschrijving.

b. Ga na dat λ en μ elkaars complex toegevoegden zijn.

c. Ga na dat λ en μ modulus $\frac{1}{5}\sqrt{5}$ hebben.

d. Bepaal de eigenvectoren v en w van A.

e. Ga na dat ook v en w elkaars complex toegevoegden zijn.

f. In het evenwicht worden er elke 5 jaar 1000 bomen geplant en slechts 400 geoogst. Wanneer is dit rendabel voor een bosbouwer?

g. In figuur 8.11 is in het (x, y)-vlak getekend hoe de oplossing van het stelsel (*) naar het evenwicht nadert voor $x_0 = 1500$ en $y_0 = 600$. Bereken $\begin{pmatrix} x_1 \\ y_1 \end{pmatrix}$ en $\begin{pmatrix} x_2 \\ y_2 \end{pmatrix}$.

h. Geef bij de startwaarden $x_0 = 1500$ en $y_0 = 600$ ook een uitdrukking voor $\begin{pmatrix} x_n \\ y_n \end{pmatrix}$.

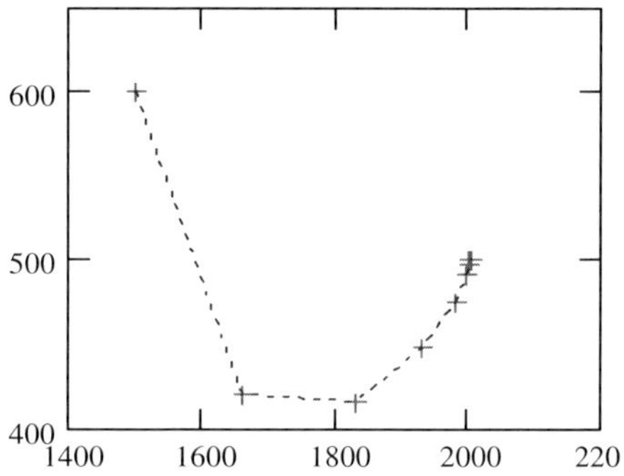

figuur 8.11. Zieke en gezonde bomen.

.7 OPGAVEN

Opgave 8.29. Bereken de modulus van z en de hoofdwaarde van het argument van z als

a. $z = \sqrt{3} + \mathrm{i}$ b. $z = 1 - \mathrm{i}$

c. $z = -\frac{1}{2} + \frac{1}{2}\mathrm{i}\sqrt{3}$ d. $z = -1 - \mathrm{i}\sqrt{3}$.

Opgave 8.30. Schrijf de volgende getallen in de vorm $|z|\mathrm{e}^{\mathrm{i}\arg(z)}$:

a. $z = -5$ b. $z = -4\mathrm{i}$

c. $z = 1 + \mathrm{i}\sqrt{3}$ d. $z = 1 + \mathrm{i}$

e. $z = -1 + \mathrm{i}$ f. $z = \sqrt{3} - \mathrm{i}$.

Opgave 8.31. Schrijf de volgende getallen in de vorm $z = a + b\mathrm{i}$:

a. $z = 2\,\mathrm{e}^{\pi \mathrm{i}/6}$ b. $z = \sqrt{2}\,\mathrm{e}^{\pi \mathrm{i}/4}$

c. $z = 2\sqrt{3}\,\mathrm{e}^{5\pi \mathrm{i}/6}$ d. $z = -\mathrm{e}^{9\pi \mathrm{i}/2}$

Opgave 8.32. Bereken modulus en argument van z/w, zw^2 en z^2w voor $z = 1 - \mathrm{i}$ en $w = 1 + \mathrm{i}\sqrt{3}$.

Opgave 8.33. Bepaal de nulpunten van de volgende polynomen. Maak daarmee een ontbinding in factoren.

a. $p(z) = z^2 + 2\mathrm{i}z + 3$ b. $p(z) = 5z^2 + 2z + 10$

c. $p(z) = 2z^2 + 10z + 13$ d. $p(z) = z^4 + 3z^2 - 4$.

Opgave 8.34. Bepaal de complex toegevoegde van $2\,\mathrm{e}^{\pi \mathrm{i}}$.

Opgave 8.35. Toon aan dat $\mathrm{e}^{\pi \mathrm{i}} = -1$, $\mathrm{e}^{3\pi \mathrm{i}/2} = -\mathrm{i}$, $\mathrm{e}^{2\pi \mathrm{i}} = 1$.

Opgave 8.36. Bereken

a. $\left|\dfrac{\mathrm{i}}{1-\mathrm{i}}\right|$ b. $\left|\dfrac{1+\mathrm{i}}{\mathrm{i}-2}\right|$

Opgave 8.37. Bereken de eigenwaarden en eigenvectoren van

a. $A = \begin{pmatrix} -1 & -1 \\ 1 & -1 \end{pmatrix}$

b. $B = \begin{pmatrix} -1 & 2 \\ -1 & 1 \end{pmatrix}$

c. $C = \begin{pmatrix} 1 & -1 \\ 5 & -3 \end{pmatrix}$.

Opgave 8.38. (biologie; vergelijk ook Wiskunde in Werking deel 1, opgave 4.51). De ontwikkeling van de vrouwelijke populatie van de Birmakever modelleren we met het Lesliemodel $n(k+1) = Ln(k)$, met

$$L = \begin{pmatrix} 0 & 0 & 24 \\ \frac{2}{3} & 0 & 0 \\ 0 & \frac{1}{2} & 0 \end{pmatrix}, \quad n(0) = \begin{pmatrix} p \\ q \\ r \end{pmatrix}.$$

a. Bereken de eigenwaarden en de eigenvectoren van de Leslie-matrix L.

b. Bereken $n(1)$, $n(2)$ en $n(3)$.

c. Laat zien dat het iteratieve proces geen stabiele verdeling heeft.

Opgave 8.39. Los op:

a. $z^3 - 6z^2 + 3z = 0$

b. $z^3 - 2z^2 + z - 2 = 0$

c. $z^3 + 5z^2 + 3z - 9 = 0$

d. $z^3 - z^2 - 7z + 15 = 0$

e. $z^3 - 2z^2 - 4 = 0$

f. $z^3 + z^2 + z = 0$.

Opgave 8.40. De matrix

$$A(\alpha) = \begin{pmatrix} \cos(\alpha) & -\sin(\alpha) \\ \sin(\alpha) & \cos(\alpha) \end{pmatrix}$$

beschrijft een draaiing in het platte vlak over een hoek α: voor elke vector v in $\mathbf{R}^2$ krijgen we Av door v te draaien over een hoek α (tegen de klok in).

a. Toon aan dat $|Av| = |v|$ voor elke v in $\mathbf{R}^2$.

b. Bereken $\det(A)$.

c. Bepaal de eigenwaarden van A.

d. Heeft A reële eigenvectoren?

.8 REFLECTIE

Voor degene die moeite heeft met de complexe getallen kunnen de twee volgende opmerkingen tot troost dienen.

1. Complcxe getallen bestaan niet echt. Het getal i heet niet voor niets imaginair, dat is denkbeeldig. In de dagelijkse realiteit komt men nooit een complex getal tegen.
2. Complexe getallen zijn nooit werkelijk nodig; ze zijn wel vaak heel handig bij het uitvoeren van bepaalde berekeningen. Die berekeningen kunnen we ook wel zonder complexe getallen maken, maar dat is dan veel lastiger en bewerkelijker.

De stof uit dit hoofdstuk kan worden uitgebreid tot de complexe functietheorie, die de eigenschappen van functies $f(z)$ met domein in **C** en waarden in **C** behandelt. Deze theorie kent talloze belangrijke toepassingen in de natuurwetenschappen.

HISTORISCHE AANTEKENINGEN

Cardano

De geschiedenis van de complexe getallen begint waarschijnlijk bij Mahavira (9de eeuw, India), die berekeningen maakte die leidden tot complexe getallen. Hij ontkende echter het bestaan ervan, aangezien "*in de natuur de wortel uit een negatief getal niet bestaat*". Een dergelijke rechtzinnigheid werd echter niet door iedereen gedeeld; vanaf de renaissance duiken complexe getallen her en der op: in 1545 bij Girolamo Cardano (Italië, 1501-1576) en in 1676 bij Gottfried Wilhelm Leibniz (Duitsland, 1646-1716). Er was daar geen duidelijke interpretatie aan verbonden, het gebruik van complexe getallen was puur formeel. In deze periode werd voor het eerst geopperd dat iedere n^{de} graads vergelijking n (complexe) wortels heeft (Albert Girard, Vlaanderen, 1590-1633).

De meetkundige interpretatie van het complexe vlak is ontdekt door Caspar Wessel (Noorwegen/Denemarken, 1745-1818), maar zijn werk bleef lange tijd onopgemerkt. Het complexe vlak werd herontdekt (en uitgebreid met modulus en argument) door Jean Argand (Zwitserland/Frankrijk, 1766-1822). De complexe getallen werden echter pas algemeen aanvaard door het werk van Carl Friedrich Gauss (Duitsland, 1777-1855) en William Rowen Hamilton (Engeland, 1805-1865). Het begrip van functies van complexe getallen gaat grotendeels terug op Auguste-Louis Cauchy (Frankrijk, 1789-1857).

Hamilton

ALTERNATIEVE WOORDENLIJST

In de natuurkunde en in de technische wetenschappen gebruikt men ook wel de letter j voor de imaginaire eenheid in plaats van de letter i.
De *complex toegevoegde* wordt ook wel de *(complex) geconjugeerde* genoemd. Naast de notatie $\bar{z}$ wordt hiervoor ook z^* gebruikt.

ANTWOORDEN

HOOFDSTUK 1

§1.2 1.1 a. $t_4 = 10^{-4}$; $t_5 = 10^{-5}$; $t_n = 10^{-n}$
b. $t_4 = 10^{-3}$; $t_5 = 10^{-4}$; $t_n = 10^{-n+1}$

1.2 $r = -1$: de rij $a, -a, a, -a, a, \ldots$ is divergent

1.3 $S_{10} = 1.3320$; $S = \frac{4}{3} = 1.3333$

1.4 $\binom{6}{4} = 15$; $\binom{8}{8} = 1$

1.5 $\binom{n}{0} = \dfrac{n!}{0!\,n!} = 1$; $\binom{n}{n} = \dfrac{n!}{n!\,0!} = 1$

1.6 $\binom{n}{n-k} = \dfrac{n!}{(n-k)!\,k!} = \dfrac{n!}{k!\,(n-k)!} = \binom{n}{k}$

1.7 $(x+y)^5 = x^5 + 5x^4y + 10x^3y^2 + 10x^2y^3 + 5xy^4 + y^5$

§1.3 1.8 a. 7 jaar
b. na 19 jaar
c. 24 jaar; 8 jaar
d. € 558,40

1.9 a.

rente, %	annuïteit, €
6	8718,46
7	9439,29
8	10185,22
9	10954,65
10	11745,96

b. € 6139,15

1.10 2.56%

§1.4 1.11 $t_n = \dfrac{n}{n+2}$; $\lim_{n\to\infty} t_n = 1$

1.12 a. $a = 2$; $r = -\frac{1}{2}$; $t_5 = 0.125$; $t_n = 2(-\frac{1}{2})^{n-1}$

b. $a = 2$; $r = 2$; $t_5 = 32$; $t_n = 2^n$

c. $a = 12$; $r = -\frac{1}{3}$; $t_5 = 0.1481$; $t_n = 12(-\frac{1}{3})^{n-1}$

1.13 a. $S_n = \frac{4}{3}[1 - (-\frac{1}{2})^n]$; $S = \frac{4}{3}$

b. $S_n = 500[1 - (\frac{4}{5})^n]$; $S = 500$

c. $S_n = \frac{2}{3}[1 - (-2)^n]$; S bestaat niet

1.14 a. $S_{11} = 3^{11} - 1$

b. $S_{10} = \frac{3}{2}(3^{10} - 1)$

1.15 a. $\binom{8}{0} = \binom{8}{8} = 1$; $\binom{8}{1} = \binom{8}{7} = 8$; $\binom{8}{2} = \binom{8}{6} = 28$; $\binom{8}{3} = \binom{8}{5} = 56$; $\binom{8}{4} = 70$

b. $$\begin{aligned}(1-0.01)^8 &= 1 + 8(-0.01)^1 + 28(-0.01)^2 + 56(-0.01)^3 + 70(-0.01)^4 \\ &\quad + 56(-0.01)^5 + 28(-0.01)^6 + 8(-0.01)^7 + (-0.01)^8 \\ &= 0.9227\end{aligned}$$

1.16 $\binom{\frac{1}{2}}{5} = \dfrac{7}{256} = 0.02734$; $\binom{-\frac{1}{2}}{5} = \dfrac{-63}{256} = -0.2461$

1.17 (a)

1.18 45.51%; 24 jaar

1.19 bij 8% per jaar: € 2158,92; bij 2% per kwartaal: € 2208,04

1.20 € 23275,97

1.21 € 18735,76

1.22 12 jaar

1.23 a. $1000 \cdot 2^{16} = 65536000$

b. 8000; 2048000

c. 65535000

1.24 $q_4 = \frac{5}{3} = 1.6667$; $q_8 = \frac{34}{21} = 1.6190$; $q_{12} = \frac{233}{144} = 1.6181$

$q_\infty = \frac{1}{2}(1 + \sqrt{5}) = 1.6180$

1.25 $a = 1,\ b = 1$; $\sum_{k=0}^{100} \binom{100}{k} = (1+1)^{100} = 2^{100}$

§1.5 1.27

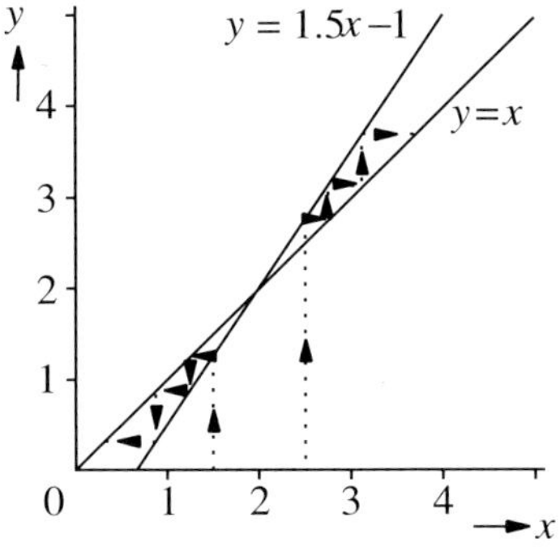

1.28
$0 < k < 1$: $\underline{t} = 0$, stabiel

$k = 1$: $\underline{t} = 0$, geen uitspraak

$1 < k < 3$: $\underline{t} = 0$, instabiel $\quad \underline{t} = 1 - \frac{1}{k}$, stabiel

$k = 3$: $\underline{t} = 0$, instabiel $\quad \underline{t} = 1 - \frac{1}{k}$, geen uitspraak

$3 < k < 4$: $\underline{t} = 0$, instabiel $\quad \underline{t} = 1 - \frac{1}{k}$, instabiel

1.29

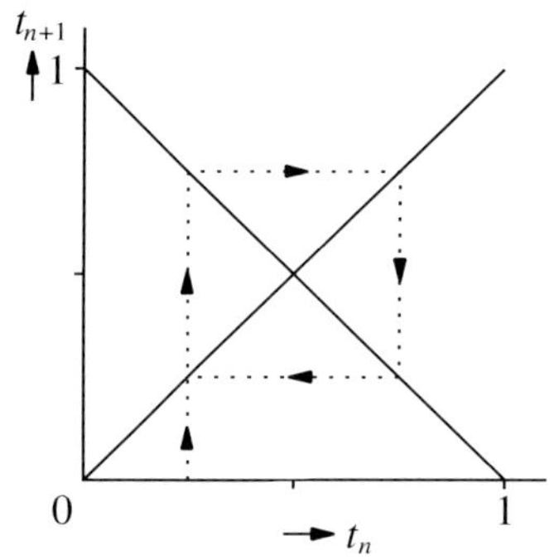

evenwicht: $\underline{t} = \frac{1}{2}$

1.30 $t_0 = 0.77$; $t_1 = 0.5667$; $t_2 = 0.7858$; $t_3 = 0.5387$; $t_4 = 0.7952$; $t_5 = 0.5211$; $t_6 = 0.7986$

$t_n = 0.79946 \quad \Rightarrow \quad t_{n+1} = 3.2(1-0.79946)0.79946 = 0.51304$

$t_n = 0.51304 \quad \Rightarrow \quad t_{n+1} = 3.2(1-0.51304)0.51304 = 0.79946$

1.31 $t_0 = 0.9100 \Rightarrow t_5 = 0.1022$; $\quad t_0 = 0.9000 \Rightarrow t_5 = 0.5854$

§1.6 1.32 a. $r = \frac{9}{7} = 1.2857$; $\quad b = 430.7$; $\quad P(4) = 205.7$

b. $\underline{P} = \dfrac{b}{r-1}$

1.33 $t_{25} = 50 \cdot 2^{24} = 8.389 \cdot 10^8$

Het is realistischer om logistische groei aan te nemen.

1.34 $b = 159.43$; $t_2 = 108.88$; $t_3 = 94.10$; $t_4 = 102.97$; $t_5 = 97.65$

1.35 a. evenwichten: $\underline{t} = \sqrt{0.3}$, $\underline{t} = -\sqrt{0.3}$.

Het tweede evenwicht heeft geen biologische interpretatie

b. $f'(\underline{t}) = -1$, neutraal stabiel

c. niet-lineair

d. $t_1 = \dfrac{0.3}{t_0}$, $\quad t_2 = \dfrac{0.3}{t_1} = t_0$

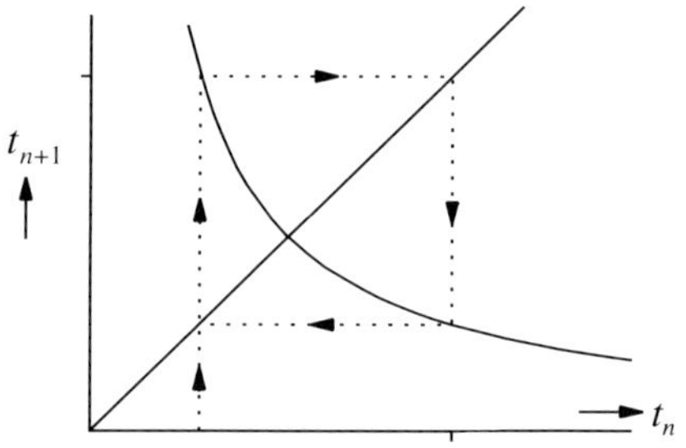

1.36 a.

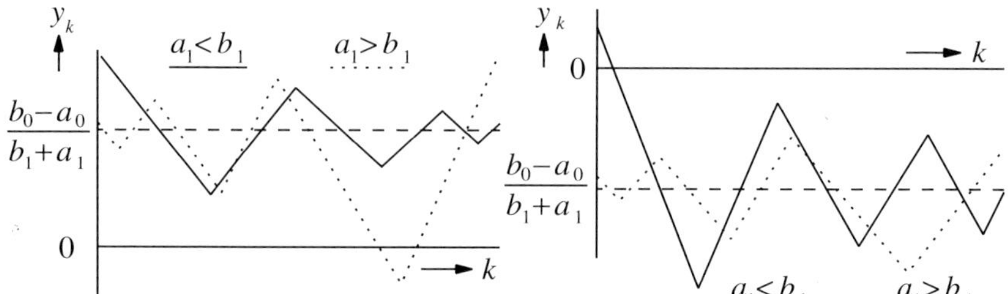

figuur links: $a_0 < b_0$; figuur rechts: $a_0 > b_0$

b. voor $a_0 > b_0$ wordt de prijs y_k op den duur negatief

c. $a_1 < b_1 \quad \Rightarrow \quad \lim_{k\to\infty}\left(-\frac{a_1}{b_1}\right)^k = 0 \quad \Rightarrow \quad \lim_{k\to\infty} y_k = \frac{b_0 - a_0}{b_1 + a_1}$

d. $y_k = \frac{2}{3} + \frac{4}{3}(-\frac{1}{2})^k$

e. $k \geq 6$

§1.7 1.37 a. groeifactor

b. $\underline{t} = \frac{b}{1-r}$

c. $t_{n+1} = \frac{1}{2}t_n + 20$; $\underline{t} = 40$

d. $\underline{t} = \frac{b}{1-r}$

e. er is alleen een evenwicht als $b = 0$

1.38 a. $Y(n+1) = \frac{1}{2}Y(n) + 2$

c. $\underline{Y} = 4$, stabiel

d. $\lim_{n\to\infty} Y(n) = 4$

e. $Y(n) = \frac{1}{2}Y(n-1) + 2$

$\underline{Y} = \frac{1}{2}\underline{Y} + 2$ _

$Y(n) - \underline{Y} = \frac{1}{2}(Y(n-1) - \underline{Y}) \quad \Rightarrow$

$Y(n) - \underline{Y} = (\frac{1}{2})^n (Y(0) - \underline{Y}) = a(\frac{1}{2})^n$

$a = -2$

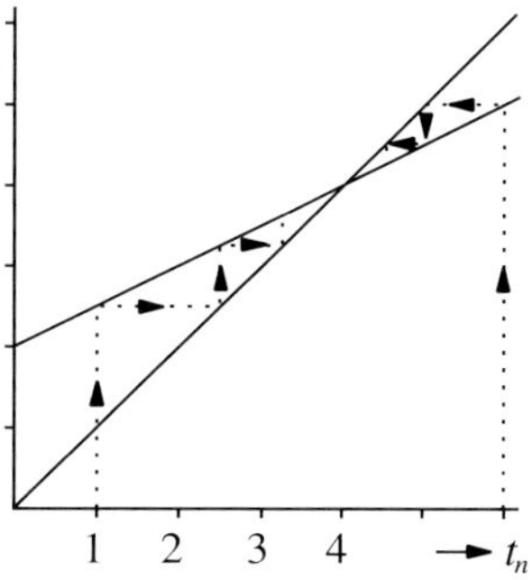

1.39 (b)

1.40 $k \approx 0.010,\ a \approx 400,\ t_{n+1} \approx 0.010(400 - t_n)t_n$

1.41 a. $K = ka$

b. t is de populatieomvang (aantal individuen) of de populatiedichtheid (aantal per oppervlakte eenheid)

a is de draagkracht van de biotoop, als maximum aantal individuen of als maximale dichtheid

y is omvang of dichtheid als fractie van a

1.42 a. $K = ka$

b. $\underline{y} = 0$, $\underline{y} = 1$

c.

K	y_0	y_1	y_2	y_3	y_4	y_5
–1	0.5000	0.3033	0.1511	0.0646	0.0254	0.0096
1	0.5000	0.8244	0.9826	0.9998	1.0000	1.0000
2.25	0.5000	1.5401	0.4569	1.5507	0.4492	1.5512
3	0.5000	2.2408	0.0542	0.9248	1.1589	0.7196

d. $\underline{y} = 0$ stabiel als $K < 0$; $\underline{y} = 1$ stabiel als $0 < K < 2$

HOOFDSTUK 2

§2.2 2.2 $y'(x) = 2e^{2x+3}$; $f'(x) = 2\cos(2x+3)e^{\sin(2x+3)}$

2.3 a. $e^x = 1 + \frac{x}{1!} + \frac{x^2}{2!} + \frac{x^3}{3!} + \ldots = \sum_{i=0}^{\infty} \frac{x^i}{i!}$

b. $e^{2t} = 1 + 2t + \frac{2^2}{2!}t^2 + \frac{2^3}{3!}t^3 + \ldots = \sum_{i=0}^{\infty} \frac{2^i}{i!}t^i$

2.4 a,b. $\cos(x) = 1 - \frac{x^2}{2!} + \frac{x^4}{4!} - \frac{x^6}{6!} + \ldots = \sum_{i=0}^{\infty} (-1)^i \frac{x^{2i}}{(2i)!}$

2.5 $\frac{1}{1+x} = 1 - x + x^2 - x^3 + x^4 - \ldots = \sum_{i=0}^{\infty} (-1)^i x^i$

2.6 $\ln(1+x) = x - \frac{x^2}{2} + \frac{x^3}{3} - \frac{x^4}{4} + \ldots = \sum_{i=1}^{\infty} (-1)^{i-1} \frac{x^i}{i}$

$\ln(1+x) = \ln(2) + \frac{x-1}{2} - \frac{(x-1)^2}{2 \cdot 2^2} + \frac{(x-1)^3}{3 \cdot 2^3} - \ldots = \ln(2) + \sum_{i=1}^{\infty} (-1)^{i-1} \frac{(x-1)^i}{i \cdot 2^i}$

2.7 $\sqrt{1+x} = 1 + \frac{1}{2}x - \frac{1}{8}x^2 + \ldots$

2.8 $x = -0.56714$

2.9 2

2.10 e^{-1}

§2.3 2.11 a. $BK(q) = 3q + 50 - \frac{5000}{q+100}$

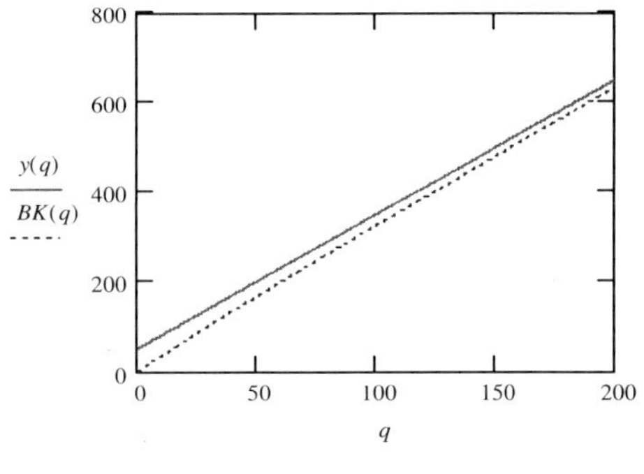

b. $q = 90.21$

c. $W'(240) = 0.159$

$W'(260) = -0.180$

d. $q = 249$ ton

e. € 283 020,41

§2.4 2.12 a. $f'(x) = \frac{1}{x}$

b. $f'(x) = 2^x \ln(2)$

c. $f'(x) = 2\cos(2x+1)$

d. $f'(x) = -2x\sin(x^2)$

e. $f'(x) = -2\cos(x)\sin(x)$

f. $f'(x) = e^x + xe^x$

g. $f'(x) = -2e^{1-2x}$

h. $f'(x) = \dfrac{-5}{(2x-3)^2}$

i. $f'(x) = 3x^2\sin(2x) + 2x^3\cos(2x)$

j. $f'(x) = \dfrac{1}{x\ln(10)}$

k. $f'(x) = \dfrac{x-5}{(2x-5)\sqrt{2x-5}}$

l. $f'(x) = 50\sin(5x)\cos(5x)$

m. $f'(x) = -2x\mathrm{e}^{-x^2}$

n. $f'(x) = 3x^2 - \frac{3}{2}\sqrt{x} - \dfrac{1}{x\sqrt{x}}$

2.13 a. $y = 4x-5$

b. $y = -2$

c. $y = \frac{1}{2}\ln(2)x + 1 - \ln(2)$

d. $y = \frac{1}{8}x + \frac{1}{4}$

2.14 a. $\cos(\frac{1}{6}\pi) \cong 0.8661$

b. $\sin(\frac{1}{6}\pi) \cong 0.5000$

c. $\sin(\frac{1}{4}\pi) \cong 0.7071$

d. $\sin(\frac{1}{2}\pi) \cong 1.0045$

2.15 a. $\sin(2x) = 2x - \frac{4}{3}x^3 + \frac{4}{15}x^5 - \frac{8}{315}x^7 + \ldots$

b. $x\sin(2x) = 2x^2 - \frac{4}{3}x^4 + \frac{4}{15}x^6 - \frac{8}{315}x^8 + \ldots$

c. $\sin(x^2) = x^2 - \frac{1}{6}x^6 + \frac{1}{120}x^{10} - \frac{1}{5040}x^{14} + \ldots$

d. $\sin(x^2)/x = x - \frac{1}{6}x^5 + \frac{1}{120}x^9 - \frac{1}{5040}x^{13} + \ldots$

e. $\mathrm{e}^{-x} = 1 - x + \frac{1}{2}x^2 - \frac{1}{6}x^3 + \ldots$

f. $\mathrm{e}^{-x^2} = 1 - x^2 + \frac{1}{2}x^4 - \frac{1}{6}x^6 + \ldots$

g. $\frac{1}{1+2x} = 1 - 2x + 4x^2 - 8x^3 + \ldots$

h. $\sqrt{2+x} = \sqrt{2}\left(1 + \frac{1}{4}x - \frac{1}{32}x^2 + \frac{1}{128}x^3 - \ldots\right)$

2.16 a. $\mathrm{e}^{-2x} \cong 1 - 2x + 2x^2$

b. $\sin(x^2) \cong x^2$

c. $\dfrac{1}{\sqrt{1-x}} \cong 1 + \frac{1}{2}x + \frac{3}{8}x^2$

d. $\dfrac{1}{1+x^2} \cong 1 - x^2$

2.17 De reeksen hebben dezelfde coëfficiënten.

2.18 a. $f(x) = \frac{1}{2} - \frac{1}{2}(x-1) + \frac{1}{2}(x-1)^2 - \frac{1}{2}(x-1)^3$

b. $f(x) = \sin(\frac{1}{2}) + \frac{1}{2}\cos(\frac{1}{2})(x-1) - \frac{1}{8}\sin(\frac{1}{2})(x-1)^2 - \frac{1}{48}\cos(\frac{1}{2})(x-1)^3$

c. $f(x) = e^5 \left(1 + 5(x-1) + \frac{25}{2}(x-1)^2 + \frac{125}{6}(x-1)^3\right)$

d. $f(x) = 1 + \frac{1}{2}(x-1) - \frac{1}{8}(x-1)^2 + \frac{1}{16}(x-1)^3$

2.19 a. $e^{-0.5} \cong 0.6042$ absolute fout is 0.0024

b. $e^{-5.5} \cong 0.004071$ absolute fout is $1.597 \cdot 10^{-5}$

c. de fout in b is e^{-5} maal de fout in a

2.20 a. $^2/_5$

b. ∞

c. $-^3/_2$

d. $^1/_2$

e. $^1/_4$

f. $-^1/_{42}$

g. $^1/_2$

h. 1

i. –2

j. $-^1/_{32}$

k. $-^9/_2$

l. $-\pi$

2.21 $x = 0.567$

2.22 (0,0), (0.877, 0.769)

2.23 verticale asymptoot voor $x = 0$

$f'(x) = (1 - \frac{3}{x})x^{-3}e^x$; tekenverloop:

– – – –0– – – – – – –3+ + + + +

minimum voor $x = 3, f(3) = 0.744$

zie figuur hiernaast

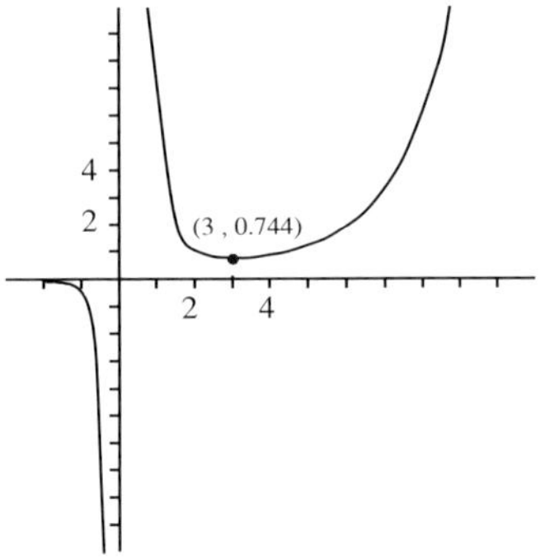

2.24 b. $g(1) = 0.649, \quad g(2) = -1$

$g'(y) = -\frac{1}{2}e^{1-y/2} - 1 < 0$ voor alle y

c. $y = 1.3702$

d. $y_1 = 1.6905, \quad y_2 = 1.1674, \quad y_3 = 1.5163, \quad y_4 = 1.2736$

e. $f'(y) = -\frac{1}{2}e^{1-y/2}$, stabiel evenwicht

2.25 a. $\underline{t} = 100$

b. $\underline{t}_1 = 9.871, \ \underline{t}_2 = 74.26$

c. $\underline{t}_1$ instabiel, $\underline{t}_2$ stabiel

2.26 a. 3

b. 0

c. ∞

d. $^1/_2$

2.27 a. 2
b. 0
c. 2
d. 0
e. e^2
f. 2
g. 2
h. 0

§2.5 2.28 a. afstand $OA = \log(5) = 0.699$, $OB = 1$, $OC = 1.699$, $OD = 2$

2.29 l: $y = 0.138x^{2.86}$
n: $y = 1878x^{-1.64}$
p: $y = 0.0827x^{1.64}$

2.30 l: $y = 0.293(1.85)^x$
m: $y = 50(0.572)^x$
p: $y = 0.116(1.67)^x$

2.31 $y = -1.58 + 1.75\log(x)$

§2.6 2.32 a. $y = 2.4$ g per plant
b. $y = 5872x^{-1.36}$
c. $y = 5754x^{-1.36}$

2.33 a. $E = E_0 10^{S/10}$
b. $E = 3.16 \cdot 10^8 E_0$
c. 92 dB
d. 50.04 dB

2.34 a. $3.162 \cdot 10^{-3}$; $3.162 \cdot 10^{-8}$
b. 0.1

§2.7 2.35 a. waar
b. waar
c. waar
d. niet waar: $\log(5^2) = 2\log(5)$
e. niet waar: $e^{-\ln(3)} = {}^1/_3$
f. waar
g. niet waar: $(a^2)^3 = a^6$
h. waar
i. waar
j. waar

2.36 a. $\log(a) + x\log(b)$
b. $\log(a) + b\log(x)$
c. $\ln(a) - bt$
d. $\log(a) - bt\log(e)$

2.37 a.

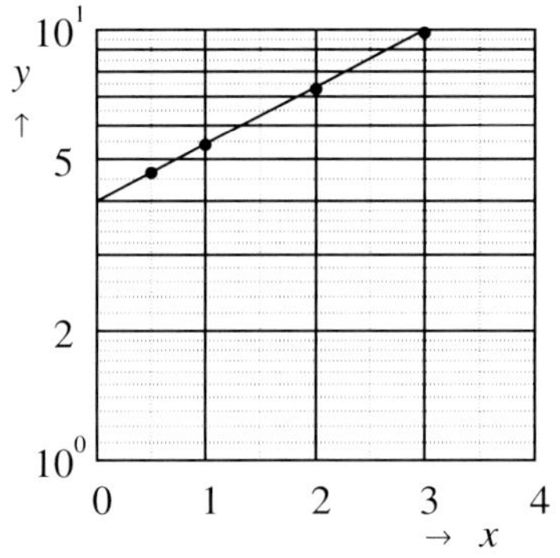

c. $\begin{cases} 4.0\alpha + 6.50\beta = 5.7706 \\ 6.5\alpha + 14.25\beta = 3.2556 \end{cases} \Rightarrow \alpha = 0.6023,\ \beta = 0.1302$

d. $y = 4.002(1.35)^x$

2.38 a.

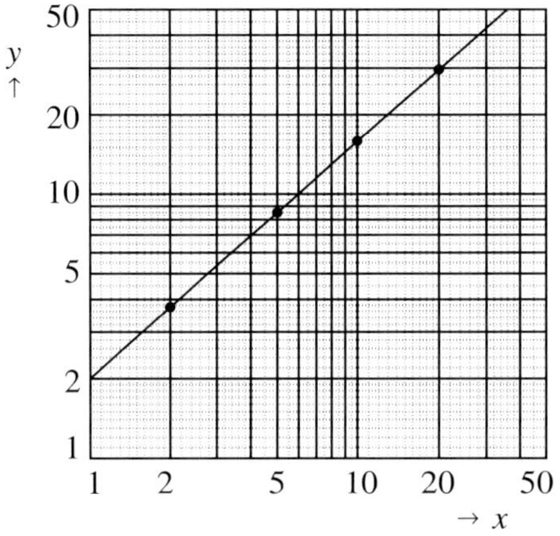

c. $y = 2.004\,x^{0.889}$

d. $y = 12.99$

2.39 a $\Delta V = €\,4000$

b. mei 1995

c. $V = 7 \cdot 10^4 (0.823)^t$

2.40 a. $E = 1.259 \cdot 10^{13} a^{2.7}$

b. $355 \times$

c. 2.45

d. $501 \times$

2.41

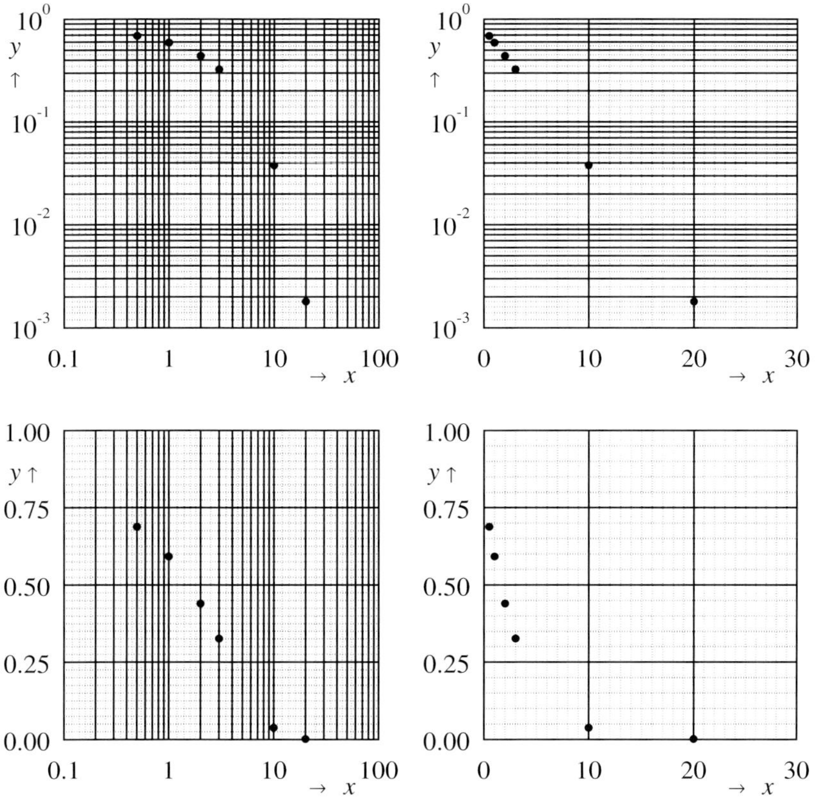

$y = 0.807(0.737)^x$

2.42 $y = 0.300 + 0.172\log(x)$

2.43 a. $R = 2.2S^{0.515}$

b. met 74%

2.44 $y = 152.2(0.947)^t$

2.45 a. $A(n) = k\,n^b$

b. $A(2n)/A(n) = 2^b$

c. $A(n) = 1000n^{-0.152}$, 705 uur

d. $n = 96$

§2.8 2.46 $N'(t) = c\,k\,e^{kt}$; $\dfrac{N'(t)}{N(t)} = k$

2.47 groei als $b > 1$, afname als $0 < b < 1$

2.48 $k = 0.04$

2.49 $t_H = 5.33$ jaar

2.50 $M(t) = 2000e^{-0.3t}$

2.51 $y'(x) = 0.375e^{-0.25x}$; $\dfrac{y'(x)}{y(x)} = \dfrac{0.125e^{-0.25x}}{1-0.5e^{-0.25x}}$

2.53

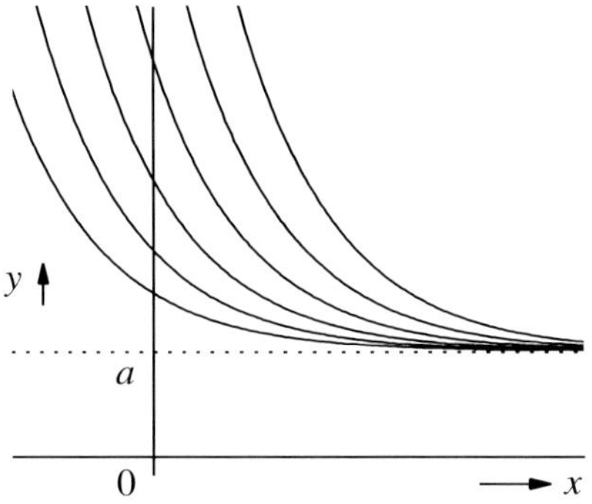

2.54 a. $y_1(t) + y_2(t) = 1$

b. $y_1(t)$ aërobe energie, $y_2(t)$ anaërobe energie

c. $y_1'(t) = 0.35e^{-0.35t} = 0.35(1-y_1(t))$, $y_2'(t) = -0.35e^{-0.35t} = -0.35y_2(t)$

d. $y_1(t^*) = y_2(t^*)$, $t^* = 1.98$ min

2.55 $a = 200$, $c = 2$, $k = 0.001$; $t = 8.96$; $N'(t) = \dfrac{80e^{-0.2t}}{(1+2e^{-0.2t})^2}$

2.56

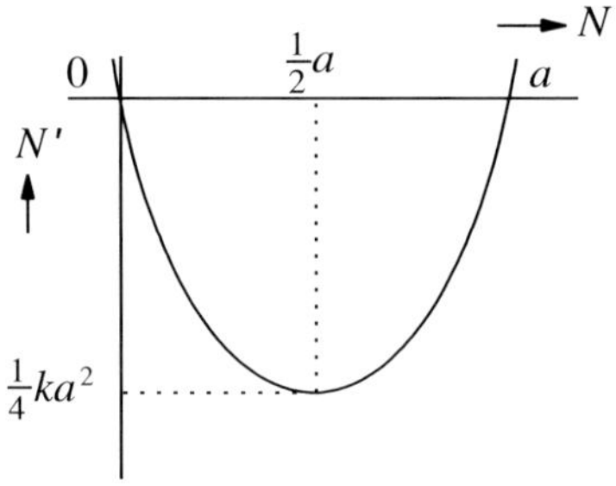

2.57

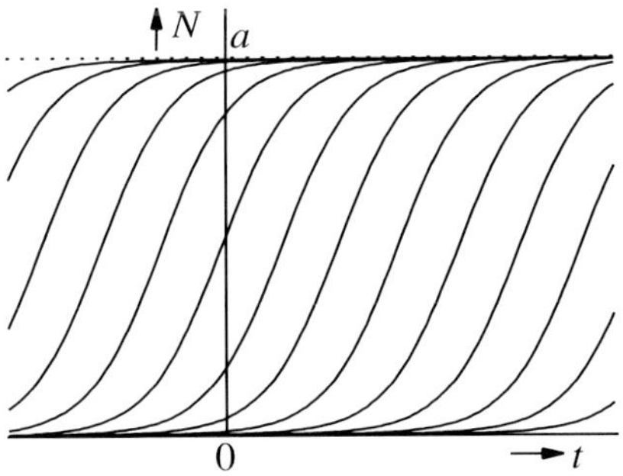

2.58 a. $M'(t) = -k(1-M(t))M(t);\quad M(t) = \dfrac{1}{1+0.0286\mathrm{e}^{0.280t}}$

2.9 2.59 a. $k = \ln(2)/5730 = 1.21\cdot 10^{-4}$ per jaar

b. $t = 3.81\cdot 10^{4}$ jaar

2.60 a. $t = 9.8\cdot 10^{-3}$ dag = 14 minuten

b. $t = 14.4$ dag

c. 8.16 μg / g

2.61 a. 23.9 jaar

b. $(x, s) = 0.342;\ (s, u) = 154$

c. $\alpha = 3.91;\ \beta = -0.176$

d. $m(t) = \dfrac{1}{1+8155\mathrm{e}^{-0.404t}}$

e. 25.7 jaar

f. de getransformeerde punten liggen in figuur 2.41 niet op een rechte lijn

2.62 a. $x = -\infty$ correspondeert met schone grond, en dus met $y = 1$

b. $1 = c\mathrm{e}^{-6.1k}$

c. $9 = c\mathrm{e}^{-8k}$

d. $c = 8.64\cdot 10^{-4},\quad k = -1.16$

e. $y(x) = \dfrac{1}{1+8.64\cdot 10^{-4}\,\mathrm{e}^{1.16x}}$

f. $\dfrac{1}{1+8.64\cdot 10^{-4}\,[\mathrm{Ni}]^{1.16}}$

g. 15 %

2.10 2.63 a. $N(t) = 1000\cdot 2^{k}$ voor $k < \frac{t}{20} < k+1$

b. $N(t) = 1000\mathrm{e}^{0.0347t}$

c. model b.

2.64 $V'(t) = 70000\ln(0.823)\,(0.823)^{t};\quad \dfrac{V'(t)}{V(t)} = \ln(0.823) = -0.1948$

2.65 a. het aantal niet-vervallen kernen op $t = 0$

b. $k = 0.0564$ per jaar

c. $k = 0.0462$ per uur

2.66 a. $D(t) = 1.5(1.19)^t$

b. $\dfrac{D'(t)}{D(t)} = \ln(1.19)$

c. $D'(5) = 0.623\,\mathrm{g/dag}$, $D'(25) = 20.2\,\mathrm{g/dag}$

2.67 a. t-as logaritmisch, y-as lineair

b. $y(t) = 10\log(t) - 10\log(60)$

c. $y'(t) = \frac{10\log(e)}{t}$

d. $y'(t) = \frac{1}{6}\log(e)\,10^{-y/10}$

2.68 a. $y(t)$ groeit

b. $y = 0 \Rightarrow y' = 4$, $y = 1 \Rightarrow y' = 2.25$, $y = 2 \Rightarrow y' = 1$, $y = 3 \Rightarrow y' = 0.25$, $y = 4 \Rightarrow y' = 0$

c. $^1/_2$

2.69 a. $v_1'(t) = -0.72t^{-1.04}$

b. 44.1 minuten; 47.4 minuten

c. medewerker 2

2.70 (d)

2.71 (b)

2.72 a. $(v,s) = 4.94$, $(s,u) = 120$

b. $\alpha = 2.106$, $\beta = -0.240$

c. $N(t) = \dfrac{85}{1+128\mathrm{e}^{-0.552t}}$

d. 56; 62

e. nee

2.73 203 kg / ha

2.74 a.

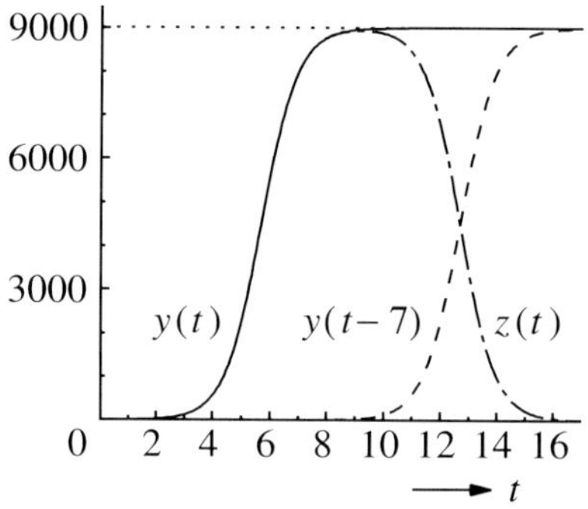

b. 120; 8871

c. $t = 6$ dagen

d. 7 dagen

2.75 a. $V_{\max} = 0.71$
b. 6.3%
c. 11.4%

2.76 a. $a = 39.25\,\text{kg}/\text{ha}$
b. $a = 14\,\text{kg}/\text{ha}$
c. $a'(m) = -3.434\text{e}^{-0.136m}$;

$$\frac{a'(m)}{a(m)} = \frac{-3.434\text{e}^{-0.136m}}{14 + 25.25\text{e}^{-0.136m}}$$

d. $a'(m) = 0.136(a(m) - 14)$
e. 20.5 kg / ha

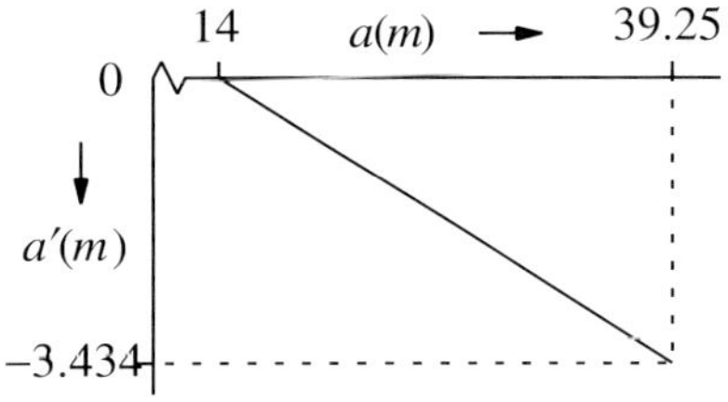

2.77 d. $t = 79$ minuten

2.78 a. 2.47
b. na 0.77 jaar; ja
c. na 8 jaar; nee

2.79 a. het grootste aantal gastheerpoppen dat 1 vrouwelijke parasitoïd in 1 dag kan parasiteren
b. 38
c. 100
d. parasitoïd 1 is effectiever

2.80 a. $t = 72.14$
b. i: hogere asymptoot; ii en iii: geen verschil met huidige curve

2.81 $t_b = \frac{1}{ak}\ln(c), \quad N_b = \frac{1}{2}a$

HOOFDSTUK 3

§3.1 3.1 b. $Z = \lim_{N \to \infty} \sum_{n=1}^{7N} D(t_n) c(t_n)\, \Delta t$

§3.2 3.2 a. $-\cos(x) + C$

b. $e^t + C$

c. $y^4 + C$

d. $s^2 - s + C$

3.3 a. $F(x) = \frac{4}{3}x^3 + C$

b. $F(t) = \frac{3}{2}e^{2t+1} + C$

3.4 a. $F(x) = x^4 + \frac{1}{6}x^3 + x + C$

b. $G(x) = \frac{1}{2}x^2 - x - 2\ln(|x|) + C$

3.5 a. $F(x) = \frac{1}{2}\arcsin(2x) + C$

b. $G(x) = \frac{1}{2}\arctan(\frac{1}{2}x) + C$

3.6 a. $f'(x) = -\dfrac{1}{\sqrt{1-x^2}}$

b.

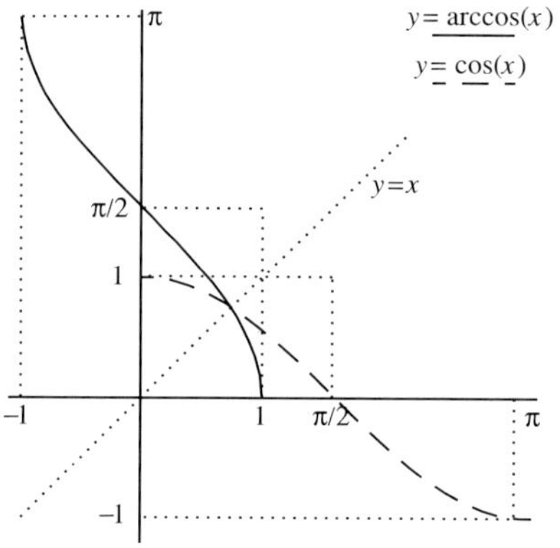

§3.3 3.7 a. 360

b. $N(1) - N(0) = 371$

c. $W(t) = 10000 + 180t$

d. $W'(t) = \frac{1}{3}N'(t), \quad t = 5.10$ jaar

e. $W(t) = \frac{1}{3}N(t), \quad t = 9.32$ jaar

3.8 a. $G(1) = 852$ kg

b. $c_{max} = 8.27 \cdot 10^{-3}$ kg / m^3

c. nee

d. $G(t) - G(t-1) = 1000, \quad t = 13.8$ weken

§3.4 3.9 a. $a\mathrm{e}^{ax+b}$

b. $2^x \ln(2)$

c. $-2^{1-x}\ln(2)$

d. $(\frac{1}{2})^x \ln(\frac{1}{2})$

e. $\alpha\cos(\alpha x)$

f. $\dfrac{2}{\cos(2x)^2}$

g. $\frac{2}{x}$

h. $-2x\mathrm{e}^{-x^2}$

i. $\dfrac{x}{\sqrt{1+x^2}}$

j. $\dfrac{2}{2x+1}$

k. $\cos(x) - x\sin(x)$

l. $1 + \ln(x)$

m. $-\dfrac{1}{x^2} + \dfrac{1}{2x\sqrt{x}}$

n. $\dfrac{1-2x}{(x-1)^2 x^2}$

o. $\cos(x^2) - \dfrac{\sin(x^2)}{2x^2}$

p. $-\sin(xy)$

q. $-\dfrac{\cos(xy)}{x^2} - \dfrac{y\sin(xy)}{x}$

r. $-\dfrac{\cos(x^2)}{x^2} - 2\sin(x^2)$

s. $\dfrac{1}{x-1} - \dfrac{1}{x+1}$

t. $9.93\cdot 10^{1.82x}$

3.10 a. $\frac{3}{2}x^4$

b. $\frac{1}{3}x^3 - \frac{1}{2}x^2$

c. $-\frac{1}{2}\sqrt{2}\cos(x\sqrt{2})$

d. $\frac{1}{3}(x+1)^3$

e. $5\ln(|x|)$

f. $-2\cos(x) + \frac{1}{2}\sin(2x)$

g. $\frac{2}{5}x^2\sqrt{x}$

h. $\frac{3}{4}x\sqrt[3]{x}$

i. $\frac{1}{8}(2x-1)^4$

j. $\ln(|x|)-2\sqrt{x}$

k. $2\ln(|x-1|)$

l. $-\frac{1}{2}\ln(|3-2x|)$

m. $2^x/\ln(2)$

n. $-\frac{1}{4}\cos(2x-1)$

o. $2\ln(|\frac{1}{2}x+1|)$ als $n=-1$; $\frac{2}{n+1}(\frac{1}{2}x+1)^{n+1}$ als $n\neq -1$

p. $\frac{1}{2}e^{2x+1}$

3.11 a. $\frac{2}{3}x^3 + x^4 + C$

b. $-2e^{-x/2} + C$

c. $\dfrac{3^x}{\ln(3)}+C$

d. y^2-4y+C

e. $\ln(z) + \frac{2}{3}z\sqrt{z} + C$

f. $-\frac{1}{\alpha}\cos(\alpha x) + C$

g. $-\dfrac{1}{y} - \dfrac{3}{2y^2} + C$

h. $\frac{3}{5}t\sqrt[3]{t^2} + 3\sqrt[3]{t} + C$

i. $-\sin(2-u) + C$

j. $\frac{1}{a}e^{ax+b} + C$

3.12 a. de volgende term van $f(x)$ is $\frac{1}{16}x^3$; de volgende term van $F(x)$ is $\frac{1}{64}x^4$

b. $H(x) = 1 + \frac{3}{2}x + \frac{3}{8}x^2 - \frac{1}{16}x^3 + \frac{3}{128}x^4 + \ldots$

c. $G(x) = x - \frac{1}{2}x^2 + \frac{1}{3}x^3 - \frac{1}{4}x^4 + \ldots$

3.13 a. $F(x) = \sqrt{2}\arctan(x/\sqrt{2})$

b. $G(u) = \arcsin(\frac{1}{2}u)$

c. $H(t) = \arctan(t-1)$

d. $X(t) = \frac{1}{\sqrt{2}}\arctan(t/\sqrt{2})$

§3.5 3.14 a. $^1/_4$
b. 2
c. $^1/_2\,e^2 - {}^1/_2$
d. $^{14}/_3$

3.15 a. $2e - 2e^{-1}$
b. 0
c. 1
d. -2
e. π
f. $\ln(2)$

3.16 a. $^1/_2$
b. $^1/_3$

3.17 a. $\overline{f}_{[0,1]} = \frac{1}{6}$
b. $\overline{f}_{[0,5]} = \frac{1}{15}(1-e^{-15})$
c. $\overline{f}_{[0,\pi]} = \frac{2}{\pi}$

3.18 a. 1.5
b. 1.6
c. 1.1
d. 2.0
e. 3.0
f. 1.5

§3.6 3.19 a. 117
b. 29 995
c. 360
d. 131; 30 009

3.20 a. zie figuur hiernaast
b. de 2000ste kilo; 10 cent per kg
c. $TK(0)$ = € 488,–
d. € 384,–; nee
e. € 149,33; *TK* daalt met € 234,67; ja

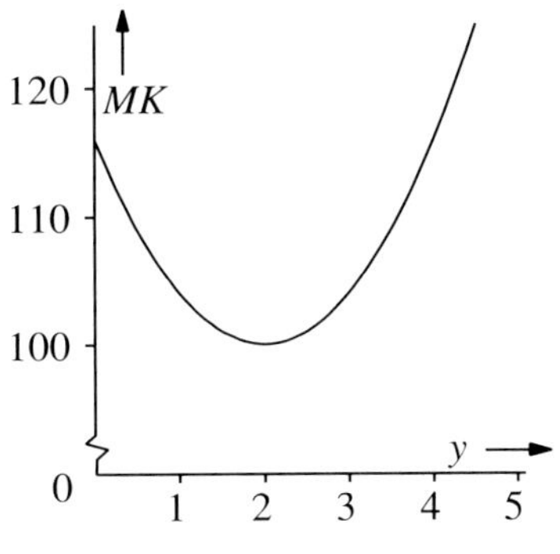

3.21 e. € 2,61
f. winst € 67 067,–; verlies € 81 424,–
g. 158 458
h. 2532

3.22 a. $a = 48$
b. 0.118%
c. 89.6%

d. 35 cm
e. 35 cm

3.23 a.

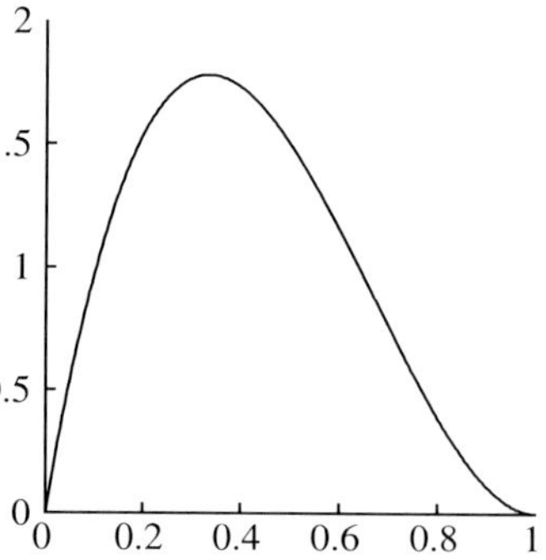

b. $x(s) = 3s^4 - 8s^3 + 6s^2, \quad y(s) = 6s^5 - 15s^4 + 10s^3$

c.

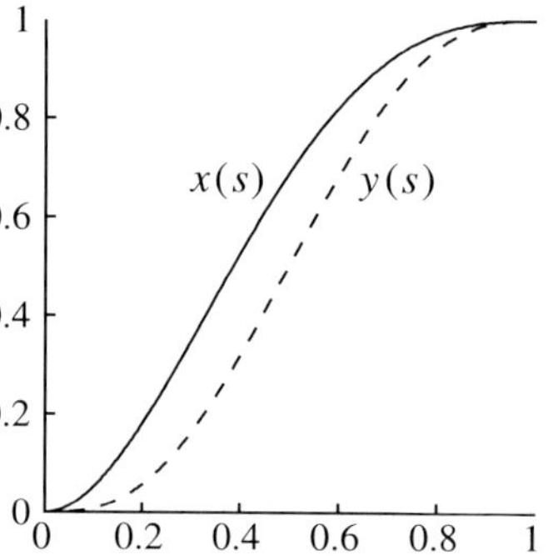

d.

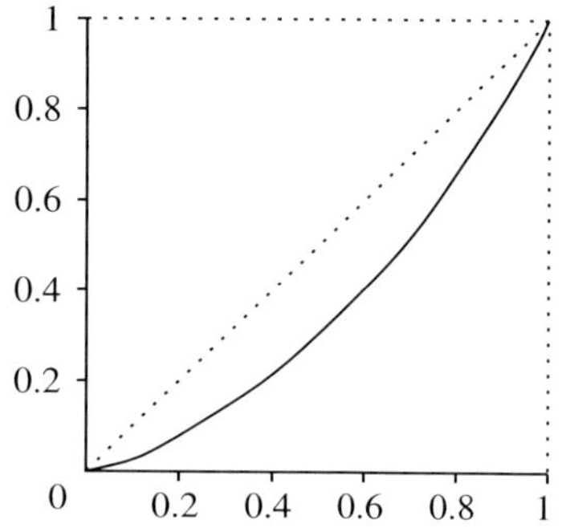

s	0	$^1/_6$	$^1/_3$	$^1/_2$	$^2/_3$	$^5/_6$	1
$x(s)$	0	0.132	0.407	0.687	0.889	0.984	1
$y(s)$	0	0.035	0.210	0.500	0.790	0.965	1

3.24 a. 325 V
c. 156 V
d. $\frac{1}{2}\sqrt{2}$

§3.7 3.25 a. 0
b. 0
c. $1 - {}^1/_e$
d. $^2/_3\, a^3 + a^2$
e. $4\sqrt{2} - 2$
f. $^5/_2$

3.26 $\overline{f}_{[0,\pi]} = \frac{2}{\pi}, \quad \overline{f}_{[0,3\pi]} = \frac{2}{3\pi}, \quad \overline{f}_{[0,5\pi]} = \frac{2}{5\pi}, \quad \overline{f}_{[0,7\pi]} = \frac{2}{7\pi}$

3.27 $\overline{f}_{[0,1]} = 2$

3.28 a. 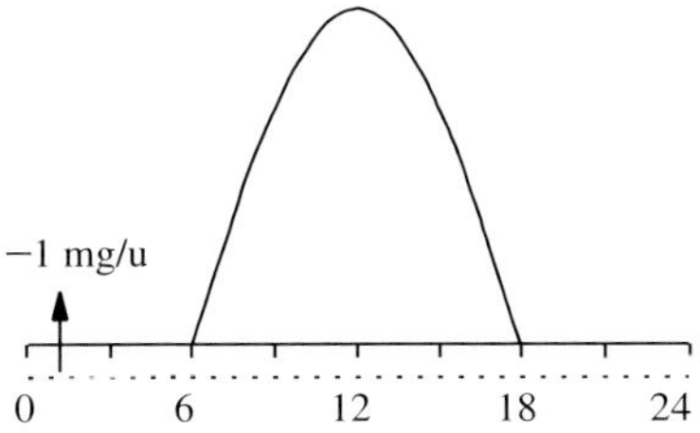

b. gewichtstoename door assimilatie $^{240}/_{\pi} \cong 76.4$ mg; verlies door respiratie 24 mg; netto toename 52.4 mg

c. $5.1 \cdot 10^{-4}$ m^3 lucht; nee

3.29 a. nee; 10%

b. Ginigetal 0.1

c. Ginigetal 0: inkomens gelijk; Ginigetal ≅ 1: zeer grote inkomensverschillen

d. ja; 41%

e. $^4/_{15}$

f. Lorentzcurve rechter, Ginigetal kleiner dan bij e

3.30 a. 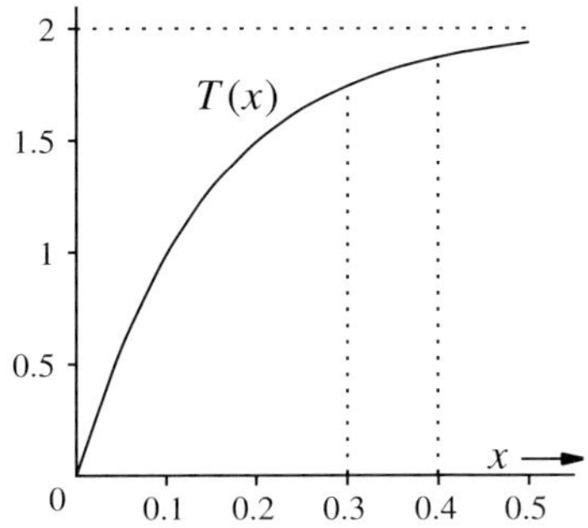

b. $T(0.35) = 1.8217$

c. $\overline{T}_{[0.3,0.4]} = 1.8182$

d. grafiek is hol (concaaf)

3.31 a. 1001.3 kg / ha

b. 200.3 kg / ha dag

c. 14 000 kg / ha

d. 375 kg / ha

e. zie figuur hiernaast

f. 25 kg / ha dag; 200 kg / ha dag

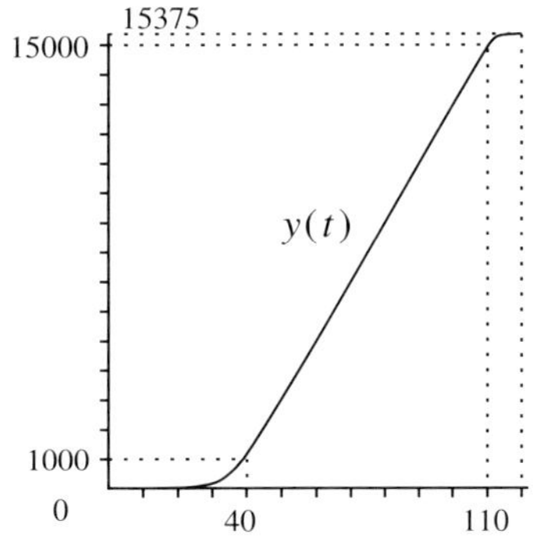

3.32 a. $f'(y) = \cos(y)$

b. $g'(x) = 2x^2 + x$

HOOFDSTUK 4

§4.2 4.1 a. $-\cos(e^x)+C$

b. $2\sin(\sqrt{x})+C$

c. $-\sqrt{1-x^2}+C$

d. $-\frac{1}{2}e^{-x^2}+C$

4.2 a. $F(x) = \frac{1}{4}e^{4x}+C$

b. $G(x) = \frac{1}{2}\sin(2x)+C$

4.3 a. $\frac{1}{2}\ln(1+x^2)+C$

b. $\ln(e^x+e^{-x})+C$

4.4 a. 0

b. $2\sqrt{2}-2$

4.5 $\frac{1}{2}e^{\sin(x^2)}+C$

§4.3 4.6 a. $C=0$

b. $3.979\cdot 10^{-9}$ J

4.7 b. 0

c. 3

§4.4 4.8 a. $\ln(x) + 2\sqrt{x} + C$

b. $\ln(1+\sin(x)) + C$

c. $-2\cos(\sqrt{x+1}) + C$

d. $\arctan(\sin(x)) + C$

e. $\frac{1}{3}\sin(x)^3 + C$

f. $-\frac{1}{3}\cos(x)^3 + C$

g. $\ln(x^3+x^2+x) + C$

h. $\ln(x^2+x+1) + C$

i. $\arctan(\ln(x)) + C$

j. $\frac{1}{3}\ln(1+e^{3x}) + C$

k. $-\sqrt{1-x^2}+C$

l. $\frac{1}{2}\arcsin(x^2) + C$

m. $\frac{2}{5}(1-x)^{5/2} - \frac{2}{3}(1-x)^{3/2} + C$

n. $\frac{2}{3}(1-x)^{3/2} - 2(1-x)^{1/2} + C$

4.9 a. $-\frac{255}{8}$

b. 10

c. $\frac{1}{\omega}\left(\sin(\omega\pi+\varphi)-\sin(\varphi)\right)$

d. 10

e. $\frac{2}{\pi}\ln(2) = 0.4413$

f. 0

g. 1

h. 0

4.11 a. 2

b. 7.688 per km

4.12 d. $\mathrm{erf}(\frac{1}{2}\sqrt{2}) = 0.6826$

e. $\sqrt{\frac{\pi}{3}}$

§4.5 4.13 $\int x\,e^x\,dx = \frac{1}{2}x^2e^x - \int \frac{1}{2}x^2e^x\,dx$

4.14 a. $H(x) = -x\cos(x) + \sin(x) + C$

b. $F(x) = \frac{1}{2}x^2\ln(x) - \frac{1}{4}x^2 + C$

c. $G(x) = -xe^{-x} - e^{-x} + C$

4.15 a. π

b. $\frac{1}{4}(e^2+1)$

4.16 a. $-x^2\cos(x) + 2x\sin(x) + 2\cos(x) + C$

b. $-x^2e^{-x} - 2xe^{-x} - 2e^{-x} + C$

c. $\frac{1}{4}\pi^2 - 2$

d. $\frac{1}{2}$

4.17 $x\ln(x)^2 - 2x\ln(x) + 2x + C$

§4.6 4.18 a. $t = 5$

b. $G'(t) = 0.06te^{-0.2t}$

c. $G(0) = 0$

d. $G(t) = 1.5 - 0.3te^{-0.2t} - 1.5e^{-0.2t}$

e. $\lim_{t\to\infty} G(t) = 1.5\,\mathrm{g}$

f. Met Newton: $G(t) - 1.35 = 0 \Rightarrow t = 19.4$

4.19 a. $\int_0^\infty f(t)\,dt = 1$

b. $F(t) = 1 - e^{-\lambda t}$

c. zie figuur hiernaast

e. $\lambda = 0.02$ per jaar

f. 0.393

g. 0.135

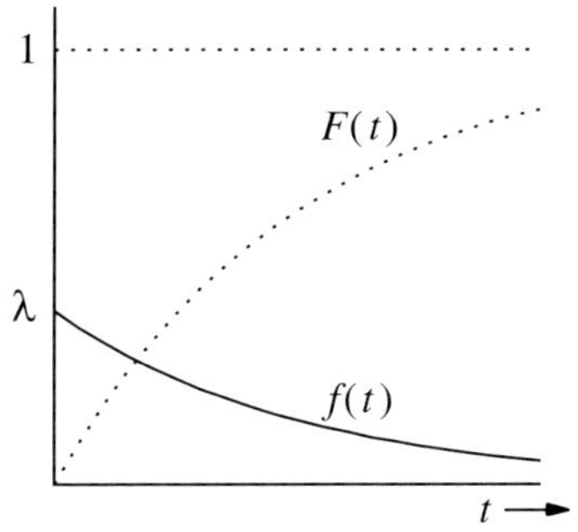

4.20 a. $E(t^2) = 2/\lambda^2$

b. $\sigma^2 = 1/\lambda^2$

§4.7 4.21 a. $\frac{1}{3}x^3\ln(x^2) - \frac{2}{9}x^3 + C$

b. $-\frac{1}{2}e^{-x}(\cos(x) + \sin(x)) + C$

4.22 a. $F(x) = 2xe^x - 2e^x + C$

b. $F(x) = \frac{1}{2}xe^{2x} - \frac{1}{4}e^{2x} + C$

c. $F(x) = x^2 e^x - 2xe^x + 2e^x + C$

d. $F(x) = \frac{1}{2}e^{x^2} + C$

e. $F(x) = \frac{1}{2}x^2 e^{x^2} - \frac{1}{2}e^{x^2} + C$

4.23 a. $F(x) = x^2 \sin(x) + 2x\cos(x) - 2\sin(x) + C$

b. $F(x) = \frac{1}{2}\sin(x^2) + C$

c. $F(x) = \frac{1}{2}\left(x^2 \sin(x^2) + \cos(x^2)\right) + C$

d. $F(x) = \frac{1}{3}\sin(x^3) + C$

4.24 a. $x\arcsin(x) + \sqrt{1-x^2} + C$

b. $x\arctan(x) - \frac{1}{2}\ln(1+x^2) + C$

c. $\frac{1}{2}x\sqrt{1-x^2} + \frac{1}{2}\arcsin(x) + C$

4.25 b. $\Gamma(2) = 1$

e. $\Gamma(2.5) = \frac{3}{4}\sqrt{\pi}$

4.26 a. -1

b. $\frac{1}{e-1} = 0.5820$

c. ∞

4.27 1

4.30 a. 0.0198

b. 0.0198

c. 0.6321

d. $-50\ln(0.9) = 5.268$

4.31 a. $\int_0^\infty u(t)\,dt = 1$

b. $E(t) = \frac{1}{2}T$, $\sigma^2(t) = \frac{1}{12}T^2$

4.32 a. $\frac{1}{s^2}$, $s > 0$

b. $\frac{1}{s-\alpha}$, $s > \alpha$

c. $\frac{\beta}{s^2+\beta^2}$, $s > 0$

§4.8 4.33 a. $F(x) = \frac{6}{5}\ln(|x+3|) + \frac{4}{5}\ln(|x-2|) + C$

b. $G(x) = \frac{13}{6}\ln(|x+3|) + \frac{11}{6}\ln(|x-3|) + C$

4.34 a. $F(x) = -\frac{1}{2}\ln(|x-1|) + \frac{1}{2}\ln(|x-3|) + C$

b. $G(x) = \frac{5}{6}\ln(|3x+1|) + \frac{1}{2}\ln(|x+1|) + C$

4.35 a. $F(x) = 2\ln(|x+3|) + \frac{5}{x+3} + C$

b. $G(x) = -\frac{2}{3x+2} + C$

4.36 a. $F(x) = x - 2\ln(|x+1|) + 3\ln(|x+2|) + C$

b. $G(x) = \frac{1}{2}x^2 + x + 2\ln(|x+2|) + 3\ln(|x-1|) + C$

4.37 a. $F(x) = \ln(|x^2+5x+8|) + C$

b. $G(x) = \ln(|2x^2+3x+4|) + C$

4.38 a. $F(x) = \arctan(x+2) + C$

b. $H(x) = \frac{3}{4}\arctan(x+\frac{3}{2}) + C$

4.39 $F(x) = \frac{3}{4}\ln(|4x^2-12x+13|) + \frac{3}{4}\arctan(x-\frac{3}{2}) + C$

§4.9 4.40 b. M

c. $t = 2.647\cdot10^{-8}$ sec.

4.41 a. $n(t) = 20000(1 - e^{-0{,}05t})$

b. Ja, stel $n'(t) = 0$ en bereken het evenwicht

c. $N_\infty = 10000$, 2000 sprinkhanen per dag gedood

d. Populatie explodeert

e. $N_\infty = 5000$; als er een paar minder worden gedood blijft N_∞ ongeveer 5000.

§4.10 4.42 a. $\ln(|x|) - \ln(|1-x|) + C$

b. $\frac{1}{3}\ln(|y+2|) + \frac{2}{3}\ln(|2y+1|) + C$

c. $\frac{3}{2}\ln(|x+2|) + \frac{5}{2}\ln(|x-2|) + C$

d. $x + \ln(|x-2|) - \ln(|x+2|) + C$

4.43 a. $F(x) = -\frac{1}{2}\ln(|x+2|) + \frac{1}{2}\ln(|x-4|) + C$

b. $G(x) = \ln(|x^2-4|) + C$

c. $H(x) = \ln(|2x-1|) - \frac{1}{2}\ln(|x+1|) + C$

d. $X(t) = \ln(|t|) - \ln(|t+1|) + C$

4.44 a. $F(x) = \frac{1}{2}x^2 + x - \ln(|x+1|) + 3\ln(|x+2) + C$

b. $G(y) = y^2 - 2y + \ln(|y-4|) + 2\ln(|y+2|) + C$

4.45 a. $F(x) = -\frac{1}{x+1} + C$

b. $G(x) = 2\ln(|x+3|) + \frac{6}{x+3} + C$

c. $H(x) = \ln(|x+2|) + \frac{3}{2x+4} + C$

d. $F(x) = \frac{25}{4}\ln(|x+3|) + \frac{3}{4}\ln(|x-1|) + C$

e. $G(x) = \frac{1}{3}x^3 - x^2 + 2x - \frac{25}{4}\ln(|x+3|) - \frac{3}{4}\ln(|x-1|) + C$

f. $F(x) = 5\ln(|x+1|) + \frac{3}{x+1} + C$

g. $G(x) = \frac{1}{2}x^2 + x - 5\ln(|x+1|) - \frac{3}{x+1} + C$

h. $F(x) = \frac{1}{2}\ln(|x^2+4x+6|) + C$

i. $G(x) = \ln(2x^2+x+4) + C$

j. $H(x) = x + 2\ln(x^2+x+2) + C$

k. $F(x) = \arctan(x+3) + C$

l. $G(x) = \arctan(\frac{1}{2}x - \frac{3}{2}) + C$

m. $H(x) = \arctan(3x+1) + C$

n. $F(x) = \ln(1+x^2) + \arctan(x) + C$

o. $G(x) = \frac{3}{2}\ln(x^2+4x+8) + \arctan(\frac{1}{2}x+1) + C$

p. $H(x) = \frac{1}{2}\ln(4x^2-4x+5) + \frac{1}{4}\arctan(x-\frac{1}{2}) + C$

§4.11 4.46 a. $F(x) = \frac{1}{3}x^3\ln(ax) - \frac{1}{9}x^3 + C$

b. $F(x) = \frac{x^2}{b}e^{bx} - \frac{2x}{b^2}e^{bx} + \frac{2}{b^3}e^{bx} + C$

c. $F(x) = \frac{x^2}{c}\sin(cx) + \frac{2x}{c^2}\cos(cx) - \frac{2}{c^3}\sin(cx) + C$

4.47 a. $\frac{2}{3}\sqrt{3x+2} + C$

b. $\frac{1}{3}x - \frac{2}{9}\ln(|3x+2|) + C$

c. $\frac{1}{3}\sqrt{3x^2+2} + C$

d. $\frac{1}{6}\ln(3x^2+2) + C$

4.48 a. $F(x) = \sin(\frac{1}{2}x) + C$

b. $G(x) = 2x\sin(\sqrt{x}) + 4\sqrt{x}\cos(\sqrt{x}) - 4\sin(\sqrt{x}) + C$

c. $H(x) = x^2\sin(\frac{1}{2}x) + 4x\cos(\frac{1}{2}x) - 8\sin(\frac{1}{2}x) + C$

4.49 a. $\ln(|\ln(x)|) + C$

b. $\frac{1}{2}\ln(x)^2 + C$

c. $-\frac{1}{x}(\ln(x)+1) + C$

d. $-\frac{1}{x+1}\ln(x) + \ln(x) - \ln(x+1) + C$

4.50 a. $F(x) = \ln(|\tan(\frac{1}{2}x)|) + C$ of $F(x) = \frac{1}{2}\ln(1-\cos(x)) - \frac{1}{2}\ln(1+\cos(x)) + C$

b. $F(x) = \tan(x) - x + C$

c. $F(x) = \ln(|\sin(x)|) + C$

4.51 b. $(x-1)\ln(1+\sqrt{x}) - \frac{1}{2}x + \sqrt{x} + C$

4.52 a. $F(x) = x - 2\sqrt{x} + 2\ln(1+\sqrt{x}) + C$

b. $F(x) = \frac{1}{2}\ln(1+e^x)^2 + C$

c. $F(x) = -2\sqrt{x}\cos(\sqrt{x}) + 2\sin(\sqrt{x}) + C$

4.53 a. $F(x) = \frac{1}{2}x\left(\sin(\ln(x)) - \cos(\ln(x))\right) + C$

b. $F(x) = 2\sqrt{x}\,e^{\sqrt{x}} - 2e^{\sqrt{x}} + C$

4.54 a. $\arctan(x) = x - \frac{1}{3}x^3 + \frac{1}{5}x^5 - \frac{1}{7}x^7 + \dots$

b. $\arcsin(x) = x + \frac{1}{6}x^3 + \frac{3}{40}x^5 + \frac{5}{112}x^7 + \dots$

4.55 a. $\frac{7}{4}\ln(|x+3|) + \frac{5}{4}\ln(|x-1|) + C$

b. $3\ln(|x+1|) + \frac{1}{x+1} + C$

c. $\frac{3}{2}\ln(x^2+2x+2) - \arctan(x+1) + C$

§4.12 4.56 analytisch $I = 0.3333$, midpuntregel $I \cong 0.3281$,
linker rechthoeksregel $I \cong 0.2188$, rechter rechthoeksregel $I \cong 0.4688$

4.57 analytisch: 2, trapeziumregel: 1.9541, midpuntregel: 2.0230,
fout trapeziumregel 2.3%, fout midpuntregel 1.2%

§4.13 4.58 c. $2.6 \cdot 10^{-6}$ kg / dag

4.60 De metingen: 0.0, 0.1, 0.35, 0.9, 1.5, 1.8, 1.65, 1.0, 0.3, 0.1, 0.0 leiden tot
a. $I = 7.7 \cdot 10^{-3}$ W
b. $\omega_0 = 938465.03$ Hz
c. $\Delta\omega = 2.57$ Hz

4.61 d. de integralen zijn divergent

4.62 De metingen: 0.05, 0.2, 0.6, 1.25, 1.8, 2.0, 1.5, 0.7, 0.2, 0.05 leiden tot
a. $I = 8.35 \cdot 10^{-3}$ W
b. zie hiernaast
c. $\omega_- = 938464.5$ Hz ,
$\omega_+ = 938465.5$ Hz
$\omega_0 = 938465.33$ Hz
d. $\omega_{1/4} = 938463.49$ Hz
$\omega_{3/4} = 938465.74$ Hz
$\Delta\omega = 2.25$ Hz

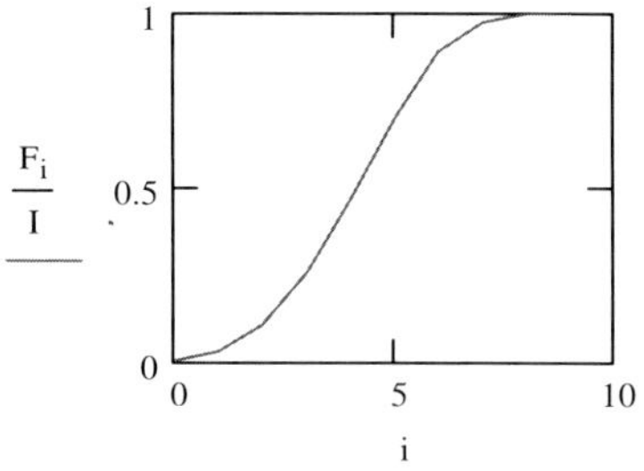

§4.14 4.63 a. linker rechthoek 19.88, rechter rechthoek 22.22, trapezium 21.05
b. linker rechthoek 400.9, rechter rechthoek 422.8, trapezium 411.8
c. linker rechthoek 0.325, rechter rechthoek 0.4, trapezium 0.3625

4.64 a. analytisch $1 - 3e^{-2} = 0.5940$, trapeziumregel 0.5881
b. trapeziumregel 0.35283

4.65 a. $\mathrm{erf}(1) \cong 0.8384$
b. $\mathrm{erf}(1) \cong 0.8651$
d. trapeziumregel: $\mathrm{erf}(2) \cong 0.99489$, Taylorreeks: $\mathrm{erf}(2) \cong 2.8586$
e. $\mathrm{erf}(2) \cong 0.9686$

4.66 a. $\mathrm{Si}(x) \cong x - \frac{1}{18}x^3 + \frac{1}{600}x^5$
b. $\mathrm{Si}(\frac{1}{2}\pi) \cong 1.3714$
c. trapeziumregel: $\mathrm{Si}(\pi/2) \cong 1.3655$, midpuntregel: $\mathrm{Si}(\pi/2) \cong 1.3734$

4.67 b. 12mg O_2 / liter
c. 34 minuten.

4.68 a. 30%, 2%,
b. 83%
c. Ginigetal is 0.47
d. 0.33

HOOFDSTUK 5

•5.2 5.1 a. $y'(3) = y(3) = 1$

b. $\arctan(\sqrt{2}) = 0.9553 \; (= 54.74°)$

c. $y(t) = 1 \Rightarrow y'(t) = 1$, dus de hoek die de raaklijn maakt met de as is 45°

d.

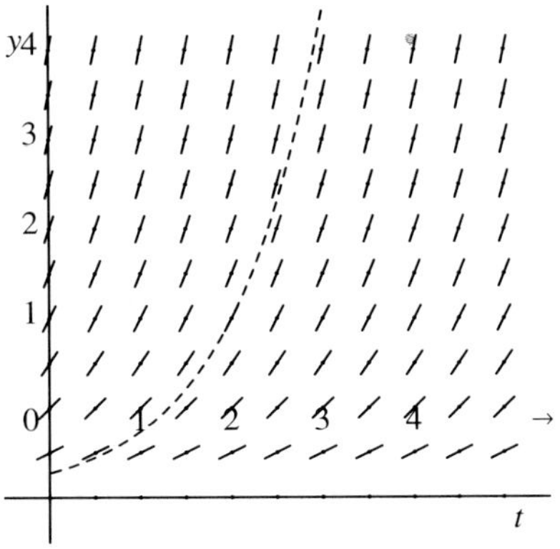

5.2

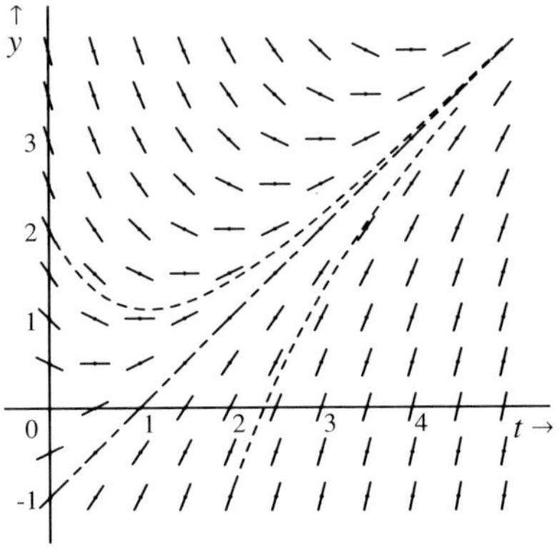

5.3

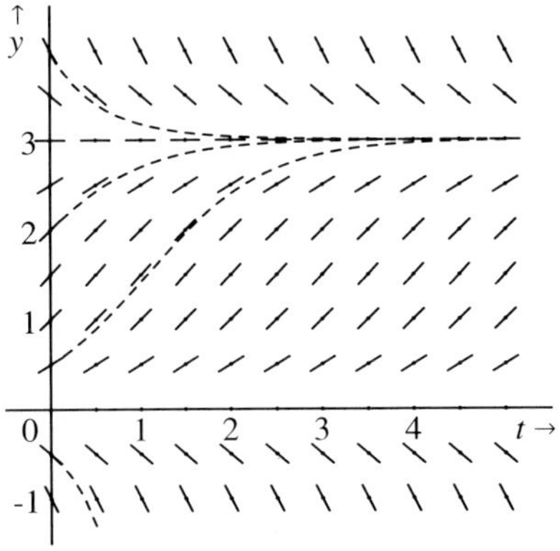

5.4 a. $\underline{y} = 0$

b. $\underline{y} = a$

c. $\underline{y}_1 = 0, \; \underline{y}_2 = a$

5.5 a. $\underline{y} = 10$

b. ja

c. functies met begrensd exponentiële groei, beide met limiet 10

5.6 evenwicht $\underline{y}_k = k\pi$, k geheel; stabiel voor k oneven, instabiel voor k even.

$y(0) = \frac{3}{2}\pi \;\Rightarrow\; \lim_{t\to\infty} y(t) = \pi$; $\; y(0) = \frac{5}{2}\pi \;\Rightarrow\; \lim_{t\to\infty} y(t) = 3\pi$

5.7 $\underline{y}_1 = 0$, instabiel; $\underline{y}_2 = 1$, stabiel; $\underline{y}_3 = -1$, stabiel, $\lim_{t\to\infty} y(t) = 1$

5.8 $\underline{C} = 8.33$ mg/l

§5.3 5.9 $T(t) = 20(1 - e^{-at})$

5.10 a.

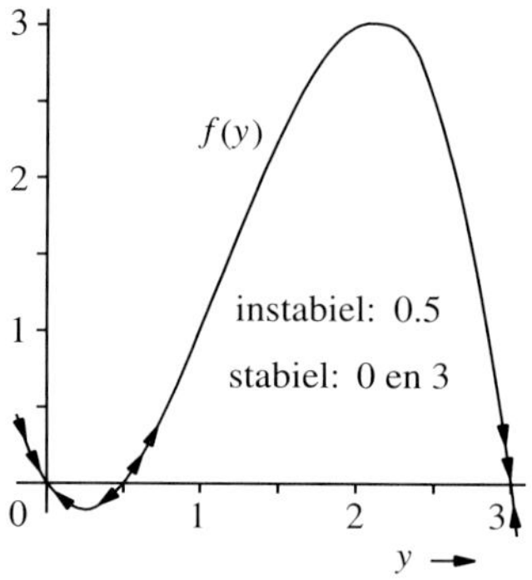

b.

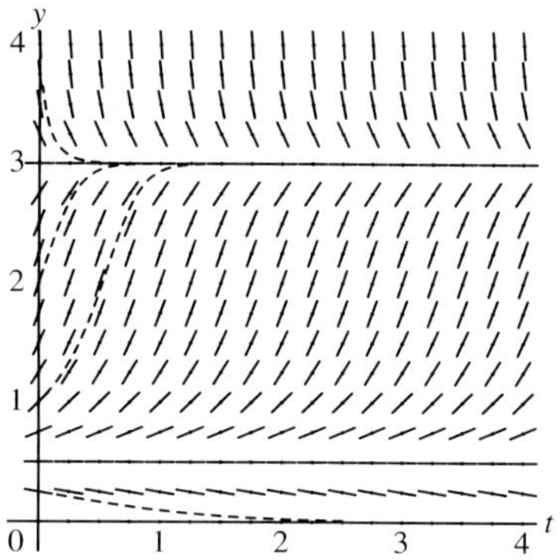

5.11 a. $\underline{c} = 0.086$, $\underline{a} = \underline{b} = 0.414$

b. $\underline{c} = 0.191$, $\underline{a} = \underline{b} = 0.309$

c. $c'(t) = k_1[6 - (5 + k_2/k_1)c + c^2]$

d. $\underline{c} = 1.268$, $\underline{a} = 1.732$, $\underline{b} = 0.732$.

§5.4 5.12

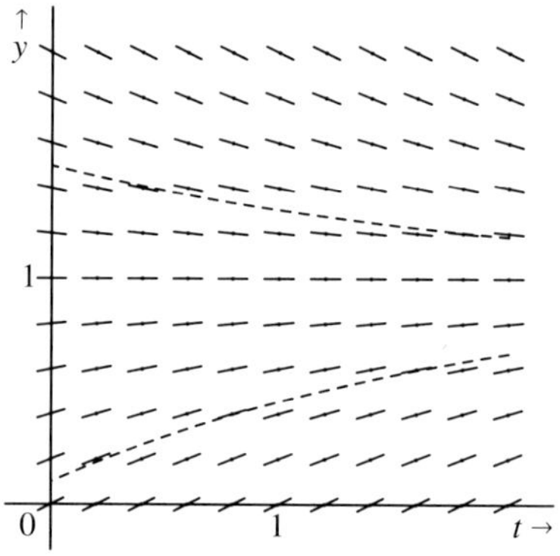

5.13

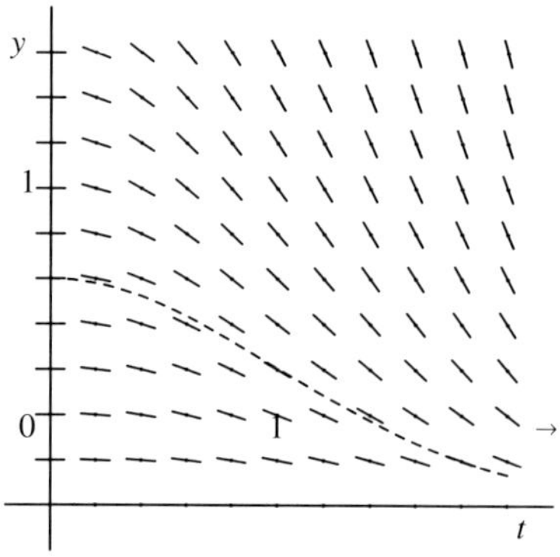

5.14 a.

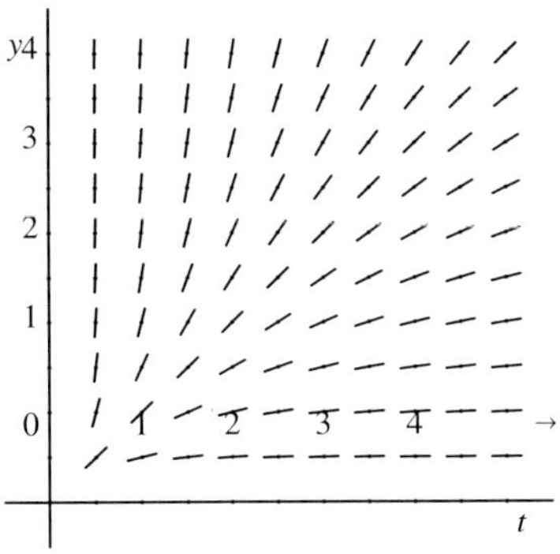

b.

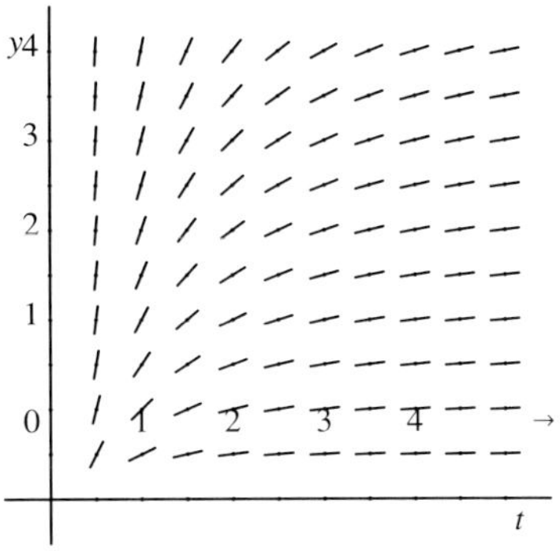

5.15 $\underline{y}_1 = 2$, stabiel; $\underline{y}_2 = -2$, instabiel; $-2 < y(0) < \infty \Rightarrow \lim_{t\to\infty} y(t) = 2$;

$y(0) < -2 \Rightarrow \lim_{t\to\infty} y(t) = -\infty$; $y(0) = -2 \Rightarrow \lim_{t\to\infty} y(t) = -2$

5.16 $\underline{y}_1 = 0$, geen uitsluitsel; $\underline{y}_2 = 1$, stabiel

$0 < y(0) < \infty \Rightarrow \lim_{t\to\infty} y(t) = 1$; $-\infty < y(0) < 0 \Rightarrow \lim_{t\to\infty} y(t) = 0$

5.17 a. $c'(t) = k_1 s e(t) - k_2 c(t)$

b. $(e(t) + c(t))' = 0$

c. $e'(t) = -(k_1 s + k_2)e(t) + k_2 m$ waarin $m = e(0) + c(0)$

d. $\underline{e} = \dfrac{k_2 m}{k_1 s + k_2}$, stabiel

e. $p' = k_2 c = \dfrac{m k_1 k_2 s}{k_1 s + k_2}$

5.18 a. $K'(t) = s a_0 + (s a_1 - \delta)K$

b. $\underline{K} = \dfrac{s a_0}{\delta - s a_1}$, stabiel

c. $K(t)$ blijft toenemen

d. $\underline{K}_1 = 0$, instabiel; $\underline{K}_2 = (sa/\delta)^2$, stabiel

§5.5 5.19 a. $y(t) = \dfrac{-1}{t + C}$

b. $y(t) = C\mathrm{e}^{-t^2}$

c. $y(t) = 5 - C\mathrm{e}^{-2t}$

5.20 $y(t) = \dfrac{1}{1 - t}$

5.21 a. $y(t) = C\mathrm{e}^{t/2} + 2$

b. $y(t) = \frac{1}{2}\dfrac{1}{1 + C\mathrm{e}^{-t/2}}$

5.22 $y(t) = \dfrac{1}{2 - e^{-t/2}}$

5.23 $y(t) = \frac{10}{9}e^{-3t} + \frac{1}{3}t - \frac{1}{9}$

5.24 $y(t) = (t + C)e^{t}$

5.25 $y(t) = \frac{1}{2}(\sin(t) - \cos(t)) + C\,e^{-t}$

5.26

t	0.00	0.25	0.50	0.75	1.00	1.25	1.50	1.75	2.00
y	0.8500	0.8181	0.7809	0.7382	0.6898	0.6363	0.5785	0.5175	0.4551

§5.6 5.27 a. $I'(s) = -k\,I(s)$

b. $I(s) = C\,e^{-ks}$

c. $k = \frac{1}{3}\ln(2.5) = 0.3054$ per mm

5.28 a. $y(t) = \exp\!\left(\frac{\alpha}{\beta}(1 - \exp(-\beta t)\right)$

b. $y(t) = \gamma^{1 - \exp(-\alpha t)}$

5.29 a. Nieuw = Oud + Instroom − Uitstroom:
$Vc(t + \Delta t) = Vc(t) + Aa\,\Delta t - Ac(t)\,\Delta t.$

b. $c(t) = 5.8e^{-t} + 0.1$

5.30 a. $V(t) = \frac{1}{4}(kt + 2)^2$

b. $k = -\frac{1}{2}$ per uur

c. $t = 4 - 2\sqrt{2} = 1.17$ uur

5.31 a. $C'(t) = -0.025\,C(t)$, t in minuten

b. $C(t) = 6.08 \cdot 10^{9}\,e^{-0.025t}$

c. $t_A = \ln(6.08 \cdot 10^{9})/0.025 = 901$ min $= 15$ uur 1 min

d. $\breve{C}(t) = 6.08 \cdot 10^{9}\,e^{-0.02525t}$

e. 0.7983 $\mu g/m^3$; afwijking 20% (te klein)

5.32 a. 21 februari
b. 16.2 m

5.33 a. $W(t) = C\,e^{-\delta t/2} + sa/\delta$

b. $K(t) = (C\,e^{-\delta t/2} + sa/\delta)^2$

§5.7 5.34 a. $y(t) = C\,e^{-\cos(t)}$

b. $y(t) = C\,e^{-2t} + 3$

c. $y(t) = \dfrac{-2}{t^2 + C}$

5.35 a. $y(t) = \dfrac{1}{4t+1}$

b. $y(t) = \sqrt{2t+1}$

c. $y(t) = \sqrt{1-t^2}$ (merk op dat deze oplossing slechts bestaat voor $-1 \le t \le 1$)

5.36 a. $y(t) = C\,\mathrm{e}^{-t} + t - 1$

b. $y(t) = C\,\mathrm{e}^{2t} + \frac{2}{5}\cos(t) - \frac{1}{5}\sin(t)$

c. $y(t) = C\,\mathrm{e}^{t^2/2} + 1$

5.37 a. $y(t) = -\mathrm{e}^{-t} + \frac{1}{2}\cos(t) - \frac{1}{2}\sin(t)$

b. $y(t) = (3t-1)\,\mathrm{e}^{-2t}$

c. $y(t) = \dfrac{1+\frac{1}{3}\mathrm{e}^{t^2-1}}{1-\frac{1}{3}\mathrm{e}^{t^2-1}}$

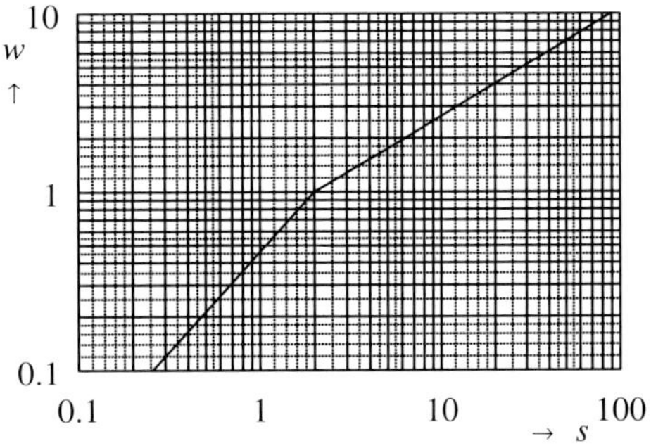

5.38 b. $w(s) = 0.46\,s^{1.12}$

d. $k = 0.605$

5.39 Vergelijking voor volume: $V'(t) = -\alpha\,A(t)$ met A het oppervlak van de druppel. Voor de straal R geldt $\left(\frac{4}{3}\pi R(t)^3\right)' = -\alpha 4\pi R(t)^2 \quad\Rightarrow\quad R'(t) = -\alpha$, en er volgt $D(t) = -0.2t + 4$ (voor $0 < t < 20$)

5.40 a. $P(0) = 0$

b. $V\,P(t) = \frac{1}{2}P(t)$

c. $P'(t) = 3 - 3P(t)$

d. $P(t) = 1 - \mathrm{e}^{-3t}$

e. $t = \frac{1}{3}\ln(50) = 1.304\,\mathrm{min}$

5.41 a. $N(t) = \dfrac{184}{1+45\,\mathrm{e}^{-0.31t}}$

b. $N(6) = 22.59$

c. $t = 12.41 \quad\Rightarrow\quad 1914$; de overeenstemming is redelijk

5.42 a. $P(t) = P(0)\,\mathrm{e}^{-0.18t}$

b. $t = \ln(10^5)/0.18 = 63.96\,\mathrm{s}$

5.43 $0 < t < 30$: $c(t) = 5(1-\mathrm{e}^{-0.002t})$;

$30 < t < 60$: $c(t) = c(30)\,\mathrm{e}^{-0.002(t-30)}$; $c(60) = 0.274$ gram / liter

5.44 a. $K(t) = K(0)\exp\left(\int_0^t a(s)\,ds\right)$; toename is $10^5(e^{0.07T}-1)$

b. toename is $10^5(e^{0.07T}-1)$; hetzelfde resultaat

5.45 a. $y(t) = 24000 - 20000e^{-0.03t}$

b. $y'(0) = 600$ kg / ha dag

c. $t = \ln(\frac{100}{6})/0.03 = 94$ dagen

5.46 a. $p'(t) = -k_1 p(t)$

b. $p(t) = p_0 e^{-k_1 t}$

c. $a'(t) = k_1 p(t) - k_2 a(t)$

d. $a(0) = 0$

e. $a(t) = \dfrac{k_1 p_0}{k_2 - k_1}(e^{-k_1 t} - e^{-k_2 t})$

f. $t_m = \dfrac{\ln(k_1) - \ln(k_2)}{k_1 - k_2}$

g. $a(t) = k\, p_0\, t\, e^{-kt}, \quad k = k_1 = k_2$

5.47 b. $p'(t) = 3 - \frac{3}{2}p(t)$

c. $p(0) = 0.5 \Rightarrow p(t) = 2.0 - 1.5e^{-3t/2}$; $\quad p(0) = 3.0 \Rightarrow p(t) = 2.0 + e^{-3t/2}$

d. $\underline{p} = 2$

e. $q_v = q_a$

5.48 a. $p'(t) = \frac{1}{2}(10 - A) - p(t)$

c. $p(t_1) = 5 \Rightarrow p(t) = \frac{1}{2}(10-A) + \frac{1}{2}Ae^{t_1 - t}$; $p(t_1) = 0 \Rightarrow p(t) = \frac{1}{2}(10-A)(1 - e^{t_1 - t})$

d. $\underline{p} = \frac{1}{2}(10 - A)$

e. $q_v = q_a$

5.49 b. q

d. $c(t) = \frac{1}{2} - e^{-0.1t} + \frac{1}{2}e^{-0.2t}$

e. verhoging van de aanvoer van B leidt tot een grotere (evenwichts)productie van D; verhoging van de concentratie van A leidt ertoe dat de productie van D sneller naar zijn evenwichtswaarde gaat, maar die waarde zelf blijft gelijk

5.50 a. $W'(t) = \alpha W(t)^{2/3} - \beta W(t)$

b. $l'(t) = \frac{1}{3}(\frac{\alpha}{\gamma} - \beta l(t))$

c. $l(t) = \frac{\alpha}{\beta\gamma} - (\frac{\alpha}{\beta\gamma} - l_0)e^{-\beta t/3}$

d. $W(t) = \left(\frac{\alpha}{\beta} - (\frac{\alpha}{\beta} - \gamma l_0)e^{-\beta t/3}\right)^3$

e. $\underline{W} = (\frac{\alpha}{\beta})^3 = 274$ g

f. $W(t)$ stijgt minder snel, maximale gewicht blijft hetzelfde

HOOFDSTUK 6

§6.2 6.2 $y = 1+e^{-1} - xe^{-1}$; $\begin{pmatrix} x \\ y \end{pmatrix} = \begin{pmatrix} 2 \\ 1-e^{-1} \end{pmatrix} + \lambda \begin{pmatrix} 1 \\ -e^{-1} \end{pmatrix}$

6.3 $f'(a) > 0 \Rightarrow$ stijgend
$f'(a) < 0 \Rightarrow$ dalend
$f''(a) = 0$ en tekenwisseling van $f''(x) \Rightarrow$ buigpunt
$f'(a) = 0$ en tekenwisseling $\Rightarrow$ extreem
$f'(a) = 0$ en $f''(a) > 0 \Rightarrow$ minimum
$f'(a) = 0$ en $f''(a) < 0 \Rightarrow$ maximum

6.5 a. $z = f(a,b) + g'(a)(x-a)$
b. $z = f(a,b) + g'(a)(x-a), \quad y = b$

6.6 $$\begin{pmatrix} x \\ y \\ z \end{pmatrix} = \begin{pmatrix} 2 \\ -2 \\ -4\ln(2) \end{pmatrix} + \lambda \begin{pmatrix} 1 \\ 0 \\ -2\ln(2)-2 \end{pmatrix} + \mu \begin{pmatrix} 0 \\ 1 \\ 2\ln(2) \end{pmatrix}$$

6.7 $$\begin{pmatrix} x \\ y \\ z \end{pmatrix} = \begin{pmatrix} 2 \\ 1 \\ -1 \end{pmatrix} + \lambda \begin{pmatrix} 1 \\ 0 \\ 2 \end{pmatrix} + \mu \begin{pmatrix} 0 \\ 1 \\ 1 \end{pmatrix}$$

6.8 $f_x(x,y) = 2xy, \quad f_y(x,y) = x^2$

6.9 $z = -1 + 2(x-2) + (y-1) = 2x + y - 6$

6.10 a. $f_{xx}(x,y) = (x+y+2)e^x, \quad f_{xy}(x,y) = e^x = f_{yx}(x,y), \quad f_{yy}(x,y) = 0$
b. $f_{xx}(x,y) = -y^3\cos(xy)$,
$f_{xy}(x,y) = -2y\sin(xy) - xy^2\cos(xy) = f_{yx}(x,y)$,
$f_{yy}(x,y) = -2x\sin(xy) - x^2y\cos(xy)$

6.11 a. eerste orde: $f(x,y) \cong x + y$
tweede orde: $f(x,y) \cong x + y + x^2 + xy$
b. eerste orde: $f(x,y) \cong y$
tweede orde: $f(x,y) \cong y - \frac{1}{2}x^2$

§6.3 6.12 b. $F(\lambda a, \lambda k) = \lambda^{5/4} F(a,k)$
c. marginale productiviteit van arbeid is $^4/_5$, marginale productiviteit van kapitaal is $^5/_4$

6.13 $x_A = 227$ km

§6.4 6.15 a. snijpunten met x-as: $(2, 0, 0)$ en $(-2, 0, 0)$
snijpunten met y-as: $(0, 2\sqrt{3}, 0)$ en $(0, -2\sqrt{3}, 0)$
snijpunt met z-as: $(0, 0, 12)$

b. $z = 12 - y^2$

c. $z = 12 - 3x^2$; $z = 3 - 3x^2$

d. $3x^2 + y^2 = 12$; punt $(0, 0, 12)$

e. zie figuur hiernaast

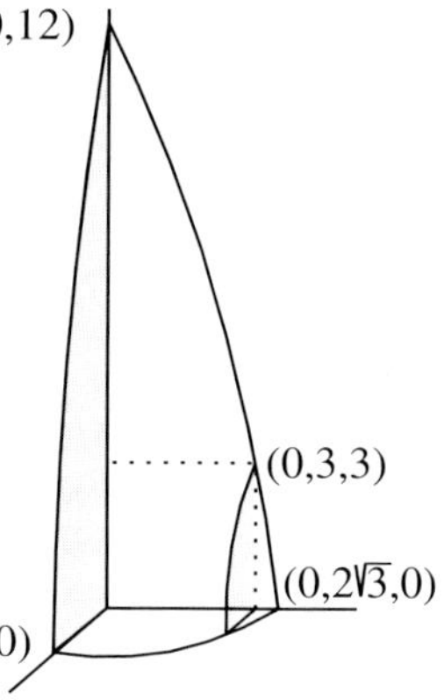

6.16 a. $f_x(x, y) = y\mathrm{e}^{xy}$; $f_y(x, y) = x\mathrm{e}^{xy}$

b. $f_x(x, y) = \sin(y)$; $f_y(x, y) = x\cos(y)$

c. $f_x(x, y) = \frac{y}{x}$; $f_y(x, y) = \ln(x)$

d. $f_x(x, y) = (1 + xy)\mathrm{e}^{xy+y}$; $f_y(x, y) = x(x+1)\mathrm{e}^{xy+y}$

6.17 $\begin{pmatrix} x \\ y \\ z \end{pmatrix} = \begin{pmatrix} 1 \\ 2 \\ 14 \end{pmatrix} + \lambda \begin{pmatrix} 1 \\ 0 \\ 22 \end{pmatrix} + \mu \begin{pmatrix} 0 \\ 1 \\ 17 \end{pmatrix}$; $z = 22x + 17y - 42$

6.18 $\begin{pmatrix} x \\ y \\ z \end{pmatrix} = \begin{pmatrix} 0 \\ 1 \\ 0 \end{pmatrix} + \lambda \begin{pmatrix} 1 \\ 0 \\ 1 \end{pmatrix} + \mu \begin{pmatrix} 0 \\ 1 \\ 0 \end{pmatrix}$; $z = x$

6.19 a. $\begin{pmatrix} x \\ y \\ z \end{pmatrix} = \begin{pmatrix} 1 \\ 1 \\ 2 \end{pmatrix} + \lambda \begin{pmatrix} 1 \\ 0 \\ 2 \end{pmatrix}$

b. $\begin{pmatrix} x \\ y \\ z \end{pmatrix} = \begin{pmatrix} 1 \\ 1 \\ 2 \end{pmatrix} + \mu \begin{pmatrix} 0 \\ 1 \\ 2 \end{pmatrix}$

c. $\begin{pmatrix} x \\ y \\ z \end{pmatrix} = \begin{pmatrix} 1 \\ 1 \\ 2 \end{pmatrix} + \lambda \begin{pmatrix} 1 \\ 0 \\ 2 \end{pmatrix} + \mu \begin{pmatrix} 0 \\ 1 \\ 2 \end{pmatrix}$; $z = 2x + 2y - 2$

d. $\begin{pmatrix} x \\ y \\ z \end{pmatrix} = \begin{pmatrix} 1 \\ 1 \\ 2 \end{pmatrix} + \lambda \begin{pmatrix} 1 \\ -1 \\ 0 \end{pmatrix}$

e. $\begin{pmatrix} x \\ y \\ z \end{pmatrix} = \begin{pmatrix} 1 \\ 1 \\ 2 \end{pmatrix} + \mu \begin{pmatrix} -2 \\ 1 \\ -2 \end{pmatrix}$

6.20 a. $f_{xx}(x,y) = y^2 e^{xy}$; $f_{xy}(x,y) = (1+xy)e^{xy} = f_{yx}(x,y)$; $f_{yy}(x,y) = x^2 e^{xy}$

b. $f_{xx}(x,y) = 0$; $f_{xy}(x,y) = \cos(y) = f_{yx}(x,y)$; $f_{yy}(x,y) = -x\sin(y)$

c. $f_{xx}(x,y) = -y/x^2$; $f_{xy}(x,y) = 1/x = f_{yx}(x,y)$; $f_{yy}(x,y) = 0$

d. $f_{xx}(x,y) = (2y + xy^2)e^{xy+y}$;

$f_{xy}(x,y) = (x^2y + xy + 2x+1)e^{xy+y} = f_{yx}(x,y)$;

$f_{yy}(x,y) = x(x+1)^2 e^{xy+y}$

6.21 a. $f(x,y) \cong 1$

b. $f(x,y) \cong y$

c. $f(x,y) \cong 0$

d. $f(x,y) \cong (1 + 2(x-1) + 2(y-1))e^2$

6.22 a. $f(x,y) \cong 1 + xy$

b. $f(x,y) \cong y + (x-1)y \quad (= xy)$

c. $f(x,y) \cong y(x-1)$

d. $f(x,y) \cong \Big(1 + [2(x-1) + 2(y-1)] + [\tfrac{3}{2}(x-1)^2 + 5(x-1)(y-1) + 2(y-1)^2]\Big)e^2$

6.24 er zijn 2^n partiële afgeleiden; $n+1$ verschillende; van type k zijn er $\binom{n}{k}$

§6.5 6.26 $\begin{pmatrix}0\\1\end{pmatrix}$

6.27 maximale stijging in de richting van $\begin{pmatrix}3\\5\end{pmatrix}$, hoek met grondvlak is 80.27°

6.28 $P = 90589$ Pa ; $P' = \frac{dP}{dz}\frac{dz}{dt} = -11357$ Pa / uur

6.29 $g_u(u,v) = (2u+v)\cos(u^2+uv+v^2)$, $g_v(u,v) = (u+2v)\cos(u^2+uv+v^2)$

6.30 $g'(t) = -3\cos(t)^2\sin(t)\sin(t^2) + 2t\cos(t)^3\cos(t^2)$

6.31 $g_u(u,v) = 10u - 2v$, $g_v(u,v) = -2u + 2v$

6.32 lineaire benadering: $\Delta f = 0.39999$ m, exact: $\Delta f = 0.39549$ m;
op deze schaal is de lineaire benadering erg nauwkeurig

6.33 $$\Delta f \cong \big(f_x(x,y)\,x_u(u,v) + f_y(x,y)\,y_u(u,v)\big)\,\Delta u + \big(f_x(x,y)\,x_v(u,v) + f_y(x,y)\,y_v(u,v)\big)\,\Delta v$$

6.34 a. $\begin{pmatrix}x'\\y'\\z'\end{pmatrix} = \begin{pmatrix}-12.66\\12.66\\1.8\end{pmatrix}$ (in km uur),

met de x-as naar het oosten en de y-as naar het noorden

b. $P = 90589$ Pa ; $P' = \frac{dP}{dz}\frac{dz}{dt} = -11457$ Pa / uur

c. $\Delta P = -1909$ Pa

§6.6 6.35 a. $[D] = \text{m}^2/\text{s}$
b. $[\lambda] = \text{W}/\text{m K}$

6.36 a. $\dfrac{\partial O}{\partial k}$
b. $\frac{3}{8}a^{-5/8}k^{3/8}$
c. $\frac{1}{4}a^{1/12}k^{-3/4}$

6.37 a. maximale declinatie is 23.4°, de breedtegraad van de keerkring
b. $t = 81.31$ dagen (22 maart), $t = 263.93$ dagen (21 september); $\beta = 0$ (op de evenaar)
c. $66.6° \leq |\beta| \leq 90°$, binnen de poolcirkels
d. $L(41.82°, 320) = 9$ uur 34 minuten, verschil is 66 minuten; de berekening in de tekst is een lineaire benadering.

§6.7 6.38 a. $3\sqrt{2}$
b. $-\sqrt{2}$
c. $-2\sqrt{5}$

6.39 a. $x + 2y + z = 0$
b. $\text{grad}\, f(1,1) = \begin{pmatrix} -1 \\ -2 \end{pmatrix}$; richting van de sterkste stijging; helling $\sqrt{5}$
c. 45°

6.40 a. $g'(t) = 2t$
b. $g_u(u,v) = 2u, \quad g_v(u,v) = 0$

6.41 a. $54.56 \leq$ hoogte ≤ 56.50 meter
b. foutenmarge 2.08 meter

6.42 balletje rolt in (x, y) in de richting $\begin{pmatrix} -f_x(x,y) \\ -f_y(x,y) \end{pmatrix}$

6.43 60° ten opzichte van de richting bepaald door ∇f

6.44 (d)

6.45 (a)

6.46 $2.29 \cdot 10^{-8} \begin{pmatrix} 1 \\ 0 \\ 0 \end{pmatrix}$

6.47 a. $\alpha = f'(T)/f(T), \quad \beta = 1/P$
b. $\alpha = 1/T, \quad \beta = 1/P$

6.49 b. $E_k F(a,k) = \dfrac{k\, F_k(a,k)}{F(a,k)}$
c. $E_a F(a,k) = \frac{1}{3}, \quad E_k F(a,k) = \frac{2}{3}$

§6.8 6.50 $\frac{10}{3}$

6.51 $\frac{10}{3}$

6.52 a. $-\cos(2)+\frac{1}{2}\sin(2)$

b. $1-e^{-4}$

§6.9 6.53 c. $S^2 = 2\pi$

6.54 a. $\lim_{y\uparrow y_0} C(y) = \infty$ als $a<0$

d. zie figuur hiernaast

f. $y_0 = 16.80\,\mathrm{m}$

g. $V = 3.745\,\mathrm{m}^3$

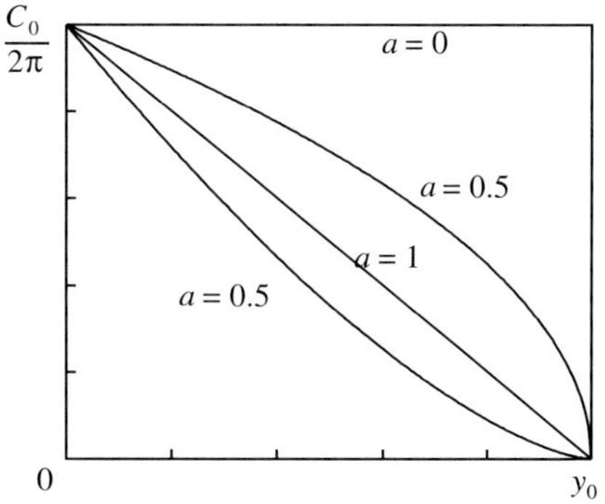

6.55 a. $E(x) = \frac{3}{5}$, $E(y) = \frac{3}{5}$

b. $\sigma_x^2 = \frac{3}{50}$, $\sigma_y^2 = \frac{3}{50}$

c. $\rho_{xy} = -\frac{1}{6}$

d. $\frac{1}{2}$

§6.10 6.56 a. $\frac{4}{3}$

b. $\frac{4}{3}$

c. $-\frac{1}{3}e^{-2} - 2e^{-1} + \frac{7}{3}$

d. $3e^{-1} - 1$

6.57 $\frac{2}{3}$

6.58 $\sin(2)+\frac{1}{2}\cos(2)-\frac{1}{2}$

6.59 $\frac{1}{4}\pi - \frac{1}{2}\ln(2)$

6.60 $\int_0^2 \int_{y^2}^4 f(x, y)\,dx\,dy$

6.61 $1+e^{-2}$

6.62 $\frac{1}{2}\ln(2)$

6.63 $\frac{1}{4}(e^4-1)$

6.64 1

6.65 $\frac{1}{6}$

6.66 $\frac{1}{2} - \frac{1}{2}\cos(4)$

6.67		$\frac{1}{6}\ln(2)$
6.68		$\frac{27}{2}$
6.69		$\frac{3}{2} + \frac{1}{2}e^{-4}$
6.70	a.	$V = \frac{h}{8\pi}\left\{(s_1 - 2\pi d)^2 + (s_2 - 2\pi d)^2\right\}$
	b.	$V \cong 0.2487$
	c.	$V \cong 0.2692$
	e.	$\frac{11}{6}$
	f.	$V \cong 0.2675$
6.71	b.	$\frac{1}{8}\pi^2 H^2(D-H) + \frac{1}{12}\pi H(3D^2 - 6DH + 5H^2)$
6.72	c.	$\frac{4}{3}\pi r^3$

HOOFDSTUK 7

§7.2 7.1 raaklijn door $(a, f(a))$ is horizontaal, $f'(a) = 0$ en $f''(a) > 0$;
rond $x = a$ ligt de grafiek van $f(x)$ boven $f(a)$

7.2 a. $f(x)$ heeft minimum in $x = 2$
b. stationair punt in $x = 2$ geen extreem
c. $f(x)$ heeft minimum in $x = 2$
criteria niet bruikbaar bij b. en c.

7.3

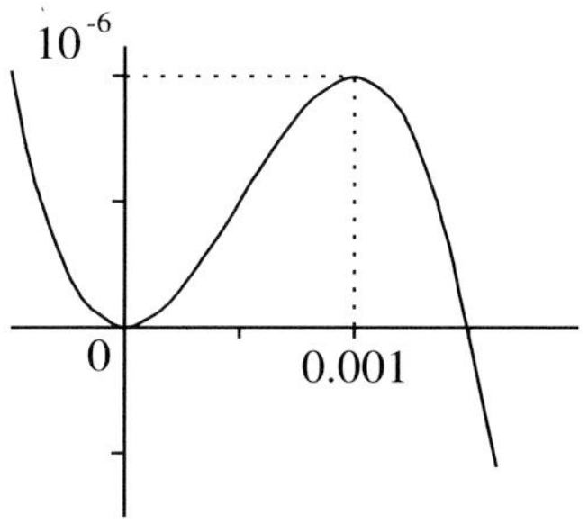

7.4 a. $(0,0)$, $(-\frac{4}{3}, \frac{8}{3})$, $(2,6)$

7.5 rond $(0,0)$: $f(x,y) \cong -6xy$

rond $(0,6)$: $f(x,y) \cong 18x^2 + 6x(y-6)$

rond $(\frac{2}{3}, 2)$: $f(x,y) \cong -\frac{8}{3} + 6(x-\frac{2}{3})^2 + 2(x-\frac{2}{3})(y-2) + \frac{2}{3}(y-2)^2$

7.6 a. $(0,0)$ is een minimum met waarde 0, $(-\frac{4}{3}, \frac{8}{3})$ en $(2,6)$ zijn zadelpunten

7.7 a. $f(x,y)$ heeft minimum in $(2,0)$
b. $f(x,y)$ heeft zadelpunt in $(2,0)$
c. $f(x,y)$ heeft minimum in $(2,0)$
alleen bij a. is criterium bruikbaar

§7.3 7.8 a. $q_A(5{,}75, 4{,}50) = 0.75$, $q_B(5{,}75, 4{,}50) = 1.75$, $W(5{,}75, 4{,}50) = 6\,812\,500$
b. beide wijzigingen leiden tot een winstdaling van ε 10 000,–

7.9 d. $q_1 = 2$, $q_2 = 3$
e. $W = 86$

§7.4 7.10 a. $(3,2)$ is een minimum met waarde -11, $(0,0)$, $(9,0)$, $(0,6)$ zijn zadelpunten
b. $(0,0)$ is een maximum met waarde 3, $(1,1)$, $(-2,1)$, $(1,-2)$ zijn zadelpunten
c. $(1,2)$ is een minimum met waarde -4,
$(-1,2)$ is een maximum met waarde 4
$(0,0)$, $(-\sqrt{5},0)$, $(\sqrt{5},0)$, $(0,5)$ zijn zadelpunten
d. $(0,0)$ is een maximum met waarde 0;
$(1,1)$, $(-1,1)$, $(1,-1)$ en $(-1,-1)$ zijn minima met waarde -2;
$(0,-1)$, $(0,1)$, $(-1,0)$, $(1,0)$, zijn zadelpunten;
e. $(-1,\sqrt{3})$ is een minimum met waarde $1-2\sqrt{3}$;
$(-1,-\sqrt{3})$ is een maximum met waarde $1+2\sqrt{3}$
$(0,0)$, $(-\frac{3}{2}, \frac{3}{2})$ zijn zadelpunten

f. $(5, \sqrt{5})$ is een maximum met waarde $50\sqrt{5}$:
$(5, -\sqrt{5})$ is een minimum met waarde $-50\sqrt{5}$;
$(0, 0)$, $(8, 0)$ zijn zadelpunten

g. $(1, 0)$ en $(-1, 0)$ zijn minima met waarde -1;
$(0, 0)$, $(\sqrt{2}, \sqrt{2})$, $(-\sqrt{2}, \sqrt{2})$, $(\sqrt{2}, -\sqrt{2})$, $(-\sqrt{2}, -\sqrt{2})$ zijn zadelpunten

7.11 $\alpha = 0$: geen extremen; $\alpha > 0$: een minimum $-\alpha^3$ in (α, α); $\alpha < 0$: een maximum $-\alpha^3$ in (α, α).

7.12 a. $y = 0$; $y = \frac{4}{x}\ln(x)$

b. stationaire punten $(1,0)$ en $(e^2, 4e^{-2})$

c. $(e^2, 4e^{-2})$ is een minimum

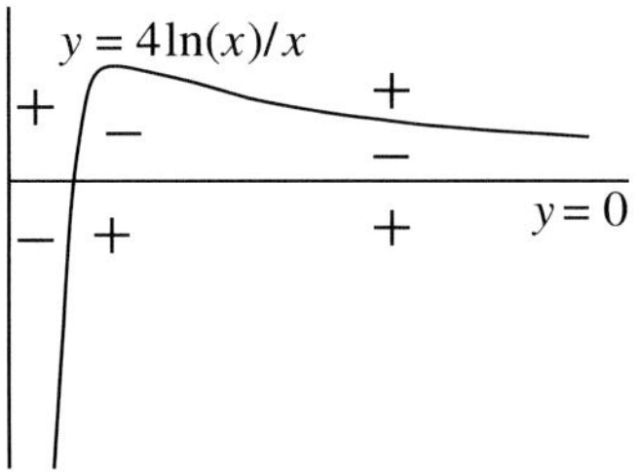

7.13 a. elk punt binnen de driehoek voldoet

b. tophoek < 60°: de top
tophoek > 60°: elk punt op de zijde tegenover de tophoek voldoet

7.14 $$Z = \left(\frac{1}{M}\sum_{i=1}^{n} m_i\, x_i, \frac{1}{M}\sum_{i=1}^{n} m_i\, y_i, \frac{1}{M}\sum_{i=1}^{n} m_i\, z_i \right) \text{ met } M = \sum_{i=1}^{n} m_i$$

7.15 a. $q_A = 7$, $q_B = 13$

b. $q_A = 6$, $q_B = 11$

7.16 a. $$\frac{\partial K}{\partial q_A}$$

b. $q_A = 5$, $q_B = 3$

7.17 $q = 4.64$, $q_A : q_B = 3.415 : 1.225$, $W_{max} = 117.451$

§7.5 7.18 a

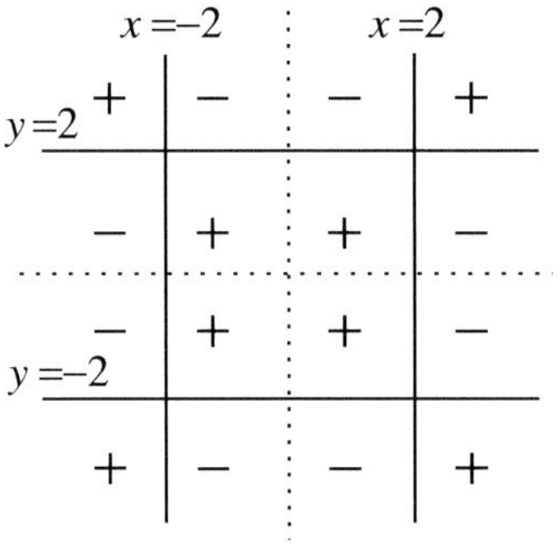

b.

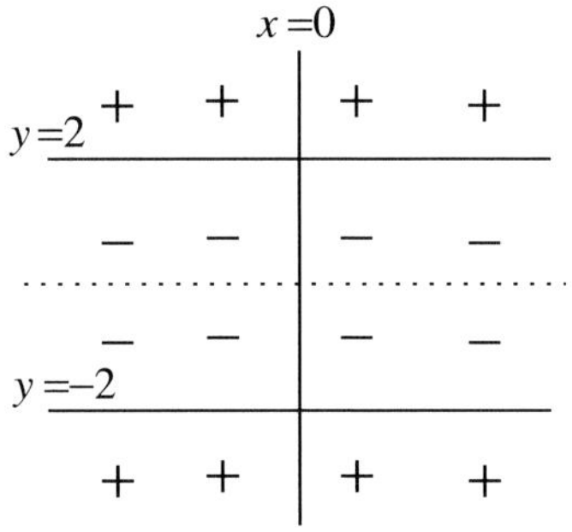

7.19 $y = \frac{4}{3}x - \frac{25}{3}$

7.20

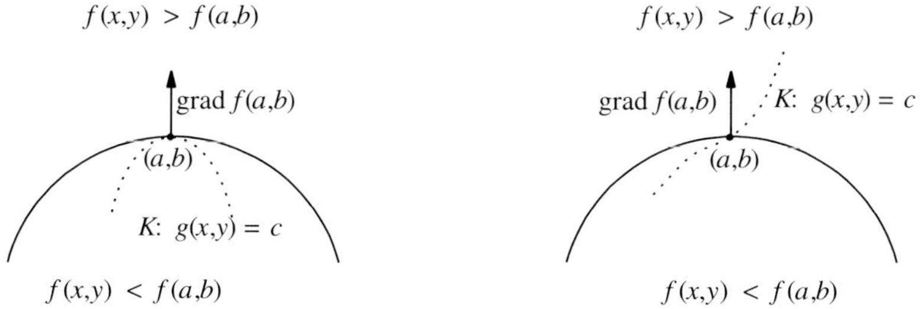

7.21 $(-1,\sqrt{2})$ en $(\frac{5}{2},-\frac{1}{2}\sqrt{15})$ zijn minima, $(-1,-\sqrt{2})$ en $(\frac{5}{2},\frac{1}{2}\sqrt{15})$ zijn maxima

§7.6 7.22 a.

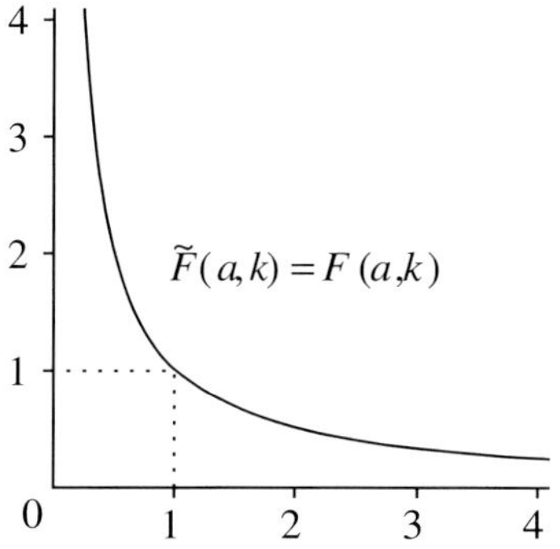

b.

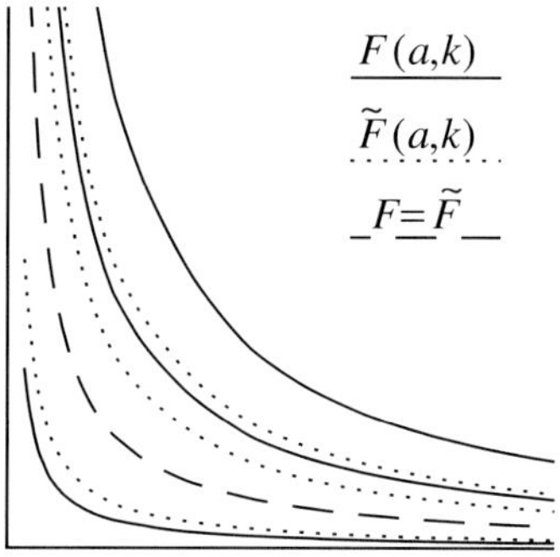

c. i. $m.s.v._{arbeid} = -\frac{1}{16}$; ii. $m.s.v._{arbeid} = -\frac{1}{16}$

d. $m.s.v._{kapitaal} = \frac{\mathrm{d}a}{\mathrm{d}k} = -\frac{F_k(a_0,k_0)}{F_a(a_0,k_0)}$; $m.s.v._{kapitaal} = 1/m.s.v._{arbeid}$

7.23 a. $4a - 9k = 0$

b. $6a - 9k = 0$

c. minimaliseer $K(a,k)$ onder de voorwaarde $2\sqrt{ak} = 24$

d. $(a_0, k_0) = (18, 8)$, expansiepad is $4a - 9k = 0$

e. marginale kosten van de productie: $\frac{\mathrm{d}K}{\mathrm{d}q}(18,8) = 6$; $\frac{\mathrm{d}K}{\mathrm{d}q}(a_0,k_0) = 1/\lambda$

§7.7 7.24 a.

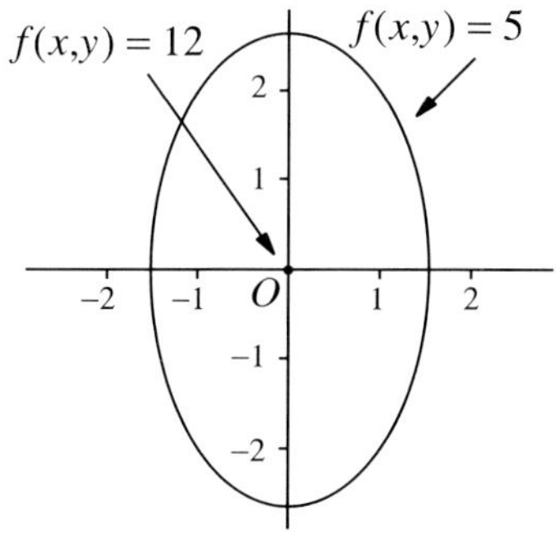

b. $(\sqrt{\frac{3}{2}},3\sqrt{\frac{3}{2}})$, $(-\sqrt{\frac{3}{2}},-3\sqrt{\frac{3}{2}})$

7.25 a. $\begin{pmatrix} x \\ y \\ z \end{pmatrix} = \begin{pmatrix} a \\ b \\ f(a,b) \end{pmatrix} + \lambda \begin{pmatrix} f_y(a,b) \\ -f_x(a,b) \\ 0 \end{pmatrix}$

b. $\begin{pmatrix} x \\ y \end{pmatrix} = \begin{pmatrix} a \\ b \end{pmatrix} + \lambda \begin{pmatrix} f_y(a,b) \\ -f_x(a,b) \end{pmatrix}$; $\quad f_x(a,b)(x-a) + f_y(a,b)(y-b) = 0$

c. $\begin{pmatrix} x \\ y \end{pmatrix} = \begin{pmatrix} a \\ b \end{pmatrix} + \lambda \begin{pmatrix} f_x(a,b) \\ f_y(a,b) \end{pmatrix}$; $\quad f_y(a,b)(x-a) - f_x(a,b)(y-b) = 0$

7.26 a. raaklijn $y = -\frac{9}{8}x - \frac{1}{8}$; normaal $y = \frac{8}{9}x + \frac{17}{9}$

b. evenwijdig aan de x-as in (2, 1) en (2, –1); evenwijdig aan de y-as in (3, 0)

7.27 minima in (0,0) en (0, –4), maxima in $(-\sqrt{3}, -1)$ en $(\sqrt{3}, -1)$

7.28 minimum in (½, 0)

7.29 minimum in (3, 2), maximum in (–3, –2)

7.30 a. $U(2{,}3) = U(6{,}1) = 36$

b. marginaal nut van X: $\frac{\partial U}{\partial x}(x_0, y_0) = 2x_0 y_0^2$

$\frac{\partial U}{\partial x}(2{,}3) = 36$; $\frac{\partial U}{\partial y}(2{,}3) = 24$

c. $m.s.v._X = \frac{\mathrm{d}y}{\mathrm{d}x} = y'(x)$; $m.s.v._X(2{,}3) = -\frac{3}{2}$

d. $m.s.v._X = -\dfrac{U_x(x_0, y_0)}{U_y(x_0, y_0)}$

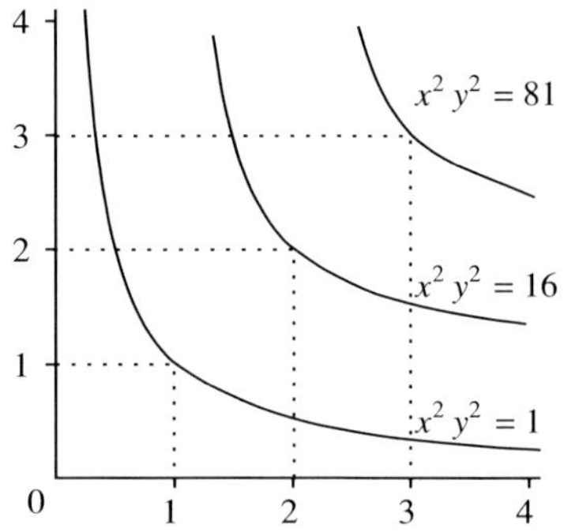

7.31 $x_A = 18, \quad y_A = \frac{9}{2}$

7.32 $x = 14$, $y = 6$ met kosten € 6,40 en baten € 9,20 per kip per jaar

7.33 a. 450 m^2

b. 492 m^2

c. 900 m^2

d. 984.6 m^2

7.34 ronde dwarsdoorsnede: straal = hoogte

vierkante dwarsdoorsnede: zijde grondvlak = 2 × hoogte

7.35 dikte = $\sqrt{\frac{2}{3}}$ diameter, breedte = $\sqrt{\frac{1}{3}}$ diameter

7.36 $h = 3r + 6$

7.37 a. $a = 4$, $k = 8$

b. $a = 4$, $k = 8$

HOOFDSTUK 8

8.2 **8.1** a. $z = \pm\frac{2}{3}\mathrm{i}$

b. $z = \pm\frac{2}{3}$

c. $z = -\frac{1}{2} \pm \frac{1}{2}\mathrm{i}\sqrt{3}$

d. $z = \frac{1}{2} \pm \mathrm{i}$

8.2 $\mathrm{Re}(z) = 5, \quad \mathrm{Im}(z) = -3, \quad \bar{z} = 5+3\mathrm{i}$

8.3

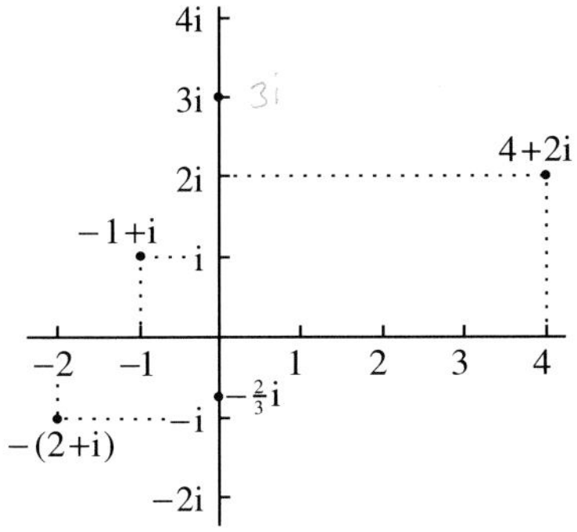

8.4 a. $z + w = 3-2\mathrm{i}$, $z-w = -1+4\mathrm{i}$

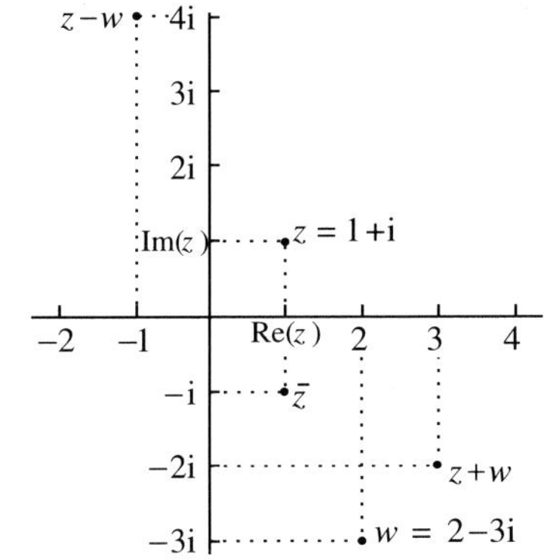

8.5 a. $z+w = 8+5\mathrm{i}$ $\quad z-w = 2-3\mathrm{i}$ $\quad zw = 11+23\mathrm{i}$ $\quad \frac{z}{w} = \frac{1}{25}(19-17\mathrm{i})$

b. $z+w = 3-4\mathrm{i}$ $\quad z-w = -1+2\mathrm{i}$ $\quad zw = -1-5\mathrm{i}$ $\quad \frac{z}{w} = \frac{1}{13}(5+\mathrm{i})$

8.6 a. $\overline{z+w} = \bar{z}+\bar{w} = -3\mathrm{i}$

b. $\overline{zw} = \bar{z}\,\bar{w} = -3-\mathrm{i}$

c. $z+\bar{z} = 2\,\mathrm{Re}(z) = -2$

d. $z-\bar{z} = 2\mathrm{i}\,\mathrm{Im}(z) = 4\mathrm{i}$

e. $\bar{\bar{z}} = z$

8.7 $x(t) = \mathrm{e}^{-t}(\cos(3t) + \sin(3t))$

8.8 $x(t) = \mathrm{e}^{-t/2}\left\{\alpha_1 \cos(\tfrac{1}{2}t) + \alpha_2 \sin(\tfrac{1}{2}t)\right\}$

§8.3 8.9 a. $\theta(t) = \alpha_1 \cos\left(t\sqrt{\frac{g}{l}}\right) + \alpha_2 \sin\left(t\sqrt{\frac{g}{l}}\right)$

b. $\theta(t) = \frac{1}{10}\cos\left(t\sqrt{\frac{g}{l}}\right)$; de slinger wordt op $t = 0$ losgelaten vanuit hoek $\theta = \frac{1}{10}$

c. $\theta(t) = \frac{1}{10}\sqrt{\frac{l}{g}}\sin\left(t\sqrt{\frac{g}{l}}\right)$; op $t = 0$ is de hoek $\theta = 0$ en hoeksnelheid $\theta'(0) = \frac{1}{10}$

d. $t_s = 2\pi\sqrt{\frac{l}{g}}$

e. langer

f. de slinger moet met 3.33% worden verlengd

§8.4 8.10

a.	$z+w = -3+2i$	$z-w = -3-2i$	$zw = -6i$	$\frac{z}{w} = \frac{3}{2}i$
b.	$z+w = 3+3i$	$z-w = 1-i$	$zw = 5i$	$\frac{z}{w} = \frac{1}{5}(4-3i)$
c.	$z+w = 2$	$z-w = 2i$	$zw = 2$	$\frac{z}{w} = i$
d.	$z+w = 3+i$	$z-w = 1-i$	$zw = 2+2i$	$\frac{z}{w} = 1-i$
e.	$z+w = 6-3i$	$z-w = -4+7i$	$zw = 15+5i$	$\frac{z}{w} = \frac{1}{10}(-1+3i)$
f.	$z+w = 7-2i$	$z-w = 1-12i$	$zw = 47-i$	$\frac{z}{w} = -\frac{1}{34}(23+41i)$

8.11 a. $z = -1 \pm i$

b. $z = -\frac{1}{2} \pm \frac{1}{2}i$

c. $z = \frac{3}{2} \pm \frac{1}{2}i\sqrt{3}$

d. $z = -2 \pm i$

8.12 a. $x(t) = e^{-t}(\alpha\cos(t) + \beta\sin(t))$

b. $x(t) = \alpha e^{(1+\sqrt{3})t} + \beta e^{(1-\sqrt{3})t}$

c. $x(t) = e^{-t/2}(\alpha\cos(\frac{3}{2}t) + \beta\sin(\frac{3}{2}t))$

d. $f(t) = e^{-t/2}(\alpha\cos(\frac{1}{2}t) + \beta\sin(\frac{1}{2}t))$

e. $x(t) = \alpha\cos(\omega t) + \beta\sin(\omega t)$

8.13 $x = 1$

8.14 a. $\theta(t) = \alpha_1 \exp\left(\frac{t}{2l}\left(-k+\sqrt{k^2-4gl}\right)\right) + \alpha_2 \exp\left(\frac{t}{2l}\left(-k-\sqrt{k^2-4gl}\right)\right),\ k^2 > 4gl$

$\theta(t) = e^{-kt/2l}\left[\alpha_1 \cos\left(\frac{t}{2l}\sqrt{4gl-k^2}\right) + \alpha_2 \sin\left(\frac{t}{2l}\sqrt{4gl-k^2}\right)\right],\ k^2 < 4gl$

b. $\lim_{t\to\infty} \theta(t) = 0$

c. $k^2 > 4gl$

d. $T = \dfrac{4\pi l}{\sqrt{4gl-k^2}}$

8.15 a. $(\cos(\alpha) + i\sin(\alpha))^n = \left(e^{i\alpha}\right)^n = e^{in\alpha} = \cos(n\alpha) + i\sin(n\alpha)$

§8.5 8.17 a. $|z| = 5$

b. $|z| = \sqrt{2}$

c. $|z| = 1$

d. $|z| = 5$

8.18 a. $\arg(z) = \frac{3}{4}\pi$

b. $\arg(z) = \frac{1}{2}\pi$

c. $\arg(z) = 0$

d. $\arg(z) = y, \quad -\pi < y \leq \pi$

8.19 a. $z = 2\sqrt{3} + 2\mathrm{i}$

b. $z = -\sqrt{2} + \mathrm{i}\sqrt{2}$

c. $z = 2 - 2\mathrm{i}\sqrt{3}$

8.20 a. $z = 2\sqrt{2}\,\mathrm{e}^{\pi\mathrm{i}/4}$

b. $z = 2\mathrm{e}^{5\pi\mathrm{i}/6}$

c. $z = 3\mathrm{e}^{-\pi\mathrm{i}/2}$

8.21 $z = \sqrt{2}\,\mathrm{e}^{\pi\mathrm{i}/4}, \qquad w = \mathrm{e}^{-\pi\mathrm{i}/2}, \qquad zw = \sqrt{2}\,\mathrm{e}^{-\pi\mathrm{i}/4} = 1 - \mathrm{i}$

8.22 $\frac{z}{w} = \sqrt{2}\,\mathrm{e}^{-11\pi\mathrm{i}/12}, \; z^2 w = 128\mathrm{e}^{\pi\mathrm{i}/6}, \quad \bar{z}w^2 = 64\sqrt{2}\,\mathrm{e}^{-5\pi\mathrm{i}/12}$

8.23 eigenwaarden: $\lambda_1 = \mathrm{i}, \; \lambda_2 = -\mathrm{i}$

eigenvectoren: $E_{\mathrm{i}} = \left\langle \begin{pmatrix} 1 \\ \mathrm{i} \end{pmatrix} \right\rangle, \; E_{-\mathrm{i}} = \left\langle \begin{pmatrix} 1 \\ -\mathrm{i} \end{pmatrix} \right\rangle$

8.24 $\lambda_1 = 1, \; \lambda_{2,3} = \frac{1}{2}(-1 \pm \mathrm{i}\sqrt{3})$

8.25 a. $z_{1,2} = \frac{1}{2} \pm \frac{1}{2}\mathrm{i}\sqrt{3}, \; z_{3,4} = -\frac{1}{2} \pm \frac{1}{2}\mathrm{i}\sqrt{3}$

b. $z_1 = 2\mathrm{i}, \; z_{2,3} = \pm\sqrt{3} - \mathrm{i}$

c. $z_{1,2} = \pm 2, \; z_{3,4} = \pm\mathrm{i}$

§8.6 8.26 a. $\underline{y} = 4$

b. $\lambda_{1,2} = \frac{1}{2} \pm \frac{1}{2}\mathrm{i}\sqrt{3}$

c. $y_k = 4 + \tilde{\alpha}(\frac{1}{2} + \frac{1}{2}\mathrm{i}\sqrt{3})^k + \tilde{\beta}(\frac{1}{2} - \frac{1}{2}\mathrm{i}\sqrt{3})^k, \quad y_k = 4 + \alpha\cos(\frac{1}{3}\pi k) + \beta\sin(\frac{1}{3}\pi k)$

d. $y_0 = 6 \Rightarrow 6 = 4 + \alpha, \quad y_1 = 5 \Rightarrow 5 = 4 + \frac{1}{2}\alpha + \frac{1}{2}\sqrt{3}\beta$

e. $y_k = 4 + 2\cos(\frac{1}{3}\pi k)$

8.27 b. $\begin{pmatrix} C_n \\ V_n \end{pmatrix} = \begin{pmatrix} 0.6 \\ 3.0 \end{pmatrix} + \frac{1}{20}(1+\mathrm{i})\left(\frac{1}{2}(1+\mathrm{i})\right)^n \begin{pmatrix} 1 \\ 5 - 5\mathrm{i} \end{pmatrix} + \frac{1}{20}(1-\mathrm{i})\left(\frac{1}{2}(1-\mathrm{i})\right)^n \begin{pmatrix} 1 \\ 5 + 5\mathrm{i} \end{pmatrix}$

c. $\begin{pmatrix} C_n \\ V_n \end{pmatrix} = \begin{pmatrix} 0.6 \\ 3.0 \end{pmatrix} + (\frac{1}{2}\sqrt{2})^n \left[\begin{pmatrix} 0.1 \\ 1.0 \end{pmatrix} \cos(\frac{n\pi}{4}) - \begin{pmatrix} 0.1 \\ 0.0 \end{pmatrix} \sin(\frac{n\pi}{4}) \right]$

d. $ab > 1/4$

8.28 d. $v = \begin{pmatrix} 1+\mathrm{i} \\ 1 \end{pmatrix}$ bij $\lambda = \frac{2+\mathrm{i}}{5}$, $w = \begin{pmatrix} 1-\mathrm{i} \\ 1 \end{pmatrix}$ bij $\mu = \frac{2-\mathrm{i}}{5}$

g. $\begin{pmatrix} x_1 \\ y_1 \end{pmatrix} = \begin{pmatrix} 1660 \\ 420 \end{pmatrix}$, $\begin{pmatrix} x_2 \\ y_2 \end{pmatrix} = \begin{pmatrix} 1828 \\ 416 \end{pmatrix}$

h. $\begin{pmatrix} x_n \\ y_n \end{pmatrix} = \begin{pmatrix} 2000 \\ 500 \end{pmatrix} + (50+300\mathrm{i})(\tfrac{1}{5}(2+\mathrm{i}))^n \begin{pmatrix} 1+\mathrm{i} \\ 1 \end{pmatrix} + (50-300\mathrm{i})(\tfrac{1}{5}(2-\mathrm{i}))^n \begin{pmatrix} 1-\mathrm{i} \\ 1 \end{pmatrix}$

§8.7 8.29 a. $|z| = 2$ $\quad \arg(z) = \frac{1}{6}\pi$

b. $|z| = \sqrt{2}$ $\quad \arg(z) = -\frac{1}{4}\pi$

c. $|z| = 1$ $\quad \arg(z) = \frac{2}{3}\pi$

d. $|z| = 2$ $\quad \arg(z) = -\frac{2}{3}\pi$

8.30 a. $z = 5e^{\pi i}$

b. $z = 4e^{-\pi i/2}$

c. $z = 2e^{\pi i/3}$

d. $z = \sqrt{2}\, e^{\pi i/4}$

e. $z = \sqrt{2}\, e^{3\pi i/4}$

f. $z = 2e^{\pi i/6}$

8.31 a. $z = \sqrt{3} + \mathrm{i}$

b. $z = 1 + \mathrm{i}$

c. $z = -3 + \mathrm{i}\sqrt{3}$

d. $z = -\mathrm{i}$

8.32 $\left|\frac{z}{w}\right| = \frac{1}{2}\sqrt{2}$; $\quad \arg(\frac{z}{w}) = -\frac{7}{12}\pi$

$|z w^2| = 4\sqrt{2}$; $\quad \arg(z w^2) = \frac{5}{12}\pi$

$|z^2 w| = 4$; $\quad \arg(z^2 w) = -\frac{1}{6}\pi$

8.33 a. $z_1 = -3\mathrm{i},\ z_2 = \mathrm{i}$; $\quad p(z) = (z+3\mathrm{i})(z-\mathrm{i})$

b. $z_{1,2} = \frac{1}{10}(-2 \pm 14\mathrm{i})$; $\quad p(z) = 5(z + \frac{2}{10} - \frac{14}{10}\mathrm{i})(z + \frac{2}{10} + \frac{14}{10}\mathrm{i})$

c. $z_{1,2} = \frac{1}{2}(-5 \pm \mathrm{i})$; $\quad p(z) = 2(z + \frac{5}{2} - \frac{1}{2}\mathrm{i})(z + \frac{5}{2} + \frac{1}{2}\mathrm{i})$

d. $z_{1,2} = \pm 1,\ z_{3,4} = \pm 2\mathrm{i}$; $\quad p(z) = (z+1)(z-1)(z+2\mathrm{i})(z-2\mathrm{i})$

8.34 –2

8.36 a. $\frac{1}{2}\sqrt{2}$

b. $\frac{1}{5}\sqrt{10}$

8.37 A. eigenwaarden $-1 \pm i$; $E_{-1+i} = \left\langle \begin{pmatrix} i \\ 1 \end{pmatrix} \right\rangle$ $E_{-1-i} = \left\langle \begin{pmatrix} -i \\ 1 \end{pmatrix} \right\rangle$

B. eigenwaarden $\pm i$; $E_{i} = \left\langle \begin{pmatrix} 1-i \\ 1 \end{pmatrix} \right\rangle$ $E_{-i} = \left\langle \begin{pmatrix} 1+i \\ 1 \end{pmatrix} \right\rangle$

C. eigenwaarden $-1 \pm i$; $E_{-1+i} = \left\langle \begin{pmatrix} 1 \\ 2-i \end{pmatrix} \right\rangle$ $E_{-1-i} = \left\langle \begin{pmatrix} 1 \\ 2+i \end{pmatrix} \right\rangle$

8.38 a. eigenwaarde 2; $E_2 = \left\langle \begin{pmatrix} 12 \\ 4 \\ 1 \end{pmatrix} \right\rangle$

eigenwaarde $-1+i\sqrt{3}$; $E_{-1+i\sqrt{3}} = \left\langle \begin{pmatrix} -6-6i\sqrt{3} \\ -2+2i\sqrt{3} \\ 1 \end{pmatrix} \right\rangle$

eigenwaarde $-1-i\sqrt{3}$; $E_{-1-i\sqrt{3}} = \left\langle \begin{pmatrix} -6+6i\sqrt{3} \\ -2-2i\sqrt{3} \\ 1 \end{pmatrix} \right\rangle$

b. $n(1) = \begin{pmatrix} 24r \\ \frac{2}{3}p \\ \frac{1}{2}q \end{pmatrix}, \quad n(2) = \begin{pmatrix} 12q \\ 16r \\ \frac{1}{3}p \end{pmatrix}, \quad n(3) = \begin{pmatrix} 8p \\ 8q \\ 8r \end{pmatrix} = 8n(0)$

8.40 a. $z_1 = 0, \quad z_{2,3} = 3 \pm \sqrt{6}$

b. $z_1 = 2, \quad z_{2,3} = \pm i$

c. $z_1 = 1, \quad z_{2,3} = -3$

d. $z_1 = -3, \quad z_{2,3} = 2 \pm i$

e. $z_1 = 2, \quad z_{2,3} = -1 \pm i$

f. $z_1 = 0, \quad z_{2,3} = \frac{1}{2}(-1 \pm i\sqrt{3})$

8.41 b. 1

c. $\lambda_{1,2} = \cos(\alpha) \pm i\sin(\alpha) = e^{\pm i\alpha}$

d. nee

HET GRIEKSE ALFABET					
α	Α	alfa	ν	Ν	nu
β	Β	bèta	ξ	Ξ	xi
γ	Γ	gamma	ο	Ο	omicron
δ	Δ	delta	π	Π	pi
ε	Ε	epsilon	ρ	Ρ	rho
ζ	Ζ	dzèta	σ	Σ	sigma
η	Η	èta	τ	Τ	tau
θ	Θ	thèta	υ	Υ	upsilon
ι	Ι	iota	φ	Φ	phi
κ	Κ	kappa	χ	Χ	chi
λ	Λ	lambda	ψ	Ψ	psi
μ	Μ	mu	ω	Ω	omega

FORMULES

ABC-FORMULE

$$ax^2 + bx + c = 0 \quad \Rightarrow \quad x_{1,2} = \frac{-b \pm \sqrt{b^2 - 4ac}}{2a}$$

FACULTEITEN EN BINOMIAALCOËFFICIËNTEN

$$n! = 1 \cdot 2 \cdot 3 \cdot \ldots \cdot n$$

$$\binom{n}{0} = 1, \ \binom{n}{1} = n, \ \binom{n}{k} = \frac{n}{1}\,\frac{n-1}{2}\,\frac{n-1}{3} \cdots \frac{n-k+1}{k}, \ \binom{n}{n} = 1$$

$$(a+b)^n = \binom{n}{0} a^n + \binom{n}{1} a^{n-1} b + \binom{n}{2} a^{n-2} b^2 + \ldots + \binom{n}{n-1} a b^{n-1} + \binom{n}{n} b^n .$$

EXPONENT EN LOGARITME

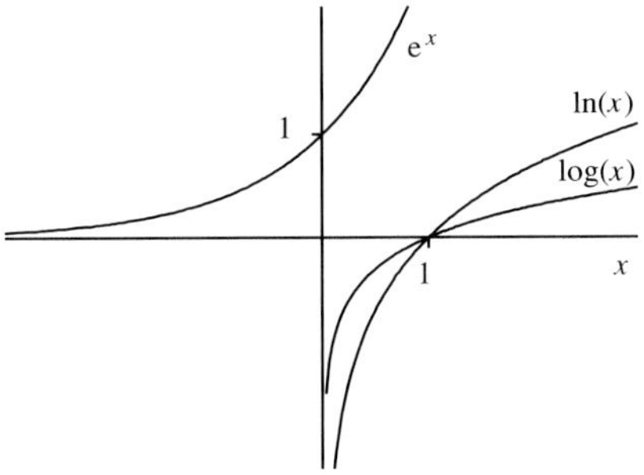

$$a^p a^q = a^{p+q}, \quad (a^p)^q = a^{pq}, \quad \sqrt[q]{a^p} = a^{p/q}$$

$$a^p = x \Leftrightarrow p = {}^a\log(x)$$

$${}^a\log(xy) = {}^a\log(x) + {}^a\log(y)$$

$${}^a\log(\tfrac{x}{y}) = {}^a\log(x) - {}^a\log(y)$$

$${}^a\log(x^y) = y\,{}^a\log(x)$$

$${}^a\log(x) = \frac{{}^b\log(x)}{{}^b\log(a)}$$

$$\exp(x) = \mathrm{e}^x$$

$$\exp(\ln(x)) = x$$

$$\ln(\exp(x)) = x$$

Goniometrische formules

$$\sin(x) = \cos(\tfrac{\pi}{2} - x) \qquad \cos(x) = \sin(\tfrac{\pi}{2} - x)$$
$$\sin(x) = \sin(\pi - x) \qquad \cos(x) = -\cos(\pi - x)$$
$$\sin(-x) = -\sin(x) \qquad \cos(-x) = \cos(x)$$
$$\tan(x) = \frac{\sin(x)}{\cos(x)} \qquad \cot(x) = \frac{\cos(x)}{\sin(x)}$$

$$\sin(\alpha) = \tfrac{a}{b}$$
$$\cos(\alpha) = \tfrac{c}{b}$$
$$\tan(\alpha) = \tfrac{a}{c}$$
$$\cot(\alpha) = \tfrac{c}{a}$$

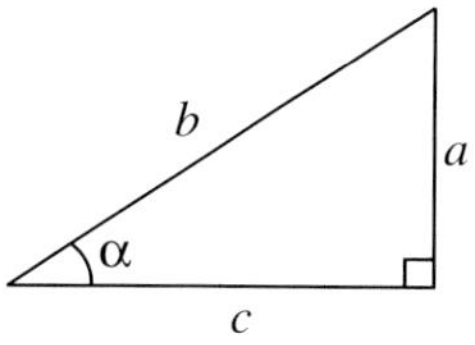

$$\sin(x)^2 + \cos(x)^2 = 1$$
$$\sin(x+y) = \sin(x)\cos(y) + \cos(x)\sin(y)$$
$$\sin(x-y) = \sin(x)\cos(y) - \cos(x)\sin(y)$$
$$\cos(x+y) = \cos(x)\cos(y) - \sin(x)\sin(y)$$
$$\cos(x-y) = \cos(x)\cos(y) + \sin(x)\sin(y)$$
$$\sin(2x) = 2\sin(x)\cos(x)$$
$$\cos(2x) = 2\cos(x)^2 - 1 = \cos(x)^2 - \sin(x)^2 = 1 - 2\sin(x)^2$$

$$\sin(p) + \sin(q) = 2\sin(\tfrac{p+q}{2})\cos(\tfrac{p-q}{2})$$
$$\sin(p) - \sin(q) = 2\cos(\tfrac{p+q}{2})\sin(\tfrac{p-q}{2})$$
$$\cos(p) + \cos(q) = 2\cos(\tfrac{p+q}{2})\cos(\tfrac{p-q}{2})$$
$$\cos(p) - \cos(q) = -2\sin(\tfrac{p+q}{2})\sin(\tfrac{p-q}{2})$$
$$2\sin(\alpha)\cos(\beta) = \sin(\alpha+\beta) + \sin(\alpha-\beta)$$
$$2\cos(\alpha)\sin(\beta) = \sin(\alpha+\beta) - \sin(\alpha-\beta)$$
$$2\cos(\alpha)\cos(\beta) = \cos(\alpha+\beta) + \cos(\alpha-\beta)$$
$$2\sin(\alpha)\sin(\beta) = -\cos(\alpha+\beta) + \cos(\alpha-\beta)$$

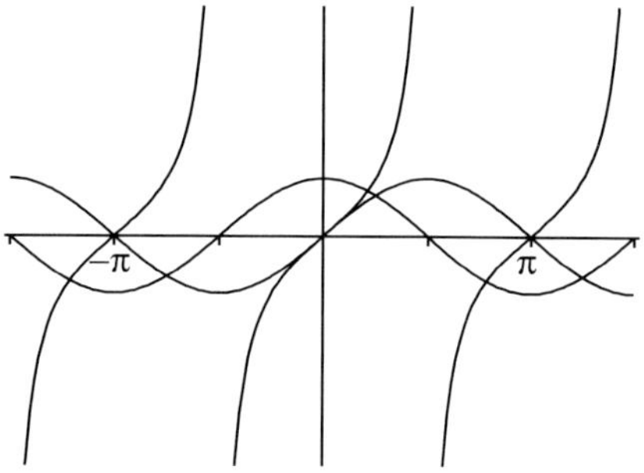

Omrekening: α rad $= (180\alpha/\pi)^\circ$, $\quad x^\circ = (x\pi/180)$ rad

Complexe functies

$$e^{x+iy} = e^x\big(\cos(y) + i\sin(y)\big)$$
$$\sin(x) = \frac{e^{ix} - e^{-ix}}{2i}, \qquad \cos(x) = \frac{e^{ix} + e^{-ix}}{2}$$

AFGELEIDEN

Functie	*Afgeleide (naar x)*	
a	0	
x^a	$a\,x^{a-1}$	$a \neq -1$
$\ln(x)$	$\frac{1}{x}$	
$e^{a x}$	$a\,e^{a x}$	
a^x $(a>0)$	$a^x \ln(a)$	
$\sin(x)$	$\cos(x)$	
$\cos(x)$	$-\sin(x)$	
$\tan(x)$	$\dfrac{1}{\cos(x)^2}$	
$\arctan(x)$	$\dfrac{1}{1+x^2}$	
$\arcsin(x)$	$\dfrac{1}{\sqrt{1-x^2}}$	
$\arccos(x)$	$\dfrac{-1}{\sqrt{1-x^2}}$	

PRIMITIEVEN

Functie	*Primitieve (naar x)*	
x^a	$\frac{1}{a+1}x^{a+1}$ (mits $a \neq -1$)	
$\frac{1}{x}$	$\ln(\lvert x \rvert)$	
$e^{a x}$	$\frac{1}{a}e^{a x}$	
a^x	$a^x / \ln(a)$	
$\dfrac{1}{\sqrt{x^2+a^2}}$	$\ln(x+\sqrt{x^2+a^2})$	
$\dfrac{1}{\sqrt{x^2-a^2}}$	$\ln(x+\sqrt{x^2-a^2})$	$0<a<x$
$\sqrt{x^2+a^2}$	$\frac{1}{2}x\sqrt{x^2+a^2}+\frac{1}{2}a^2\ln(x+\sqrt{x^2+a^2})$	
$\sqrt{x^2-a^2}$	$\frac{1}{2}x\sqrt{x^2-a^2}-\frac{1}{2}a^2\ln(x+\sqrt{x^2-a^2})$	$0<a<x$
$\dfrac{1}{\sqrt{a^2-x^2}}$	$\arcsin(\frac{x}{a})$	$\lvert x \rvert < a$
$\sqrt{a^2-x^2}$	$\frac{1}{2}x\sqrt{a^2-x^2}+\frac{1}{2}a^2\arcsin(\frac{x}{a})$	$\lvert x \rvert < a$

$\frac{1}{a^2+x^2}$	$\frac{1}{a}\arctan(\frac{x}{a})$	
$\frac{1}{a^2-x^2}$	$\frac{1}{2a}\ln\left(\frac{a+x}{a-x}\right)$	$\lvert x\rvert < \lvert a\rvert$
$\ln(x)$	$x\ln(x)-x$	
$\frac{\ln(x)}{x}$	$\ln(x)^2$	
$\sin(x)$	$-\cos(x)$	
$\cos(x)$	$\sin(x)$	
$\tan(x)$	$-\ln(\cos(x))$	
$\cot(x)$	$\ln(\sin(x))$	
$\sin(x)^2$	$\frac{1}{2}x-\frac{1}{4}\sin(2x)$	
$\sin(x)^3$	$\frac{1}{3}\cos(x)^3-\cos(x)$	
$\cos(x)^2$	$\frac{1}{2}x+\frac{1}{4}\sin(2x)$	
$\cos(x)^3$	$\sin(x)-\frac{1}{3}\sin(x)^3$	
$\frac{1}{\sin(x)}$	$\ln(\tan(\frac{1}{2}x))$	
$\frac{1}{\sin(x)^2}$	$-\cot(x)$	
$\frac{1}{\cos(x)}$	$\ln(\tan(\frac{1}{2}x+\frac{1}{4}\pi))$	
$\frac{1}{\cos(x)^2}$	$\tan(x)$	
$e^{ax}\sin(bx)$	$e^{ax}\frac{a\sin(bx)-b\cos(bx)}{a^2+b^2}$	
$e^{ax}\cos(bx)$	$e^{ax}\frac{a\cos(bx)+b\sin(bx)}{a^2+b^2}$	
$x\sin(x)$	$-x\cos(x)+\sin(x)$	
$x\cos(x)$	$x\sin(x)+\cos(x)$	
$x^2\sin(x)$	$-x^2\cos(x)+2x\sin(x)+2\cos(x)$	
$x^2\cos(x)$	$x^2\sin(x)+2x\cos(x)-2\sin(x)$	
$e^{-ax^2}\quad (a>0)$	$\frac{1}{2}\sqrt{\frac{\pi}{a}}\,\mathrm{erf}(x\sqrt{a})$	

INDEX VAN WISKUNDIGE BEGRIPPEN

Deze index geeft toegang tot de begrippen die behoren tot het wiskundig gereedschap. Begrippen uit de toepassingsgebieden zijn niet opgenomen.

INDEX VAN TOEPASSINGEN

Deze index geeft toegang tot de begrippen die behoren tot de toepassingsgebieden.